Holzbau-Taschenbuch

Achte, vollständig neubearbeitete Auflage
Band 3

Holzbau-Taschenbuch Band 1:

Grundlagen,
Entwurf und Konstruktionen

Holzbau-Taschenbuch Band 2:

DIN 1052 und Erläuterungen –
Formeln – Tabellen – Nomogramme

Holzbau-Taschenbuch

Achte, vollständig neubearbeitete Auflage

Band 3: Bemessungsbeispiele und DIN 1052

Herausgegeben von
Prof. Dipl.-Ing. Claus Scheer und
Dipl.-Ing. Kurt Andresen

Verlag für Architektur
und technische Wissenschaften
Berlin

Dieses Buch enthält:
57 Bemessungsbeispiele
mit 229 Abbildungen und 21 Tabellen
sowie DIN 1052 Teil 1 bis 3

CIP-Titelaufnahme der Deutschen Bibliothek

Holzbau-Taschenbuch/
hrsg. von Claus Scheer u. Kurt Andresen. –
Berlin: Ernst, Verlag für Architektur u. techn. Wiss., 1991
Bd. 3. Bemessungsbeispiele und DIN 1052
8., vollst. neubearb. Aufl. – 1991

ISBN 3-433-01176-1

Satz und Druck: Passavia Druckerei GmbH, D-8390 Passau

Printed in the Federal Republic of Germany

Robert von Halász

in großer Anerkennung seiner Arbeit und
seines unermüdlichen Engagements gewidmet

Die Autoren und der Verlag Ernst & Sohn

Vorwort

In Ergänzung zum Holzbau-Taschenbuch Band 1, in dem die Grundlagen für den Entwurf und das Konstruieren von Holzbauten behandelt wurden, und zum Band 2, der neben der DIN 1052 mit den Erläuterungen Bemessungshilfen in Form von Formeln, Tabellen und Nomogrammen enthält, werden im Band 3 insgesamt 57 Bemessungsbeispiele aus dem Bereich des Ingenieur-Holzbaus vorgestellt.

Die Berechnungs- und Bemessungsverfahren des Holzbaus werden anhand von Detaillösungen verschiedener Anschlußpunkte bis hin zu vollständigen Konstruktionen erläutert und zahlenmäßig behandelt. Im Hinblick auf die neuen Erkenntnisse im Brandschutz wurden auch zu dieser Thematik Beispiele aufgenommen.

Bei der Bemessung wird der jeweils erforderliche Nachweis in allgemeiner Form als das zu erreichende Ziel vorangestellt. Anschließend werden sämtliche Größen ausführlich erläutert und berechnet. Hinweise auf die der Bemessung zugrundeliegenden Abschnitte der DIN 1052 und die Paragraphen der verwendeten Zulassungen werden durch Querverweise auf Band 1 und 2 des Holzbau-Taschenbuches vervollständigt.

Im Anhang ist der vollständige Text der DIN 1052 Teil 1 bis 3 abgedruckt. Damit können die Verweise aus der Berechnung direkt nachgelesen werden.

Mit dem Band 3 des Holzbau-Taschenbuches liegt sowohl dem Lernenden – durch das schrittweise Heranführen an die Probleme des Ingenieur-Holzbaus – als auch dem in der Praxis tätigen Ingenieur – durch Hinweise auf Vorschriften – ein anwendungsbezogenes Nachschlagewerk vor.

Die Herausgeber danken dem Verlag Ernst & Sohn für die sachgerechte Umsetzung des Inhaltes und hoffen, daß auch der dritte Band des Holzbau-Taschenbuches von den im Holzbau tätigen Ingenieuren positiv aufgenommen wird.

Berlin, im Herbst 1991

Claus Scheer
Kurt Andresen

Inhaltsverzeichnis

Holzverbindungen

1 Genagelter Zugstoß mit Außenlaschen 1
2 Fachwerkknoten mit innenliegenden Stahlblechen 4
3 Fachwerkknoten mit Nagelplatten 8
4 Sogsicherung mit Sparrenpfettenanker 12
5 Balkenschuh 17
6 Biegesteifer Anschluß Stiel–Riegel 20
7 Zugstoß mit Dübeln 31
8 Hirnholzanschluß 34
9 Gedübelte Rahmenecke 36
10 Keilgezinkte Rahmenecke 42
11 Doppelter Versatz 45
12 Hakenplatte 48
13 Gerbergelenk aus Stahlblechformteilen 56
14 Ausgeklinkte Träger 61
15 Durchbrüche im Brettschichtträger 64
16 Holzschwelle 70
17 Fundamentanschluß einer gelenkig gelagerten Holzstütze 72
18 Fundamentanschluß einer eingespannten Stütze 74
19 Firstgelenk 80

Druckstäbe

20 Einteiliger Druckstab 83
21 Zweiteiliger Rahmenstab 85
22 Zweiteiliger, kontinuierlich verbundener Druckstab 90
23 Dreiteiliger Rahmenstab mit Bindehölzern 95
24 Gitterstab 100

Biegung

25 Einfeldbalken 106
26 Sparren 109
27 Gedübelter Balken 113
28 Genagelter Balken 119
29 Kreuzweise verbretterter Träger 125

30 Genagelter Hohlkastenträger ... 134
31 Hohlkastenträger mit Bau-Furniersperrholzstegen ... 140
32 „Wellsteg"-Kasten-Träger ... 148
33 Dreieck-Streben-Bauart-Träger (DSB) ... 153
34 Trigonit-Holzleimbauträger ... 159
35 Koppelpfette ... 172
36 Gerberpfette ... 179

Biegung mit Längskraft

37 Eingespannte Stütze ... 193

Decken- und Wandelemente

38 Holztafel als Deckenelement ... 198
39 Holztafel als Außenwandelement ... 210

Steildächer

40 Kopfbandbalken ... 225
41 Sparrendach ... 232
42 Strebenloses Pfettendach ... 243
43 Abgestrebtes Pfettendach ... 250
44 Verschiebliches Kehlbalkendach ... 254
45 Gratsparren ... 268
46 Dachgaube ... 275

Fachwerke

47 Parallelgurtiger Fachwerkträger ... 284
48 Satteldachträger ... 295
49 Pultdachträger ... 309

Brettschichtverleimte Tragglieder

50 Brettschichtträger mit konstantem Querschnitt ... 313
51 Brettschichtträger mit veränderlicher Höhe ... 318
52 Gekrümmter Brettschichtträger ... 327
53 Trägerrost ... 335

Wind- und Aussteifungsverbände

54 Wind- und Aussteifungsverbände für Brettschichtträger 342

Brandschutz

55 Brandschutz eines Brettschichtträgers 351
56 Brandschutz einer runden Stütze 355
57 Brandschutz bei kombinierter Beanspruchung 359

Anhang

DIN 1052 Teil 1 365
Teil 2 399
Teil 3 427

Beispiel 1
Genagelter Zugstoß mit Außenlaschen

Aufgabenstellung

Der Stoß eines Zugstabes ist mit Nägeln und Laschen aus Vollholz auszuführen.

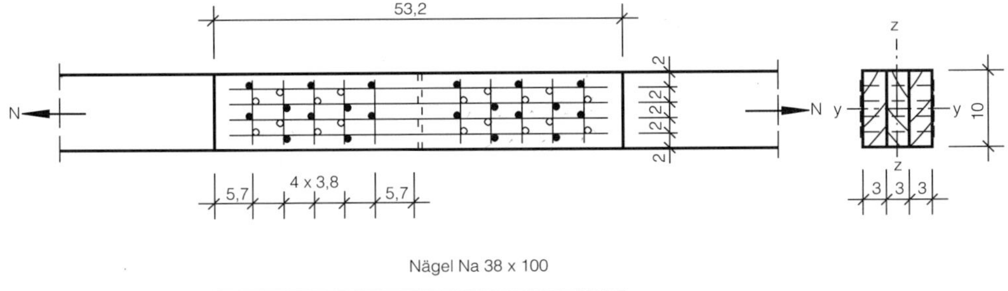

Bild 1.1

geg.: N = 20 kN; LF.: H
Zugstab 3/10 cm; NH II
Laschen 2 × 3/10 cm; NH II

Erläuterung		Berechnung
Wahl der Laschen und Nägel	1	
	2	gew.: Nägel Na 38 × 100 Laschen 53,2 × 10 × 3 cm
Mindestdicke der Laschen	3	
$\min a = d_n \cdot (3 + 0{,}8 \cdot d_n)$ ≥ 24 mm d_n Nageldurchmesser		$\min a = 3{,}8 \cdot (3 + 0{,}8 \cdot 3{,}8) = 23$ mm $< d = 30$ mm
Einschlagtiefe	4	
$s \geq 8 \cdot d_n$		$s = 8 \cdot 0{,}38 = 3{,}0$ cm

Spannungen

Zugstab

$\dfrac{\sigma_{Z\parallel}}{\text{zul}\,\sigma'_{Z\parallel}} \leq 1$	5 6	$\dfrac{\sigma_{Z\parallel}}{\text{zul}\,\sigma'_{Z\parallel}} = \dfrac{6{,}67}{6{,}8} = 0{,}98 < 1$
$\sigma_{Z\parallel} = \dfrac{N}{A_n}$		$\sigma_{Z\parallel} = \dfrac{20 \cdot 10^{-3}}{3 \cdot 10 \cdot 10^{-4}} = 6{,}67\ \text{MN/m}^2$
$\text{zul}\,\sigma'_{Z\parallel} = 0{,}8 \cdot \text{zul}\,\sigma_{Z\parallel}$	7	$\text{zul}\,\sigma'_{Z\parallel} = 0{,}8 \cdot 8{,}5 = 6{,}8\ \text{MN/m}^2$
A_n nutzbare Querschnittsfläche		$A_n = A$, da $d_n < 4{,}2$ mm

Laschen

$\dfrac{\sigma_{Z\parallel}}{\text{zul}\,\sigma_{Z\parallel}} \leq 1$		$\dfrac{\sigma_{Z\parallel}}{\text{zul}\,\sigma_{Z\parallel}} = \dfrac{5}{8{,}5} = 0{,}59 < 1$
$\sigma_{Z\parallel} = 1{,}5 \cdot \dfrac{N}{A_n}$	8	$\sigma_{Z\parallel} = 1{,}5 \cdot \dfrac{0{,}5 \cdot 20 \cdot 10^{-3}}{3 \cdot 10 \cdot 10^{-4}} = 5\ \text{MN/m}^2$

Zulässige Nagelbelastung

$\text{zul}\,N_1 = \dfrac{m \cdot 500 \cdot d_n^2}{10 + d_n}$ in N	9 2	$\text{zul}\,N_1 = \dfrac{2 \cdot 500 \cdot 3{,}8^2}{10 + 3{,}8} = 1046$ N
d_n Nageldurchmesser in mm m Schnittigkeit		

Erforderliche Nagelanzahl

$n = \dfrac{N}{\text{zul}\,N_1}$		$n = \dfrac{20}{1{,}05} = 19{,}12$
		gew.: $n = 20$

Ermittlung der Laschenabmessungen

	10	

Nagelabstände

untereinander		
$\parallel$ zur Faserrichtung $\geq 10 \cdot d_n$		$10 \cdot 0{,}38 = 3{,}8$ cm
$\perp$ zur Faserrichtung $\geq 5 \cdot d_n$		$5 \cdot 0{,}38 = 1{,}9$ cm
vom beanspruchten Rand		
$\parallel$ zur Faserrichtung $\geq 15 \cdot d_n$		$15 \cdot 0{,}38 = 5{,}7$ cm

vom unbeanspruchten Rand
$\perp$ zur Faserrichtung $> 5 \cdot d_n$

$5 \cdot 0{,}38 = 1{,}9$ cm

Mindestlaschenlänge

$l_L = \Sigma e_{\parallel}$

$l_L = 4 \cdot 5{,}7 + 8 \cdot 3{,}8 = 53{,}2$ cm

Mindestlaschenbreite

$b_L = \Sigma e_{\perp}$

$b_L = 2 \cdot 1{,}9 + 3 \cdot 1{,}9 = 9{,}5 \text{ cm} < 10$ cm

1 DIN 1052 T2, 6
2 Holzbau-TB Bd. 2, Tab. 4.4-4, Seite 294
3 DIN 1052 T2, 6.2.3
4 DIN 1052 T2, 6.2.4
5 DIN 1052 T1, Tab. 5
6 DIN 1052 T1, 7.1
7 DIN 1052 T1, 5.1.10
8 DIN 1052 T1, 7.3
9 DIN 1052 T2, 6.2.2
10 DIN 1052 T2, Tab. 11

Beispiel 2
Fachwerkknoten mit innenliegenden Stahlblechen

Aufgabenstellung

Der im Bild 2.1 angegebene Knotenpunkt ist unter Anwendung der Greimbauweise auszuführen.

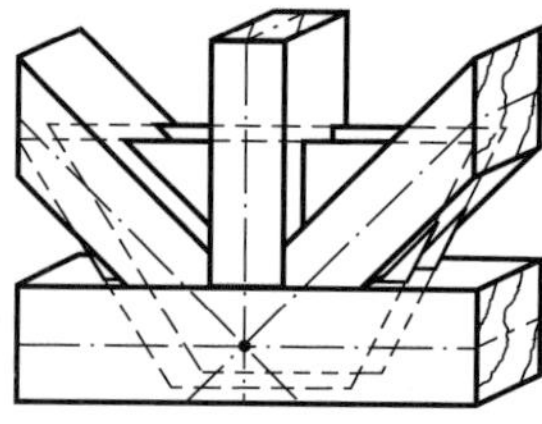

Bild 2.1

D_1 V_1 D_2
32° 29°
58° 61°
U_1 U_2

Bild 2.2

geg: Maximale Stabkräfte, die aus dem jeweils ungünstigsten Lastfall ermittelt wurden und die gewählten Querschnitte.

LF.: H

NH II

Tabelle 2.1

Stab	Stabkraft max S in kN	Querschnitte cm/cm
D_1	45,92	8/12
D_2	−36,76	10/12
V_1	− 8,00	6/12
$\Delta U_{1,2}$	42,58	14/18

Am Knoten greifen keine äußeren Lasten an.
$\Delta U_{1,2} = U_1 - U_2$

Erläuterung		Berechnung
Zulassung: Nagelverbindung System „Greim“		
Wahl der Nägel		
	1	gew.: Nägel Na 31 × 60 Na 31 × 70

Nagelabstände 2

untereinander
‖ zur Faserrichtung $\geq 10 \cdot d_n$ — $10 \cdot 0{,}31 = 3{,}1$ cm
⊥ zur Faserrichtung $\geq 5 \cdot d_n$ — $5 \cdot 0{,}31 = 1{,}55$ cm

vom beanspruchten Rand
‖ zur Faserrichtung $\geq 15 \cdot d_n$ — $15 \cdot 0{,}31 = 4{,}65$ cm

vom unbeanspruchten Rand
⊥ zur Faserrichtung $> 5 \cdot d_n$ — $5 \cdot 0{,}31 = 1{,}55$ cm

vom Rand des Bleches $\geq 5 \cdot d_n$ 3

Wahl der Blechdicke

4 Die Knotenbleche sind aus Stahl St 37-2 nach DIN 1623 T2 herzustellen. In Abhängigkeit vom Nageldurchmesser ist die Blechdicke t, die Mindestwerte der Holzdicken a und v sowie die Einschlagtiefe s festzulegen (siehe Tabelle 2.2).

gew.: t = 1,0 mm
a = 22 mm
v = 20 und 30 mm
s = 18 mm

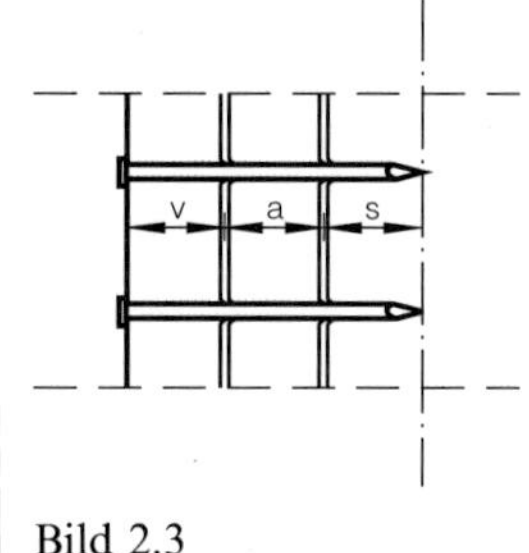

Bild 2.3

Tabelle 2.2

Nageldurchmesser d_n mm	Holzdicke v mindestens mm	Holzdicke a mindestens mm	Einschlagtiefe s mindestens mm	zulässige Nagelbelastung je innenliegendem Blech kN	zu verwendende Blechdicke t mm
2,5	18	18	14	0,55	1,0
2,8	20	20	16	0,65	1,0
3,1	20	22	18	0,75	1,0 oder 1,25
3,4	22	24	20	0,90	1,25
3,8	24	26	22	1,05	1,25 oder 1,5
4,2	26	28	24	1,25	1,5 oder 1,75

Erforderliche Nagelanzahl

$n = \frac{\max S}{\text{zul}\,N}$

5 $\text{zul}\,N = 0{,}75\ \text{kN}$

Tabelle 2.3

Stab	max S kN	gew. Nagelsorte	Anzahl durchstoßener Bleche je Nagel	erf n	vorh n	Querschnitt cm/cm
D_1	+45,92	N 31 × 60	2	31	2 × 16	8/12
D_2	−36,76	N 31 × 60	2	25	2 × 13	10/12
V_1	− 8,00	N 31 × 60	2	6	2 × 4	6/12
$\Delta U_{1,2}$	+42,58	N 31 × 70	2	29	2 × 15	14/18

Nachweis der Bleche auf Abscheren

6

$\frac{\tau}{\text{zul}\,\tau} \leq 1$

$\frac{\tau}{\text{zul}\,\tau} = \frac{5{,}77}{14} = 0{,}41 < 1$

$\tau = \frac{\Delta U_{1,2}}{A_n}$

$\tau = \frac{42{,}58}{7{,}38} = 5{,}77\ \text{kN/cm}^2$

7 $\text{zul}\,\tau = 14\ \text{kN/cm}^2$

Nettofläche der Bleche

$A_n = n_{Bl} \cdot (l_{Bl} - n \cdot d_n) \cdot t$

$A_n = 4 \cdot (20{,}0 - 5 \cdot 0{,}31) \cdot 0{,}10 = 7{,}38\ \text{cm}^2$

n_{Bl} Anzahl der Bleche

l_{Bl} Länge des Blechs an der ungünstigsten Stelle

n Anzahl der Nägel in einer Reihe

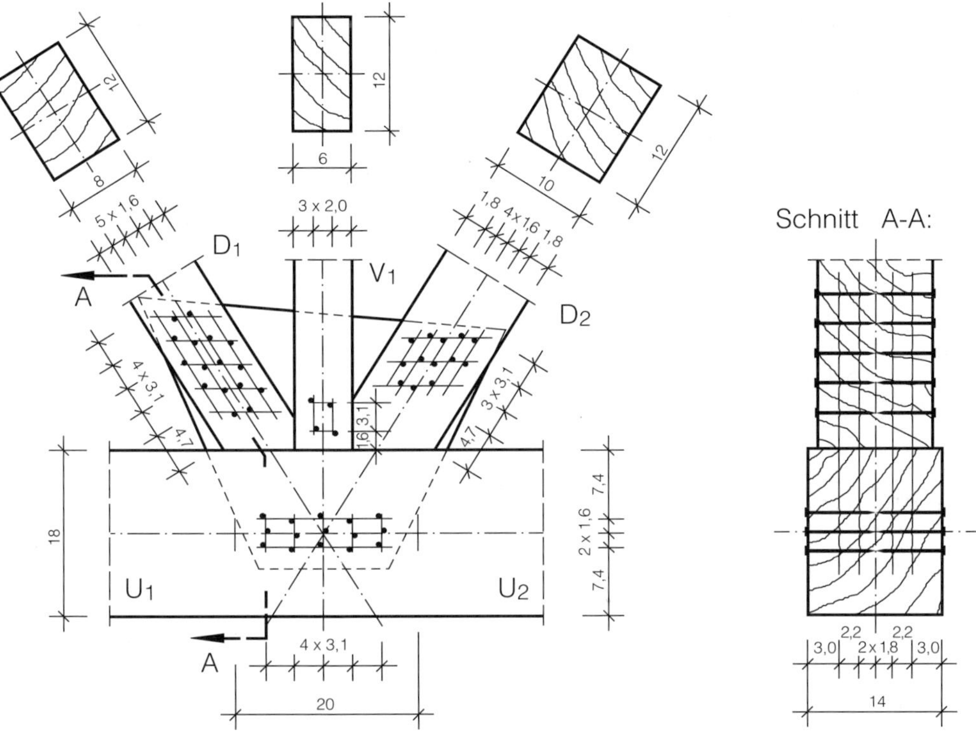

D_1: 2 × 16 Na 31 × 60
D_2: 2 × 13 Na 31 × 60
V_1: 2 × 4 Na 31 × 60
U: 2 × 15 Na 31 × 70

Bild 2.4

1. **Holzbau-TB Bd. 2, Tab. 4.4-4, Seite 294**
2. **DIN 1052 T2, Tab. 11**
3. **Zul. § 3.10**
4. **Zul. § 3.5/§ 3.11**
5. **Zul. § 4.2**
6. **Zul. § 3.3**
7. **Zul. § 4.4**

Beispiel 3
Fachwerkknoten mit Nagelplatten

Aufgabenstellung

Der im Bild 3.1 angegebene Knotenpunkt des Dreieckfachwerkträgers ist unter Anwendung von Nagelplatten des Systems Gang-Nail zu bemessen und auszuführen.

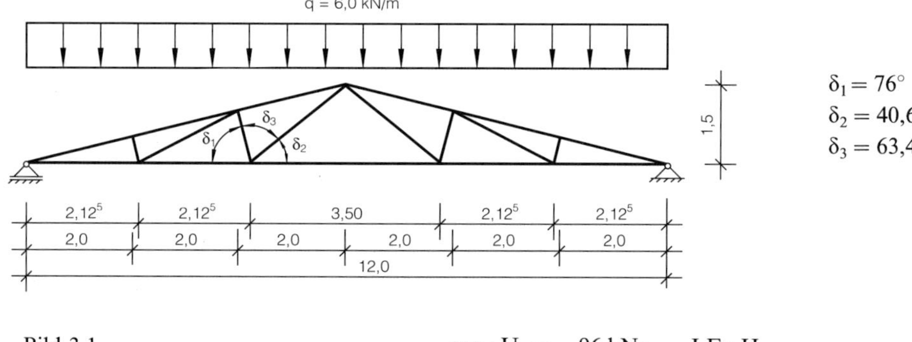

$\delta_1 = 76°$
$\delta_2 = 40{,}6°$
$\delta_3 = 63{,}4°$

Bild 3.1

geg.: $U_2 = 96$ kN; LF.: H
$U_3 = 72$ kN; LF.: H
$D_3 = -17$ kN; LF.: H
$D_4 = 26$ kN; LF.: H
Diagonalstäbe 10/10 cm; NH II
Gurtstab 10/16 cm; NH II

Erläuterung		Berechnung
Wahl der Nagelplatte		
	1	gew.: Nagelplatte Gang-Nail GN 200
	2	$s/b_p = 333/190$ mm
		$c = 10$ mm
		$h_1 = h_2 = 140$ mm
		$h_3 = 50$ mm

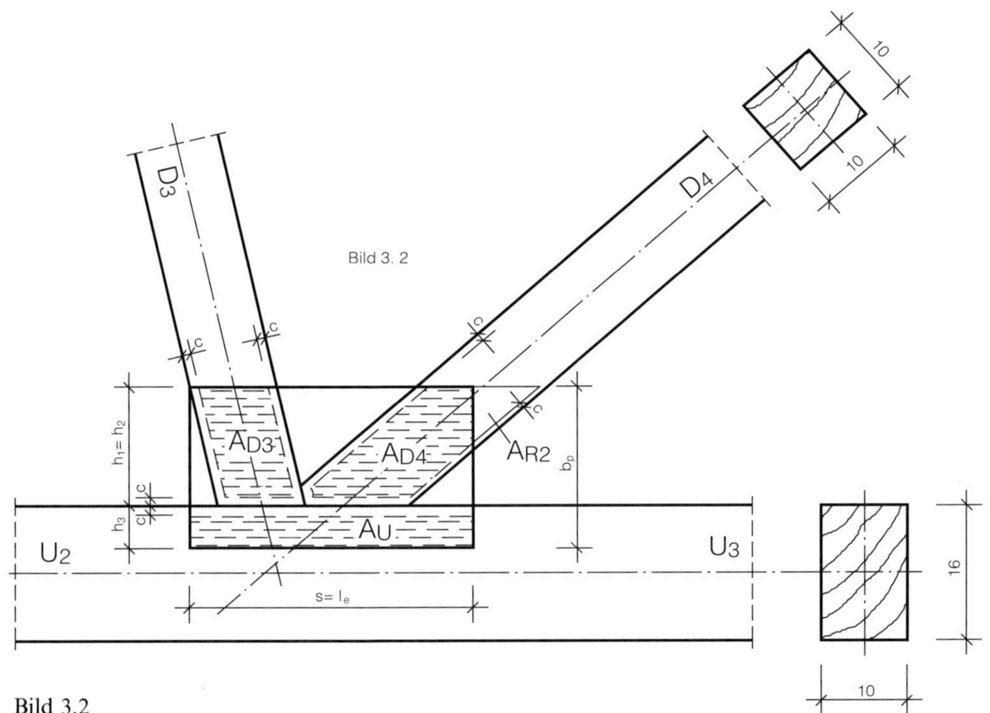

Bild 3.2

Wirksame Nagelplattenfläche

3

$$A_{D3} = (h_1 - c) \cdot \frac{b - 2 \cdot c}{\sin \delta_1}$$

$$A_{D3} = (14{,}0 - 1{,}0) \cdot \frac{10{,}0 - 2 \cdot 1{,}0}{\sin 76^\circ} = 107{,}2 \text{ cm}^2$$

$$A_{D4} = (h_2 - c) \cdot \frac{b - 2 \cdot c}{\sin \delta_2} - A_{R2}$$

$$A_{D4} = (14{,}0 - 1{,}0) \cdot \frac{10{,}0 - 2 \cdot 1{,}0}{\sin 40{,}6^\circ} - 7{,}5 \cdot 7{,}0 \cdot \frac{1}{2} = 133{,}6 \text{ cm}^2$$

$$A_U = (h_3 - c) \cdot s$$

$$A_U = (5{,}0 - 1{,}0) \cdot 33{,}3 = 133{,}2 \text{ cm}^2$$

Nachweis der Nägel – Nagelbelastung

Druckdiagonale

3
4
5

$$\frac{F_n}{\text{zul}\, F_n(\alpha_n, \beta_n)} \leq 1$$

$$\frac{F_n}{\text{zul}\, F_n(\alpha_n, \beta_n)} = \frac{79{,}3}{79{,}5} = 1{,}0$$

$$F_n = \frac{|D_3|}{2 \cdot A_{D3}}$$

$$F_n = \frac{17 \cdot 10^3}{2 \cdot 107{,}2} = 79{,}3\ \mathrm{N/cm^2}$$

$\mathrm{zul}\, F_n(\alpha_n, \beta_n)$ zulässige Nagelbelastung

6 $\mathrm{zul}\, F_n(\alpha_n, \beta_n) = 79{,}5\ \mathrm{N/cm^2}$

7

α_n Winkel zwischen Kraft- und Plattenlängsrichtung

$\alpha_n = \delta_1 = 76°$

β_n Winkel zwischen Kraft- und Faserrichtung

$\beta_n = 0°$

Zugdiagonale

$$\frac{F_n}{\mathrm{zul}\, F_n(\alpha_n, \beta_n)} \leq 1$$

3

4 $$\frac{F_n}{\mathrm{zul}\, F_n(\alpha_n, \beta_n)} = \frac{97{,}3}{98{,}4} = 0{,}99 < 1{,}0$$

5

$$F_n = \frac{D_4}{2 \cdot A_{D4}}$$

$$F_n = \frac{26 \cdot 10^3}{2 \cdot 133{,}6} = 97{,}3\ \mathrm{N/cm^2}$$

6 $\mathrm{zul}\, F_n(\alpha_n, \beta_n) = 98{,}4\ \mathrm{N/cm^2}$

7 $\alpha_n = \delta_2 = 40{,}6°$

$\beta_n = 0°$

Untergurt

$$\frac{F_n}{\mathrm{zul}\, F_n(\alpha_n, \beta_n)} \leq 1$$

3

4 $$\frac{F_n}{\mathrm{zul}\, F_n(\alpha_n, \beta_n)} = \frac{90{,}1}{120{,}0} = 0{,}75 < 1{,}0$$

5

$$F_n = \frac{U_2 - U_3}{2 \cdot A_{u,s}}$$

$$F_n = \frac{(96{,}0 - 72{,}0) \cdot 10^3}{2 \cdot 133{,}2} = 90{,}1\ \mathrm{N/cm^2}$$

$$A_s = (0{,}55 \cdot l_e - c) \cdot l_e \leq A_u$$

$$A_s = (0{,}55 \cdot 33{,}3 - 1{,}0) \cdot 33{,}3 = 576{,}6\ \mathrm{cm^2} \geq 133{,}2\ \mathrm{cm^2} = A_u$$

A_s wirksame Nagelplattenfläche einer Nagelplatte bei Scherbeanspruchung

6 $\mathrm{zul}\, F_n(\alpha_n, \beta_n) = 120{,}0\ \mathrm{N/cm^2}$

7 $\alpha_n = \beta_n = 0°$

Nachweis der Nagelplatte – Plattenbelastung

Scherbeanspruchung		
$\frac{F_s}{\text{zul}\,F_s(\alpha_s)} \leq 1$	3 5 8	$\frac{F_s}{\text{zul}\,F_s(\alpha_s)} = \frac{360{,}4}{1580} = 0{,}23 < 1{,}0$
$F_s = \frac{U_2 - U_3}{2 \cdot s}$		$F_s = \frac{(96{,}0 - 72{,}0) \cdot 10^3}{2 \cdot 33{,}3} = 360{,}4\ \text{N/cm}$
$\text{zul}\,F_s(\alpha_s)$ zulässige Plattenbelastung	7 9	$\text{zul}\,F_s(\alpha_s) = 1580\ \text{N/cm}$
α_s Winkel zwischen Kraft- und nachzuweisender Schnittrichtung		$\alpha_s = 0°$

1 Zul. Gang-Nail Nagelplatten GN 200
2 DIN 1052 T2, 10.1
3 DIN 1052 T2, 10.5
4 DIN 1052 T2, 10.6
5 Holzbau-TB Bd. 2, Tab. 4.8-1, Seite 306
6 Zul. Tab. 1
7 DIN 1052 T2, 10.2
8 DIN 1052 T2, 10.7
9 Zul. Tab. 2

Beispiel 4
Sogsicherung mit Sparrenpfettenanker

Aufgabenstellung

Bei einem Hallendach sind die Pfetten mit Sparrenpfettenankern gegen Abheben zu sichern

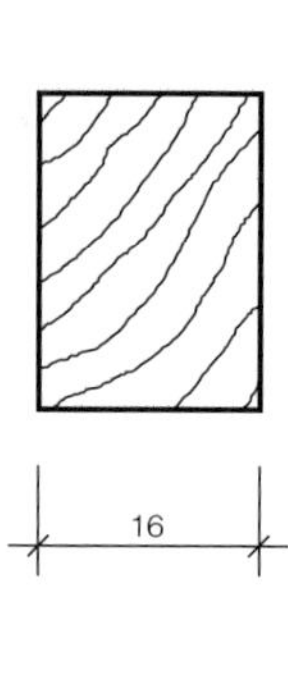

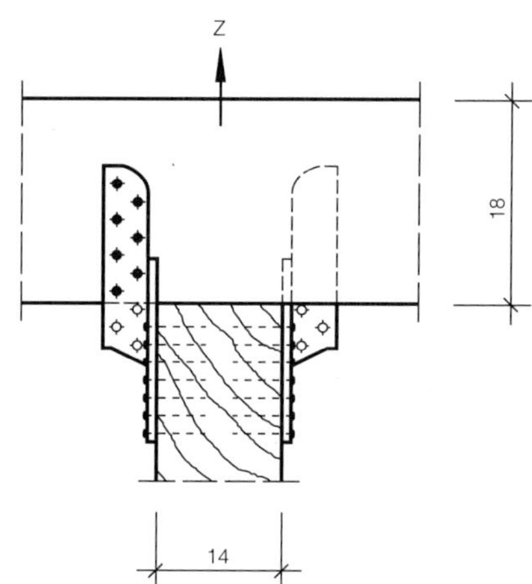

Bild 4.1

geg.: Pfette 16/18 cm
Pfettenabstand e = 0,8 m
Binder 14/22 cm
Sparrenpfettenanker Typ 170
Nägel RNa 4,0 × 50
Ankerkraft unter Berücksichtigung der Windsogspitzen
$S_{Sog} = 5{,}8$ kN
Auflageranteil aus der Eigenlast des trockenen Daches
$S_{GDach} = 1{,}12$ kN

Erläuterung		Berechnung
Abhebenachweis		
$\frac{F_{Trag}}{1{,}3} \overset{!}{\geq} 1{,}1 \cdot S_{Sog} - \frac{S_{GDach}}{1{,}1}$	1	
$F_{Trag} = \left(1{,}1 \cdot S_{Sog} - \frac{S_{GDach}}{1{,}1}\right) \cdot 1{,}3$		$F_{Trag} = \left(1{,}1 \cdot 5{,}8 - \frac{1{,}12}{1{,}1}\right) \cdot 1{,}3$
F_{Trag} Traglast der Verbindungsmittel		$F_{Trag} = 6{,}97$ kN
Bemessungslast		
$N_{VM} = \frac{F_{Trag}}{1{,}8}$	2	$N_{VM} = \frac{6{,}97}{1{,}8} = 3{,}87$ kN
$Z = N_{VM}$		$Z = 3{,}87$ kN

Querschnittsgrößen

$$I_p = \sum_{i=1}^{n} r_i^2 = \sum_{i=1}^{n} (y_i^2 + z_i^2)$$

$$a_s = \frac{\sum_{i=1}^{n} n_i \cdot y_i}{n}$$

I_p polares Trägheitsmoment der Nagelgruppe

n Nagelanzahl der Nagelgruppe

a_s Schwerpunktsabstand der Nagelgruppe vom Holzrand

3 $I_p = 3186 \text{ mm}^2$

$$a_s = \frac{4 \cdot 27 + 3 \cdot 12}{7} = 20{,}6 \text{ mm}$$

Tabelle 4.1

Nagel	y_i mm	z_i mm	y_i^2 mm²	z_i^2 mm²	$r_i^2 = y_i^2 + z_i$ mm²
1	−6,4	30	41	900	941
2	8,6	20	74	400	474
3	−6,4	10	41	100	141
4	8,6	0	74	0	74
5	−6,4	−10	41	100	141
6	8,6	−20	74	400	474
7	−6,4	−30	41	900	941

$I_p = 3186$

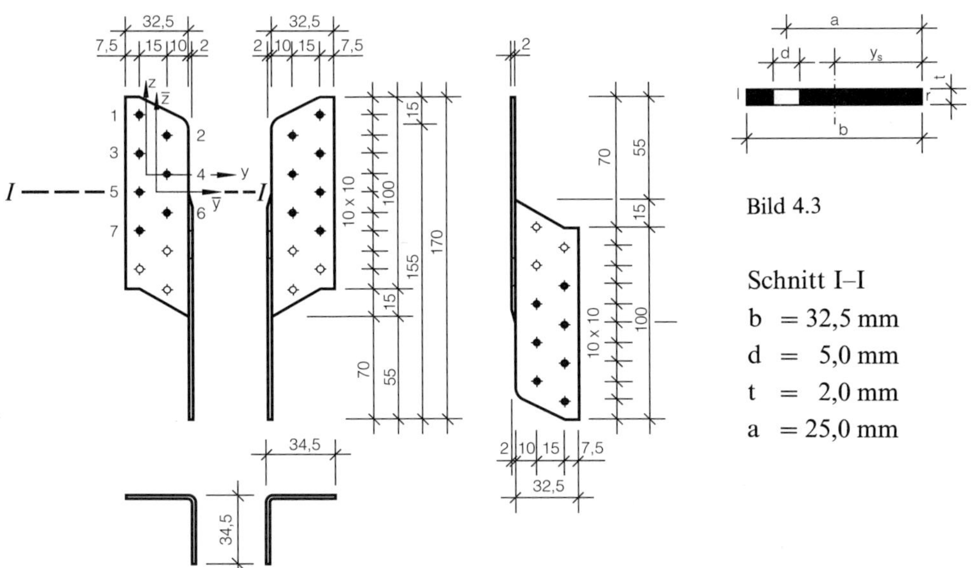

Bild 4.2

Bild 4.3

Schnitt I–I

b = 32,5 mm

d = 5,0 mm

t = 2,0 mm

a = 25,0 mm

$$A_{I-I} = (b-d) \cdot t$$

$$y_s = \frac{\Sigma y_i \cdot A_i}{A_{I-I}} = \frac{\frac{b^2}{2} \cdot t - d \cdot a \cdot t}{A_{I-I}}$$

$$I_{I-I} = \Sigma (I_i + A_i \cdot y_i^2) = \frac{t(b^3 - d^3)}{12} + b \cdot t\left(\frac{b}{2} - y_s\right)^2 - d \cdot t(a - y_s)^2$$

$$W_{I-I;l} = \frac{I_{I-I}}{b - y_s}$$

$$W_{I-I;r} = \frac{I_{I-I}}{y_s}$$

$$A_{I-I} = (32{,}5 - 5{,}0) \cdot 2{,}0 = 55\ \text{mm}^2$$

$$y_s = \frac{\frac{32{,}5^2}{2} \cdot 2{,}0 - 5{,}0 \cdot 25{,}0 \cdot 2{,}0}{55} = 14{,}66\ \text{mm}$$

$$I_{I-I} = \frac{2{,}0(32{,}5^3 - 5{,}0^3)}{12} + 32{,}5 \cdot 2{,}0\left(\frac{32{,}5}{2} - 14{,}66\right)^2 - 5{,}0 \cdot 2{,}0(25{,}0 - 14{,}66)^2 = 4796\ \text{mm}^4$$

$$W_{I-I;l} = \frac{4796}{32{,}5 - 14{,}66} = 269\ \text{mm}^3$$

$$W_{I-I;r} = \frac{4796}{14{,}66} = 327\ \text{mm}^3$$

Nachweis der Nägel auf Abscheren

$$N_i = \sqrt{N_{iz}^2 + N_{iy}^2} \le \text{zul}\, N_1$$

$$\text{zul}\, N_1 = \frac{500 \cdot d_n^2}{10 + d_n} \cdot 1{,}25$$

zul N_1 zul. Belastung eines Nagels auf Abscheren

d_n Nageldurchmesser in mm

$$N_{iz} = \frac{Z}{2 \cdot n} + \frac{Z}{2} \cdot a_s \cdot \frac{y_i}{I_p}$$

$$N_{iy} = \frac{Z}{2} \cdot a_s \cdot \frac{z_i}{I_p}$$

3 $\max N_i = N_2 = 0{,}46\ \text{kN} < 0{,}71\ \text{kN} = \text{zul}\, N_1$

4 5 6 $\text{zul}\, N_1 = \frac{500 \cdot 4{,}0^2}{10 + 4{,}0} \cdot 1{,}2 = 714\ \text{N} \mathrel{\hat{=}} 0{,}71\ \text{kN}$

$$N_{iz} = \frac{3{,}87}{2 \cdot 7} + \frac{3{,}87}{2} \cdot 20{,}6 \cdot \frac{Y_i}{3186} = 0{,}276 + 0{,}0125 \cdot y_i$$

$$N_{ij} = \frac{3{,}87}{2} \cdot 20{,}6 \cdot \frac{z_i}{3186} = 0{,}0125 \cdot z_i$$

Tabelle 4.2

Nagel	y_i mm	z_i mm	N_{iz} kN	N_{iy} kN	N_i kN
1	−6,4	30	0,196	0,375	0,42
2	8,6	20	0,384	0,250	0,46
3	−6,4	10	0,196	0,125	0,23
4	8,6	0	0,384	0	0,38
5	−6,4	−10	0,196	−0,125	0,23
6	8,6	−20	0,384	−0,250	0,46
7	−6,4	−30	0,196	−0,375	0,42

Nachweis des Stahlbleches

$$\sigma_{I\text{-}I} = \frac{N_{I\text{-}I}}{A_{I\text{-}I}} \pm \frac{M_{I\text{-}I}}{W_{I\text{-}I}} \leq \text{zul}\,\sigma$$

oder:

$$Z \leq \text{zul}\,Z$$

$$= \frac{2 \cdot n \cdot A_{I\text{-}I} \cdot W_{I\text{-}I}}{m \cdot W_{I\text{-}I} \pm \varkappa \cdot n \cdot A_{I\text{-}I}} \cdot \text{zul}\,\sigma$$

$$N_{I\text{-}I} = \frac{Z \cdot m}{2 \cdot n}$$

$$M_{I\text{-}I} = \frac{Z}{2} \cdot \varkappa$$

$$\varkappa = \frac{a_s}{I_p} \cdot \left(\sum_{j=1}^{m} z_j \cdot \bar{z}_j + \sum_{j=1}^{m} y_j \cdot \bar{y}_j \right) + \frac{\sum_{j=1}^{m} \bar{y}_j}{n}$$

m Anzahl der Nägel oberhalb des Schnittes I–I

$A_{I\text{-}I}$; $W_{I\text{-}I}$ Querschnittswerte im Schnitt I–I unter Berücksichtigung der Querschnittsschwächung durch das Loch m

zul σ Streckgrenze des Stahl St 37-2

3 $$\sigma_{I\text{-}I} = \frac{1{,}38 \cdot 10^3}{55} + \frac{22{,}50 \cdot 10^3}{269} = 25{,}09 + 83{,}64$$

$$= 108{,}73\ \text{N/mm}^2 < 240\ \text{N/mm}^2 = \text{zul}\,\sigma$$

oder:

$$Z = 3{,}87\ \text{kN} < \text{zul}\,Z$$

$$= \frac{2 \cdot 7 \cdot 55 \cdot 269}{5 \cdot 269 + 11{,}63 \cdot 7 \cdot 55} \cdot 240$$

$$= 8538\ \text{N} \mathrel{\widehat{=}} 8{,}54\ \text{kN}$$

$$N_{I\text{-}I} = \frac{3{,}87 \cdot 10^3 \cdot 5}{2 \cdot 7} = 1{,}38 \cdot 10^3\ \text{N}$$

$$M_{I\text{-}I} = \frac{3{,}87 \cdot 10^3}{2} \cdot 11{,}63 = 22{,}50 \cdot 10^3\ \text{Nmm}$$

$$\varkappa = \frac{20{,}6}{3186} (30 \cdot 40 + 20 \cdot 30 + 10 \cdot 20 + 3 \cdot 6{,}4 \cdot 10{,}34 + 2 \cdot 8{,}6 \cdot 4{,}66) + \frac{3(-10{,}34) + 2 \cdot 4{,}66}{7}$$

$$= 14{,}73 - 3{,}1 = 11{,}63\ \text{mm}$$

Nachweis auf Querzug

$$\text{zul}\,F_{Z\perp} \geq Z$$

$$\text{zul}\,F_{Z\perp} = 0{,}2 \cdot \text{ef}\,W \cdot \text{ef}\,b \cdot f_1\left(\frac{a}{H}\right) \cdot f_2\left(\frac{h_B}{h_1}\right) \cdot f_3\left(\frac{W_m}{a}\right)$$

$$\text{ef}\,W = \sqrt{W^2 + \frac{16}{9} \cdot a^2 \left(1 - \frac{a}{H}\right)^3}$$

$$\text{ef}\,b = \Sigma s \leq \begin{matrix} 2 \cdot 15 \cdot d_n \\ b \end{matrix}$$

$$f_1\left(\frac{a}{H}\right) = \frac{1}{1 - 3 \cdot \left(\frac{a}{H}\right)^2 + 2 \cdot \left(\frac{a}{H}\right)^3} > 1$$

$$f_2\left(\frac{h_B}{h_1}\right) = 1 + \frac{h_B}{h_1} \geq 1$$

$$f_3\left(\frac{W_m}{a}\right) = 1 + \frac{W_m}{W_m + a} \geq 1$$

$W_m = b_B + 2 \cdot a_s$

b_B Binderbreite

Einschlagtiefe des Rillennagels

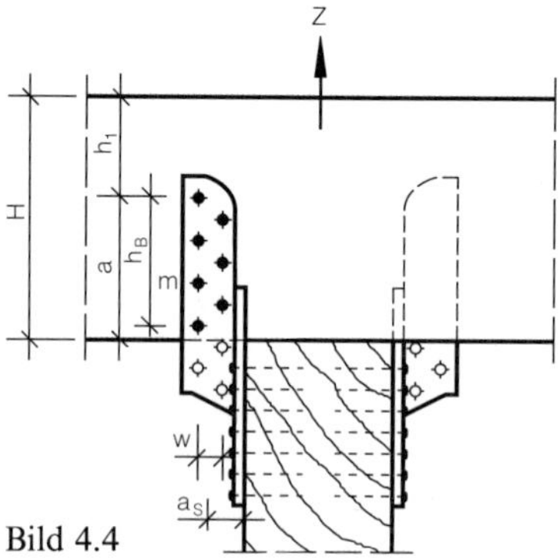

Bild 4.4

3 $\text{zul}\,F_{Z\perp} = 4{,}23 > 3{,}87 = Z$

$$\text{zul}\,F_{Z\perp} = 0{,}2 \cdot 47 \cdot 100 \cdot 1{,}61 \cdot 1{,}57 \cdot 1{,}78 = 4229\ \text{N}$$

$$\text{ef}\,W = \sqrt{15^2 + \frac{16}{9} \cdot 75^2 \cdot \left(1 - \frac{75}{180}\right)^3} = 47\ \text{mm}$$

$$\text{ef}\,b = 2 \cdot 50 = 100\ \text{mm} \leq \begin{matrix} 2 \cdot 15 \cdot 4 = 120\ \text{mm} \\ 160\ \text{mm} \end{matrix}$$

$$f_1\left(\frac{75}{180}\right) = \frac{1}{1 - 3 \cdot \left(\frac{75}{180}\right)^2 + 2 \cdot \left(\frac{75}{180}\right)^3} = 1{,}61 > 1$$

$$f_2\left(\frac{40}{105}\right) = 1 + \frac{60}{180 - 75} = 1{,}57 > 1$$

$$f_3\left(\frac{15}{75}\right) = 1 + \frac{261{,}2}{261{,}2 + 75} = 1{,}78 > 1$$

$W_m = 220 + 2 \cdot 20{,}6 = 261{,}2\ \text{mm}$

$b_B = 220\ \text{mm}$

1 DIN 1055 T4
2 DIN 1052 T2, 3.2
3 Holzbau-TB Bd. 2, Tab. 4.6-1, Seite 298
4 DIN 1052 T1, 6.2.2
5 DIN 1052 T1, 7.2.2
6 Holzbau-TB Bd. 2, Tab. 4.4-4, Seite 294

Beispiel 5
Balkenschuh

Aufgabenstellung

Der Wechselträger Pos. 2 (Bild 5.1) ist durch einen Balkenschuh mit dem Hauptträger Pos. 1 zu verbinden.

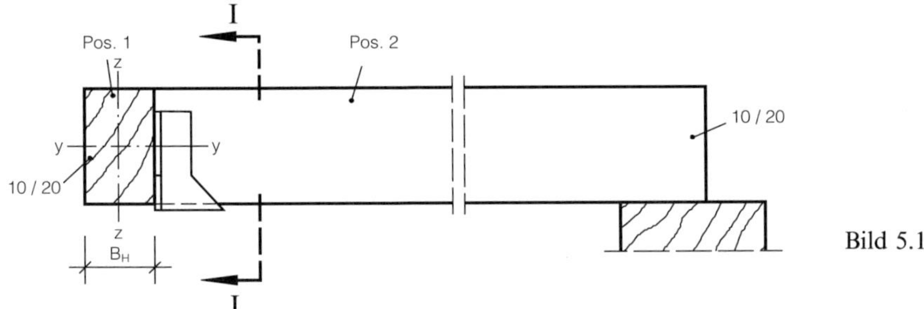

Bild 5.1

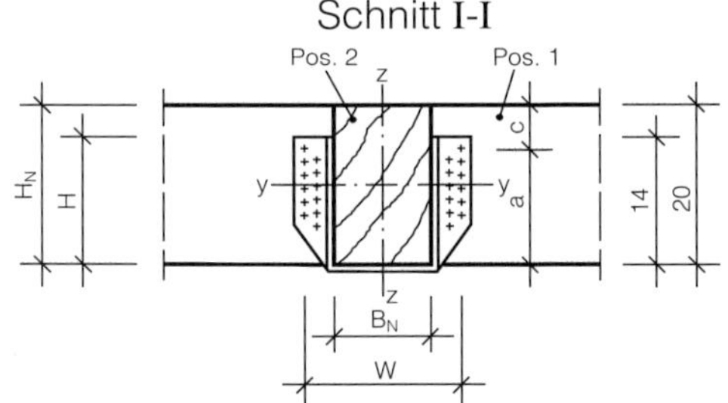

Bild 5.2

geg.: Q = 5,0 kN; LF.: H
NH II

Erläuterung

Berechnung

Zulassung: Balkenschuhe

Wahl des Balkenschuhes, Nagel

Bei der Wahl des Balkenschuhes sind folgende Kriterien zu erfüllen:

gew.: Balkenschuh 100 × 140 mm
RNa 4,0 × 50 mm

$c \quad > 5 \cdot d_n$

$c \quad = 200 - 140 + 7{,}5 = 67{,}5 \text{ mm} > 5 \cdot 4{,}0 = 20 \text{ mm}$

$H_N < 1{,}5 \cdot H$

$B_H \geq B_N$

c Abstand vom oberen Balkenrand bis zum obersten Nagel (Bild 5.2)

H_N Höhe des Nebenträgers

H Höhe des Balkenschuhes

B_H Breite des Hauptträgers

B_N Breite des Nebenträgers

$H_N = 20\ \text{cm} < 1{,}5 \cdot 14 = 21\ \text{cm}$

$B_H = B_N = 10\ \text{cm}$

Tragfähigkeitsnachweis

Zulässige Kraft bezüglich der Nagelbelastbarkeit

1 $\text{zul}\,F_N = n \cdot \text{zul}\,N_1 \geq Q$

$\text{zul}\,F_N = 12 \cdot 0{,}71 = 8{,}52\ \text{kN} > 5{,}0\ \text{kN} = Q$

2 $\text{zul}\,N_1 = 1{,}25 \cdot \dfrac{500 \cdot d_n^2}{10 + d_n}$

$\text{zul}\,N_1 = 1{,}25 \cdot \dfrac{500 \cdot 4{,}0^2}{10 + 4{,}0} = 714\ \text{N}$

n Anzahl der Nägel im Nebenträger

$\text{zul}\,N_1$ zulässige Belastung des Nagels auf Abscheren nach Zulassungsbescheid

$\text{zul}\,N_1 = 0{,}71\ \text{kN}$

3 1,25 Faktor

Zulässige Belastung bezüglich Querzugbeanspruchung des Hauptträgers

4 $a/H_H \geq 0{,}7$; Nachweis nicht erforderlich

$a/H_H < 0{,}7$

$\dfrac{a}{H_H} = \dfrac{132{,}5}{200} = 0{,}663 < 0{,}7$

$\text{zul}\,F = 0{,}04 \cdot A_W \cdot f \geq Q$

$\text{zul}\,F = 0{,}04 \cdot 79{,}2 \cdot 2{,}61 = 8{,}27\ \text{kN} > 5{,}0\ \text{kN} = Q$

$A_w = w \cdot s_w$

$A_w = 16{,}5 \cdot 4{,}8 = 79{,}2\ \text{cm}^2$

$f \cong \dfrac{1}{1 - 0{,}93 \cdot \dfrac{a}{H_H}}$

$f \cong \dfrac{1}{1 - 0{,}93 \cdot \dfrac{132{,}5}{200}} = 2{,}61$

w	gegenseitiger Abstand der äußersten Nagelreihen im Hauptträger in cm	w = 165 mm
s_w	wirksame Einschlagtiefe in cm, anrechenbare Einschlagtiefe $\leq 12\,d_n$	$s_w = 50 - 2 = 48$ mm
a	Abstand der obersten Nagelreihe vom beanspruchten Trägerrand	$a = 140 - 7{,}5 = 132{,}5$ mm
H_H	Höhe des Hauptträgers	$H_H = 200$ mm
f	Geometriefaktor für Queranschlüsse in Abhängigkeit von a/H_H	

Hinweis:

Beim einseitigen Anschluß von Balkenschuhen muß das Versatzmoment

$M_V = Q \cdot B_H/2$

bei der Bemessung des Hauptträgers berücksichtigt werden.

1 **Holzbau-TB Bd. 2, Tab. 4.4-4, Seite 294**
2 **DIN 1052 T2, 6.2.2**
3 **DIN 1052 T2, 7.2.2**
4 **Holzbau-TB Bd. 2, Tab. 4.6-1, Seite 297**

Beispiel 6
Biegesteifer Anschluß Stiel–Riegel

Aufgabenstellung

Der Stiel und der Riegel sind unter Verwendung von Bau-Furniersperrholz als Knotenplatten und Nägeln miteinander zu verbinden. Der Anschluß ist für die im Bild 6.1 angegebenen Schnittgrößen zu bemessen.

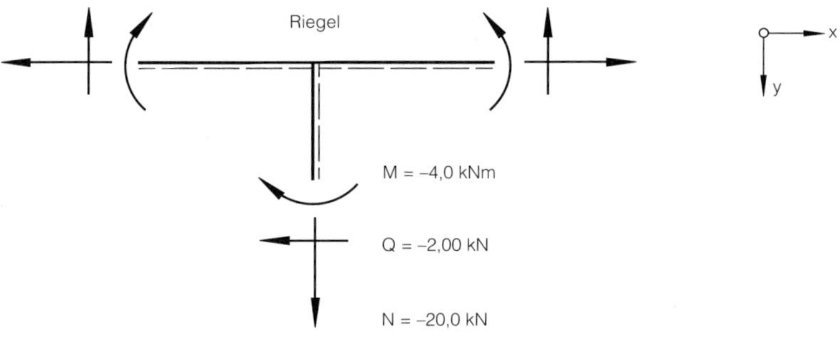

Bild 6.1

geg.: M = – 4,0 kNm; LF.: HZ
Q = – 2,0 kN; LF.: HZ
N = –20,0 kN; LF.: HZ

Erläuterung		Berechnung
Wahl der Nägel, Nagelgeometrie und der Bau-Furniersperrholzplatten	**1**	gew.: Nägel Na 34 × 90 Bau-Furniersperrholzplatte; DIN 68 705 5lagig d = 22 mm

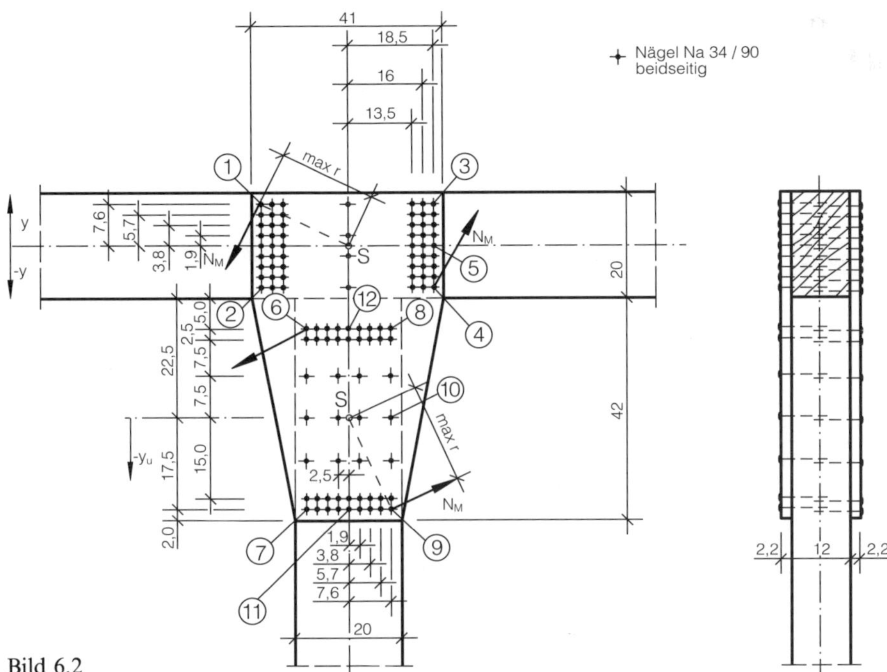

Bild 6.2

Nachweis der Nägel

Anschluß Bau-Furnier-sperrholzplatte – Riegel

Der Abstand der Nägel vom Schwerpunkt (S) des Nagelbildes der Einzelanschlüsse wird mit r_i bezeichnet. Die Belastung eines Nagels (N_i) ist abhängig vom Abstand r_i.

Der äußerste Nagel (N_1) nimmt den größten Anteil (M_1) des Gesamtmomentes (M) auf:

$M_1 = N_1 \cdot r_1$

oder $M_1 = \max N \cdot \max r$

Die Knotenplatten werden mit $3 \cdot 9 \cdot 4 = 108$ Nägeln Na 34 × 90 an den Riegel angeschlossen. Die Nägel in der Mitte sind Heftnägel, die nicht in Rechnung gestellt werden.

Für die Belastung des i-ten Nagels ergibt sich damit

$$N_i = \frac{\max N \cdot r_i}{\max r}$$

Der von ihm aufgenommene Momentenanteil ist dann

$$M_i = N_i \cdot r_i = \frac{\max N \cdot r_i^2}{\max r}$$

Das übertragbare Gesamtmoment ist bei n Nägeln

$$M = \sum_{i=1}^{n} \frac{\max N \cdot r_i^2}{\max r}$$

$$= \frac{\max N}{\max r} \sum_{i=1}^{n} r_i^2$$

Nach max N aufgelöst:

$$\max N = \frac{M \cdot \max r}{\sum_{i=1}^{n} r_i^2}$$

Für einen beliebigen Nagel ergibt sich die Normalkraft infolge des Biegemomentes zu:

$$N_M = \frac{M \cdot r_i}{\sum_{i=1}^{n} r_i^2}$$

Da zwischen dem Pfosten und Riegel eine Fuge auftreten kann, ist es zweckmäßig, die Normalkraft auch durch Nägel anzuschließen. Durch Längs- und Querkräfte erfährt jeder Nagel eine gleich große Beanspruchung.

Die äußeren Nägel (1, 2, 3, 4) an den Ecken des Nagelbildes werden infolge des Momentes durch folgende Kraft beansprucht:

$$N_M = \frac{4 \cdot 20{,}0 \cdot 10^{-2}}{3{,}0697} = 0{,}261 \text{ kN}$$

$$\Sigma r_i^2 = (18{,}5^2 + 16{,}0^2 + 13{,}5^2) \cdot 9 \cdot 4 + (1{,}9^2 + 3{,}8^2 + 5{,}7^2 + 7{,}6^2) \cdot 2 \cdot 3 \cdot 4 = 30\,697 \text{ cm}^2 \mathrel{\hat{=}} 3{,}0697 \text{ m}^2$$

$$\max r = \sqrt{18{,}5^2 + 7{,}6^2} = 20{,}0 \text{ cm}$$

Längskraftanteil $N_V = \frac{N}{n}$

$N_V = 20/108 = 0{,}185\ \text{kN}$

Querkraftanteil $N_H = \frac{Q}{n}$

$N_H = 2/108 = 0{,}019\ \text{kN}$

n Anzahl der Nägel

$n = 108$

Die Resultierende der drei Kraftkomponenten (Momentenanteil, Längskraftanteil, Querkraftanteil) kann graphisch oder rechnerisch ermittelt werden:

Graphische Ermittlung der Resultierenden

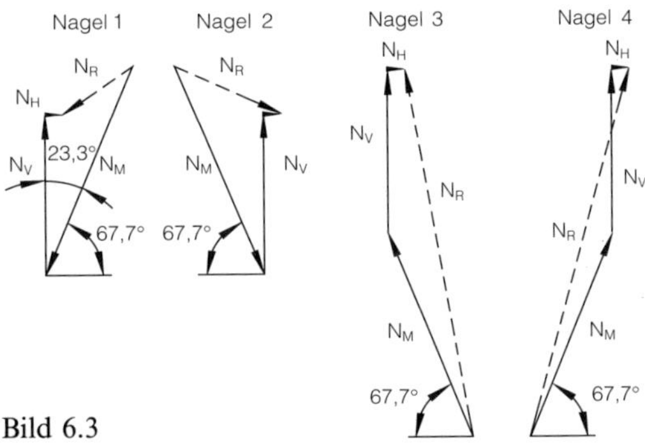

Bild 6.3

Trotz gleich großer Kraftkomponenten sind die Nagelbeanspruchungen sehr unterschiedlich. Die größte Resultierende tritt am Nagel 4 auf.

Rechnerische Ermittlung der Resultierenden

$\max N_R = \sqrt{N_{V,M}^2 + N_{H,M}^2}$

$\max N_R = \sqrt{0{,}426^2 + 0{,}118^2} = 0{,}442\ \text{kN}$

$N_{V,M} = N_M \cdot \cos\alpha + N_V$

$N_{V,M} = 0{,}261 \cdot \cos 22{,}3° + 0{,}185 = 0{,}426\ \text{kN}$

$N_{H,M} = N_M \cdot \sin\alpha + N_H$

$N_{H,M} = 0{,}261 \cdot \sin 22{,}3° + 0{,}019 = 0{,}118\ \text{kN}$

α Neigung der Momentenkraftkomponente N_M

$\text{tg}\,\alpha = 7{,}6/18{,}5 = 0{,}41 \Rightarrow \alpha = 22{,}3°$

$\max N_R \leq \text{zul}\,N$

$\max N_R = 0{,}44\ \text{kN} < 0{,}54\ \text{kN} = \text{zul}\,N$

$\text{zul}\,N = 1{,}25 \cdot \text{zul}\,N_1$

$\text{zul}\,N = 1{,}25 \cdot 431 = 539\ \text{N}$

1
2 $\text{zul}\,N_1 = \frac{500 \cdot d_n^2}{10 + d_n}$ in N

$\text{zul}\,N_1 = \frac{500 \cdot 3{,}4^2}{10 + 3{,}4} = 431\ \text{N}$

d_n Nageldurchmesser in mm

3 1,25 Faktor

Anschluß Bau-Furniersperrholzplatten – Stiel

Das Biegemoment, das in der Riegelachse wirkt, wird durch die äußere Kraft erzeugt, die im Abstand von 2,0 m angreift. Das Moment, bezogen auf den Nagelschwerpunkt, ist zu bestimmen.

gew.: 2 × 48 Nägel Na 34 × 90

$M = H \cdot e$

$M = 2{,}0 \cdot 1{,}675 = 3{,}35 \text{ kNm}$

e Hebelarm (Bild 6.2)

$$e = 2{,}0 - \left(0{,}15 - 0{,}025 - 0{,}05 - \frac{0{,}20}{2}\right) = 1{,}675 \text{ m}$$

H äußere Kraft

$H = 2{,}0 \text{ kN}$

Die resultierende Nagelkraft wird analog dem vorher berechneten Anschluß ermittelt.

Die äußeren Nägel an den Ecken (6, 7, 8, 9) des Nagelbildes werden durch folgende Kräfte beansprucht:

$$N_M = \frac{M \cdot \max r}{\sum_{i=1}^{n} r_i^2}$$

$$N_M = \frac{3{,}35 \cdot 19{,}08}{2{,}2526} \cdot 10^{-2} = 0{,}284 \text{ kN}$$

$$N_V = \frac{N}{n}$$

$$N_V = \frac{20}{96} = 0{,}208 \text{ N}$$

$$N_H = \frac{Q}{n}$$

$$N_H = \frac{2}{96} = 0{,}021 \text{ N}$$

$$\begin{aligned}\Sigma r_i^2 &= (17{,}5^2 + 15{,}0^2) \cdot 9 \cdot 4 + 7{,}5^2 \cdot 4 \cdot 4 \\ &\quad + (1{,}9^2 + 3{,}8^2 + 5{,}7^2 + 7{,}6^2) \cdot 2 \cdot 2 \cdot 4 \\ &\quad + (7{,}6^2 + 2{,}5^2) \cdot 3 \cdot 2 \cdot 2 \\ &= 22\,526 \text{ cm}^2 \mathrel{\hat=} 2{,}2526 \text{ m}^2\end{aligned}$$

$$\max r = \sqrt{17{,}5^2 + 7{,}6^2} = 19{,}08 \text{ cm}$$

Graphische Ermittlung der Resultierenden

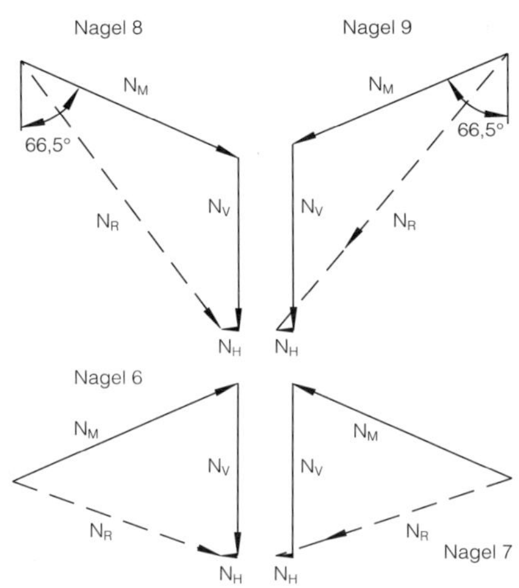

Bild 6.4

Die ungünstigste Beanspruchung tritt bei Nagel 9 auf.

Rechnerische Ermittlung der Resultierenden

$\max N_R = \sqrt{N_{V,M}^2 + N_{H,M}^2}$

$N_{V,M} \quad = N_M \cdot \cos\alpha + N_V$

$N_{H,M} \quad = N_M \cdot \sin\alpha + N_H$

$\max N_R = \sqrt{0{,}321^2 + 0{,}281^2} = 0{,}43 \text{ kN}$

$N_{V,M} \quad = 0{,}284 \cdot 0{,}3987 + 0{,}208 = 0{,}321 \text{ kN}$

$N_{H,M} \quad = 0{,}284 \cdot 0{,}9171 + 0{,}021 = 0{,}281 \text{ kN}$

$\operatorname{tg}\alpha \quad = 17{,}5/7{,}6 = 2{,}3 \Rightarrow \alpha = 66{,}5°$

Da bei den Nägeln 10 und 11 zwei Komponenten die gleiche Richtung haben, werden diese Nägel auch untersucht.

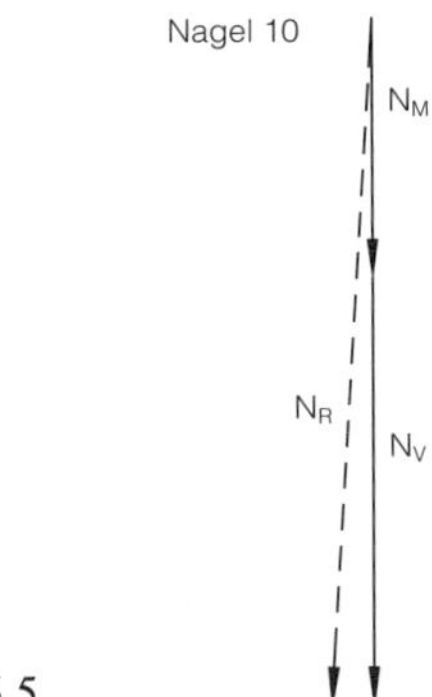

Bild 6.5

$$N_R = \sqrt{0{,}321^2 + 0{,}021^2} = 0{,}32 \text{ kN}$$

$$N_M = \frac{3{,}35 \cdot 7{,}6 \cdot 10^{-2}}{2{,}2526} = 0{,}113 \text{ kN}$$

$$N_{V,M} = 0{,}113 + 0{,}208 = 0{,}321 \text{ kN}$$

$$N_H = 0{,}021 \text{ kN}$$

$$r = 7{,}6 \text{ cm}$$

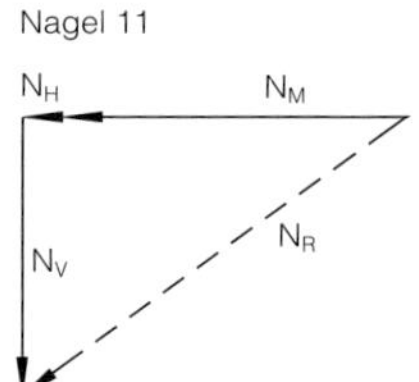

Bild 6.6

$$N_R = \sqrt{0{,}281^2 + 0{,}208^2} = 0{,}35 \text{ kN}$$

$$N_M = \frac{3{,}35 \cdot 17{,}5 \cdot 10^{-2}}{2{,}2526} = 0{,}26 \text{ kN}$$

$$N_V = 0{,}208 \text{ kN}$$

$$N_{H,M} = 0{,}26 + 0{,}021 = 0{,}281 \text{ kN}$$

$$r = 17{,}5 \text{ cm}$$

$\max N_R \leq \text{zul} N$	1	$\max N_R = 0{,}43 \text{ kW} < 0{,}54 \text{ kN} = \text{zul} N$
	2	
$\text{zul } N = 1{,}25 \cdot \text{zul} N_1$	3	$\text{zul} N = 1{,}25 \cdot \frac{500 \cdot 3{,}4^2}{10 + 3{,}4} = 539 \text{ N}$
$\text{zul } N_1 = \frac{500 \cdot d_n^2}{10 + d_n}$		
Einschlagtiefen und Mindestdicken	4	Die erforderlichen Einschlagtiefen der Nägel und
	5	die Mindestdicke für die Bau-Furniersperrholz-platten sind eingehalten.
Einschlagtiefe $s \geqslant 12 \cdot d_n$		
Mindestdicke der Baufurnier-sperrholzplatten		
$\min a = 4 \cdot d_n$		

Normalspannungsnachweis in der Bau-Furniersperrholzplatte

$$\frac{\sigma_D}{\text{zul}\,\sigma_{Dx}} + \frac{\sigma_B}{\text{zul}\,\sigma_{Bxz}} \leq 1$$ 6

$$\sigma_D = \frac{N}{A}$$

$$\sigma_B = \frac{M}{W}$$

$$M = H \cdot y'$$

zul σ_{Dx}	zulässige Druckspannung in Plattenebene	7 8	zul σ_{Dx} = 1,25 · 8,0 = 10,0 MN/m^2
zul σ_{Bxz}	zulässige Biegespannung in Plattenebene	7 8	zul σ_{Bxz} = 1,25 · 9,0 = 11,25 MN/m^2

Der Nachweis wird tabellarisch durchgeführt. — siehe Tabelle 6.1

Scherspannungsnachweis in der Bau-Furniersperrholzplatte

Der Nachweis ist für verschiedene Schnitte zu führen. Die zu übertragende Scherkraft ergibt sich im jeweiligen Schnitt aus den Momentenanteilen und den Querkraftanteilen der Nägel, die bis zum betrachteten Schnitt ihre Kräfte auf die Bau-Furniersperrholzplatte übertragen haben.

$$\frac{\tau}{\text{zul}\,\tau_{yx}} \leq 1$$

$$\frac{\tau}{\text{zul}\,\tau_{yx}} = \frac{1{,}85}{2{,}25} = 0{,}82 < 1{,}0$$

$$\tau = \frac{Q}{A}$$

τ = 1,85 MN/m^2; siehe Tab. 6.2

zul τ_{yx}	zulässige Scherspannung rechtwinklig zur Plattenebene	7 8	zul τ_{yx} = 1,25 · 1,8 = 2,25 MN/m^2

Tabelle 6.1

①	②	③	④**	⑤			⑥		
$-y$	$y' = 2{,}0 + y$	$M = H \cdot y' = 2{,}0 \cdot y'$	N	(d = 2,2 cm) h_s	$A = 2 \cdot h_s \cdot d$	$W = 2 \cdot \frac{d \cdot h_s^2}{6}$	$\sigma_D = N/A$	$\sigma_B = M/W$	$\frac{\sigma_D}{\text{zul}\,\sigma_{Dx}} + \frac{\sigma_B}{\text{zul}\,\sigma_{Bxz}}$
cm	m	kNm	kN	cm	cm²	cm³	MN/m²	MN/m²	≤ 1
0	2,0	4,0	10,00	41,0	180,4	1233	0,55	3,24	0,06 + 0,29 = 0,35
7,6	1,924	3,848	20,00	41,0	180,4	1233	1,11	3,12	0,11 + 0,28 = 0,39
15,0	1,850	3,7	20,00	38,5	169,40	1087	1,18	3,40	0,12 + 0,30 = 0,42
32,5	1,675	1,85*)	10,00	29,7	130,68	647	0,77	2,86	0,08 + 0,25 = 0,33

*) Dieser Wert ist **nicht** errechnet worden, indem die Werte der Spalten ① und ② in ③ eingesetzt werden, sondern wurde graphisch anhand des Momentenverlaufs ermittelt (Bild 6.7)

**) Im Schwerpunkt der Nagelgruppe des Pfostenanschlusses ($-y = 32{,}5$ cm) sind 50% der Normalkraft ($N = -20$ kN) über die Nägel vom Pfosten in die Bau-Furniersperrholzplatten eingeleitet worden. An der Stelle $-y = 15{,}0$ cm ist die gesamte Längskraft auf die Knotenplatten übertragen, so daß diese im Bereich von $-y = 15{,}0$ cm bis $-y = 7{,}6$ cm für $N = -20$ kN zu bemessen sind. Von $-y = 7{,}6$ cm bis zur Riegelachse ($-y = 0{,}0$ cm) leiten die Nägel 50% der Normalkraft von der Bau-Furniersperrholzplatte in den Riegel.
Bei $-y = 0$ cm sind die Knotenplatten also nur noch durch den Längskraftanteil $N = 10$ kN belastet.

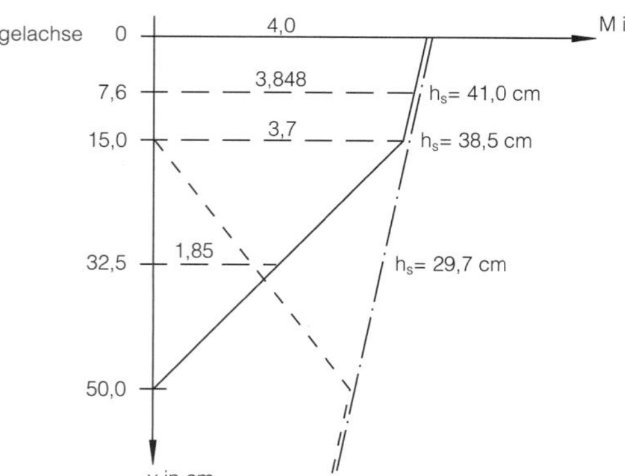

—·— Momentenverlauf wie in der Statik errechnet

—— Momentenverlauf in der Bau-Furniersperrholzplatte

---- Momentenverlauf im Stiel

Bild 6.7

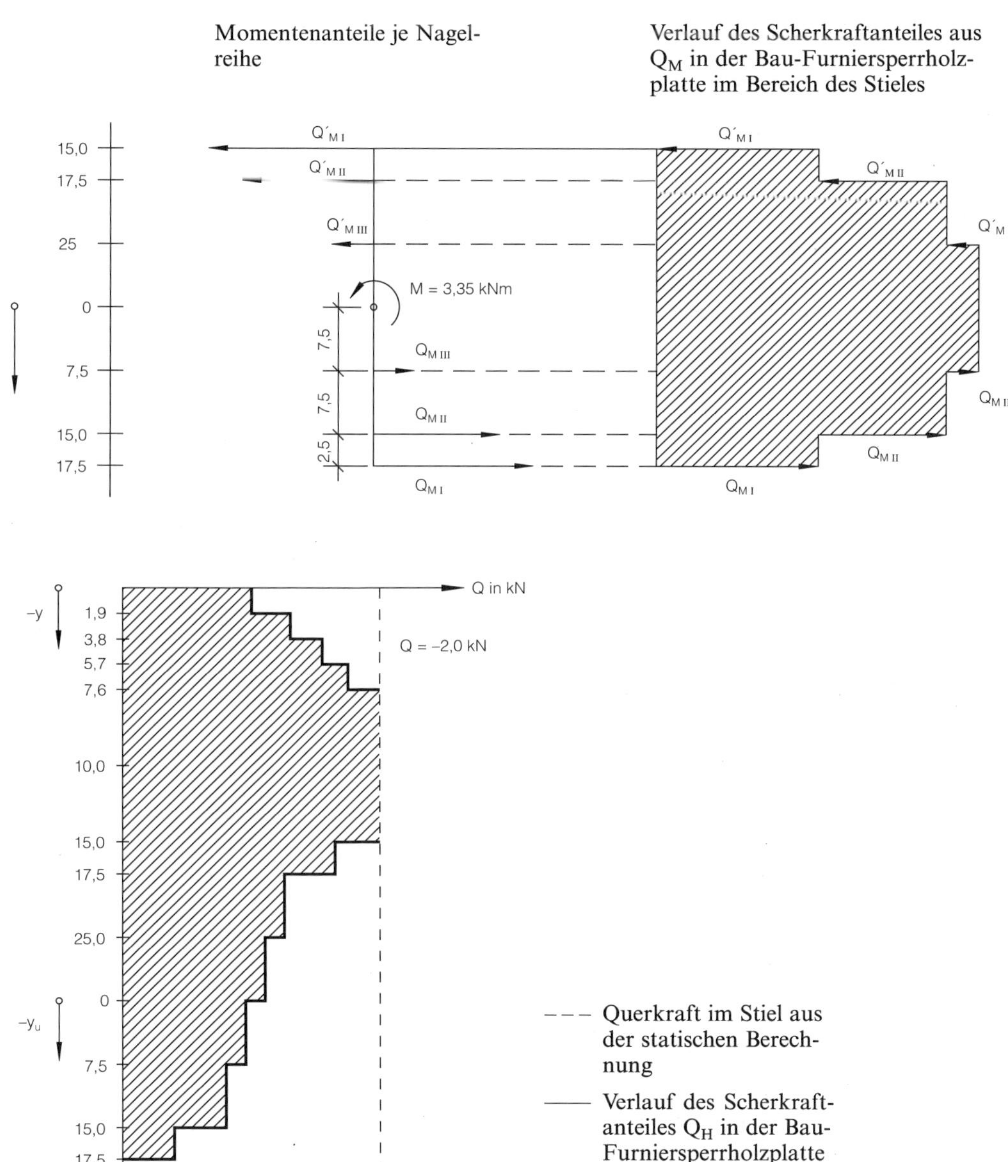

--- Querkraft im Stiel aus der statischen Berechnung

—— Verlauf des Scherkraftanteiles Q_H in der Bau-Furniersperrholzplatte

Bild 6.8

$Q = Q_H + Q_M$

$Q_H = n \cdot N_H$ Scherkraftanteil aus Querkraft

$Q_M = \dfrac{M \cdot \Sigma - y_u}{\Sigma r^2}$ Scherkraftanteil aus Moment

Es wird nur der Bereich $-y_u$ betrachtet, weil die Fläche A dort am kleinsten ist und zum anderen der ausschlaggebende Teil von Q, d. h. Q_M am größten wird.

Lage des Koordinatensystems ($-y_u$) siehe Bild 6.2/6.8

Die Scherspannung in den waagerechten Fugen der Bau-Furniersperrholzplatte wird tabellarisch ermittelt:

Tabelle 6.2

① $-y_u$	② $\Sigma - y_u = n \cdot y_y$	③ $\Sigma r^2 = 22\,526/2$	④ $Q_M = \dfrac{M \cdot \Sigma - y_u}{\Sigma r^2}$	⑤ n Stck.	⑥ $Q_H = n \cdot N_H$	$Q = Q_M + Q_H$	h_s	$d = 2{,}2$ cm $A = 2 \cdot d \cdot h_s$	Scherspannung $\tau = Q/A$
cm	cm	cm^2	kN		kN	kN	cm	cm^2	MN/m^2
17,5	315	11 263	9,37	18	0,38	9,75	21,0	92,4	1,06
15,0	585	11 263	17,40	36	0,76	18,15	22,25	97,9	1,85
7,5	645	11 263	19,18	44	0,92	20,11	26,0	114,4	1,76
0,0	645	11 263	19,18	52	1,09	20,18	29,75	130,9	1,55

1 Holzbau-TB Bd. 2, Tab. 4.4-4, Seite 294
2 DIN 1052 T2, 6.2.2
3 DIN 1052 T2, 3.2
4 DIN 1052 T2, 6.2.4
5 DIN 1052 T2, 6.2.7
6 DIN 1052 T1, 9.4
7 DIN 1052 T1, Tab. 6
8 DIN 1052 T1, 5.2.2

Beispiel 7
Zugstoß mit Dübeln

Aufgabenstellung

Der Stoß eines Zugstabes ist mit Einpreßdübeln (Dübeltyp D) und Laschen aus Vollholz auszuführen.

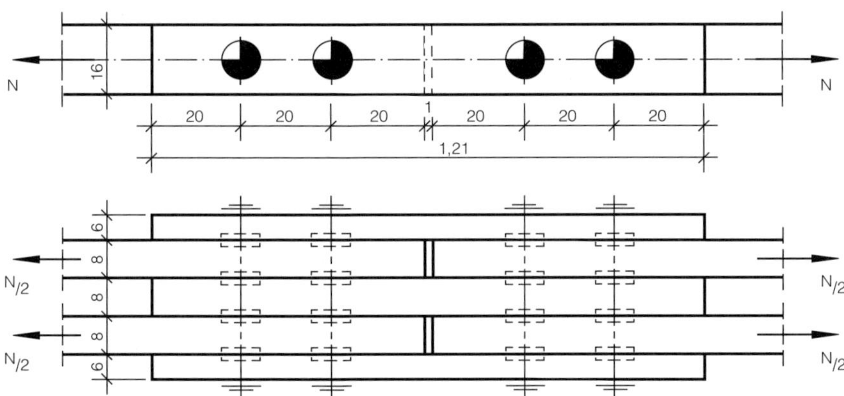

Bild 7.1

geg.: N = 150 kN; LF.: H
Zugstab 2 × 8/16 cm; NH II

Erläuterung		Berechnung
Kraftfluß: Zugstab – Dübel – Laschen – Dübel – Zugstab		
Wahl der Laschen, Dübel und Bolzen	1	gew.: Innenlasche 8/16 cm; NH II Außenlaschen 6/16 cm; NH II Einpreßdübel ∅ 95 (Dübeltyp D) Bolzen M 24

Dübelnachweis		
$\text{zul}\, N_{D\,ges} = n \cdot \text{zul}\, N_D \geq N$	2	$\text{zul}\, N_{D\,ges} = 8 \cdot 21 = 168\ \text{kN} > 150\ \text{kN} = N$
	3	
Mindestabmessungen der Laschen	3	
	4	
Mindest-holzquerschnitt a/b		a/b $= 6/12$ cm $< 6/16$ cm bzw. $8/16$ cm
Vorholzlänge, Dübelabstand $e_{d\parallel}$		$e_{d\parallel} = 20$ cm
Laschenlänge $l_L = \Sigma(e_{d\parallel}) + 1$ in cm		$l_L = 6 \cdot 20 + 1 = 121$ cm
Spannungen im Zugstab		
$\frac{\sigma_{Z\parallel}}{\text{zul}\,\sigma_{Z\parallel}} \leq 1$	5	$\frac{\sigma_{Z\parallel}}{\text{zul}\,\sigma_{Z\parallel}} = \frac{7{,}62}{8{,}5} = 0{,}896 < 1$
	6	
$\sigma_{Z\parallel} = \frac{Z}{A_n}$		$\sigma_{Z\parallel} = \frac{75 \cdot 10^{-3}}{98{,}4 \cdot 10^{-4}} = 7{,}62\ \text{MN/m}^2$
		$Z = \frac{N}{2} = 75$ kN
$A_n = A - \Delta A_{Dü} - \Delta A_{Bo}$	2	$A_n = 8 \cdot 16 - 2 \cdot 5{,}6 - (2{,}2 + 0{,}1) \cdot 8 = 98{,}4\ \text{cm}^2$
A_n nutzbare Querschnittsfläche	3	
A Bruttoquerschnitt	7	
$\Delta A_{Dü}$ Dübelfehlfläche		
ΔA_{Bo} Bolzenfehlfläche		

Beanspruchung der Innenlasche

Durch die Dübel wird auf die Innenlaschen N/2 übertragen, d. h. Spannungen wie im Zugstab.

Beanspruchung der Außenlaschen

$$\frac{\sigma_{Z\|}}{\text{zul}\,\sigma_{Z\|}} \leq 1$$

5
6
$$\frac{\sigma_{Z\|}}{\text{zul}\,\sigma_{Z\|}} = \frac{7{,}34}{8{,}5} = 0{,}864 < 1$$

$$\sigma_{Z\|} = \frac{\nu \cdot Z_L}{A_n}; \quad \nu = 1{,}5$$

8
$$\sigma_{Z\|} = \frac{1{,}5 \cdot 37{,}5 \cdot 10^{-3}}{76{,}6 \cdot 10^{-4}} = 7{,}34\ \text{MN/m}^2$$

$$Z_L = \frac{N}{4}$$

$$Z_L = \frac{150}{4} = 37{,}5\ \text{kN}$$

$$A_n = 6 \cdot 16 - 5{,}6 - (2{,}2 + 0{,}1) \cdot 6 = 76{,}6\ \text{cm}^2$$

1 DIN 1052 T2, 4.3.3
2 Holzbau-TB Bd. 2, Tab. 4.2-1, Seite 246
3 DIN 1052 T2, Tab. 7
4 DIN 1052 T2, Tab. 8
5 DIN 1052 T1, 7.1
6 DIN 1052 T1, Tab. 5
7 DIN 1052 T1, 6.4.2
8 DIN 1052 T1, 7.3

Beispiel 8
Hirnholzanschluß

Aufgabenstellung

Der Nebenträger (Pos. 2) ist mit Einlaßdübeln (Dübeltyp A) an den Hauptträger (Pos. 1) anzuschließen.

geg.: Q = 16,0 kN; LF.: H
BSH II

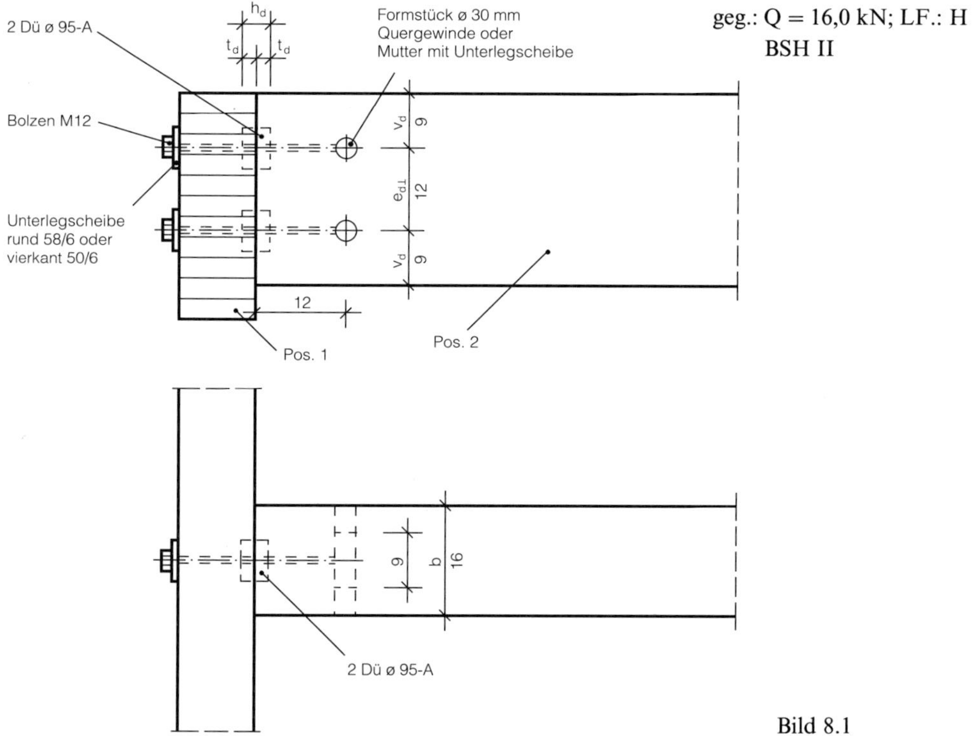

Bild 8.1

Erläuterung		Berechnung
Dübelnachweis	1	gew.: 2 Einlaßdübel (Dübeltyp A) ∅ 95 Bolzen M 12 Unterlegscheibe 58/6 mm Nebenträgerbreite b = 16 cm

$Q_{Dü} \leq \text{zul}\, N_A = n \cdot N_A$

n Anzahl der Dübel

N_A zulässige Belastung eines Dübels

2 $Q_{Dü} = 16{,}0 \text{ kN} < \text{zul}\, N_A = 2 \cdot 8{,}5 = 17 \text{ kN}$

$n = 2$

$N_A = 8{,}5 \text{ kN}$

Mindestabstände

$$\text{erf}\, e_{d\perp} \geq d_d + t_d = d_d + \frac{h_d}{2}$$

$$\text{erf}\, v_d \geq \frac{b}{2}$$

erf $e_{d\perp}$ erforderlicher Dübelabstand

erf v_d erforderlicher Randabstand der Dübel

3 $\text{erf}\, e_{d\perp} = 9{,}5 + \frac{3{,}0}{2} = 11{,}0 \text{ cm} < e_{d\perp} = 12 \text{ cm}$

4 $\text{erf}\, v_d = \frac{15}{2} = 7{,}5 \text{ cm} < v_d = 9{,}0 \text{ cm}$

Nebenträgerbreite

erf b Mindestbreite des Nebenträgers

2 erf b = 15 cm < b = 16 cm

1 DIN 1052 T2, 4.3.2
2 DIN 1052 T2, Tab. 5
3 DIN 1052 T2, Tab. 4
4 Holzbau-TB Bd. 2, Tab. 4.2-1, Seite 246

Beispiel 9
Gedübelte Rahmenecke

Aufgabenstellung

Die Haupttragglieder einer Halle sind Dreigelenkrahmen. Die gedübelte Rahmenecke ist zu bemessen.

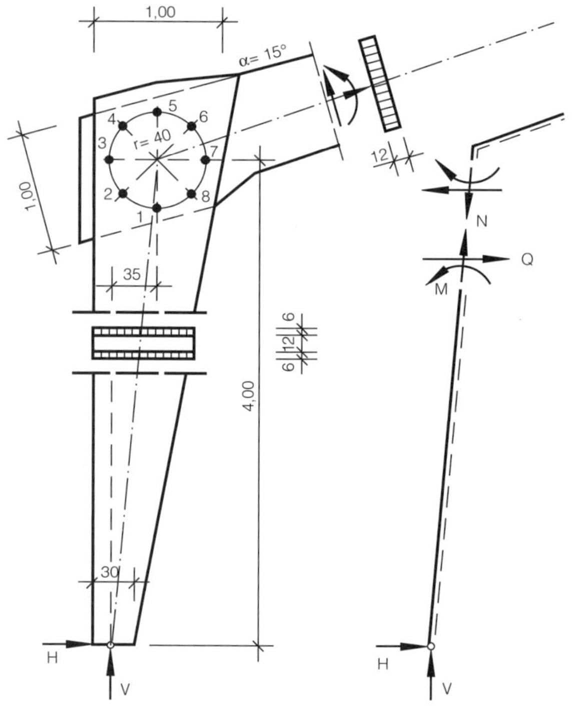

geg.: V = 40,00 kN; LF.: HZ
H = 24,00 kN; LF.: HZ
BSH II

Bild 9.1

Erläuterung	Berechnung
Schnittgrößen	
$\|N\| = V$	$\|N\| = 40{,}0\ \text{kN}$
$\|Q\| = H$	$\|Q\| = 24{,}0\ \text{kN}$
$\Sigma M = 0 = H \cdot 4{,}0 - V \cdot 0{,}35 + M$	
$M = V \cdot 0{,}35 - H \cdot 4{,}0$	$M = 40{,}0 \cdot 0{,}35 - 24{,}0 \cdot 4{,}0 = -82\ \text{kNm}$
	$\|M\| = 82\ \text{kNm}$

Beanspruchung und Bemessung der Dübel

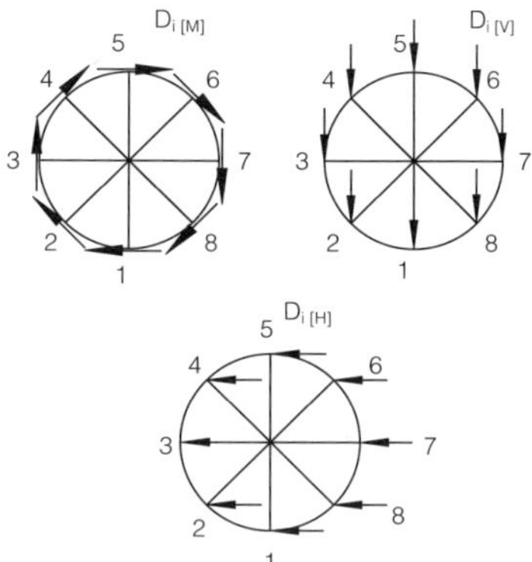

Bild 9.2

Die graphische Darstellung (Bild 9.2) zeigt, daß die einzelnen Dübel unterschiedlich beansprucht werden.

$$D_{i[M]} = \frac{M}{r \cdot n}$$

$$D_{i[M]} = \frac{82{,}00}{0{,}40 \cdot 8} = 25{,}63 \text{ kN}$$

$$D_{i[V]} = \frac{N}{n}$$

$$D_{i[V]} = \frac{40{,}00}{8} = 5{,}00 \text{ kN}$$

$$D_{i[H]} = \frac{Q}{n}$$

$$D_{i[H]} = \frac{24{,}00}{8} = 3{,}00 \text{ kN}$$

$D_{i[\,]}$ Dübelkraft des i-ten Dübels infolge Moment, Normal- und Querkraft

n Anzahl der Dübel

Für die Bemessung maßgebend ist unter Berücksichtigung des Winkels zwischen der Richtung der resultierenden Dübelkraft und der Faserrichtung die Beanspruchung der Dübel 1 und 7.

Resultierende Dübelkraft der Dübel 1 und 7

$N_{D1} = \sqrt{(D_{1[M]} + D_{1[H]})^2 + D_{1[V]}^2}$ $\qquad$ $N_{D1} = \sqrt{(25{,}63 + 3{,}00)^2 + 5{,}00^2} = 29{,}06$ kN

$N_{D7} = \sqrt{(D_{7[M]} + D_{7[V]})^2 + D_{7[H]}^2}$ $\qquad$ $N_{D7} = \sqrt{(25{,}63 + 5{,}00)^2 + 3{,}00^2} = 30{,}78$ kN

Die Dübel mit der größten Kraft beanspruchen entweder den Riegel oder den Stiel quer zur Faser. Als zulässige Dübelkraft ist daher der Wert für 60° bis 90° zu wählen.

gew.: Einpreßdübel (Dübeltyp D) ∅ 95 mm

$\mathrm{zul}\,N_D = 1{,}25 \cdot n \cdot \mathrm{zul}\,N_1 > N_{Di}$

1 $\mathrm{zul}\,N_D = 1{,}25 \cdot 2 \cdot 17{,}50$

2 $= 43{,}75 \text{ kN} > 30{,}78 \text{ kN} = N_{D7}$

3 1,25 Faktor

4 n Anzahl der Dübel

zul N_1 zulässige Belastung eines Dübels

Schubbeanspruchung im Stiel

5 $\dfrac{\tau}{\mathrm{zul}\,\tau_Q} \leq 1$ $\qquad$ $\dfrac{\tau}{\mathrm{zul}\,\tau_Q} = \dfrac{0{,}68}{1{,}2 \cdot 1{,}25} = 0{,}45 < 1$

6

$\tau = 1{,}5 \cdot \dfrac{Q_S}{A_{S,n}}$ $\qquad$ $\tau = 1{,}5 \cdot \dfrac{53{,}25 \cdot 10^{-3}}{1172 \cdot 10^{-4}} = 0{,}68 \text{ MN/m}^2$

$A_{S,n} = A - \Delta A$ $\qquad$ $A_{S,n} = 2 \cdot (6 \cdot 100 - 2 \cdot 6{,}9) = 1172 \text{ cm}^2$

$A_{S,n}$ nutzbare Stielquerschnittsfläche

4 ΔA Dübelfehlfläche $\qquad$ $\Delta A = 6{,}9 \text{ cm}^2$

7

Die maximale Querkraft tritt im Schnitt I–I (Bild 9.3) auf.

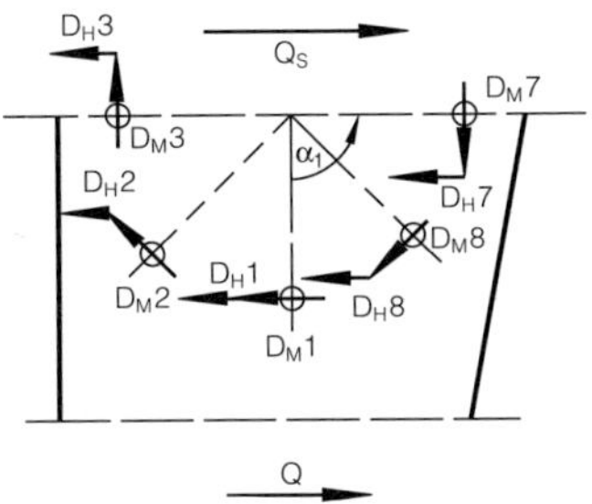

Bild 9.3

$$\Sigma H = 0$$

$$Q_S = -Q + \frac{n}{2} \cdot D_{i[H]} + D_{i[M]} \cdot \left(1 + 2 \cdot \sum_{\alpha_i > 0°}^{\alpha_i = 90°} \cos \alpha_i\right)$$

$$= -Q + \frac{Q}{2} + \frac{M}{r \cdot \pi} \cdot \left(1 + 2 \cdot \sum_{\alpha_i > 0°}^{\alpha_i = 90°} \cos \alpha_i\right)$$

$$= -\frac{Q}{2} + \frac{M}{r \cdot \pi}$$

$$Q_S = -\frac{24{,}00}{2} + \frac{82{,}00}{0{,}40 \cdot \pi} = 53{,}25 \text{ kN}$$

Schubbeanspruchung im Riegel

$$\frac{\tau}{\text{zul}\,\tau_Q} \leq 1$$

$$\tau = 1{,}5 \cdot \frac{Q_R}{A_{R,n}} \cdot \cos\alpha$$

5 $$\frac{\tau}{\text{zul}\,\tau_Q} = \frac{0{,}56}{1{,}2 \cdot 1{,}25} = 0{,}37 < 1$$

6 $$\tau = 1{,}5 \cdot \frac{45{,}25 \cdot 10^{-3}}{1172 \cdot 10^{-4}} \cdot \cos 15° = 0{,}56 \text{ MN/m}^2$$

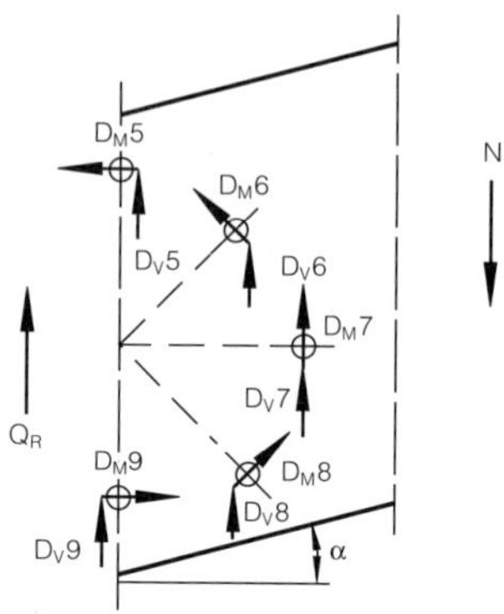

Bild 9.4

$\Sigma V = 0$

$$Q_R = N - \frac{n}{2} \cdot D_{i[V]} - D_{i[M]} \cdot \left(1 + 2 \cdot \sum_{\alpha_i > 0°}^{\alpha_i = 90°} \cos \alpha_i\right)$$

$$= N - \frac{N}{2} - \frac{M}{r \cdot n} \cdot \left(1 + 2 \cdot \sum_{\alpha_i > 0°}^{\alpha_i = 90°} \cos \alpha_i\right)$$

$$= \frac{N}{2} - \frac{M}{r \cdot \pi}$$

$$Q_R = \frac{40{,}00}{2} - \frac{82{,}00}{0{,}40 \cdot \pi} = -45{,}25\ \text{kN}$$

$$A_{R,n} = A - n \cdot \Delta A$$

$$A_{R,n} = 12 \cdot 100 - 4 \cdot 6{,}9 = 1172\ \text{cm}^2$$

$A_{R,n}$ nutzbare Riegelquerschnittsfläche
ΔA Dübelfehlfläche
n Anzahl der im Schnitt I-I vorhandenen Dübel

Formeln für doppelten Dübelkreis

Dübelbeanspruchung des äußeren Dübelkreises

infolge Moment

$$D_{i[M]} = \frac{M \cdot r_1}{n_1 \cdot r_1^2 + n_2 \cdot r_2^2}$$

infolge der Normalkraft

$$D_{i[V]} = \frac{N}{n_1 + n_2}$$

infolge Querkraft

$$D_{i[H]} = \frac{Q}{n_1 + n_2}$$

r_1 Radius des äußeren Kreises
r_2 Radius des inneren Kreises
n_1 Dübelanzahl des äußeren Kreises
n_2 Dübelanzahl des inneren Kreises

1 DIN 1052 T2, 3.2
2 DIN 1052 T2, 4.3.3
3 Holzbau-TB Bd. 2, Tab. 4.2-1, Seite 248
4 DIN 1052 T2, Tab. 7
5 DIN 1052 T1, Tab. 5
6 DIN 1052 T1, 5.6
7 DIN 1052 T1, 6.4.2

Beispiel 10
Keilgezinkte Rahmenecke

Aufgabenstellung

Das Haupttragwerk einer Halle ist ein Dreigelenkrahmen. Stiel und Riegel sind in der Rahmenecke durch Keilzinkenverleimung im Werk zu verbinden.

Ausbildung und Abmessungen der Rahmenecke

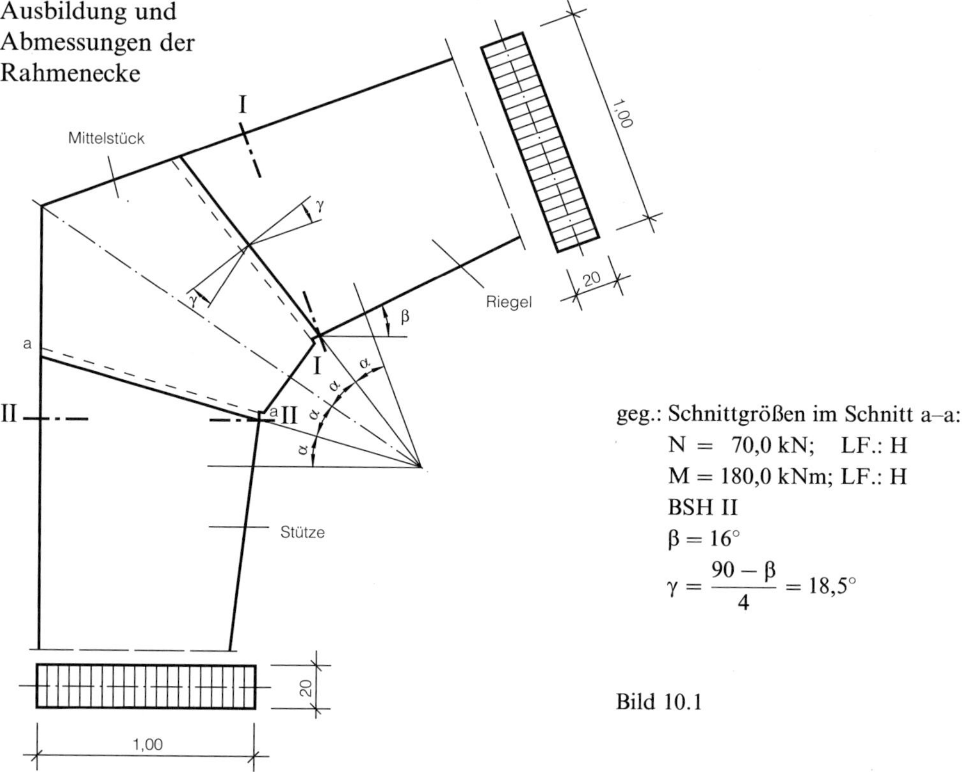

geg.: Schnittgrößen im Schnitt a–a:
$N = 70{,}0$ kN; LF.: H
$M = 180{,}0$ kNm; LF.: H
BSH II
$\beta = 16°$
$\gamma = \dfrac{90 - \beta}{4} = 18{,}5°$

Bild 10.1

Erläuterung

Berechnung

Keilzinkenverbindung

1 gew.: Keilzinkenverbindung
Beanspruchungsgruppe I–50

Zinkprofil und Bezeichnungen

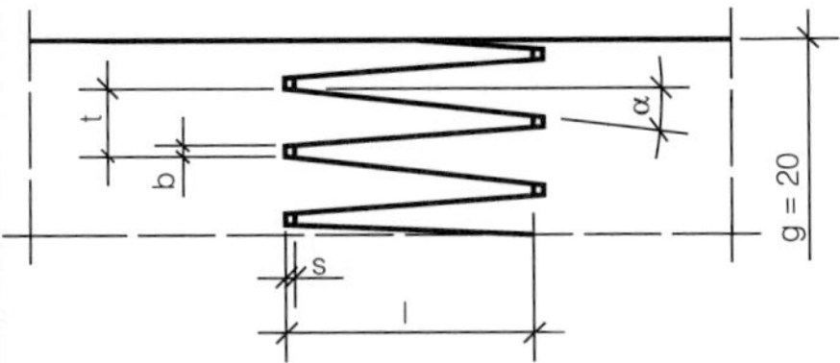

Keilzinkenverbindung nach DIN 68140

Bild 10.2

Es bedeuten:

l Zinkenlänge		$l = 50$ mm
g Gesamtbreite der Zinkenverbindung		$g = 200$ mm
t Zinkenteilung		$t = 12$ mm
b Breite des Zinkengrundes		$b = 2$ mm
s Zinkenspiel		$s \geq 1{,}5$ mm
α Flankenwinkel		$\alpha = 4{,}6°$
$e = \frac{s}{l}$ relatives Zinkenspiel		$e \geq \frac{1{,}5}{50} = 0{,}03$
Verschwächungsgrad		
$v = \frac{b}{t}$		$v = \frac{2}{12} = 0{,}167 \sim 0{,}17$
		d. h. der Querschnitt wird um ~ 17% geschwächt.
Querschnittswerte		
$A = A_{I\text{-}I}$	2	$A = 20 \cdot 100 = 2000\ \text{cm}^2$
$A_n = A_{I\text{-}I} \cdot (1 - v)$	3	$A_n = 2000 \cdot (1 - 0{,}17) = 1660\ \text{cm}^2$
$W = W_{I\text{-}I}$		$W = \frac{20 \cdot 100^2}{6} = 33\,333\ \text{cm}^3$
$W_n = W_{I\text{-}I} \cdot (1 - v)$	3	$W_n = 33\,333 \cdot (1 - 0{,}17) = 27\,667\ \text{cm}^3$

Spannungsnachweis

$$\frac{\frac{N}{A_n}}{\text{zul}\,\sigma_{D\sphericalangle}} + \frac{\frac{M}{W_n}}{\text{zul}\,\sigma_B}$$

4 5 6

$$\frac{\frac{N}{A_n}}{\text{zul}\,\sigma_{D\sphericalangle}} + \frac{\frac{M}{W_n}}{\text{zul}\,\sigma_B} = \frac{0{,}42}{6{,}60} + \frac{6{,}51}{11{,}00}$$

$$= 0{,}06 + 0{,}59 = 0{,}66 < 1$$

$$\frac{N}{A_n} = \frac{70 \cdot 10^{-3}}{1660 \cdot 10^{-4}} = 0{,}42\ \text{MN/m}^2$$

$$\frac{M}{W_n} = \frac{180 \cdot 10^{-3}}{27\,667 \cdot 10^{-6}} = 6{,}51\ \text{MN/m}^2$$

$$\text{zul}\,\sigma_{D\sphericalangle} = \text{zul}\,\sigma_{D\parallel} - (\text{zul}\,\sigma_{D\parallel} - \text{zul}\,\sigma_{D\perp}) \cdot \sin\alpha$$

6 7 8

$$\text{zul}\,\sigma_{D\,18{,}5^\circ} = 8{,}5 - (8{,}5 - 2{,}5) \cdot \sin 18{,}5^\circ$$
$$= 6{,}60\ \text{MN/m}^2$$

1 DIN 68140
2 Holzbau-TB Bd. 2, Tab. 3.1-4, Seite 46
3 DIN 1052 T1, 6.4.2
4 DIN 1052 T1, 12.3
5 DIN 1052 T1, 9.4
6 DIN 1052 T1, Tab. 5
7 Holzbau-TB Bd. 2, Tab. 3.1-15, Seite 60
8 DIN 1052 T1, 5.1.5

Beispiel 11
Doppelter Versatz

Aufgabenstellung

Anschluß eines Druckstabes mit doppeltem Versatz (Stirn- und Fersenversatz).

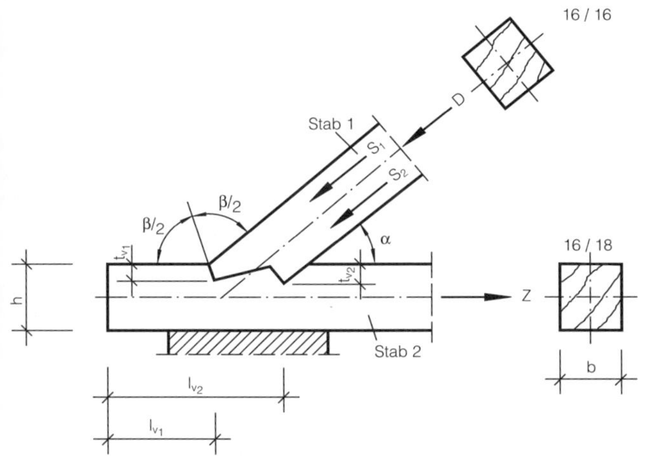

geg.: $D = 69$ kN; LF.: H
$Z = 52{,}8$ kN; LF.: H
$\alpha = 40°$
$\cos\alpha = 0{,}766$
$\cos\alpha/2 = 0{,}939$
NH II

Der doppelte Versatz ist durch Bolzen, Laschen o. ä. zu sichern.

Bild 11.1

Erläuterung		Berechnung
Fersenversatztiefe t_{v2}	**1**	
$t_{v2} = \dfrac{S_2 \cdot \cos\alpha}{b \cdot \text{zul}\,\sigma_{D\measuredangle}}$; $t_{v2} \leq h/4$	**2** **3**	$t_{v2} = \dfrac{34{,}5 \cdot 10^{-3} \cdot 0{,}766}{0{,}16 \cdot 4{,}3} = 0{,}038 \text{ m} \triangleq 3{,}8 \text{ cm}$
Annahme: $S_2 \cong D/2$		$S_2 = \dfrac{69}{2} = 34{,}5$ kN
$\text{zul}\,\sigma_{D\measuredangle} = \text{zul}\,\sigma_{D\parallel}$	**4**	$\text{zul}\,\sigma_{D40°} = 4{,}3 \text{ MN/m}^2$
$- (\text{zul}\,\sigma_{D\parallel} - \text{zul}\,\sigma_{D\perp}) \cdot \sin\alpha$	**5**	gew.: $t_{v2} = 4{,}0 < \dfrac{18}{4} = 4{,}5$ cm
Durch Fersenversatz übertragbare Kraft S_2		
$\text{zul}\,S_2 = \dfrac{b \cdot \text{zul}\,\sigma_{D\measuredangle} \cdot t_{v2}}{\cos\alpha}$	**2** **3**	$\text{zul}\,S_2 = \dfrac{0{,}16 \cdot 4{,}3 \cdot 0{,}04 \cdot 10^3}{0{,}766} = 35{,}9$ kN

Stirnversatztiefe t_{v1}

1

$$t_{v1} = \frac{S_1 \cdot \cos^2 \alpha/2}{b \cdot \mathrm{zul}\,\sigma_{D\measuredangle}}$$

2 6 $t_{v1} = \dfrac{33{,}10 \cdot 10^{-3} \cdot 0{,}939^2}{0{,}16 \cdot 6{,}3} = 0{,}029\ \mathrm{m} \mathrel{\hat{=}} 2{,}9\ \mathrm{cm}$

$S_1 = D - \mathrm{zul}\,S_2$

$S_1 = 69 - 35{,}9 = 33{,}1\ \mathrm{kN}$

$\mathrm{zul}\,\sigma_{D\measuredangle} = \mathrm{zul}\,\sigma_{D\alpha/2}$

4 5 $\mathrm{zul}\,\sigma_{D40^\circ/2} = \mathrm{zul}\,\sigma_{D20^\circ} = 6{,}3\ \mathrm{MN/m^2}$

Damit ein Zusammenfallen der Scherflächen vermieden wird, müssen die Bedingungen

$$t_{v1} \le \begin{cases} t_{v2} - 1{,}0\ \mathrm{cm} \\ 0{,}8 \cdot t_{v2} \end{cases}$$

erfüllt werden.

gew.: $t_{v1} = 3{,}0\ \mathrm{cm} \le \begin{cases} 4{,}0 - 1 = 3{,}0\ \mathrm{cm} \\ 0{,}8 \cdot 4{,}0 = 3{,}2\ \mathrm{cm} \end{cases}$

Durch Stirnversatz übertragbare Kraft S_1

$$\mathrm{zul}\,S_1 = \frac{b \cdot \mathrm{zul}\,\sigma_{D\measuredangle} \cdot t_{v1}}{\cos^2 \alpha/2} \ge S_1$$

2 6 $\mathrm{zul}\,S_1 = \dfrac{0{,}16 \cdot 6{,}3 \cdot 0{,}03 \cdot 10^3}{0{,}939^2} = 34{,}3\ \mathrm{kN}$

$> S_1 = 33{,}1\ \mathrm{kN}$

Vorholzlängen

$$\mathrm{erf}\,l_{v1} = \frac{S_1 \cdot \cos\alpha}{b \cdot \mathrm{zul}\,\tau}$$

2 6 $\mathrm{erf}\,l_{v1} = \dfrac{33{,}1 \cdot 0{,}766}{16 \cdot 0{,}9 \cdot 10^{-1}} = 17{,}6\ \mathrm{cm}$

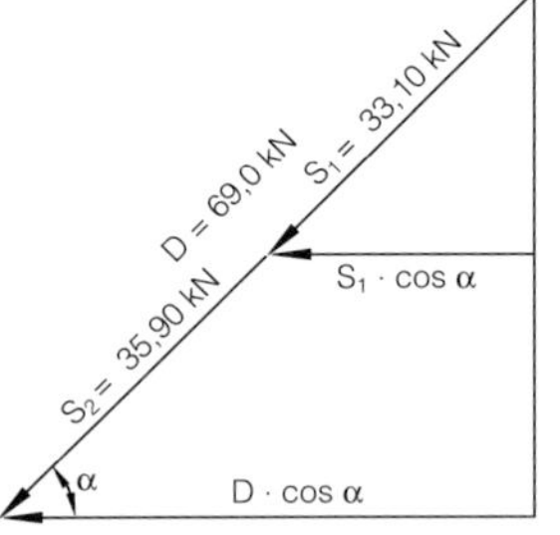

Bild 11.2

$$\mathrm{erf}\,l_{v2} = \frac{D \cdot \cos\alpha}{b \cdot \mathrm{zul}\,\tau}$$

2 6 $\mathrm{erf}\,l_{v2} = \dfrac{69 \cdot 0{,}766}{16 \cdot 0{,}9 \cdot 10^{-1}} = 36{,}7\ \mathrm{cm}$

$\mathrm{zul}\,\tau = \mathrm{zul}\,\tau_a$

7 $\mathrm{zul}\,\tau = 0{,}9\ \mathrm{MN/m^2}$

Spannungen im Deckenbalken (Schnitt I–I)

$$\frac{\sigma_{Z\|}}{\text{zul}\,\sigma_{Z\|}} + \frac{\sigma_B}{\text{zul}\,\sigma_B} \leq 1$$

$$\sigma_{Z\|} = \frac{Z}{A_n}$$

$$\sigma_B = \frac{M}{W_n}$$

$$M = \frac{Z \cdot t_{v2}}{2}$$

$$A_n = b \cdot (h - t_{v2})$$

$$W_n = b \cdot \frac{(h - t_{v2})^2}{6}$$

7
8 $$\frac{\sigma_{Z\|}}{\text{zul}\,\sigma_{Z\|}} + \frac{\sigma_B}{\text{zul}\,\sigma_B} = \frac{2{,}36}{8{,}50} + \frac{2{,}02}{10{,}00} = 0{,}48 < 1$$

$$\sigma_{Z\|} = \frac{52{,}8 \cdot 10^{-3}}{224 \cdot 10^{-4}} = 2{,}36\ \text{MN/m}^2$$

$$\sigma_B = \frac{105{,}6 \cdot 10^{-5}}{523 \cdot 10^{-6}} = 2{,}02\ \text{MN/m}^2$$

$$M = 52{,}8 \cdot \frac{4{,}0}{2} = 105{,}6\ \text{kN cm}$$

$$A_n = 16 \cdot (18 - 4) = 224\ \text{cm}^2$$

$$W_n = 16 \cdot \frac{(18 - 4)^2}{6} = 523\ \text{cm}^3$$

1 DIN 1052 T2, 12
2 Holzbau-TB Bd. 2, Tab. 4.9-1, Seite 312
3 Holzbau-TB Bd. 2, Nomogr. 4.9-10, Seite 323
4 DIN 1052 T1, 5.1.5
5 Holzbau-TB Bd. 2, Tab. 3.1-15, Seite 60
6 Holzbau-TB Bd. 2, Tab. 4.9-2, Seite 315
7 DIN 1052 T1, Tab. 5
8 DIN 1052 T1, 7.2

Beispiel 12
Hakenplatte

Aufgabenstellung

Für eine Skelettkonstruktion ist der Anschluß Riegel–Stütze mit Hakenplatten auszuführen.

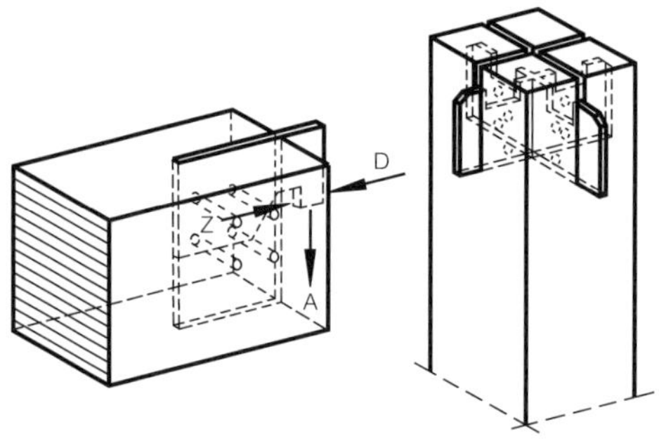

geg.: A = 8,0 kN; LF.: HZ
Riegel 16/24 cm; NH II
Stiel 16/16 cm; NH II
Stabdübel ∅ 12 mm
Bulldog Haken- und Widerlagerplatte t = 10 mm

Bild 12.1

Erläuterung

Berechnung

Die zulässige aufnehmbare Auflagerkraft für die Stabdübel, Haken, Hakenplatten und Widerlagerplatte wird ermittelt. Die minimale aufnehmbare Kraft ist maßgebend.

Stabdübel

Zulässige Kraft zul Q_S aus Scherspannung

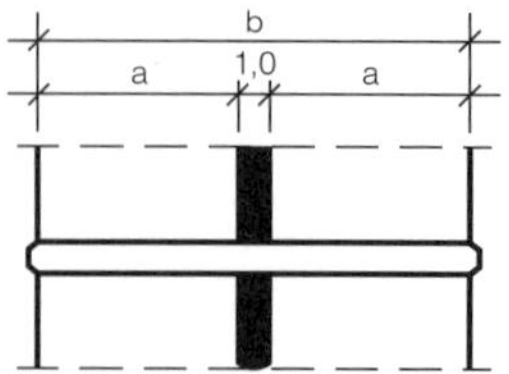

Bild 12.2

$\text{zul}\,Q_S = A \cdot \text{zul}\,\tau_A \cdot n$		$\text{zul}\,Q_S = 113{,}1 \cdot 126 \cdot 2 \cdot 10^{-3} = 28{,}50\ \text{kN}$
$\text{zul}\,\tau_A$ zul. Scherspannung	1	
n Schnittigkeit		$n = 2$
$A = \dfrac{d^2 \cdot \pi}{4}$		$A = \dfrac{12^2 \cdot \pi}{4} = 113{,}1\ \text{cm}^2$
Zulässige Kraft zul Q_l aus Lochleibungsspannung im Stahl		
$\text{zul}\,Q_l = \text{zul}\,\sigma_l \cdot t \cdot d_{St}$		$\text{zul}\,Q_l = 320 \cdot 10 \cdot 12 \cdot 10^{-3} = 38{,}40\ \text{kN}$
$\text{zul}\,\sigma_l$ zul. Lochleibungsspannung	2	
t Blechdicke der Hakenplatte, Widerlager		$t = 10\ \text{mm}$
d_{St} Stabdübeldurchmesser		$d_{St} = 12\ \text{mm}$
Zulässige Kraft zul N_{StH} aus Stahl-Holz-Verbindung		
$\text{zul}\,N_{StH} = B \cdot d_{St}^2 \cdot n \cdot 0{,}9 \cdot 1{,}25^2$	3 4 5	$\text{zul}\,N_{StH} = 33 \cdot 12^2 \cdot 2 \cdot 10^{-3} \cdot 0{,}9 \cdot 1{,}25^2$ $= 13{,}37\ \text{kN}$
B Festwert	6	
n Anzahl der Seitenhölzer		$n = 2$
1,25 Erhöhungsfaktor		
0,9 Abminderungsfaktor; Prüfzeugnis Nr. H 7916		
Mindestholzdicke b aus der Lochleibungsspannung im Holz		
$a = \dfrac{\text{zul}\,N_{StH}}{\text{zul}\,\sigma_l \cdot d_{St} \cdot n \cdot 1{,}25^2}$	3 4 5	$a = \dfrac{13{,}37 \cdot 10^3}{5{,}5 \cdot 12 \cdot 2 \cdot 1{,}25^2} = 65\ \text{mm}$
$b = t + \Sigma a$		$b = 10 + 2 \cdot 65 = 140\ \text{mm}$
$\text{zul}\,\sigma_l$ zul. mittlere Lochleibungsspannung des Holzes	6	$\text{zul}\,\sigma_l = 5{,}5\ \text{MN/m}^2$

Haken

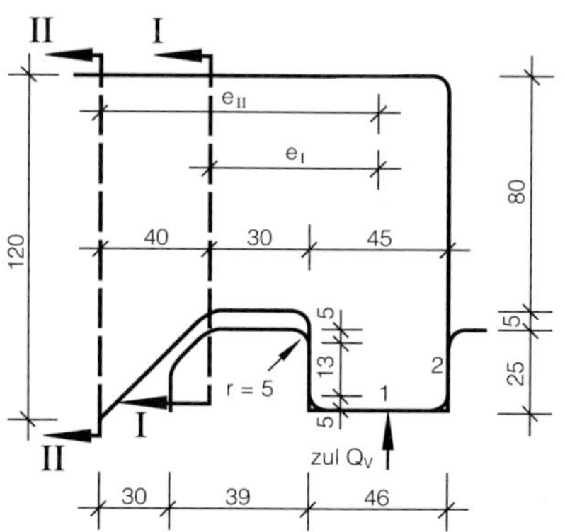

Bild 12.3

Zulässige Kraft zul Q_V aus Vergleichsspannungsnachweis im Schnitt I–I

$$\sigma_{VI} = \sqrt{\sigma_I^2 + 3 \cdot \tau_I^2} \leq 1{,}1 \cdot \text{zul}\,\sigma$$

2 $\sigma_{VI} = 1{,}1 \cdot 180 = 198\ \text{N/mm}^2$

$$\sigma_I = \frac{M}{W} = \frac{\text{zul}\,Q_V \cdot e_I}{W_I}$$

$$\tau_I = \frac{1{,}5 \cdot \text{zul}\,Q_V}{A_I}$$

$$\text{zul}\,Q_V = \frac{\sigma_{VI}}{\sqrt{\left(\frac{e_I}{W_I}\right)^2 + 3 \cdot \left(\frac{1{,}5}{A_I}\right)^2}}$$

$$\text{zul}\,Q_V = \frac{198 \cdot 10^{-3}}{\sqrt{\left(\frac{52{,}5}{10\,667}\right)^2 + 3 \cdot \left(\frac{1{,}5}{800}\right)^2}} = 33{,}58\ \text{kN}$$

$$W_I = \frac{t \cdot h_I^2}{6}$$

$$W_I = \frac{10 \cdot 80^2}{6} = 10\,667\ \text{mm}^3$$

$A_I = t \cdot h_I$

$A_I = 10 \cdot 80 = 800\,\text{mm}^2$

e_I Exzentrizität (Bild 12.3)

$e_I = 52{,}5\ \text{mm}$

Überprüfung der zul. Spannung σ_I und τ_I

$$\sigma_I = \frac{\mathrm{zul}\,Q_V \cdot e_I}{W_I} \leq \mathrm{zul}\,\sigma$$

2 $\sigma_I = \frac{33{,}58 \cdot 52{,}5}{10\,667} \cdot 10^3 = 165{,}28\ \mathrm{N/mm^2} < 180\ \mathrm{N/mm^2}$

$$\tau_I = \frac{1{,}5 \cdot \mathrm{zul}\,Q_V}{A_I} \leq \mathrm{zul}\,\tau$$

2 $\tau_I = \frac{1{,}5 \cdot 33{,}58}{800} \cdot 10^3 = 62{,}96\ \mathrm{N/mm^2} < 104\ \mathrm{N/mm^2}$

Überprüfung der zul. Spannungen σ_{II} und τ_{II}

$$\sigma_{II} = \frac{\mathrm{zul}\,Q_V \cdot e_{II}}{W_{II}} \leq \mathrm{zul}\,\sigma$$

2 $\sigma_{II} = \frac{33{,}58 \cdot 92{,}5}{24\,000} \cdot 10^3 = 129{,}42\ \mathrm{N/mm^2} < 180\ \mathrm{N/mm^2}$

$$W_{II} = \frac{t \cdot h_{II}^2}{6}$$

$W_{II} = \frac{10 \cdot 120^2}{6} = 24\,000\ \mathrm{mm^3}$

$e_{II} = 92{,}5\ \mathrm{mm}$

$$\tau_{II} = \frac{1{,}5 \cdot \mathrm{zul}\,Q_V}{A_{II}} \leq \mathrm{zul}\,\tau$$

2 $\tau_{II} = \frac{1{,}5 \cdot 33{,}58}{1200} \cdot 10^3 = 41{,}98\ \mathrm{N/mm^2} < 104\ \mathrm{N/mm^2} = \mathrm{zul}\,\tau$

$< \mathrm{zul}\,\tau/2$; kein Vergleichsspannungsnachweis

$$A_{II} = t \cdot h_{II}$$

$A_{II} = 10 \cdot 120 = 1200\ \mathrm{mm^2}$

Zulässige Kraft zul Q_A aus der Auflagerpressung

Annahme eines Versatzes zwischen Hakenplatte und Widerlager von 2 mm.

$$\mathrm{zul}\,Q_A = A_n \cdot \mathrm{zul}\,\sigma$$

2 $\mathrm{zul}\,Q_A = 280 \cdot 180 \cdot 10^{-3} = 50{,}40\ \mathrm{kN}$

$$A_n = l \cdot b$$

$A_n = 35 \cdot 8 = 280\ \mathrm{mm^2}$

l Auflagerlänge | l = 35 mm
b Auflagerbreite | b = 10 – 2 = 8 mm

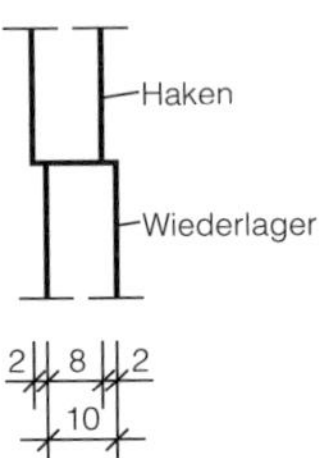

Bild 12.4

Hakenplatte

gew.: Bulldog Typ 140 (Bild 12.5)
Mindestträgerhöhe 16 cm

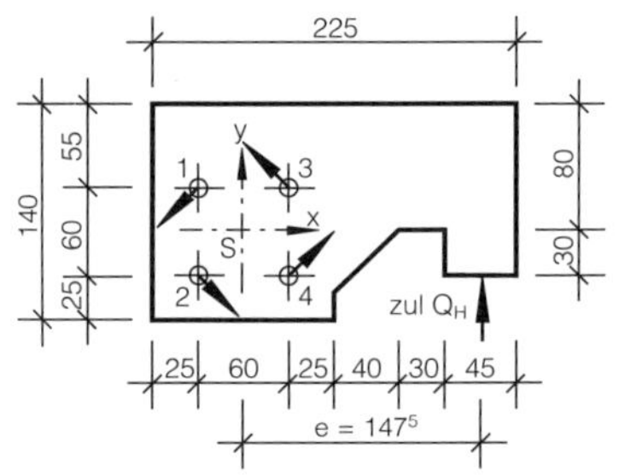

Bild 12.5

Zulässige Kraft zul Q_H aus der Beanspruchung der Stabdübel in der Hakenplatte

Versatzmoment

$M = \text{zul}\,Q_H \cdot e$ | $M = \text{zul}\,Q_H \cdot 147{,}5$

e Exzentrizität des Anschlußschwerpunktes S | e = 147,5 mm

Stabdübelkräfte

$$N_{Hi}^{M} = \frac{M \cdot y_i}{I_p} = \frac{\text{zul}\,Q_H \cdot e \cdot y_i}{\Sigma(x_i^2 + y_i^2)}$$

$$N_{Hi}^{M} = \frac{\text{zul}\,Q_H \cdot 147{,}5 \cdot 30}{7200} = 0{,}61 \cdot \text{zul}\,Q_H$$

$$N_{Vi}^{M} = \frac{M \cdot x_i}{I_p} = \frac{\text{zul}\,Q_H \cdot e \cdot x_i}{\Sigma(x_i^2 + y_i^2)}$$

$$N_{Vi}^{M} = \frac{\text{zul}\,Q_H \cdot 147{,}5 \cdot 30}{7200} = 0{,}61 \cdot \text{zul}\,Q_H$$

$$N_{Vi}^{Q} = \frac{\text{zul}\,Q_H}{n}$$

$$N_{Vi}^{Q} = \frac{\text{zul}\,Q_H}{4} = 0{,}25 \cdot \text{zul}\,Q_H$$

$I_p = \Sigma(x_i^2 + y_i^2)$; polares Trägheitsmoment 2. Grades

$$I_p = \Sigma(x_i^2 + y_i^2) = 4 \cdot 30^2 + 4 \cdot 30^2 = 7200\ \text{mm}^2$$

Die Beanspruchung ergibt sich aus der vektoriellen Addition der Kräfte

$$\max N = \sqrt{N_{Vi}^2 + N_{Hi}^2} = \varkappa \cdot \text{zul}\,Q_H$$

$$\max N = \sqrt{[(0{,}61 + 0{,}25)\,\text{zul}\,Q_H]^2 + [0{,}61 \cdot \text{zul}\,Q_H]^2} = 1{,}05 \cdot \text{zul}\,Q_H$$

$$\text{zul}\,Q_H = \frac{\max N}{\varkappa}$$

$$\text{zul}\,Q_H = \frac{11{,}33}{1{,}05} = 10{,}79\ \text{kN}$$

max N darf die zulässige Stabdübelkraft zul N_{StH} in Abhängigkeit der Faserrichtung zur Kraftrichtung nicht überschreiten.

$$\max N \leq \left(1 - \frac{\alpha}{360^\circ}\right) \cdot \text{zul}\,N_{StH}$$

8 $$\max N \leq \left(1 - \frac{55^\circ}{360^\circ}\right) \cdot 13{,}37 = 11{,}33\ \text{kN}$$

$$\alpha = \arctan \frac{N_{Vi}}{N_{Hi}}$$

$$\alpha = \arctan \frac{0{,}61 + 0{,}25}{0{,}61} = 55^\circ$$

Widerlagerplatten

Auf den Nachweis der Widerlagerplatten wird in diesem Beispiel verzichtet. Der Nachweis ist entsprechend dem für die Hakenplatten zu führen.

Zulässige Kraft zul N_{StW} bei symmetrischer (zentrischer) Belastung

2 Trägeranschlüsse – 4 Stabdübel

$\text{zul}\,N_{St\,W} = 2 \cdot \text{zul}\,N_{St\,H}$

$\text{zul}\,N_{St\,W} = 2 \cdot 13{,}37 = 26{,}74\ \text{kN}$

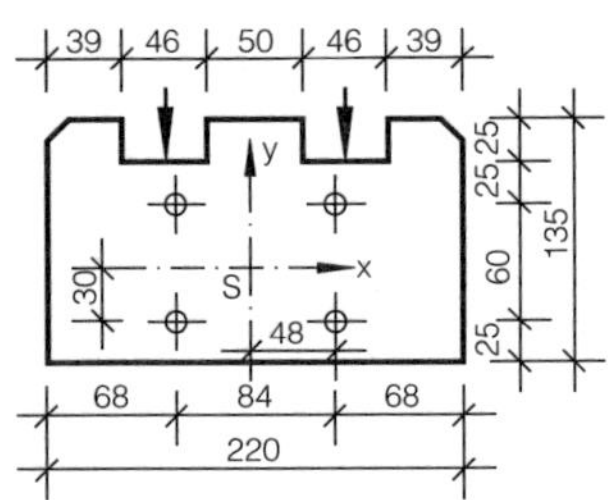

Bild 12.6

Zulässige Kraft zul Q_W bei antimetrischer (exzentrischer) Belastung

Berechnung wie für die Hakenplatte

$M = \text{zul}\,Q_W \cdot 48$

$e = 48\ \text{mm}$

$$N_{Hi}^{M} = \frac{\text{zul}\,Q_W \cdot 48 \cdot 30}{10\,656} = 0{,}14 \cdot \text{zul}\,Q_W$$

$$N_{Vi}^{M} = \frac{\text{zul}\,Q_W \cdot 48 \cdot 42}{10\,656} = 0{,}19 \cdot \text{zul}\,Q_W$$

$$N_{Vi}^{Q} = \frac{\text{zul}\,Q_W}{4} = 0{,}25 \cdot \text{zul}\,Q_W$$

$I_p = 4 \cdot 42^2 + 4 \cdot 30^2 = 10\,656\ \text{mm}^2$

$$\max N = \sqrt{[(0{,}19 + 0{,}25) \cdot \text{zul}\,Q_W]^2 + [0{,}14 \cdot \text{zul}\,Q_W}$$
$$= 0{,}46 \cdot \text{zul}\,Q_W$$

$$\text{zul}\,Q_W = \frac{\max N}{\varkappa}$$

$$\text{zul}\,Q_W = \frac{12{,}70}{0{,}46} = 27{,}61\ \text{kN}$$

8 $$\max N \leq \left(1 - \frac{18^\circ}{360^\circ}\right) \cdot 13{,}37 = 12{,}70\ \text{kN}$$

$$\alpha = \arctan \frac{N_H}{N_V} = \arctan \frac{0{,}14}{0{,}44} = 18^\circ$$

Minimale zulässige Auflagerkraft

Die maßgebliche zulässige Kraft ergibt sich aus der Beanspruchung der Stabdübel in der Hakenplatte.

Tabelle 12.1

		zul. Kraft kN
Stabdübel ∅ 12	$\text{zul}\,Q_S$ $\text{zul}\,Q_l$ $\text{zul}\,N_{StH}$	28,50 38,40 13,37
Haken	$\text{zul}\,Q_V$ $\text{zul}\,Q_A$	33,58 50,40
Hakenplatte	$\text{zul}\,Q_H$	10,79
Widerlagerplatte	$\text{zul}\,N_{StW}$ $\text{zul}\,Q_W$	26,74 27,61

$$\text{zul}\,Q_H \geq A$$

$$\text{zul}\,Q_H = 10{,}79\ \text{kN} > 8{,}0\ \text{kN} = A$$

1 **DIN 18800 T1**
2 **DIN 18800 T1, Tab. 7**
3 **DIN 1052 T2, 5.8**
4 **DIN 1052 T2, 5.10**
5 **DIN 1052 T2, 3.2**
6 **DIN 1052 T2, Tab. 10**
7 **DIN 18800 T1, 6.1.7**
8 **DIN 1052 T2, 5.9**

Beispiel 13
Gerbergelenk aus Stahlblechformteilen

Aufgabenstellung

Das Gelenk einer Gerberpfette ist unter Verwendung eines Stahlblechformteiles zu bemessen.

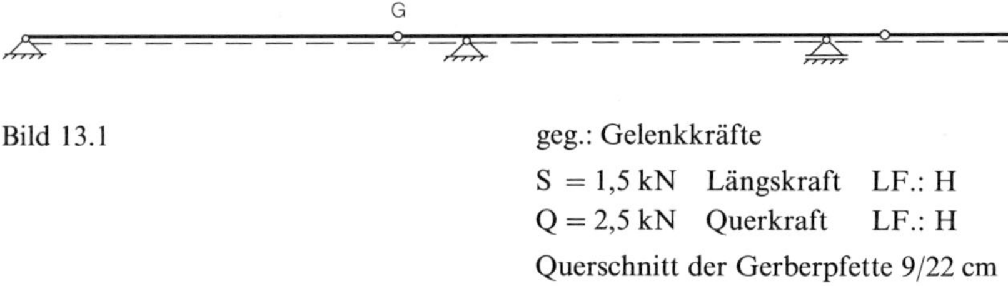

Bild 13.1

geg.: Gelenkkräfte

S = 1,5 kN Längskraft LF.: H

Q = 2,5 kN Querkraft LF.: H

Querschnitt der Gerberpfette 9/22 cm

NH II

Erläuterung / Berechnung

Gerbergelenk

gew.: GH-Gerberverbinder Typ 2

Ankernägel ∅ 4,0 mm

Nagelgruppe je 4 Nägel

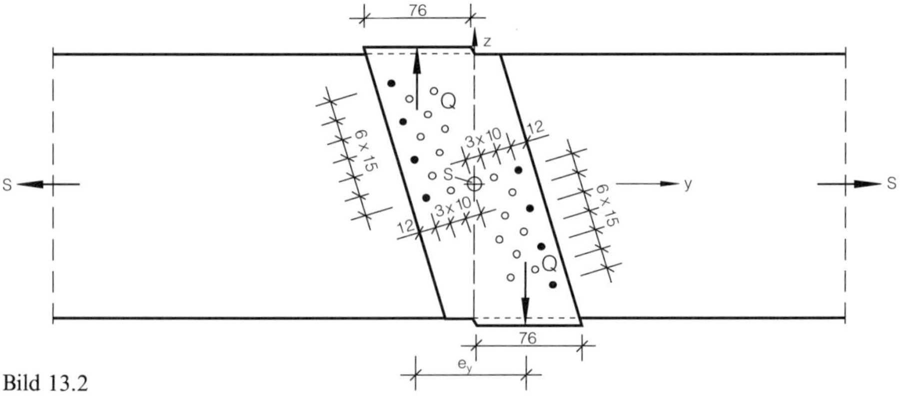

Bild 13.2

Querschnittswerte

$I_p = \Sigma r_i^2$

I_p polares Trägheitsmoment einer Nagelgruppe bezogen auf das Koordinatensystem im Gesamtschwerpunkt

1 $I_p = 32{,}5^2 + 44^2 + 68^2 + 96^2 = 16\,865\ \text{mm}^2$

$r_1 = 32{,}5\ \text{mm}$

$r_2 = \sqrt{32{,}5^2 + 30^2} = 44\ \text{mm}$

$r_3 = \sqrt{32{,}5^2 + 60^2} = 68\ \text{mm}$

$r_4 = \sqrt{32{,}5^2 + 90^2} = 96\ \text{mm}$

$\bar{I}_p = \Sigma \bar{r}_i^2 = \Sigma (\bar{y}_i^2 + \bar{z}_i^2)$

$\bar{I}_p$ polares Trägheitsmoment einer Nagelgruppe bezogen auf das Koordinatensystem im Schwerpunkt der Nagelgruppe

$\bar{I}_p = 2045 + 221 + 221 + 2074 = 4561\ \text{mm}^2$

$\bar{r}_1^2 = 14^2 + 43^2 = 2045\ \text{mm}^2$

$\bar{r}_2^2 = 5^2 + 14^2 = 221\ \text{mm}^2$

$\bar{r}_3^2 = 5^2 + 14^2 = 221\ \text{mm}^2$

$\bar{r}_4^2 = 15^2 + 43^2 = 2074\ \text{mm}^2$

α_i, y_i, z_i Systemwerte

$\alpha_1 = \arctan \frac{15}{44^5} = 18{,}63°$

$\alpha_2 = \arctan \frac{30}{32^5} = 42{,}71°$

$\alpha_3 = \arctan \frac{60}{32^5} = 61{,}56°$

$\alpha_4 = \arctan \frac{90}{32^5} = 70{,}15°$

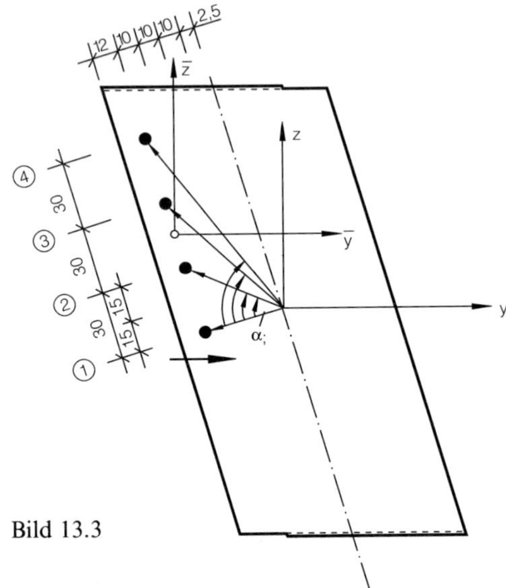

Bild 13.3

$y_1 = r_1 \cdot \cos \alpha_1$

$z_1 = r_1 \cdot \sin \alpha_2$

$y_i = r_i \cdot \cos(\alpha_i - \alpha_1)$

$z_i = r_i \cdot \sin(\alpha_i - \alpha_1)$

$y_1 = 33 \cdot \cos 18{,}63° = 31$ mm

$z_1 = 33 \cdot \sin 18{,}63° = 11$ mm

$y_2 = 44 \cdot \cos(42{,}71° - 18{,}63°) = 40$ mm

$z_2 = 44 \cdot \sin(42{,}71° - 18{,}63°) = 18$ mm

$y_3 = 68 \cdot \cos(61{,}56° - 18{,}63°) = 50$ mm

$z_3 = 68 \cdot \sin(61{,}56° - 18{,}63°) = 46$ mm

$y_4 = 96 \cdot \cos(70{,}15° - 18{,}63°) = 60$ mm

$z_4 = 96 \cdot \sin(70{,}15° - 18{,}63°) = 75$ mm

$\bar{y} = \frac{1}{n} \sum_{i=1}^{n} y_i$

$\bar{y} = \frac{1}{4} \cdot (31 + 40 + 50 + 60) = 45$ mm

$\bar{z} = \frac{1}{n} \sum_{i=1}^{n} z_i$

$\bar{z} = \frac{1}{4} \cdot (-11 + 18 + 46 + 75) = 32$ mm

$\bar{y}, \bar{z}$ Koordinaten-Schwerpunkt der Nagelgruppe

n Nagelanzahl einer Nagelgruppe

$\bar{y}_i = \bar{y} - y_i$

$\bar{y}_1 = 45 - 31 = 14$ mm

$\bar{y}_2 = 45 - 40 = 5$ mm

$\bar{y}_3 = 45 - 50 = -5$ mm

$\bar{y}_4 = 45 - 60 = -15$ mm

$\bar{z}_i = \bar{z} - z_i$

$$\bar{z}_1 = 32 - (-11) = 43\ \text{mm}$$
$$\bar{z}_2 = 32 - 18 = 14\ \text{mm}$$
$$\bar{z}_3 = 32 - 46 = 14\ \text{mm}$$
$$\bar{z}_4 = 32 - 75 = 43\ \text{mm}$$

Beanspruchung durch Querkraft Q

$$N_{iz}^{Q} = Q \cdot e_y \cdot \frac{y_i}{4 \cdot I_p}$$

1 $$N_{iz}^{Q} = 2500 \cdot 76 \cdot \frac{y_i}{4 \cdot 16865} = 2{,}82 \cdot y_i$$

$$N_{iy}^{Q} = Q \cdot e_y \cdot \frac{z_i}{4 \cdot I_p}$$

$$N_{iy}^{Q} = 2{,}82 \cdot z_i$$

Tabelle 13.1

Nagel	y_i mm	N_{iz}^{Q} N	z_i mm	N_{iy}^{Q} N
1	31	87,3	11	31,0
2	40	112,7	18	50,7
3	50	140,8	46	129,6
4	60	169,0	75	211,2

e_y Schwerpunktsabstand der Nagelgruppen in y-Richtung

$e_y = 76$ mm

Beanspruchung durch Längskraft S

$$N_{iz}^{S} = S \cdot e_z \cdot \frac{\bar{y}_i}{2 \cdot \bar{I}_p}$$

1 $$N_{iz}^{S} = 1500 \cdot 32 \cdot \frac{\bar{y}_i}{2 \cdot 4561} = 5{,}26 \cdot \bar{y}_i$$

$$N_{iy}^{S} = \frac{S}{2 \cdot n} + S \cdot e_z \cdot \frac{\bar{z}_i}{2 \cdot \bar{I}_p}$$

$$N_{iy}^{S} = \frac{1500}{2 \cdot 4} + 1500 \cdot 32 \cdot \frac{\bar{z}_i}{2 \cdot 4561} = 187{,}5 + 5{,}26 \cdot \bar{z}_i$$

Tabelle 13.2

Nagel	$\bar{y}_i$ mm	N_{iz}^{S} N	$\bar{z}_i$ mm	N_{iy}^{S} N
1	14	73,7	43	413,8
2	5	26,3	14	261,2
3	5	26,3	14	261,2
4	15	78,9	43	413,8

e_z Schwerpunktabstand der Nagelgruppen in z-Richtung

n Anzahl der Nägel je Nagelgruppen

$e_z = 32$ mm

Nachweis der Nägel

$N_i < \text{zul}\, N_1$

1 $N_4 = 672{,}4 \text{ N} < \text{zul}\, N_1 = 714{,}3 \text{ N}$

$N_i = \sqrt{(N_{iz}^Q + N_{iz}^S)^2 + (N_{iy}^Q + N_{iz}^S)^2}$

Tabelle 13.3

Nagel	N_{iz}^Q N	N_{iz}^S N	N_{iy}^Q N	N_{iy}^S N	N_i N
1	87,3	73,7	31,0	413,8	473,0
2	112,7	26,3	50,7	261,2	341,5
3	140,8	26,3	129,6	261,2	425,0
4	169,0	78,9	211,2	413,8	672,4

$$\text{zul}\, N_1 = \frac{500 \cdot d_n^2}{10 + d_n} \cdot 1{,}25$$

2
3
4

$$\text{zul}\, N_1 = \frac{500 \cdot 4{,}0^2}{10 + 4{,}0} = 1{,}25 = 714{,}3 \text{ N}$$

d_n Nageldurchmesser in mm

Flächenpressung

$$\frac{\sigma_{D\perp}}{\text{zul}\, \sigma'_{D\perp}} \leq 1$$

1
5

$$\frac{\sigma_{D\perp}}{\text{zul}\, \sigma'_{D\perp}} = \frac{0{,}37}{1{,}6} = 0{,}23 < 1{,}0$$

$$\sigma_{D\perp} = \frac{Q}{A}$$

$$\sigma_{D\perp} = \frac{2{,}5 \cdot 10^{-3}}{9 \cdot 7{,}6 \cdot 10^{-4}} = 0{,}37 \text{ MN/m}^2$$

$$\text{zul}\, \sigma'_{D\perp} = k_{D\perp} \cdot \text{zul}\, \sigma_{D\perp}$$

$$\text{zul}\, \sigma'_{D\perp} = 0{,}8 \cdot 2{,}0 = 1{,}6 \text{ MN/m}^2$$

1 Holzbau-TB Bd. 2, Tab. 4.6-1, Seite 300
2 DIN 1052 T2, 6.2.2
3 DIN 1052 T2, 7.2.2
4 Holzbau-TB Bd. 2, Tab. 4.4-4, Seite 294
5 DIN 1052 T1, Tab. 5

Beispiel 14
Ausgeklinkte Träger

Aufgabenstellung

Ein Nebenträger soll im Auflagerbereich aus konstruktiven Gründen ausgeklinkt werden.

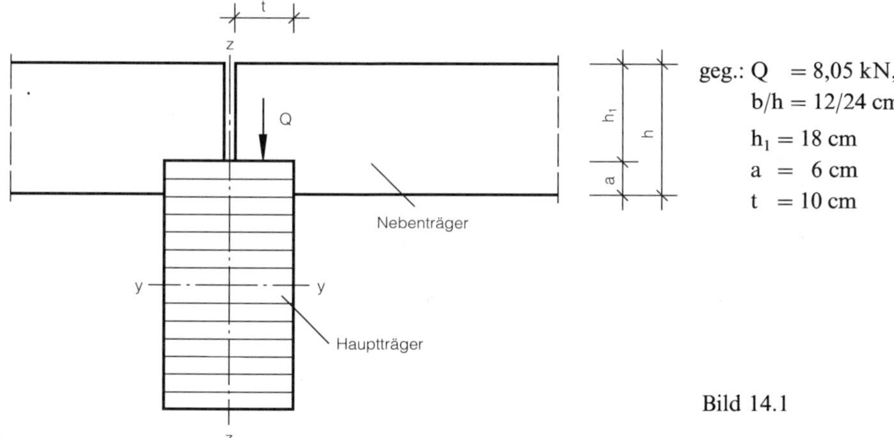

geg.: $Q = 8{,}05$ kN, LF.: H
$b/h = 12/24$ cm; NH II
$h_1 = 18$ cm
$a = 6$ cm
$t = 10$ cm

Bild 14.1

Erläuterung | Berechnung

Ausklinkung ohne Verstärkung

$Q \leq \text{zul}\,Q$

$Q = 8{,}05 \text{ kW} > 3{,}89 \text{ kN} = \text{zul}\,Q$

Eine Verstärkung der Ausklinkung ist erforderlich.

1
2 $\text{zul}\,Q = \frac{2}{3} \cdot b \cdot h_1 \cdot k_A \cdot \text{zul}\,\tau_Q$

$\text{zul}\,Q = \frac{2}{3} \cdot 0{,}12 \cdot 0{,}18 \cdot 0{,}3 \cdot 0{,}9 \cdot 10^3 = 3{,}89 \text{ kN}$

3 b Breite des Trägers

k_A Abminderungsfaktor wegen gleichzeitiger Wirkung von Schub- und Querzugspannungen

$zul\,\tau_Q$ zulässige Schubspannungen aus Querkraft

4

Für rechtwinklige Ausklinkungen ohne Verstärkung gilt:

$k_A = 1 - 2{,}8\,\frac{a}{h} \geq 0{,}3$

$k_A = 1 - 2{,}8 \cdot 0{,}25 = 0{,}3$

$\frac{a}{h} \leq 0{,}5$

$\frac{a}{h} = \frac{6}{24} = 0{,}25 < 0{,}5$

$e \leq h_1$

$e = \frac{t}{2} = \frac{10}{2} = 5\text{ cm} < 9\text{ cm} = \frac{18}{2} = h_1$

Ausklinkung mit Verstärkung

Die Verstärkungen werden mit Resorcinharzleim aufgeleimt. Eine Nagelpreßverleimung ist zulässig.

15 gew.: Bau-Furniersperrholzplatten nach DIN 68 705 T5, 5lagig, beidseitig
BFU 100-10
h/c/d = 24/15/1 cm

$Q \leq zul\,Q$

$Q = 8{,}05\text{ kN} < 12{,}96\text{ kN} = zul\,Q$

$zul\,Q = \frac{2}{3} \cdot b \cdot h_1 \cdot k_A \cdot zul\,\tau_Q$

mit $k_A = 1{,}0$

16 $zul\,Q = \frac{2}{3} \cdot 0{,}12 \cdot 0{,}18 \cdot 1{,}0 \cdot 0{,}9 \cdot 10^3 = 12{,}96\text{ kN}$

Zugspannung in der Bau-Furniersperrholzplatte

$\frac{\sigma_{Z\parallel}}{zul\,\sigma_{Z\parallel}} \leq 1$

7 $\frac{\sigma_{Z\parallel}}{zul\,\sigma_{Z\parallel}} = \frac{0{,}55}{4{,}0} = 0{,}14 < 1$

$\sigma_Z = \frac{Z}{A}$

$\sigma_Z = \frac{1{,}64 \cdot 10^{-3}}{2 \cdot 0{,}15 \cdot 0{,}01} = 0{,}55\text{ MN/m}^2$

$Z = 1{,}3 \cdot Q \cdot \left[3 \cdot \left(\frac{a}{h}\right)^2 - 2 \cdot \left(\frac{a}{h}\right)^3\right]$

1 $Z = 1{,}3 \cdot 8{,}05 \cdot [3 \cdot 0{,}25^2 - 2 \cdot 0{,}25^3] = 1{,}64\text{ kN}$

$zul\,\sigma_{Z\parallel}$ zulässige Zugspannung

$zul\,\sigma_{Z\parallel} = 4{,}0\text{ MN/m}^2$

Scherspannung in der Leimfläche

$\frac{\tau_a}{\text{zul}\,\tau_a} \leq 1$ | $\frac{\tau_a}{\text{zul}\,\tau_a} = \frac{0{,}09}{0{,}25} = 0{,}36 < 1$

$\tau_a = \frac{Z}{A_L}$ | $\tau_a = \frac{1{,}64}{180} \cdot 10 = 0{,}09\ \text{MN/m}^2$

$A_L = 2 \cdot c \cdot a$ | $A_L = 2 \cdot 15 \cdot 6 = 180\ \text{cm}^2$

zul τ_a zulässige Scherspannung in der Leimfläche | 1 | zul $\tau_a = 0{,}25\ \text{MN/m}^2$

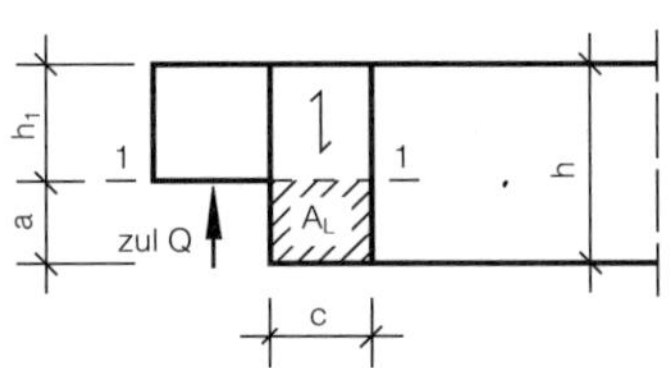

Bild 14.2

Auflagerpressung

$\frac{\sigma_{D\perp}}{\text{zul}\,\sigma'_{D\perp}} \leq 1$ | 8 9 | $\frac{\sigma_{D\perp}}{\text{zul}\,\sigma'_{D\perp}} = \frac{0{,}67}{1{,}6} = 0{,}42 < 1$

$\sigma_{D\perp} = \frac{Q}{A}$ | $\sigma_{D\perp} = \frac{8{,}05 \cdot 10}{10 \cdot 12} = 0{,}67\ \text{MN/m}^2$

$\text{zul}\,\sigma'_{D\perp} = k_{D\perp} \cdot \text{zul}\,\sigma_{D\perp}$ | $\text{zul}\,\sigma'_{D\perp} = 0{,}8 \cdot 2{,}0 = 1{,}6\ \text{MN/m}^2$

$k_{D\perp} = 0{,}8$

1 DIN 1052 T1, 8.2.2.1
2 Holzbau-TB Bd. 2, Tab. 3.3-2, Seite 128
3 Holzbau-TB Bd. 2, Tab. 3.3-1, Seite 125
4 DIN 1052 T1, Tab. 5
5 DIN 1052 T1, 12.5
6 Holzbau-TB Bd. 2, Tab. 3.3-4, Seite 136
7 DIN 1052 T1, Tab. 6
8 DIN 1052 T1, 5.1.11
9 Holzbau-TB Bd. 2, Tab. 3.1-14, Seite 59

Beispiel 15
Durchbrüche im Brettschichtträger

Aufgabenstellung

Der im Bild 15.1 abgebildete mit einem runden und einem rechteckigen Durchbruch auszuführende Brettschichtträger ist für die angegebene Belastung zu bemessen. Der Brettschichtträger ist nicht kippgefährdet.

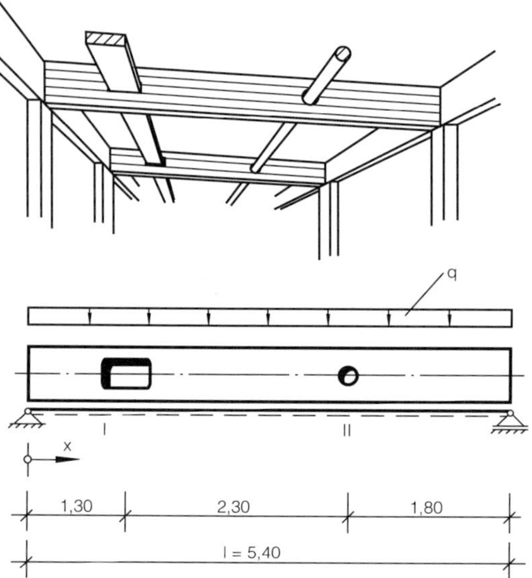

Bild 15.1

geg.: 16/90 cm; BSH II
Durchbruch
I ⌀ 80/30 cm
II ∅ 30 cm
q = 40 kN/m; LF.: H
$\frac{g}{q} = 0{,}65$

Bild 15.2 Systemskizze

Erläuterung		Berechnung
Schnittgrößen Maximale Schnittgrößen und Querkräfte im Bereich der Durchbrüche		
$M = \frac{q \cdot l^2}{8}$		$M = \frac{40 \cdot 5{,}40^2}{8} = 145{,}8\ \text{kNm}$
$Q = \frac{q \cdot l}{2} - \frac{h}{2} \cdot q$ Abgeminderte Querkraft im Auflagerbereich	1 2	$Q = \frac{40 \cdot 5{,}40}{2} - \frac{0{,}90}{2} \cdot 40 = 99\ \text{kN}$

$$Q(x) = \frac{q \cdot l}{2} - q \cdot x$$

$$Q(1{,}30) = 108 - 40 \cdot 1{,}30 = 56\,\text{kN}$$

$$Q(3{,}60) = 108 - 40 \cdot 3{,}60 = -36\,\text{kN}$$

Querschnittswerte

3

$$A = b \cdot h \qquad A = 16 \cdot 90 = 1440\,\text{cm}^2$$

$$W = \frac{b \cdot h^2}{6} \qquad W = \frac{16 \cdot 90^2}{6} = 21\,600\,\text{cm}^3$$

$$I = \frac{b \cdot h^3}{12} \qquad I = \frac{16 \cdot 90^3}{12} = 1\,154\,250\,\text{cm}^4$$

Spannungsnachweise

Biegespannung

4 5 6

$$\frac{\sigma_B}{\text{zul}\,\sigma_B} \leq 1 \qquad \frac{\sigma_B}{\text{zul}\,\sigma_B} = \frac{6{,}75}{11} = 0{,}61 < 1$$

$$\sigma_B = \frac{M}{W} \qquad \sigma_B = \frac{145{,}8 \cdot 10^3}{21\,600} = 6{,}75\,\text{MN/m}^2$$

Schubspannung

6

$$\frac{\tau}{\text{zul}\,\tau_Q} \leq 1 \qquad \frac{\tau}{\text{zul}\,\tau} = \frac{1{,}03}{1{,}2} = 0{,}86 < 1$$

$$\tau = 1{,}5 \cdot \frac{Q}{A} \qquad \tau = 1{,}5 \cdot \frac{99 \cdot 10}{1440} = 1{,}03\,\text{MN/m}^2$$

Durchbiegungsnachweis

7

$$\text{ges}\,f \leq \text{zul}\,f = \frac{l}{300} \qquad \text{ges}\,f = 0{,}7\,\text{cm} \leq 1{,}8\,\text{cm} = \frac{540}{300} = \text{zul}\,f$$

$$\text{ges}\,f = f_\sigma + f_\tau + f_k \qquad \text{ges}\,f = 0{,}4 + 0{,}2 + 0{,}1 = 0{,}7\,\text{cm}$$

Biegeverformung

$$f_\sigma = \frac{5}{384} \cdot \frac{q \cdot l^4}{E \cdot I} \qquad f_\sigma = \frac{5}{384} \cdot \frac{40 \cdot 5{,}4^4 \cdot 10^5}{10\,000 \cdot 1\,154\,250} = 0{,}0038\,\text{m} \mathrel{\widehat{=}} 0{,}4\,\text{cm}$$

Schubverformung

$$f_\tau = 1{,}2 \cdot \frac{q \cdot l^2}{8 \cdot G \cdot A} \qquad f_\tau = 1{,}2 \cdot \frac{40 \cdot 5{,}40^2 \cdot 10}{8 \cdot 500 \cdot 1440} = 0{,}0024\,\text{m} \mathrel{\widehat{=}} 0{,}2\,\text{cm}$$

8

$f_k = \varphi \cdot (f_\sigma + f_\tau) \cdot \frac{g}{q}$ Kriechverformung

$\varphi = \frac{1}{\eta_k} - 1$

$\eta_k = \frac{3}{2} - \frac{g}{q}$

Der Einfluß der Durchbrüche ist vernachlässigbar klein.

$f_k = 0{,}177 \cdot (0{,}4 + 0{,}2) \cdot 0{,}65 = 0{,}07 \mathrel{\hat{=}} 0{,}1$ cm

$\varphi = \frac{1}{0{,}85} - 1 = 0{,}177$

$\eta_k = \frac{3}{2} - 0{,}65 = 0{,}85$

9

Nachweis des Durchbruchs I

Die Durchbrüche sollen möglichst symmetrisch zur Trägerachse angeordnet werden.

$\left.\begin{matrix} h_{ro} \\ h_{ru} \end{matrix}\right\} \geq 0{,}3 \cdot h$ — $h_{ro} = h_{ru} = 30 \text{ cm} > 27 \text{ cm} = 0{,}3 \cdot h$

$l_V > h$ — $l_{V\,I} = 1{,}30 \text{ m} > 0{,}90 \text{ m} = h$

$l_A \geq \frac{h}{2}$ — $l_{A\,I} = 0{,}90 \text{ m} > 0{,}45 \text{ m} = \frac{h}{2}$

$l_Z \geq h$ — $l_{Z\,I} = 1{,}75 \text{ m} > 0{,}90 \text{ m} = h$

$h_d \leq 0{,}4 \cdot h$ — $h_{d\,I} = 30 \text{ cm} \leq 36 \text{ cm} = 0{,}4 \cdot h$

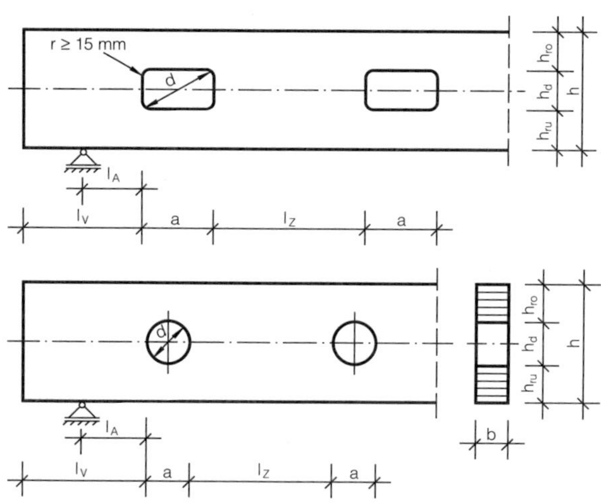

Bild 15.3

Der Durchbruch muß verstärkt werden, wenn

$d_I > 100 - 42 \cdot \tau_{QI}$ in mm

$d_I > (0{,}1 - 0{,}042 \cdot \tau_{QI}) \cdot h$

ist.

$$\tau_{QI} = \frac{1{,}5 \cdot Q_I}{A}$$

Q_I Querkraft in Durchbruchmitte

$d_I = \sqrt{a^2 + h_d^2}$

Bau-Furniersperrholzdicke

$t \geq \text{erf}\,t$

$\text{erf}\,t = (0{,}15 + 0{,}4 \cdot \tau_{QI}) \cdot b$

$\geq 20\,\text{mm}$

Bei der Verstärkung der Durchbrüche mit Bau-Furniersperrholz sind folgende Bedingungen nach Bild 15.4 einzuhalten.

$d_I = 854\text{ mm} > 75\text{ mm} = 100 - 42 \cdot 0{,}58$

$d_I = 854\text{ mm} > 68\text{ mm}$

$= (0{,}1 - 0{,}042 \cdot 0{,}58) \cdot 0{,}9 \cdot 10^3$

Verstärkungen erforderlich

$$\tau_{QI} = \frac{1{,}5 \cdot 56 \cdot 10}{1440} = 0{,}58\text{ MN/m}^2$$

$Q_I = 56$ kN

$d_I = \sqrt{30^2 + 80^2} = 85{,}4$ cm

gew.: 2 × 25 mm BFU-Platten je Seite

$t = 100\text{ mm} \geq 61\text{ mm} = \text{erf}\,t$

$\text{erf}\,t = (0{,}15 + 0{,}4 \cdot 0{,}58) \cdot 160 = 61$ mm

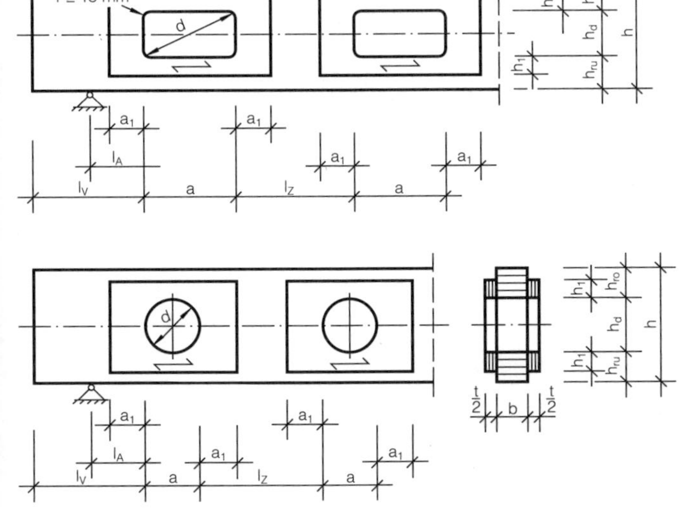

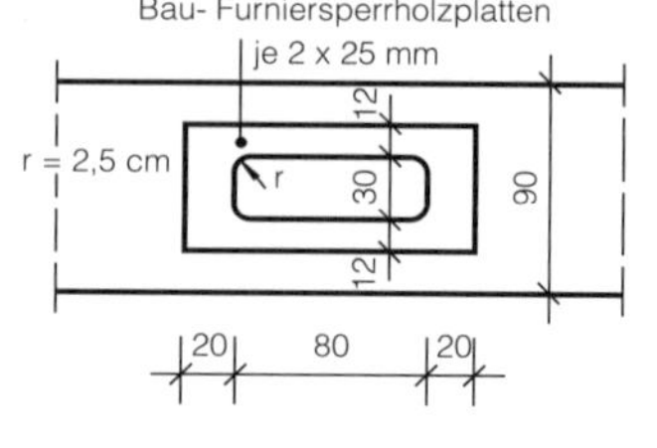

Bild 15.5

$a \leq h$

$a = 80\ cm \leq 90\ cm = h$

$a_1 \geq 0{,}25 \cdot a$ und $\geq h_1$

$a_1 = 20\ cm = 20{,}0\ cm = 0{,}25 \cdot a$
$> 12\ cm = h_1$

$h_1 \geq 0{,}25 \cdot h_d$ und $\geq 0{,}1 \cdot h$

$h_1 = 12\ cm \geq 7{,}5\ cm = 0{,}25 \cdot h_d$
$> 9\ cm = 0{,}1 \cdot h$

$b \leq 220\ mm$

$b = 160\ mm < 220\ mm$

9 **Nachweis des Durchbruchs II**

$h_{ro} = h_{ru} = 30\ cm > 27\ cm = 0{,}3 \cdot h$

$l_{V\,II} = 1{,}80\ m > 0{,}90\ m = h$

$$l_{A\,II} = 1{,}65\ m > 0{,}45\ m = \frac{h}{2}$$

$l_{Z\,I} = 1{,}75\ m > 0{,}90\ m = h$

$h_{d\,II} = 30\ cm \leq 36\ cm = 0{,}4 \cdot h$

$d_{II} = 300\ mm > 84\ mm = 100 - 42 \cdot 0{,}38$
$> 76\ mm = (0{,}1 - 0{,}042 \cdot 0{,}38)$
$\cdot 0{,}9 \cdot 10^3$

Verstärkung erforderlich

$$\tau_{Q\,II} = \frac{1{,}5 \cdot 36 \cdot 10}{1440} = 0{,}38\ MN/m^2$$

$Q_{II} = 36\ kN$

Bau-Furniersperrholzdicke

gew.: 30 mm BFU-Platte auf jeder Seite

$t = 60\ \text{mm} \geq 48\ \text{mm} = \text{erf}\,t$

$\text{erf}\,t = (0{,}15 + 0{,}4 \cdot 0{,}38) \cdot 160 = 48\ \text{mm}$

Die Ausführungsbedingungen sind einzuhalten.

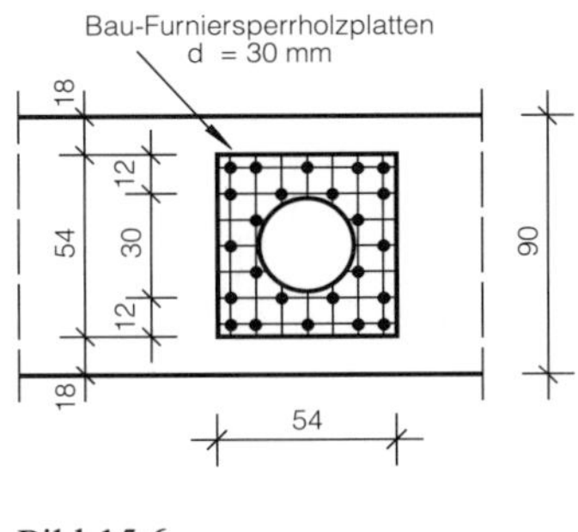

Bild 15.6

1 **DIN 1052 T1, 8.2.1.2**
2 **Holzbau-TB Bd. 2, 3.3.2.2, Seite 92**
3 **Holzbau-TB Bd. 2, Tab. 3.1-4, Seite 48**
4 **DIN 1052 T1, 8.2.1.1**
5 **Holzbau-TB Bd. 2, Nomogr. 3.3-5, Seite 82**
6 **DIN 1052 T1, Tab. 5**
7 **DIN 1052 T1, Tab. 9**
8 **DIN 1052 T1, 4.3**
9 **DIN 1052 T1, 8.2.2.2**

Beispiel 16
Holzschwelle

Aufgabenstellung

Die Schwellenpressung einer Holzstütze mit Zapfen ist nachzuweisen.

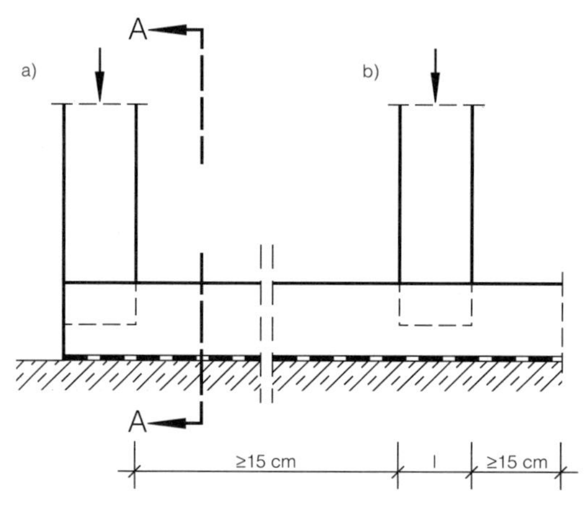

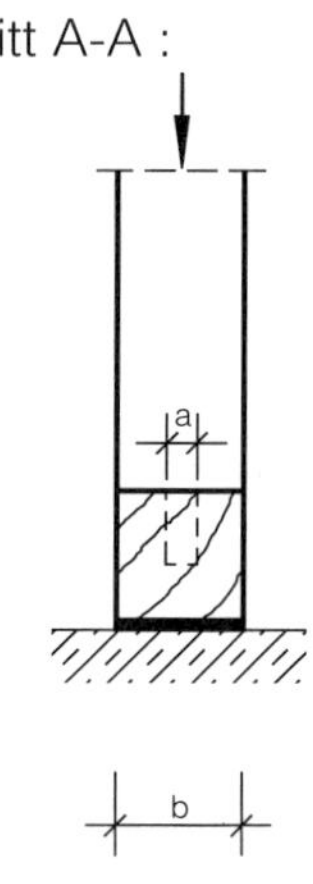

Bild 16.1

geg.: N = 16,0 kN; LF.: H
NH II
Zapfenbreite a = b/4

Erläuterung		Berechnung
Schwellenpressung (Fall a)		
		gew.: Stützenquerschnitt b/d = 12/12 cm a = 12/4 = 3 cm
$\frac{\sigma_{D\perp}}{\text{zul}\,\sigma'_{D\perp}} \leq 1$	1	$\frac{\sigma_{D\perp}}{\text{zul}\,\sigma'_{D\perp}} = \frac{1{,}48}{1{,}6} = 0{,}93 < 1$
$\sigma_{D\perp} = \frac{N}{A_n}$		$\sigma_{D\perp} = \frac{16}{108} \cdot 10 = 1{,}48\ \text{MN/m}^2$
$\text{zul}\,\sigma'_{D\perp} = k_{D\perp} \cdot \text{zul}\,\sigma_{D\perp}$	2 3 4	$\text{zul}\,\sigma'_{D\perp} = 0{,}8 \cdot 2{,}0 = 1{,}6\ \text{MN/m}^2$
$k_{D\perp} = 0{,}8$		
A_n Nettoquerschnittsfläche		$A_n = (12 - 3) \cdot 12 = 108\ \text{cm}^2$

Schwellenpressung (Fall b)

gew.: Stützenquerschnitt b/d = 10/10 cm

a = 10/4 = 2,5 cm

$$\frac{\sigma_{D\perp}}{\text{zul}\,\sigma'_{D\perp}} \leq 1$$

1 $$\frac{\sigma_{D\perp}}{\text{zul}\,\sigma'_{D\perp}} = \frac{2{,}13}{2{,}22} = 0{,}96 < 1$$

$$\sigma_{D\perp} = \frac{N}{A_n}$$

$$\sigma_{D\perp} = \frac{16}{75} \cdot 10 = 2{,}13\ \text{MN/m}^2$$

$$\text{zul}\,\sigma'_{D\perp} = k_{D\perp} \cdot \text{zul}\,\sigma_{D\perp}$$

2 $$\text{zul}\,\sigma'_{D\perp} = 1{,}11 \cdot 2{,}0 = 2{,}22\ \text{MN/m}^2$$

3

$$k_{D\perp} = \sqrt[4]{\frac{150}{l}}$$

5 $$k_{D\perp} = \sqrt[4]{\frac{150}{100}} = 1{,}11$$

A_n Nettoquerschnittsfläche

l Länge der Druckfläche in mm

$A_n = (10 - 2{,}5) \cdot 10 = 75\ \text{cm}^2$

$l = 100$ mm

1 DIN 1052 T1, 5.1.1
2 DIN 1052 T1, 5.1.11
3 DIN 1052 T1, Tab. 5
4 Holzbau-TB Bd. 2, Tab. 3.1-14, Seite 59
5 Holzbau-TB Bd. 2, Tab. 3.1-17, Seite 62

Beispiel 17
Fundamentanschluß einer gelenkig gelagerten Holzstütze

Aufgabenstellung

Der Fußpunkt einer Pendelstütze ist zu bemessen.

geg.: F = 500,0 kN; LF.: H
Stützenquerschnitt 18/51 cm; BSH II
Bolzen M 16
Unterlegscheiben D = 68 mm
t = 6 mm
Fußpunkt siehe Bild 17.2

Bild 17.1

Erläuterung		Berechnung
Auflagerpressung		
Die Auflagerkraft N wird über Flächenpressung (siehe Bild 17.2) ins Fundament geleitet. Die konstruktiv angeordneten Bolzen dienen nur zur Lagesicherung.		
$\frac{\sigma_{D\parallel}}{\text{zul}\,\sigma_{D\parallel}} \leq 1$	1 2	$\frac{\sigma_{D\parallel}}{\text{zul}\,\sigma_{D\parallel}} = \frac{6{,}13}{8{,}5} = 0{,}72 < 1$
$\sigma_{D\parallel} = \frac{N}{A_n}$		$\sigma_{D\parallel} = \frac{500}{816} \cdot 10 = 6{,}13\ \text{MN/m}^2$
$A_n = (b - t_B) \cdot l$	3	$A_n = (18 - 2) \cdot 51 = 816\ \text{cm}^2$
$N = F$		$N = 500{,}0\ \text{kN}$
t_B Stahlblechdicke		$t_B = 2\ \text{cm}$

Ansicht

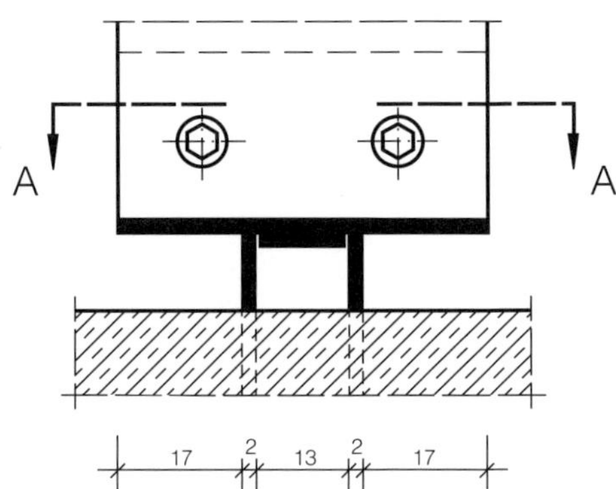

Seitenansicht

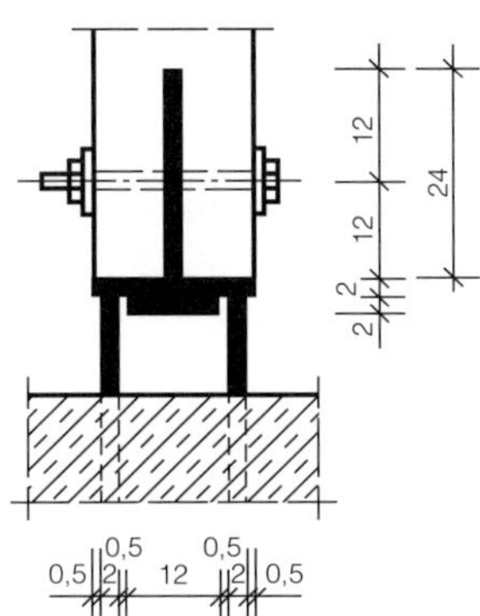

Schnitt A-A

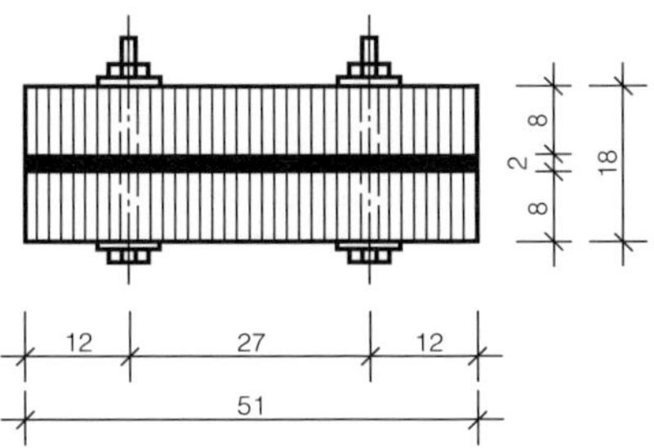

Bild 17.2

1	**DIN 1052 T1, 9.3.1**
2	**DIN 1052 T1, Tab. 5**
3	**DIN 1052 T1, 6.4.3**

Beispiel 18
Fundamentanschluß einer eingespannten Stütze

Aufgabenstellung

Eine Holzstütze ist im Stahlbetonfundament einzuspannen.

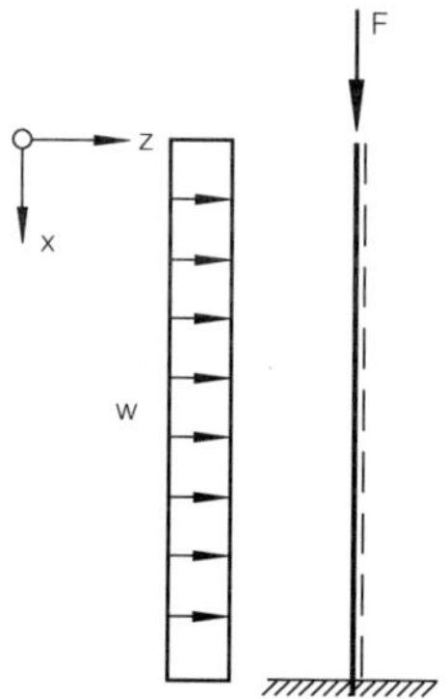

Bild 18.1

Erläuterung		Berechnung
Schnittgrößen		
		Folgende Schnittgrößen ergeben sich für die entsprechenden Lastfälle:
	1	LF. 1: g + s + w; LF.: HZ $N_1 = 85$ kN $M_1 = 48$ kNm $Q_1 = 12$ kN
	1	LF. 2: g + w; LF.: H $N_2 = 40$ kN $M_2 = 46$ kNm $Q_2 = 11$ kN
Die unterschiedlichen Momente der Lastfälle 1 und 2 ergeben sich aus der Berücksichtigung einer Stützenschrägstellung.		

Die in der Einspannung zu übertragenden Beanspruchungen aus Normalkraft und Moment (Kräftepaar) werden über Kontaktpressung (Druckkraft) bzw. über eine Flachstahl-Anschlußlasche in Verbindung mit Stabdübeln (Zugkraft) in das Fundament eingeleitet. Die Horizontalkraft wird über die Winkelschenkel durch Kontaktpressung an das Fundament angeschlossen (siehe Bild 18.4).

Einspannkräfte D und Z

$$D = \frac{N}{2} + \frac{M}{e}$$

$$Z = \frac{M}{e} - \frac{N}{2}$$

e Abstand der Kräftepaare

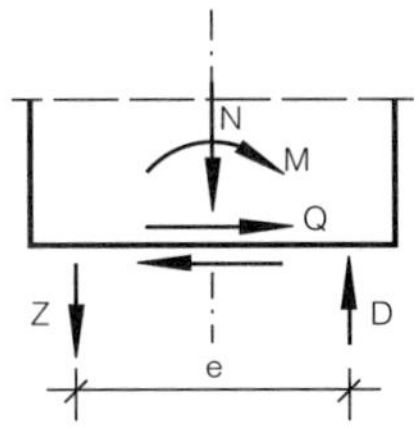

Bild 18.2

LF. 1:

$$D_1 = \frac{85}{2} + \frac{48}{0{,}39} = 42{,}50 + 123{,}80 = 165{,}58 \text{ kN}$$

$$Z_1 = 123{,}80 - 42{,}50 = 80{,}58 \text{ kN}$$

$e = 0{,}39$ m (Bild 18.4)

LF. 2:

$$D_2 = \frac{40}{2} + \frac{46}{0{,}39} = 20 + 117{,}95 = 137{,}95 \text{ kN}$$

$$Z_2 = 117{,}95 - 20 = 97{,}95 \text{ kN}$$

$e = 0{,}39$ m

$\max Z = 97{,}95$ kN aus LF. 2

$\max D = 165{,}58$ kN aus LF. 1

Nachweis der Stabdübel

$\text{zul}\, N_{St} = m \cdot \text{zul}\, \sigma_l \cdot a \cdot d_{St} \cdot 1{,}25$

$\text{zul}\, N_{St} \leq m \cdot B \cdot d_{St}^2 \cdot 1{,}25$

$$\text{erf}\, n = \frac{\max Z}{\text{zul}\, N_{St}}$$

m Schnittigkeit

a kleinste Holzdicke

gew.: Stabdübel ∅ 16 mm

2 $\text{zul}\, N_{St} = 2 \cdot 5{,}5 \cdot 85 \cdot 16 \cdot 1{,}25 = 18\,700$ N

3 $\text{zul}\, N_{St} \leq 2 \cdot 33 \cdot 16^2 \cdot 1{,}25 = 21\,120$ N

$$\text{erf}\, n = \frac{97{,}95}{18{,}70} = 5{,}2$$

$m = 2$

$a = 8{,}5$ cm

1,25 Faktor bei Stahlblech-Holz-Verbindung	**4**	
d_{St} Stabdübeldurchmesser		$d_{St} = 16$ mm
B Festwert	**5**	$B = 33$ MN/m^2
zul σ_l zul. mittlere Lochleibungsspannung		zul $\sigma_l = 5{,}5$ MN/m^2
		gew.: $n = 6 >$ erf $n = 5{,}2$
Bemessung der Flachstahllaschen		
Zugspannung		
$\sigma_Z = \frac{\max Z}{A_n} \leq \text{zul}\,\sigma_Z$	**6**	$\sigma_Z = \frac{97{,}95 \cdot 10^{-3}}{8{,}4 \cdot 10^{-4}} = 116{,}6$ MN/m^2
		$\sigma_Z = 116{,}6$ MN/m$^2 <$ zul $\sigma_Z = 160$ MN/m^2
$A_n = (b - d_{St}) \cdot t$		$A_n = (10 - 1{,}6) \cdot 1 = 8{,}4$ cm^2
b Laschenbreite		$b = 100$ mm
t Laschendicke		$t = 10$ mm
d_{St} Stabdübeldurchmesser		$d_{St} = 16$ mm
Lochleibung		
$\sigma_l = \frac{\max Z}{n \cdot d_{St} \cdot t} \leq \text{zul}\,\sigma_l$	**6**	$\sigma_l = \frac{97{,}95 \cdot 10^{-3}}{6 \cdot 1{,}6 \cdot 1 \cdot 10^{-4}} = 102{,}03$ MN/m^2
		$\sigma_l = 102{,}03$ MN/m$^2 <$ zul $\sigma_l = 210$ MN/m^2
n Anzahl der Stabdübel		$n = 6$
Einbindetiefe der Stahllaschen ins Fundament		
$\min t = \frac{\max Z}{\text{zul}\,\tau_1 \cdot U}$		$\min t = \frac{97{,}95 \cdot 10^{-3}}{0{,}7 \cdot 220 \cdot 10^{-3}} = 0{,}636$ m
U Umfang einer Stahllasche		$U = 2 \cdot (100 + 10) = 220$ mm
zul τ_1 zulässige Verbundspannung	**7**	zul $\tau_1 = 0{,}7$ MN/m^2
		gew.: $t = 70$ cm $>$ erf $t = 63{,}60$ cm

Auflagerpressung

8 Die Stabdübel können bei Hirnholz-Druckanschlüssen wegen der unterschiedlichen Steifigkeiten nicht berücksichtigt werden.

$$\frac{\sigma_{D\|}}{\text{zul}\,\sigma'_{D\|}} \leq 1$$

$$\frac{\sigma_{D\|}}{\text{zul}\,\sigma'_{D\|}} = \frac{8{,}9}{10{,}63} = 0{,}84 < 1$$

$$\sigma_{D\|} = \frac{\max D}{A_1}$$

$$\sigma_{D\|} = \frac{165{,}58 \cdot 10^{-3}}{187 \cdot 10^{-4}} = 8{,}9\ \text{MN/m}^2$$

$$\text{zul}\,\sigma'_{D\|} = 1{,}25 \cdot \text{zul}\,\sigma_{D\|}$$

9 $\text{zul}\,\sigma'_{D\|} = 1{,}25 \cdot 8{,}5 = 10{,}63\ \text{MN/m}^2$

10

11

A_1 Auflagerfläche im Druckbereich

$A_1 = 2 \cdot 8{,}5 \cdot 11 = 187\ \text{cm}^2$

Aufnahme der Horizontalkraft

Die Kraft wird über Kontaktpressung auf die Winkelschenkel und von diesen in das Betonfundament übertragen.

$$\frac{\sigma_{D\perp}}{\text{zul}\,\sigma'_{D\perp}} \leq 1$$

$$\frac{\sigma_{D\perp}}{\text{zul}\,\sigma'_{D\perp}} = \frac{1{,}67}{2{,}5} = 0{,}67 < 1$$

$$\sigma_{D\perp} = \frac{Q_1}{A}$$

$$\sigma_{D\perp} = \frac{12 \cdot 10^{-3}}{72 \cdot 10^{-2}} = 1{,}67\ \text{MN/m}^2$$

$$\text{zul}\,\sigma'_{D\perp} = k_{D\perp} \cdot 1{,}25 \cdot \text{zul}\,\sigma_{D\perp}$$

9 $\text{zul}\,\sigma'_{D\perp} = 0{,}8 \cdot 1{,}25 \cdot 2{,}5 = 2{,}5\ \text{MN/m}^2$

10

11 $k_{D\perp} = 0{,}8$

12

$A = (b - t) \cdot h$

$A = (18 - 2) \cdot 4{,}5 = 72\ \text{cm}^2$

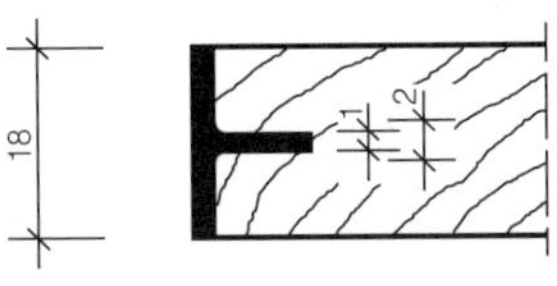

Bild 18.3

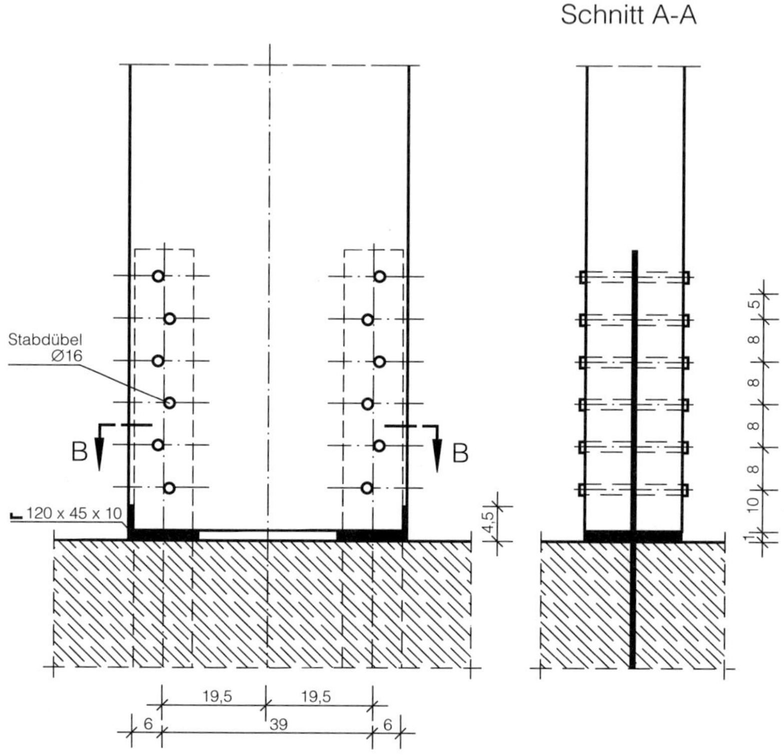
Schnitt A-A
Stabdübel
Ø16
B
B
120 x 45 x 10
4,5
19,5
19,5
6
39
6
5
8
8
8
8
10
1

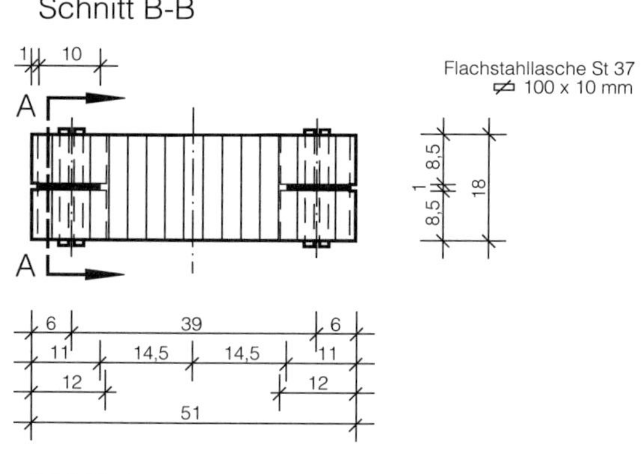
Schnitt B-B
1
10
A
A
Flachstahllasche St 37
100 x 10 mm
8,5
1
8,5
18
6
39
6
11
14,5
14,5
11
12
12
51

Bild 18.4

1	**DIN 1052 T1, 6.2.2**
2	**DIN 1052 T2, 5.8**
3	**Holzbau-TB Bd. 2, Tab. 4.3-10, Seite 270**
4	**DIN 1052 T2, 5.10**
5	**DIN 1052 T2, Tab. 10**
6	**DIN 18800 T1, Tab. 7**
7	**DIN 1045, Tab. 19**
8	**DIN 1052 T2, 14**
9	**DIN 1052 T1, Tab. 5**
10	**DIN 1052 T1, 5.1.6**
11	**Holzbau-TB Bd. 2, Tab. 3.1-14, Seite 59**
12	**DIN 1052 T1, 5.1.11**

Beispiel 19
Firstgelenk

Aufgabenstellung

Konstruktive Ausbildung und rechnerischer Nachweis eines Firstgelenkes.

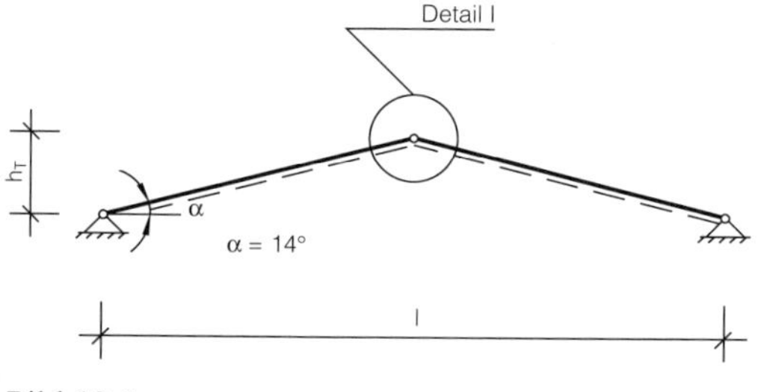

Bild 19.1

geg.: Lastfall 1 (g)
$C_H = 150$ kN; LF.: H
$C_V = 0$
Lastfall 2 (g + s)
$C_H = 80$ kN; LF.: H
$C_V = 6$ kN; LF.: H
BSH I

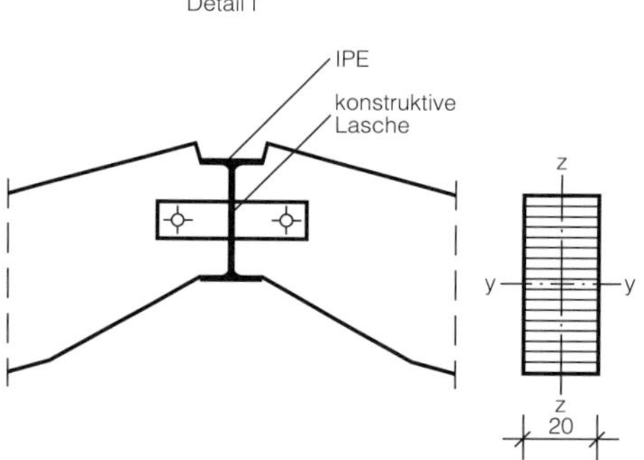

Bild 19.2

Erläuterung

Berechnung

Wahl des I-Trägers

gew.: IPE 330 DIN 1025 – St 37-2

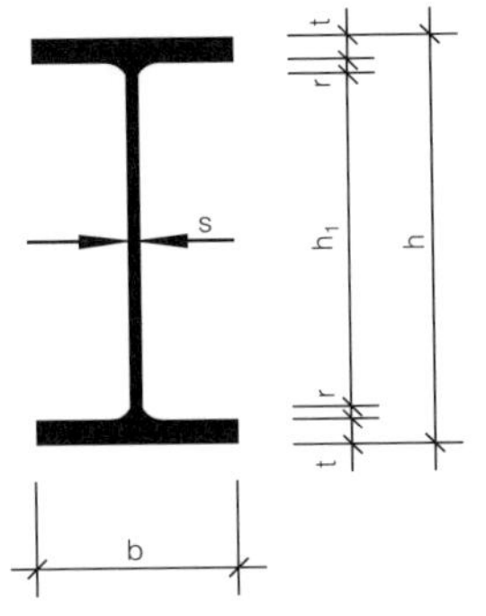

$l = 200$ mm
$h = 330$ mm
$s = 7{,}5$ mm
$b = 160$ mm
$h_1 = 271$ mm

Bild 19.3

Druckspannungsnachweis

Die horizontalen und vertikalen Gelenkkräfte werden über Kontaktpressung unter einem Winkel α übertragen.

horizontal:

$$\frac{\sigma_D}{\text{zul}\,\sigma_{D\measuredangle}} \leq 1$$

$$\sigma_D = \frac{C_H}{l \cdot h_1}$$

$$\text{zul}\,\sigma_{D\measuredangle} = \text{zul}\,\sigma_{D\parallel} - (\text{zul}\,\sigma_{D\parallel} - \text{zul}\,\sigma_{D\perp}) \cdot \sin\alpha$$

Da $C_H = 80$ kN aus LF 2 kleiner als $C_H = 150$ kN aus LF 1, entfällt ein weiterer Nachweis.

$$\frac{\sigma_D}{\text{zul}\,\sigma_{D14°}} = \frac{2{,}77}{8{,}94} = 0{,}31 \leq 1$$

$$\sigma_D = \frac{150 \cdot 10^3}{200 \cdot 271} = 2{,}77\ \text{MN/m}^2$$

1 $\text{zul}\,\sigma_{D14°} = 11{,}0 - (11{,}0 - 2{,}5) \cdot \sin 14°$
2 $= 8{,}94\ \text{MN/m}^2$
3

vertikal:

$$\frac{\sigma_D}{\text{zul}\,\sigma_{D\measuredangle}} \leq 1$$

$$\sigma_D = \frac{C_V \cdot 2}{l \cdot (b - s)}$$

$$\frac{\sigma_D}{\text{zul}\,\sigma_{D\measuredangle}} = \frac{0{,}39}{2{,}75} = 0{,}14 < 1$$

$$\sigma_D = \frac{6 \cdot 10^3 \cdot 2}{200 \cdot (160 - 7{,}5)} = 0{,}39\ \text{MN/m}^2$$

1 $\text{zul}\,\sigma_{D76°} = 11{,}0 - (11{,}0 - 2{,}5) \cdot \sin 76°$
2 $= 2{,}75\ \text{MN/m}^2$
3

Schubspannungsnachweis

$\frac{\tau}{\text{zul}\,\tau_Q}$

$\tau = \frac{3 \cdot Q_C}{2 \cdot b \cdot h'}$

$Q_C = Q_1 + Q_2$
$= C_V \cdot \cos\alpha + C_H \cdot \sin\alpha$

$h' = h_1 \cdot \cos\alpha$

1 $\frac{\tau}{\text{zul}\,\tau_Q} = \frac{0{,}89}{1{,}2} = 0{,}74 < 1$

$\tau = \frac{3 \cdot 25}{2 \cdot 16 \cdot 26{,}3} \cdot 10 = 0{,}89\ \text{MN/m}^2$

$Q_C = 6 \cdot \cos 14° + 80 \cdot \sin 14° = 25\ \text{kN}$

$h' = 271 \cdot \cos 14° = 263\ \text{mm}$

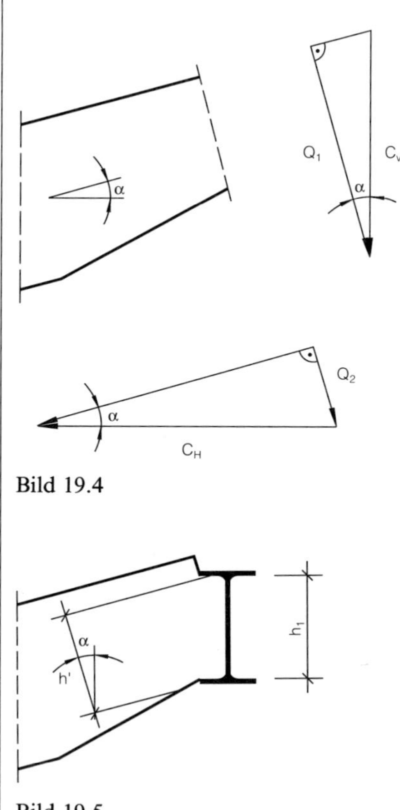

Bild 19.4

Bild 19.5

1 **DIN 1052 T1, Tab. 5**
2 **DIN 1052 T1, 5.1.5**
3 **Holzbau-TB Bd. 2, Tab. 3.1-15, Seite 60**

Beispiel 20
Einteiliger Druckstab

Aufgabenstellung

Bemessung einer auf Druck beanspruchten Pendelstütze.

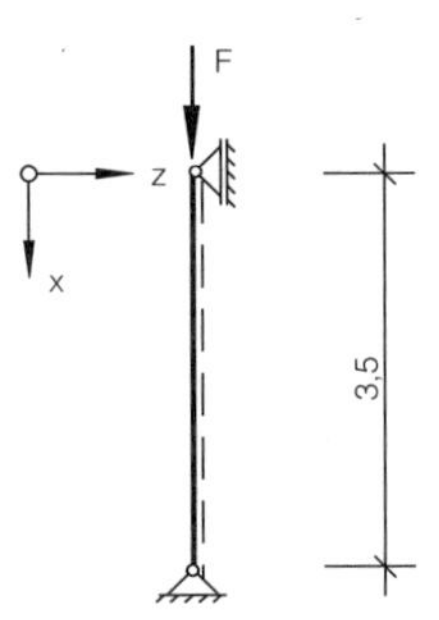

geg.: F = 100,0 kN; LF.: H
Stütze: 16/16 cm; NH II

Bild 20.1

Erläuterung		Berechnung
Querschnittswerte und Knicklänge		
$A = b \cdot d$		$A = 16 \cdot 16 = 256\ cm^2$
Für einen Rechteckquerschnitt gilt:		
$\min i = \dfrac{\min d}{\sqrt{12}} = 0{,}289 \cdot \min d$	**1**	$\min i = 0{,}289 \cdot 16 = 4{,}62\ cm$
s_k Knicklänge	**2**	$s_k = 3{,}5\ m$ (zweiter Eulerfall)

Knicknachweis

$\frac{\sigma_{D\parallel}}{\text{zul}\,\sigma_k} \leq 1$		3	$\frac{\sigma_{D\parallel}}{\text{zul}\,\sigma_k} = \frac{3{,}91}{4{,}13} = 0{,}95 < 1$
$\sigma_{D\parallel} = \frac{N}{A}$			$\sigma_{D\parallel} = \frac{100 \cdot 10^{-3}}{256 \cdot 10^{-4}} = 3{,}91\ \text{MN/m}^2$
$N = F$			$N = 100{,}0\ \text{kN}$
$\text{zul}\,\sigma_k = \frac{\text{zul}\,\sigma_{D\parallel}}{\omega}$	zul. Knickspannung	4 5	$\text{zul}\,\sigma_k = \frac{8{,}5}{2{,}06} = 4{,}13\ \text{MN/m}^2$
$\lambda = \frac{s_k}{\min i} < 150$	Schlankheitsgrad	6	$\lambda = \frac{350}{4{,}62} = 76 < 150$
$\omega = f(\lambda)$	Knickzahl	7 8	$\omega = 2{,}06$

1 Holzbau-TB Bd. 2, Tab. 3.1-2, Seite 39
2 DIN 1052 T1, 9.1
3 DIN 1052 T1, 9.3.2
4 DIN 1052 T1, Tab. 5
5 Holzbau-TB Bd. 2, Tab. 3.4-7, Seite 193
6 DIN 1052 T1, 9.2
7 DIN 1052 T1, Tab. 10
8 Holzbau-TB Bd. 2, Tab. 3.4-6, Seite 193

Beispiel 21
Zweiteiliger Rahmenstab

Aufgabenstellung

Bemessung einer auf Druck beanspruchten, gespreizten und durch Zwischenhölzer verbundenen Pendelstütze.

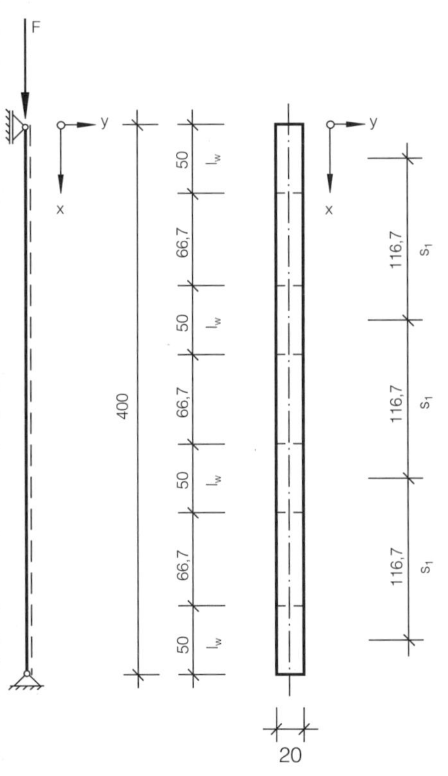

Bild 21.1

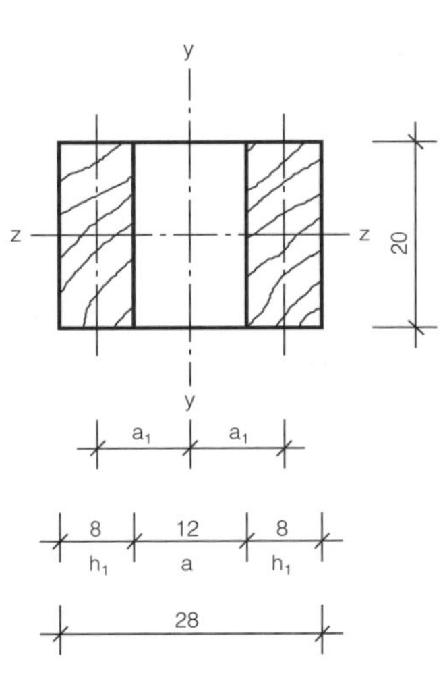

Bild 21.2

geg.: Stäbe 2 × 8/20 cm; NH II
Zwischenhölzer 12/20 cm; NH II
F = 100,0 kN; LF.: H
h = 4,0 m
l_w = 50 cm

Erläuterung		Berechnung
Schlankheitsgrad		
Schlankheitsgrad des Gesamtquerschnittes um die z-Achse (Stoffachse)		
$\lambda_z = \frac{s_{kz}}{i_z}$	1 2	$\lambda_z = \frac{400}{5{,}78} = 69{,}2$
s_{kz} Knicklänge	3	$s_{kz} = 4{,}00$ m
$i_z = 0{,}289 \cdot b$		$i_z = 0{,}289 \cdot 20 = 5{,}78$ cm
b Querschnittsbreite		
Wirksamer Schlankheitsgrad des Gesamtquerschnittes um die y-Achse (stofffreie Achse)		
$\mathrm{ef}\,\lambda = \sqrt{\lambda_y^2 + c \cdot \frac{m}{2} \cdot \lambda_1^2}$	1 2 4 5	$\mathrm{ef}\,\lambda = \sqrt{39^2 + 2{,}5 \cdot \frac{2}{2} \cdot 50{,}5^2} = 88{,}8$
$\lambda_y = \frac{s_{ky}}{i_y}$ rechnerischer Schlankheitsgrad des Gesamtquerschnittes	1 6	$\lambda_y = \frac{400}{10{,}26} = 39$
s_{ky} Knicklänge	3	$s_{ky} = 4{,}0$ m
$i_y = \sqrt{\frac{I_y}{A}}$ Trägheitsradius		$i_y = \sqrt{\frac{33\,706}{320}} = 10{,}26$ cm
$I_y = \sum_{i=1}^{n} (I_{yi} + A_i \cdot a_i^2)$		$I_y = 2 \cdot \frac{20 \cdot 8^3}{12} + 2 \cdot 20 \cdot 8 \cdot 10^2 = 33\,706\ \text{cm}^4$
$A = \sum_{i=1}^{n} A_i$		$A = 2 \cdot 20 \cdot 8 = 320\ \text{cm}^2$
$\lambda_1 = \frac{s_1}{\min i_1}$ Schlankheitsgrad des Einzelstabes; für $s_1 < 30 \cdot i_1$ ist $\lambda_1 = 30$ anzusetzen	4	$\lambda_1 = \frac{116{,}7}{2{,}31} = 50{,}5$

$\min i_1$ Trägheitsradius des Einzelstabes		$\min i_1 = 0{,}289 \cdot 8 = 2{,}31$ cm
c Faktor je nach Ausbildung der Querverbindungen		$c = 2{,}5$
m Anzahl der Einzelstäbe		$m = 2$
$s_1 = \frac{h - l_w}{n - 1}$ Mittenabstand der Querverbindung		$s_1 = \frac{400 - 50}{3} = 116{,}7 \text{ cm} > 30 \cdot 0{,}289 \cdot 8 = 69{,}36$ cm
n Anzahl der Querverbindungen		$n = 4$

Schlankheitsgrad des Einzelstabes

$\lambda_1 = \frac{s_1}{i_1} \leq 60$	4	$\lambda_1 = \frac{116{,}7}{2{,}31} = 50{,}5 \leq 60$
$s_1 \leq \frac{1}{3} s_{kz}$ Knicklänge des Einzelstabes		$s_1 = 116{,}7 \text{ cm} \leq \frac{400}{3} = 133{,}3$ cm

Knicknachweis

$\frac{\sigma_{D\parallel}}{\text{zul}\,\sigma_k} \leq 1$	7	$\frac{\sigma_{D\parallel}}{\text{zul}\,\sigma_k} = \frac{3{,}13}{3{,}35} = 0{,}93 < 1$
$\sigma_{D\parallel} = \frac{N}{A}$		$\sigma_{D\parallel} = \frac{100{,}00 \cdot 10^{-3}}{2 \cdot 8 \cdot 20 \cdot 10^{-4}} = 3{,}13 \text{ MN/m}^2$
$N = F$		$N = 100{,}0$ kN
$\text{zul}\,\sigma_k = \frac{\text{zul}\,\sigma_{D\parallel}}{\omega}$ zul. Knickspannung	8 9	$\text{zul}\,\sigma_k = \frac{8{,}5}{2{,}54} = 3{,}35 \text{ MN/m}^2$
$\omega = f(\max \lambda)$ Knickzahl	10 11	$\text{ef}\,\omega = 2{,}54$ für $\text{ef}\,\lambda = 88{,}8$

Zwischenhölzer

Schubkraft in der Querverbindung

$T = \frac{Q_i \cdot s_1}{2 \cdot a_1}$	12	$T = \frac{4{,}23 \cdot 116{,}7}{2 \cdot 10} = 24{,}7$ kN

$Q_i = \dfrac{\mathrm{ef}\,\omega \cdot N}{60}$ wirksame Querkraft

13 $Q_i = \dfrac{2{,}54 \cdot 100{,}00}{60} = 4{,}23$ kN

$\mathrm{ef}\,\omega$ die dem effektiven Schlankheitsgrad $\mathrm{ef}\,\lambda$ zugehörige Knickzahl

N größte vorhandene Normalkraft im Stab

s_1 Mittenabstand der Querverbindungen

a_1 Abstand der Einzelstäbe von der Schwerachse y — y des Gesamtquerschnittes (Bild 21.2)

$a_1 = 10$ cm

Biegemoment aus der Schubkraft

$M = \dfrac{Q_i \cdot s_1}{2}$

$M = \dfrac{4{,}23 \cdot 116{,}7 \cdot 10^{-2}}{2} = 2{,}47$ kNm

Ein Nachweis kann entfallen,

wenn $\dfrac{a}{h_1} \leq 2$ ist.

12 $\dfrac{a}{h_1} = \dfrac{12}{8} = 1{,}5 < 2$

a lichter Abstand der Einzelstäbe

h_1 Breite des Einzelstabes (Bild 21.2)

Schubspannungsnachweis der Zwischenhölzer

$\dfrac{\tau_Q}{\mathrm{zul}\,\tau_Q} \leq 1$

8 $\dfrac{\tau_Q}{\mathrm{zul}\,\tau_Q} = \dfrac{0{,}37}{0{,}9} = 0{,}41 < 1$

$\tau_Q = \dfrac{3}{2} \cdot \dfrac{T}{A_{ZW}}$

$\tau_Q = \dfrac{3}{2} \cdot \dfrac{24{,}7 \cdot 10^{-3}}{1000 \cdot 10^{-4}} = 0{,}37$ MN/m²

A_{ZW} Zwischenholzfläche

$A_{ZW} = 50 \cdot 20 = 1000$ cm²

Dübelnachweis

14 gew.: 2 Einpreßdübel (Dübeltyp D) ∅ 85

Unterlegscheibe ⌀ 70/8; Bolzen M 20

$\mathrm{zul}\,N_D \geq T$

$\mathrm{zul}\,N_D = 2 \cdot 17{,}00 = 34\ \mathrm{kN} > 24{,}7\ \mathrm{kN} = T$

Dübelabstand $\mathrm{erf}\,e_{d\,||} \leq \mathrm{vorh}\,e_{d\,||}$

15 16 $\mathrm{erf}\,e_{d\,||} = 17\ \mathrm{cm} \approx 16{,}7\ \mathrm{cm} = \mathrm{vorh}\,e_{d\,||}$

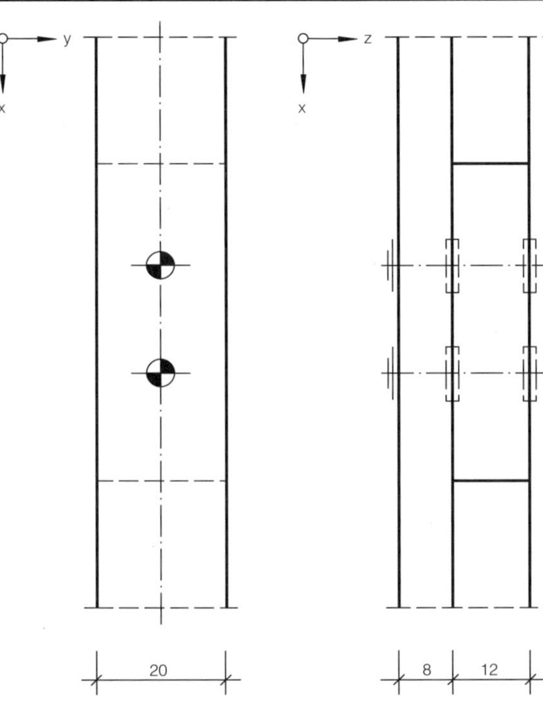

2 x 2 Dü ø 85 - D, Unterlegscheibe ⌀ 70/8,

2 M 20 x 320

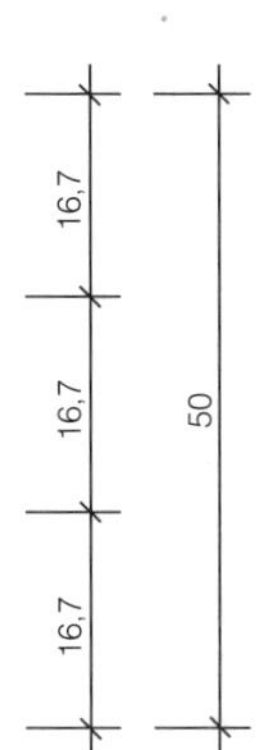

Bild 21.3

1	**DIN 1052 T1, 9.2**
2	**Holzbau-TB Bd. 2, Tab. 3.4-3, Seite 184**
3	**DIN 1052 T1, 9.1**
4	**DIN 1052 T1, 9.3.3.3**
5	**Holzbau-TB Bd. 2, Nomogr. 3.4-4, Seite 189**
6	**Holzbau-TB Bd. 2, Nomogr. 3.4-1, Seite 186**
7	**DIN 1052 T1, 9.3**
8	**DIN 1052 T1, Tab. 5**
9	**Holzbau-TB Bd. 2, Tab. 3.4-7, Seite 193**
10	**DIN 1052 T1, Tab. 10**
11	**Holzbau-TB Bd. 2, Tab. 3.4-6, Seite 193**
12	**DIN 1052 T1, 9.3.3.4**
13	**DIN 1052 T1, 9.3.3.2**
14	**DIN 1052 T2, Tab. 7**
15	**DIN 1052 T2, 4.3.7**
16	**DIN 1052 T2, Tab. 8**

Beispiel 22
Zweiteiliger, kontinuierlich verbundener Druckstab

Aufgabenstellung

Bemessung eines mehrteiligen Druckstabes, dessen Querschnitt aus zwei kontinuierlich mit Nägeln verbundenen Kanthölzern besteht.

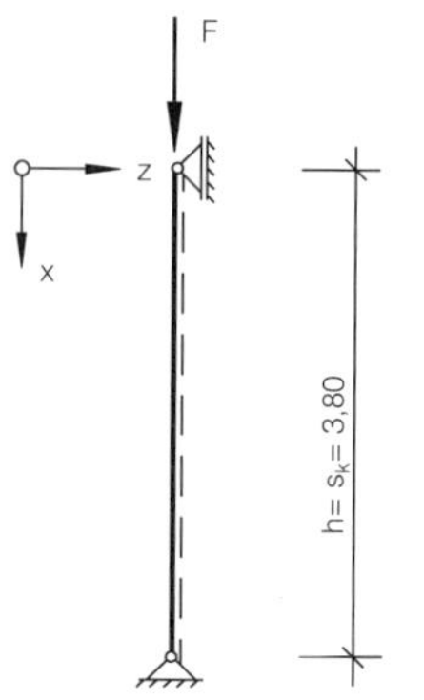

Bild 22.1

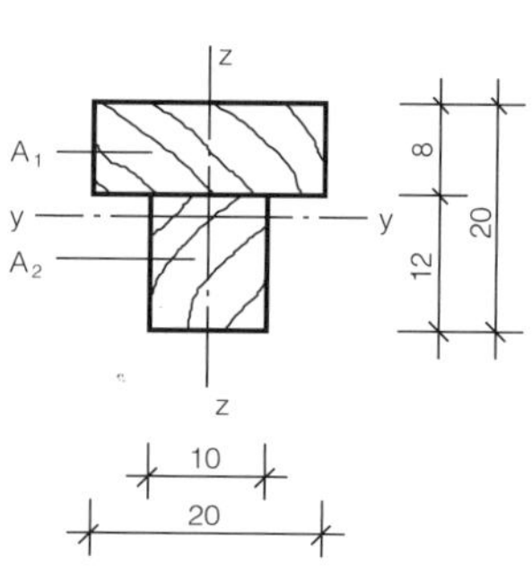

Bild 22.2

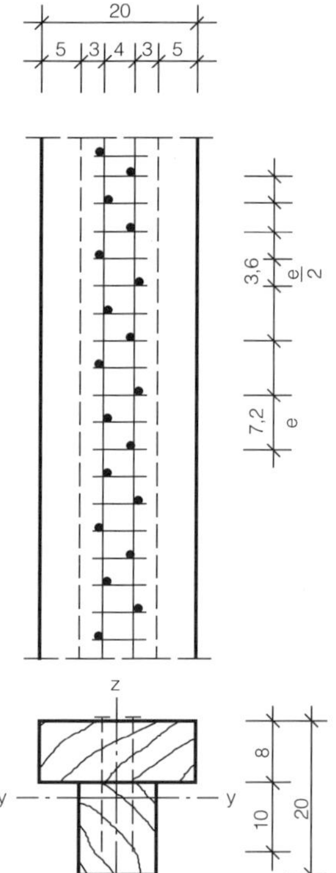

Bild 22.3

geg.: h = 3,75 m
F = 80,0 kN; LF.: H
Querschnitt 8/20 und 10/12 cm; NH II

Erläuterung		Berechnung
Wahl der Nägel		
	1	gew.: Nägel Na 60 × 180 zweireihig $e = 7{,}2$ cm
	2	$C = 600$ N/mm
Querschnittswerte		
Querschnittsflächen		
$A = \sum_{i=1}^{n} A_i = A_1 + A_2$		$A = 160 + 120 = 280\ cm^2$
$A_1 = b_1 \cdot h_1$		$A_1 = 8 \cdot 20 = 160\ cm^2$
$A_2 = b_2 \cdot h_2$		$A_2 = 10 \cdot 12 = 120\ cm^2$
Flächenmomente 2. Grades (Flächenträgheitsmoment)		
um die z-Achse		
$I_z = \sum_{i=1}^{n} I_{zi} = I_{z1} + I_{z2}$		$I_z = 5333 + 1000 = 6333\ cm^4$
$I_{z1} = \frac{h_1 \cdot b_1^3}{12}$		$I_{z1} = \frac{8 \cdot 20^3}{12} = 5333\ cm^4$
$I_{z2} = \frac{h_2 \cdot b_2^3}{12}$		$I_{z2} = \frac{12 \cdot 10^3}{12} = 1000\ cm^4$
um die y-Achse		
$\text{ef}\, I_y = \sum_{i=1}^{n} (I_i + \gamma_i \cdot A_i \cdot a_i^2)$ $= I_{y1} + I_{y2} + \gamma \cdot A_1 \cdot a_1^2 + A_2 \cdot a_2^2$	3 4	$\text{ef}\, I_y = 853 + 1440 + 0{,}12 \cdot 160 \cdot 8{,}62^2 + 120 \cdot 1{,}38^2 = 3948\ cm^4$
$I_{y1} = \frac{b_1 \cdot h_1^3}{12}$		$I_{y1} = \frac{20 \cdot 8^3}{12} = 853\ cm^4$
$I_{y2} = \frac{b_2 \cdot h_2^3}{12}$		$I_{y2} = \frac{10 \cdot 12^3}{12} = 1440\ cm^4$

$$\gamma = \frac{1}{1+k} = \frac{1}{1 + \frac{\pi^2 \cdot E \cdot A_1 \cdot e'}{l^2 \cdot C}}$$

$$a_1 = \frac{A_2 \cdot (h_1 + h_2)}{2 \cdot (\gamma \cdot A_1 + A_2)}$$

$$a_2 = \frac{h_1 + h_2}{2} - a_1 = \frac{\gamma \cdot A_1 \cdot (h_1 + h_2)}{2 \cdot (\gamma \cdot A_1 + A_2)}$$

$e' = \frac{e}{2}$ mittlerer Abstand der Verbindungsmittel

a_i Abstand der Querschnittsflächen der einzelnen Querschnittsteile von der maßgebenden Schwerachse

Flächenmoment 1. Grades
(statisches Moment)

$$S_1 = A_1 \cdot a_1$$

$$S_{2o} = \frac{b_2}{2} \cdot \left(\frac{h_2}{2} - a_2\right)^2$$

$$S_{2u} = \frac{b_2}{2} \cdot \left(\frac{h_2}{2} + a_2\right)^2$$

Trägheitsradius

um die z-Achse

$$i_z = \sqrt{\frac{I_z}{A}}$$

um die y-Achse

$$\text{ef}\, i_y = \sqrt{\frac{\text{ef}\, I_y}{A}}$$

$$\gamma = \frac{1}{1 + \frac{\pi^2 \cdot 10^4 \cdot 160 \cdot 3{,}6}{360^2 \cdot 600} \cdot 10} = \frac{1}{1 + 7{,}31} = 0{,}12$$

$$a_1 = \frac{120 \cdot (8 + 12)}{2 \cdot (0{,}12 \cdot 160 + 120)} = 8{,}62 \text{ cm}$$

$$a_2 = \frac{0{,}12 \cdot 160 \cdot (8 + 12)}{2 \cdot (0{,}12 \cdot 160 + 120)} = 1{,}38 \text{ cm}$$

$$e' = \frac{7{,}2}{2} = 3{,}6 \text{ cm}$$

$$S_1 = 160 \cdot 8{,}62 = 1379 \text{ cm}^3$$

$$S_{2o} = \frac{10}{2} \cdot \left(\frac{12}{2} - 1{,}38\right)^2 = 107 \text{ cm}^3$$

$$S_{2u} = \frac{10}{2} \cdot \left(\frac{12}{2} + 1{,}38\right)^2 = 272 \text{ cm}^3$$

5 $i_z = \sqrt{\frac{6333}{280}} = 4{,}76 \text{ cm}$

5 $\text{ef}\, i_y = \sqrt{\frac{3948}{280}} = 3{,}75 \text{ cm} = \min i$

Knicknachweis

$\frac{\sigma_{D\parallel}}{\text{zul}\,\sigma_k} \leq 1$	6	$\frac{\sigma_{D\parallel}}{\text{zul}\,\sigma_k} = \frac{2{,}86}{2{,}83} = 1{,}01 \cong 1{,}0$
$\sigma_{D\parallel} = \frac{N}{A}$		$\sigma_{D\parallel} = \frac{80{,}0 \cdot 10^{-3}}{280 \cdot 10^{-4}} = 2{,}86\ \text{MN/m}^2$
$\text{zul}\,\sigma_k = \frac{\text{zul}\,\sigma_{D\parallel}}{\omega}$ zul. Knickspannung	7 8	$\text{zul}\,\sigma_k = \frac{8{,}5}{3{,}0} = 2{,}83\ \text{MN/m}^2$
$\omega = f(\lambda)$ Knickzahl	9 10	$\text{ef}\,\omega = 3{,}0$
$\max\lambda = \frac{s_k}{\min i} \leq 175$ Schlankheitsgrad		$\max\lambda = \frac{375}{3{,}75} = 100 \leq 175$
$N = F$		$N = 80{,}0\ \text{kN}$

Nachweis der Verbindungsmittel

wirksame Querkraft

$Q_i = \frac{\text{ef}\,\omega \cdot N}{60}$	4	$Q_i = \frac{3{,}00 \cdot 80{,}0}{60} = 4{,}0\ \text{kN}$

Schubfluß

$\text{ef}\,t = \frac{Q_i}{\text{ef}\,I_y} \cdot \gamma \cdot S_1$	11	$\text{ef}\,t = \frac{4{,}0}{3948} \cdot 0{,}12 \cdot 1379$ $= 0{,}17\ \text{kN/cm} \mathrel{\hat{=}} 17\ \text{kN/m}$

Nagelbelastung

$N_1 = \frac{e \cdot \text{ef}\,t}{n} \leq \text{zul}\,N_1$		$N_1 = \frac{7{,}2 \cdot 0{,}17}{2} = 0{,}61\ \text{kN} \leq 1{,}125\ \text{kN} = \text{zul}\,N_1$
$\text{zul}\,N_1 = \frac{500 \cdot d_n^2}{10 + d_n}$	12 1	$\text{zul}\,N_1 = \frac{500 \cdot 6{,}0^2}{10 + 6{,}0} = 1125\ \text{N}$
n Anzahl der Reihen nebeneinanderliegender Nägel		

Einschlagtiefe der Nägel

$\text{vorh}\,s = l_n - h_1 \geq \text{erf}\,s = 12 \cdot d_n$	13	$\text{vorh}\,s = 18 - 8 = 10\ \text{cm} > \text{erf}\,s = 12 \cdot 0{,}6 = 7{,}2\ \text{cm}$
l_n Nagellänge d_n Nageldurchmesser		

Schubspannungsnachweis

$$\frac{\max\tau}{\text{zul}\,\tau_Q} \leq 1$$

7 $$\frac{\max\tau}{\text{zul}\,\tau_Q} = \frac{0{,}28}{0{,}9} = 0{,}31 < 1$$

$$\max\tau = \frac{Q_i}{b_2 \cdot \text{ef}\,J_y} \cdot (\gamma \cdot S_1 + S_{2o})$$

3 $$\max\tau = \frac{4{,}0 \cdot 10^{-3}}{10 \cdot 3948 \cdot 10^{-10}} \cdot (0{,}12 \cdot 1379 + 107) \cdot 10^{-6} = 0{,}28\ \text{MN/m}^2$$

1	**Holzbau-TB Bd. 2, Tab. 4.4-4, Seite 294**
2	**DIN 1052 T1, Tab. 8**
3	**Holzbau-TB Bd. 2, Tab. 3.3-12, Seite 161**
4	**DIN 1052 T1, 9.3.3.2**
5	**Holzbau-TB Bd. 2, Tab. 3.4-2, Seite 183**
6	**DIN 1052 T1, 9.3.2**
7	**DIN 1052 T1, Tab. 5**
8	**Holzbau-TB Bd. 2, Tab. 3.4-7, Seite 193**
9	**DIN 1052 T1, Tab. 10**
10	**Holzbau-TB Bd. 2, Tab. 3.4-6, Seite 193**
11	**DIN 1052 T1, 8.3.3**
12	**DIN 1052 T2, 6.2.2**
13	**DIN 1052 T2, 6.2.4**

Beispiel 23
Dreiteiliger Rahmenstab mit Bindehölzern

Aufgabenstellung

Bemessung eines gelenkig gelagerten Rahmenstabes mit Bindehölzern.

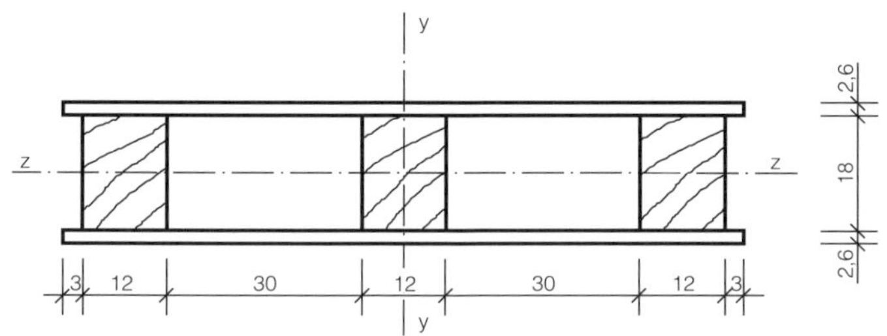

Bild 23.1

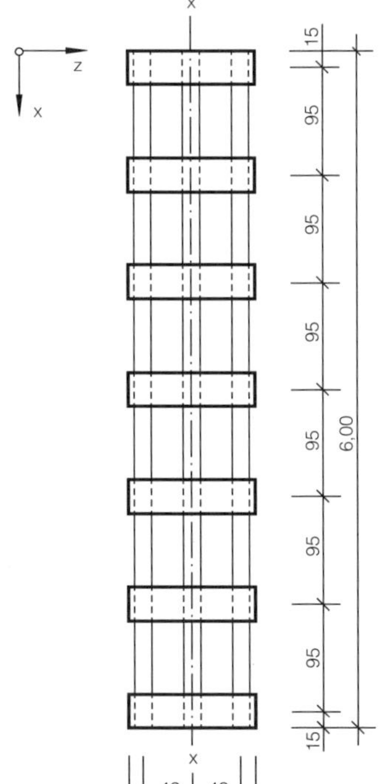

Bild 23.2

geg.: $F = 80{,}0$ kN; LF.: H

$h = 6{,}0$ m

$l_B = 30$ cm

Stäbe	$3 \times 12/18$ cm; NH II
Bindehölzer	2,6/32 cm; NH II
Verbindungsmittel	Nägel Na 42×110

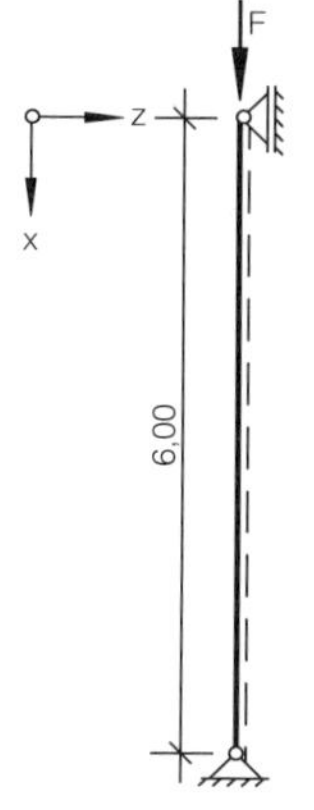

Bild 23.3

statisches System

Erläuterung		Berechnung
Schlankheitsgrad des Gesamtquerschnittes um die z-Achse (Stoffachse)		
$\lambda_z = \frac{s_{kz}}{i_z} \leq 150$	1 2	$\lambda_z = \frac{600}{5,2} = 115,4 < 150$
s_{kz} Knicklänge	3	$s_{kz} = 6,00$ m
$i_z = 0,289 \cdot b$ Trägheitsradius		$i_z = 0,289 \cdot 18 = 5,2$ cm
Wirksamer Schlankheitsgrad des Gesamtquerschnittes um die y-Achse (stofffreie Achse)		
$\text{ef}\lambda = \sqrt{\lambda_y^2 + c \cdot \frac{m}{2} \cdot \lambda_1^2} \leq 175$	4 2 5	$\text{ef}\lambda = \sqrt{17,4^2 + 4,5 \cdot \frac{3}{2} \cdot 30^2} = 80 < 175$
$\lambda_y = \frac{s_{ky}}{i_y}$ rechnerischer Schlankheitsgrad des Gesamtquerschnittes	1 2	$\lambda_y = \frac{600}{34,5} = 17,4$
s_{ky} Knicklänge	3	$s_{ky} = 6,00$ m
$i_y = \sqrt{\frac{I_y}{A}}$ Trägheitsradius		$i_y = \sqrt{\frac{769\,824}{648}} = 34,5\,\text{cm}$
$I_y = \sum_{i=1}^{n} (I_i + A_i \cdot a_i^2)$		$I_y = 3 \cdot \frac{18 \cdot 12^3}{12} + 2 \cdot 12 \cdot 18 \cdot (30 + 12)^2$ $= 769\,824\ \text{cm}^4$
$A = \sum_{i=1}^{n} A_i$		$A = 3 \cdot 12 \cdot 18 = 648\ \text{cm}^2$
$\lambda_1 = \frac{s_1}{i_1}$ Schlankheitsgrad des Einzelstabes für $s_1 < 30 \cdot i_1$ ist $\lambda_1 = 30$ anzusetzen	2 4	$\lambda_1 = \frac{95}{0,289 \cdot 12} = 27,4 < 30 \curvearrowright \lambda_1 = 30$
c Faktor je nach Ausbildung der Querverbindungen	6	$c = 4,5$

m	Anzahl der Einzelstäbe		$m = 3$
$s_1 = \dfrac{h - l_B}{n - 1}$	Mittenabstand der Querverbindungen		$s_1 = \dfrac{600 - 30}{7 - 1} = 95\,\text{cm}$
n	Anzahl der Querverbindungen		$n = 7$

Schlankheitsgrad des Einzelstabes

$\lambda_1 = \dfrac{s_1}{i_1} \leq 60$		4	$\lambda_1 = 27{,}4 < 60$
$s_1 \leq \dfrac{1}{3} \cdot s_{ky}$	Knicklänge des Einzelstabes		$s_1 = 95\,\text{cm} < \dfrac{600}{3} = 200\,\text{cm}$

Knicknachweis

$\dfrac{\sigma_{D\parallel}}{\text{zul}\,\sigma_k} \leq 1$		7	$\dfrac{\sigma_{D\parallel}}{\text{zul}\,\sigma_k} = \dfrac{1{,}23}{2{,}13} = 0{,}58 < 1$
$\sigma_{D\parallel} = \dfrac{N}{A}$			$\sigma_{D\parallel} = \dfrac{80 \cdot 10^{-3}}{3 \cdot 12 \cdot 18 \cdot 10^{-4}} = 1{,}23\ \text{MN/m}^2$
$N = F$			$N = 80\ \text{kN}$
$\text{zul}\,\sigma_k = \dfrac{\text{zul}\,\sigma_{D\parallel}}{\omega}$	zul. Knickspannung	8 9	$\text{zul}\,\sigma_k = \dfrac{8{,}5}{4{,}0} = 2{,}13\,\text{MN/m}^2$
$\omega = f(\max\lambda)$	Knickzahl	10 11	$\omega_z = 4{,}0$ für $\lambda_z = 115{,}4$

Nachweis der Verbindungsmittel

Schubkraft in der Querverbindung

$T = \dfrac{0{,}5 \cdot Q_i \cdot s_1}{2 \cdot a_1}$		12	$T = \dfrac{0{,}5 \cdot 2{,}92 \cdot 95}{2 \cdot 21} = 3{,}30\,\text{kN}$
$Q_i = \dfrac{\text{ef}\,\omega \cdot N}{60}$	wirksame Querkraft	13	$Q_i = \dfrac{2{,}19 \cdot 80{,}00}{60} = 2{,}92\,\text{kN}$
$\text{ef}\,\omega$	die dem effektiven Schlankheitsgrad $\text{ef}\,\lambda$ zugehörige Knickzahl		$\text{ef}\,\omega = 2{,}19$

N größte vorhandene Normalkraft im Stab

s_1 Mittenabstand der Querverbindungen

$$a_1 = \frac{a + h_1}{2}$$

$$a_1 = \frac{30 + 12}{2} = 21\,\text{cm}$$

Biegemoment aus der Schubkraft

$$M = \frac{Q_i \cdot s_1}{3}$$

$$M = \frac{2{,}92 \cdot 95 \cdot 10^{-2}}{3} = 0{,}92\,\text{kNm}$$

Auf die Bemessung der Bindehölzer wird wegen der geringen Beanspruchung verzichtet.

Nagelbelastung

Die Nägel werden infolge der Schubkraft T und dem Biegemoment M belastet (Bild 23.4).

gew.: 2 × 14 Nägel Na 42 × 110

Resultierende Beanspruchung eines Nagels

$$N_1 = \sqrt{N_T^2 + N_M^2} \leq \text{zul}\,N_1$$

14 $N_1 = \sqrt{0{,}12^2 + 0{,}59^2} = 0{,}60\,\text{kN} < 0{,}62\,\text{kN}$

15 $= \text{zul}\,N_1$

$$N_T = \frac{T}{2 \cdot n}$$ Beanspruchung infolge der Schubkraft T

$$N_T = \frac{3{,}30}{2 \cdot 14} = 0{,}12\,\text{kN}$$

$$N_M = \frac{M}{2 \cdot h_1} \cdot f$$ Beanspruchung infolge des Momentes M

$$N_M = \frac{0{,}92}{2 \cdot 25{,}2 \cdot 10^{-2}} \cdot 0{,}3214 = 0{,}59\,\text{kN}$$

$$f = \frac{6 \cdot (n_x - 1)}{n_x \cdot (n_x + 1) \cdot n_z}$$

$$f = \frac{6 \cdot (7 - 1)}{7 \cdot (7 + 1) \cdot 2} = 0{,}3214$$

n Anzahl der Nägel pro Anschluß — $n = 14$

h_1 Höhe des Nagelbildes (Bild 23.4) — $h_1 = 6 \cdot 4{,}2 = 25{,}2$ cm

n_x Anzahl der Nägel in x-Richtung — $n_x = 7$

n_z Anzahl der Nägel in z-Richtung — $n_z = 2$

Einschlagtiefe

$\text{erf}\, s = 12 \cdot d_n \leq \text{vorh}\, s$

16 $\text{erf}\, s = 12 \cdot 0{,}42 = 5{,}1\ \text{cm} < 8{,}4\ \text{cm} = \text{vorh}\, s$
$\text{vorh}\, s = 11{,}0 - 2{,}6 = 8{,}4\ \text{cm}$

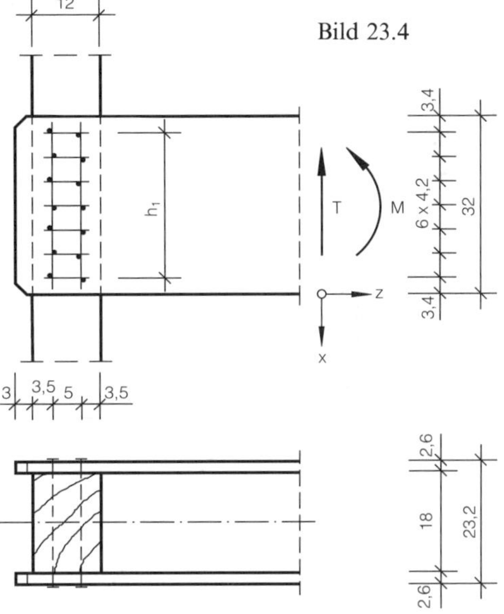

Bild 23.4

Nagelabstände

$\text{vorh}\, e_{\parallel} \geqslant \text{erf}\, e_{\parallel}$
$\text{vorh}\, e_{\perp} \geqslant \text{erf}\, e_{\perp}$

17 Die Nagelabstände sind einzuhalten.

1	**DIN 1052 T1, 9.2**
2	**Holzbau-TB Bd. 2, Tab. 3.4-3, Seite 184**
3	**DIN 1052 T1, 9.1**
4	**DIN 1052 T1, 9.3.3.3**
5	**Holzbau-TB Bd. 2, Nomogr. 3.4-4, Seite 189**
6	**DIN 1052 T1, Tab. 11**
7	**DIN 1052 T1, 9.3.2**
8	**DIN 1052 T1, Tab. 5**
9	**Holzbau-TB Bd. 2, Tab. 3.4-7, Seite 193**
10	**DIN 1052 T1, Tab. 10**
11	**Holzbau-TB Bd. 2, Tab. 3.4-6, Seite 193**
12	**DIN 1052 T1, 9.3.3.4**
13	**DIN 1052 T1, 9.3.3.2**
14	**DIN 1052 T2, 6.2.2**
15	**Holzbau-TB Bd. 2, Tab. 4.4-4, Seite 294**
16	**DIN 1052 T2, 6.2.4**
17	**DIN 1052 T2, Tab. 11**

Beispiel 24
Gitterstab

Aufgabenstellung

Bemessung eines gelenkig gelagerten Gitterstabes.

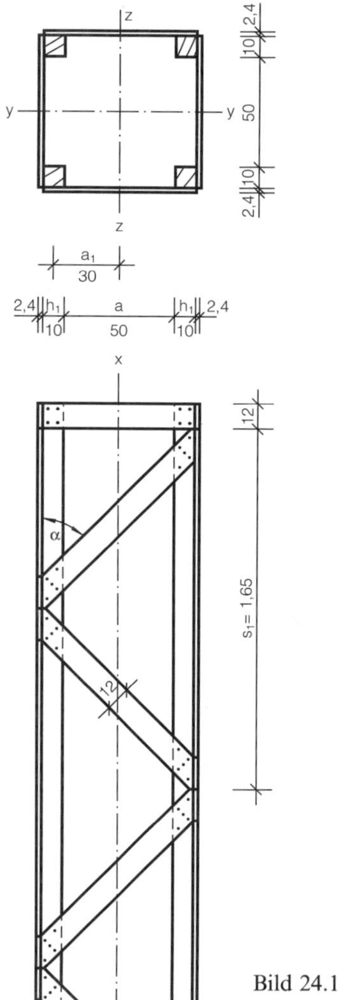

Bild 24.1

geg.: F = 120 kN; LF.: H

h = 6,0 m	
α = 45°	
Stäbe	4 × 10/10 cm; NH II
Streben	2,4/12 cm; NH II
Verbindungsmittel	Nägel Na 38 × 100

statisches System

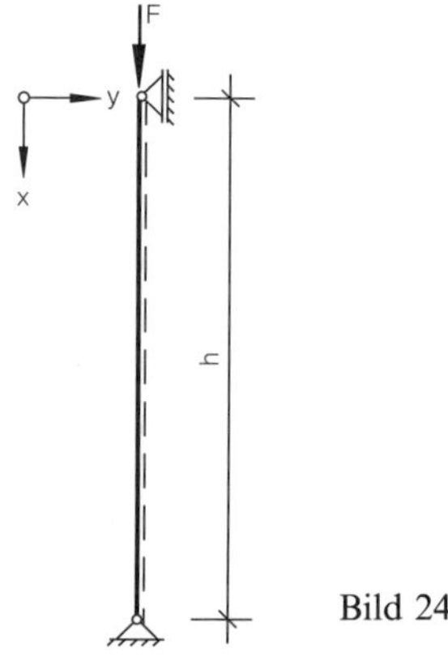

Bild 24.2

Erläuterung		Berechnung
Bemessung des Gesamtstabes		
Wirksamer Schlankheitsgrad des Gesamtstabes (stofffreie Achsen)		
Berechnung nur um die y-Achse, da ein doppelt symmetrischer Querschnitt vorliegt.		
$\mathrm{ef}\lambda =$		$\mathrm{ef}\lambda =$
$\sqrt{\lambda_y^2 + \frac{m}{2} \cdot \frac{4 \cdot \pi^2 \cdot E \cdot A_1}{a_1 \cdot n_D \cdot C_D \cdot \sin 2\alpha}}$	1 2 3 4	$\sqrt{19{,}9^2 + \frac{2}{2} \cdot \frac{4 \cdot \pi^2 \cdot 10\,000 \cdot 200 \cdot 10^{-4}}{30 \cdot 10 \cdot 0{,}6 \cdot 10^{-2}}} = 69{,}2$
$\lambda_y = \frac{s_{ky}}{iy}$ rechnerischer Schlankheitsgrad des Gesamtquerschnittes	5	$\lambda_y = \frac{600}{30{,}1} = 19{,}9$
s_{ky} Knicklänge	6	$s_{ky} = 6{,}0$ m
$i_y = \sqrt{\frac{I_y}{A}}$ Trägheitsradius		$i_y = \sqrt{\frac{363\,333}{400}} = 30{,}1$
$I_y = \sum_{i=1}^{n} (I_i + A_i \cdot a_i^2)$		$I_y = 4 \cdot \frac{10 \cdot 10^3}{12} + 4 \cdot 100 \cdot 30^2$ $= 363\,333\ \mathrm{cm}^4$
$A = \sum_{i=1}^{n} A_i$		$A = 4 \cdot 10 \cdot 10 = 400\ \mathrm{cm}^2$
m Anzahl der Einzelstäbe		$m = 2$
A_1 Querschnitt des Einzelstabes (hier zwei Stäbe)		$A_1 = 2 \cdot A_i = 2 \cdot 10 \cdot 10 = 200\ \mathrm{cm}^2$
C_D 600 N/mm, Verschiebungsmodul des einschnittigen Nagels	7	$C_D = 600$ N/mm $= 0{,}6$ MN/m
α Strebenneigungswinkel		$\alpha = 45°$
n_D Gesamtzahl der Nägel, mit denen die Gesamtstrebenkraft angeschlossen ist		$n_D = 2 \cdot 5 = 10$ (Bild 24.3)
a_1 Abstand der Einzelstäbe von der Schwerachse y – y des Gesamtquerschnittes		$a_1 = 30$ cm

Schlankheitsgrad des Einzelstabes

$\lambda_1 = \frac{s_1}{i_1} \leq 60$	1 2	$\lambda_1 = \frac{165}{2{,}89} = 57 < 60$
$s_1 \leq s_k/3$ Knicklänge	5	$s_1 = 165\,\text{cm} \leq \frac{600}{3} = 200\,\text{cm}$
$i_1 = \sqrt{\frac{I_1}{A_1}}$ Trägheitsradius $= 0{,}289 \cdot b$		$i_1 = 0{,}289 \cdot 10 = 2{,}89\,\text{cm}$

Knicknachweis

$\frac{\sigma_{D\parallel}}{\text{zul}\,\sigma_k} \leq 1$	8	$\frac{\sigma_{D\parallel}}{\text{zul}\,\sigma_k} = \frac{3{,}0}{4{,}59} = 0{,}65 < 1$
$\sigma_{D\parallel} = \frac{N}{A}$		$\sigma_{D\parallel} = \frac{120 \cdot 10^{-3}}{4 \cdot 100 \cdot 10^{-4}} = 3{,}0\,\text{MN/m}^2$
$N = F$		$N = 120\,\text{kN}$
$\text{zul}\,\sigma_k = \frac{\text{zul}\,\sigma_{D\parallel}}{\omega}$ zul. Knickspannung	9 10	$\text{zul}\,\sigma_k = \frac{8{,}5}{1{,}85} = 4{,}59\,\text{MN/m}^2$
$\omega = f(\max\lambda)$ Knickzahl	11 12	$\text{ef}\,\omega = 1{,}85$ für $\text{ef}\,\lambda = 69{,}2$

Bemessung der Streben

Gesamtstrebenkraft

$S = \frac{Q_i}{\sin\alpha}$		$S = \frac{3{,}7}{\sin 45^\circ} = 5{,}23\,\text{kN}$
$Q_i = \frac{\text{ef}\,\omega \cdot N}{60}$ wirksame Querkraft	13	$Q_i = \frac{1{,}85 \cdot 120}{60} = 3{,}7\,\text{kN}$
α Strebenneigungswinkel		$\alpha = 45^\circ$
$\text{ef}\,\omega$ die dem effektiven Schlankheitsgrad $\text{ef}\,\lambda$ zugehörige Knickzahl		
N größte vorhandene Normalkraft der Gitterstütze		

Knicknachweis		
$\frac{\sigma_{D\parallel}}{\text{zul}\,\sigma_k} \leq 1$	8	$\frac{\sigma_{D\parallel}}{\text{zul}\,\sigma_k} = \frac{0{,}91}{1{,}87} = 0{,}49 < 1$
$\sigma_{D\parallel} = \frac{S}{A}$		$\sigma_{D\parallel} = \frac{5{,}23 \cdot 10^{-3}}{2 \cdot 2{,}4 \cdot 12 \cdot 10^{-4}} = 0{,}91\ \text{MN/m}^2$
		Faktor 2 im Nenner, da 2 Streben vorhanden sind
$\text{zul}\,\sigma_k = \frac{\text{zul}\,\sigma_{D\parallel}}{\omega}$ zul. Knickspannung	9 10	$\text{zul}\,\sigma_k = \frac{8{,}5}{4{,}54} = 1{,}87\ \text{MN/m}^2$
$s_k = \frac{2 \cdot a_1}{\sin\alpha}$ Knicklänge	5	$s_k = \frac{2 \cdot 30}{\sin 45^\circ} = 85\,\text{cm}$
$\lambda = \frac{s_k}{\min i}$ Schlankheitsgrad	14	$\lambda = \frac{85}{0{,}289 \cdot 2{,}4} = 123$
$\omega = f(\lambda)$ Knickzahl	11 12	$\omega = 4{,}54$
Nachweis der Verbindungsmittel		
Nagelbelastung	15	
		gew.: 5 Nägel Na 38 × 100 vorgebohrt
$N = \frac{S}{2} \leq \text{zul}\,N$		$N = \frac{5{,}23}{2} = 2{,}62\,\text{kN} = \text{zul}\,N$
$\text{zul}\,N = n \cdot \text{zul}\,N_1$		$\text{zul}\,N = 5 \cdot 0{,}523 = 2{,}62\ \text{kN}$
n Anzahl der Nägel		
$\text{zul}\,N_1 = \frac{500 \cdot d_n^2}{10 + d_n}$ in N	15 16	$\text{zul}\,N_1 = \frac{500 \cdot 3{,}8^2}{10 + 3{,}8} = 523\,\text{N}$
d_n Nageldurchmesser in mm		
Einschlagtiefe		
$s \geq \text{erf}\,s = 12 \cdot d_n$	17	$s = 10 - 2{,}4 = 7{,}6\ \text{cm} > 12 \cdot 0{,}38 = 4{,}6\ \text{cm} = \text{erf}\,s$

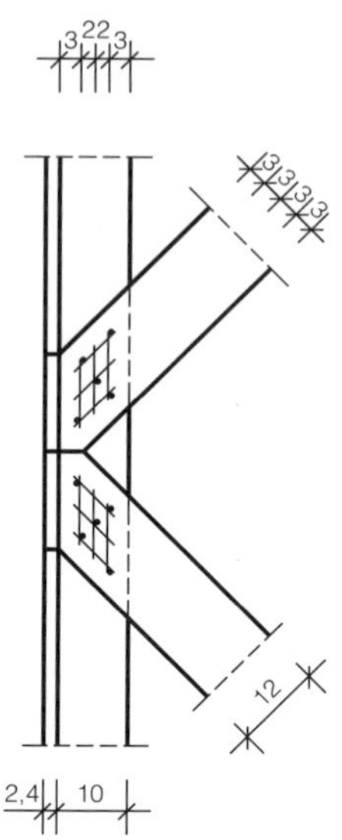

Bild 24.3

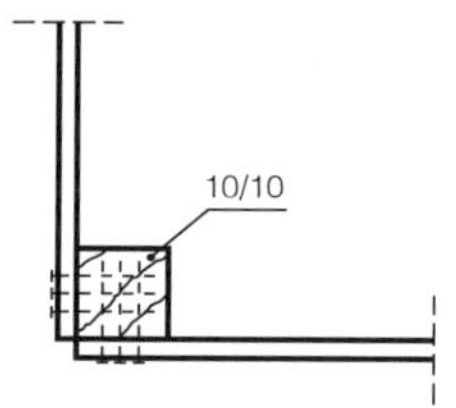

Nagelabstände

18 Die Nagelabstände sind eingehalten (Bild 24.3)

19

$\text{vorh}\, e_{\parallel} \geqslant \text{erf}\, e_{\parallel}$

$\text{vorh}\, e_{\perp} \geqslant \text{erf}\, e_{\perp}$

1	DIN 1052 T1, 9.3.3.3
2	Holzbau-TB Bd. 2, Tab. 3.4-3, Seite 185
3	Holzbau TB Bd. 2, Nomogr. 3.4-3, Seite 188
4	Holzbau-TB Bd. 2, Nomogr. 3.4-4, Seite 189
5	Holzbau-TB Bd. 2, Nomogr. 3.4-1, Seite 186
6	DIN 1052 T1, 9.1
7	DIN 1052 T1, Tab. 8
8	DIN 1052 T1, 9.3.2
9	DIN 1052 T1, Tab. 5
10	Holzbau-TB Bd. 2, Tab. 3.4-7, Seite 193
11	DIN 1052 T1, Tab. 10
12	Holzbau-TB Bd. 2, Tab. 3.4-6, Seite 193
13	DIN 1052 T1, 9.3.3.2
14	DIN 1052 T1, 9.2
15	Holzbau-TB Bd. 2, Tab. 4.4-4, Seite 294
16	DIN 1052 T2, 6.2.2
17	DIN 1052 T2, 6.2.4
18	DIN 1052 T2, 6.2.10
19	DIN 1052 T2, Tab.11

Beispiel 25
Einfeldbalken

Aufgabenstellung

Bemessung eines Balkens auf zwei Stützen (Bild 25.1)

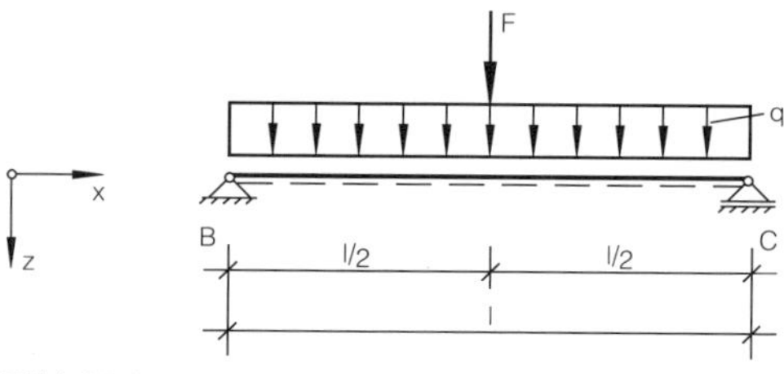

Bild 25.1

geg.: $l = 4{,}00$ m
Abstand der Balken
$e = 0{,}70$ m
Belastung
$p = 4{,}50\ \text{kN/m}^2$; LF.: H
$F = 5\ \text{kN/m}$; LF.: H
Material NH II
Balken nicht kippgefährdet

Erläuterung		Berechnung
Schnittgrößen		
Belastung pro Balken		
$q = p \cdot e$		$q = 4{,}5 \cdot 0{,}70 = 3{,}15\ \text{kN/m}$
$\bar{F} = F \cdot e$		$\bar{F} = 5{,}0 \cdot 0{,}70 = 3{,}50\ \text{kN}$
Auflagerkräfte		
$B = C = \frac{q \cdot l}{2} + \frac{\bar{F}}{2}$		$B = 0{,}5 \cdot 3{,}15 \cdot 4{,}0 + 0{,}5 \cdot 3{,}5 = 8{,}05\ \text{kN}$
Biegemoment		
$\max M = \frac{q \cdot l^2}{8} + \frac{\bar{F} \cdot l}{4}$		$\max M = \frac{3{,}15 \cdot 4{,}0^2}{8} + 3{,}50 \cdot \frac{4{,}0}{4} = 9{,}80\ \text{kNm}$
Querschnittswahl und -werte		
	1	gew.: 12/24 cm
$A = b \cdot h$	2	$A = 288\ \text{cm}^2$
$W_y = \frac{b \cdot h^2}{6}$		$W_y = 1152\ \text{cm}^3$
$I_y = \frac{b \cdot h^3}{12}$		$I_y = 13824\ \text{cm}^4$

Spannungsnachweise

Biegespannung

$$\frac{\sigma_B}{\text{zul}\,\sigma_B} \leq 1$$

$$\sigma_B = \frac{M}{W_n}$$

W_n nutzbares Widerstandsmoment

$W_n = W_y$

3
4 $\frac{\sigma_B}{\text{zul}\,\sigma_B} = \frac{8{,}51}{10{,}00} = 0{,}85 < 1$

$$\sigma_B = \frac{9{,}80 \cdot 10^{-3}}{1152 \cdot 10^{-6}} = 8{,}51\ \text{MN/m}^2$$

Schubspannung

$$\frac{\tau_Q}{\text{zul}\,\tau_Q} \leq 1$$

$$\tau_Q = \frac{Q \cdot S}{I \cdot b} = \frac{3 \cdot Q}{2 \cdot A}$$

A Querschnittsfläche des Balkens

Q max. Querkraft

S Flächenmoment 1. Grades. (statisches Moment)

Die Abminderung der Querkraft wurde nicht berücksichtigt.

4
5 $\frac{\tau_Q}{\text{zul}\,\tau_Q} = \frac{0{,}42}{0{,}90} = 0{,}47 < 1$

$$\tau_Q = \frac{3}{2} \cdot \frac{8{,}05 \cdot 10^{-3}}{288 \cdot 10^{-4}} = 0{,}42\ \text{MN/m}^2$$

Auflagerpressung

$$\frac{\sigma_{D\perp}}{\text{zul}\,\sigma'_{k_{D\perp}}} \leq 1$$

$$\sigma_{D\perp} = \frac{Q_B}{A}$$

$$\text{zul}\,\sigma'_{k_{D\perp}} = k_{D\perp} \cdot \text{zul}\,\sigma_{D\perp}$$

$$k_{D\perp} = \sqrt[4]{\frac{150}{1}} \leq 1{,}8$$

Überstand ü ≥ 10 cm; $\text{zul}\,\sigma_{D\perp} = 2{,}0\ \text{MN/m}^2$

ü < 10 cm; $\text{zul}\,\sigma_{D\perp} = 1{,}6\ \text{MN/m}^2$

$$\frac{\sigma_{D\perp}}{\text{zul}\,\sigma'_{k_{D\perp}}} = \frac{0{,}56}{2{,}12} = 0{,}27 < 1$$

$$\sigma_{D\perp} = \frac{8{,}05 \cdot 10^{-3}}{12 \cdot 12 \cdot 10^{-4}} = 0{,}56\ \text{MN/m}^2$$

4 $\text{zul}\,\sigma'_{k_{D\perp}} = 1{,}06 \cdot 2{,}0 = 2{,}12\ \text{MN/m}^2$
6
7

mit $k_{D\perp} = \sqrt[4]{\frac{150}{120}} = 1{,}06$

ü = 12 cm > 10 cm

$Q_B = B$

Q_B Auflagerkraft

A Auflagerfläche des Balkens

l Länge der Druckfläche in mm

$Q_B = 8{,}05 \text{ kN}$

Durchbiegungsnachweis

Biegeverformung

$$f_\sigma = \frac{5}{384} \cdot \frac{q \cdot l^4}{E \cdot I} + \frac{\bar{F} \cdot l^3}{48 \cdot E \cdot I}$$

$$= \frac{l^3}{48 \cdot E \cdot I} \cdot \left(\frac{5}{8} \cdot q \cdot l + \bar{F}\right)$$

$$\leq \text{zul} f = \frac{l}{300}$$

Die Schub- und Kriechverformungen werden nicht ermittelt, da sie vernachlässigbar klein sind.

8 9 10

$$f_\sigma = \frac{4{,}00^3}{48 \cdot 10\,000 \cdot 13\,824 \cdot 10^{-8}} \cdot \left(\frac{5}{8} \cdot 3{,}15 \cdot 4{,}0 + 3{,}50\right) \cdot 10^{-1}$$

$$= 1{,}10 \text{ cm} < \frac{400}{300} = 1{,}33 \text{ cm} = \text{zul} f$$

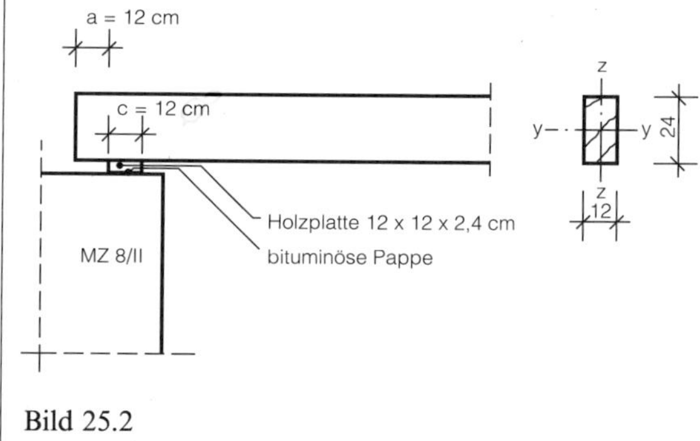

Bild 25.2

1	**Holzbau-TB Bd. 2, Nomogr. 3.3-2, Seite 79**
2	**Holzbau-TB Bd. 2, Tab. 3.1-2, Seite 45**
3	**DIN 1052 T1, 8.2.1.1**
4	**DIN 1052 T1, Tab. 5**
5	**DIN 1052 T1, 8.2.1.2**
6	**Holzbau-TB Bd. 2, Tab. 3.1-17, Seite 62**
7	**DIN 1052 T1, 5.1.11**
8	**DIN 1052 T1, 8.5**
9	**DIN 1052 T1, Tab. 9**
10	**Holzbau-TB Bd. 1, Seite 158/159**

Beispiel 26
Sparren

Aufgabenstellung

Bemessung eines Sparrens für das im Bild 26.1 dargestellte statische System. Durch die Dachlatten ist der Sparren gegen Kippen gesichert.

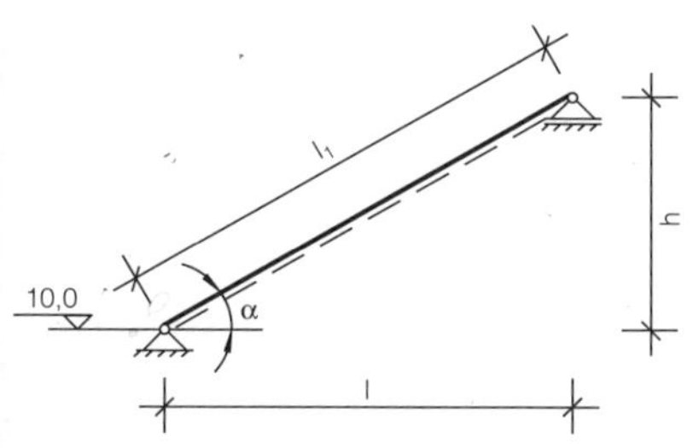

geg.: $l = 4{,}0$ m
$h = 2{,}5$ m
$\alpha = 32°$
Traufhöhe $H = 10{,}0$ m
Sparrenabstand $e = 0{,}75$ m
Sparren NH II
Dachdeckung Schieferdach auf Schalung
Schneelastzone I

Bild 26.1

Erläuterung		Berechnung
Lastannahmen		
Eigengewicht	1	$g = 0{,}60$ kN/m² Dfl.
$g_\perp$ Belastung senkrecht auf den Sparren		$g_\perp = 0{,}60 \cdot \cos 32° = 0{,}51$ kN/m²
$g_\parallel$ Belastung parallel zum Sparren		$g_\parallel = 0{,}60 \cdot \sin 32° = 0{,}32$ kN/m²
Windlast $w_d = c_p \cdot q$	2	$w_d = 0{,}44 \cdot 0{,}8 = 0{,}35$ kN/m²
$w'_d = 1{,}25 \cdot w_d$		$w'_d = 1{,}25 \cdot 0{,}35 = 0{,}44$ kN/m²
$w_s = c_p \cdot q$		$w_s = -0{,}6 \cdot 0{,}8 = -0{,}48$ kN/m²
c_p Druckbeiwerte		
q Staudruck		

Schneelast

$\bar{s} = k_s \cdot s_0$

3 $\bar{s} = 0{,}95 \cdot 0{,}75 = 0{,}71$ kN/m² Gfl.

$k_s = 1 - \dfrac{\alpha - 30^\circ}{40^\circ}$

$0 \le k_s \le 1$

$k_s = 1 - \dfrac{32^\circ - 30^\circ}{40^\circ} = 0{,}95$

s_0 Regelschneelast

$s_0 = 0{,}75$ kN/m²

$s_\perp = \bar{s} \cdot \cos^2\alpha$

$s_\perp = 0{,}71 \cdot \cos^2 32^\circ = 0{,}51$ kN/m² Dfl.

$s_\parallel = \bar{s} \cdot \sin\alpha \cdot \cos\alpha$

$s_\parallel = 0{,}71 \cdot \sin 32^\circ \cdot \cos 32^\circ = 0{,}32$ kN/m² Dfl.

Als Wind- und Schneelast ist bei Dächern mit einer Dachneigung $\alpha < 45^\circ$ die Ungünstigere der Kombinationen

$w + s/2$ oder $s + w/2$

anzusetzen.

3 $w'_d + s/2 = 0{,}44 + \dfrac{0{,}71}{2} = 0{,}80$ kN/m² Gfl.

$s + w'_d/2 = 0{,}71 + \dfrac{0{,}44}{2}$

$= 0{,}93$ kN/m² Gfl. (maßgebend)

Mannlast

4

Die Mannlast braucht nicht gesondert nachgewiesen zu werden, wenn die auf den Sparren entfallende Wind- und Schneelast größer als 2,0 kN ist.

2 kN < 0,93 kN/m² · 0,75 m · 4,00 m = 2,79 kN

Der Lastfall Mannlast ist nicht maßgebend.

Schnittgrößen

$M = \dfrac{q_\perp \cdot l_1^2}{8}$

$M = \dfrac{0{,}93 \cdot 4{,}72^2}{8} = 2{,}59$ kNm

$q_\perp = (g_\perp + s_\perp + w'_d/2) \cdot e$

$q_\perp = \left(0{,}51 + 0{,}51 + \dfrac{0{,}44}{2}\right) \cdot 0{,}75$

$= 0{,}93$ kN/m

$l_1 = \sqrt{h^2 + l^2}$

$l_1 = \sqrt{2{,}50^2 + 4{,}00^2} = 4{,}72$ m

$N = q_\parallel \cdot l_1$

$N = 0{,}48 \cdot 4{,}72 = 2{,}27$ kN

$q_\parallel = (g_\parallel + s_\parallel) \cdot e$

$q_\parallel = (0{,}32 + 0{,}32) \cdot 0{,}75 = 0{,}48$ kN/m

Erforderliche Querschnittswerte

$$\text{erf}\,W = \frac{M}{\text{zul}\,\sigma_B}$$

5 $$\text{erf}\,W = \frac{2{,}59 \cdot 10^3}{10{,}0} = 259\ \text{cm}^3 \quad \text{für LF.: H}$$

$$\text{erf}\,I = \frac{5}{384} \cdot \frac{q_\perp \cdot l_1^4}{E \cdot \text{zul}\,f}$$

6 $$\text{erf}\,I = \frac{5 \cdot 0{,}93 \cdot 4{,}72^4 \cdot 10^{-3}}{384 \cdot 10\,000 \cdot 0{,}0236}$$

$$= 254{,}7 \cdot 10^{-7}\ \text{m}^4 \triangleq 2547\ \text{cm}^4$$

$$\text{zul}\,f = \frac{l_1}{200}$$

7 $$\text{zul}\,f = \frac{472}{200} = 2{,}36\ \text{cm}$$

Biegespannungsnachweis

gew.: 8/16 cm

$$\frac{\sigma_B}{\text{zul}\,\sigma_B} \leq 1$$

5
8 $$\frac{\sigma_B}{\text{zul}\,\sigma_B} = \frac{7{,}6}{10{,}0} = 0{,}76 < 1$$

$$\sigma_B = \frac{M}{W_n}$$

$$\sigma_B = \frac{2{,}59 \cdot 10^3}{341} = 7{,}6\ \text{MN/m}^2$$

$$W_n = \frac{b \cdot h^2}{6}$$

$$W_n = \frac{8 \cdot 16^2}{6} = 341\ \text{cm}^3$$

Die Längskraft wird beim Spannungsnachweis vernachlässigt, da der Einfluß auf die Gesamtspannung gering ist.

Stabilitätsnachweis

9

Durch Dachlatten in Verbindung mit den Windrispen ist der Sparren ausreichend stabilisiert und nicht kippgefährdet ($k_B \cdot 1{,}1 \geq 1{,}0$).

Der Stabilitätsnachweis ist nicht bemessungsmaßgebend.

Durchbiegungsnachweis

$f \leq \text{zul}\, f$	**7**	$f = 2{,}20\ \text{cm} < 2{,}36\ \text{cm} = \text{zul}\, f$
$f = \frac{5}{384} \cdot \frac{q_{\perp} \cdot l_1^4}{E \cdot I}$		$f = \frac{5 \cdot 0{,}93 \cdot 4{,}72^4}{384 \cdot 10000 \cdot 2731 \cdot 10^{-5}} = 0{,}0220\ \text{m}$ $\mathrel{\hat{=}} 2{,}2\ \text{cm}$
$I = \frac{b \cdot h^3}{12}$		$I = \frac{8 \cdot 16^3}{12} = 2731\ \text{cm}^4$
$\text{zul}\, f = \frac{l_1}{200}$		$\text{zul}\, f = \frac{472}{200} = 2{,}36\ \text{cm}$
Bei Wohnhausdächern dürfen die Kriechverformungen für den Durchbiegungsnachweis vernachlässigt werden.	**10**	

1 DIN 1055 T1
2 DIN 1055 T4
3 DIN 1055 T5
4 DIN 1055 T3
5 DIN 1052 T1, Tab. 5
6 Holzbau-TB Bd. 1, 3.1, Seite 159
7 DIN 1052 T1, Tab. 9
8 DIN 1052 T1, 8.2.1.1
9 DIN 1052 T1, 8.6.1
10 DIN 1052 T1, 4.3

Beispiel 27
Gedübelter Balken

Aufgabenstellung

Bemessung eines gedübelten Balkens. Durch die obenliegenden Pfetten ist der Balken gegen Kippen gesichert.

Bild 27.1

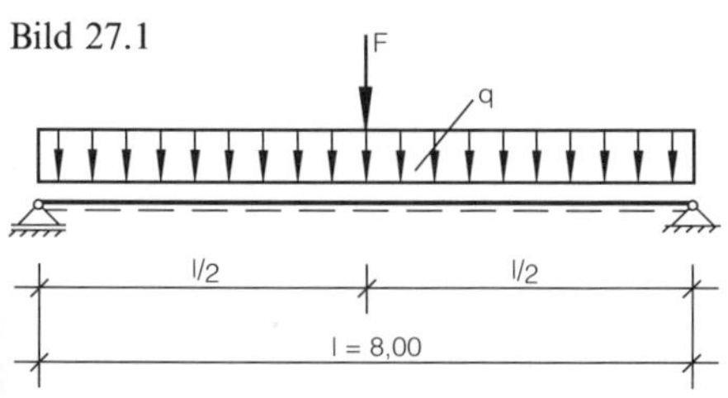

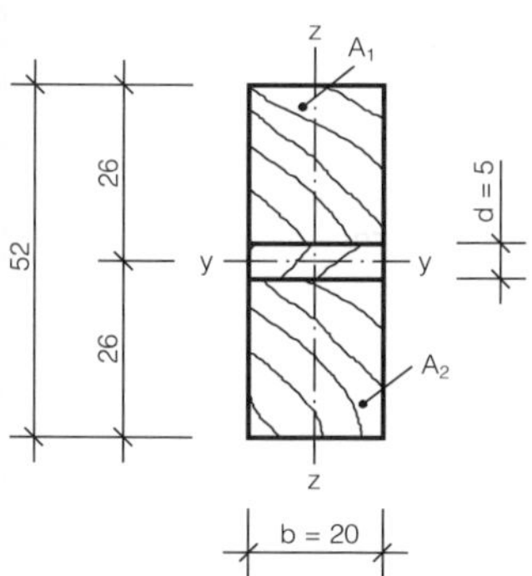

Bild 27.2

geg.: $q = 5{,}0\,\text{kN/m};\ \frac{g}{q} < 0{,}5$

$F = 10{,}0$ kN; LF: H

Balkenquerschnitt

zweiteiliger Balken 2 × 20/26 cm; NH II

Verbindungsmittel

rechteckige Hartholzdübel, Laubholz A

$b_d/l_d/d_d = 20/18/5$ cm

Abstand der Hartholzdübel

$e' = 60$ cm

Erläuterung

Berechnung

Schnittgrößen

$$Q_A = \frac{q \cdot l}{2} + \frac{F}{2}$$

$$Q_A = \frac{5{,}00 \cdot 8{,}00}{2} + \frac{10{,}00}{2} = 25{,}00\text{ kN}$$

$$Q_m = \frac{F}{2}$$

$$Q_m = \frac{10{,}00}{2} = 5{,}00\text{ kN}$$

$$M = \frac{q \cdot l^2}{8} + \frac{F \cdot l}{4}$$

$$M = \frac{5{,}00 \cdot 8{,}00^2}{8} + \frac{10{,}00 \cdot 8{,}00}{4} = 60{,}00\text{ kNm}$$

Querschnittswerte

$$A_1 = A_2 = b \cdot h$$

$$A_{1n} = A_{2n} = A_1 - b \cdot \frac{d_d}{2}$$

$$I_1 = \frac{b \cdot h^3}{12}$$

$$I_{1n} = \frac{b \cdot \left(h - \frac{d_d}{2}\right)^3}{12}$$

$$\text{ef}\,I = \sum_{i=1}^{2} (n_i \cdot I_i + \gamma_i \cdot n_i \cdot A_i \cdot a_i^2)$$ 1

Für diesen speziellen Querschnitt ergibt sich:

$$\text{ef}\,I = 2 \cdot I + A \cdot (\gamma \cdot a_1^2 + a_2^2)$$ 2

$$= \frac{b \cdot h^3}{6} \cdot \left(\frac{1 + 7 \cdot \gamma}{1 + \gamma}\right)$$

$$\gamma = \frac{1}{1 + k_1}$$

$$k_1 = \frac{\pi^2 \cdot E_1 \cdot A_1 \cdot e_1'}{l^2 \cdot C}$$

$$a_1 = \frac{h}{\gamma + 1}$$

$$a_2 = \frac{\gamma \cdot h}{\gamma + 1}$$

$$a_1 + a_2 \overset{!}{=} h$$

ef I wirksames Flächenmoment 2. Grades des ungeschwächten Querschnitts

γ Abminderungswert

a_i Abstände der Schwerachsen der ungeschwächten Querschnittsflächen von der

$$A_1 = A_2 = 20 \cdot 26 = 520\ \text{cm}^2$$

$$A_{1n} = 520 - 20 \cdot 2{,}5 = 470\ \text{cm}^2$$

$$d_d = 5\ \text{cm}$$

$$I_1 = \frac{20 \cdot 26^3}{12} = 29\,293\ \text{cm}^4$$

$$I_{1n} = \frac{20 \cdot \left(26 - \frac{5}{2}\right)^3}{12} = 21\,630\ \text{cm}^4$$

$$\text{ef}\,I = \frac{20 \cdot 26^3}{6} \cdot \left(\frac{1 + 7 \cdot 0{,}385}{1 + 0{,}385}\right)$$

$$= 156\,301\ \text{cm}^4$$

$$\gamma = \frac{1}{1 + 1{,}6} = 0{,}385$$

$$k_1 = \frac{\pi^2 \cdot 10\,000 \cdot 520 \cdot 60}{8^2 \cdot 30\,000} \cdot 10^{-3} = 1{,}60$$

$$a_1 = \frac{26}{0{,}385 + 1} = 18{,}77\ \text{cm}$$

$$a_2 = \frac{0{,}385 \cdot 26}{0{,}385 + 1} = 7{,}23\ \text{cm}$$

$$a_1 + a_2 = 18{,}77 + 7{,}23 = 26\ \text{cm} = h$$

maßgebenden Spannungsnullinie y – y, es wird $0 \leq a_2 \leq \frac{h}{2}$ vorausgesetzt

E_1 Elastizitätsmodul des Querschnitts 1 — $E_1 = 10\,000\ \text{MN/m}^2$

e_1' Verbindungsmittelabstand — $e_1' = 60$ cm (angenommen)

l Stützweite — $l = 8{,}0$ m

C Verschiebungsmodul — 3 $C = 30\,000$ N/mm für zul $N_{Dü} \geq 30$ kN; siehe zulässige Belastung des Dübels

Spannungsnachweise

Randspannung

$$\frac{\sigma_{ri}}{\text{zul}\,\sigma_B} \leq 1$$

1
4 $$\frac{\sigma_{r1}}{\text{zul}\,\sigma_B} = \frac{9{,}83}{10{,}00} = 0{,}98 < 1{,}0$$

$$\sigma_{r1} = \sigma_{r2} = \pm \frac{M}{\text{ef}\,I} \cdot \left(\gamma \cdot a_1 \cdot \frac{A_1}{A_{1n}} + \frac{h_1}{2} \cdot \frac{I_1}{I_{1n}}\right)$$

$$\sigma_{r1} = \frac{60 \cdot 10^5}{156\,301} \cdot \left(0{,}385 \cdot 18{,}77 \cdot \frac{520}{470} \cdot 10^{-2} + \frac{26}{2} \cdot \frac{29\,293}{21\,630} \cdot 10^{-2}\right)$$
$$= 38{,}39 \cdot (0{,}080 + 0{,}176) = 9{,}83\ \text{MN/m}^2$$

Schwerpunktspannung

$$\frac{\sigma_{s1}}{\text{zul}\,\sigma_Z} \leq 1$$

1
4 $$\frac{\sigma_{s1}}{\text{zul}\,\sigma_Z} = \frac{3{,}07}{8{,}5} = 0{,}36 < 1$$

$$\sigma_{s1} = \sigma_{s2} = \pm \frac{M}{\text{ef}\,I} \cdot \gamma \cdot a_1 \cdot \frac{A_1}{A_{1n}}$$

$$\sigma_{s1} = \frac{60 \cdot 10^5}{156\,301} \cdot 0{,}385 \cdot 18{,}77 \cdot \frac{520}{470} \cdot 10^{-2}$$
$$= 3{,}07\ \text{MN/m}^2$$

Durchbiegungsnachweis

$f \leq \text{zul}\,f$

$f = 2{,}3\ \text{cm} < 2{,}67\ \text{cm} = \text{zul}\,f$

$$f = \frac{l^3}{48 \cdot E \cdot \text{ef}\,I} \cdot \left(\frac{5}{8} \cdot q \cdot l + F\right)$$

$$f = \frac{8^3 \cdot 10^5}{48 \cdot 10000 \cdot 165\,826} \cdot \left(\frac{5}{8} \cdot 5 \cdot 8 + 10\right)$$
$$= 0{,}023\ \text{m} \mathrel{\hat{=}} 2{,}3\ \text{cm}$$

$$\text{zul}\,f = \frac{l}{300}$$

5 $$\text{zul}\,f = \frac{800}{300} = 2{,}67\ \text{cm}$$

5 Beim Durchbiegungsnachweis darf der größere Verschiebungsmodul C, der sich aus den 1,25fachen Werten nach Teil 1, Tabelle 8, oder aus den Werten nach Teil 2, Tabelle 13, ergibt, in die Gleichung für ef I eingesetzt werden.

$$C_f = \max \begin{cases} 1{,}25 \cdot C \\ 1{,}0 \cdot \text{zul}\,N \end{cases}$$

$$C_f = \max \begin{cases} 1{,}25 \cdot 30\,000 \\ 1{,}0 \quad \cdot 36\,000 \end{cases} = 37\,500 \text{ N/mm}$$

2
6

$$\text{ef}\,I = \frac{b \cdot h^3}{6} \cdot \left(\frac{1 + 7 \cdot \gamma}{1 + \gamma}\right)$$

$$\text{ef}\,I = \frac{20 \cdot 26^3}{6} \cdot \left(\frac{1 + 7 \cdot 0{,}439}{1 + 0{,}439}\right) = 165\,826 \text{ cm}^4$$

$$\gamma = \frac{1}{1 + k_1}$$

$$\gamma = \frac{1}{1 + 1{,}28} = 0{,}439$$

$$k_1 = \frac{\pi^2 \cdot E_1 \cdot A_1 \cdot e_1'}{l^2 \cdot C_f}$$

$$k_1 = \frac{\pi^2 \cdot 10\,000 \cdot 520 \cdot 60}{8^2 \cdot 37\,500} = 1{,}28$$

7 Die Kriechverformung darf vernachlässigt werden, da $\frac{g}{q} < 0{,}5$ ist.

Die Schubverformung wird in diesem Beispiel nicht ermittelt.

Hartholzdübel

Schubfluß

$$\text{ef}\,t_{(A)} = \frac{Q_A \cdot \gamma \cdot S_1}{\text{ef}\,I}$$

$$\text{ef}\,t_{(m)} = \frac{Q_m \cdot \gamma \cdot S_1}{\text{ef}\,I}$$

$S_1 = A_1 \cdot a_1$ statisches Moment

8

$$\text{ef}\,t_{(A)} = \frac{25{,}00 \cdot 0{,}385 \cdot 9760 \cdot 10^{-6}}{156\,301 \cdot 10^{-8}} = 60{,}0 \text{ kN/m}$$

$$\text{ef}\,t_{(m)} = \frac{5{,}00 \cdot 0{,}385 \cdot 9760 \cdot 10^{-6}}{156\,301 \cdot 10^{-8}} = 12{,}0 \text{ kN/m}$$

$$S_1 = 520 \cdot 18{,}77 = 9760 \text{ cm}^3$$

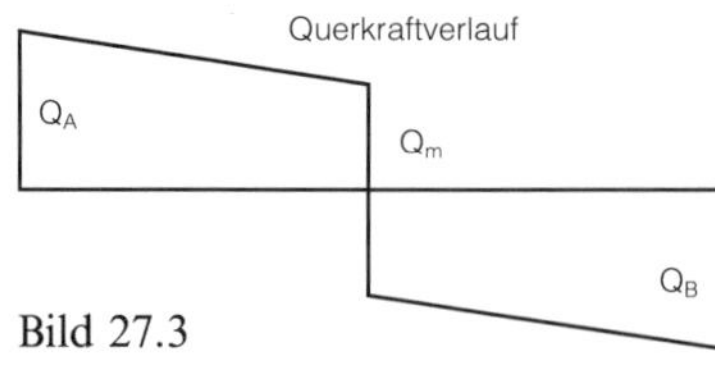

Bild 27.3

Zulässige Belastung des Dübels	9	
$\frac{l_d}{t_d} > 5$		$\frac{l_d}{t_d} = 18/2{,}5 = 7{,}2 > 5$
$\text{zul}\, N_{Dü} = t_d \cdot b_d \cdot \text{zul}\, \sigma_l$		$\text{zul}\, N_{Dü} = 2{,}5 \cdot 20 \cdot 8{,}5 \cdot 10^{-4}$ $= 425 \cdot 10^{-4}\ \text{MN} = 42{,}5\ \text{kN}$
$\text{zul}\, N_{Dü} = l_d \cdot b_d \cdot \text{zul}\, \tau_a$		$\text{zul}\, N_{Dü} = 18 \cdot 20 \cdot 1{,}0 \cdot 10^{-4} = 360 \cdot 10^{-4}\ \text{MN}$ $= 36{,}0\ \text{kN}$ (maßgebend)
$\text{zul}\, \sigma_l$ zulässige Leibungsspannung für NH II	10	$\text{zul}\, \sigma_l = 8{,}5\ \text{MN/m}^2$
$\text{zul}\, \tau_a$ zulässige Scherspannung für Laubholz A	4	$\text{zul}\, \tau_a = 1{,}0\ \text{MN/m}^2$
Nachweis der Schubkraftübertragung		
$T \leq \text{zul}\, T$		$T = 144\ \text{kN} < 216\ \text{kN} = \text{zul}\, T$
$T = \frac{\text{ef}\, t_{(A)} + \text{ef}\, t_{(m)}}{2} \cdot \frac{l}{2}$		$T = \frac{60 + 12}{2} \cdot \frac{8}{2} = 144\ \text{kN}$
$\text{zul}\, T = n \cdot \text{zul}\, N_{Dü}$		$\text{zul}\, T = 6 \cdot 36{,}0 = 216\ \text{kN}$
n Anzahl der Hartholzdübel		$n = \frac{400 - 40}{60} = 6$

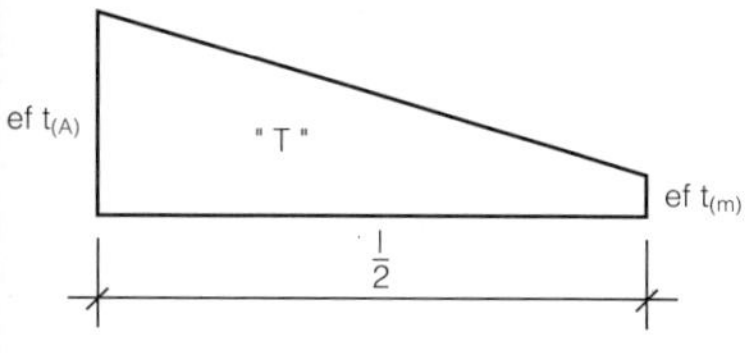

Bild 27.4

Nachweis der Vorholzlänge

$l_v \geq \text{erf}\, l_v$

$$l_v = 40 - \frac{18}{2} = 31\text{ cm} > 20\text{ cm} = \text{erf}\, l_v$$

$$\text{erf}\, l_v = \frac{\text{zul}\, N_{Dü}}{\text{zul}\, \tau_a \cdot b}$$

$$\text{erf}\, l_v = \frac{36 \cdot 10^{-3}}{0{,}9 \cdot 0{,}20} = 0{,}20\text{ m}$$

$\text{zul}\, \tau_a$ zulässige Scherspannung für NH II

4 $\text{zul}\, \tau_a = 0{,}9 \cdot \text{MN/m}^2$

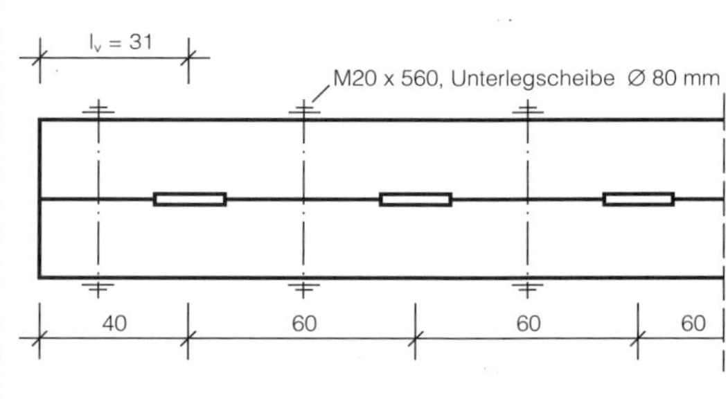

Bild 27.5

1	**DIN 1052 T1, 8.3.1**
2	**Holzbau-TB Bd. 2, Tab. 3.3-12, Seite 162**
3	**DIN 1052 T1, Tab. 8**
4	**DIN 1052 T1, Tab. 5**
5	**DIN 1052 T1, Tab. 9**
6	**DIN 1052 T1, 8.3.4**
7	**DIN 1052 T1, 4.3**
8	**DIN 1052 T1, 8.3.3**
9	**DIN 1052 T2, 4.2**
10	**DIN 1052 T2, Tab. 2**

Beispiel 28
Genagelter Balken

Aufgabenstellung

Ein auf Biegung beanspruchter genagelter Träger – Querschnittstyp 4 – ist zu bemessen. Der Träger ist nicht kippgefährdet.

statisches System:

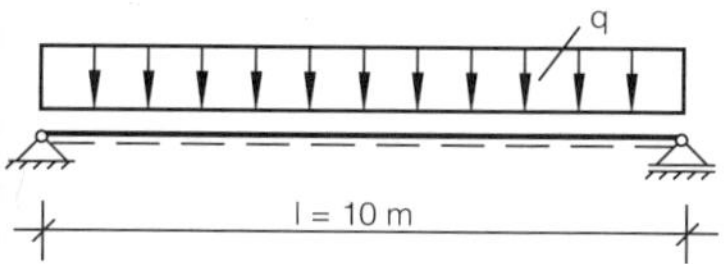

Bild 28.1

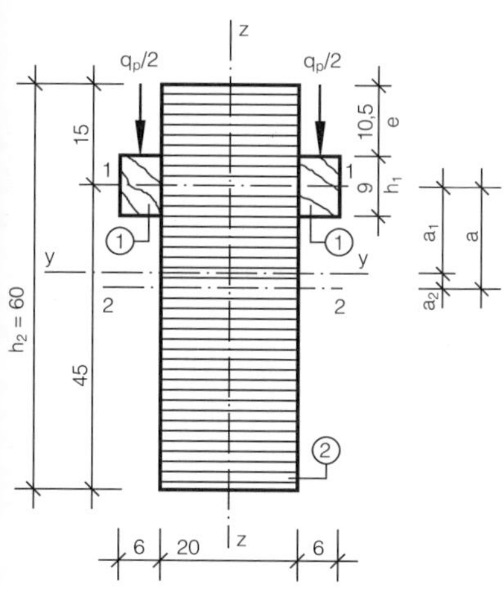

geg.: $q_p = 9{,}0$ kN/m; LF.: H
g = 5,4 kN/m Eigengewicht Dachaufbau
l = 10,0 m
Querschnitte 2 × 6/9 cm; NH II
20/60 cm; BSH II
Nägel Na 42 × 110

Bild 28.2

Erläuterung

Schnittgrößen

$$M = \frac{q \cdot l^2}{8}$$

$$\max Q = A = \frac{q \cdot l}{2}$$

Berechnung

$$M = \frac{9{,}0 \cdot 10^2}{8} = 112{,}5 \text{ kNm}$$

$$\max Q = A = \frac{9{,}0 \cdot 10}{2} = 45 \text{ kN}$$

$Q = A - \frac{q \cdot h_2}{2}$ bemessungsmaßgebende Querkraft	1	$Q = 45 - \frac{9 \cdot 0{,}60}{2} = 42{,}3\ \text{kN}$
Nagelabstände		gew.: $e_{\parallel} = 5\ \text{cm},\ e_{\perp} = 2{,}5\ \text{cm}$
untereinander		
$\parallel$ der Faserrichtung $10 \cdot d_n$ $\perp$ der Faserrichtung $5 \cdot d_n$	2	$e_{\parallel} = 5\ \text{cm} > 4{,}2\ \text{cm} = 10 \cdot d_n$ $e_{\perp} = 2{,}5\ \text{cm} > 2{,}1\ \text{cm} = 5 \cdot d_n$
Nagelung zweireihig		
Querschnittswerte		
$\text{ef}\, I_y = 2 \cdot I_1 \cdot n + I_2 + \gamma \cdot 2 \cdot A_1 \cdot a_1^2 \cdot n + A_2 \cdot a_2^2$	3 4	$\text{ef}\, I_y = 2 \cdot \frac{6 \cdot 9^3}{12} \cdot \frac{1}{1{,}1} + \frac{20 \cdot 60^3}{12} + 0{,}69 \cdot 2 \cdot 6 \cdot 9 \cdot 14{,}2^2 \cdot \frac{1}{1{,}1} + 20 \cdot 60 \cdot 0{,}8^2 = 375\,091\ \text{cm}^4$
$\gamma = \frac{1}{1 + \frac{\pi^2 \cdot E_1 \cdot A_1 \cdot e'}{l^2 \cdot C}}$		$\gamma = \frac{1}{1 + \frac{\pi^2 \cdot 10^4 \cdot 2 \cdot 6 \cdot 9 \cdot 2{,}5}{10^2 \cdot 0{,}6} \cdot 10^{-6}} = 0{,}69$
$a_1 = \frac{E_2 \cdot A_2 \cdot (h_2 - h_1 - 2 \cdot e)}{2 \cdot (\gamma \cdot E_1 \cdot A_1 + E_2 \cdot A_2)}$		$a_1 = \frac{1{,}1 \cdot 10^4 \cdot 20 \cdot 60 \cdot (60 - 9 - 2 \cdot 10{,}5)}{2 \cdot (0{,}69 \cdot 10^4 \cdot 2 \cdot 6 \cdot 9 + 1{,}1 \cdot 10^4 \cdot 20 \cdot 60)} = 14{,}2\ \text{cm}$
$a_2 = \frac{h_2 - h_1 - 2 \cdot e}{2} - a_1$		$a_2 = \frac{60 - 9 - 2 \cdot 10{,}5}{2} - 14{,}2 = 0{,}8\ \text{cm}$
$n = \frac{E_1}{E_2}$ Verhältnis der E-Moduln		$n = \frac{10\,000}{11\,000} = \frac{1}{1{,}1}$
$e' = \frac{e_{\parallel}}{m}$ mittlere Nagelabstände		$e' = \frac{5}{2} = 2{,}5\ \text{cm}$
m Anzahl der Nagelreihen		$m = 2$
C Verschiebungsmodul des Nagelanschlusses	5	$C = 0{,}6\ \text{MN/m}$
e siehe Bild 28.2		
$S_{y1} = a_1 \cdot A_1$ Flächenmomente 1. Grades	4	$S_{y1} = 14{,}2 \cdot 6 \cdot 9 \cdot 2 = 1534\ \text{m}^3$
$S_{y2} = b_2 \cdot \left(\frac{h_2}{2} + a_2\right)^2 \cdot \frac{1}{2}$		$S_{y2} = 20 \cdot \left(\frac{60}{2} + 0{,}8\right)^2 \cdot \frac{1}{2} = 9486\ \text{cm}^3$

Biegespannung

Schwerpunktspannung

$$\frac{\sigma_{s1}}{\text{zul}\,\sigma_{D\parallel}} \leq 1$$

6 $$\frac{\sigma_{s1}}{\text{zul}\,\sigma_{D\parallel}} = \frac{2{,}67}{8{,}5} = 0{,}32 < 1$$

$$\sigma_{s1} = -\frac{M}{\text{ef}\,I_y} \cdot \gamma \cdot a_1 \cdot n$$

3
4 $$\sigma_{s1} = -\frac{112{,}5 \cdot 10^{-3}}{375\,091 \cdot 10^{-8}} \cdot 0{,}69 \cdot 0{,}142 \cdot \frac{1}{1{,}1} = -2{,}67\ \text{MN/m}^2$$

Randspannung

$$\frac{|\sigma_{r1\,o,u}|}{\text{zul}\,\sigma_B} \leq 1$$

6 $$\frac{|\sigma_{r1\,o}|}{\text{zul}\,\sigma_B} = \frac{3{,}91}{10{,}0} = 0{,}39 < 1$$

$$\sigma_{r1\,o,u} = -\frac{M}{\text{ef}\,I_y} \cdot \left(\gamma \cdot a_1 \pm \frac{h_1}{2}\right) \cdot n$$

3
4 $$\sigma_{r1\,o,u} = -\frac{112{,}5 \cdot 10^{-3}}{375\,091 \cdot 10^{-8}} \cdot \left(0{,}69 \cdot 0{,}142 \mp \frac{0{,}09}{2}\right) \cdot \frac{1}{1{,}1}$$

$$\sigma_{r1\,o} = -3{,}91\ \text{MN/m}^2$$

$$\sigma_{r1\,u} = -1{,}45\ \text{MN/m}^2$$

$$\frac{|\sigma_{r2\,o,u}|}{\text{zul}\,\sigma_B} \leq 1$$

6 $$\frac{\sigma_{r2u}}{\text{zul}\,\sigma_B} = \frac{9{,}24}{11{,}0} = 0{,}84 < 1$$

$$\sigma_{r2\,o,u} = \frac{M}{\text{ef}\,I_y} \cdot \left(\gamma \cdot a_2 \pm \frac{h_2}{2}\right)$$

3
4 $$\sigma_{r2\,o,u} = \frac{112{,}5 \cdot 10^{-3}}{375\,091 \cdot 10^{-8}} \cdot \left(0{,}008 \mp \frac{0{,}6}{2}\right)$$

$$\sigma_{r2\,o} = -8{,}76\ \text{MN/m}^2$$

$$\sigma_{r2\,u} = 9{,}24\ \text{MN/m}^2$$

Spannungsverlauf

Der Spannungsverlauf ist im Bild 28.3 graphisch dargestellt.

Bild 28.3

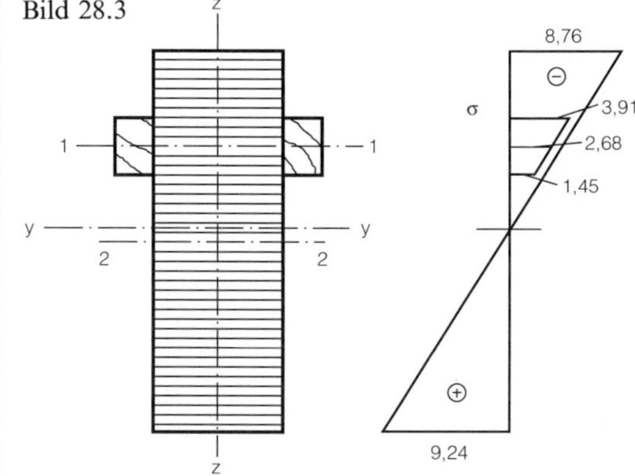

Durchbiegungsnachweis

Für die Berechnung der Durchbiegung dürfen als Verschiebungsmoduln $C = 5{,}0 \cdot \frac{\text{zul}\,N}{d_n}$ zugrunde gelegt werden, mindestens die 1,25fachen Werte von C nach DIN 1052 T1.

$$\text{ges}\,f \le \text{zul}\,f = \frac{l}{300}$$

7 $\text{ges}\,f = 3{,}33\ \text{cm} \cong 3{,}30\ \text{cm} = \frac{10}{300} = \text{zul}\,f$

$$\text{ges}\,f = f_\sigma + f_\tau + f_k$$

$$\text{ges}\,f = 0{,}028 + 0{,}002 + 0{,}002 = 0{,}032\ \text{m} \triangleq 3{,}2\ \text{cm}$$

$$f_\sigma = \frac{M \cdot l^2}{9{,}6 \cdot E \cdot \text{ef}\,I_y} \quad \text{Biegeverformung}$$

$$f_\sigma = \frac{112{,}5 \cdot 10^{-3} \cdot 10^2}{9{,}6 \cdot 1{,}1 \cdot 10^4 \cdot 3760 \cdot 10^{-8}} = 0{,}028\ \text{m}$$

$$\text{ef}\,I_y = 2 \cdot I_1 \cdot n + I_2 + \gamma \cdot 2 \cdot A_1 \cdot a_1^2 \cdot n + A_2 \cdot a_2^2$$

3
4 $\text{ef}\,I_y = 2 \cdot \frac{6 \cdot 9^3}{12} \cdot \frac{1}{1{,}1} + \frac{20 \cdot 60^3}{12} + 0{,}74 \cdot 2 \cdot 6 \cdot 9 \cdot 14{,}1^2 \cdot \frac{1}{1{,}1} + 20 \cdot 60 \cdot 0{,}9^2 = 376\,079\ \text{cm}^4$

$$\gamma = \frac{1}{1 + \frac{\pi^2 \cdot E_1 \cdot A_1 \cdot e'}{l^2 \cdot C \cdot 1{,}25}}$$

8 $\gamma = \frac{1}{1 + \frac{\pi^2 \cdot 10^4 \cdot 2 \cdot 6 \cdot 9 \cdot 2{,}5}{10^2 \cdot 0{,}6 \cdot 1{,}25} \cdot 10^{-6}} = 0{,}74$

$$a_1 = \frac{E_2 \cdot A_2 \cdot (h_2 - h_1 - 2 \cdot e)}{2 \cdot (\gamma \cdot E_1 \cdot A_1 + E_2 \cdot A_2)}$$

$$a_1 = \frac{1{,}1 \cdot 10^4 \cdot 20 \cdot 60 \cdot (60 - 9 - 2 \cdot 10{,}5)}{2 \cdot (0{,}74 \cdot 10^4 \cdot 2 \cdot 6 \cdot 9 + 1{,}1 \cdot 10^4 \cdot 20 \cdot 60)} = 14{,}1\ \text{cm}$$

$$a_2 = \frac{h_2 - h_1 - 2 \cdot e}{2} - a_1$$

$$a_2 = \frac{60 - 9 - 2 \cdot 10{,}5}{2} - 14{,}1 = 0{,}9\ \text{cm}$$

$$f_\tau = 1{,}2 \cdot \frac{M}{G \cdot A} \quad \text{Schubverformung}$$

9
10 $f_\tau = 1{,}2 \cdot \frac{112{,}5 \cdot 10^{-3}}{500 \cdot 20 \cdot 60 \cdot 10^{-4}} = 0{,}002\ \text{m}$

$$f_k = \varphi \cdot (f_\sigma + f_\tau) \cdot \frac{g}{q} \quad \text{Kriechverformung}$$

11 $f_k = 0{,}11 \cdot (0{,}028 + 0{,}002) \cdot \frac{5{,}4}{9{,}0} = 0{,}002\ \text{m}$

$$\varphi = \frac{1}{\eta_k} - 1$$

$$\varphi = \frac{1}{0{,}9} - 1 = 0{,}11$$

$$\eta_k = \frac{3}{2} - \frac{g}{q}$$

$$\eta_k = 1{,}5 - \frac{5{,}4}{9{,}0} = 0{,}9$$

Schubspannung

$$\frac{\tau_{y-y}}{\text{zul}\,\tau_Q} \leq 1$$

6 $$\frac{\tau_{y-y}}{\max\tau_Q} = \frac{0{,}59}{0{,}90} = 0{,}66 < 1$$

$$\tau_{y-y} = \frac{Q}{b_2 \cdot \text{ef}\,I_y} \cdot \sum \gamma_i \cdot n_i \cdot S_i$$

4
12 $$\tau_{y-y} = \frac{42{,}3}{20 \cdot 375\,091} \cdot \left(0{,}69 \cdot \frac{1}{1{,}1} \cdot 1534 + 9486\right) \cdot 10 = 0{,}59\ \text{MN/m}^2$$

Verbindungsmittel

Schubfluß

$$\text{ges}\,t = \sqrt{\text{ef}\,t^2 + t_q^2}$$

$$\text{ges}\,t = \sqrt{0{,}058^2 + 0{,}045^2} = 0{,}073\ \text{kN/cm} \mathrel{\hat{=}} 73\ \text{N/cm}$$

$$\text{ef}\,t = \frac{\max Q \cdot S_{y1} \cdot \gamma}{\text{ef}\,I_y}$$

12 $$\text{ef}\,t = \frac{45 \cdot 748 \cdot 0{,}709}{412\,633} = 0{,}058\ \text{kN/cm}$$

$$t_q = \frac{q_p}{2 \cdot 1}$$

$$t_q = \frac{9{,}0}{2 \cdot 100} = 0{,}045\ \text{kN/cm}$$

Nagelung

$$\text{erf}\,e' = \frac{\text{zul}\,N_1}{\text{ges}\,t} > e'$$

12 $$\text{erf}\,e' = \frac{621}{73} = 8{,}5\ \text{cm} > 2{,}5\ \text{cm} = e'$$

$$\text{zul}\,N_1 = \frac{500 \cdot d_n^2}{10 + d_n}$$

13 $$\text{zul}\,N_1 = \frac{500 \cdot 4{,}2^2}{10 + 4{,}2} = 621\ \text{N}$$

14

$$\min a = d_n \cdot (3 + 0{,}8 \cdot d_n) < b_1$$

15 $$\min a = 4{,}2 \cdot (3 + 0{,}8 \cdot 4{,}2) = 27\ \text{mm} < 60\ \text{mm} = b_1$$

Literatur s. Seite 124

1	**DIN 1052 T1, 8.2.1.2**
2	**DIN 1052 T2, Tab. 11**
3	**DIN 1052 T1, 8.3.1**
4	**Holzbau-TB Bd. 2, Tab. 3.3-12, Seite 163 ff.**
5	**DIN 1052 T1, Tab. 8**
6	**DIN 1052 T1, Tab. 5**
7	**DIN 1052 T1, Tab. 9**
8	**DIN 1052 T1, 8.3.4**
9	**Holzbau-TB Bd. 2, Tab. 3.3-15 a, Seite 172**
10	**DIN 1052 T1, 8.5.4**
11	**DIN 1052 T1, 4.3**
12	**DIN 1052 T1, 8.3.3**
13	**DIN 1052 T2, 6.2.2**
14	**Holzbau-TB Bd. 2, Tab. 4.4-4, Seite 294**
15	**DIN 1052 T2, 6.2.3**

Beispiel 29
Kreuzweise verbretterter Träger

Aufgabenstellung

Der in den Bildern 29.1 und 29.2 dargestellte kreuzweise verbretterte Träger ist zu bemessen.

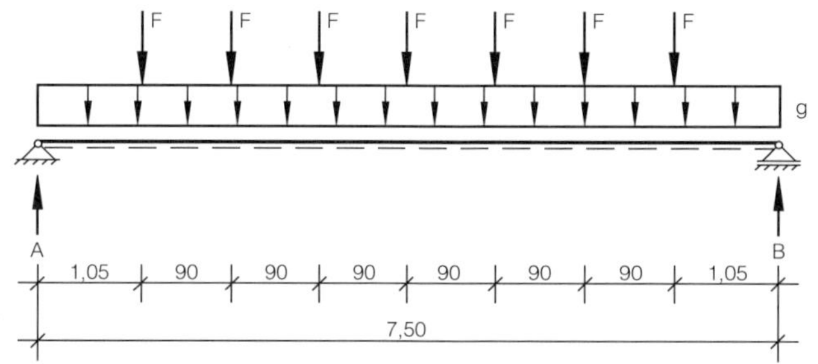

Bild 29.1

geg.: $g = 0{,}60$ kN/m; LF.: H
$F = 5{,}20$ kN; LF.: H
$l = 7{,}50$ m
$l_1 = 0{,}90$ m
$l_2 = 1{,}05$ m
Gurt $4 \times 7/12$ cm; NH II
Steg Bretter 2,6/14 cm; NH II

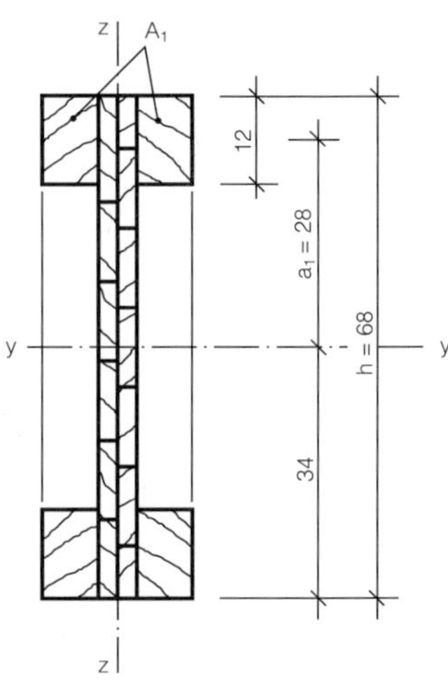

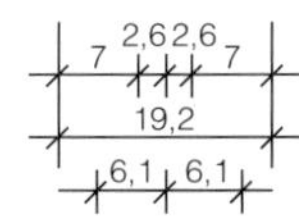

Bild 29.2

Erläuterung

Berechnung

Schnittgrößen

$$Q_A = Q_B = \frac{n \cdot F}{2} + \frac{g \cdot l}{2}$$

n Anzahl der Einzellasten

$$Q_A = Q_B = \frac{7 \cdot 5{,}20}{2} + \frac{0{,}6 \cdot 7{,}50}{2}$$

$$= 18{,}20 + 2{,}25 = 20{,}45 \text{ kN}$$

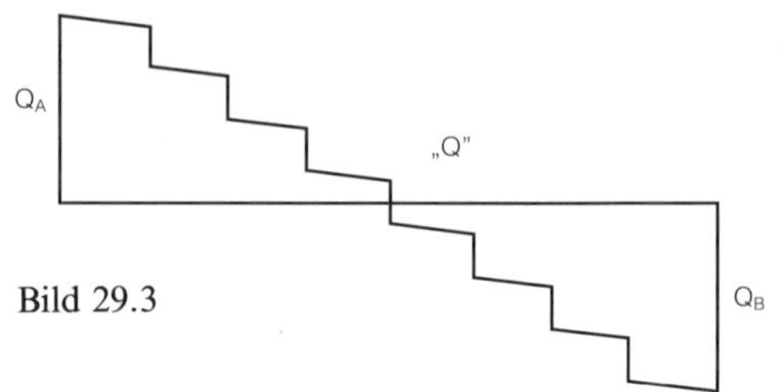

Bild 29.3

$$M = \frac{Q_A \cdot l}{2} - F(3 \cdot l_1 + 2 \cdot l_1 + l_1) - \frac{g \cdot l \cdot l}{2 \cdot 4}$$

$$M = \frac{20{,}45 \cdot 7{,}50}{2} - 5{,}20 \cdot 6 \cdot 0{,}90 - \frac{0{,}6 \cdot 7{,}5^2}{8}$$
$$= 44{,}4 \text{ kNm}$$

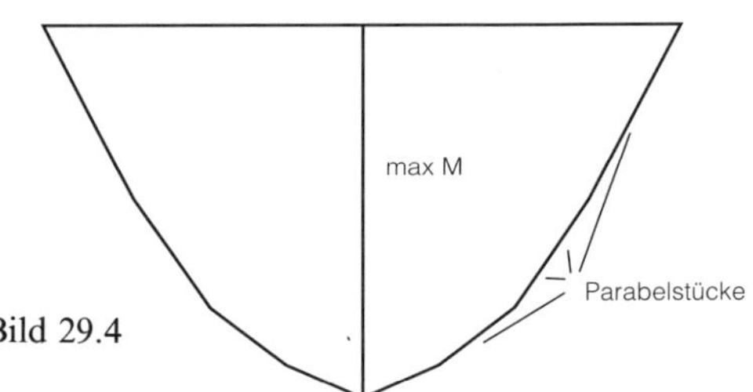

Bild 29.4

Nagelabstand der aufgenagelten Gurthölzer

1 gew.: Nägel Na 31 × 65 mm, zweireihig
$e_{\parallel} = 3{,}3$ cm
$e_{\perp} = 2{,}2$ cm

untereinander

2

$\parallel$ zur Faserrichtung $\geq 10 \cdot d_n$ — $10 \cdot 3{,}1 = 31 \text{ mm} = 3{,}1 \text{ cm} < 3{,}3 \text{ cm}$

$\perp$ zur Faserrichtung $\geq 5 \cdot d_n$ — $5 \cdot 3{,}1 = 15{,}5 \text{ mm} = 1{,}55 \text{ cm} < 2{,}2 \text{ cm}$

$e' = \frac{e_{\parallel}}{2}$ mittlerer Abstand der Nägel

3 $e' = \frac{3{,}3}{2} = 1{,}65$ cm

Querschnittswerte

Wirksames Flächenmoment 2. Grades um die y-Achse

$$\text{ef}\, I_y = \sum_{i=1}^{3} (n_i \cdot I_{iy} + \gamma_i \cdot A_i \cdot a_{iy}^2)$$
$$= 4 \cdot I_{1y} + \gamma_1 \cdot 2 \cdot A_1 \cdot a_{1y}^2$$

3 $\text{ef}\, I_y = 4 \cdot 1008 + 0{,}65 \cdot 2 \cdot 168 \cdot 28^2$

4 $= 175\,258 \text{ cm}^4$

$\gamma_1 = \dfrac{1}{1 + k_1}$		$\gamma = \dfrac{1}{1 + 0{,}54} = 0{,}65$
$k_1 = \dfrac{\pi^2 \cdot E_1 \cdot A_1 \cdot e'}{l^2 \cdot C}$		$k_1 = \dfrac{\pi^2 \cdot 10\,000 \cdot 168 \cdot 1{,}65 \cdot 10^{-6}}{7{,}50^2 \cdot 0{,}9} = 0{,}54$
$A_1 = 2 \cdot b_1 \cdot h_1$		$A_1 = 2 \cdot 7 \cdot 12 = 168$ cm
$I_{1y} = \dfrac{b_1 \cdot h_1^3}{12}$		$I_{1y} = \dfrac{7 \cdot 12^3}{12} = 1008\ \text{cm}^4$
$n = \dfrac{E_1}{E_v}$		$n = 1$
a_1 Abstand der Schwerachse der ungeschwächten Querschnittsfläche A_1 von der Spannungsnullinie y–y		$a_1 = 28$ cm; siehe Bild 29.2
E_1 Elastizitätsmodul des Querschnitts 1	5	$E_1 = 10\,000\ \text{MN/m}^2$
l Stützweite		
C Verschiebungsmodul	6	$C = 900\ \text{N/mm} \triangleq 0{,}9\ \text{MN/m}$
Wirksames Flächenmoment 2. Grades um die z-Achse		
Es wird nur der Obergurt angesetzt.		
$\text{ef}\,I_z = 2 \cdot I_{1z} + \gamma_1 \cdot A_1 \cdot a_{1z}^2$	3 4	$\text{ef}\,I_z = 2 \cdot 343 + 0{,}0236 \cdot 168 \cdot 6{,}1^2 = 834\ \text{cm}^4$
$\gamma_1 = \dfrac{1}{1 + k_1}$		$\gamma = \dfrac{1}{1 + 41{,}4} = 0{,}0236$
$k_1 = \dfrac{\pi^2 \cdot E_1 \cdot A_1 \cdot e'}{l_2^2 \cdot C}$		$k = \dfrac{\pi^2 \cdot 10\,000 \cdot 168 \cdot 1{,}65 \cdot 10^{-6}}{1{,}05^2 \cdot 0{,}6} = 41{,}4$
a_{1z} Abstand der Schwerachse der ungeschwächten Querschnittsfläche A_1 von der Spannungsnullinie z–z		$a_{1z} = 6{,}1$ cm
C Verschiebungsmodul	6	$C = 600\ \text{N/mm} = 0{,}6\ \text{MN/m}$
l_2 Abstand der Sparren		$l_2 = 1{,}05$ m
$I_{1z} = \dfrac{h_1 \cdot b_1^3}{12}$		$I_{1z} = \dfrac{12 \cdot 7^3}{12} = 343\ \text{cm}^4$

Flächenmoment 1. Grades um die y-Achse

$S_1 = A_1 \cdot a_1$

4 $S_1 = 168 \cdot 28 = 4704\ \text{cm}^3$

Spannungsnachweise der Gurte

Randspannung

$$\frac{\sigma_{r1}}{\text{zul}\,\sigma_B} \leq 1$$

$$\sigma_{r1} = \pm \frac{M}{\text{ef}\,I_y} \cdot \left(\gamma \cdot a_1 \cdot \frac{A_1}{A_{1n}} \pm \frac{h_1}{2} \cdot \frac{I_1}{I_{1n}}\right)$$

2 3 7

$$\frac{\sigma_{r1}}{\text{zul}\,\sigma_B} = \frac{6{,}13}{10{,}0} = 0{,}61 < 1$$

$$\sigma_{r1} = \frac{44{,}40 \cdot 10^{-3}}{175\,258 \cdot 10^{-8}} \cdot \left(0{,}65 \cdot 28 \cdot 1 \cdot 10^{-2} + \frac{12}{2} \cdot 1 \cdot 10^{-2}\right) = 6{,}13\ \text{MN/m}^2$$

Schwerpunktsspannung

$$\frac{\sigma_{s1}}{\text{zul}\,\sigma_{D\|}} \leq 1$$

$$\sigma_{s1} = \frac{M}{\text{ef}\,Iy} \cdot \gamma \cdot a_1 \cdot \frac{A_1}{A_{1n}}$$

2 3 7

$$\frac{\sigma_{s1}}{\text{zul}\,\sigma_{D\|}} = \frac{4{,}6}{8{,}5} = 0{,}54 < 1$$

$$\sigma_{s1} = \frac{44{,}40 \cdot 10^{-3}}{175\,258 \cdot 10^{-8}} \cdot 0{,}65 \cdot 28 \cdot 1 \cdot 10^{-2} = 4{,}6\ \text{MN/m}^2$$

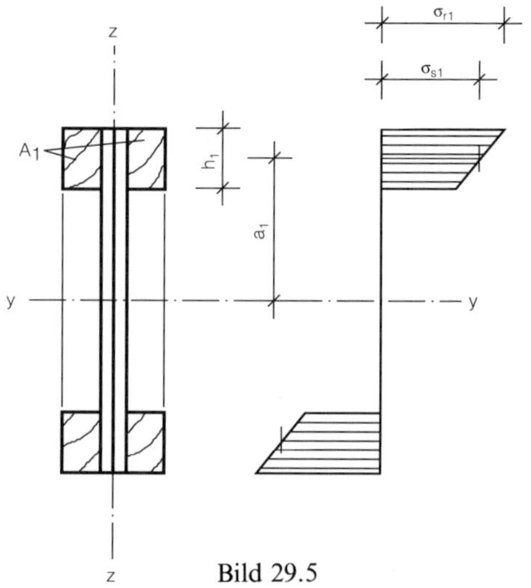

Bild 29.5

Stabilitätsnachweis

8

$i_z > \frac{s_k}{40}$ Stabilität gewährleistet

$i_z \le \frac{s_k}{40}$ Stabilitätsnachweis erforderlich

$i_z = 2{,}23 \text{ cm} < 2{,}62 \text{ cm} = \frac{105}{40} = \frac{s_k}{40}$

Stabilitätsnachweis erforderlich

$$\frac{\sigma_{s1}}{k_s \cdot \text{zul}\,\sigma_k} \le 1$$

$$\frac{\sigma_{s1}}{k_s \cdot \text{zul}\,\sigma_k} = \frac{4{,}6}{1{,}26 \cdot 6{,}25} = \frac{4{,}6}{7{,}88} = 0{,}58 < 1$$

$$\text{zul}\,\sigma_k = \frac{\text{zul}\,\sigma_{D\|}}{\omega}$$

9
10 $\text{zul}\,\sigma_k = \frac{8{,}5}{1{,}36} = 6{,}25 \text{ MN/m}^2$

$k_s = \omega = f(\lambda = 40)$

11 $k_s = 1{,}26$
12

$\lambda = \frac{s_k}{i_z}$ $\qquad \lambda = \frac{105}{2{,}23} = 47$

$\omega = f(\lambda)$

11 $\omega = 1{,}36$
12

$i_z = \sqrt{\frac{\text{ef}\,I_z}{A_1}}$ $\qquad i_z = \sqrt{\frac{834}{168}} = 2{,}23 \text{ cm}$

Durchbiegungsnachweis

Die elastische Biegeverformung wird durch Superposition der Durchbiegungen an den folgenden Systemen ermittelt. Die Verformung infolge Schubbeanspruchung und Kriechen ist vernachlässigbar klein.

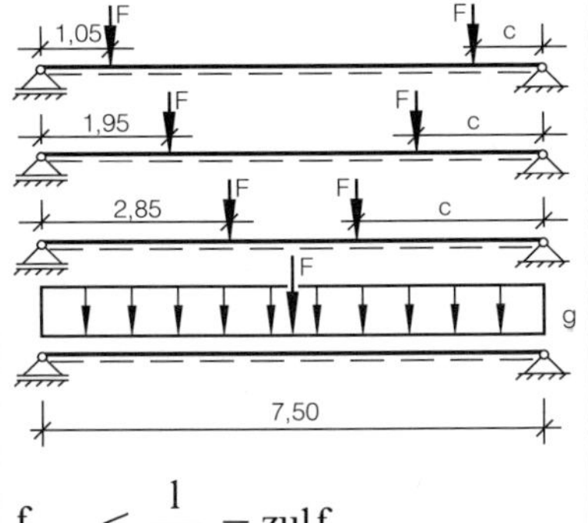

Bild 29.6

$f \le \frac{1}{300} = \text{zul}\,f$

13 $f = 1{,}36 \text{ cm} < 2{,}5 \text{ cm} = \frac{750}{300} = \text{zul}\,f$

$$f = \sum_{i=1}^{5} f_i$$

$$f = 0{,}20 + 0{,}34 + 0{,}45 + 0{,}24 + 0{,}13 = 1{,}36 \text{ cm}$$

$$f_i = \frac{F \cdot c_i}{24 \cdot E \cdot \text{ef}\, I_y} \cdot (3 \cdot l^2 - 4 \cdot c_i^2); \quad i = 1 \div 3$$

$$f_1 = \frac{5{,}2 \cdot 1{,}05 \cdot 10^7}{24 \cdot 10\,000 \cdot 188\,429} \cdot (3 \cdot 7{,}5^2 - 4 \cdot 1{,}05^2) = 0{,}20 \text{ cm}$$

$$f_2 = 0{,}34 \text{ cm}$$

$$f_3 = 0{,}45 \text{ cm}$$

$$f_4 = \frac{F \cdot l^3}{48 \cdot E \cdot \text{ef}\, I_y}$$

$$f_4 = \frac{5{,}2 \cdot 7{,}5^3 \cdot 10^7}{48 \cdot 10\,000 \cdot 188\,429} = 0{,}24 \text{ cm}$$

$$f_5 = \frac{5 \cdot g \cdot l^4}{384 \cdot E \cdot \text{ef}\, I_y}$$

$$f_5 = \frac{5 \cdot 0{,}60 \cdot 7{,}5^4 \cdot 10^{-7}}{384 \cdot 10\,000 \cdot 188\,429} = 0{,}13 \text{ cm}$$

$$\text{ef}\, I_y = 4 \cdot I_{1y} + \gamma_1 \cdot 2 \cdot A_1 \cdot a_{1y}^2$$

3 $\text{ef}\, I_y = 4 \cdot 1008 + 0{,}70 \cdot 2 \cdot 168 \cdot 28^2$

4 $= 188\,429 \text{ cm}^4$

$$\gamma_1 = \frac{1}{1 + k_1}$$

$$\gamma_1 = \frac{1}{1 + 0{,}43} = 0{,}70$$

$$k_1 = \frac{\pi^2 \cdot E_1 \cdot A_1 \cdot e'}{l^2 \cdot C'}$$

$$k_1 = \frac{\pi^2 \cdot 10\,000 \cdot 168 \cdot 1{,}65 \cdot 10^{-6}}{7{,}5^2 \cdot 1{,}125} = 0{,}43$$

$$C' = 1{,}25 \cdot C$$

6 $C' = 1{,}25 \cdot 900 = 1125 \text{ N/mm}$

14

Verbindungsmittel

Schubfluß

Jeder Gurt hat den halben Schubfluß aufzunehmen (Bild 29.7).

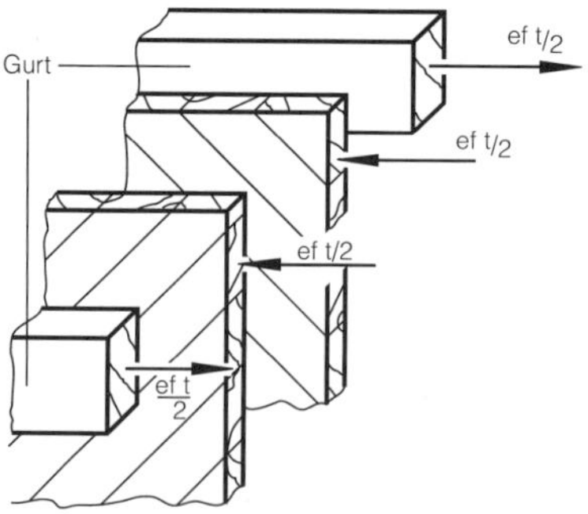

Bild 29.7

$$\text{ef}\,t = \frac{\max Q \cdot \gamma \cdot S_1}{\text{ef}\,I_y}$$

15 $$\text{ef}\,t = \frac{20{,}45 \cdot 0{,}65 \cdot 4704}{175\,258} = 0{,}36 \text{ kN/cm}$$

Nagelanzahl

Die Nägel übertragen den Schubfluß auf der Länge $b \cdot \sqrt{2}$ vom Steg in die Gurte.

1 gew.: 10 Nägel Na 31 × 65
pro Steglamelle

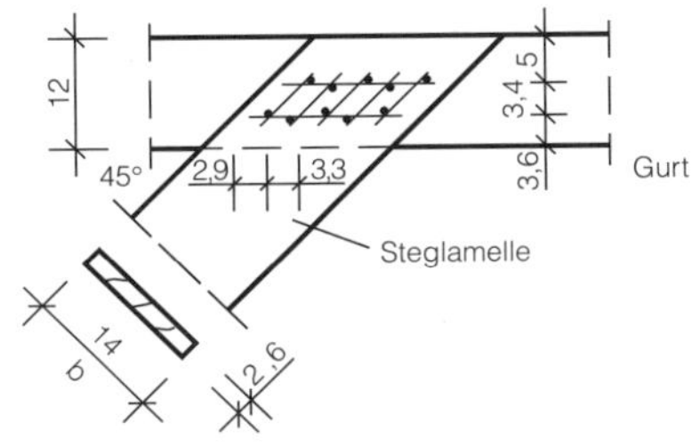

Bild 29.8

$$\text{erf}\,n = \frac{\text{ef}\,t}{2} \cdot \frac{\sqrt{2} \cdot b}{\text{zul}\,N_1} < n$$

$$\text{erf}\,n = \frac{0{,}36}{2} \cdot \frac{\sqrt{2} \cdot 14}{0{,}367} = 9{,}7 < 10 = n$$

$$\text{zul}\,N_1 = \frac{500 \cdot d_n^2}{10 + d_n} \quad \text{in N}$$

1
16 $$\text{zul}\,N_1 = \frac{500 \cdot 3{,}1^2}{10 + 3{,}1} = 367\,\text{N}$$

d_n Nageldurchmesser in mm

Einschlagtiefe

$s \geq 12 \cdot d_n$

17 $s = 6{,}5 - 2{,}6 = 3{,}9 \text{ cm} > 3{,}8 \text{ cm} = 12 \cdot 3{,}1$
$= 12 \cdot d_n$

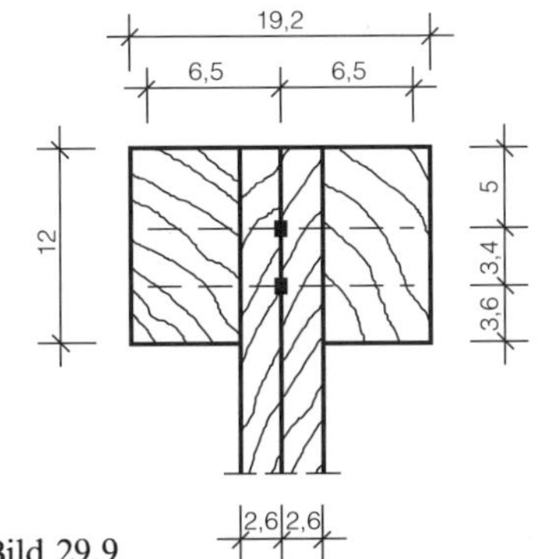

Bild 29.9

Kopplungskraftübertragung

Wegen der Dualität des Schubflusses beträgt die Kopplungskraft K = ef t/2.

1 gew.: 25 Nägel Na 22 × 50
pro Kreuzungsfläche zweier Stegbretter

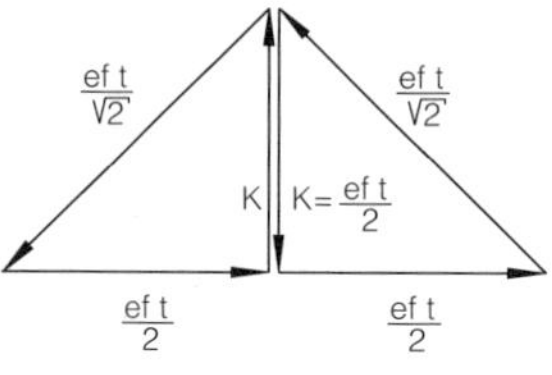

Bild 29.10

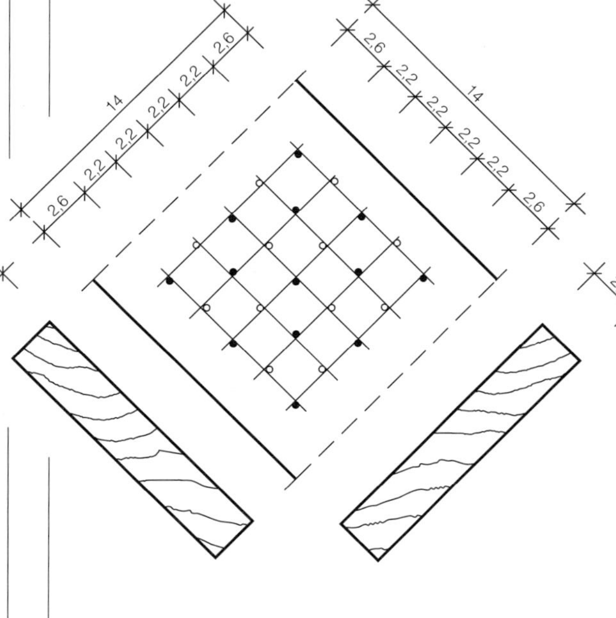

Bild 29.11: Nagelbild in der Kreuzungsfläche zweier Stegbretter

$$K = \frac{ef\,t}{2}$$

$$K = \frac{0{,}36}{2} = 0{,}18 \text{ kN/m}$$

$$erf\,n \leq n$$

$$erf\,n = 19{,}8 < 25 = n$$

$$erf\,n = K \cdot \frac{\sqrt{2} \cdot b}{zul\,N_1}$$

$$erf\,n = 0{,}18 \cdot \frac{\sqrt{2} \cdot 14}{0{,}18} = 19{,}8$$

$$zul\,N_1 = \frac{s}{12 \cdot d_n} \cdot \frac{500 \cdot d_n^2}{10 + d_n}$$

1
16 $$zul\,N_1 = 0{,}91 \cdot \frac{500 \cdot 2{,}2^2}{10 + 2{,}2} = 180 \text{ N}$$

$\frac{s}{12 \cdot d_n}$ Abminderung wegen zu geringer Einschlagtiefe der Nägel

17 $$\frac{s}{12 \cdot d_n} = \frac{2{,}4}{12 \cdot 0{,}22} = 0{,}91$$

$s = l_{Na} - b_S$ Einschlagtiefe

l_{Na} Nagellänge

b_S Stegbrettdicke

$s = 5{,}0 - 2{,}6 = 2{,}4$ cm

$l_{Na} = 5{,}0$ cm

$b_S = 2{,}6$ cm

Nagelabstände

$erf\,e_{\|} \leq vorh\,e_{\|}$

$erf\,e_{\perp} \leq vorh\,e_{\perp}$

2 Die Nagelabstände sind eingehalten.

Nachweis der Stegbretter

$$\frac{\sigma_{Z,D\|}}{zul\,\sigma_{Z,D\|}} \leq 1$$

$$\sigma_{Z,D\|} = \pm \frac{S}{A}$$

$$S = \pm \frac{ef\,t \cdot b}{\sqrt{2} \cdot \sin\alpha}$$

S Längskraft in den Stegbrettern

Die Stabilität der auf Druck beanspruchten Stegbretter ist durch die Vernagelung mit den Zugbrettern gewährleistet.

7
18

$$\frac{\sigma_{Z,D\|}}{zul\,\sigma_{Z,D\|}} = \frac{1{,}38}{8{,}5} = 0{,}16 < 1$$

$$\sigma_{Z,D\|} = \frac{5{,}04 \cdot 10^{-3}}{14 \cdot 2{,}6 \cdot 10^{-4}} = 1{,}38\,\mathrm{MN/m^2}$$

$$S = \pm \frac{0{,}36 \cdot 14}{\sqrt{2} \cdot \sin 45^\circ} = 5{,}04\,\mathrm{kN}$$

1	**Holzbau-TB Bd. 2, Tab. 4.4-4, Seite 294**
2	**DIN 1052 T2, Tab. 11**
3	**DIN 1052 T1, 8.3.1**
4	**Holzbau-TB Bd. 2, Tab. 3.3-11, Seite 158**
5	**DIN 1052 T1, Tab. 1**
6	**DIN 1052 T1, Tab. 8**
7	**DIN 1052 T1, Tab. 5**
8	**DIN 1052 T1, 8.6.1**
9	**DIN 1052 T1, 9.3.2**
10	**Holzbau-TB Bd. 2, Tab. 3.4-7, Seite 193**
11	**DIN 1052 T1, Tab. 10**
12	**Holzbau-TB Bd. 2, Tab. 3.4-6, Seite 193**
13	**DIN 1052 T1, Tab. 9**
14	**DIN 1052 T1, 8.3.4**
15	**DIN 1052 T1, 8.3.3**
16	**DIN 1052 T2, 6.2.2**
17	**DIN 1052 T2, 6.2.4**
18	**DIN 1052 T1, 7.1**

Beispiel 30
Genagelter Hohlkastenträger

Aufgabenstellung

Der in den Bildern 30.1 und 30.2 dargestellte genagelte Hohlkastenträger ist zu bemessen.

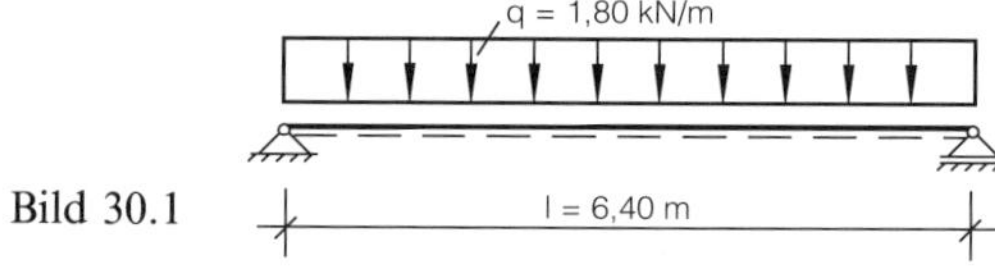

Bild 30.1

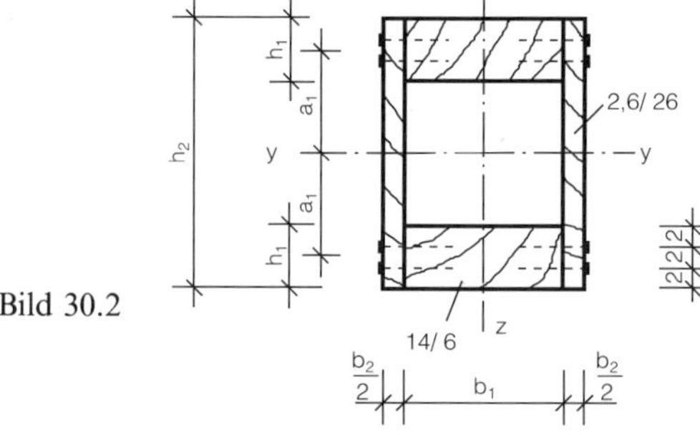

Bild 30.2

geg.: l = 6,40 m
q = 1,80 kN/m; LF.: H
Pfettenabstand
s = 1,60 m
Gurte 2 × 6/14 cm; NH II
Stege 2 × 2,6/26 cm; NH II

Erläuterung	Berechnung
Schnittgrößen	
$Q_z = \frac{q \cdot l}{2}$	$Q_z = \frac{1{,}80 \cdot 6{,}40}{2} = 5{,}76$ kN
$M_y = \frac{q \cdot l^2}{8}$	$M_y = \frac{1{,}80 \cdot 6{,}40^2}{8} = 9{,}22$ kNm

Querschnittswerte

Wirksames Flächenmoment 2. Grades um die y-Achse

$$\text{ef}\,I_y = \sum_{i=1}^{n} (I_{yi} + \gamma_i \cdot A_i \cdot a_i^2)$$
$$= 2 \cdot I_{y1} + I_{y2} + 2 \cdot \gamma_1 \cdot A_1 \cdot a_1^2$$

1
2 $\text{ef}\,I_y = 2 \cdot 252 + 7616 + 2 \cdot 0{,}526 \cdot 84 \cdot 10^2 = 16\,957\ \text{cm}^4$

$$\gamma_1 = \frac{1}{1 + k_1} \qquad \gamma_1 = \frac{1}{1 + 0{,}899} = 0{,}526$$

$$k_1 = \frac{\pi^2 \cdot E_1 \cdot A_1 \cdot e_1'}{l^2 \cdot C_1} \qquad k_1 = \frac{\pi^2 \cdot 10000 \cdot 84 \cdot 4 \cdot 10^{-6}}{6{,}40^2 \cdot 0{,}9} = 0{,}899$$

$$a_1 = \frac{h_2 - h_1}{2} \qquad a_1 = \frac{26 - 6}{2} = 10\ \text{cm}$$

$$I_{y1} = \frac{b_1 \cdot h_1^3}{12} \qquad I_{y1} = \frac{14 \cdot 6^3}{12} = 252\ \text{cm}^4$$

$$I_{y2} = \frac{b_2 \cdot h_2^3}{12} \qquad I_{y2} = \frac{5{,}2 \cdot 26^3}{12} = 7616\ \text{cm}^4$$

$A_1 = b_1 \cdot h_1$ — $A_1 = 14 \cdot 6 = 84\ \text{cm}^2$

C_1 Verschiebungsmodul

3 $C_1 = 900\ \text{N/mm} \mathrel{\hat=} 0{,}9\ \text{MN/m}$

$e' = \frac{e}{m}$ mittlerer Abstand der in eine Reihe geschobenen Verbindungsmittel — $e' = 4{,}0\ \text{cm}$ (geschätzt)

Flächenmoment 1. Grades um die y-Achse

$S_y = \int z \cdot t \cdot ds$

S_y-Verlauf für Hohlquerschnitte (einfach statisch unbestimmt)

Bild 30.3

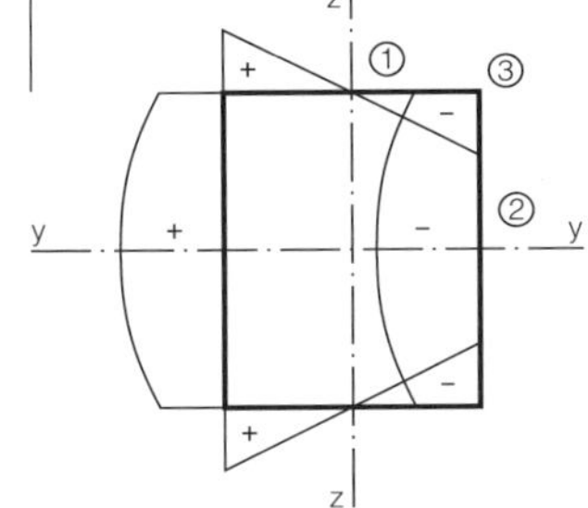

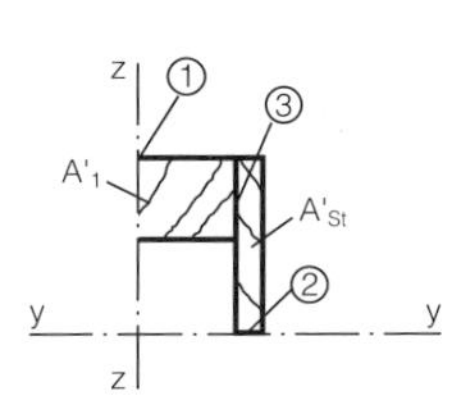

$S_{y1} = 0$

1 $S_{y1} = 0$

$S_{y2} = A'_{St} \cdot a_{St} + \gamma \cdot A'_1 \cdot a_1$

2 $S_{y2} = 33{,}8 \cdot 6{,}5 + 0{,}526 \cdot 42 \cdot 10 = 441\ \text{cm}^3$

$S_{y3} = A'_1 \cdot a_1 \cdot \gamma$

$S_{y3} = 42 \cdot 10 \cdot 0{,}526 = 221\ \text{cm}^3$

A'_{St}, A'_1 siehe Bild 30.4

$$A'_{St} = \frac{b_2}{2} \cdot \frac{h_2}{2}$$

$$A'_{St} = 2{,}6 \cdot 13 = 33{,}8\ \text{cm}^2$$

$$A'_1 = \frac{b_1}{2} \cdot h_1$$

$$A'_1 = 7 \cdot 6 = 42\ \text{cm}^2$$

$$a_{St} = \frac{h_2}{4}$$

$$a_{St} = \frac{26}{4} = 6{,}5\ \text{cm}$$

Spannungsnachweise

3 Für Träger des Querschnittstyps 2 ist bei gleichem Elastizitätsmodul des Gurt- und Stegholzes stets die Randspannung im Steg größer als die Randspannung in den angeschlossenen Gurtteilen, da

$$\frac{h_2}{2} > \gamma \cdot a_1 + \frac{h_1}{2};$$

$$\frac{h_2}{2} = 13\,\text{cm} > 8{,}3\,\text{cm} = 0{,}526 \cdot 10 + \frac{6}{2} = \gamma \cdot a_1 + \frac{h_1}{2}$$

unter der Voraussetzung, daß

$$\frac{I_s}{I_{sn}} = 1, \quad \frac{A_1}{A_{1n}} = 1 \quad \text{ist.}$$

Randspannung im Steg

$$\frac{\sigma_{rS}}{\text{zul}\,\sigma_B} \leq 1$$

1
2
4

$$\frac{\sigma_{rS}}{\text{zul}\,\sigma_B} = \frac{7{,}06}{10{,}0} = 0{,}71 < 1$$

$$\sigma_{rS} = \frac{M_y}{\text{ef}\,I_y} \cdot \frac{h_2}{2} \cdot \frac{I_s}{I_{sn}}$$

$$\sigma_{rS} = \frac{9{,}22 \cdot 10^{-3}}{16957 \cdot 10^{-8}} \cdot 0{,}13 \cdot 1 = 7{,}06\ \text{MN/m}^2$$

Schwerpunktspannung in den Gurtteilen

$$\frac{\sigma_{s1}}{\text{zul}\,\sigma_{D\|}} \leq 1$$

$$\sigma_{s1} = \frac{M_y}{\text{ef}\,I_y} \cdot \gamma \cdot a_1 \cdot \frac{A_1}{A_{1n}}$$

1 2 4

$$\frac{\sigma_{s1}}{\text{zul}\,\sigma_{D\|}} = \frac{2{,}86}{8{,}5} = 0{,}34 < 1$$

$$\sigma_{s1} = \frac{9{,}22 \cdot 10^{-3}}{16957 \cdot 10^{-8}} \cdot 0{,}526 \cdot 0{,}10 \cdot 1$$
$$= 2{,}86\ \text{MN/m}^2$$

Schubspannung im Steg

(Stelle 2)

$$\frac{\tau}{\text{zul}\,\tau_Q} \leq 1$$

4

$$\frac{\tau}{\text{zul}\,\tau_Q} = \frac{0{,}58}{0{,}9} = 0{,}64 < 1$$

$$\tau = \frac{Q_z \cdot S_{y2}}{\text{ef}\,I_y \cdot \frac{b_2}{2}}$$

5

$$\tau = \frac{5{,}76 \cdot 441 \cdot 10^{-9}}{16957 \cdot 2{,}6 \cdot 10^{-10}} = 0{,}58\ \text{MN/m}^2$$

6

Stabilitätsnachweis

Die Pfetten im Abstand von s = 1,6 m bilden zusammen mit zusätzlichen Diagonalen und den Trägerobergurten einen Aussteifungsverband in der Dachebene.

Ist der Abstand der seitlich praktisch unverschieblichen Punkte des Druckgurtes und der auf die maßgebende Schwerachse des Trägers bezogene Trägheitsradius i_z des Gurtquerschnittes größer als s/40, so darf ein weiterer Nachweis entfallen.

Zur Ermittlung des maßgeblichen Trägheitsradius i wird außer dem Gurtquerschnitt noch der Stegbereich gleicher Höhe berücksichtigt.

$$i_z = \sqrt{\frac{\text{ef}\,I_z}{A}} > \frac{s}{40}$$

$$i_z = \sqrt{\frac{1819}{115}} = 3{,}98\ \text{cm} \simeq 4{,}0\ \text{cm} = \frac{160}{40} = \frac{s}{40}$$

$A = b_1 \cdot h_1 + 2 \cdot \frac{b_2}{2} \cdot h_1$

$A = 6 \cdot 14 + 2 \cdot 2{,}6 \cdot 6 = 115\ \text{cm}^2$

$\text{ef}\,I_z = I_{z1} + 2\,I_{z2} + 2 \cdot \gamma \cdot A_1 \cdot a_1^2$

1 $\text{ef}\,I_z = 1372 + 2 \cdot 8{,}7 + 2 \cdot 0{,}2 \cdot 15{,}6 \cdot 8{,}3^2$

2 $= 1819\ \text{cm}^4$

$\gamma = \frac{1}{1 + k}$

$\gamma = \frac{1}{1 + 4{,}01} = 0{,}2$

$k = \frac{\pi^2 \cdot E \cdot A_1 \cdot e'}{l^2 \cdot C}$

$k = \frac{\pi^2 \cdot 10\,000 \cdot 15{,}6 \cdot 4 \cdot 10^{-6}}{1{,}6^2 \cdot 0{,}6} = 4{,}01$

$a_1 = \frac{b_1}{2} + \frac{b_2}{4}$

$a_1 = \frac{14}{2} + \frac{5{,}2}{4} = 8{,}3\ \text{cm}$

$A_1 = h_1 \cdot \frac{b_2}{2}$

$A_1 = 6 \cdot 2{,}6 = 15{,}6\ \text{cm}^2$

$I_{z1} = \frac{h_1 \cdot b_1^3}{12}$

$I_{z1} = \frac{6 \cdot 14^3}{12} = 1372\ \text{cm}^4$

$I_{z2} = \frac{h_1 \cdot \left(\frac{b_2}{2}\right)^3}{12}$

$I_{z2} = \frac{6 \cdot 2{,}6^3}{12} = 8{,}7\ \text{cm}^4$

l Pfettenabstand

$l = s = 1{,}60\ \text{m}$

C Verschiebungsmodul

3 $C = 600\ \text{N/mm} \mathrel{\hat{=}} 0{,}6\ \text{MN/m}$

Nachweis der Verbindung

gew.: Nägel Na 31 × 70; zweireihig

$e = 8{,}0\ \text{cm}$

$e' = 4{,}0\ \text{cm}$

Schubfluß an der Stelle 3

$\text{ef}\,t_3 = \frac{Q_z \cdot \gamma \cdot S_{y3}}{\text{ef}\,I_y}$

2
5 $\text{ef}\,t_3 = \frac{5{,}76 \cdot 0{,}526 \cdot 221 \cdot 10}{16\,957} = 0{,}08\ \text{kN/cm}$

Nagelabstand

$\text{erf}\,e' = \frac{\text{zul}\,N_1}{\text{ef}\,t} > e'$

$\text{erf}\,e' = \frac{0{,}367}{0{,}08} = 4{,}6\,\text{cm} > 4{,}0\,\text{cm} = e'$

$\text{zul}\,N_1 = \frac{500 \cdot d_n^2}{10 + d_n}$ in N

$\text{zul}\,N_1 = \frac{500 \cdot 3{,}1^2}{10 + 3{,}1} = 367\ \text{N}$

d_n Nageldurchmesser in mm

Durchbiegungsnachweis

7 8

$$\text{ges}\,f = f_\sigma + f_\tau < \text{zul}\,f = \frac{l}{200}$$

$$\text{ges}\,f = 2{,}2 + 0{,}14 = 2{,}34\,\text{cm} < 3{,}2\,\text{cm} = \frac{640}{200} = \text{zul}\,f$$

9

$$f_\sigma = \frac{5}{384} \cdot \frac{q \cdot l^4}{E \cdot \text{ef}\,I'_y}$$

$$f_\sigma = \frac{5}{384} \cdot \frac{1{,}8 \cdot 6{,}4^4 \cdot 10^5}{10\,000 \cdot 17\,898} = 0{,}022\,\text{m}$$

10

$$f_\tau = \frac{q \cdot l^2}{8 \cdot G \cdot A_{St}}$$

$$f_\tau = \frac{1{,}8 \cdot 6{,}4^2 \cdot 10}{8 \cdot 500 \cdot 2 \cdot 2{,}6 \cdot 26} = 0{,}0014\,\text{m}$$

$$\text{ef}\,I'_y = 2 \cdot I_{y1} + I_{y2} + 2 \cdot \gamma'_1 \cdot A_1 \cdot a_1^2$$

$$\text{ef}\,I'_y = 2 \cdot 252 + 7616 + 2 \cdot 0{,}582 \cdot 84 \cdot 10^2 = 17\,898\,\text{cm}^4$$

11 Für die Ermittlung des Flächen-
12 moments 2. Grades darf mit den 1,25fachen C-Werten der DIN 1052 T1, Tabelle 8 bzw. den C-Werten der DIN 1052 T2, Tabelle 13 gerechnet werden. Der größere Verschiebungsmodul darf angesetzt werden.

$$\gamma'_1 = \frac{1}{1 + k'}$$

$$\gamma'_1 = \frac{1}{1 + 0{,}719} = 0{,}582$$

$$k'_1 = \frac{k_1}{1{,}25}$$

$$k'_1 = \frac{0{,}899}{1{,}25} = 0{,}719$$

Die Kriechverformung wird nicht ermittelt.

1	**DIN 1052 T1, 8.3.1**
2	**Holzbau-TB Bd. 2, Tab. 3.3-11, Seite 159**
3	**DIN 1052 T1, Tab. 8**
4	**DIN 1052 T1, Tab. 5**
5	**DIN 1052 T1, 8.3.3**
6	**DIN 1052 T1, 8.6.1**
7	**DIN 1052 T1, 8.5.3**
8	**DIN 1052 T1, Tab. 9**
9	**Holzbau-TB Bd. 1, 3.1, Seite 159**
10	**DIN 1052 T1, 8.5.4**
11	**DIN 1052 T1, 8.3.4**
12	**DIN 1052 T2, 13**

Beispiel 31
Hohlkastenträger mit Bau-Furniersperrholzstegen

Aufgabenstellung

Der im Bild 31.1 angegebene Hohlkastenräger mit aufgeleimten Bau-Furniersperrholzplatten ist zu bemessen.

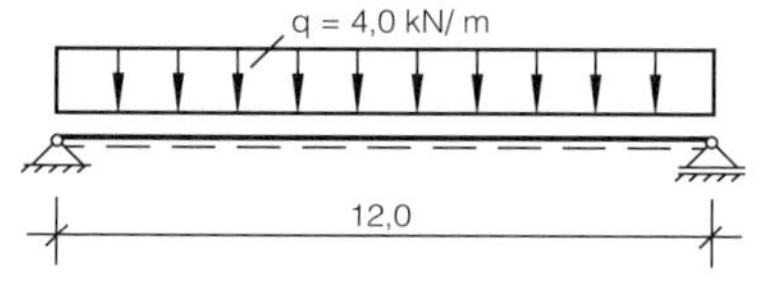

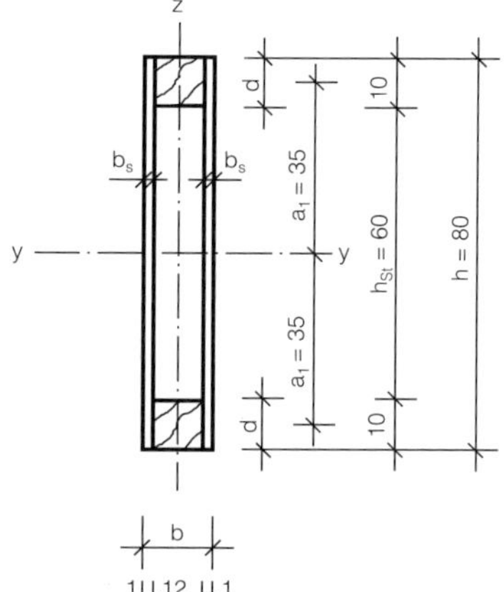

Bild 31.1

geg.: $q = 4{,}0$ kN/m; LF.: H

$l = 12{,}0$ m

$s = 1{,}6$ m Pfettenabstand

Gurte $2 \times 10/12$ cm; NH II

$E_G = 10\,000$ MN/m²

Stege $2 \times 80/1$ cm

Bau-Furniersperrholz

$E_{\parallel} = 4500$ MN/m²

$G = 500$ MN/m²

$\frac{g}{q} < 0{,}5$

Erläuterung

Schnittgrößen

$$M_y = \frac{q \cdot l^2}{8}$$

$$Q_z = \frac{q \cdot l}{2}$$

Querschnittswerte

$$I_y = I_G + n \cdot I_S$$

Berechnung

$$M_y = \frac{4{,}00 \cdot 12{,}0^2}{8} = 72{,}00 \text{ kNm}$$

$$Q_z = \frac{4{,}00 \cdot 12{,}00}{2} = 24{,}00 \text{ kN}$$

$$I_y = 296\,000 + 0{,}45 \cdot 85\,333 = 334\,400 \text{ cm}^4$$

$I_G = 2 \cdot [I_y + A_1 \cdot a_1^2]$

$I_G = 2 \cdot \left[\frac{12 \cdot 10^3}{12} + 120 \cdot 35^2\right] = 296\,000\ \text{cm}^4$

$I_S = \frac{b_s \cdot h_s^3}{12}$

$I_S = 2 \cdot \frac{1 \cdot 80^3}{12} = 85\,333\ \text{cm}^4$

$n = \frac{E_{\|}}{E_G}$

$n = \frac{4500}{10\,000} = 0{,}45$

b_S Stegdicke — $b_s = 1\ \text{cm}$

h_S Steghöhe — $h_s = 80\ \text{cm}$

a_1 Schwerachsenabstand der Querschnittsfläche A_1 von der Spannungsnullinie $y - y$ — $a_1 = 0{,}35\ \text{m}$

$S_{y-y} = S_G + n \cdot S_S$

$S_{y-y} = 4200 + 0{,}45 \cdot 1600 = 4920\ \text{cm}^3$

$S_G = A_G \cdot a_1'$

$S_G = 120 \cdot 35 = 4200\ \text{cm}^3$

$S_S = 2 \cdot A_S \cdot a_2'$

$S_S = 2 \cdot 1 \cdot 40 \cdot 20 = 1600\ \text{cm}^3$

a' Schwerpunktsabstand der betrachteten Querschnittsfläche zur Spannungsnullinie $y - y$ — $a_2' = 20\ \text{cm}$

Spannungsnachweise

Biegerandspannung des Gurtes

$\frac{\sigma_{rS}}{\text{zul}\,\sigma_B} \le 1$

1
2 $\frac{\sigma_{rS}}{\text{zul}\,\sigma_B} = \frac{8{,}61}{10{,}0} = 0{,}86 < 1$

$\sigma_{rS} = \frac{M}{I_y} \cdot \frac{h}{2}$

$\sigma_{rS} = \frac{72{,}00 \cdot 10^{-3}}{334\,400 \cdot 10^{-8}} \cdot 0{,}40 = 8{,}61\ \text{MN/m}^2$

Schwerpunktsspannung des Gurtes

$\frac{\sigma_{s1}}{\text{zul}\,\sigma_{D,Z\|}} \le 1$

1
2 $\frac{\sigma_{s1}}{\text{zul}\,\sigma_{D,Z\|}} = \frac{7{,}54}{8{,}5} = 0{,}89 < 1$

$\sigma_{s1} = \frac{M}{I_y} \cdot a_1$

$\sigma_{s1} = \frac{72{,}00 \cdot 10^{-3}}{334\,400 \cdot 10^{-8}} \cdot 0{,}35 = 7{,}54\ \text{MN/m}^2$

Biegerandspannung des Steges

$\frac{\sigma_{rSt}}{\text{zul}\,\sigma_B} \le 1$

1
2 $\frac{\sigma_{rSt}}{\text{zul}\,\sigma_B} = \frac{3{,}87}{9{,}0} = 0{,}43 < 1$

$$\sigma_{rSt} = \frac{E_{\parallel}}{E_G} \cdot \sigma_{rS}$$

$$\sigma_{rSt} = 0{,}45 \cdot 8{,}61 = 3{,}87 \text{ MN/m}^2$$

Schubspannung in der Leimfuge

$$\frac{\tau}{\text{zul}\,\tau_Q} \leq 1$$

3 $$\frac{\tau}{\text{zul}\,\tau_Q} = \frac{0{,}15}{0{,}9} = 0{,}17 < 1$$

2

$$\tau = \frac{Q_z \cdot S_G}{I_y \cdot d}$$

$$\tau = \frac{24{,}00 \cdot 4200 \cdot 10^{-9}}{334400 \cdot 2 \cdot 10 \cdot 10^{-10}} = 0{,}15 \text{ MN/m}^2$$

Schubspannung im Steg

$$\frac{\tau_{y-y}}{\text{zul}\,\tau_Q} \leq 1$$

3 $$\frac{\tau_{y-y}}{\text{zul}\,\tau_Q} = \frac{1{,}77}{1{,}80} = 0{,}98 < 1$$

2

$$\tau_{y-y} = \frac{Q_z \cdot S_{y-y}}{I_y \cdot b_S}$$

$$\tau_{y-y} = \frac{24{,}00 \cdot 4920 \cdot 10^{-9}}{334400 \cdot 2 \cdot 1 \cdot 10^{-10}} = 1{,}77 \text{ MN/m}^2$$

Durchbiegungsnachweis

$\text{ges}\,f \leq \text{zul}\,f$

4 $\text{ges}\,f = 4{,}13 \text{ cm} \leq 6{,}0 \text{ cm} = \text{zul}\,f$

5

$\text{ges}\,f = f_\sigma + f_\tau$

$\text{ges}\,f = 3{,}23 + 0{,}9 = 4{,}13 \text{ cm}$

$$f_\sigma = \frac{M \cdot l^2}{9{,}6 \cdot E_G \cdot I_y}$$ Biegeverformung

$$f_\sigma = \frac{72 \cdot 12^2 \cdot 10^7}{9{,}6 \cdot 10000 \cdot 334400} = 3{,}23 \text{ cm}$$

$$f_\tau = \frac{M}{G \cdot A_Q}$$ Schubverformung

$$f_\tau = \frac{72 \cdot 10^3}{500 \cdot 160} = 0{,}9 \text{ cm}$$

Die Schubverformung wird nach der „Berechnung und Konstruktion geleimter Träger mit Stegen aus Furnierholzplatten“, abgedruckt in „Berichte aus der Bauforschung“, Heft 47, geführt.

Diese Näherung gilt für

$$\alpha = \frac{d}{h} = 0{,}1 \div 0{,}2 \quad \text{und}$$

$$\beta = \frac{\Sigma t}{b} = 0{,}08 \div 0{,}2$$

bei einer maximalen Abweichung von ca. 10% (Bild 31.2).

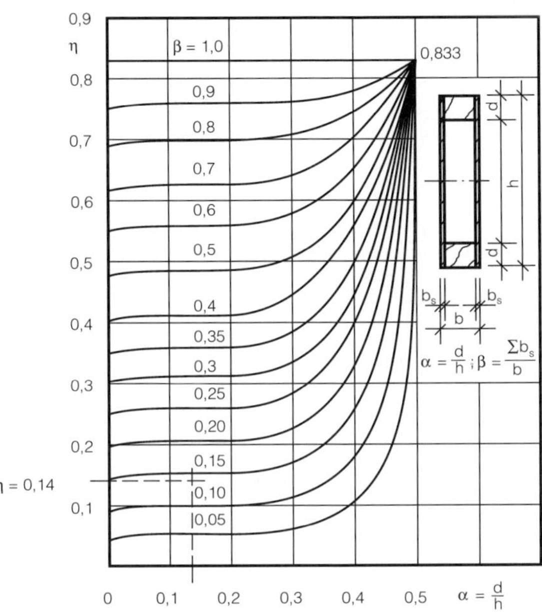

Bild 31.2

$A_Q = \eta \cdot b \cdot h$ | $A_Q = 0{,}14 \cdot 14 \cdot 80 = 156{,}8 \cong 160 \text{ cm}^2$

$\alpha = \frac{d}{h}$ | $\alpha = \frac{10}{80} = 0{,}125$

$\beta = \frac{\Sigma b_S}{b}$ | $\beta = \frac{2 \cdot 1}{14} = 0{,}143$

5 $\text{zul} f = \frac{l}{200}$ | $\text{zul} f = \frac{1200}{200} = 6{,}0 \text{ cm}$

6 Der Träger wird mit Überhöhung ausgeführt. Die Kriechverformung darf vernachlässigt werden, da $\frac{g}{q} < 0{,}5$ ist.

Stabilitätsnachweis

Die obenliegenden Pfetten im Abstand s = 1,6 m bilden zusammen mit zusätzlichen Diagonalen und den Binderobergurten einen Aussteifungsverband in der Binderobergurtebene.

Für die Gurte der geleimten Stegträger wird der maßgebende Trägheitsradius i = 0,289 · b mit b als gesamte Gurtbreite unter Berücksichtigung der verschiedenen Elastizitätsmoduln angenommen.

$b' = b + 2 \cdot b_S \cdot n$		$b' = 12 + 2 \cdot 1 \cdot 0{,}45 = 12{,}9$ cm
$i \;= 0{,}289 \cdot b'$		$i \;= 0{,}289 \cdot 12{,}9 = 3{,}73$ cm
$i \; < \frac{s}{40}$ Nachweis erforderlich	7	$i \;= 3{,}73 \text{ cm} < 4{,}0 \text{ cm} = \frac{160}{40} = \frac{s}{40}$
$\frac{\sigma_{s1}}{k_S \cdot \text{zul}\,\sigma_k} \leq 1$		$\frac{\sigma_{s1}}{k_S \cdot \text{zul}\,\sigma_k} = \frac{7{,}54}{1{,}26 \cdot 6{,}53} = 0{,}92 < 1$
$k_S = \omega = f(\lambda = 40)$	8 9	$k_S = 1{,}26$
$\text{zul}\,\sigma_k = \frac{\text{zul}\,\sigma_{D\parallel}}{\omega}$	10 11	$\text{zul}\,\sigma_k = \frac{8{,}5}{1{,}30} = 6{,}53 \text{ MN/m}^2$
$\omega = f(\lambda)$	2 8 9	$\omega = 1{,}30$
$\lambda = \frac{s_k}{i}$	12	$\lambda = \frac{160}{3{,}73} = 43$

Beulnachweis des Steges

Vereinfachter Beulnachweis

$\frac{h_{Sl}}{b_S} \leq 35$	13	$\frac{h_{Sl}}{b_S} = \frac{60}{1{,}0} = 60 > 35$	Ein genauerer Nachweis ist erforderlich.
h_{Sl} lichte Steghöhe		$h_{Sl} = 60$ cm	
b_S Stegdicke		$b_S \;= 1{,}0$ cm	

Genauer Beulnachweis

Der Beulnachweis wird nach der „Berechnung und Konstruktion geleimter Träger mit Stegen aus Furnierholzplatten", abgedruckt in „Berichte aus der Bauforschung", Heft 47, geführt.

Beulsicherheit

$\nu_B \geq \text{erf}\,\nu_B = 1{,}5$

$$\nu_B \cong \frac{1}{\sqrt{\left(\frac{\tau}{\text{krit}\,\tau}\right)^2 + \left(\frac{\sigma}{\text{krit}\,\sigma_x}\right)^2}}$$

$$\text{krit}\,\sigma_x = k_\sigma \cdot \frac{4 \cdot \pi^2 \cdot \sqrt{N_x \cdot N_y}}{b_S \cdot b^2}$$

$$\text{krit}\,\tau = k_\tau \cdot \frac{4 \cdot \pi^2}{b^2 \cdot b_S} \cdot \sqrt[4]{N_x \cdot N_y^3}$$

$$\sigma = \sigma_{rSt} \cdot \frac{h_S/2}{h/2}$$

$$\tau = \tau_{y-y}$$

$$\alpha_\gamma = \frac{1}{(h - 2 \cdot d)} \cdot \sqrt[4]{\frac{N_y}{N_x}}$$

$$\eta = \frac{N_{xy}}{\sqrt{N_x \cdot N_y}}$$

k_σ Faktor aus Bild 31.3
k_τ Faktor aus Bild 31.4

$$N_x = \frac{E_{bx} \cdot b_S^3}{12}$$

Biegesteifigkeit eines in x-Richtung parallelen Streifens der Breite 1 bei vernachlässigter Querkontraktion

$$N_y = \frac{E_{by} \cdot b_S^3}{12}$$

Biegesteifigkeit eines in y-Richtung parallelen

$\nu_B = 2{,}11 > 1{,}5 = \text{erf}\,\nu_B$

$$\nu_B \cong \frac{1}{\sqrt{\left(\frac{1{,}77}{3{,}98}\right)^2 + \left(\frac{2{,}90}{17{,}50}\right)^2}} = 2{,}11$$

$$\text{krit}\,\sigma_x = 3{,}85 \cdot \frac{4 \cdot \pi^2 \cdot \sqrt{0{,}458 \cdot 0{,}375}}{0{,}01 \cdot 0{,}6^2 \cdot 10^3} = 17{,}50 \text{ MN/m}^2$$

$$\text{krit}\,\tau = 0{,}92 \cdot \frac{4 \cdot \pi^2}{0{,}6^2 \cdot 0{,}01 \cdot 10^3} \cdot \sqrt[4]{0{,}458 \cdot 0{,}375^3} = 3{,}98 \text{ MN/m}^2$$

$$\sigma = \frac{3{,}87 \cdot 30}{40} = 2{,}90 \text{ MN/m}^2$$

$$\tau = 1{,}77 \text{ MN/m}^2$$

$$\alpha_\gamma = \frac{12}{(0{,}8 - 2 \cdot 0{,}1)} \cdot \sqrt[4]{\frac{0{,}375}{0{,}458}} = 19{,}02$$

$$\eta = \frac{0{,}083}{\sqrt{0{,}458 \cdot 0{,}375}} = 0{,}200$$

$k_\sigma = 3{,}85$
$k_\tau = 0{,}92$

$$N_x = \frac{5500 \cdot 1{,}0^3 \cdot 10^{-3}}{12} = 0{,}458 \text{ kNm}$$

$$N_y = \frac{4500 \cdot 1{,}0^3 \cdot 10^{-3}}{12} = 0{,}375 \text{ kNm}$$

Streifens der Breite 1 bei vernachlässigter Querkontraktion		
$N_{xy} = \dfrac{G \cdot b_S^3}{6}$ Drillsteifigkeit bei vernachlässigter Querkontraktion		$N_{xy} = \dfrac{1}{6} \cdot 500 \cdot 1{,}0^3 \cdot 10^{-3} = 0{,}083$ kNm
E_{bx} Elastizitätsmodul	**14**	$E_{bx} = 5500$ MN/m²
E_{by} Elastizitätsmodul		$E_{by} = 4500$ MN/m²
G Schubmodul		$G = 500$ MN/m²

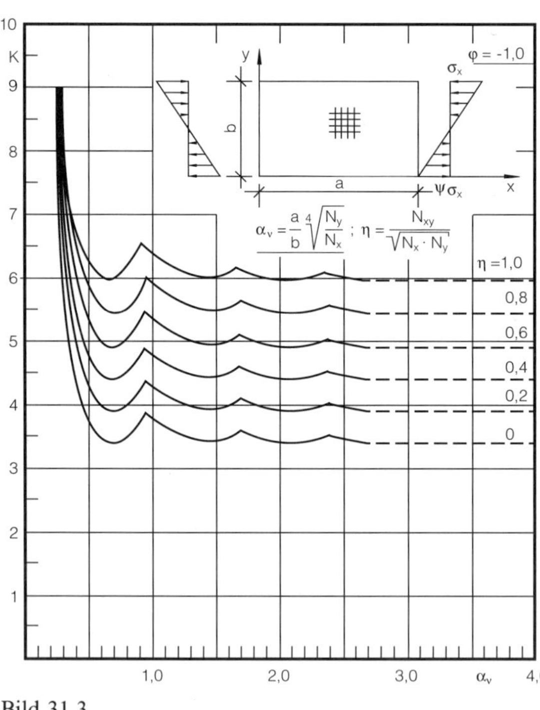

Bild 31.3

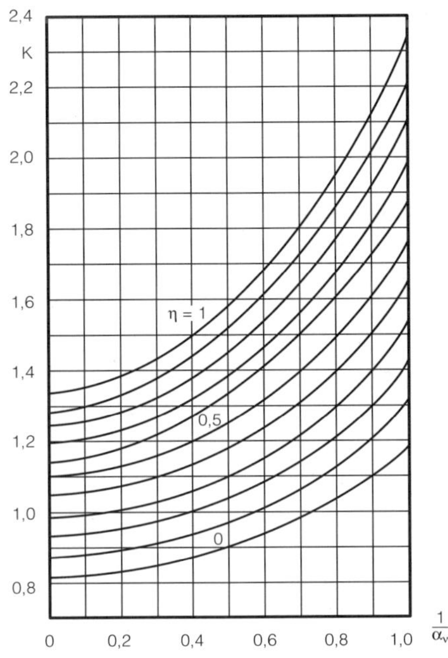

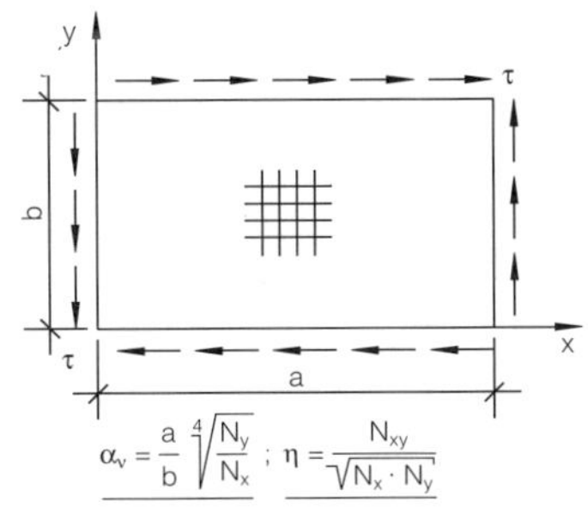

Bild 31.4

1	**DIN 1052 T1, 8.2.1.1**
2	**DIN 1052 T1, Tab. 5**
3	**DIN 1052 T1, 8.2.1.2**
4	**DIN 1052 T1, 8.5**
5	**DIN 1052 T1, Tab. 9**
6	**DIN 1052 T1, 4.3**
7	**DIN 1052 T1, 8.6.1**
8	**DIN 1052 T1, Tab. 10**
9	**Holzbau-TB Bd. 2, Tab. 3.4-6, Seite 193**
10	**Holzbau-TB Bd. 2, Tab. 3.4-7, Seite 193**
11	**DIN 1052 T1, 9.3.2**
12	**DIN 1052 T1, 9.1**
13	**DIN 1052 T1, 8.4.1**
14	**DIN 1052 T1, Tab. 2**

Beispiel 32
„Wellsteg“-Kasten-Träger

Aufgabenstellung

Ein „Wellsteg“-Kasten-Träger ist für das gegebene statische System und Belastung zu bemessen. Der Obergurt ist durch die Pfetten gegen Kippen gesichert.

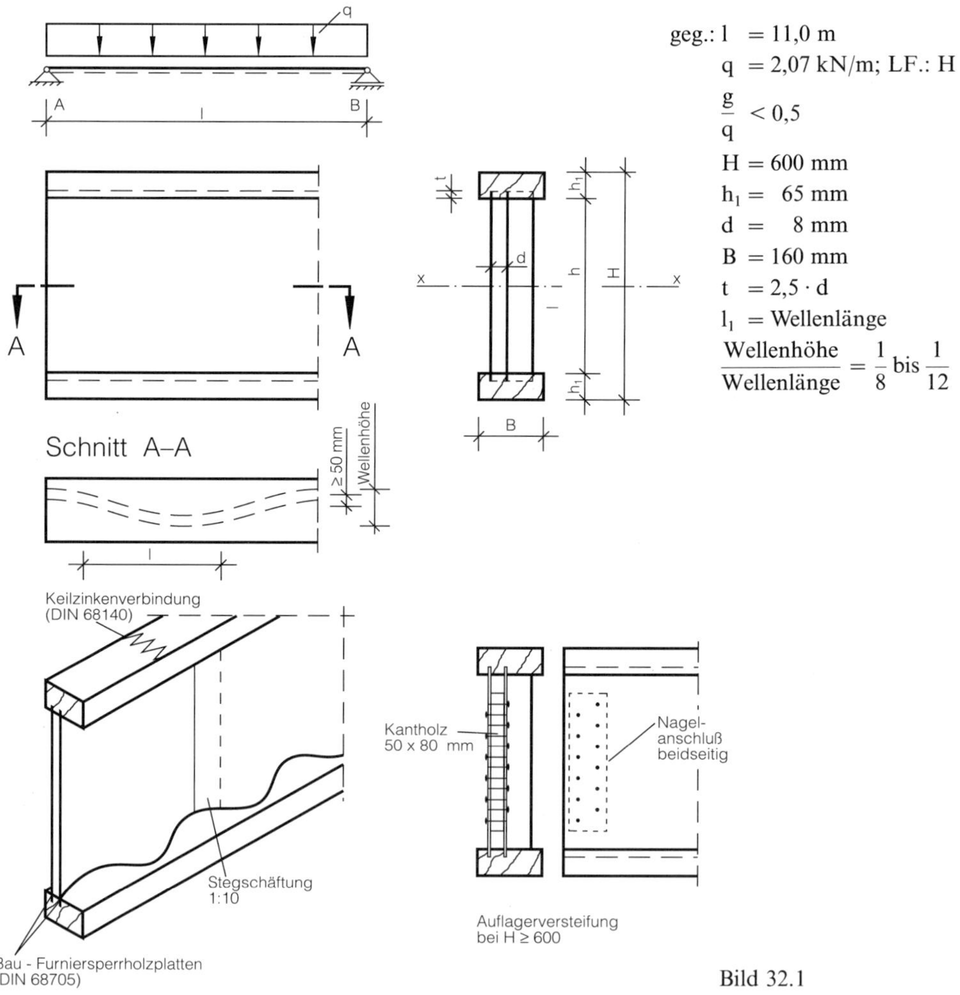

Bild 32.1

Erläuterung		Berechnung
Zulassung „Wellsteg"-Holzleimbauträger		
Profilwahl		
K $H/h_1/B/d$		gew.: K $60/6{,}5/16/2 \times 8$
K Kastenträger H Trägerhöhe in cm h_1 Gurthöhe in cm B Gurtbreite in cm d Stegdicke in mm		
Querschnittswerte		
$I_y = \frac{B}{12} \cdot (H^3 - h^3)$	1	$I_y = \frac{16}{12} \cdot (60^3 - 47^3) = 149\,569 \text{ cm}^4$
$S_1 = h_1 \cdot B \cdot \left(\frac{H}{2} - \frac{h_1}{2}\right)$		$S_1 = 16 \cdot 6{,}5 \cdot \left(\frac{60}{2} - \frac{6{,}5}{2}\right) = 2782 \text{ cm}^3$
$S_2 = S_1 + 2 \cdot n \cdot d \cdot \frac{h^2}{4 \cdot 2}$		$S_2 = 2782 + 2 \cdot 0{,}45 \cdot 0{,}8 \cdot \frac{47^2}{2 \cdot 4} = 2981 \text{ cm}^3$
I_y Flächenmoment 2. Grades ohne Berücksichtigung des Steges S_1 Flächenmoment 1. Grades der Gurtfläche, bezogen auf die y-Achse S_2 Flächenmoment 1. Grades der Querschnittsfläche oberhalb der y-Achse, bezogen auf die y-Achse		
$n = \frac{E_{St}}{E_G}$		$n = \frac{4500}{10\,000} = 0{,}45$
E_{St} Elastizitätsmodul des Steges	2	$E_{St} = 4500 \text{ MN/m}^2$
E_G Elastizitätsmodul des Gurtes	3	$E_G = 10\,000 \text{ MN/m}^2$

Schnittgrößen

$$M = \frac{q \cdot l^2}{8}$$

$$M = \frac{2{,}07 \cdot 11^2}{8} = 31{,}31 \text{ kNm}$$

$$Q = A = B = \frac{q \cdot l}{2}$$

$$Q = \frac{2{,}07 \cdot 11{,}0}{2} = 11{,}39 \text{ kN}$$

Eine Abminderung der Querkraft wurde nicht berücksichtigt. **4**

Spannungsnachweise

Biegerandspannung im Gurt

5 **6**

$$\frac{\sigma_{r1}}{\text{zul}\,\sigma_B} \leq 1$$

$$\frac{\sigma_{r1}}{\text{zul}\,\sigma_B} = \frac{6{,}3}{7{,}0} = 0{,}9 < 1$$

7

$$\sigma_{r1} = \frac{M}{I_y} \cdot \frac{H}{2}$$

$$\sigma_{r1} = \frac{31{,}31 \cdot 10^{-3}}{149\,569 \cdot 10^{-8}} \cdot 0{,}3 = 6{,}3 \text{ MN/m}^2$$

$$\text{zul}\,\sigma_B = 7{,}0 \text{ MN/m}^2$$

Da der Abstand der seitlichen Abstützungen $s < 40 \cdot i$ ist, entfällt ein Stabilisierungsnachweis. **8**

Biegerandspannung im Steg

6 **9**

$$\frac{\sigma_{r2}}{\text{zul}\,\sigma_B} \leq 1$$

$$\frac{\sigma_{r2}}{\text{zul}\,\sigma_B} = \frac{2{,}21}{6{,}0} = 0{,}37 < 1$$

$$\sigma_{r2} = n \cdot \frac{M}{I_y} \cdot \frac{h}{2}$$

$$\sigma_{r2} = 0{,}45 \cdot \frac{31{,}31 \cdot 10^{-3}}{149\,569 \cdot 10^{-8}} \cdot \frac{0{,}47}{2} = 2{,}21 \text{ MN/m}^2$$

$$\text{zul}\,\sigma_B = 6{,}0 \text{ MN/m}^2$$

Schubspannung in der y-Achse

9

$$\frac{\tau_2}{\text{zul}\,\tau} \leq 1$$

$$\frac{\tau_2}{\text{zul}\,\tau} = \frac{1{,}42}{3{,}0} = 0{,}47 < 1$$

10

$$\tau_2 = \frac{Q \cdot S_2}{I_y \cdot d}$$

$$\tau_2 = \frac{11{,}39 \cdot 2981 \cdot 10^{-9}}{149\,569 \cdot 2 \cdot 0{,}8 \cdot 10^{-10}} = 1{,}42 \text{ MN/m}^2$$

$$\text{zul}\,\tau = 3{,}0 \text{ MN/m}^2$$

Schubspannung in der Leimfuge

$$\frac{\tau_1}{\text{zul}\,\tau} \leq 1$$

11 $$\frac{\tau_1}{\text{zul}\,\tau} = \frac{0{,}27}{0{,}6} = 0{,}45 < 1$$

$$\tau_1 = \frac{Q \cdot S_1}{I_y \cdot m \cdot t}$$

$$\tau_1 = \frac{11{,}39 \cdot 2782 \cdot 10^{-9}}{149\,569 \cdot 4 \cdot 2{,}0 \cdot 10^{-10}} = 0{,}27\ \text{MN/m}^2$$

$$\text{zul}\,\tau = 0{,}6\ \text{MN/m}^2$$

$t = 2{,}5 \cdot d$

$t = 2{,}5 \cdot 8 = 20\ \text{mm}$

t Einbindetiefe des Steges

m Anzahl der Leimfugen

$m = 4$

Durchbiegungsnachweis

Durchbiegung infolge Biegung

$$f_\sigma = \frac{5}{384} \cdot \frac{q \cdot l^4}{E_G \cdot I_y} \leq \frac{1}{300} = \text{zul}\,f$$

12 $$f_\sigma = \frac{5}{384} \cdot \frac{2{,}07 \cdot 11{,}0^4 \cdot 10^{-3}}{10^4 \cdot 149\,569 \cdot 10^{-8}} = 0{,}026\ \text{m}$$

$$= 2{,}6\ \text{cm} < \frac{1}{300} = \frac{1100}{300} = 3{,}7\ \text{cm}$$

Durchbiegung infolge Schub

Die Berücksichtigung der Durchbiegung aus Querkraft kann abweichend von DIN 1052 T1, 8.5.4 unterbleiben, wenn

$l/H \geq 15$ und

13 $$\frac{l}{H} = \frac{11{,}00}{0{,}6} = 18{,}3 > 15$$

$$f\,(\text{Biegung}) \leq \frac{1}{400}$$

$$f = 2{,}6\ \text{cm} < \frac{1}{400} = \frac{1100}{400} = 2{,}75\ \text{cm}$$

eingehalten sind.

Damit entfällt der Nachweis der Durchbiegung infolge Schubverformung.

Eine genaue Berechnung kann nach Pavel Dutko und Ferdinand Draskovic-Berechnung der Durchbiegung aus Querkraft bei geleimten Holzträgern, Die Bautechnik 1969, erfolgen.

Durchbiegung infolge Kriechen

Da die ständige Last weniger als 50% der Gesamtlast beträgt, ist die Berücksichtigung der Kriechverformung nicht erforderlich. **14**

1	**Holzbau-TB Bd. 2, Tab. 3.1-1, Seite 40**
2	**DIN 1052 T1, Tab. 2**
3	**DIN 1052 T1, Tab. 1**
4	**DIN 1052 T1, 8.2.1.2**
5	**DIN 1052 T1, Tab. 5**
6	**DIN 1052 T1, 8.2.1.1**
7	**Zul. § 5.4**
8	**DIN 1052 T1, 8.6.1**
9	**DIN 1052 T1, Tab. 6**
10	**Zul. § 5.3**
11	**Zul. § 5.5**
12	**DIN 1052 T1, Tab. 9**
13	**Zul. § 5.6**
14	**DIN 1052 T1, 4.3**

Beispiel 33
Dreieck-Streben-Bauart-Träger (DSB)

Aufgabenstellung

Ein DSB-Träger ist zu konstruieren und zu bemessen.

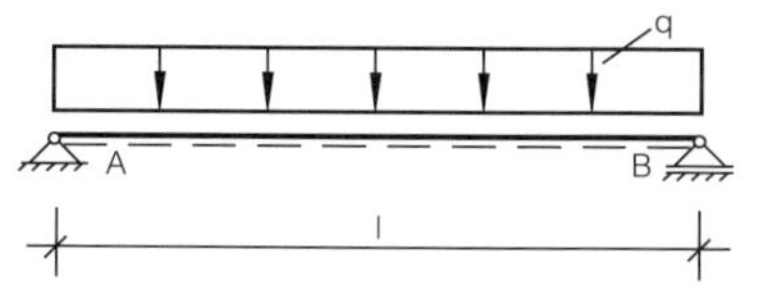

geg.: $l = 9{,}6$ m
$q = 1{,}68$ kN/m; LF.: H
NH II

Bild 33.1

DSB-Träger

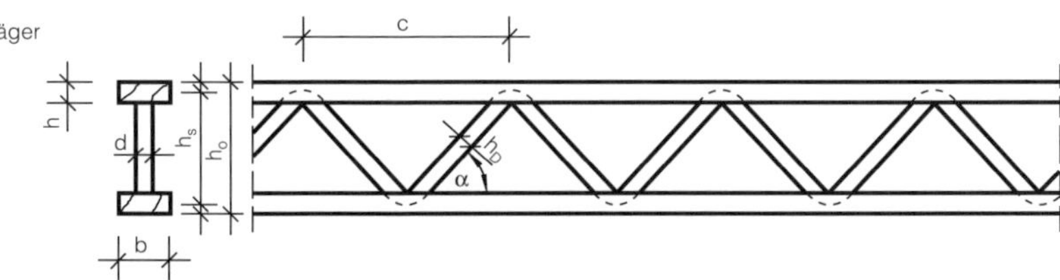

Streben-Typen

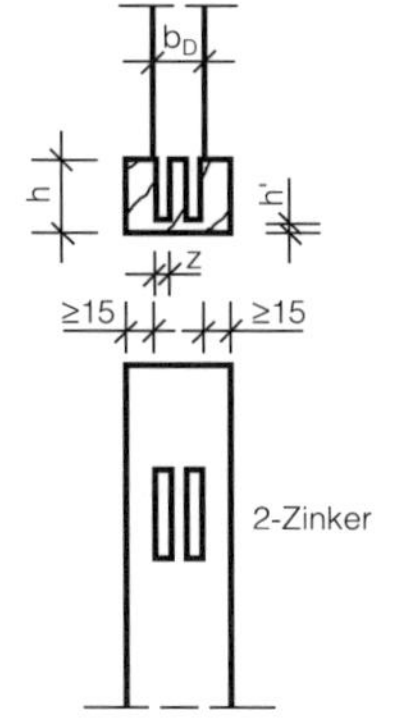

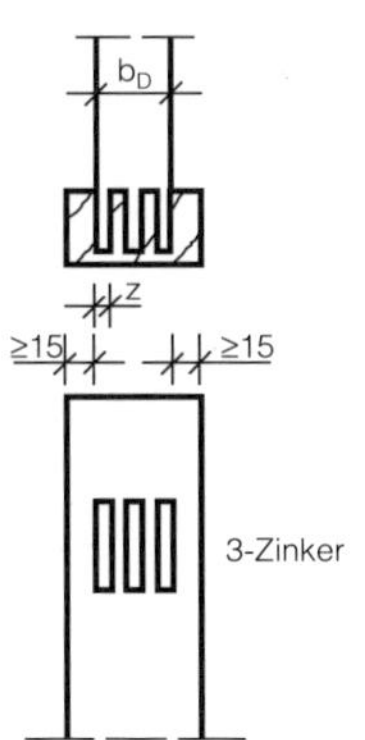

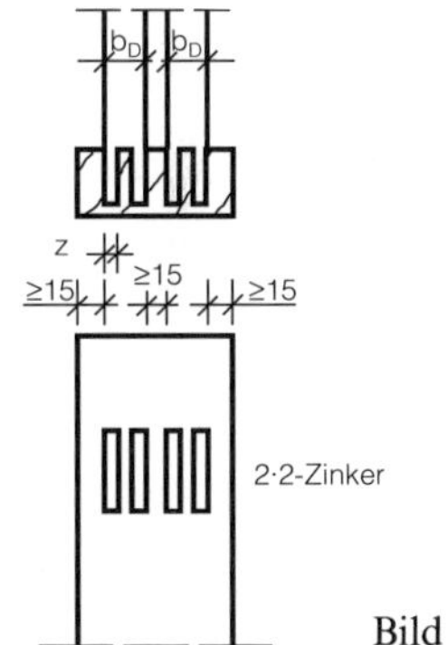

Bild 33.2

Zinkenformen (Leimflächen)

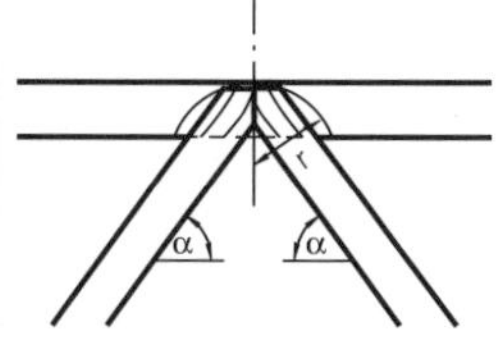

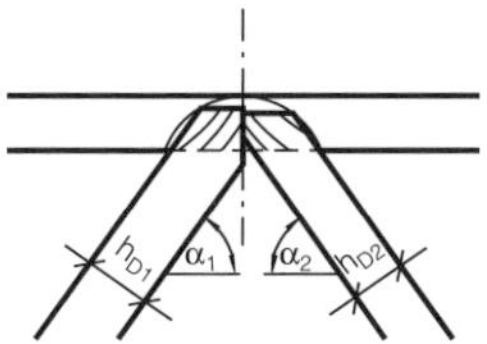

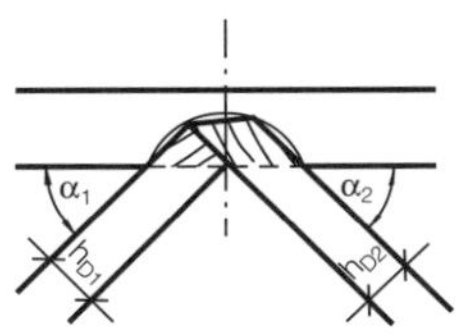

symmetrische Ausführung

asymmetrische Ausführung

Bild 33.3

Erläuterung		Berechnung
Zulassung Dreieck-Streben-Bauart		

Wahl eines Profils, der Querschnitte und der geometrischen Abmessungen

Erläuterung		Berechnung
		gew.:
Querschnitt der Gurte $h \leq 8$ cm	1	Gurte $2 \times 10/8$ cm
Querschnitt der Streben $b_D \leq 8$cm	2	Streben 6/8 cm
Strebentyp	2	3-Zinker
Neigungswinkel der Streben $\text{zul}\,\alpha \leq 75°$	3	$\alpha = 50{,}2°$
Trägerhöhe (Systemmaß) $h_s \leq 300$ cm	4	$h_s = 70$ cm
Knotenabstand c		$c = 1{,}2$ cm
Länge der Streben s		$s = 0{,}92$ m
Fläche der Gurte $A_{Gurt} \leq 128\ \text{cm}^2$	1	$A_{Gurt} = 8 \cdot 10 = 80\ \text{cm}^2$
Zinkenbreite z		$z = 10$ mm

Auflagerkräfte

Erläuterung		Berechnung
$A = B = \frac{q \cdot l}{2}$		$A = B = \frac{1{,}68 \cdot 9{,}6}{2} = 8{,}06$ kN

Stabkräfte des Fachwerks

Erläuterung		Berechnung
Die Stabkraftermittlung erfolgt mit einer für Fachwerke geeigneten Methode. Es werden hier nur die maximale Obergurt-, Untergurt- und Diagonalkraft ermittelt.	5	
$O = -U = -\frac{M}{h_s} = -\frac{q \cdot l^2}{8 \cdot h_s}$		$O = -U = -\frac{1{,}68 \cdot 9{,}6^2}{8 \cdot 0{,}7} = -27{,}64$ kN
$D_1 = \frac{A}{\sin\alpha}$		$D_1 = \frac{8{,}06}{\sin 50{,}2°} = -10{,}49$ kN

Momente im Obergurt

Erläuterung	Nr.	Berechnung
Die Biegemomente des Obergurtes werden mit $M = \frac{q \cdot c^2}{8}$ abgeschätzt.		$M = \frac{1{,}68 \cdot 1{,}2^2}{8} = 0{,}30\ \text{kNm}$

Bemessung der Stäbe

Diagonale

Stabilitätsnachweis

Formel	Erläuterung	Nr.	Berechnung
$\frac{\sigma_{D\parallel}}{\text{zul}\,\sigma_k} \leq 1$		6	$\frac{\sigma_{D\parallel}}{\text{zul}\,\sigma_k} = \frac{2{,}19}{5{,}82} = 0{,}38 < 1$
$\sigma_{D\parallel} = \frac{D_1}{A}$			$\sigma_{D\parallel} = \frac{10{,}49 \cdot 10}{48} = 2{,}19\ \text{MN/m}^2$
$\text{zul}\,\sigma_k = \frac{\text{zul}\,\sigma_{D\parallel}}{\omega}$	zulässige Knickspannung	7 8	$\text{zul}\,\sigma_k = \frac{8{,}5}{1{,}46} = 5{,}82\ \text{MN/m}^2$
$\omega = f(\lambda)$	Knickzahl	9 10	$\omega = 1{,}46$
$\lambda = \frac{s_k}{i}$	Schlankheitsgrad	11	$\lambda = \frac{92}{1{,}73} = 53$
$i = 0{,}289 \cdot b_D$	Trägheitsradius		$i = 0{,}289 \cdot 6 = 1{,}73\ \text{cm}$
$A = h_D \cdot b_D$			$A = 8 \cdot 6 = 48\ \text{cm}^2$

Spannung in den Zinken

Formel	Erläuterung	Berechnung
$\frac{\sigma_{D\parallel}}{\text{zul}\,\sigma_{D\parallel}} \leq 1$		$\frac{\sigma_{D\parallel}}{\text{zul}\,\sigma_{D\parallel}} = \frac{4{,}37}{8{,}5} = 0{,}51 < 1$
$\sigma_{D\parallel} = \frac{D_1}{A_{Zi}}$		$\sigma_{D\parallel} = \frac{10{,}49 \cdot 10}{24} = 4{,}37\ \text{MN/m}^2$
$A_{Zi} = n_Z \cdot z \cdot h_D$		$A_{Zi} = 3 \cdot 1{,}0 \cdot 8 = 24\ \text{cm}^2$
n_Z	Anzahl der Zinken	$n_z = 3$
z	Zinkenbreite	$z = 1\ \text{cm}$
h_D	Strebenhöhe	$h_D = 8\ \text{cm}$

Obergurt

Formel	Nr.	Berechnung
Der Obergurt ist durch die Dachschalung ausreichend stabilisiert.	12	
im Feld		
$\frac{\sigma_{D\parallel}}{\text{zul}\,\sigma_k} + \frac{\sigma_B}{\text{zul}\,\sigma_B} \leq 1$	13 14	$\frac{\sigma_{D\parallel}}{\text{zul}\,\sigma_k} + \frac{\sigma_B}{\text{zul}\,\sigma_B} = \frac{3{,}46}{5{,}90} + \frac{2{,}80}{10} = 0{,}59 + 0{,}28 = 0{,}87 < 1$
$\sigma_B = \frac{M}{W}$		$\sigma_B = \frac{0{,}30 \cdot 10^3}{107} = 2{,}80\ \text{MN/m}^2$
$\sigma_{D\parallel} = \frac{\lvert O \rvert}{A}$		$\sigma_{D\parallel} = \frac{27{,}64 \cdot 10}{80} = 3{,}46\ \text{MN/m}^2$
$\text{zul}\,\sigma_k = \frac{\text{zul}\,\sigma_{D\parallel}}{\omega}$	7 8	$\text{zul}\,\sigma_k = \frac{8{,}5}{1{,}44} = 5{,}90\ \text{MN/m}^2$
$\omega = f(\lambda)$	9 10	$\omega = 1{,}44$
$\lambda = \frac{s_k}{i} = \frac{c}{i}$	11	$\lambda = \frac{120}{2{,}3} = 52$
$i = 0{,}289 \cdot h$		$i = 0{,}289 \cdot 8 = 2{,}3\ \text{cm}$
$A = h \cdot b$		$A = 8 \cdot 10 = 80\ \text{cm}^2$
$W = \frac{b \cdot h^2}{6}$		$W = \frac{10 \cdot 8^2}{6} = 107\ \text{cm}^3$
im Knoten		
$\frac{\sigma_{D\parallel}}{\text{zul}\,\sigma_{D\parallel}} + \frac{\sigma_B}{\text{zul}\,\sigma_B} \leq 1$	13 14	$\frac{\sigma_{D\parallel}}{\text{zul}\,\sigma_{D\parallel}} + \frac{\sigma_B}{\text{zul}\,\sigma_B} = \frac{4{,}93}{8{,}5} + \frac{4{,}0}{10} = 0{,}58 + 0{,}4 = 0{,}98 < 1$
$\sigma_B = \frac{M}{W_n}$		$\sigma_B = \frac{0{,}30 \cdot 10^3}{75} = 4{,}0\ \text{MN/m}^2$
$\sigma_{D\parallel} = \frac{O}{A_n}$		$\sigma_{D\parallel} = \frac{27{,}64 \cdot 10}{56} = 4{,}93\ \text{MN/m}^2$
$W_n = \frac{b_n \cdot h^2}{b}$		$W_n = \frac{7 \cdot 8^2}{6} = 75\,\text{cm}^3$
$A_n = b_h \cdot h$		$A_n = 7 \cdot 8 = 56\ \text{cm}^2$
$b_n = b - n_Z \cdot z$		$b_n = 10 - 3 \cdot 1 = 7\ \text{cm}$

Untergurt

Der Spannungsnachweis für den Untergurt ist durch den Obergurtnachweis erbracht, da der Untergurt bei gleichem Querschnitt nur auf Zug beansprucht wird.

keine weiteren Nachweise erforderlich

Spannungsnachweis in der Leimfuge

$$\frac{\tau_L}{\text{red zul}\,\tau_L} \leq 1$$

$$\tau_L = \frac{D}{A_{Lr}}$$

$$\text{red zul}\,\tau_L = \text{zul}\,\tau_L \cdot \frac{320}{A_L + 200}$$

$A_L < \text{zul}\,A_L = 300\ \text{cm}^2$

$\curvearrowright A_L = A_{Lr} = 250\ \text{cm}^2$

A_L Leimfläche, siehe Bild 33.4

A_{Lr} rechnerische Leimfläche

15 $$\frac{\tau_L}{\text{red zul}\,\tau_L} = \frac{0{,}42}{0{,}43} = 0{,}97 < 1$$

$$\tau_L = \frac{10{,}49 \cdot 10}{250} = 0{,}42\ \text{MN/m}^2$$

$$\text{red zul}\,\tau_L = 0{,}6 \cdot \frac{320}{250 + 200} = 0{,}43\ \text{MN/m}^2$$

$A_L = 271{,}5\ \text{cm}^2 < 300\ \text{cm}^2 = \text{zul}\,A_L$

$\curvearrowright A_{Lr} = 250\ \text{cm}^2$

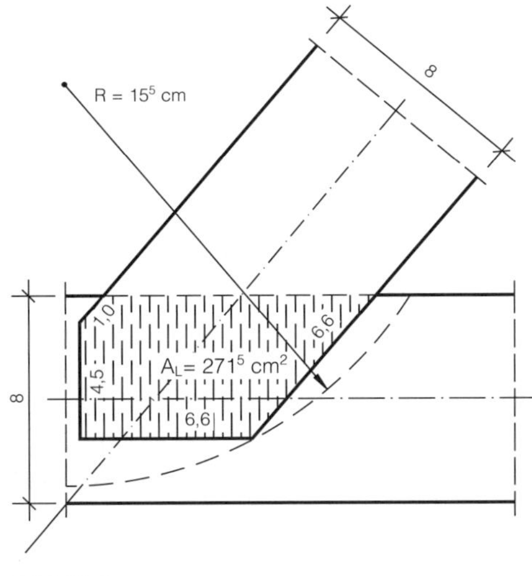

Bild 33.4

Durchbiegungsnachweis

Für den Durchbiegungsnachweis ist die Querschnittsschwächung der Gurthölzer durch die nicht von den Zinken ausgefüllte Fläche von geringem Einfluß und wird vernachlässigt.

Die Berechnung der Durchbiegung erfolgt näherungsweise:

$$f \quad \le \mathrm{zul}\, f = \frac{l}{400}$$

16 $$f \quad = 0{,}95 \le 2{,}4\ \mathrm{cm} = \frac{960}{400} = \mathrm{zul}\, f$$

$$f \quad = \frac{5}{384} \cdot \frac{q \cdot l^4}{E \cdot I}$$

$$f \quad = \frac{5}{384} \cdot \frac{1{,}68 \cdot 9{,}6^4 \cdot 10^7}{10\,000 \cdot 196\,000} = 0{,}95\ \mathrm{cm}$$

$$I \quad = \Sigma A_i \cdot a_i^2 = 2 \cdot A_1 \cdot a_1^2$$

$$I \quad = 2 \cdot 80 \cdot 35^2 = 196\,000\ \mathrm{cm}^4$$

$$A_1 = b \cdot h$$

$$A_1 = 10 \cdot 8 = 80\ \mathrm{cm}^2$$

$$a_1 \quad = \frac{h_s}{2}$$

$$a_1 \quad = \frac{70}{2} = 35\ \mathrm{cm}$$

17 Die Schub- und Kriechverformungen können vernachlässigt werden.

1 **Zul. § 4.2**
2 **Zul. § 4.4**
3 **Zul. § 4.3**
4 **Zul. § 4.1**
5 **Holzbau-TB Bd. 1, 5, Seite 175**
6 **DIN 1052 T1, 9.3.2**
7 **Holzbau-TB Bd. 2, Tab. 3.4-7, Seite 193**
8 **DIN 1052 T1, Tab. 5**
9 **Holzbau-TB Bd. 2, Tab. 3.4-6, Seite 193**
10 **DIN 1052 T1, Tab. 10**
11 **DIN 1052 T1, 9.2**
12 **DIN 1052 T1, 10.4**
13 **DIN 1052 T1, 9.4**
14 **Holzbau-TB Bd. 2, Nomogr. 3.4-14, Seite 211**
15 **Zul. § 5.2**
16 **DIN 1052 T1, 8.5.8**
17 **DIN 1052 T1, 4.3**

Beispiel 34
Trigonit-Holzleimbauträger

Aufgabenstellung

Ein obergurtgelagerter Trigonitträger ist zu konstruieren und zu bemessen. Durch die Pfetten ist der Träger gegen Kippen genügend ausgesteift.

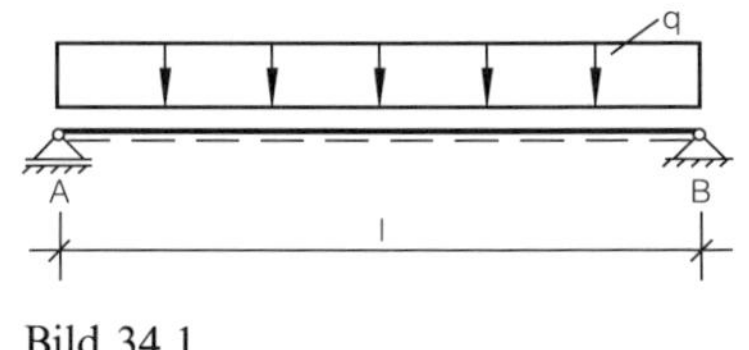

Bild 34.1

geg.: l_{ges} = 11,99 m Länge des Obergurtes
l = 11,80 m Stützweite
l_{licht} = 11,75 m lichter Abstand der Auflager ~ Länge des Untergurtes
q = 1,86 kN/m; LF.: H
NH II

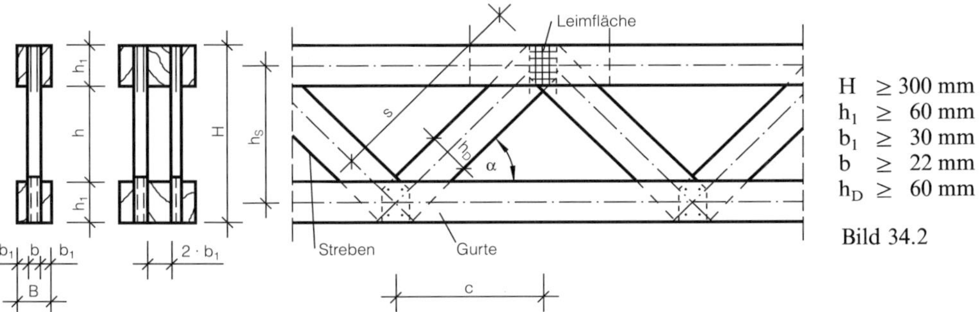

Bild 34.2

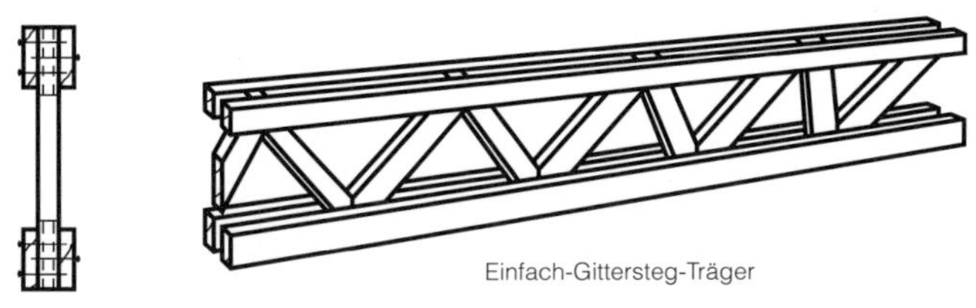

Bild 34.3

Erläuterung		Berechnung
Zulassung Trigonit-Holzleimbauträger		
Wahl eines Profils, der Querschnitte und der geometrischen Abmessungen		gew.:
Querschnitt des Obergurtes > ⧄ 3/6	1	Obergurt 2 × 5/10 cm
Querschnitt des Untergurtes > ⧄ 3/6	1	Untergurt 2 × 5/10 cm
Querschnitt der Streben > ⧄ $2^2/6$	2	Streben 4,2/10 cm
Neigungswinkel der Streben, $30° < \text{zul}\,\alpha < 60°$	3	$\alpha = 45°$
h_s Trägerhöhe (Systemmaß)		$h_s = 0{,}65$ m
c Knotenabstand		$c = 1{,}30$ m
s Länge der Streben		$s = 0{,}92$ m
Querschnitt der Obergurtbeihölzer (bei Obergurtauflagerung)		Obergurtbeihölzer 2 × 4,2/10 cm

Ausbildung des Auflagers

Untergurtauflagerung **3**

Da die Last bei einer Untergurtauflagerung zentrisch in den Knoten eingeleitet wird, kann eine normale Fachwerkberechnung durchgeführt werden.

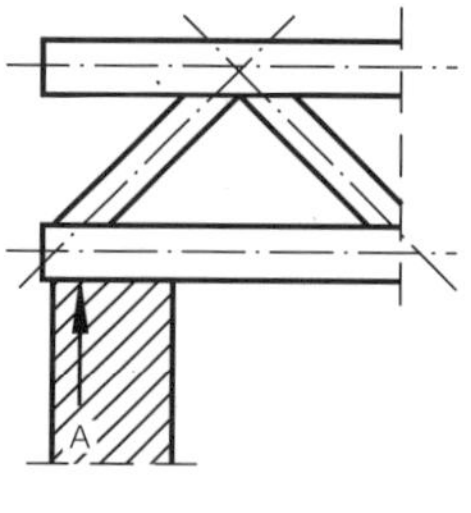

Bild 34.4

Obergurtauflagerung

4

Bei einem obergurtgelagerten Träger wird die Auflagerlast nicht direkt im Knotenpunkt eingeleitet sondern mit einer geringen Ausmitte e. Aufgrund der ausmittigen Auflagerung wird der Obergurt zusätzlich auf Biegung und die angrenzenden Fachwerkstäbe durch veränderte Knotenlasten beansprucht.

e = 0,05 m (Bild 34.12)

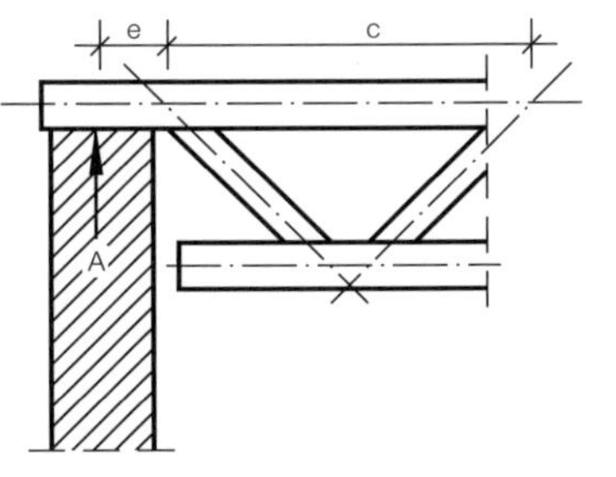

Bild 34.5

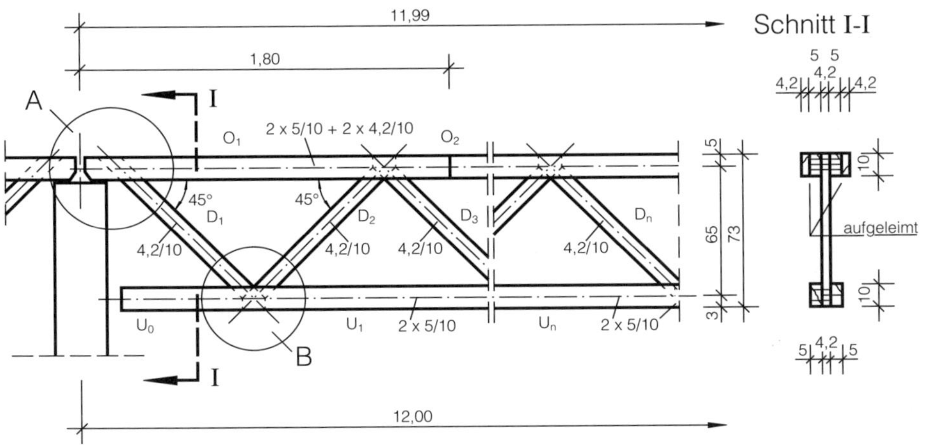

Bild 34.6

Auflagerkräfte des Trägers

$$A = B = \frac{q \cdot l}{2}$$

$$A = B = \frac{1{,}86 \cdot 11{,}80}{2} = 10{,}97 \text{ kN}$$

Auflagerkräfte des Ersatzsystems

$$F_1 = A \cdot \frac{(e + c)}{c}$$

$$F_1 = 10{,}79 \cdot \frac{0{,}05 + 1{,}30}{1{,}30} = 11{,}4 \text{ kN}$$

$$F_2 = F_1 - A$$

$$F_2 = 11{,}4 - 10{,}97 = 0{,}43 \text{ kN}$$

Die Auflagerkraft wird durch den Obergurt und eventuell aufgeleimte Beihölzer in die ersten beiden Knoten eingeleitet (Bild 34.6, Schnitt a–a). Das Fachwerk wird deshalb an den ersten beiden Knoten durch veränderte Knotenpunktlasten belastet.

System zur Auflagerlastableitung

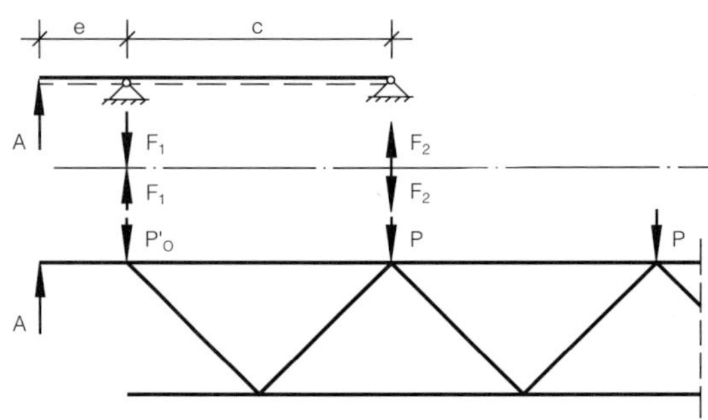

Bild 34.7

Fachwerksystem mit Zusatzbelastung

Knotenpunktbelastungen

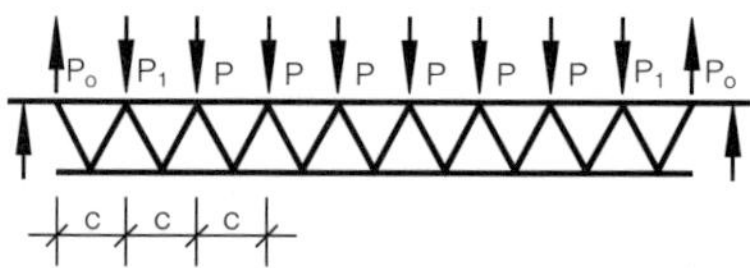

Bild 34.8

$$P = c \cdot q$$

$$P_1 = P + F_2$$

$$P_o = -\left(\frac{1}{2} \cdot c + e\right) \cdot q + F_1$$

$$P = 1{,}30 \cdot 1{,}86 = 2{,}42 \text{ kN}$$

$$P_1 = 2{,}42 + 0{,}43 \text{ kN} = 2{,}85 \text{ kN}$$

$$P_o = -\left(\frac{1}{2} \cdot 1{,}30 + 0{,}05\right) \cdot 1{,}86 + 11{,}4 = 10{,}1 \text{ kN}$$

Stabkräfte

Die Schnittgrößenermittlung erfolgt mit einer für Fachwerke geeigneten Methode (z. B. Rittersche Schnittmethode, Cremonaplan, Knotengleichgewichtsbedingungen).

Es werden nur die Stabkräfte des ersten Feldes (zur Bemessung der Diagonalen und Anschlüsse) und des Mittelfeldes (zur Bemessung der Gurte) ermittelt.

Detail A

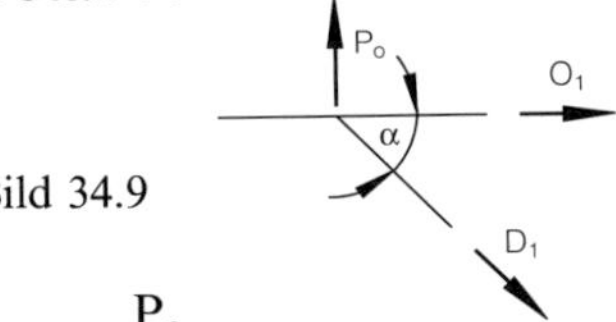

Bild 34.9

$$D_1 = \frac{P_o}{\sin\alpha}$$

$$O_1 = -\frac{P_o}{\tan\alpha}$$

$$D_1 = \frac{10{,}1}{0{,}707} = 14{,}28 \text{ kN}$$

$$O_1 = -10{,}1 \text{ kN}$$

Detail B

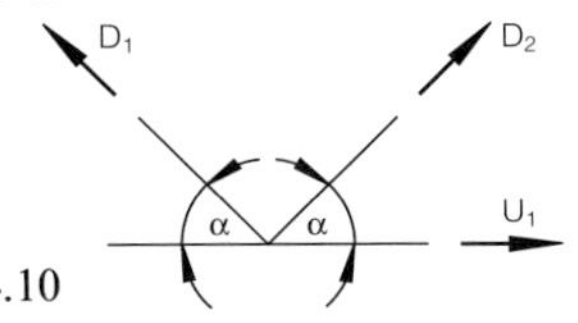

Bild 34.10

$$D_2 = -D_1$$

$$U_1 = (D_1 - D_2) \cdot \cos\alpha = 2 \cdot D_1 \cdot \cos\alpha$$

maximale Stabkraft im Ober- und Untergurt

$$D_2 = -14{,}28 \text{ kN}$$

$$U_1 = 2 \cdot 14{,}28 \cdot \cos 45° = 20{,}2 \text{ kN}$$

$$O_m = -U_m \cong -\frac{\max M}{h_s} = -\frac{q \cdot l^2}{8 \cdot h_s}$$

$$O_m = -U_m = -\frac{1{,}86 \cdot 11{,}80^2}{8 \cdot 0{,}65} = -49{,}81 \text{ kN}$$

Momente im Obergurt

Die Biegemomente des Obergurtes werden mit

$M = \dfrac{q \cdot c^2}{8}$ abgeschätzt.

$$M = \frac{1{,}86 \cdot 1{,}3^2}{8} = 0{,}39 \text{ kNm}$$

$q = 1{,}86$ kN/m

$c = 1{,}3$ m

Aufgrund der gewählten Obergurtauflagerung ergibt sich ein Kragmoment $M_A = A \cdot e$.

$M_A = 10{,}97 \cdot 0{,}05 = 0{,}55$ kNm

$A = 10{,}97$ kN

$e = 0{,}05$ m; Bild 34.12

Bemessung des Obergurtes

Auflagerpressung

$$\frac{\sigma_{D\perp}}{\text{zul}\,\sigma'_{D\perp}} \leq 1$$

$$\sigma_{D\perp} = \frac{N}{A_F}$$

$\text{zul}\,\sigma'_{D\perp} = k_{D\perp} \cdot \text{zul}\,\sigma_{D\perp}$

$N = A$

$k_{D\perp} = 0{,}8$

$A_F = 2 \cdot b_1 \cdot d$; Bild 34.6 und 34.12

$$\frac{\sigma_{D\perp}}{\text{zul}\,\sigma'_{D\perp}} = \frac{1{,}19}{1{,}6} = 0{,}74 < 1$$

$$\sigma_{D\perp} = \frac{10{,}97 \cdot 10}{92} = 1{,}19 \text{ MN/m}^2$$

5 $\text{zul}\,\sigma'_{D\perp} = 0{,}8 \cdot 2{,}0 = 1{,}6$ MN/m²

6

$N = 10{,}97$ kN

$k_{D\perp} = 0{,}8$

$A_F = 2 \cdot (5 + 4{,}2) \cdot 5 = 92$ cm²

Schubspannung am Auflager

$$\frac{\tau_Q}{\text{zul}\,\tau_Q} \leq 1$$

$$\tau_Q = 1{,}5 \cdot \frac{Q}{A}$$

$A = 2 \cdot b_1 \cdot h_1$

6 $\dfrac{\tau_Q}{\text{zul}\,\tau_Q} = \dfrac{0{,}89}{0{,}9} = 0{,}99 < 1$

$$\tau = 1{,}5 \cdot \frac{10{,}97 \cdot 10}{184} = 0{,}89 \text{ MN/m}^2$$

$A = 2 \cdot (5 + 4{,}2) \cdot 10 = 184$ cm²

Spannungsnachweis des Obergurtes am Detail A

$$\frac{\sigma_{D\parallel}}{\text{zul}\,\sigma_{D\parallel}} + \frac{\sigma_B}{\text{zul}\,\sigma_B} \leq 1$$

6 7 8

$$\frac{\sigma_{D\parallel}}{\text{zul}\,\sigma_{D\parallel}} + \frac{\sigma_B}{\text{zul}\,\sigma_B} = \frac{0{,}55}{8{,}5} + \frac{2{,}24}{10{,}0} = 0{,}28 < 1$$

$$\sigma_{D\parallel} = \frac{|O_1|}{A}$$

$$\sigma_{D\parallel} = \frac{10{,}1 \cdot 10}{184} = 0{,}55\ \text{MN/m}^2$$

$$\sigma_B = \frac{M_A}{W_S^*}$$

$$\sigma_B = \frac{0{,}55 \cdot 10^3}{246} = 2{,}24\ \text{MN/m}^2$$

$$W_S^* = 0{,}8 \cdot W_S$$

4

$$W_S^* = 0{,}8 \cdot 307 = 246\ \text{cm}^3$$

Bei der Ermittlung der Gurtrandspannung und der Durchbiegung ist das Widerstandsmoment des Trägers mit dem Faktor 0,8 abzumindern.

$$W_S = \frac{2 \cdot b_1 \cdot h_1^2}{6}$$

$$W_S = \frac{2 \cdot (5 + 4{,}2) \cdot 10^2}{6} = 307\ \text{cm}^3$$

$$A = 2 \cdot b_1 \cdot h_1$$

$$A = 2 \cdot (5 + 4{,}2) \cdot 10 = 184\ \text{cm}^2$$

Stabilitätsnachweis des Obergurtes

Im Feld 1

9 Der Fachwerkobergurt ist in der Dachebene durch die Dachschalung ausreichend stabilisiert. Somit ist nur ein Stabilitätsnachweis in Binderebene zu führen.

$$\frac{\sigma_{D\parallel}}{\text{zul}\,\sigma_k} + \frac{\sigma_B}{\text{zul}\,\sigma_B} \leq 1$$

6 7 8

$$\frac{\sigma_{D\parallel}}{\text{zul}\,\sigma_k} + \frac{\sigma_B}{\text{zul}\,\sigma_B} = \frac{0{,}54}{6{,}39} + \frac{2{,}70}{10} = 0{,}08 + 0{,}27 = 0{,}35 \leq 1$$

$$\sigma_B = \frac{\frac{M_A}{2} + M}{W_S^*}$$

$$\sigma_B = \frac{\left(\frac{0{,}55}{2} + 0{,}39\right) \cdot 10^3}{246} = 2{,}70\ \text{MN/m}^2$$

$$\sigma_{D\parallel} = \frac{|O_1|}{A}$$

$$\sigma_{D\parallel} = \frac{10{,}1 \cdot 10}{184} = 0{,}54\ \text{MN/m}^2$$

$\text{zul}\,\sigma_k = \dfrac{\text{zul}\,\sigma_{D\parallel}}{\omega}$	zulässige Knickspannung	10	$\text{zul}\,\sigma_k = \dfrac{8{,}5}{1{,}33} = 6{,}39\ \text{MN/m}^2$
$\omega = f(\lambda)$	Knickzahl	11	$\omega = 1{,}33$
$\lambda = \dfrac{s_k}{i}$	Schlankheitsgrad	12 13	$\lambda = \dfrac{130}{2{,}89} = 45$
s_k	Knicklänge	14	$s_k = c = 1{,}30\ \text{m}$
$i = 0{,}289 \cdot h_1$	Trägheitsradius		$i = 0{,}289 \cdot 10 = 2{,}89\ \text{cm}$

Im Mittelfeld

$\dfrac{\sigma_{D\parallel}}{\text{zul}\,\sigma_k} + \dfrac{\sigma_B}{\text{zul}\,\sigma_B} \leq 1$	6 7	$\dfrac{\sigma_{D\parallel}}{\text{zul}\,\sigma_k} + \dfrac{\sigma_B}{\text{zul}\,\sigma_B} = \dfrac{4{,}89}{6{,}39} + \dfrac{0{,}99}{10} = 0{,}77 + 0{,}10 = 0{,}87 < 1$
$\sigma_B = \dfrac{M}{W_F^*}$		$\sigma_B = \dfrac{0{,}132 \cdot 10^3}{133} = 0{,}99\ \text{MN/m}^2$
$\sigma_{D\parallel} = \dfrac{\lvert O_m \rvert}{A}$		$\sigma_{D\parallel} = \dfrac{49{,}81 \cdot 10}{100} = 4{,}98\ \text{MN/m}^2$
$\text{zul}\,\sigma_k = \dfrac{\text{zul}\,\sigma_{D\parallel}}{\omega}$	10	$\text{zul}\,\sigma_k = 6{,}39\ \text{MN/m}^2$; siehe oben
$A = 2 \cdot b_1 \cdot h_1$		$A = 2 \cdot 5 \cdot 10 = 100\ \text{cm}^2$
$W_F^* = \dfrac{0{,}8 \cdot 2 \cdot b_1 \cdot h_1^2}{6}$	4	$W_F^* = 0{,}8 \cdot \dfrac{2 \cdot 5 \cdot 10^2}{6} = 133\ \text{cm}^3$

Bemessung des Untergurtes

Spannungsnachweis des Untergurtes am Detail B

$\dfrac{\sigma_{Z\parallel}}{\text{zul}\,\sigma_{Z\parallel}} + \dfrac{\sigma_B}{\text{zul}\,\sigma_B} \leq 1$	6 15	$\dfrac{\sigma_{Z\parallel}}{\text{zul}\,\sigma_{Z\parallel}} + \dfrac{\sigma_B}{\text{zul}\,\sigma_B} = \dfrac{5{,}08}{8{,}5} + \dfrac{3{,}38}{10} = 0{,}60 + 0{,}34 = 0{,}94 < 1$
$\sigma_B = \dfrac{M_m}{W_F^*}$		$\sigma_B = \dfrac{0{,}45 \cdot 10^3}{133} = 3{,}38\ \text{MN/m}^2$
$\sigma_{Z\parallel} = \dfrac{U_m}{A_n}$		$\sigma_{Z\parallel} = \dfrac{49{,}81 \cdot 10}{98} = 5{,}08\ \text{MN/m}^2$

Formel		Berechnung
$M_m = U_m \cdot e'$		$M_m = 49{,}81 \cdot 0{,}009 = 0{,}45$ kNm
$A_n = A - A_{Na}$		$A_n = 2 \cdot 5 \cdot 10 - 2 = 98$ cm^2
$A_{Na} = n \cdot \frac{\pi}{4} \cdot d_n^2$ Nagelfehlfläche		$A_{Na} = 12 \cdot \frac{\pi}{4} \cdot 0{,}46^2 = 2{,}0$ cm^2
e' Exzentrizität des Nagelschwerpunktes; siehe Bild 34.12		$e' = 0{,}9$ cm
n Anzahl der Nägel		$n = 12$
d_n Nageldurchmesser		$d_n = 0{,}46$ cm

Bemessung der Diagonalen

Stabilitätsnachweis der Druckdiagonale

Formel		Berechnung
$\frac{\sigma_{D\parallel}}{\text{zul}\,\sigma_k} \leq 1$	16	$\frac{\sigma_{D\parallel}}{\text{zul}\,\sigma_k} = \frac{3{,}40}{4{,}13} = 0{,}82 < 1$
$\sigma_{D\parallel} = \frac{D}{A}$		$\sigma_{D\parallel} = \frac{14{,}28 \cdot 10^{-3}}{4{,}2 \cdot 10 \cdot 10^{-4}} = 3{,}40$ MN/m^2
$\text{zul}\,\sigma_k = \frac{\text{zul}\,\sigma_{D\parallel}}{\omega}$	10	$\text{zul}\,\sigma_k = \frac{8{,}5}{2{,}06} = 4{,}13$ MN/m^2
$\omega = f(\lambda)$	11 12	$\omega = 2{,}06$
$\lambda = \frac{s_k}{i}$	13	$\lambda = \frac{92}{0{,}289 \cdot 4{,}2} = 76$
$s_k = \frac{c}{2 \cdot \sin\alpha}$	14	$s_k = \frac{1{,}30}{2 \cdot \sin 45°} = 0{,}92$ m

Zugspannungsnachweis am Detail B

Formel		Berechnung
$\frac{\sigma_{Z\parallel}}{\text{zul}\,\sigma_{Z\parallel}} \leq 1$	6 17	$\frac{\sigma_{Z\parallel}}{\text{zul}\,\sigma_{Z\parallel}} = \frac{4{,}26}{8{,}5} = 0{,}50 < 1$
$\sigma_{Z\parallel} = \frac{D_2}{A_n}$		$\sigma_{Z\parallel} = \frac{14{,}28 \cdot 10}{33{,}5} = 4{,}26$ MN/m^2
$A_n = A - A_Z - A_{Na}$		$A_n = 4{,}2 \cdot 10 - 7 - 1{,}5 = 33{,}5$ cm^2
$A_Z = n' \cdot b^* \cdot h_D$		$A_Z = 3{,}5 \cdot 0{,}2 \cdot 10 = 7{,}0$ cm^2
$A_{Na} = n \cdot \frac{\pi}{4} \cdot d_n^2$		$A_{Na} = 9 \cdot \frac{\pi}{4} \cdot 0{,}46^2 = 1{,}5$ cm^2

n'	Anzahl der Zinken; siehe Bild 34.13	$n' = 3{,}5$
n	Anzahl der Nägel	$n = 9$
b^*	Breite des Zinkengrundes; siehe Bild 34.13	$b^* = 2\ \text{mm}$
h_D	Höhe der Diagonalen	$h_D = 10\ \text{cm}$
d_n	Nageldurchmesser	$d_n = 0{,}46\ \text{cm}$ (geschätzt)

Bemessung der Anschlüsse

Anschluß der 1. Zugdiagonalen (Detail A)

gew.: 9 Nägel Na 46 × 130
vorgebohrt
zweischnittig

$D_1 \leq \text{zul}\,N$

$D_1 = 14{,}28\ \text{kN} < 16{,}31\ \text{kN} = \text{zul}\,N$

$\text{zul}\,N = n \cdot 1{,}25 \cdot \text{zul}\,N_1 \cdot m$

$\text{zul}\,N = 9 \cdot 1{,}25 \cdot 0{,}725 \cdot 2 = 16{,}31\ \text{kN}$

18
19 $\text{zul}\,N_1 = \dfrac{500 \cdot d_n^2}{10 + d_n}$ in N

$\text{zul}\,N_1 = \dfrac{500 \cdot 4{,}6^2}{10 + 4{,}6} = 725\ \text{N}$

n	Anzahl der Nägel	
m	Schnittigkeit	20
1,25	Faktor für vorgebohrte Nägel	21
d_n	Nageldurchmesser in mm	

Nagelabstände und Mindestholzdicken
22
23 Die Nagelabstände und Mindestholzdicken sind eingehalten (siehe Bild 34.12).

Detail B

Die Gurtdifferenzkraft U_1 ist mit Nägeln und die lotrechte Differenzkraft N_L durch eine Leimverbindung anzuschließen.

Bild 34.11

U_1; siehe Stabkräfte — $U_1 = 20{,}2\ \text{kN}$

$N_L = D_1 \cdot \sin\alpha = |O_1|$ — $N_L = 10{,}1\ \text{kN}$

Nagelverbindung		gew.: 12 Nägel Na 46×130 vorgebohrt zweischnittig
$U_1 \leq \text{zul}\,N$	1 2	$U_1 = 20{,}2\ \text{kN} < 21{,}75\ \text{kN} = \text{zul}\,N$
$\text{zul}\,N = n \cdot 1{,}25 \cdot \text{zul}\,N_1 \cdot m$	18 19	$\text{zul}\,N = 12 \cdot 1{,}25 \cdot 0{,}725 \cdot 2 = 21{,}75\ \text{kN}$ $\text{zul}\,N_1 = 725\ \text{N}$
Nagelabstände und Mindestholzdicken	22 23	Die Nagelabstände und Mindestholzdicken sind eingehalten (siehe Bild 34.13).
Einschlagtiefe		
$s \geq \text{erf}\,s$	20	$s = 38\ \text{mm} > 37\ \text{mm} = \text{erf}\,s$
$\text{erf}\,s = 8\,d_n$		$\text{erf}\,s = 8 \cdot 4{,}6 = 37\ \text{mm}$
s siehe Bild 34.13		$s = 130 - 50 - 42 = 38\ \text{mm}$
Leimverbindung		
$\dfrac{\tau_L}{\text{red}\,\text{zul}\,\tau_L} \leq 1$	24	$\dfrac{\tau_L}{\text{red}\,\text{zul}\,\tau_L} = \dfrac{0{,}283}{0{,}287} = 0{,}99 < 1$
$\tau_L = \dfrac{N_L}{A_L}$		$\tau_L = \dfrac{10{,}1 \cdot 10}{357} = 0{,}283\ \text{MN/m}^2$
$\text{red}\,\text{zul}\,\tau_L = \dfrac{160}{A_L + 200}$ in MN/m^2		$\text{red}\,\text{zul}\,\tau_L = \dfrac{160}{357 + 200} = 0{,}287\ \text{MN/m}^2$
$A_L = 2 \cdot n \cdot A_{L1}$		$A_L = 2 \cdot 3{,}5 \cdot 51 = 357\ \text{cm}^2$
A_{L1} Größe einer Leimfläche; Bild 34.13		$A_{L1} = 51\ \text{cm}^2$
n Anzahl der Zinken		$n = 3{,}5$

Ausbildung der Keilzinkung

Anforderungen laut Zulassung	2	
$L > 50\ \text{mm}$		gew.: $L = 60\ \text{mm}$
$b^* \leqslant 2\ \text{mm}$		$b^* = 2\ \text{mm}$
$d \geq 1\ \text{mm}$		$d = 1\ \text{mm}$
$s' \sim 1\ \text{mm}$		$s' = 1\ \text{mm}$
Keilwinkel mit Neigungen von $\dfrac{1}{12} \div \dfrac{1}{15}$		$\dfrac{4}{60} = \dfrac{1}{15}$

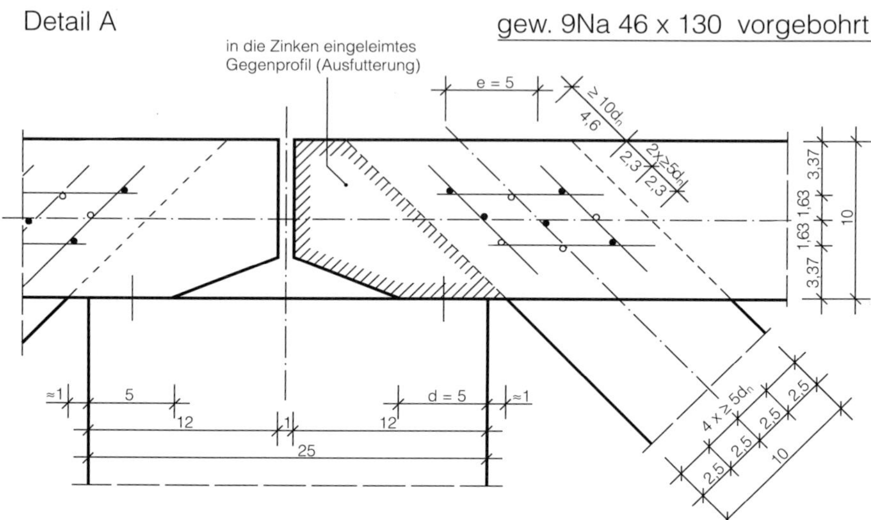

Bild 34.12

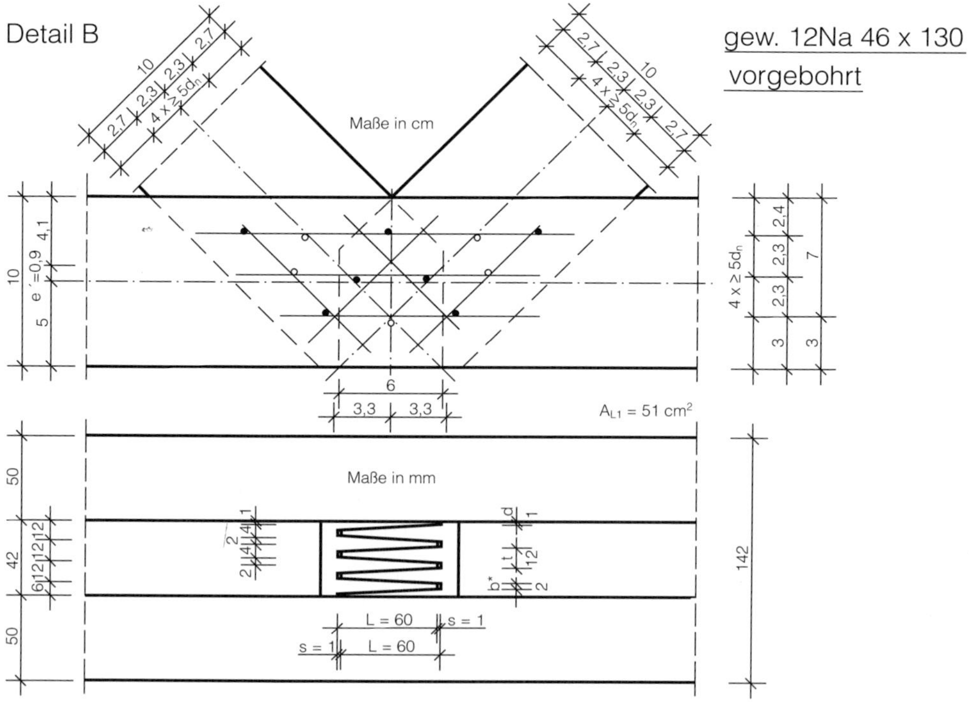

Detail B

gew. 12Na 46 x 130 vorgebohrt

Maße in cm

$A_{L1} = 51\ cm^2$

Maße in mm

L = 60 s = 1

s = 1 L = 60

Bild 34.13

Durchbiegungsnachweis
(Näherungsberechnung)

Formel		Berechnung
$f \quad \leq \text{zul}\, f = \frac{l}{400}$	**25**	$f \quad = 2{,}78 \text{ cm} < 2{,}95 = \frac{1180}{400} = \text{zul}\, f$
$f \quad = \frac{5}{384} \cdot \frac{q \cdot l^4}{0{,}8 \cdot E \cdot I}$	**4**	$f \quad = \frac{5}{384} \cdot \frac{1{,}86 \cdot 11{,}80^4 \cdot 10^7}{0{,}8 \cdot 10\,000 \cdot 211\,250} = 2{,}78 \text{ cm}$
$I \quad \cong 2 \cdot A_1 \cdot \left(\frac{h_s}{2}\right)^2$		$I \quad \cong 2 \cdot 100 \cdot \left(\frac{65}{2}\right)^2 = 211\,250 \text{ cm}^4$
$A_1 = 2 \cdot b_1 \cdot h_1$		$A_1 = 2 \cdot 5 \cdot 10 = 100 \text{ cm}^2$
Die Schub- und Kriechverformung sind vernachlässigbar klein.	**26**	

1 **Zul. § 4.2**
2 **Zul. § 4.3**
3 **Zul. § 4.4**
4 **Zul. § 5.4**
5 **DIN 1052 T1, 5.1.11**
6 **DIN 1052 T1, Tab. 5**
7 **DIN 1052 T1, 9.4**
8 **Holzbau-TB Bd. 2, Nomogr. 3.4-14, Seite 211**
9 **DIN 1052 T1, 10.4**
10 **Holzbau-TB Bd. 2, Tab. 3.4-7, Seite 193**
11 **DIN 1052 T1, Tab. 10**
12 **Holzbau-TB Bd. 2, Tab. 3.4-6, Seite 193**
13 **DIN 1052 T1, 9.2**
14 **DIN 1052 T1, 9.1.2**
15 **DIN 1052 T1, 7.2**
16 **DIN 1052 T1, 9.3.2**
17 **DIN 1052 T1, 7.1**
18 **DIN 1052 T2, 6.2.2**
19 **Holzbau-TB Bd. 2, Tab. 4.4-4, Seite 294**
20 **DIN 1052 T2, 6.2.4**
21 **DIN 1052 T2, 6.2.5**
22 **DIN 1052 T2, Tab. 11**
23 **DIN 1052 T2, 6.2.3**
24 **Zul. § 5.3**
25 **DIN 1052 T1, 8.5.8**
26 **DIN 1052 T1, 4.3**

Beispiel 35
Koppelpfette

Aufgabenstellung

Der im Bild 35.1 dargestellte Durchlaufträger ist als Koppelpfette zu bemessen.

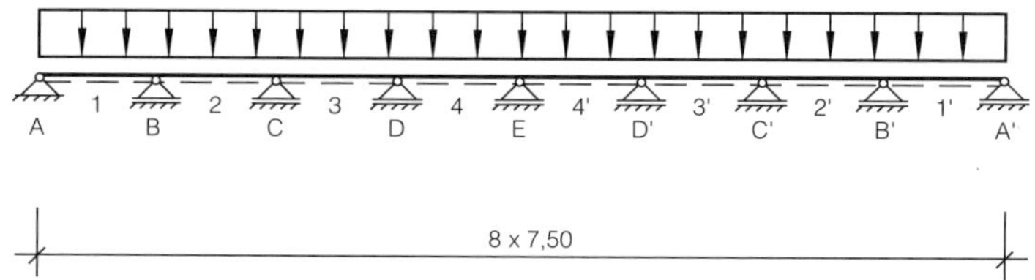

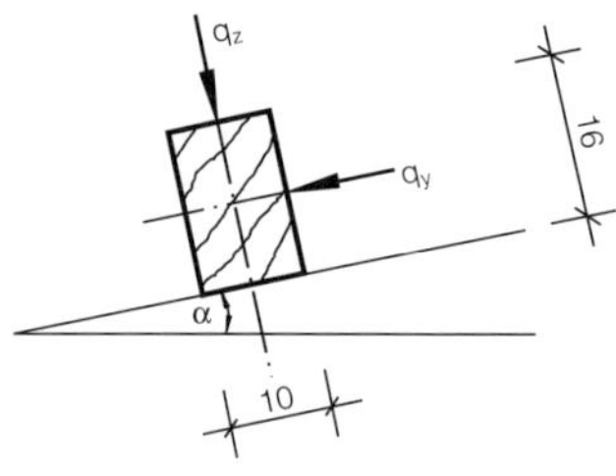

Bild 35.1

geg.: Pfettenabstand $a = 1{,}10$ m

Dachneigung $\alpha = 10°$; $\sin\alpha = 0{,}174$

$\cos\alpha = 0{,}985$

Belastung $q_z = 1{,}12$ kN/m (einschließlich Schnee)

$q_y = 0{,}20$ kN/m

LF.: H

NH II

Infolge Wind entstehen bei einer Dachneigung von $\alpha = 10°$ (bei geschlossenen und nicht geschlossenen Baukörpern) immer Sogkräfte; daher ist für die Bemessung der Sparrenpfette nur Eigengewicht und Schnee maßgebend (bei der Auflagerberechnung sind die Sogkräfte zu beachten).

Durch die Dachschalung sind die Pfetten gegen Kippen hinreichend ausgesteift.

Erläuterung

Beim Durchlaufträger ist $|M_{St}| > M_F$ und wäre somit bemessungsmaßgebend. Da aber durch das Konstruktionsprinzip der Koppelpfetten der Querschnitt über den Auflagern sich aus den Querschnitten der benachbarten Felder zusammen-

Berechnung

setzt und diese Querschnitte das größere Stützmoment mit Sicherheit aufnehmen können

$$\left(\sigma_{St} = \frac{M_{St}}{W_{Fi} + W_{Fi+1}} \leq \frac{M_{Fi,i+1}}{W_{Fi,i+1}}\right),$$

ist die Bemessung nur nach den Feldmomenten durchzuführen. Die Kopplungspunkte befinden sich dort, wo Feld- und Stützmoment vom Betrag gleich große Werte aufweisen

$(M_{Feld} = |M_{Stütz}|)$.

Mannlast

1 Ein Nachweis für die Mannlast ist nicht erforderlich, wenn

$s \cdot \cos\alpha \cdot a \cdot l \geq 2{,}00$ kN

$s \cdot \cos\alpha \cdot a \cdot l = 0{,}75 \cdot 0{,}985 \cdot 1{,}1 \cdot 7{,}5 = 6{,}09 \text{ kN} > 2{,}00$ kN

$s = k_s \cdot s_0$;

$s = 0{,}75$ MN/m^2

Nachweis erübrigt sich!

- s Schneelast
- s_0 Regelschneelast
- k_s Abminderungswert; $k_s = 1$ für $\alpha \leq 30°$

Schnittgrößen

2 Die Ermittlung der Schnittgrößen ist ausreichend genau, wenn man für die Außenfelder (Felder 1, 2 und 3) die Tafelwerte des Fünffeldträgers und für das Innenfeld 4 die Werte des unendlichen Durchlaufträgers annimmt (Bild 35.1).

Feldmomente Fünffeldträger

$M_{y1} = 0{,}078 \cdot q_z \cdot l^2$

$M_{y1} = 0{,}078 \cdot 1{,}12 \cdot 7{,}50^2 = 0{,}078 \cdot 63{,}0$
$= 4{,}91$ kNm

$M_{y2} = 0{,}033 \cdot q_z \cdot l^2$

$M_{y2} = 0{,}033 \cdot 63{,}0 = 2{,}08$ kNm

$M_{y3} = 0{,}046 \cdot q_z \cdot l^2$

$M_{y3} = 0{,}046 \cdot 63{,}0 = 2{,}90$ kNm

$M_{z1} = 0{,}078 \cdot q_y \cdot l^2$

$M_{z1} = 0{,}078 \cdot 0{,}20 \cdot 7{,}50^2$
$= 0{,}078 \cdot 11{,}25 = 0{,}88$ kNm

$M_{z2} = 0{,}033 \cdot q_y \cdot l^2$

$M_{z2} = 0{,}033 \cdot 11{,}25 = 0{,}37$ kNm

$M_{z3} = 0{,}046 \cdot q_y \cdot l^2$

$M_{z3} = 0{,}046 \cdot 11{,}25 = 0{,}52$ kNm

Feldmoment ∞-Träger

$M_{y4} = 0{,}042 \cdot q_z \cdot l^2$

$M_{y4} = 0{,}042 \cdot 63{,}0 = 2{,}65$ kNm

$M_{z4} = 0{,}042 \cdot q_y \cdot l^2$

$M_{z4} = 0{,}042 \cdot 11{,}25 = 0{,}47$ kNm

Stützmomente Fünffeldträger

$M_{yB} = -0{,}105 \cdot q_z \cdot l^2$

$M_{yB} = -0{,}105 \cdot 63{,}0 = -6{,}62$ kNm

$M_{yC} = -0{,}079 \cdot q_z \cdot l^2$

$M_{yC} = -0{,}079 \cdot 63{,}0 = -4{,}98$ kNm

$M_{yD} = -0{,}083 \cdot q_z \cdot l^2$

$M_{yD} = -0{,}083 \cdot 63{,}0 = -5{,}23$ kNm

$M_{zB} = -0{,}105 \cdot q_y \cdot l^2$

$M_{zB} = -0{,}105 \cdot 11{,}25 = -1{,}18$ kNm

$M_{zC} = -0{,}079 \cdot q_y \cdot l^2$

$M_{zC} = -0{,}079 \cdot 11{,}25 = -0{,}89$ kNm

$M_{zD} = -0{,}083 \cdot q_y \cdot l^2$

$M_{zD} = -0{,}083 \cdot 11{,}25 = -0{,}93$ kNm

Bemessung der Innenfelder (2, 3 und 4)

Querschnittswahl und -werte

3 gew.: Kantholz 10/16 cm

4 $W_y = 427$ cm³

$W_z = 267$ cm³

$I_y = 3413$ cm⁴

$I_z = 1333$ cm⁴

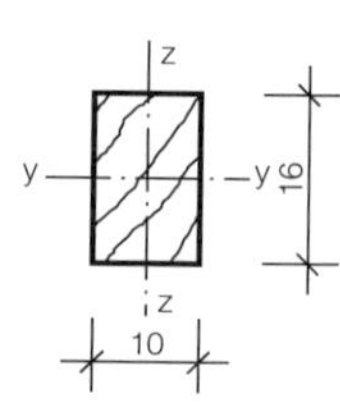

Bild 35.2

Spannungsnachweis im Feld 3

$\frac{\sigma_B}{\text{zul}\,\sigma_B} \leq 1$

5
6 $\frac{\sigma_B}{\text{zul}\,\sigma_B} = \frac{8{,}74}{10{,}0} = 0{,}87 < 1$

$$\sigma_B = \pm \frac{M_{y3}}{W_y} \pm \frac{M_{z3}}{W_z}$$

$$\sigma_B = \frac{M_y}{W_y} + \frac{M_z}{M_z} = \frac{2{,}90 \cdot 10^{-3}}{427 \cdot 10^{-6}} + \frac{0{,}52 \cdot 10^{-3}}{267 \cdot 10^{-6}}$$

$$= 6{,}79 + 1{,}95 = 8{,}74 \text{ MN/m}^2$$

Für Feld 2 und 4 wird ohne Nachweis der gleiche Querschnitt gewählt.

Durchbiegung

Der Anteil der ständigen Last beträgt weniger als 50% der Gesamtlast. Die Berücksichtigung der Kriechverformung ist nicht erforderlich.

Die Schubverformung ist vernachlässigbar klein.

Die Durchbiegung der Innenfelder wird ausreichend genau durch die Annahme des in Bild 35.3 dargestellten Systems ermittelt.

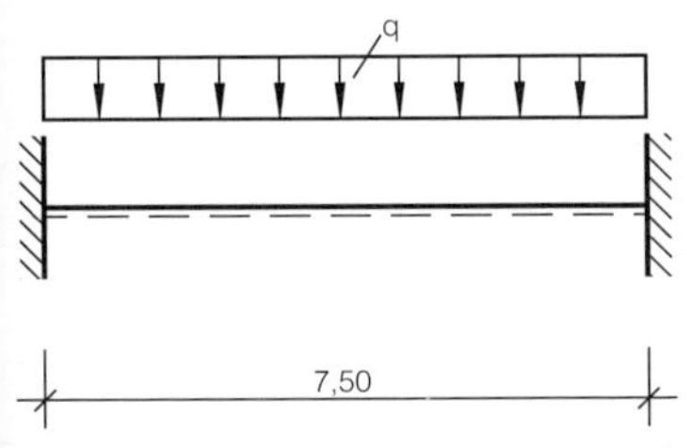

Bild 35.3

$$f = \sqrt{f_y^2 + f_z^2}$$

$$\leq \text{zul}\, f = \frac{1}{200}$$

$$f_z = \frac{q_z \cdot l^4}{384 \cdot E \cdot I_y}$$

$$f_y = \frac{q_y \cdot l^4}{384 \cdot E \cdot I_z}$$

8 $$f = \sqrt{1{,}24^2 + 2{,}70^2} = \sqrt{8{,}83}$$

$$= 2{,}97 \text{ cm} < \frac{750}{200} = 3{,}75 \text{ cm} = \text{zul}\, f$$

$$f_z = \frac{1{,}12 \cdot 7{,}5^4 \cdot 10^{-3}}{384 \cdot 10^4 \cdot 3413 \cdot 10^{-8}}$$

$$= 0{,}027 \text{ m} \mathrel{\hat{=}} 2{,}70 \text{ cm}$$

$$f_y = \frac{0{,}20 \cdot 7{,}5^4 \cdot 10^{-3}}{384 \cdot 10^4 \cdot 1333 \cdot 10^{-8}}$$

$$= 0{,}0124 \text{ m} \mathrel{\hat{=}} 1{,}24 \text{ cm}$$

Bemessung des Randfeldes
(Feld 1)

Querschnittswahl und -werte

3 gew.: Kanthölzer $2 \times 10/16$ cm

4 $W_y = 2 \cdot 427 = 854\ \text{cm}^3$

$I_y = 2 \cdot 3413 = 6826\ \text{cm}^4$

$W_z = 2 \cdot 267 = 534\ \text{cm}^3$

$I_z = 2 \cdot 1333 = 2666\ \text{cm}^4$

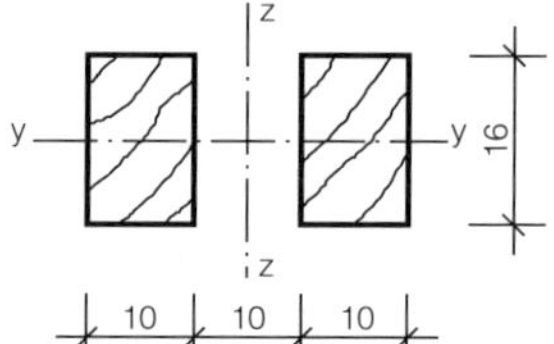

Bild 35.4

Spannungsnachweis

$$\frac{\sigma_B}{\text{zul}\,\sigma_B} \leq 1$$

$$\sigma_B = \pm \frac{M_y}{W_y} \pm \frac{M_z}{W_z}$$

5 $$\frac{\sigma_B}{\text{zul}\,\sigma_B} = \frac{7{,}40}{10{,}0} = 0{,}74 < 1$$

6 $$\sigma_B = \frac{4{,}91 \cdot 10^{-3}}{854 \cdot 10^{-6}} + \frac{0{,}88 \cdot 10^{-3}}{534 \cdot 10^{-6}}$$

$$= 5{,}75 + 1{,}65 = 7{,}35\ \text{MN/m}^2$$

Durchbiegung

Für die Ermittlung der Durchbiegung im Randfeld kann mit ausreichender Genauigkeit eine Überlagerung der Verformungen entsprechend Bild 35.5 angenommen werden. ΔM_{yB} ist eine Korrekturgröße, die die elastische Einspannung am Durchlaufträger in B berücksichtigt.

Bild 35.5

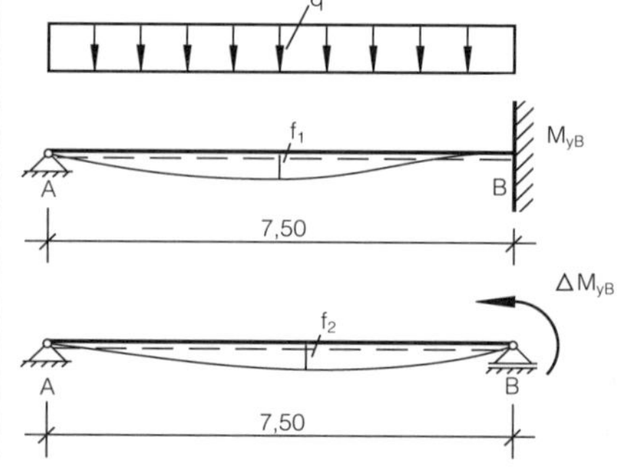

$$f = \sqrt{f_z^2 + f_y^2} \leq \text{zul}\, f = \frac{l}{200}$$

8 $$f = \sqrt{3{,}48^2 + 1{,}60^2} = \sqrt{14{,}61} = 3{,}82 \text{ cm} \cong 3{,}75 \text{ cm} = \text{zul}\, f$$

Überschreitung 1,8% < 3%

$$f_z = f_{z1} + f_{z2} = \frac{M^*_{yB} \cdot l^2}{23{,}08 \cdot E \cdot I_y} + \frac{\Delta M_{yB} \cdot l^2}{9 \cdot \sqrt{3} \cdot E \cdot I_y}$$

$$f_z = \frac{750^2 \cdot 10^3}{10^4 \cdot 6826} \cdot \left(\frac{7{,}88}{23{,}08} + \frac{1{,}26}{9 \cdot \sqrt{3}}\right) = 3{,}48 \text{ cm}$$

$$M^*_{yB} = -\frac{q_z \cdot l^2}{8}$$ Stützenmoment des voll eingespannten Einfeldträgers infolge q_z

$$M^*_{yB} = -\frac{1{,}12 \cdot 7{,}50^2}{8} = -7{,}88 \text{ kNm}$$

$$\Delta M_{yB} = M^*_{yB} - M_{yB}$$

$$\Delta M_{yB} = 7{,}88 - 6{,}62 = 1{,}26 \text{ kNm}$$

$$f_y = f_{y1} + f_{y2} = \frac{l^2}{E \cdot I_z} \cdot \left(\frac{M^*_{zB}}{23{,}08} + \frac{\Delta M_{zB}}{9 \cdot \sqrt{3}}\right)$$

$$f_y = \frac{750^2}{10^4 \cdot 2666} \cdot \left(\frac{1{,}41}{23{,}08} + \frac{0{,}23}{9 \cdot \sqrt{3}}\right) \cdot 10^3 = 1{,}60 \text{ cm}$$

$$M^*_{zB} = -\frac{q_y \cdot l^2}{8}$$

$$M^*_{zB} = -\frac{0{,}20 \cdot 7{,}50^2}{8} = -1{,}41 \text{ kNm}$$

$$\Delta M_{zB} = M^*_{zB} - M_{zB}$$

$$\Delta M_{zB} = 1{,}41 - 1{,}18 = 0{,}23 \text{ kNm}$$

Koppelungspunkte

Koppelungskräfte

2

Bei einem Abstand der Koppelungspunkte vom Auflager von 0,1 · l und 0,17 · l ist für die maximale Koppelungskraft

$$F_y = 0{,}43 \cdot q_y \cdot l$$

$$F_y = 0{,}43 \cdot 1{,}12 \cdot 7{,}50 = 3{,}61 \text{ kN}$$

$$F_z = 0{,}43 \cdot q_z \cdot l$$

$$F_z = 0{,}43 \cdot 0{,}20 \cdot 7{,}50 = 0{,}65 \text{ kN}$$

anzusetzen (Bild 35.6).

Bild 35.6

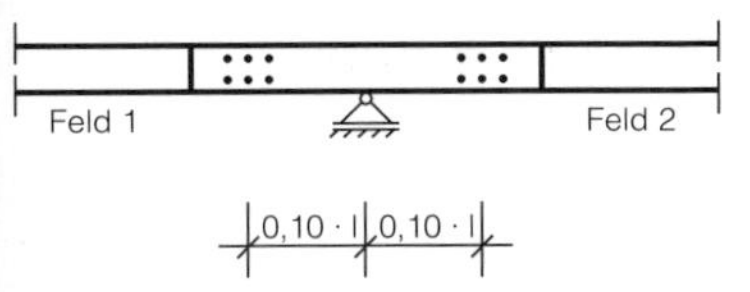

Verbindungsmittel	9	gew.: 6 Nägel Na 60 × 180
$N_1 = \dfrac{F_y}{n} \leq \text{zul}\, N_1$		$N_1 = \dfrac{3{,}61}{6} = 0{,}60\ \text{kN} < \text{zul}\, N_1 = 1{,}12\ \text{kN}$
$N_Z = \dfrac{F_z}{n} \leq \text{zul}\, N_Z$		$N_Z = \dfrac{0{,}65}{6} = 0{,}11\ \text{kN} < \text{zul}\, N_Z = 0{,}62\ \text{kN}$
$\text{zul}\, N_1 = \dfrac{500 \cdot d_n^2}{10 + d_n}$ in N	9 10	$\text{zul}\, N_1 = \dfrac{500 \cdot 6{,}0^2}{10 + 6{,}0} = 1125\ \text{N} \mathrel{\hat=} 1{,}12\ \text{kN}$
$\text{zul}\, N_Z = B_z \cdot d_n \cdot s_w$ in N	11	$\text{zul}\, N_Z = 1{,}3 \cdot 6{,}0 \cdot 80 = 624\ \text{N} \mathrel{\hat=} 0{,}62\ \text{kN}$
n Anzahl der Verbindungsmittel d_n Nageldurchmesser B_Z Wert zur Berechnung der zulässigen Belastung auf Herausziehen s_w wirksame Einschlagtiefe		
kombinierte Nagelbeanspruchung $\left(\dfrac{N_1}{\text{zul}\, N_1}\right)^m + \left(\dfrac{N_Z}{\text{zul}\, N_Z}\right)^m \leq 1$	12	$\left(\dfrac{N_1}{\text{zul}\, N_1}\right)^{1,5} + \left(\dfrac{N_Z}{\text{zul}\, N_Z}\right)^{1,5} = \left(\dfrac{0{,}60}{1{,}12}\right)^{1,5} + \left(\dfrac{0{,}11}{0{,}62}\right)^{1,5}$ $= 0{,}39 + 0{,}07 = 0{,}46 < 1$
$m = 1{,}5$		
Einschlagtiefe $s = l_n - b \geq 12 \cdot d_n$	13	$s = 18{,}0 - 10{,}0 = 8{,}0\ \text{cm} > 12 \cdot 0{,}6 = 7{,}2\ \text{cm}$

1 DIN 1055 T3, 6.2.1
2 Holzbau-TB Bd. 1, Tab. 3 und 4, Seite 164
3 Holzbau-TB Bd. 2, Nomogr. 3.3-12, Seite 160
4 Holzbau-TB Bd. 2, Tab. 3.1-2, Seite 44
5 DIN 1052 T1, 8.2.1.1
6 DIN 1052 T1, Tab. 5
7 DIN 1052 T1, 4.3
8 DIN 1052 T1, 8.5.8
9 Holzbau-TB Bd. 2, Tab. 4.4-4, Seite 294
10 DIN 1052 T2, 6.2.2
11 DIN 1052 T2, 6.3.2
12 DIN 1052 T2, 6.4
13 DIN 1052 T2, 6.2.4

Beispiel 36
Gerberpfette

Aufgabenstellung

Der im Bild 36.1 dargestellte Durchlaufträger ist als Gerberpfette zu bemessen. Es sind Vollhölzer und zusammengesetzte Querschnitte zu verwenden.

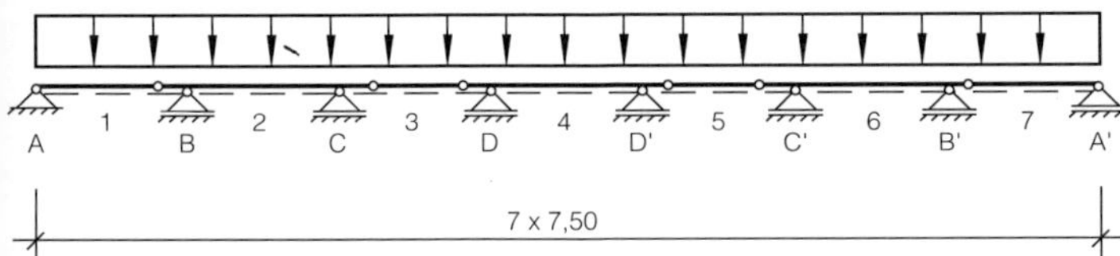

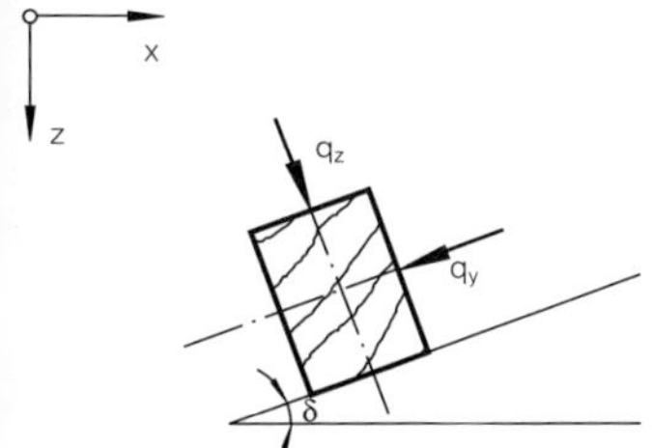

geg.: $q_z = 1{,}15$ kN/m; LF.: H

$q_y = 0{,}25$ kN/m; LF.: H

$\frac{g}{q} < 0{,}5$

Pfette ist nicht kippgefährdet

NH II

Bild 36.1

Erläuterung

Bei einem Gerbergelenkträger werden die Gelenke so angeordnet, daß sich gegenüber der Momentenlinie eines Durchlaufträgers ein „flacherer Momentenverlauf" (M_F größer, M_{St} kleiner, Bild 36.2) und somit ein wirtschaftlicherer Querschnitt ergibt. Es findet ein sogenannter „Momentenausgleich" statt.

Berechnung

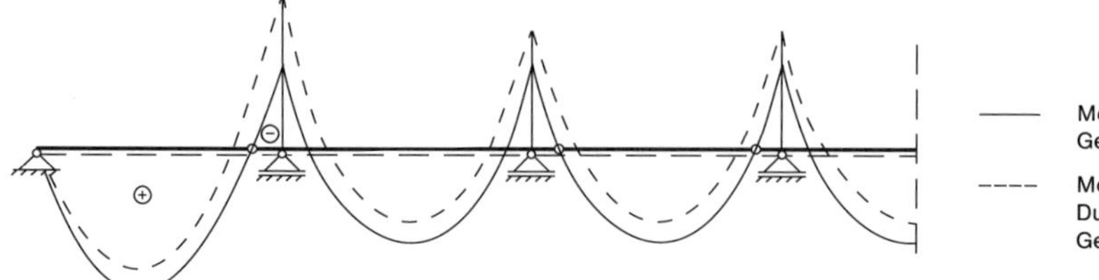

Bild 36.2

Schnittgrößen

Innenfelder (Felder 2–6)

Stütz- und Feldmoment
$|M| = 0{,}0625 \cdot q \cdot l^2$

$M_y = 0{,}0625 \cdot q_z \cdot l^2$

$M_z = 0{,}0625 \cdot q_y \cdot l^2$

1 $M_y = 0{,}0625 \cdot 1{,}15 \cdot 7{,}50^2 = 4{,}04$ kNm
$M_z = 0{,}0625 \cdot 0{,}25 \cdot 7{,}50^2 = 0{,}88$ kNm

Randfelder (Felder 1 und 7)

$M_y = 0{,}0957 \cdot q_z \cdot l^2$

$M_z = 0{,}0957 \cdot q_y \cdot l^2$

$M_y = 0{,}0957 \cdot 1{,}15 \cdot 7{,}50^2 = 6{,}19$ kNm
$M_z = 0{,}0957 \cdot 0{,}25 \cdot 7{,}50^2 = 1{,}35$ kNm

Bemessung der Innenfelder (Felder 2–6)

Querschnittswahl und -werte

2 gew.: Kantholz 12/18 cm

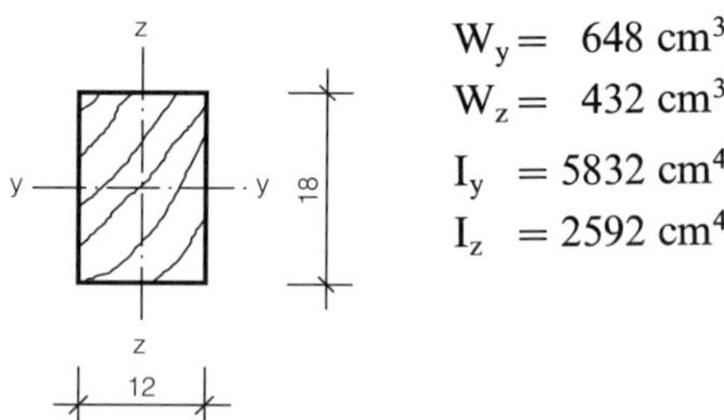

$W_y = 648\ \text{cm}^3$
$W_z = 432\ \text{cm}^3$
$I_y = 5832\ \text{cm}^4$
$I_z = 2592\ \text{cm}^4$

Bild 36.3

Spannungsnachweis

$$\frac{\sigma_B}{\text{zul}\,\sigma_B} \leq 1$$

3 $$\frac{\sigma_B}{\text{zul}\,\sigma_B} = \frac{8{,}27}{10{,}0} = 0{,}83 < 1$$

$\sigma_B = \pm \frac{M_y}{W_y} \pm \frac{M_z}{W_z}$

4 $\sigma_B = \frac{4{,}04 \cdot 10^{-3}}{648 \cdot 10^{-6}} + \frac{0{,}88 \cdot 10^{-3}}{432 \cdot 10^{-6}}$
$= 6{,}23 + 2{,}04 = 8{,}27 \text{ MN/m}^2$

Bemessung der Randfelder
(Felder 1 und 7)

Lösung A ÷ Querschnitt aus Vollholz

Querschnittswahl und -werte

2 gew.: Kantholz 16/18 cm

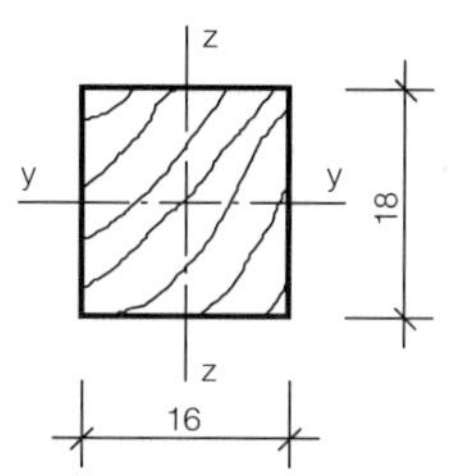

$W_y = 864 \text{ cm}^3$
$W_z = 768 \text{ cm}^3$
$I_y = 7776 \text{ cm}^4$
$I_z = 6144 \text{ cm}^4$

Bild 36.4

Spannungsnachweis

$\frac{\sigma_B}{\text{zul}\,\sigma_B} \leq 1$

3 $\frac{\sigma_B}{\text{zul}\,\sigma_B} = \frac{8{,}92}{10{,}0} = 0{,}89 < 1$

$\sigma_B = \pm \frac{M_y}{W_y} \pm \frac{M_z}{W_z}$

4 $\sigma_B = \frac{6{,}19 \cdot 10^{-3}}{864 \cdot 10^{-6}} + \frac{1{,}35 \cdot 10^{-3}}{768 \cdot 10^{-6}}$
$= 7{,}16 + 1{,}76 = 8{,}92 \text{ MN/m}^2$

Lösung B ÷ zusammengesetzter Querschnitt

Querschnittswahl

gew.: Kantholz 12/18 cm
Bohle 4/12 cm (aufgenagelt)
einschnittige Nägel
Na 34 × 90
Nagelabstand e′ = 6 cm

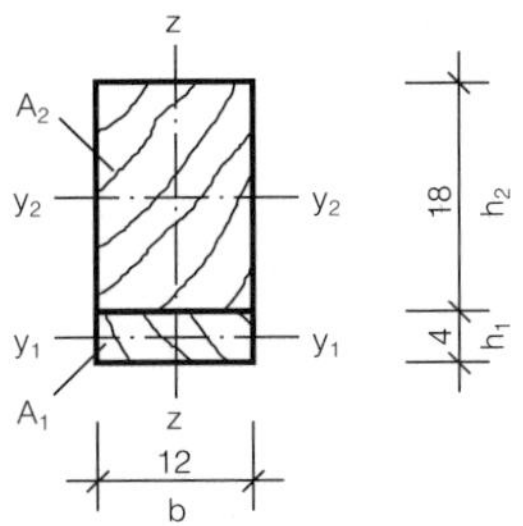

Bild 36.5

Querschnittswerte

Querschnittsflächen

$$A = \sum_{i=1}^{n} A_i = A_1 + A_2$$

$$A = 48 + 216 = 264 \text{ cm}^2$$

$$A_1 = b \cdot h_1$$

$$A_1 = 12 \cdot 4 = 48 \text{ cm}^2$$

$$A_2 = b \cdot h_2$$

$$A_2 = 12 \cdot 18 = 216 \text{ cm}^2$$

Wirksames Flächenmoment 2. Grades (Flächenträgheitsmoment) um die y-Achse

$$\text{ef}\,I_y = \sum_{i=1}^{n} (I_i + \gamma_i \cdot A_i \cdot a_i^2) = I_{y1} + I_{y2} + \gamma \cdot A_1 \cdot a_1^2 + A_2 \cdot a_2^2$$

5 $\text{ef}\,I_y = 64 + 5832 + 0{,}543 \cdot 48 \cdot 9{,}82^2$

6 $+ 216 \cdot 1{,}18^2 = 8710 \text{ cm}^4$

$$I_{y1} = \frac{b \cdot h_1^3}{12}$$

$$I_{y1} = \frac{12 \cdot 4^3}{12} = 64 \text{ cm}^4$$

$$I_{y2} = \frac{b \cdot h_2^3}{12}$$

$$I_{y2} = \frac{12 \cdot 18^3}{12} = 5832 \text{ cm}^4$$

$$\gamma = \frac{1}{1+k} = \frac{1}{1 + \frac{\pi^2 \cdot E \cdot A_1 \cdot e'}{l^2 \cdot C}}$$

$$\gamma = \frac{1}{1 + \frac{\pi^2 \cdot 10^4 \cdot 48 \cdot 6 \cdot 10^{-6}}{7{,}5^2 \cdot 600 \cdot 10^{-3}}} = 0{,}543$$

$$a_1 = \frac{A_2 \cdot (h_1 + h_2)}{2 \cdot (\gamma \cdot A_1 + A_2)}$$

$$a_1 = \frac{216 \cdot (4 + 18)}{2 \cdot (0{,}543 \cdot 48 + 216)} = 9{,}82 \text{ cm}$$

$$a_2 = \frac{\gamma \cdot A_1 \cdot (h_1 + h_2)}{2 \cdot (\gamma \cdot A_1 + A_2)}$$

$$a_2 = \frac{0{,}543 \cdot 48 \cdot (4 + 18)}{2 \cdot (0{,}543 \cdot 48 + 216)} = 1{,}18 \text{ cm}$$

C Verschiebungsmodul

7 $C = 600 \text{ N/mm}$

a_i Abstand der Querschnittsflächen der einzelnen Querschnittsteile von der maßgebenden Schwerachse

Flächenmoment 1. Grades (statisches Moment)

$$S_1 = A_1 \cdot a_1$$

$$S_1 = 48 \cdot 9{,}82 = 471 \text{ cm}$$

Flächenmoment 2. Grades und Widerstandsmoment um die z-Achse

Eine Schwächung der Querschnitte durch die Nägel ist nur für $d_n > 4{,}2$ mm zu berücksichtigen.

$d_n = 3{,}4 \text{ mm} < 4{,}2 \text{ mm}$

Querschnittsschwächung braucht nicht berücksichtigt zu werden.

$$I_z = \frac{(h_1 + h_2) \cdot b^3}{12}$$

$$I_z = \frac{(4 + 18) \cdot 12^3}{12} = 3168 \text{ cm}^4$$

$$W_z = \frac{(h_1 + h_2) \cdot b^2}{6}$$

$$W_z = \frac{(4 + 18) \cdot 12^2}{6} = 528 \text{ cm}^3$$

Spannungsnachweise

Randspannungen

$$\frac{\max \sigma_{ri}}{\text{zul}\, \sigma_B} \leq 1$$

1, 3

$$\frac{\max \sigma_{r2}}{\text{zul}\, \sigma_B} = \frac{9{,}80}{10{,}0} = 0{,}98 < 1$$

$$\sigma_{r1} = \frac{M_y}{\text{ef}\, I_y} \cdot \left(\gamma \cdot a_1 + \frac{h_1}{2}\right) + \frac{M_z}{W_z}$$

5, 6

$$\sigma_{r1} = \frac{6{,}19 \cdot 10^{-3}}{8710 \cdot 10^{-8}} \cdot \left(0{,}543 \cdot 9{,}82 + \frac{4}{2}\right) \cdot 10^{-2} + \frac{1{,}35 \cdot 10^{-3}}{528 \cdot 10^{-6}} = 5{,}21 + 2{,}56 = 7{,}77 \text{ MN/m}^2$$

$$\sigma_{r2} = \frac{M_y}{\text{ef}\, I_y} \cdot \left(a_2 + \frac{h_2}{2}\right) + \frac{M_z}{W_z}$$

5, 6

$$\sigma_{r2} = \frac{6{,}19 \cdot 10^{-3}}{8710 \cdot 10^{-8}} \cdot \left(1{,}18 + \frac{18}{2}\right) \cdot 10^{-2} + \frac{1{,}35 \cdot 10^{-3}}{528 \cdot 10^{-6}} = 7{,}32 + 2{,}56 = 9{,}80 \text{ MN/m}^2$$

Schwerpunktsspannungen

$$\frac{\max \sigma_{si}}{\text{zul}\, \sigma_{Z\parallel}} \leq 1$$

1, 3

$$\frac{\max \sigma_{s1}}{\text{zul}\, \sigma_{Z\parallel}} = \frac{3{,}79}{8{,}5} = 0{,}45 < 1$$

$$\sigma_{s1} = \frac{M_y}{\text{ef}\, I_y} \cdot \gamma \cdot a_1$$

5, 6

$$\sigma_{s1} = \frac{6{,}19 \cdot 10^{-3}}{8710 \cdot 10^{-8}} \cdot 0{,}543 \cdot 9{,}82 \cdot 10^{-2} = 3{,}79 \text{ MN/m}^2$$

$$\sigma_{s2} = \frac{M_y}{\text{ef}\, I_y} \cdot a_2$$

$$\sigma_{s2} = \frac{6{,}19 \cdot 10^{-3}}{8710 \cdot 10^{-8}} \cdot 1{,}18 = 0{,}84 \text{ MN/m}^2$$

Anschluß der Bohle

Die Verstärkung des Querschnittes durch eine untergenagelte Bohle ist nur im Bereich $M_{Feld} \geq |M_{Stütze}|$ erforderlich.

Somit ergibt sich aus der Bedingung $M_{F(x)} = |M_{St}| = 0{,}0625 \cdot q \cdot l^2$ die erforderliche Länge und Anordnung der Bohle gemäß Bild 36.6.

gew.: Bohlenlänge $l_B = 4{,}0$ m

Erforderliche Bohlenlänge

$$\text{erf}\, l_B = 2 \cdot 0{,}2577 \cdot l \leq l_B$$

$$\text{erf}\, l_B = 2 \cdot 0{,}2577 \cdot l = 0{,}5154 \cdot 7{,}5 = 3{,}87 \text{ m} < 4{,}00 \text{ m} = l_B$$

$$l = 7{,}5 \text{ m}$$

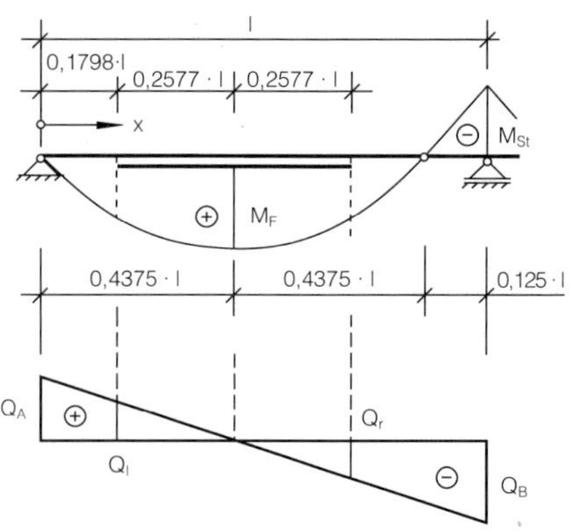

Bild 36.6

Anordnung der Bohle vom Pfettenauflager

$$\text{erf}\, l_A = 0{,}1798 \cdot l \geq l_A = 0{,}4375 \cdot l - \frac{l_B}{2}$$

$$\text{erf}\, l_A = 0{,}1798 \cdot 7{,}5 = 1{,}35 \text{ m} > 0{,}4375 \cdot 7{,}5 - 2{,}0 = 1{,}28 \text{ m} = l_A$$

Schubfluß

$$\text{ef}\, t = \frac{Q_{l,r}}{\text{ef}\, I_y} \cdot \gamma \cdot S_1$$

8 $$\text{ef}\, t = \frac{2{,}22}{8710 \cdot 10^{-8}} \cdot 0{,}543 \cdot 471 \cdot 10^{-6} = 6{,}52 \text{ kN/m}$$

$$Q_A = q_z \cdot \frac{l}{2} - \frac{M_{St}}{l}$$

$$= q_z \cdot \left(\frac{1}{2} - \frac{1}{16}\right) = \frac{7}{16} \cdot q_2 \cdot l$$

$$Q_A = \frac{7}{16} \cdot 1{,}15 \cdot 7{,}5 = 3{,}77\,\text{kN}$$

$$Q_l = |Q_r| = Q_A - 0{,}1798 \cdot q_z \cdot l$$

$$Q_l = 3{,}77 - 0{,}1798 \cdot 1{,}15 \cdot 7{,}5 = 2{,}22\ \text{kN}$$

Nagelanzahl

$$n = \frac{e' \cdot \text{ef}\,t}{\text{zul}\,N_1}$$

$$n = \frac{6 \cdot 6{,}52 \cdot 10^{-2}}{0{,}43} = 0{,}91$$

$$\text{zul}\,N_1 = \frac{500 \cdot d_n^2}{10 + d_n} \quad \text{in N}$$

9 10 $\text{zul}\,N_1 = \frac{500 \cdot 3{,}4^2}{10 + 3{,}4} = 431\ \text{N} \mathrel{\hat{=}} 0{,}43\,\text{kN}$

d_n Nageldurchmesser in mm

e' Verbindungsmittelabstand

6 d. h. Nägel im Abstand $e' = 6$ cm sind ausreichend, da $n < 1$ (siehe Bild 36.7)

Nagelbild im Unternagelungsbereich

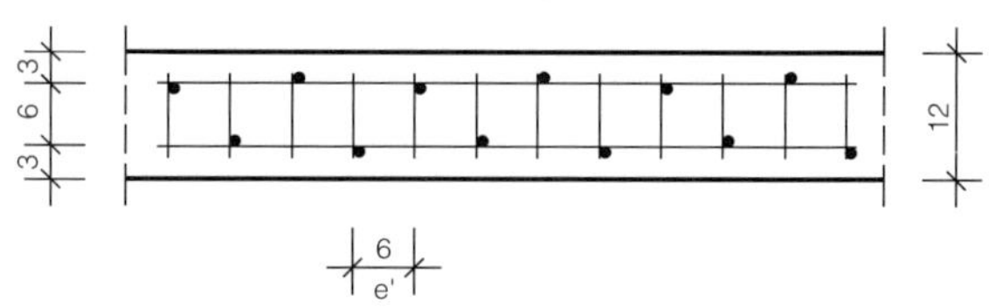

Bild 36.7

Einschlagtiefe

$$s = l_n - h_2 \geq 12 \cdot d_n = \text{erf}\,s$$

11 $s = 9 - 4 = 5\ \text{cm} > 12 \cdot 0{,}34 = 4{,}08\ \text{cm} = \text{erf}\,s$

Durchbiegung der Innenfelder

(Felder 2, 4 und 6)

System und Belastung

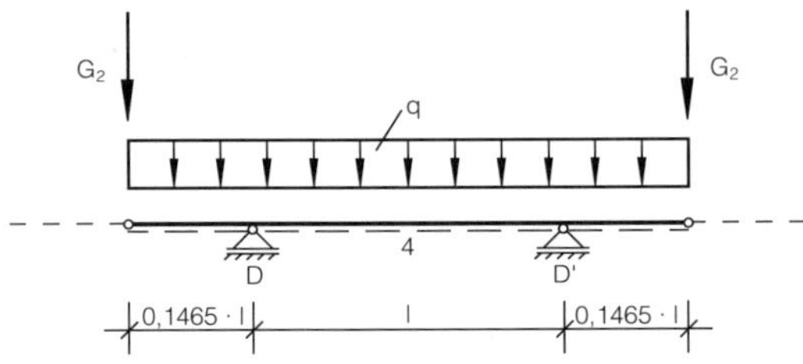

Bild 36.8

$$\text{ges}\,f = \sqrt{f_z^2 + f_y^2} \leq \text{zul}\,f = \frac{l}{200}$$

12 $\text{ges}\,f = \sqrt{3{,}2^2 + 1{,}6^2} = 3{,}6\,\text{cm} < \frac{750}{200} = 3{,}75\,\text{cm} = \text{zul}\,f$

$$f = \frac{q \cdot l^4}{16 \cdot E \cdot I}\left(\frac{5}{24} - 0{,}1465^2\right) - \frac{G_2 \cdot l^3}{8} \cdot 0{,}1465$$

$$G_2 = 0{,}3535 \cdot q \cdot l$$ 1

$$\curvearrowright f = 0{,}0052 \cdot q \cdot \frac{l^4}{E \cdot I}$$

$$f_z = 0{,}0052 \cdot \frac{q_z \cdot l^4}{E \cdot I_y}$$

$$f_z = 0{,}0052 \cdot \frac{1{,}15 \cdot 7{,}5^4 \cdot 10^{-3}}{10^4 \cdot 5832 \cdot 10^{-8}} = 0{,}032\,\text{m} \mathrel{\hat{=}} 3{,}2\,\text{cm}$$

$$f_y = 0{,}0052 \cdot \frac{q_y \cdot l^4}{E \cdot I_z}$$

$$f_y = 0{,}0052 \cdot \frac{0{,}25 \cdot 7{,}5^4 \cdot 10^{-3}}{10^4 \cdot 2592 \cdot 10^{-8}} = 0{,}016\,\text{m} \mathrel{\hat{=}} 1{,}6\,\text{cm}$$

Kriechverformungen sind nicht nachzuweisen, wenn $\frac{g}{q} < 0{,}5$ ist.

13 $\frac{g}{q} < 0{,}5$ Kriechverformungen werden nicht nachgewiesen.

Durchbiegung der Randfelder

(Felder 1 und 7)

Lösung A

System und Belastung

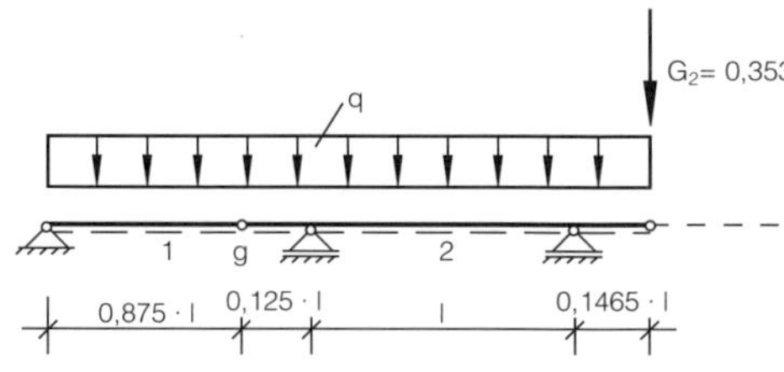

Bild 36.9

$$f \simeq f_1 - \frac{f_g}{2}$$

$$f_1 = \frac{5 \cdot q \cdot l_1^4}{384 \cdot E \cdot I_1}$$

$$= 0{,}007633 \cdot \frac{q \cdot l^4}{E \cdot I_1}$$

$$f_g = 0{,}000926 \cdot \frac{q \cdot l^4}{E \cdot I_2}$$

I_1 Flächenmoment 2. Grades der Pfetten in den Randfeldern

I_2 Flächenmoment 2. Grades der Pfetten in den Innenfeldern

$$\text{ges}\, f = \sqrt{f_z^2 + f_y^2} \leq \text{zul}\, f = \frac{l}{200}$$

12 $\text{ges}\, f = \sqrt{3{,}28^2 + 0{,}84^2} = 3{,}39\ \text{cm} < \frac{750}{200} = 3{,}75\ \text{cm} = \text{zul}\, f$

$$f_z = f_{1z} - \frac{f_{gz}}{2}$$

$$f_z = 3{,}57 - \frac{0{,}58}{2} = 3{,}28\ \text{cm}$$

$$f_y = f_{1y} - \frac{f_{gy}}{2}$$

$$f_y = 0{,}98 - \frac{0{,}28}{2} = 0{,}84\ \text{cm}$$

$$f_{1z} = 0{,}007633 \cdot \frac{q_z \cdot l^4}{E \cdot I_{1y}}$$

$$f_{gz} = 0{,}000926 \cdot \frac{q_z \cdot l^4}{E \cdot I_{2y}}$$

$$f_{1y} = 0{,}007633 \cdot \frac{q_y \cdot l^4}{E \cdot I_{1z}}$$

$$f_{gy} = 0{,}000926 \cdot \frac{q_y \cdot l^4}{E \cdot I_{2z}}$$

$$f_{1z} = 0{,}007633 \cdot \frac{1{,}15 \cdot 7{,}5^4 \cdot 10^{-3}}{10^4 \cdot 7776 \cdot 10^{-8}} = 0{,}0357 \text{ m} \mathrel{\widehat{=}} 3{,}57 \text{ cm}$$

$$f_{gz} = 0{,}000926 \cdot \frac{1{,}15 \cdot 7{,}5^4 \cdot 10^{-3}}{10^4 \cdot 5832 \cdot 10^{-8}} = 0{,}0058 \text{ m} \mathrel{\widehat{=}} 0{,}58 \text{ cm}$$

$$f_{1y} = 0{,}007633 \cdot \frac{0{,}25 \cdot 7{,}5^4 \cdot 10^{-3}}{10^4 \cdot 6144 \cdot 10^{-8}} = 0{,}0098 \text{ m} \mathrel{\widehat{=}} 0{,}98 \text{ cm}$$

$$f_{gy} = 0{,}000926 \cdot \frac{0{,}25 \cdot 7{,}5^4 \cdot 10^{-3}}{10^4 \cdot 2592 \cdot 10^{-8}} = 0{,}0028 \text{ m} \mathrel{\widehat{=}} 0{,}28 \text{ cm}$$

Kriechverformungen sind nicht nachzuweisen, wenn $\frac{g}{q} < 0{,}5$ ist.

13 $\frac{g}{q} < 0{,}5$ Nachweis der Kriechverformungen wird nicht geführt.

Lösung B

Durchbiegungsnachweis erübrigt sich, da ef $I_y > I_1$ der Lösung A ist.

Gelenkkraftübertragung

Schnittkräfte

$\max Q_{1z} = G_{1z} = 0{,}4375 \cdot q_z \cdot l$

$\max Q_{1y} = G_{1y} = 0{,}4375 \cdot q_y \cdot l$

$\max Q_{2z} = G_{2z} = 0{,}3535 \cdot q_z \cdot l$

$\max Q_{2y} = G_{2y} = 0{,}3535 \cdot q_y \cdot l$

1 $\max Q_{1z} = 0{,}4375 \cdot 1{,}15 \cdot 7{,}5 = 3{,}77$ kN

$\max Q_{1y} = 0{,}4375 \cdot 0{,}25 \cdot 7{,}5 = 0{,}82$ kN

$\max Q_{2z} = 0{,}3535 \cdot 1{,}15 \cdot 7{,}5 = 3{,}05$ kN

$\max Q_{2y} = 0{,}3535 \cdot 0{,}25 \cdot 7{,}5 = 0{,}66$ kN

Gelenkausbildung A

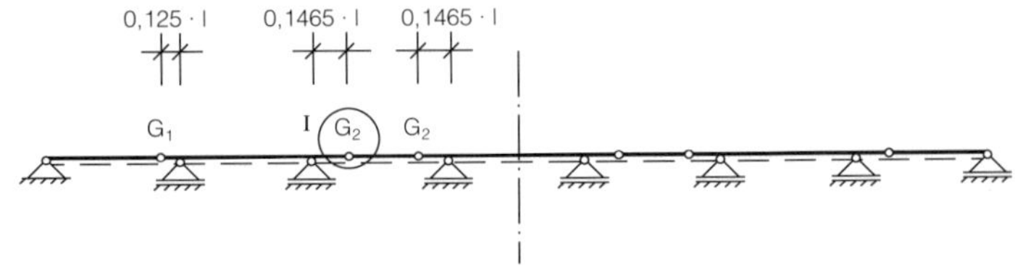

Bild 36.10

Aufteilung der Schnittkräfte

Q_z wird in eine senkrecht und eine parallel zur Schrägfläche wirkende Last aufgeteilt.

$\max Q_{1z}$

$Q_{1z\perp} = \max Q_{1z} \cdot \cos\beta$ | $Q_{1z\perp} = 3{,}77 \cdot \cos 20° = 3{,}54$ kN

$Q_{1z\parallel} = \max Q_{1z} \cdot \sin\beta$ | $Q_{1z\parallel} = 3{,}77 \cdot \sin 20° = 1{,}29$ kN

$\max Q_{2z}$

$Q_{2z\perp} = \max Q_{2z} \cdot \cos\beta$ | $Q_{2z\perp} = 3{,}05 \cdot \cos 20° = 2{,}87$ kN

$Q_{2z\parallel} = \max Q_{2z} \cdot \sin\beta$ | $Q_{2z\parallel} = 3{,}05 \cdot \sin 20° = 1{,}04$ kN

β Neigung der Druckfläche zur Faser | $\beta = 20°$

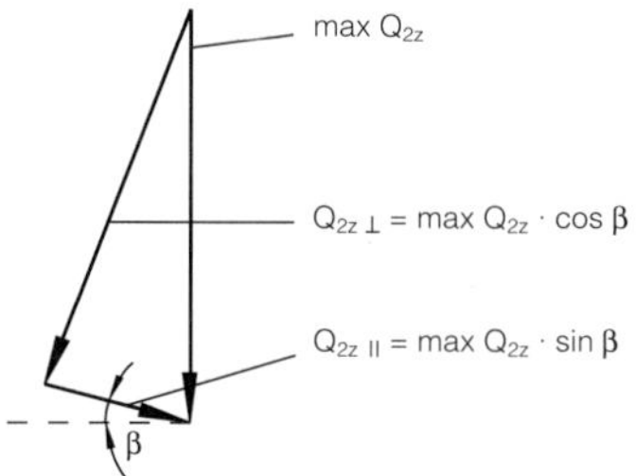

Bild 36.11

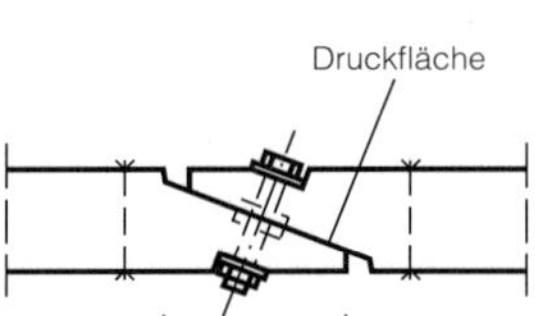

Dübelbeanspruchung

Der Dübel besonderer Bauart wird in der schrägen Druckfläche durch die Resultierende aus $Q_{iz\parallel}$ und Q_{iy} beansprucht.

$N_{1\,Dü} = \sqrt{Q_{iz\parallel}^2 + Q_{iy}^2}$ | $N_{1\,Dü} = \sqrt{1{,}29^2 + 0{,}82^2} = 1{,}53$ kN

$N_{2\,Dü} = \sqrt{1{,}04^2 + 0{,}66^2} = 1{,}23$ kN

Dübelwahl **14**

gew.: 1 Einpreßdübel (Dübeltyp C) ∅ 48
Bolzen M 12
Unterlegscheibe 58/6 mm

$\max N_{Dü} < \text{zul}\, N_C$ | $\max N_{Dü} = N_{1\,Dü} = 1{,}53 \text{ kN} < 5{,}0 \text{ kN} = \text{zul}\, N_C$

Mindestabstände **15** Die Mindestabstände sind eingehalten.

Flächenpressung

Die Übertragung der Beanspruchung $Q_{iz\perp}$ erfolgt über Flächenpressung

$$\frac{\sigma_{iz\perp}}{\text{zul}\,\sigma_{D\measuredangle}} \leq 1$$

$$\frac{\sigma_{1z\perp}}{\text{zul}\,\sigma_{D70^\circ}} = \frac{0{,}13}{2{,}4} = 0{,}05\ \text{MN/m}^2 < 1$$

$$\sigma_{iz\perp} = \frac{Q_{iz\perp}}{A}$$

$$\sigma_{1z\perp} = \frac{3{,}77 \cdot 10^{-3}}{288 \cdot 10^{-4}} = 0{,}13\ \text{MN/m}^2$$

$$\sigma_{2z\perp} = \frac{3{,}05 \cdot 10^{-3}}{288 \cdot 10^{-4}} = 0{,}11\ \text{MN/m}^2$$

$A \geq b \cdot l_g$

$A = 12 \cdot 24 = 288\ \text{cm}^2$

16 $\text{zul}\,\sigma_{D\measuredangle} = \text{zul}\,\sigma_{D\parallel} - (\text{zul}\,\sigma_{D\parallel} - \text{zul}\,\sigma_{D\perp}) \cdot \sin\alpha$

17

$\text{zul}\,\sigma_{D70^\circ} = 8{,}5 - (8{,}5 - 2{,}0) \cdot \sin 70^\circ = 2{,}4\ \text{MN/m}^2$

$\alpha = 90^\circ - \beta$ Winkel zwischen Kraft- und Faserrichtung

$\alpha = 90^\circ - 20^\circ = 70^\circ$

Gelenkausbildung B

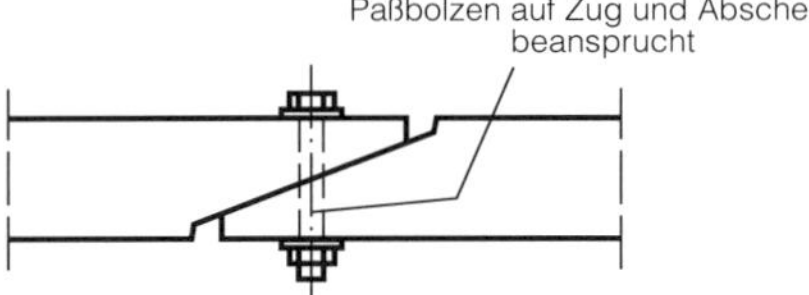

Bild 36.12

Paßbolzenwahl

gew.: Paßbolzen M 12
Scheiben 58/6 mm

Nachweis des Paßbolzens

Zugbeanspruchung

$$\sigma_1 = \frac{\max Q_{1z}}{A_K} \leq \text{zul}\,\sigma$$

$$\sigma_1 = \frac{3{,}77 \cdot 10^3}{0{,}743 \cdot 10^{-4}} = 50{,}7\ \text{MN/m}^2 < 110\ \text{MN/m}^2 = \text{zul}\,\sigma$$

$$\sigma_2 = \frac{\max Q_{2z}}{A_K} \leq \text{zul}\,\sigma$$

$$\sigma_2 = \frac{3{,}05 \cdot 10^3}{0{,}743 \cdot 10^{-4}} = 41{,}0\ \text{MN/m}^2 < 110\ \text{MN/m}^2 = \text{zul}\,\sigma$$

A_K Kernfläche des Paßbolzens

$A_K = 0{,}743\ \text{cm}^2$

Abscher- und Lochleibungsbeanspruchung		
$\max Q_{iy} \leq 0{,}5 \cdot \text{zul}\, N_{st}$	18	$\max Q_{1y} = 0{,}82\ \text{kN} \leq 0{,}5 \cdot 3{,}31 = 1{,}65\ \text{kN}$
	19	
	20	
$\text{zul}\, N_{st} = \text{zul}\, \sigma_l \cdot a \cdot d_{st}$ in N $\leq B \cdot d_{st}^2$		$\text{zul}\, N_{st} = 4{,}0 \cdot 90 \cdot 12 = 4320\ \text{N} \mathrel{\hat=} 4{,}32\ \text{kN}$ $= 23{,}0 \cdot 12^2 = 3312\ \text{N} \mathrel{\hat=} 3{,}31\ \text{kN}$
$\text{zul}\, \sigma_l$ zulässige mittlere Lochleibungsspannung in MN/m^2	21	$\text{zul}\, \sigma_l = 4{,}0\ \text{MN/m}^2$
$a = \frac{h}{2}$ Holzdicke in mm		$a = \frac{180}{2} = 90\ \text{mm}$
d_{st} Durchmesser des Paßbolzens in mm		$d_{st} = 12\ \text{mm}$
B Festwert in MN/m^2	21	$B = 23{,}0\ \text{MN/m}^2$
Mindestabstände	22	Die Mindestabstände sind eingehalten.
	23	
Flächenpressung Die Gelenkquerkraft wird über die Scheiben durch Flächenpressung in den Paßbolzen ein- und weitergeleitet.		
$\frac{\sigma_{iD\perp}}{\text{zul}\, \sigma_{D\perp}} \leq 1$	24	$\frac{\sigma_{1D\perp}}{\text{zul}\, \sigma_{D\perp}} = \frac{1{,}52}{2{,}0} = 0{,}76 < 1$
$\sigma_{iD\perp} = \frac{Q_{iz}}{A_{Sch}}$		$\sigma_{1D\perp} = \frac{3{,}77 \cdot 10^{-3}}{24{,}88 \cdot 10^{-4}} = 1{,}52\ \text{MN/m}^2$ $\sigma_{2D\perp} = \frac{3{,}05 \cdot 10^{-3}}{24{,}88 \cdot 10^{-4}} = 1{,}23\ \text{MN/m}^2$
$A_{Sch} = \frac{\pi}{4}(d^2 - d_o^2)$ nutzbare Scheibenfläche		$A_{Sch} = \frac{\pi}{4}(5{,}8^2 - 1{,}4^2) = 0{,}2488\ \text{cm}^2$
d Scheibendurchmesser		$d = 58\ \text{mm}$
d_o Lochdurchmesser		$d_o = 14\ \text{mm}$

1	**Holzbau-TB Bd. 1, Tab. 5, Seite 168**
2	**Holzbau-TB Bd. 2, Tab. 3.1-2, Seite 44**
3	**DIN 1052 T1, 8.2.1.1**
4	**Holzbau-TB Bd. 2, Nomogr. 3.3-12, Seite 99**
5	**Holzbau-TB Bd. 2, Tab. 3.3-12, Seite 160**
6	**DIN 1052 T1, 8.3.1**
7	**DIN 1052 T1, Tab. 8**
8	**DIN 1052 T1, 8.3.3**
9	**DIN 1052 T2, 6.2.2**
10	**Holzbau-TB Bd. 2, Tab. 4.4-4,Seite 294**
11	**DIN 1052 T2, 6.2.4**
12	**DIN 1052 T1, 8.5.8**
13	**DIN 1052 T1, 4.3**
14	**DIN 1052 T2, Tab. 6**
15	**DIN 1052 T2, Tab. 8**
16	**DIN 1052 T1, 5.1.5**
17	**Holzbau-TB Bd. 2, Tab. 3.1-15, Seite 60**
18	**DIN 1052 T2, 5.6**
19	**DIN 1052 T2, 5.8**
20	**Holzbau-TB Bd. 2, Tab. 4.3-2, Seite 254**
21	**DIN 1052 T2, Tab. 10**
22	**DIN 1052 T2, 5.7**
23	**DIN 1052 T2, Tab. 9**
24	**DIN 1052, T1, Tab. 5**

Beispiel 37
Eingespannte Stütze

Aufgabenstellung

Eine auf Druck und Biegung beanspruchte Stütze ist zu bemessen.

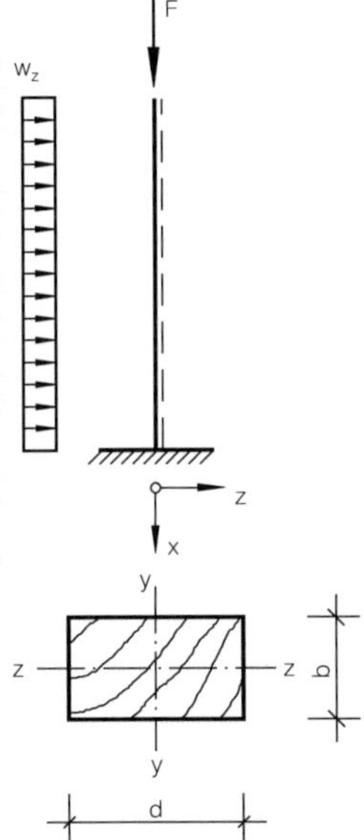

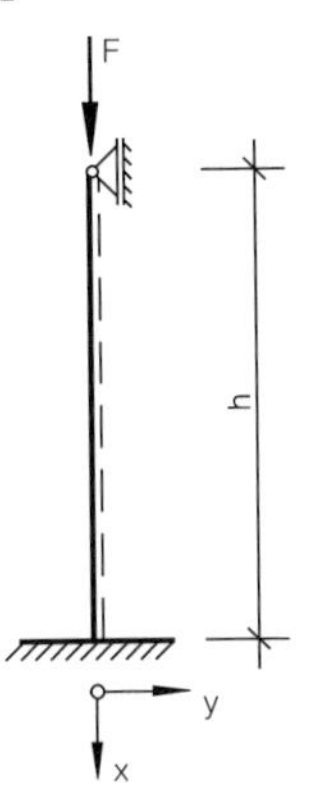

geg.: $h = 3{,}20$ m
$F = 45{,}0$ kN; LF.: H
$w_z = 1{,}5$ kN/m; LF.: H
NH II

Bild 37.1

Erläuterung

Berechnung

ω-Verfahren

Schnittgrößen

$$M_y = \frac{w_z \cdot h^2}{2}$$

$$M_y = \frac{1{,}50 \cdot 3{,}2^2}{2} = 7{,}68 \text{ kNm}$$

$$N_x = F$$

$$N_x = 45{,}0 \text{ kN}$$

Querschnittswahl, Querschnittswerte

1 gew.: 14/22 cm
$I_y = 12\,423 \text{ cm}^4$; $i_y = 6{,}35$ cm
$W_y = 1\,129 \text{ cm}^3$; $i_z = 4{,}04$ cm
$A = 308 \text{ cm}^2$

Stabilitätsnachweis

	Formel		Berechnung
	$\frac{\sigma_{D\parallel}}{zul\,\sigma_k} + \frac{\sigma_B}{zul\,\sigma_B} \leq 1$	2	$\frac{\sigma_{D\parallel}}{zul\,\sigma_k} + \frac{\sigma_B}{zul\,\sigma_B} = \frac{1{,}46}{3{,}61} + \frac{6{,}80}{13{,}0} = 0{,}40 + 0{,}52 = 0{,}92 < 1$
	$\sigma_{D\parallel} = \frac{N_x}{A}$		$\sigma_{D\parallel} = \frac{45{,}0 \cdot 10^{-3}}{308 \cdot 10^{-4}} = 1{,}46\ MN/m^2$
zul. Knickspannung	$zul\,\sigma_k = \frac{zul\,\sigma_{D\perp}}{min\,\omega}$		$zul\,\sigma_k = 3{,}61\ MN/m^2$
	$\sigma_B = \frac{M_y}{W_y}$		$\sigma_B = \frac{7{,}68 \cdot 10^{-3}}{1129 \cdot 10^{-6}} = 6{,}80\ MN/m^2$
Knickzahl	$min\,\omega = f(max\,\lambda)$	3	$min\,\omega = 3{,}05$
Schlankheitsgrad	$\left.\begin{array}{l}\lambda_y = \frac{s_{ky}}{i_y} \\ \lambda_z = \frac{s_{kz}}{i_y}\end{array}\right\} < 150$	4	$\left.\begin{array}{l}\lambda_y = \frac{640}{6{,}35} = 100{,}8 \\ \lambda_z = \frac{224}{4{,}04} = 55{,}4\end{array}\right\} < 150$
Knicklängen	$s_{ky} = 2 \cdot h$	5	$s_{ky} = 2 \cdot 3{,}20 = 6{,}40\ m$
	$s_{kz} = 0{,}7 \cdot h$		$s_{kz} = 0{,}7 \cdot 3{,}20 = 2{,}24\ m$

Durchbiegung

	Formel		Berechnung
	$f_\sigma = \frac{w_z \cdot h^4}{8 \cdot E \cdot I_y} \leq zul\,f = \frac{1}{150}$	6 7	$f_\sigma = \frac{1{,}5 \cdot 3{,}2^4 \cdot 10^{-3}}{8 \cdot 10^4 \cdot 12423 \cdot 10^{-8}} = 0{,}0158\ m$
	f_σ Biegeverformung		$f_\sigma = 1{,}58\ cm < 2{,}13\ cm = \frac{320}{150} = zul\,f$
	f_τ Schubverformung		f_τ ist vernachlässigbar klein!

Spannungstheorie II. Ordnung

Schnittgrößen

Die angegebenen Formeln sind nach dem Verschiebungsgrößenverfahren ermittelt.

$$M_y^{II} = -\frac{1}{1-\alpha_{1,\gamma_i}} \cdot \left[\gamma_i \cdot \frac{w \cdot h^2}{2} \cdot \left(1 - \frac{\mu_{\gamma_i}}{4}\right) + N_{x,\gamma_i}^{II} \cdot \bar{e}\right]$$

$$N_{x,\gamma_1}^{II} = -\gamma \cdot F$$

$$\alpha_{1,\gamma_i} = 1 - \frac{\varepsilon_{\gamma_i}}{\tan \varepsilon_{\gamma_i}} + \frac{N_{x,\gamma_i}^{II} \cdot h}{C_D}$$

$$\mu_{\gamma_i} = \frac{8 \cdot \tan \varepsilon_{\gamma_i}/2}{\varepsilon_{\gamma_i}} - 4$$

$$\bar{e} = e_1 \cdot \mu_{\gamma_i} + e_2$$

$$\varepsilon_{\gamma_i} = h \cdot \sqrt{\frac{N_{x,\gamma_i}^{II}}{E \cdot I_y}}$$ Stabilitätsmaß

C_D Drehfedersteifigkeit

$$e_1 = \eta \cdot k \cdot \frac{h}{i}$$ Vorkrümmung

$$e_2 = \frac{\sqrt{h}}{100}$$ ungewollte Schrägstellung

$$k = \frac{d}{6}$$ Kernweite

γ_i Lasterhöhungsbeiwert

8

9 $$M_y^{II} = -\frac{1}{1-0{,}26} \cdot \left[2{,}0 \cdot \frac{1{,}5 \cdot 3{,}2^2}{2} \cdot \left(1 - \frac{0{,}27}{4}\right) + 90 \cdot 0{,}021\right] = -21{,}91 \text{ kNm}$$

$$N_{x;\gamma_1}^{II} = -2{,}0 \cdot 45 = -90 \text{ kN}$$

$$\alpha_{1,\gamma_1} = 1 - \frac{0{,}86}{\tan 0{,}86} = 0{,}26$$

$$\mu_{\gamma_1} = \frac{8 \cdot \tan 0{,}86/2}{0{,}86} - 4 = 0{,}27$$

$$\bar{e} = 1{,}1 \cdot 0{,}27 + 1{,}8 = 2{,}1 \text{ cm}$$

$$\varepsilon_{\gamma_1} = 3{,}2 \cdot \sqrt{\frac{90 \cdot 10^{-3}}{10^4 \cdot 12423 \cdot 10^{-8}}} = 0{,}86$$

$$C_D = \infty$$

10 $$e_1 = 0{,}006 \cdot 3{,}67 \cdot \frac{320}{6{,}35} = 1{,}1 \text{ cm}$$

11 $$e_2 = \frac{\sqrt{320}}{100} = 1{,}8 \text{ cm}$$

$$k = \frac{22}{6} = 3{,}67 \text{ cm}$$

12 $$\gamma_1 = 2{,}0$$

Die Vorkrümmung und Schrägstellung sind nicht zu berücksichtigen, wenn die planmäßige Ausmitte $\frac{M_y}{N_x} > 20 \cdot e_{1,2}$ ist.

13
14

$$\frac{M_y}{N_x} = \frac{7{,}68}{45{,}0} = 0{,}171 \text{ m} \mathrel{\hat=} 17{,}1 \text{ cm}$$

$$\left.\begin{array}{l} 20 \cdot e_1 = 20 \cdot 1{,}1 = 22 \text{ cm} \\ 20 \cdot e_2 = 20 \cdot 1{,}8 = 36 \text{ cm} \end{array}\right\} > 17{,}1 = \frac{M_y}{N_x}$$

Vorkrümmung und Schrägstellung sind zu berücksichtigen!

Spannungsnachweis

12

$$\frac{\sigma^{II}_{D\|}}{\gamma_1 \cdot \text{zul}\,\sigma_{D\|}} + \frac{\sigma^{II}_{By}}{\gamma_1 \cdot \text{zul}\,\sigma_B}$$

$$\frac{\sigma^{II}_{D\|}}{\gamma_1 \cdot \text{zul}\,\sigma_{D\|}} + \frac{\sigma^{II}_{By}}{\gamma_1 \cdot \text{zul}\,\sigma_B} = \frac{2{,}92}{2{,}0 \cdot 11} + \frac{19{,}41}{2{,}0 \cdot 13} = 0{,}13 + 0{,}75 = 0{,}88 < 1$$

$$\sigma^{II}_{D\|} = \frac{N^{II}_x}{A}$$

$$\sigma^{II}_{D\|} = \frac{90{,}0 \cdot 10^{-3}}{308 \cdot 10^{-4}} = 2{,}92 \text{ MN/m}^2$$

$$\sigma^{II}_{By} = \frac{M^{II}_y}{W_y}$$

$$\sigma^{II}_{By} = \frac{21{,}91 \cdot 10^{-3}}{1129 \cdot 10^{-6}} = 19{,}41 \text{ MN/m}^2$$

Verformungsbedingung

12

$$\frac{u^{II}_{\gamma_2}}{u^{II}_{\gamma_1}} \le 4{,}5$$

$$\frac{u^{II}_{\gamma_2}}{u^{II}_{\gamma_1}} = \frac{0{,}108}{0{,}055} = 1{,}96 < 4{,}5$$

$$u^{II}_{\gamma_{1,2}} = \frac{1}{1-\alpha_{1,\gamma_i}} \cdot \left[\gamma_i \cdot \frac{w \cdot h^2}{2 \cdot N^{II}_{x,\gamma_i}} \cdot \left(\alpha_{1,\gamma_i} - \frac{\mu_{\gamma_i}}{4}\right) + e_2 \cdot \alpha_{1,\gamma_i} + e_1 \cdot \mu_{\gamma_i}\right]$$

$$u^{II}_{\gamma_1} = \frac{1}{1-0{,}26} \cdot \left[2{,}0 \cdot \frac{1{,}5 \cdot 3{,}2^2}{2 \cdot 90} \cdot \left(0{,}26 - \frac{0{,}27}{4}\right) + 0{,}018 \cdot 0{,}26 + 0{,}011 \cdot 0{,}27\right] = 0{,}055 \text{ m}$$

$$u^{II}_{\gamma_2} = \frac{1}{1-0{,}41} \cdot \left[3{,}0 \cdot \frac{1{,}5 \cdot 3{,}2^2}{2 \cdot 135} \cdot \left(0{,}41 - \frac{0{,}42}{4}\right) + 0{,}018 \cdot 0{,}41 + 0{,}011 \cdot 0{,}42\right] = 0{,}108 \text{ m}$$

$$\alpha_{1,\gamma_2} = 1 - \frac{1{,}06}{\tan 1{,}06} = 0{,}41$$

$$\mu_{\gamma_2} = \frac{8 \cdot \tan 1{,}06/2}{1{,}06} - 4 = 0{,}42$$

$$\varepsilon_{\gamma_2} = 3{,}2 \cdot \sqrt{\frac{135 \cdot 10^{-3}}{10^4 \cdot 12423 \cdot 10^{-8}}} = 1{,}06$$

$$\gamma_2 = 3{,}0$$

$$N^{II}_{x,\gamma_2} = -3{,}0 \cdot 45 = -135 \text{ kN}$$

1	**Holzbau-TB Bd. 2, Tab. 3.1-2, Seite 44**
2	**DIN 1052 T1, 9.4**
3	**DIN 1052 T1, Tab. 10**
4	**DIN 1052 T1, 9.2**
5	**DIN 1052 T1, 9.1**
6	**DIN 1052 T1, 8.5.6**
7	**DIN 1052 T1, Tab. 9**
8	**Holzbau-TB Bd. 1, S. 158**
9	**DIN 1052 T1, 9.6**
10	**Holzbau-TB Bd. 2, S. 219**
11	**DIN 1052 T1, 9.6.3**
12	**DIN 1052 T1, 9.6.4**
13	**DIN 1052 T1, 9.6.2**
14	**DIN 1052 T1, 9.6.5**
15	**DIN 1052 T1, 9.6.6**

Beispiel 38
Holztafel als Deckenelement

Aufgabenstellung

Für ein Holzhaus in Tafelbauart ist das in Bild 38.2 dargestellte, verleimte Deckenelement zu bemessen.

statisches System:

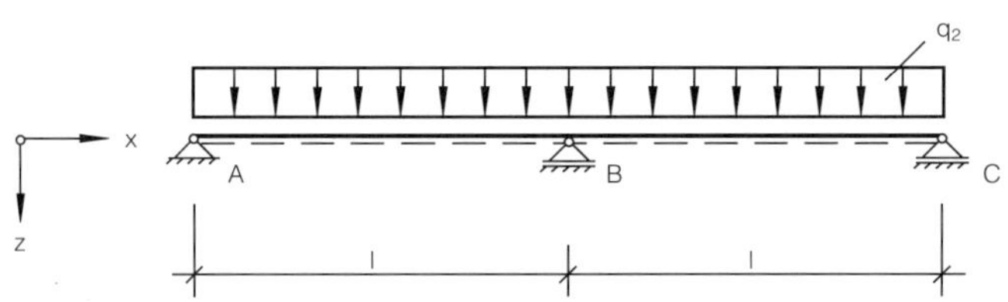

Bild 38.1

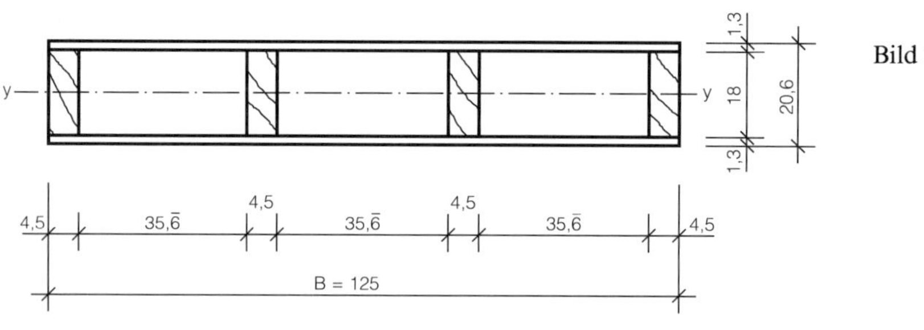

Bild 38.2

geg.: Stützweite $l = 4{,}8$ m
Deckenelementbreite $B = 1{,}25$ m

ständige Lasten
für Bemessung der Beplankung $g_1 = 0{,}40$ kN/m²

für Bemessung des Deckenelementes $g_2 = 0{,}65$ kN/m²

Verkehrslast $p = 2{,}0$ kN/m²

Zuschlag für leichte Trennwände $p_w = 1{,}0$ kN/m²

$q_1 = 3{,}40$ kN/m²; LF.: H

$q_2 = 3{,}65$ kN/m²; LF.: H

Beplankung: Flachpreßplatten nach DIN 69 763, d = 13 mm

Rippen: 4,5/18 cm; NH II

Erläuterung		Berechnung
Schnittgrößen		
Beplankung		

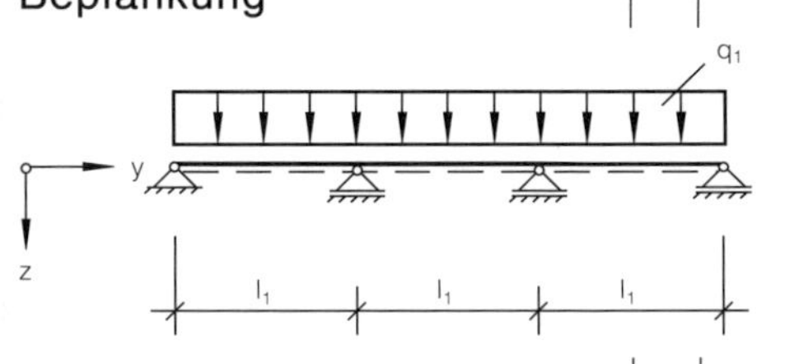

Bild 38.3

Erläuterung		Berechnung
$\max Q_z = 0{,}6 \cdot q_1 \cdot l_1$	1	$\max Q_z = 0{,}6 \cdot 3{,}4 \cdot 0{,}4 = 0{,}82$ kN/m
$\min M_x = -0{,}1 \cdot q_1 \cdot l_1^2$		$\min M_x = -0{,}1 \cdot 3{,}4 \cdot 0{,}4^2 = -0{,}054$ kNm/m
l_1 Achsabstand der Rippen		$l_1 \cong 0{,}4$ m
Tafelelement		
Auflagerkräfte		
$A_z = 0{,}375 \cdot B \cdot q_2 \cdot l$		$A_z = 0{,}375 \cdot 1{,}25 \cdot 3{,}65 \cdot 4{,}8 = 8{,}21$ kN
$B_z = 1{,}25 \cdot B \cdot q_2 \cdot l$		$B_z = 1{,}25 \cdot 1{,}25 \cdot 3{,}65 \cdot 4{,}8 = 27{,}38$ kN
Bemessungsmaßgebende Querkräfte und Momente		
$Q_A = B \cdot q_2 \cdot \left(0{,}375 \cdot l - \frac{a+h}{2}\right)$	2 3	$Q_A = 1{,}25 \cdot 3{,}65 \cdot \left(0{,}375 \cdot 4{,}8 - \frac{0{,}12 + 0{,}206}{2}\right)$ $= 7{,}47$ kN
$Q_{Bl} = B \cdot q_2 \cdot \left(\frac{1{,}25 \cdot l - a - h}{2}\right)$		$Q_{Bl} = 1{,}25 \cdot 3{,}65 \cdot \left(\frac{1{,}25 \cdot 4{,}8 - 0{,}12 - 0{,}206}{2}\right)$ $= 12{,}94$ kN
a Auflagerlänge (Bild 38.7)		$a = 0{,}12$ m

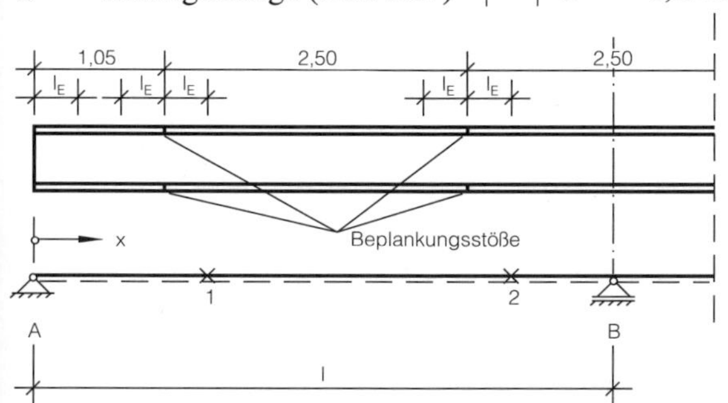

Bild 38.4

$M_{By} = - B \cdot q_2 \cdot \frac{l^2}{8}$

$M_{By} = - 1{,}25 \cdot 3{,}65 \cdot \frac{4{,}8^2}{8} = - 13{,}14 \text{ kNm}$

$\max M_y = 0{,}0703 \cdot B \cdot q_2 \cdot l^2$

$\max M_y = 0{,}0703 \cdot 1{,}25 \cdot 3{,}65 \cdot 4{,}8^2 = 7{,}39 \text{ kNm}$

An den Stellen $x_n = x_{St} \pm l_E$

$x_1 = 1{,}05 + 0{,}35\bar{6} = 1{,}40\bar{6} \text{ m}$

$M_y(x_n) = A_z \cdot x_n - B \cdot q_2 \cdot \frac{x_n^2}{2}$

$M_y(x_1 = 1{,}40\bar{6}) = 8{,}21 \cdot 1{,}40\bar{6} - 1{,}25 \cdot 3{,}65 \cdot \frac{1{,}40\bar{6}^2}{2} = 7{,}03 \text{ kNm}$

$Q_z(x_n) = A_z - B \cdot q_2 \cdot x_n$

$Q_z(x_1 = 1{,}40\bar{6}) = 8{,}21 - 1{,}25 \cdot 3{,}65 \cdot 1{,}40\bar{6} = 1{,}79 \text{ kN}$

$x_2 = 1{,}05 + 2{,}50 + 0{,}35\bar{6} = 3{,}90\bar{6} \text{ m}$

$M_y(x_2 = 3{,}90\bar{6}) = 8{,}21 \cdot 3{,}90\bar{6} - 1{,}25 \cdot 3{,}65 \cdot \frac{3{,}90\bar{6}^2}{2} = - 2{,}74 \text{ kNm}$

$Q_z(x_2 = 3{,}90\bar{6}) = 8{,}21 - 1{,}25 \cdot 3{,}65 \cdot 3{,}90\bar{6} = - 9{,}61 \text{ kN}$

x_{St} Stoßstellenabstand vom Endauflager

l_E Eintragungslänge

Querschnittswerte – Beplankung

$A = b \cdot h_1$

$A = 1{,}0 \cdot 0{,}013 = 0{,}013 \text{ m}^2$

$W_x = \frac{b \cdot h_1^2}{6}$

$W_x = \frac{1{,}0 \cdot 0{,}013^2}{6} = 2{,}82 \cdot 10^{-5} \text{ m}^3$

$I_x = \frac{b \cdot h_1^3}{12}$

$I_x = \frac{1{,}0 \cdot 0{,}013^3}{12} = 1{,}83 \cdot 10^{-7} \text{ m}^4$

Querschnittswerte – Tafelelement

Rippenquerschnitt

$A_2 = m \cdot b_2 \cdot h_2$

$A_2 = 4 \cdot 4{,}5 \cdot 18 = 324 \text{ cm}^2$

$W_{2y} = m \cdot \frac{b_2 \cdot h_2^2}{6}$

$W_{2y} = 4 \cdot \frac{4{,}5 \cdot 18^2}{6} = 972 \text{ cm}^3$

$I_{2y} = m \cdot \frac{b_2 \cdot h_2^2}{12}$

$I_{2y} = 4 \cdot \frac{4{,}5 \cdot 18^3}{12} = 8748 \text{ cm}^4$

m Anzahl der Rippen

$m = 4$

Mitwirkende Beplankungsbreite für Flachpreßplatten

Die für die Berechnung der Spannungen in den Deckenelementen zugrunde zu legenden Querschnittswerte dürfen unter Berücksichtigung einer mitwirkenden Beplankungsbreite berechnet werden. Unter der mitwirkenden Beplankungsbreite wird die Breite der in ein flächengleiches Rechteck mit einer Höhe max σ bzw. |min σ| verwandelten σ_x-Fläche verstanden.

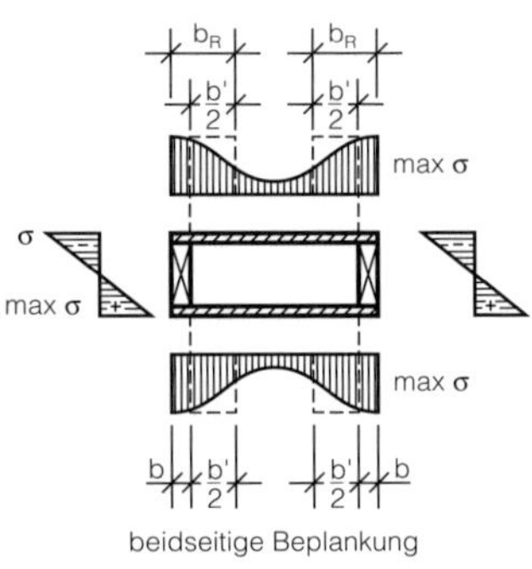

beidseitige Beplankung

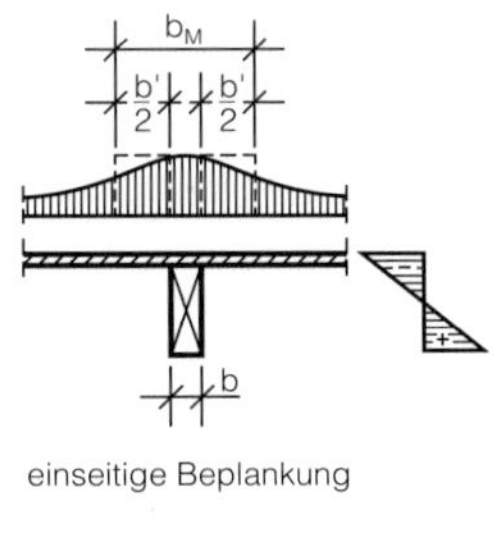

einseitige Beplankung

Bild 38.5

Für eine Gleichstreckenlast q ergibt sich die mitwirkende Beplankungsbreite zu

$b_{Mq} = b'_q + b_2$	**4**	$b_{Mq} = 34{,}8 + 4{,}5 = 39{,}3\ \text{cm}$
	5	
$b_{Rq} = \dfrac{b'_q}{2} + b_2$	**6**	$b_{Rq} = \dfrac{34{,}8}{2} + 4{,}5 = 21{,}9\ \text{cm}$
$b'_q = \left(1{,}06 - 0{,}6 \cdot \dfrac{b_l}{l}\right) \cdot b_l \leq b_l$		$b'_q = \left(1{,}06 - 0{,}6 \cdot \dfrac{35{,}\bar{6}}{250}\right) \cdot 35{,}\bar{6}$
		$= 34{,}8\ \text{cm} < 35{,}\bar{6} = b_l$
bei $\dfrac{b_l}{l} \leq 0{,}4$		$\dfrac{b_l}{l} = \dfrac{35{,}\bar{6}}{250} = 0{,}14 < 0{,}4$

Für eine Einzellast F ergibt sich die mitwirkende Beplankungsbreite zu		
$b_{MF} = b'_F + b_2$	4 7	$b_{MF} = 31{,}1 + 4{,}5 = 35{,}6$ cm
$b_{RF} = \frac{b'_F}{2} + b_2$	8	$b_{RF} = \frac{31{,}1}{2} + 4{,}5 = 20{,}1$ cm
$b'_F = \left(1 - 0{,}9 \cdot \frac{b_l}{l}\right) \cdot b_l \leq b_l$		$b'_F = \left(1 - 0{,}9 \cdot \frac{35{,}\overline{6}}{250}\right) \cdot 35{,}\overline{6} = 31{,}1$ cm
für $\frac{l}{c_F} \leq 5{,}0$		$\frac{l}{c_F} = \frac{2{,}50}{0{,}532} = 4{,}7 < 5{,}0$
$c_F = a + 2 \cdot h$		$c_F = 0{,}12 + 2 \cdot 0{,}206 = 0{,}532$ m
b_l lichter Rippenabstand		$b_l = 35{,}\overline{6}$ cm
b_{Mq}; b_{MF} mitwirkende Beplankungsbreite je Rippe im Mittelbereich bei Gleichstreckenlast und Einzellast		
b_{Rq}; b_{RF} mitwirkende Beplankungsbreite je Rippe im Randbereich bei Gleichstreckenlast und Einzellast		
l Teilfeldlänge der Beplankung quer zur Spannrichtung		$l = 2{,}5$ m
c_F Summe aus der Lastaufstandslänge in Spannrichtung und der zweifachen Gesamtquerschnittshöhe der Holztafel		

rechnerischer Verbundquerschnitt

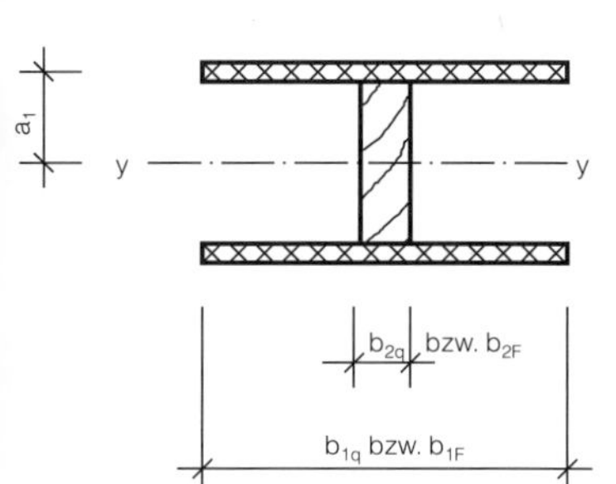

Bild 38.6

9

$b_{1q} = 2 \cdot b_{Rq} + 2 \cdot b_{Mq}$ — $b_{1q} = 2 \cdot (21{,}9 + 39{,}3) = 122{,}4$ cm

$b_{lF} = 2 \cdot b_{RF} + 2 \cdot b_{MF}$ — $b_{1F} = 2 \cdot (20{,}1 + 35{,}6) = 111{,}4$ cm

$b_{2q} = b_{2F} = 4 \cdot b_2$ — $b_{2q} = b_{2F} = 4 \cdot 4{,}5 = 18$ cm

Flächenmoment 2. Grades

bei Gleichstreckenlast q

$I_q = 2 \cdot I_{1q} \cdot n + I_2$
$+ 2 \cdot A_{1q} \cdot a_1^2 \cdot n$

10 $I_q = 2 \cdot 22{,}4 \cdot 0{,}22 + 8748$

11 $+ 2 \cdot 159{,}1 \cdot 9{,}65^2 \cdot 0{,}22 = 15\,277 \text{ cm}^4$

$a_1 = \dfrac{h_1 + h_2}{2}$ — $a_1 = \dfrac{1{,}3 + 18}{2} = 9{,}65$ cm

$A_{1q} = b_{1q} \cdot h_1$ — $A_{1q} = 122{,}4 \cdot 13 \cdot 10^{-1} = 159{,}1 \text{ cm}^2$

$I_{1q} = \dfrac{b_{1q} \cdot h_1^3}{12}$ — $I_{1q} = \dfrac{122{,}4 \cdot 13^3 \cdot 10^{-3}}{12} = 22{,}4 \text{ cm}^4$

$I_2 = \dfrac{b_{2F} \cdot h_2^3}{12}$ — $I_2 = \dfrac{18 \cdot 18^3}{12} = 8748{,}0 \text{ cm}^4$

$n = \dfrac{E_1}{E_2}$ Verhältnis der E-Moduln — $n = \dfrac{2200}{10\,000} = 0{,}22$

12 $E_1 = E_{D,Z}$ Elastizitätsmodul bei Druck, Zug in Plattenebene für Flachpreßplatten — $E_1 = 2200 \text{ MN/m}^2$

13 $E_2 = E_{\parallel}$ Elastizitätsmodul parallel der Faserrichtung für Vollholz aus Nadelholz — $E_2 = 10\,000 \text{ MN/m}^2$

bei Einzellast F

$$I_F = 2 \cdot I_{1F} \cdot n + I_2 + 2 \cdot A_{1F} \cdot a_1^2 \cdot n$$

10 $I_F = 2 \cdot 20{,}4 \cdot 0{,}22 + 8748$

11 $+ 2 \cdot 144{,}8 \cdot 9{,}65^2 \cdot 0{,}22 = 14\,690\ \text{cm}^4$

$$A_{1F} = b_{1F} \cdot h_1$$

$A_{1F} = 111{,}4 \cdot 13 \cdot 10^{-1} = 144{,}8\ \text{cm}^2$

$$I_{1F} = \frac{b_{1F} \cdot h_1^3}{12}$$

$I_{1F} = \dfrac{111{,}4 \cdot 13^3 \cdot 10^{-3}}{12} = 20{,}4\ \text{cm}^4$

Flächenmoment 1. Grades

bei Einzellast

$$S_{1F} = A_{1F} \cdot a_1$$

14 $S_{1F} = 144{,}8 \cdot 9{,}65 = 1397\ \text{cm}^3$

$$S_{2F} = \frac{b_{2F} \cdot h_2^2}{8}$$

$S_{2F} = \dfrac{18 \cdot 18^2}{8} = 759\ \text{cm}^3$

S_{1F} Flächenmoment 1. Grades der Beplankung, bezogen auf die maßgebende Spannungsnullebene y – y

S_{2F} Flächenmoment 1. Grades der oberhalb der maßgebenden Spannungsnullebene y – y liegenden Rippenfläche, bezogen auf die Spannungsnullebene y – y

Spannungsnachweis für die Beplankung

$$\frac{\sigma_B}{\text{zul}\,\sigma_{Bxy}} \leq 1$$

15 $\dfrac{\sigma_B}{\text{zul}\,\sigma_{Bxy}} = \dfrac{1{,}91}{4{,}5} = 0{,}42 < 1$

$$\sigma_B = \frac{|\min M_x|}{W_x}$$

$\sigma_B = \dfrac{0{,}054 \cdot 10^{-3}}{2{,}82 \cdot 10^{-5}} = 1{,}91\ \text{MN/m}^2$

zul σ_{Bxy} zul. Spannung für Flachpreßplatten bei Biegung rechtwinklig zur Plattenebene

16 $\text{zul}\,\sigma_{Bxy} = 4{,}5\ \text{MN/m}^2$

Durchbiegung der Beplankung

$$f \;\leq \operatorname{zul} f = \frac{l_1}{200} \leq 100\ \text{mm}$$

17 $$f \;= 0{,}33\ \text{mm} < \frac{400}{200} = 2{,}0\ \text{mm} < 10\ \text{mm} = \operatorname{zul} f$$

$$f \;= f_\sigma + f_\tau + f_k$$

Biegeverformung

$$f_\sigma \cong \frac{g_1 \cdot l_1^4}{142 \cdot E \cdot I_x}$$

18 $$f_\sigma \;= \frac{3{,}4 \cdot 0{,}4^4 \cdot 10^{-3}}{142 \cdot 10^4 \cdot 1{,}83 \cdot 10^{-7}} \cdot 10^{-3} = 0{,}33\ \text{mm}$$

Schubverformung

vernachlässigbar klein!

Kriechverformung

Der Nachweis der Kriechverformung kann entfallen, wenn

$$\frac{g}{q} = \frac{g_1 + p_w}{q_1} \leq 0{,}5 \text{ ist.}$$

19 $$\frac{g_1 + p_w}{q_1} = \frac{0{,}4 + 1{,}0}{3{,}4} = 0{,}41 < 0{,}5$$

Biegespannungsnachweis für das Deckenelement

Biegerandspannung in der Rippe im Stützenbereich

$$\frac{|\sigma_{r2}|}{1{,}1 \cdot \operatorname{zul} \sigma_B} \leq 1$$

14
20
21 $$\frac{|\sigma_{r2}|}{1{,}1 \cdot \operatorname{zul} \sigma_B} = \frac{8{,}05}{1{,}1 \cdot 10{,}0} = 0{,}73 < 1$$

$$\sigma_{r2} = \pm \frac{M_{By}}{I_F} \cdot \frac{h_2}{2}$$

10 $$\sigma_{r2} = \pm \frac{-13{,}14 \cdot 10^{-3}}{14690 \cdot 10^{-8}} \cdot \frac{18 \cdot 10^{-2}}{2} = \mp 8{,}05\ \text{MN/m}^2$$

im Beplankungstoßbereich

$$\frac{|\sigma_{r2}|}{\operatorname{zul} \sigma_B} \leq 1$$

14
21 $$\frac{|\sigma_{r2}|}{\operatorname{zul} \sigma_B} = \frac{7{,}23}{10{,}0} = 0{,}72 < 1$$

$$\sigma_{r2} = \pm \frac{M}{W_{2y}}$$

10 $$\sigma_{r2} = \pm \frac{7{,}03 \cdot 10^{-3}}{972 \cdot 10^{-6}} = \pm 7{,}23\ \text{MN/m}^2$$

Schwerpunktspannung in der Beplankung

$$\frac{\sigma_{s1}}{\text{zul}\,\sigma_{Zx}} \leq 1$$

14 $$\frac{\sigma_{s1}}{\text{zul}\,\sigma_{Zx}} = \frac{1,90}{2,5} = 0,76 < 1$$

$$\sigma_{s1} = \frac{M_{By}}{I_F} \cdot n \cdot a_1$$

10 $$\sigma_{s1} = \frac{13,14 \cdot 10^{-3}}{14690 \cdot 10^{-8}} \cdot 0,22 \cdot 9,65 \cdot 10^{-2} = 1,90\,\text{MN}/$$

$\text{zul}\,\sigma_{Zx}$ zul. Spannung für Flachpreßplatten bei Zug in Plattenebene

16 $\text{zul}\,\sigma_{Zx} = 2,5\ \text{MN/m}^2$

Schubspannungsnachweise für das Deckenelement

Schubspannung in der Leimfuge

$$\frac{\tau_L}{\text{zul}\,\tau_{Zx}} \leq 1$$

$$\frac{\tau_L}{\text{zul}\,\tau_{Zx}} = \frac{0,15}{0,4} = 0,38\ \text{MN/m}^2$$

$$\tau_L = \frac{Q_{Bl} \cdot n \cdot S_{1F}}{b_{2F} \cdot I_F}$$

14 $$\tau_L = \frac{12,94 \cdot 10^{-3} \cdot 0,22 \cdot 1397 \cdot 10^{-6}}{18 \cdot 14690 \cdot 10^{-10}} = 0,15\ \text{MN}/$$

$\text{zul}\,\tau_{Zx}$ zul. Schubspannungen für Flachpreßplatten bei Abscheren in Leimfugen

16 $\text{zul}\,\tau_{Zx} = 0,4\ \text{MN/m}^2$

Schubspannung in der Rippe im Stützenbereich

$$\frac{\tau}{\text{zul}\,\tau_Q} \leq 1$$

$$\frac{\tau}{\text{zul}\,\tau_Q} = \frac{0,51}{1,2} = 0,43 < 1$$

$$\tau = \frac{Q_{Bl} \cdot (n \cdot S_{1F} + S_{2F})}{b_{2F} \cdot I_F}$$

14 $$\tau = \frac{12,94 \cdot 10^{-3} \cdot (0,22 \cdot 1397 + 729) \cdot 10^{-6}}{18 \cdot 14690 \cdot 10^{-10}} = 0,51\ \text{MN/m}^2$$

$\text{zul}\,\tau_Q$ zul. Schubspannungen aus Querkraft bei durchlaufenden Biegebalken

22 $\text{zul}\,\tau_Q = 1,2\ \text{MN/m}^2$

im Stoßbereich

$$\frac{\tau}{\text{zul}\,\tau_Q} \leq 1$$

21 $$\frac{\tau}{\text{zul}\,\tau_Q} = \frac{0{,}45}{1{,}2} = 0{,}38 < 1$$

$$\tau = \frac{3}{2} \cdot \frac{Q_z(x_2 = 3{,}90\bar{6})}{A_2}$$

$$\tau = \frac{3}{2} \cdot \frac{9{,}63 \cdot 10^{-3}}{324 \cdot 10^{-4}} = 0{,}45\ \text{MN/m}^2$$

am Endauflager

$$\frac{\tau}{\text{zul}\,\tau_Q} \leq 1$$

21 $$\frac{\tau}{\text{zul}\,\tau_Q} = \frac{0{,}35}{0{,}9} = 0{,}39 < 1$$

$$\tau = \frac{3}{2} \cdot \frac{Q_A}{A_2}$$

$$\tau = \frac{3}{2} \cdot \frac{7{,}47 \cdot 10^{-3}}{324 \cdot 10^{-4}} = 0{,}35\ \text{MN/m}^2$$

Beulnachweis

$$\text{zul}\,b_l \geqslant \text{vorh}\,b_l$$

23 $$\text{zul}\,b_l = 65{,}0\ \text{cm} \geqslant \text{vorh}\,b_l = 36{,}\bar{6}\ \text{cm}$$

$$\text{zul}\,b_l = 1{,}25 \cdot h_1 \cdot \sqrt{\frac{E_{Bv}}{\sigma_{Bx}}} \leq 50 \cdot h_1$$

$$\text{zul}\,b_l = 1{,}25 \cdot 13 \cdot 10^{-1} \cdot \sqrt{\frac{3200}{1{,}9}} = 66{,}7\ \text{cm}$$

$$50 \cdot h_1 = 50 \cdot 13 \cdot 10^{-1} = 65{,}0\ \text{cm}$$

$$E_{Bv} = \sqrt{E_{Bx} \cdot E_{By}}$$

$$E_{Bv} = 3200\ \text{MN/m}^2$$

E_{Bv} Vergleichsbiege-Elastizitätsmodul der Beplankung

E_{Bx} Elastizitätsmodul der Beplankung parallel der Spannrichtung bei Biegung ⊥ zur Plattenebene

12 $$E_{Bx} = E_{By} = 3200\ \text{MN/m}^2$$

E_{By} Elastizitätsmodul der Beplankung rechtwinklig der Spannrichtung bei Biegung ⊥ zur Plattenebene

σ_{Bx} Druckspannung in der Beplankung

$$\sigma_{Bx} = \sigma_{s1} = 1{,}9\ \text{MN/m}^2$$

Flächenpressung

am Auflager A (Endauflager)

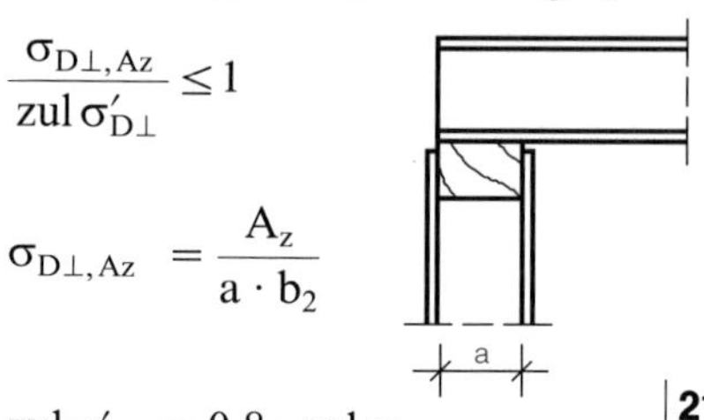

$$\frac{\sigma_{D\perp,Az}}{\text{zul}\,\sigma'_{D\perp}} \leq 1$$

$$\frac{\sigma_{D\perp,Az}}{\text{zul}\,\sigma'_{D\perp}} = \frac{0{,}38}{1{,}6} = 0{,}24 < 1$$

$$\sigma_{D\perp,Az} = \frac{A_z}{a \cdot b_2}$$

$$\sigma_{D\perp,Az} = \frac{8{,}21 \cdot 10^{-3}}{0{,}12 \cdot 0{,}18} = 0{,}38\ \text{MN/m}^2$$

21 24 $\text{zul}\,\sigma'_{D\perp} = 0{,}8 \cdot \text{zul}\,\sigma_{D\perp}$

$$\text{zul}\,\sigma'_{D\perp} = 0{,}8 \cdot 2{,}0 = 1{,}6\ \text{MN/m}^2$$

am Auflager B
(Zwischenauflager)

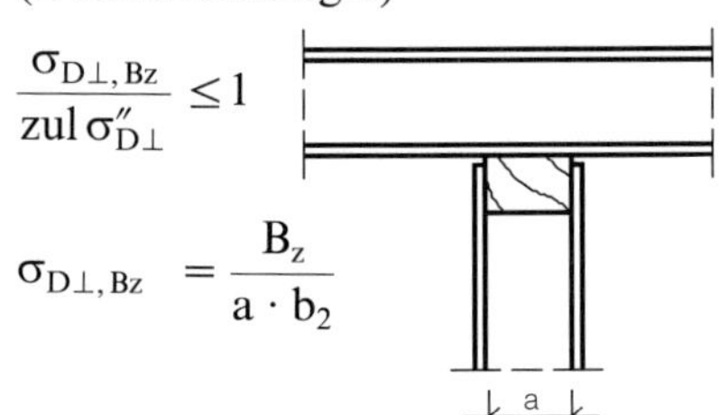

$$\frac{\sigma_{D\perp,Bz}}{\text{zul}\,\sigma''_{D\perp}} \leq 1$$

$$\frac{\sigma_{D\perp,Bz}}{\text{zul}\,\sigma''_{D\perp}} = \frac{1{,}27}{2{,}12} = 0{,}60 < 1$$

$$\sigma_{D\perp,Bz} = \frac{B_z}{a \cdot b_2}$$

$$\sigma_{D\perp,Bz} = \frac{27{,}38 \cdot 10^{-3}}{0{,}12 \cdot 0{,}18} = 1{,}27\ \text{MN/m}^2$$

21 24 $\text{zul}\,\sigma''_{D\perp} = k_{D\perp} \cdot \text{zul}\,\sigma_{D\perp}$

$$\text{zul}\,\sigma''_{D\perp} = 1{,}06 \cdot 2{,}0 = 2{,}12\ \text{MN/m}^2$$

$$k_{D\perp} = \sqrt[4]{\frac{150}{a}}$$

$$k_{D\perp} = \sqrt[4]{\frac{150}{120}} = 1{,}06$$

a Auflagerlänge in mm

a = 120 mm

Durchbiegungsnachweis – Deckenelement

$$f \leq \text{zul}\,f = \frac{l}{300}$$

$$f = 0{,}91\ \text{cm} < \frac{480}{300} = 1{,}6\ \text{cm} = \text{zul}\,f$$

$$f = f_\sigma + f_\tau + f_k$$

$$f = 0{,}86 + 0{,}05 = 0{,}91\ \text{cm}$$

Biegeverformung

18 $f_\sigma = \frac{2}{369} \cdot \frac{B \cdot q_2 \cdot l^4}{E \cdot I_q}$

$$f_\sigma = \frac{2}{369} \cdot \frac{1{,}25 \cdot 3{,}65 \cdot 4{,}8^4 \cdot 10^{-3}}{10^4 \cdot 15\,277 \cdot 10^{-8}} = 0{,}0086\ \text{m} \mathrel{\hat=} 0{,}86\ \text{cm}$$

Schubverformung

$$f_\tau \cong 1{,}2 \cdot \frac{\max M_y}{G \cdot A_2}$$

25 $$f_\tau \cong 1{,}2 \cdot \frac{7{,}39 \cdot 10^{-3}}{500 \cdot 324 \cdot 10^{-4}}$$

$$= 0{,}00055 \text{ m} \mathrel{\hat{=}} 0{,}05 \text{ cm}$$

Kriechverformung

Der Nachweis der Kriechverformung f_k kann entfallen, wenn

$$\frac{g}{q} = \frac{g_2 + p_w}{q_2} \leq 0{,}5 \text{ ist.}$$

19 $$\frac{g_2 + p_w}{q_2} = \frac{0{,}65 + 1{,}0}{3{,}65} = 0{,}45 < 0{,}5$$

Ein Nachweis der Kriechverformung ist nicht erforderlich.

1	**Holzbau-TB Bd. 1, Tab. 3, Seite 164**
2	**Holzbau-TB Bd. 2, 3.3.2.2, Seite 92**
3	**DIN 1052 T1, 8.2.1.2**
4	**DIN 1052 T1, 11.2.2**
5	**Holzbau-TB Bd. 2, Tab. 3.6-3, Seite 234**
6	**Holzbau-TB Bd. 2, Tab.3.6-4, Seite 235**
7	**Holzbau-TB Bd. 2, Tab. 3.6-9, Seite 240**
8	**Holzbau-TB Bd. 2, Tab. 3.6-10, Seite 241**
9	**DIN 1052 T1, 11.2.3**
10	**DIN 1052 T1, 8.3.1**
11	**Holzbau-TB Bd. 2, Tab. 3.3-13, Seite 166**
12	**DIN 1052 T1, Tab. 3**
13	**DIN 1052 T1, Tab. 1**
14	**DIN 1052 T1, 8.3.3**
15	**DIN 1052 T1, 8.2.1.1**
16	**DIN 1052 T1, Tab. 6**
17	**DIN 1052 T1, 8.5.10**
18	**Holzbau-TB Bd. 1, Tab. 3, Seite 164**
19	**DIN 1052 T1, 4.3**
20	**DIN 1052 T1, 5.1.8**
21	**DIN 1052 T1, Tab. 5**
22	**DIN 1052 T1, 5.1.12**
23	**DIN 1052 T1, 11.2.4**
24	**DIN 1052 T1, 5.1.11**
25	**DIN 1052 T1, 8.5.4**

Beispiel 39
Holztafel als Außenwandelement

Aufgabenstellung

Für ein Holzhaus in Tafelbauart ist das in Bild 39.2 dargestellte genagelte Verbundelement als Wandscheibe zu bemessen.

Statisches System und Belastung:

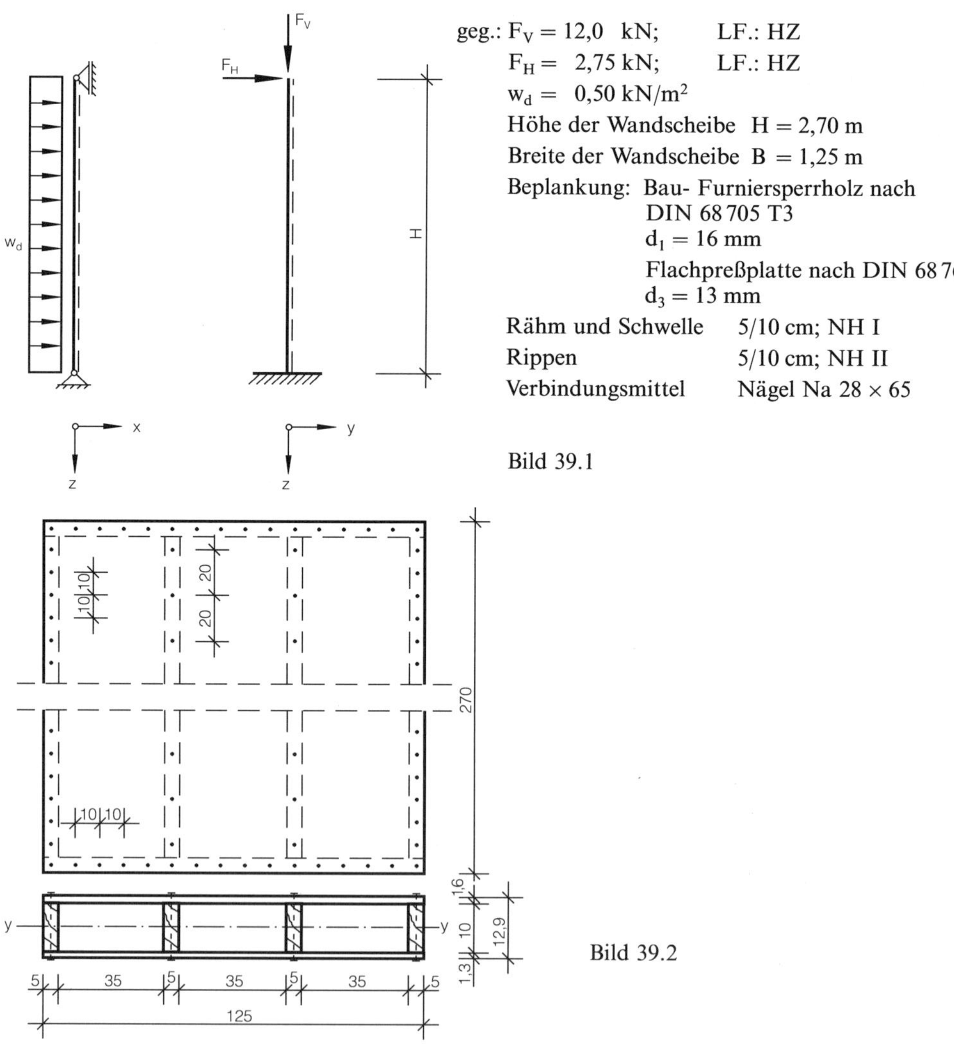

geg.: $F_V = 12{,}0$ kN; LF.: HZ
$F_H = 2{,}75$ kN; LF.: HZ
$w_d = 0{,}50$ kN/m^2
Höhe der Wandscheibe H = 2,70 m
Breite der Wandscheibe B = 1,25 m
Beplankung: Bau- Furniersperrholz nach DIN 68 705 T3
$d_1 = 16$ mm
Flachpreßplatte nach DIN 68 763
$d_3 = 13$ mm
Rähm und Schwelle 5/10 cm; NH I
Rippen 5/10 cm; NH II
Verbindungsmittel Nägel Na 28 × 65

Bild 39.1

Bild 39.2

Erläuterung		Berechnung
Schnittgrößen		
$N_z = F_V$		$N_z = 12{,}0\ \text{kN}$
$Q_x = \dfrac{B \cdot w_d \cdot h}{2}$		$Q_x = \dfrac{1{,}25 \cdot 0{,}50 \cdot 270 \cdot 10^{-2}}{2} = 0{,}84\ \text{kN}$
$Q_y = F_H$		$Q_y = 2{,}75\ \text{kN}$
$M_y = \dfrac{B \cdot w_d \cdot h^2}{8}$		$M_y = \dfrac{1{,}25 \cdot 0{,}50 \cdot 270^2 \cdot 10^{-4}}{8} = 0{,}57\ \text{kNm}$
$M_x = F_H \cdot h$		$M_x = 2{,}75 \cdot 270 \cdot 10^{-2} = 7{,}43\ \text{kNm}$
Querschnittswerte		
mitwirkende Beplankungsbreiten		
Bau-Furniersperrholz		
$b_{M1} = b_1' + b_{M2}$	1	$b_{M1} = 30{,}7 + 5{,}0 = 35{,}7\ \text{cm}$
	2	
$b_{R1} = \dfrac{b_1'}{2} + b_{R2}$	3	$b_{R1} = \dfrac{30{,}7}{2} + 5{,}0 = 20{,}4\ \text{cm}$
$b_1' = \left(1{,}06 - 1{,}4 \cdot \dfrac{b_l}{h}\right) \cdot b_l \leq b_l$		$b_1' = \left(1{,}06 - 1{,}4 \cdot \dfrac{35{,}0}{270}\right) \cdot 35{,}0$
		$= 30{,}7\ \text{cm} < 35{,}0 = b_l$
bei $\dfrac{b_l}{h} \leq 0{,}4$		$\dfrac{b_l}{h} = \dfrac{35{,}0}{270} = 0{,}13 < 0{,}4$
Flachpreßplatte		
$b_{M3} = b_3' + b_{M2}$	1	$b_{M3} = 34{,}4 + 5{,}0 = 39{,}4\ \text{cm}$
	4	
$b_{R3} = \dfrac{b_3'}{2} + b_{R2}$	5	$b_{R3} = \dfrac{34{,}4}{2} + 5{,}0 = 22{,}2\ \text{cm}$

$$b'_3 = \left(1{,}06 - 0{,}6 \cdot \frac{b_l}{h}\right) \cdot b_l \leq b_l$$

bei $\frac{b}{h} \leq 0{,}4$

$b_{M2} = b_{R2}$ Rippenbreite

b_l lichter Rippenabstand

h Tafelhöhe

b_{Mi} mitwirkende Beplankungsbreite je Rippe im Mittelbereich

b_{Ri} mitwirkende Beplankungsbreite je Rippe im Randbereich

$$b'_3 = \left(1{,}06 - 0{,}6 \cdot \frac{35{,}0}{270}\right) \cdot 35{,}0$$

$$= 34{,}4 \text{ cm} < 35{,}0 = b_l$$

$b_{M2} = b_{R2} = 5{,}0$ cm

$b_l = 35{,}0$ cm

$h = 270$ cm

Rippenquerschnitte

$$A_R = A_M = b_2 \cdot h_2$$

A_R Querschnitt der Randrippe

A_M Querschnitt der Mittelrippe

$$A_R = A_M = 5 \cdot 10 = 50 \text{ cm}^2$$

rechnerischer Verbundquerschnitt

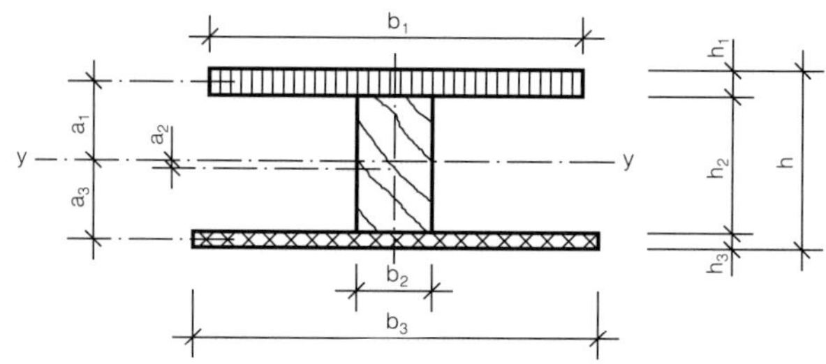

Bild 39.3

6

$$b_1 = 2 \cdot (b_{M1} + b_{R1})$$

$$b_2 = 2 \cdot (b_{M2} + b_{R2})$$

$$b_3 = 2 \cdot (b_{M3} + b_{R3})$$

$$b_1 = 2 \cdot (35{,}7 + 20{,}4) = 112{,}2 \text{ cm}$$

$$b_2 = 4 \cdot 5{,}0 = 20{,}0 \text{ cm}$$

$$b_3 = 2 \cdot (39{,}4 + 22{,}2) = 123{,}2 \text{ cm}$$

Querschnittsfläche

$$A = \sum_{i=1}^{3} A_i \cdot n_i = A_1 \cdot n_1 + A_2 + A_3 \cdot n_3$$

$$A = 179{,}5 \cdot 0{,}45 + 200 + 160{,}2 \cdot 0{,}22 = 316\ \text{cm}^2$$

Flächenmoment 2. Grades

$$\text{ef}\, I_y = \sum_{i=1}^{3} (I_i \cdot n_i + \gamma_i \cdot A_i \cdot n_i \cdot a_i^2) = I_1 \cdot n_1 + I_2 + I_3 \cdot n_3 + \gamma_1 \cdot A_1 \cdot n_1 \cdot a_1^2 + A_2 \cdot a_2^2 + \gamma_3 \cdot A_3 \cdot n_3 \cdot a_3^2$$

7 $\text{ef}\, I_y = 38{,}3 \cdot 0{,}45 + 1666{,}\bar{6} + 22{,}6 \cdot 0{,}22$

8 $+ 0{,}141 \cdot 179{,}5 \cdot 0{,}45 \cdot 5{,}852^2 + 200$

$\cdot\, 0{,}052^2 + 0{,}274 \cdot 160{,}2 \cdot 0{,}22 \cdot 5{,}598^2$

$= 2382\ \text{cm}^4$

$$A_i = b_i \cdot h_i$$

$$A_1 = 112{,}2 \cdot 16 \cdot 10^{-1} = 179{,}5\ \text{cm}^2$$

$$A_2 = 20{,}0 \cdot 10{,}0 = 200{,}0\ \text{cm}^2$$

$$A_3 = 123{,}2 \cdot 13 \cdot 10^{-1} = 160{,}2\ \text{cm}^2$$

$$I_i = \frac{b_i \cdot h_i^3}{12}$$

$$I_1 = \frac{112{,}2 \cdot 16^3 \cdot 10^{-3}}{12} = 38{,}3\ \text{cm}^4$$

$$I_2 = \frac{20 \cdot 10^3}{12} = 1666{,}\bar{6}\ \text{cm}^4$$

$$I_3 = \frac{123{,}2 \cdot 13^3 \cdot 10^{-3}}{12} = 22{,}6\ \text{cm}^4$$

$$\gamma_1 = \frac{1}{1 + \dfrac{\pi^2 \cdot E_1 \cdot A_1 \cdot e_1'}{h^2 \cdot C_1}}$$

$$\gamma_1 = \frac{1}{1 + \dfrac{\pi^2 \cdot 4500 \cdot 179{,}5 \cdot 3{,}3\bar{3} \cdot 10^{-6}}{270^2 \cdot 600 \cdot 10^{-7}}} = 0{,}141$$

$$\gamma_3 = \frac{1}{1 + \dfrac{\pi^2 \cdot E_3 \cdot A_3 \cdot e_3'}{h^2 \cdot C_3}}$$

$$\gamma_3 = \frac{1}{1 + \dfrac{\pi^2 \cdot 2200 \cdot 160{,}2 \cdot 3{,}3\bar{3} \cdot 10^{-6}}{270^2 \cdot 600 \cdot 10^{-7}}} = 0{,}274$$

$$e_1' = e_3' = e' = \frac{e_R \cdot e_M}{2 \cdot (e_R + e_M)}$$

$$e' = \frac{10 \cdot 20}{2 \cdot (10 + 20)} = 3{,}3\bar{3}\ \text{cm}$$

e' mittlere Abstände der Nägel

e_R Abstand der Nägel an den Randrippen — $e_R = 10$ cm

e_M Abstand der Nägel an den Mittelrippen — $e_M = 20$ cm

$C_1 = C_3 = C$ Verschiebungsmodul	**9**	$C = 600$ N/mm
$n_1 = \dfrac{E_1}{E_2}$		$n_1 = \dfrac{4500}{10000} = 0{,}45$
$n_3 = \dfrac{E_3}{E_2}$		$n_3 = \dfrac{2200}{10000} = 0{,}22$
$E_1 = E_{D,Z}$ Elastizitätsmodul der Beplankung aus Bau-Furniersperrholz in Plattenebene	**10**	$E_1 = 4500\ \text{MN/m}^2$
$E_2 = E_{\parallel}$ Elastizitätsmodul der Rippen aus Vollholz	**11**	$E_2 = 10000\ \text{MN/m}^2$
$E_3 = E_{D,Z}$ Elastizitätsmodul der Beplankung aus Flachpreßplatten in Plattenebene	**12**	$E_3 = 2200\ \text{MN/m}^2$
$a_1 = \dfrac{h_1 + h_2}{2} + a_2$	**7** **8**	$a_1 = \dfrac{10 + 1{,}6}{2} + 0{,}052 = 5{,}852$ cm

$$a_2 = \frac{\gamma_1 \cdot E_1 \cdot A_1 \cdot (h_1 + h_2) - \gamma_3 \cdot E_3 \cdot A_3 \cdot (h_2 + h_3)}{2 \cdot (\gamma_1 \cdot E_1 \cdot A_1 + E_2 \cdot A_2 + \gamma_3 \cdot E_3 \cdot A_3)}$$

$$a_2 = \frac{0{,}141 \cdot 4500 \cdot 179{,}5 \cdot (1{,}6 + 10) - 0{,}274 \cdot 2200 \cdot 160{,}2 \cdot (10 + 1{,}3)}{2 \cdot (0{,}141 \cdot 4500 \cdot 179{,}5 + 10000 \cdot 200{,}0 + 0{,}274 \cdot 2200 \cdot 160{,}2)} = 0{,}052 \text{ cm}$$

$a_3 = \dfrac{h_2 + h_3}{2} - a_2$		$a_3 = \dfrac{10 + 1{,}3}{2} - 0{,}052 = 5{,}598$ cm

Flächenmomente 1. Grades

Formel		Berechnung
$S_{1,3} = A_{1,3} \cdot a_{1,3}$	8	$S_1 = 179{,}5 \cdot 5{,}852 = 1050\ \text{cm}^3$
$S_{1,3}$ Flächenmomente 1. Grades der Beplankungen, bezogen auf die maßgebende Spannungsnullebene y–y	13	$S_3 = 160{,}2 \cdot 5{,}598 = 897\ \text{cm}^3$
$S_{2o} = \frac{b_2}{2} \cdot \left(\frac{h_2}{2} - a_2\right)^2$	8 13	$S_{2o} = \frac{20}{2} \cdot \left(\frac{10}{2} - 0{,}052\right)^2 = 245\ \text{cm}^3$
S_{2o} Flächenmoment 1. Grades der oberhalb der maßgebenden Spannungsnullebene y–y liegenden Rippenfläche, bezogen auf die Spannungsnullebene y–y		

Belastung der Wandscheibe durch F_V und w_d

Stabilitätsnachweise

Randspannung in den Rippen

Formel		Berechnung
$\frac{\sigma_{D\parallel 2}}{\text{zul}\,\sigma_k} + \frac{\sigma_{r2}}{\text{zul}\,\sigma'_B} \leq 1$	14	$\frac{\sigma_{D\parallel 2}}{\text{zul}\,\sigma_k} + \frac{\sigma_{r2}}{\text{zul}\,\sigma'_B} = \frac{0{,}38}{3{,}64} + \frac{1{,}21}{12{,}5} = 0{,}20 < 1$
$\sigma_{D\parallel 2} = \frac{N_x}{A}$		$\sigma_{D\parallel 2} = \frac{12{,}0 \cdot 10^{-3}}{316 \cdot 10^{-4}} = 0{,}38\ \text{MN/m}^2$
$\sigma_{r2} = \frac{M_y}{\text{ef}\,I_y} \cdot \left(a_2 + \frac{h_2}{2}\right)$	7 8	$\sigma_{r2} = \frac{0{,}57 \cdot 10^{-3}}{2382 \cdot 10^{-8}} \cdot \left(0{,}052 + \frac{10{,}0}{2}\right) \cdot 10^{-2} = 1{,}21\ \text{MN/m}^2$
$\text{zul}\,\sigma_k = \frac{1{,}25 \cdot \text{zul}\,\sigma_{D\parallel}}{\omega}$ zul. Knickspannung im LF.: HZ	15 16 17	$\text{zul}\,\sigma_k = \frac{1{,}25 \cdot 8{,}5}{2{,}92} = 3{,}64\ \text{MN/m}^2$

$\text{ef}\,\omega = f(\text{ef}\,\lambda_y)$ Knickzahl	19 20	$\text{ef}\,\omega = 2{,}92$
$\text{ef}\,\lambda_y = \dfrac{s_{ky}}{\text{ef}\,i_y}$ Schlankheitsgrad	21	$\text{ef}\,\lambda_y = \dfrac{270}{2{,}74} = 98{,}5$
$s_{ky} = h$ Knicklänge	22	$s_{ky} = 270\ \text{cm}$
$\text{ef}\,i_y = \sqrt{\dfrac{\text{ef}\,I_y}{A}}$ Trägheitsradius		$\text{ef}\,i_y = \sqrt{\dfrac{2382}{316}} = 2{,}74\ \text{cm}$
$\text{zul}\,\sigma'_B = 1{,}25 \cdot \text{zul}\,\sigma_B$ zul. Biegespannung im LF.: HZ	15 16	$\text{zul}\,\sigma'_B = 1{,}25 \cdot 10{,}0 = 12{,}5\ \text{MN/m}^2$

Schwerpunktsspannungen in den Beplankungen

Beplankung – Bau-Furniersperrholz

$\dfrac{\sigma_{D\|1}}{\text{zul}\,\sigma_{k1}} + \dfrac{\sigma_{s1}}{\text{zul}\,\sigma'_{D1}} \leq 1$	14	$\dfrac{\sigma_{D\|1}}{\text{zul}\,\sigma_{k1}} + \dfrac{\sigma_{s1}}{\text{zul}\,\sigma'_{D1}} = \dfrac{0{,}17}{3{,}42} + \dfrac{0{,}09}{10{,}0} = 0{,}06 < 1$
$\sigma_{D\|1} = \dfrac{N_Z}{A} \cdot n_1$		$\sigma_{D\|1} = \dfrac{12{,}0 \cdot 10^{-3}}{316 \cdot 10^{-4}} \cdot 0{,}45 = 0{,}17\ \text{MN/m}^2$
$\sigma_{s1} = \dfrac{M_y}{\text{ef}\,I_y} \cdot \gamma_1 \cdot a_1 \cdot n_1$	7 8	$\sigma_{s1} = \dfrac{0{,}57 \cdot 10^{-3}}{2382 \cdot 10^{-8}} \cdot 0{,}141 \cdot 5{,}852 \cdot 0{,}45 \cdot 10^{-2} = 0{,}09\ \text{MN/m}^2$
$\text{zul}\,\sigma_{k1} = \dfrac{1{,}25 \cdot \text{zul}\,\sigma_{Dx1}}{\text{ef}\,\omega}$		$\text{zul}\,\sigma_{k1} = \dfrac{1{,}25 \cdot 8{,}0}{2{,}92} = 3{,}42\ \text{MN/m}^2$
$\text{zul}\,\sigma'_{D1} = 1{,}25 \cdot \text{zul}\,\sigma_{Dx1}$	16 23	$\text{zul}\,\sigma'_{D1} = 1{,}25 \cdot 8{,}0 = 10{,}0\ \text{MN/m}^2$

Beplankung – Flachpreßplatte

$\dfrac{\sigma_{D\|3}}{\text{zul}\,\sigma_{k3}} + \dfrac{\sigma_{s3}}{\text{zul}\,\sigma_{D3}} \leq 1$	14	$\dfrac{\sigma_{D\|3}}{\text{zul}\,\sigma_{k3}} + \dfrac{\sigma_{s3}}{\text{zul}\,\sigma_{D3}} = \dfrac{0{,}08}{1{,}28} + \dfrac{0{,}08}{3{,}75} = 0{,}08 < 1$
$\sigma_{D\|3} = \dfrac{N_x}{A} \cdot n_3$		$\sigma_{D\|3} = \dfrac{12{,}0 \cdot 10^{-3}}{316 \cdot 10^{-4}} \cdot 0{,}22 = 0{,}08\ \text{MN/m}^2$
$\sigma_{s3} = \dfrac{M_y}{\text{ef}\,I_y} \cdot \gamma_3 \cdot a_3 \cdot n_3$	7 8	$\sigma_{s3} = \dfrac{0{,}57 \cdot 10^{-3}}{2382 \cdot 10^{-8}} \cdot 0{,}274 \cdot 5{,}598 \cdot 0{,}22 \cdot 10^{-2} = 0{,}08\ \text{MN/m}^2$

$$\text{zul}\,\sigma_{k3} = \frac{1{,}25 \cdot \text{zul}\,\sigma_{Dx3}}{\text{ef}\,\omega}$$

$$\text{zul}\,\sigma_{k3} = \frac{1{,}25 \cdot 3{,}0}{2{,}92} = 1{,}28\ \text{MN/m}^2$$

$$\text{zul}\,\sigma'_{D3} = 1{,}25 \cdot \text{zul}\,\sigma_{Dx3}$$

16 23 $$\text{zul}\,\sigma'_{D3} = 1{,}25 \cdot 3{,}0 = 3{,}75\ \text{MN/m}^2$$

Verbindungsmittel

Rippe – Beplankung mit Bau-Furniersperrholz

Schubfluß

$$\text{ef}\,t_1 = \frac{\max Q}{\text{ef}\,I_y} \cdot \gamma_1 \cdot n_1 \cdot S_1$$

8 13 $$\text{ef}\,t_1 = \frac{1{,}42}{2382} \cdot 0{,}141 \cdot 0{,}45 \cdot 1050 = 3{,}97 \cdot 10^{-2}\ \text{kN/cm}$$

$$\max Q = Q_x + Q_i$$

$$\max Q = 0{,}84 + 0{,}58 = 1{,}42\,\text{kN}$$

$$Q_i = \frac{\text{ef}\,\omega \cdot N_z}{60}$$

$$Q_i = \frac{2{,}92 \cdot 12{,}0}{60} = 0{,}58\,\text{kN}$$

Q_i wirksame Querkraft

Nagelung

$$\text{erf}\,e' = \frac{\text{zul}\,N_1}{\text{ef}\,t_1} \geqslant \text{vorh}\,e'$$

13 $$\text{erf}\,e' = \frac{0{,}383}{3{,}97 \cdot 10^{-2}} = 9{,}6\,\text{cm} > 3{,}3\overline{3}\ \text{cm} = \text{vorh}\,e'$$

$$\text{zul}\,N_1 = 1{,}25 \cdot \frac{500 \cdot d_n^2}{10 + d_n}\ \text{in N}$$

16 24 $$\text{zul}\,N_1 = 1{,}25 \cdot \frac{500 \cdot 2{,}8^2}{10 + 2{,}8} = 383\,\text{N} \mathrel{\widehat{=}} 0{,}383\ \text{kN}$$

25 $\text{zul}\,N_1$ zul. Belastung eines Nagels im LF.: HZ

d_n Nageldurchmesser in mm

Rippe – Beplankung mit Flachpreßplatten

Schubfluß

$$\text{ef}\,t_3 = \frac{\max Q}{\text{ef}\,I_y} \cdot \gamma_3 \cdot n_3 \cdot S_3$$

8 13 $$\text{ef}\,t_3 = \frac{1{,}42}{2382} \cdot 0{,}274 \cdot 0{,}22 \cdot 897 = 3{,}22 \cdot 10^{-2}\,\text{kN/cm}$$

Nagelung

$$\text{erf}\,e' = \frac{\text{zul}\,N_1}{\text{ef}\,t_3} \geqslant \text{vorh}\,e'$$

13 $$\text{erf}\,e' = \frac{0{,}383}{3{,}22 \cdot 10^{-2}} = 11{,}9\ \text{cm} > 3{,}3\overline{3}\,\text{cm} = \text{vorh}\,e'$$

Schubspannung in der Rippe

$\frac{\tau}{\text{zul}\,\tau'_Q} \leq 1$		$\frac{\tau}{\text{zul}\,\tau'_Q} = \frac{0{,}055}{1{,}125} = 0{,}05 < 1$
$\tau = \frac{Q_x}{b_2 \cdot \text{ef}\,I_y} \cdot (\gamma_1 \cdot n_1 \cdot S_1 + S_{2o})$	**8** **13**	$\tau = \frac{0{,}84 \cdot 10^{-3}}{20 \cdot 10^{-2} \cdot 2382 \cdot 10^{-8}} \cdot (0{,}141 \cdot 0{,}45 \cdot 1050 + 245) \cdot 10^{-6} = 0{,}055\ \text{MN/m}^2$
$\text{zul}\,\tau'_Q = 1{,}25 \cdot \text{zul}\,\tau_Q$	**15** **16**	$\text{zul}\,\tau'_Q = 1{,}25 \cdot 0{,}9 = 1{,}125\ \text{MN/m}^2$

Beulnachweis

Beplankung – Bau-Furniersperrholz

$\text{zul}\,b_{l1} \geqslant \text{vorh}\,b_l$	**26**	$\text{zul}\,b_{l1} = 80\ \text{cm} > 35\ \text{cm} = \text{vorh}\,b_l$
$\text{zul}\,b_{l1} = 1{,}25 \cdot h_1 \cdot \sqrt{\frac{E_{Bv1}}{\sigma_{Dx1}}}$		$\text{zul}\,b_{l1} = 1{,}25 \cdot 1{,}6 \cdot \sqrt{\frac{2872}{0{,}26}} = 210\ \text{cm}$
$\leq 50 \cdot h_1$		$> 50 \cdot 1{,}6 = 80\ \text{cm}$
$E_{Bv1} = \sqrt{E_{Bx1} E_{By1}}$		$E_{Bv1} = \sqrt{5500 \cdot 1500} = 2872\ \text{MN/m}^2$
$\sigma_{Dx1} = \sigma_{D\parallel 1} + \sigma_{s1}$		$\sigma_{Dx1} = 0{,}17 + 0{,}09 = 0{,}26\ \text{MN/m}^2$
	10	$E_{Bx1} = 5500\ \text{MN/m}^2$
	10	$E_{By1} = 1500\ \text{MN/m}^2$

Beplankung – Flachpreßplatten

$\text{zul}\,b_{l3} \geqslant \text{vorh}\,b_l$	**26**	$\text{zul}\,b_{l3} = 65\ \text{cm} > 35\ \text{cm} = \text{vorh}\,b_l$
$\text{zul}\,b_{l3} = 1{,}25 \cdot h_3 \cdot \sqrt{\frac{E_{Bv3}}{\sigma_{Dx3}}}$		$\text{zul}\,b_{l3} = 1{,}25 \cdot 1{,}3 \cdot \sqrt{\frac{3200}{0{,}16}} = 230\ \text{cm}$
$\leq 50 \cdot h_3$		$> 50 \cdot 1{,}3 = 65\ \text{cm}$

$E_{Bv3} = E_{Bx3} = E_{By3}$

12 $E_{Bv3} = 3200\ MN/m^2$

$\sigma_{Dx3} = \sigma_{D\|3} + \sigma_{s3}$

$\sigma_{Dx3} = 0{,}08 + 0{,}08 = 0{,}16\ MN/m^2$

E_{Bv1}; E_{Bv3} Vergleichsbiege-Elastizitätsmodul der Beplankungen

E_{Bx1}; E_{Bx3} Elastizitätsmodul der Beplankungen parallel der Spannrichtung bei Biegung ⊥ zur Plattenebene

E_{By1}; E_{By3} Elastizitätsmodul der Beplankungen rechtwinklig der Spannrichtung bei Biegung ⊥ zur Plattenebene

σ_{Dx1}; σ_{Dx3} Druckspannung in den Beplankungen

Belastung der Wandscheibe durch $F_V + F_H$

Beanspruchungen

Druckkraft D_1 der Randrippe im Schwellenbereich

$D_1 = D_F + D_H$

$D_1 = 1{,}92 + 4{,}13 = 6{,}05\ kN$

$$D_F = N_x \cdot \frac{\text{zul}\,D_R}{2 \cdot (\text{zul}\,D_R + \text{zul}\,D_M) + \text{zul}\,D_{Bepl.}}$$

27 $$D_F = 12{,}0 \cdot \frac{10{,}0}{2 \cdot (10{,}0 + 16{,}5) + 9{,}58} = 1{,}92\ kN$$

$\text{zul}\,D_R = 1{,}25 \cdot k_{D\perp R} \cdot A_R \cdot \text{zul}\,\sigma_{D\perp}$

16 $\text{zul}\,D_R = 1{,}25 \cdot 0{,}8 \cdot 50 \cdot 10^{-4} \cdot 2{,}0 \cdot 10^3 = 10{,}0\ kN$

$\text{zul}\,D_M = 1{,}25\ k_{D\perp M} \cdot A_M \cdot \text{zul}\,\sigma_{D\perp}$

$\text{zul}\,D_M = 1{,}25 \cdot 1{,}32 \cdot 50 \cdot 10^{-4} \cdot 2{,}0 \cdot 10^3 = 16{,}5\ kN$

$\text{zul}\,D_{Bepl.} = n_s \cdot \text{zul}\,N_1$

$\text{zul}\,D_{Bepl.} = 25 \cdot 0{,}383 = 9{,}58\ kN$

$$k_{D\perp M} = \sqrt[4]{\frac{150}{b_R}}$$

28 $$k_{D\perp M} = \sqrt[4]{\frac{150}{50}} = 1{,}32$$

D_F	Druckkraftanteil inf. F_V		
$\text{zul}\, D_R$	zul. Druckkraft in einer Randrippe im LF.: HZ		
$\text{zul}\, D_M$	zul. Druckkraft in einer Mittelrippe im LF.: HZ		
$\text{zul}\, D_{Bepl.}$	zul. Anschlußkraft der Beplankung im LF.: HZ		
$k_{D\perp M}$	Faktor zur Erhöhung der zul. Druckspannung am Anschluß Mittelrippe–Schwelle		
$k_{D\perp R}$	Faktor zur Abminderung der zul. Druckspannung am Anschluß Randrippe–Schwelle	28	$k_{D\perp R} = 0{,}8$
$n_s = 2 \cdot \frac{B}{e_s}$	Anzahl der Nägel für den Anschluß Beplankung–Schwelle		$n_s = 2 \cdot \frac{1{,}25}{0{,}10} = 25$
e_s	Nagelabstand an der Schwelle		
$D_H = \alpha_1 \cdot F_H \cdot \frac{H}{B_{s1}}$		29	$D_H = \frac{2}{3} \cdot 2{,}75 \cdot \frac{2{,}70}{1{,}20} = 4{,}13\ \text{kN}$
D_H	Druckkraftanteil inf. F_H		
α_1	Faktor für Tafeln mit einer Rasterbreite $b \geq 1{,}2$ m	30	$\alpha_1 = \frac{2}{3}$
B_{s1}	Achsabstand der Randrippen		$B_{s1} = 1{,}25 - 0{,}05 = 1{,}2$ m

Anker-Zugkraft infolge F_H

$Z_A = \frac{F_H \cdot H}{B_{s1}}$	29	$Z_A = \frac{2{,}75 \cdot 2{,}70}{1{,}20} = 6{,}19\ \text{kN}$

Zugkraft Z in der Beplankung infolge F_H

$$Z_{Bepl.} = \frac{F_H}{\cos\alpha} \qquad Z_{Bepl.} = \frac{2{,}75}{\cos 65{,}2^\circ} = 6{,}56\ \text{kN}$$

$$\alpha = \arctan\left(\frac{H}{B}\right) \qquad \alpha = \arctan\left(\frac{2{,}70}{1{,}25}\right) = 65{,}2^\circ$$

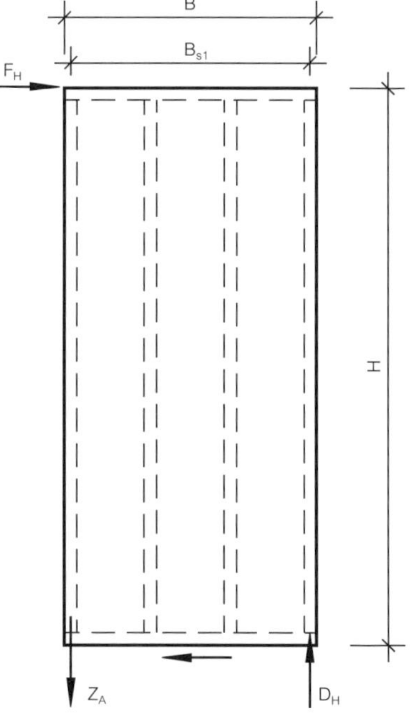

Bild 39.4

Stabilitätsnachweis für die Randrippe

17 $$\frac{\sigma_{D\parallel}}{\text{zul}\,\sigma_k} \leq 1 \qquad \frac{\sigma_{D\parallel}}{\text{zul}\,\sigma_k} = \frac{1{,}21}{3{,}64} = 0{,}3 < 1$$

$$\sigma_{D\parallel} = \frac{D_1}{A_R} \qquad \sigma_{D\parallel} = \frac{6{,}05 \cdot 10^{-3}}{50 \cdot 10^{-4}} = 1{,}21\ \text{MN/m}^2$$

Spannungsnachweis für die Beplankung

29 Die Beplankungen sowie ihr Anschluß brauchen bei beidseitig beplankten Tafeln nicht nachgewiesen zu werden, wenn

$B \geq 1{,}0$ m

$e \leq 40 \cdot d_n$

e Abstand der Nägel

$B = 1{,}25 \text{ m} > 1{,}0 \text{ m}$

$e = 10 \text{ cm} < 40 \cdot 0{,}28 = 11{,}2 \text{ cm}$

Ein Nachweis der Beplankungen sowie ihr Anschluß ist nicht erforderlich.

Schwellenpressung Randrippe

$D_l \leq \text{zul}\, D_R$

27 $D_l = 6{,}05 < 10{,}0 = \text{zul}\, D_R$

Zugverankerung

Die durch den einseitigen Anschluß entstehenden zusätzlichen Beanspruchungen können vernachlässigt werden.

gew.: Flachstahlanker 50/4 mm
3 Sechskant-Holzschrauben nach DIN 571
$d_s = 8$ mm Nenndurchmesser der Holzschrauben
$l_s = 90$ mm Nennlänge der Holzschrauben

$Z \leq \text{zul}\, N$

$Z = 4{,}89 \text{ kN} < 5{,}10 \text{ kN} = \text{zul}\, N$

29 $Z = 1{,}1 \cdot Z_A - D_F$ — $Z = 1{,}1 \cdot 6{,}19 - 1{,}92 = 4{,}89 \text{ kN}$

16

31 $\text{zul}\, N = n \cdot 1{,}25^2 \cdot 17 \cdot d_s^2$ in N — $\text{zul}\, N = 3 \cdot 1{,}25^2 \cdot 17 \cdot 8^2 = 5100 \text{ N} \mathrel{\hat{=}} 5{,}10 \text{ kN}$

n Anzahl der Sechskant-Holzschrauben

d_s Nenndurchmesser in mm

Einschraubtiefe

31 $\text{erf}\, s \leq \text{vorh}\, s$ — $\text{erf}\, s = 6{,}4 \text{ cm} < 7{,}0 = \text{vorh}\, s$

$\text{erf}\, s = 8 \cdot d_s$ — $\text{erf}\, s = 8 \cdot 0{,}8 = 6{,}4 \text{ cm}$

$\text{vorh}\, s = l_s - d_{Fl} - d_1$ — $\text{vorh}\, s = 9 - 0{,}4 - 1{,}6 = 7{,}0 \text{ cm}$

Mindestabstände

untereinander in Kraftrichtung $e_{\parallel} \geq 5 \cdot d_s$	32	$e_{\parallel} = 5{,}0 \text{ cm} > 5 \cdot 0{,}8 = 4{,}0 \text{ cm}$
vom Rand parallel zur Kraftrichtung $e_{\parallel} \geq 10 \cdot d_s$		$e_{\parallel} = 10{,}0 \text{ cm} > 10 \cdot 0{,}8 = 8{,}0 \text{ cm}$
vom Rand rechtwinklig zur Kraftrichtung $e_{\perp} \geq 3 \cdot d_s$		$e_{\perp} = \frac{5{,}0}{2} = 2{,}5 \text{ cm} > 3 \cdot 0{,}8 = 2{,}4 \text{ cm}$

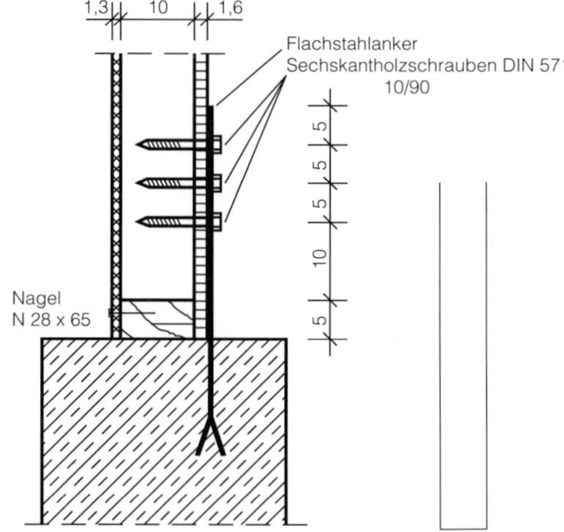

Bild 39.5

1	**DIN 1052 T1, 11.2.2**
2	**Holzbau-TB Bd. 2, Tab. 3.6-1, Seite 232**
3	**Holzbau-TB Bd. 2, Tab. 3.6-2, Seite 233**
4	**Holzbau-TB Bd. 2, Tab. 3.6-3, Seite 234**
5	**Holzbau-TB Bd. 2, Tab. 3.6-4, Seite 235**
6	**DIN 1052 T1, 11.2.3**
7	**DIN 1052 T1, 8.3.1**
8	**Holzbau-TB Bd. 2, Tab. 3.3-13, Seite 166**
9	**DIN 1052 T1, Tab. 8**
10	**DIN 1052 T1, Tab. 2**
11	**DIN 1052 T1, Tab. 1**
12	**DIN 1052 T1, Tab. 3**

13 DIN 1052 T1, 8.3.3
14 DIN 1052 T1, 9.4
15 DIN 1052 T1, Tab. 5
16 DIN 1052 T1, 5.1.6
17 DIN 1052 T1, 9.3.2
18 Holzbau-TB Bd. 2, Tab. 3.4-7, Seite 193
19 DIN 1052 T1, Tab. 10
20 Holzbau-TB Bd. 2, Tab. 3.4-6, Seite 193
21 DIN 1052 T1, 9.2
22 DIN 1052 T1, 9.1
23 DIN 1052 T1, Tab. 23
24 DIN 1052 T2, 6.2.2
25 Holzbau-TB Bd. 2, Tab. 4.4-4, Seite 294
26 DIN 1052 T1, 11.2.4
27 DIN 1052 T1, 11.4.3.1
28 DIN 1052 T1, 5.1.11
29 DIN 1052 T1, 11.4.2.1
30 DIN 1052 T1, Tab. 14
31 DIN 1052 T2, 9.2
32 DIN 1052 T2, 9.3

Beispiel 40
Kopfbandbalken

Aufgabenstellung

Für ein Pfettendach sind der Kopfbandbalken, das Kopfband und der Stiel zu bemessen.

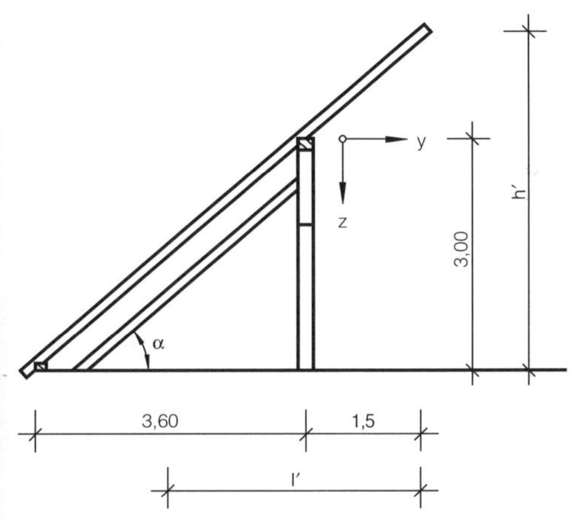

geg.: $\alpha = 40°$

$\sin\alpha = 0{,}643$

$\cos\alpha = 0{,}766$

Lasteinflußlängen

$l' = 3{,}60$ m

$h' = 4{,}26$ m

NH II

LF.: H bzw. HZ

Höhenlage über Gelände 0 bis 8 m

Höhe über NN < 300 m

Schneezone I

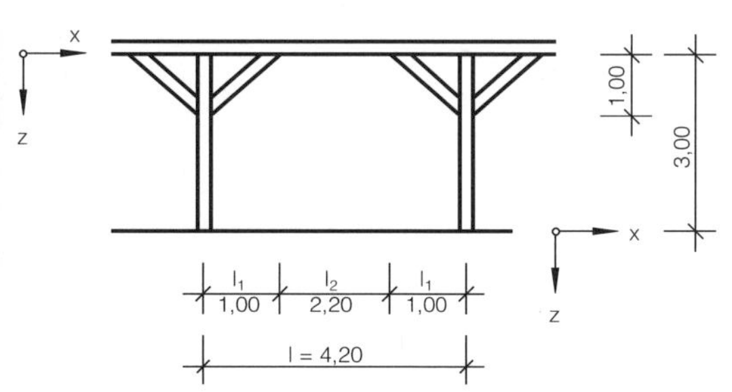

Bild 40.1

Erläuterung		Berechnung
Lastannahmen		
Eigengewicht	1	Deutsches Schieferdach einschl. Schalung 0,50 kN/m² Sparren, Pfetten 0,20 kN/m² $g = 0{,}70$ kN/m² Dfl.

Wind $w_d = c_p \cdot q$	2	$w_d = 0{,}6 \cdot 0{,}5 = 0{,}3$ kN/m² Dfl.
$w'_d = 1{,}25 \cdot w_d$		$w'_d = 1{,}25 \cdot 0{,}3 = 0{,}375$ kN/m² Dfl.
$w_s = c_p \cdot q$		$w_s = -0{,}6 \cdot 0{,}5 = -0{,}3$ kN/m² Dfl.
c_p Druckbeiwert		
q Staudruck		
Schnee $\bar{s} = k_s \cdot s_o$	3	$\bar{s} = 0{,}75 \cdot 0{,}75 = 0{,}56$ kN/m² Gfl.
$k_s = 1 - \dfrac{\alpha - 30^\circ}{40^\circ}$		$k_s = 1 - \dfrac{40^\circ - 30^\circ}{40^\circ} = 0{,}75$
$0 \leq k_s \leq 1$		
s_o Regelschneelast		$s_o = 0{,}75$ kN/m² Gfl.

Streckenlasten

Berücksichtigung der gleichzeitigen Wirkung von Schnee- und Windlast	4	
$q_z = \left(\dfrac{g}{\cos\alpha} + \bar{s} + \dfrac{w'_d}{2}\right) \cdot l'$		$q_z = \left(\dfrac{0{,}70}{0{,}766} + 0{,}56 + \dfrac{0{,}375}{2}\right) \cdot 3{,}60 = 5{,}98\,\text{kN/m}$
$q_y = w'_d \cdot h'$		$q_y = 0{,}375 \cdot 4{,}26 = 1{,}60$ kN/m

Schnittgrößen

Kopfbandbalken		
$M_y = \dfrac{q_z \cdot l_2^2}{8}$	5	$M_y = \dfrac{5{,}98 \cdot 2{,}20^2}{8} = 3{,}62\,\text{kNm}$
$M_z = \dfrac{q_y \cdot l^2}{8}$		$M_z = \dfrac{1{,}60 \cdot 4{,}20^2}{8} = 3{,}53\,\text{kNm}$
Kopfband (Strebe)		
$N = \dfrac{A_z}{2 \cdot \cos 45^\circ}$		$N = \dfrac{25{,}12}{2 \cdot \cos 45^\circ} = 17{,}76\,\text{kN}$
$A_z = q_z \cdot l$		$A_z = 5{,}98 \cdot 4{,}20 = 25{,}12$ kN
Stiel		
$N = q_z \cdot l = A_z$		$N = 25{,}12$ kN

Querschnittswahl

Kopfbandbalken (Pfette)	6	gew.: 14/20 cm
Kopfband (Streben)	7	10/14 cm
Stiel	8	14/18 cm

Spannungsnachweis für den Kopfbandbalken

Beim abgestrebten Pfettendach wird der Kopfbandbalken auf Doppelbiegung beansprucht, da er vertikale und horizontale Kräfte aufnimmt.

$$\frac{\sigma_B}{\text{zul}\,\sigma_B} \le 1$$

$$\sigma_B = \frac{M_y}{W_y} + \frac{M_z}{W_z}$$

Der Kopfbandbalken ist durch die Sparren ausreichend seitlich gehalten. Damit entfällt der Stabilitätsnachweis für biegebeanspruchte Bauteile.

9
10
$$\frac{\sigma_B}{\text{zul}\,\sigma_B} = \frac{9{,}28}{10{,}0} = 0{,}93 < 1$$

$$\sigma_B = \frac{3{,}62 \cdot 6 \cdot 10^{-3}}{14 \cdot 20^2 \cdot 10^{-6}} + \frac{3{,}53 \cdot 6 \cdot 10^{-3}}{20 \cdot 14^2 \cdot 10^{-6}}$$

$$= 3{,}88 + 5{,}40 = 9{,}28\ \text{MN/m}^2$$

Anschluß des Kopfbandes

$$t_v = \frac{N \cdot \cos^2 \alpha/2}{b \cdot \text{zul}\,\sigma_{D\measuredangle}}$$

$$\text{zul}\,\sigma_{D\measuredangle} = \text{zul}\,\sigma_{D\parallel} - (\text{zul}\,\sigma_{D\parallel} - \text{zul}\,\sigma_{D\perp}) \cdot \sin\alpha$$

11
12
$$t_v = \frac{17{,}76 \cdot 0{,}924^2 \cdot 10^{-3}}{0{,}14 \cdot 6{,}01} = 0{,}018\,\text{m}$$

$$\hat{=}\ 1{,}8\ \text{cm}$$

13
14
$$\text{zul}\,\sigma_{D45°/2} = 8{,}5 - (8{,}5 - 2{,}0) \cdot \sin(45°/2) = 6{,}01\ \text{MN/m}^2$$

$$\cos\alpha/2 = 0{,}924$$

$$\text{gew.: } t_v = 3{,}0\,\text{cm} \le \frac{h}{6} = \frac{18}{6} = 3{,}0\,\text{cm}$$

Stabilitätsnachweis für das Kopfband

$$\frac{\sigma_{D\parallel}}{\text{zul}\,\sigma_k} + \frac{\sigma_B}{k_B \cdot 1{,}1 \cdot \text{zul}\,\sigma_B} \le 1$$

$$k_B \cdot 1{,}1 \overset{!}{\le} 1{,}0$$

$$\sigma_{D\parallel} = \frac{N}{A}$$

$$\sigma_B = \frac{N \cdot e}{W}$$

15
$$\frac{\sigma_{D\parallel}}{\text{zul}\,\sigma_k} + \frac{\sigma_B}{1{,}0 \cdot \text{zul}\,\sigma_B} = \frac{1{,}27}{6{,}07} + \frac{2{,}67}{1{,}0 \cdot 10} = 0{,}21 + 0{,}27 = 0{,}48 < 1$$

13
$$\sigma_{D\parallel} = \frac{17{,}76}{140} \cdot 10 = 1{,}27\,\text{MN/m}^2$$

$$\sigma_B = \frac{17{,}76 \cdot 3{,}5 \cdot 10}{233} = 2{,}67\,\text{MN/m}^2$$

$e = \frac{h}{2} - \frac{t_v}{2}$		$e = \frac{10}{2} - \frac{3}{2} = 3{,}5\,\text{cm}$
$A = b \cdot h$		$A = 14 \cdot 10 = 140\,\text{cm}^2$
$W = \frac{b \cdot h^2}{6}$		$W = \frac{14 \cdot 10^2}{6} = 233\,\text{cm}^3$
$\text{zul}\,\sigma_k = \frac{\text{zul}\,\sigma_{D\parallel}}{\omega}$	**16**	$\text{zul}\,\sigma_k = \frac{8{,}5}{1{,}40} = 6{,}07\,\text{MN/m}^2$
$\omega = f_{(\lambda)}$ Knickzahl	**17** **18**	$\omega = 1{,}40$
$\lambda = \frac{s_k}{\min i}$ Schlankheitsgrad	**19**	$\lambda = \frac{141}{2{,}89} = 48{,}9$
s_k Knicklänge	**20**	$s_k = 1{,}0\,\text{m}$
$\min i = 0{,}289 \cdot b$ Trägheitsradius		$\min i = 0{,}289 \cdot 10 = 2{,}89\,\text{cm}$
$k_B = \begin{cases} 1 \\ 1{,}56 - 0{,}75 \cdot \lambda_B \\ 1/\lambda_B^2 \end{cases}$	**21** **22**	$k_B = 1$
für $\lambda_B \leq 0{,}75$ für $0{,}75 \leq \lambda_B \leq 1{,}4$ für $\lambda_B > 1{,}4$		
$\lambda_B = \sqrt{\frac{s \cdot h \cdot \gamma_1 \cdot \text{zul}\,\sigma_B}{\pi \cdot b^2 \cdot \sqrt{E_\parallel \cdot G_T}}}$ Kippschlankheitsgrad		$\lambda_B = \sqrt{\frac{1{,}41 \cdot 0{,}1 \cdot 2{,}0 \cdot 8{,}5}{\pi \cdot 0{,}14^2 \cdot \sqrt{10\,000 \cdot 333}}} = 0{,}15 < 0{,}75$
s Abstand der unverschieblichen Punkte		$s = \sqrt{1^2 + 1^2} = 1{,}41\,\text{m}$
γ_1 Lasterhöhungsfaktor		$\gamma_1 = 2{,}0$
$E_\parallel$ Elastizitätsmodul parallel zur Faserrichtung	**23**	$E_\parallel = 10\,000\,\text{MN/m}^2$
G_T Torsionsmodul	**23** **24**	$G_T = \frac{2}{3} \cdot 500\,\text{MN/m}^2 = 333\,\text{MN/m}^2$

Knicknachweis des Stiels

Nachweis in zwei Richtungen, da Knicklängen unterschiedlich sind.

$\frac{\sigma_{D\parallel}}{\text{zul}\,\sigma_k} \leq 1$	**25**	$\frac{\sigma_{D\parallel}}{\text{zul}\,\sigma_k} = \frac{1{,}00}{4{,}25} = 0{,}24 < 1$

$\sigma_{D\parallel} = \frac{N}{A}$		$\sigma_{D\parallel} = \frac{25{,}12 \cdot 10^{-3}}{252 \cdot 10^{-4}} = 1{,}00\ \mathrm{MN/m^2}$
$A = b \cdot d$		$A = 14 \cdot 18 = 252\ \mathrm{cm^2}$
$\mathrm{zul}\,\sigma_k = \frac{\mathrm{zul}\,\sigma_{D\parallel}}{\omega}$	9 16	$\mathrm{zul}\,\sigma_k = \frac{8{,}50}{2{,}00} = 4{,}25\ \mathrm{MN/m^2}$
$\omega = f(\lambda)$ maßgebende Knickzahl	17 18	$\omega = 2{,}00$
$\lambda = \frac{s_k}{i}$ Schlankheitsgrad	19	$\lambda_y = \frac{300}{4{,}05} = 74$; maßgebend $\lambda_z = \frac{200}{5{,}2} \cong 38$
s_k Knicklänge	20	$s_{ky} = 3{,}00\ \mathrm{m}$ $s_{kz} = 3{,}00 - 1{,}00 = 2{,}00\ \mathrm{m}$
$i_y = \sqrt{\frac{I_y}{A}} = 0{,}289 \cdot b$		$i_y = 0{,}289 \cdot 14 = 4{,}05\ \mathrm{cm}$
$i_z = \sqrt{\frac{I_z}{A}} = 0{,}289 \cdot h$		$i_z = 0{,}289 \cdot 18 = 5{,}20\ \mathrm{cm}$
Nachweis der Schwellenpressung		
$\frac{\sigma_{D\perp}}{\mathrm{zul}\,\sigma'_{D\perp}} \leq 1$		$\frac{\sigma_{D\perp}}{\mathrm{zul}\,\sigma'_{D\perp}} = \frac{1{,}13}{1{,}60} = 0{,}71 < 1$
$\sigma_{D\perp} = \frac{N}{A_n}$		$\sigma_{D\perp} = \frac{25{,}12 \cdot 10}{222} = 1{,}13\ \mathrm{MN/m^2}$
$A_n = b \cdot d - \Delta A$		$A_n = 14 \cdot 18 - 3 \cdot 10 = 222\ \mathrm{cm^2}$
$\mathrm{zul}\,\sigma'_{D\perp} = k_{D\perp} \cdot \mathrm{zul}\,\sigma_{D\perp}$	6	$\mathrm{zul}\,\sigma'_{D\perp} = 0{,}8 \cdot 2{,}0 = 1{,}6\ \mathrm{MN/m^2}$
$k_{D\perp} = 0{,}8$	26 27	

Die Aufnahme der horizontalen Windkräfte (q_y) erfolgt über die Strebe (siehe Bild 41.1).

Der Durchbiegungsnachweis wird hier nicht geführt.

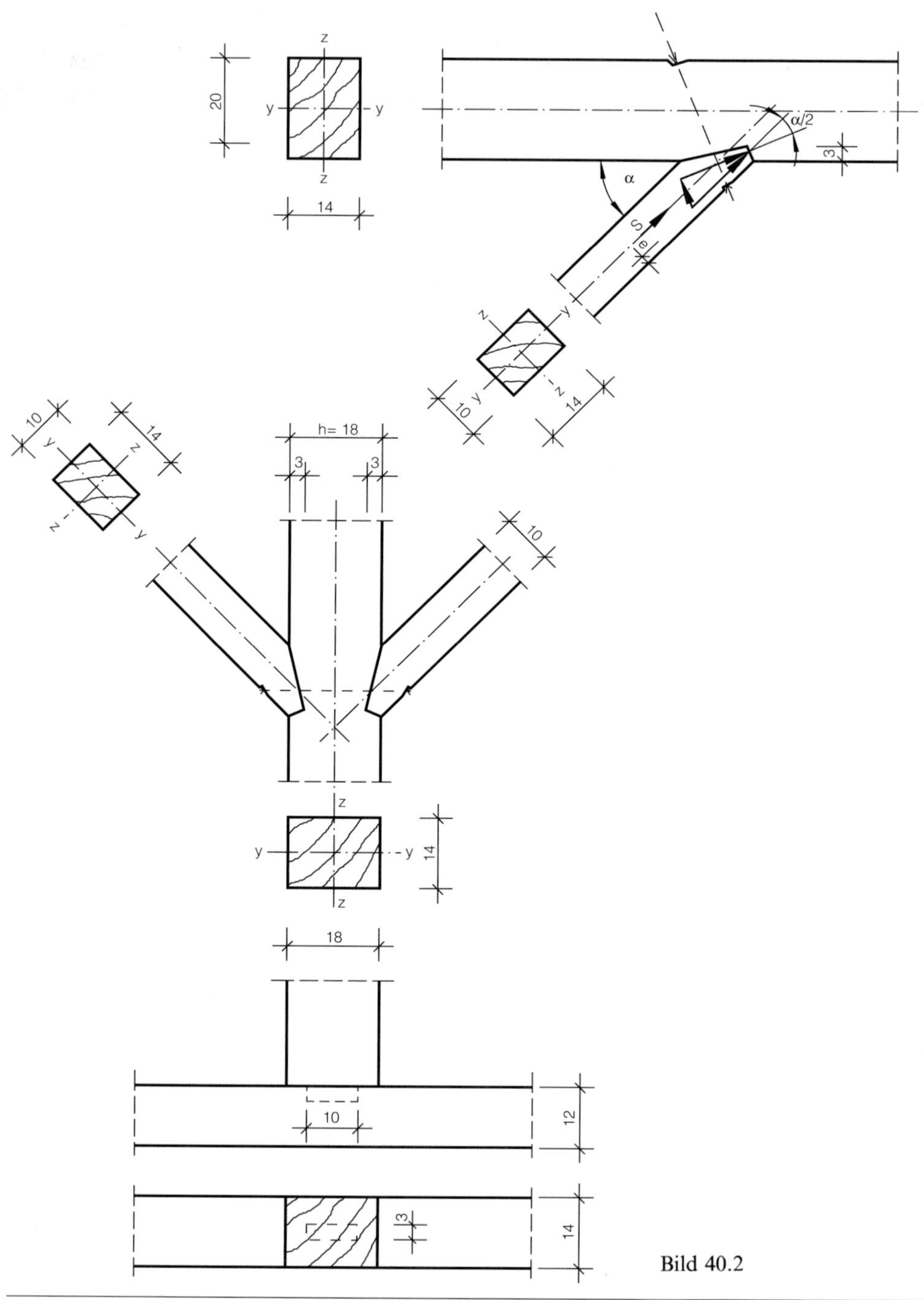

Bild 40.2

1 DIN 1055 T1
2 DIN 1055 T4
3 DIN 1055 T5
4 DIN 1055 T5, 5.1
5 DIN 1052 T1, 8.2.4
6 Holzbau-TB Bd. 2, Nomogr. 3.3-12, Seite 160
7 Holzbau-TB Bd. 2, Nomogr. 3.4-6, Seite 201
8 Holzbau-TB Bd. 2, Nomogr. 3.4-14, Seite 211
9 DIN 1052 T1, Tab. 5
10 DIN 1052 T1, 8.2.1.1
11 DIN 1052 T2, 12
12 Holzbau-TB Bd. 2, Nomogr. 4.9-2, Seite 315
13 DIN 1052 T1, 5.1.5
14 Holzbau-TB Bd. 2, Tab. 3.1-15, Seite 60
15 DIN 1052 T1, 9.4
16 Holzbau-TB Bd. 2, Tab. 3.4-7, Seite 193
17 DIN 1052 T1, Tab. 10
18 Holzbau-TB Bd. 2, Tab. 3.4-6, Seite 193
19 DIN 1052 T1, 9.2
20 DIN 1052 T1, 9.1
21 DIN 1052 T1, 8.6.1
22 Holzbau-TB Bd. 2, Nomogr. 3.3-10, Seite 91
23 DIN 1052 T1, Tab. 1
24 DIN 1052 T1, 4.1.1
25 DIN 1052 T1, 9.3.2
26 DIN 1052 T1, 5.1.11
27 Holzbau-TB Bd. 2, Tab. 3.1-14, Seite 59

Beispiel 41
Sparrendach

Aufgabenstellung

Das in Bild 41.1 dargestellte mit Falzziegeln eingedeckte Sparrendach ist zu bemessen.

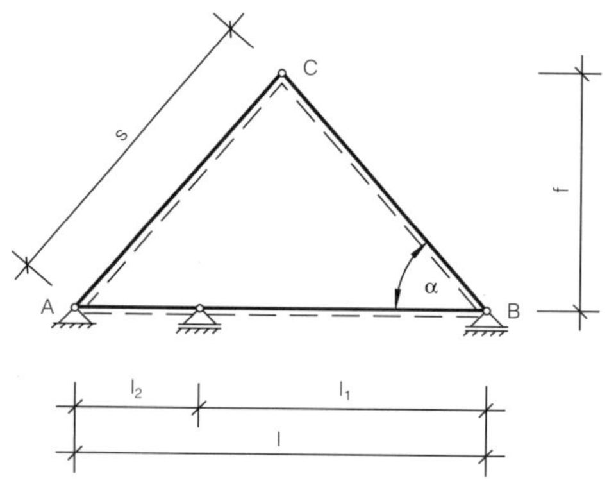

geg.: Sparrenabstand $e = 0{,}90$ m
Höhenlage über Gelände 8 bis 20 m
Höhe über NN < 600 m
Schneelastzone I
$l = 6{,}0$ m
$l_1 = 4{,}0$ m
$l_2 = 2{,}0$ m
$s = 4{,}66$ m
$f = 3{,}57$ m
$\alpha = 50°$
NH II

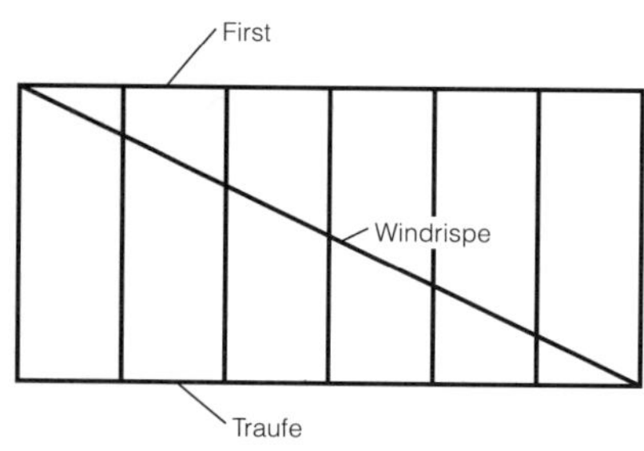

Bild 41.1

Die Aussteifung in Längsrichtung erfolgt durch Windrispen in Verbindung mit den Dachlatten.

Erläuterung		Berechnung	
Lastannahmen			
Dach			
Eigengewicht	1	Falzziegel nach DIN 456	0,55 kN/m² Dfl.
		Sparrengewicht	~ 0,10 kN/m² Dfl.
			g = 0,65 kN/m² Dfl.

Wind $w_d = c_p \cdot q$

$w_s = c_p \cdot q$

$w'_d = 1{,}25 \cdot w_d$

c_p Druckbeiwert
q Staudruck

2 $w_d = 0{,}8 \cdot 0{,}8 = 0{,}64$ kN/m²

3 $w_s = -0{,}6 \cdot 0{,}8 = -0{,}48$ kN/m²

$w'_d = 1{,}25 \cdot 0{,}64 = 0{,}80$ kN/m²

Schnee $\bar{s} = k_s \cdot s_o$

$$k_s = 1 - \frac{\alpha - 30°}{40°}$$

$0 \leq k_s \leq 1$

s_o Regelschneelast

4 $\bar{s} = \left(1 - \frac{50° - 30°}{40°}\right) \cdot 0{,}75 = 0{,}38$ kN/m² Gfl.

Geschoßdecke

1	Eigengewicht	$g_D = 1{,}30$ kN/m²
5	Verkehrslast	$p_D = 2{,}00$ kN/m²
6		$q_D = 3{,}30$ kN/m²

Mannlast

Bei der Bemessung von einzelnen Traggliedern der Dächer ist eine Mannlast von 1 kN zu berücksichtigen, wenn die auf die Tragglieder entfallende Wind- und Schneelast kleiner als 2 kN ist.

Für den Mannlastnachweis ist bei Dächern mit einer Dachneigung $\alpha > 45°$ entweder die Schneelast oder der Winddruck (jeweils die ungünstigere Beanspruchung) anzusetzen, da bei steilen Dächern die gleichzeitige Wirkung der Schnee- und Windlast nicht angenommen wird.

Da die Schneelast kleiner als die Windlast ist, ist für den Mannlastnachweis die Windlast anzusetzen.

$2{,}0 < w'_d \cdot e \cdot s$

2,0 kN $< 0{,}80 \cdot 0{,}90 \cdot 4{,}66 = 3{,}36$ kN

Damit entfallen weitere Nachweise für die Mannlast!

7

Schnittgrößen der Dachkonstruktion

Als Lasten sind Eigengewicht, Schnee und Wind anzusetzen.

Lastfall Eigengewicht g:

$$A_g = B_g = g \cdot s$$

$$A_g = Bg = 0{,}65 \cdot 4{,}66 = 3{,}03 \text{ kN/m}$$

$$H_{Cg} = z_g = g \frac{s \cdot l}{4 \cdot f}$$

$$H_{Cg} = Z_g = 0{,}65 \cdot \frac{4{,}66 \cdot 6{,}0}{4 \cdot 3{,}57} = 1{,}27 \text{ kN/m}$$

$$S_{ACg} = -g \cdot \left(\frac{l^2}{8 \cdot f} + f\right)$$

$$S_{ACg} = -0{,}65 \cdot \left(\frac{6{,}0^2}{8 \cdot 3{,}57} + 3{,}57\right) = -3{,}14 \text{ kN/m}$$

$$S_{CAg} = -g \cdot \frac{l^2}{8 \cdot f}$$

$$S_{CAg} = -0{,}65 \cdot \frac{6{,}0^2}{8 \cdot 3{,}57} = -0{,}82 \text{ kN/m}$$

$$M_{ACg} = g \cdot \frac{s \cdot l}{16}$$

$$M_{ACg} = 0{,}65 \cdot \frac{4{,}66 \cdot 6{,}0}{16} = 1{,}14 \text{ kNm/m}$$

Lastfall Schnee s′ (beidseitig)

$$A_s = B_s = c \cdot A_g$$

$$A_s = B_s = 0{,}37 \cdot 3{,}03 = 1{,}12 \text{ kN/m}$$

$$H_{Cs} = Z_s = c \cdot H_{Cg}$$

$$H_{Cs} = Z_s = 0{,}37 \cdot 1{,}27 = 0{,}47 \text{ kN/m}$$

$$S_{ACs} = -c \cdot S_{ACg}$$

$$S_{ACs} = -0{,}37 \cdot 3{,}14 = -1{,}16 \text{ kN/m}$$

$$S_{CAg} = -c \cdot S_{CAg}$$

$$S_{CAs} = -0{,}37 \cdot 0{,}82 = -0{,}30 \text{ kN/m}$$

$$M_{ACs} = c \cdot M_{ACg}$$

$$M_{ACs} = 0{,}37 \cdot 1{,}14 = 0{,}42 \text{ kNm/m}$$

$c = s'/g$ Umrechnungsfaktor

$$c = \frac{0{,}24}{0{,}65} = 0{,}37$$

$$s' = \bar{s} \cdot \cos\alpha = \bar{s} \cdot \frac{l}{2 \cdot s}$$

$$s' = 0{,}38 \cdot \frac{6{,}0}{2 \cdot 4{,}66} = 0{,}24 \text{ kN/m}^2 \text{ Dfl.}$$

Lastfall Wind w
(w_s ohne Vorzeichen einsetzen!)

$$A_w = -(w'_d + w_s) \cdot \frac{s^2}{2 \cdot l} + w'_d \cdot \frac{l}{2}$$

$$A_w = -(0{,}80 + 0{,}48) \cdot \frac{4{,}66^2}{2 \cdot 6{,}0} + 0{,}80 \cdot \frac{6{,}0}{2} = 0{,}08 \text{ kN/m}$$

$$B_w = (w'_d + w_s) \cdot \frac{s^2}{2 \cdot l} - w_s \cdot \frac{l}{2}$$

$$B_w = (0{,}80 + 0{,}48) \cdot \frac{4{,}66^2}{2 \cdot 6{,}0} - 0{,}48 \cdot \frac{6{,}0}{2} = 0{,}88 \text{ kN/m}$$

$$H_{Aw} = -H_{Bw} = -(w'_d + w_s) \cdot \frac{f}{2}$$

$$H_{Aw} = -(0{,}80 + 0{,}48) \cdot \frac{3{,}57}{2} = -2{,}29 \text{ kN/m}$$

$$Z_w = (w'_d - w_s) \cdot \left(\frac{s^2}{4 \cdot f} - \frac{f}{2}\right)$$

$$Z_w = (0{,}80 - 0{,}48) \cdot \left(\frac{4{,}66^2}{4 \cdot 3{,}57} - \frac{3{,}57}{2}\right) = -0{,}09 \text{ kN/m}$$

$$S_{ACw} = (w'_d + w_s)\frac{s \cdot f}{2 \cdot l} - (w'_d - w_s)\frac{l \cdot s}{8 \cdot f}$$

$$S_{ACw} = (0{,}80 + 0{,}48)\frac{4{,}66 \cdot 3{,}57}{2 \cdot 6{,}0} - (0{,}80 - 0{,}48) \cdot \frac{6{,}0 \cdot 4{,}66}{8 \cdot 3{,}57} = 1{,}46 \text{ kN/m}$$

$$S_{BCw} = -(w'_d + w_s) \cdot \frac{s \cdot f}{2 \cdot l} - (w'_d - w_s) \cdot \frac{l \cdot s}{8 \cdot f}$$

$$S_{BCw} = -(0{,}80 + 0{,}48) \cdot \frac{4{,}66 \cdot 3{,}57}{2 \cdot 6{,}0} - (0{,}80 - 0{,}48) \cdot \frac{6{,}0 \cdot 4{,}66}{8 \cdot 3{,}57} = -2{,}09 \text{ kN/m}$$

$$M_{ACw} = w'_d \cdot \frac{s^2}{8}$$

$$M_{ACw} = 0{,}80 \cdot \frac{4{,}66^2}{8} = 2{,}17 \text{ kNm/m}$$

$$M_{BCw} = -w_s \cdot \frac{s^2}{8}$$

$$M_{BCw} = -0{,}48 \cdot \frac{4{,}66^2}{8} = -1{,}30 \text{ kNm/m}$$

Schnittgrößen der Geschoßdecke

Feld 1

$$\max M = e \cdot \frac{q_D \cdot l_1^2}{8}$$

$$\max M = 0{,}90 \cdot 3{,}30 \cdot \frac{4{,}0^2}{8} = 5{,}94 \text{ kNm}$$

$$\max Q = e \cdot \frac{q_D \cdot l_1}{2}$$

$$\max Q = 0{,}90 \cdot 3{,}30 \cdot 4{,}0/2 = 5{,}94 \text{ kN}$$

Feld 2

$$\max M = e \cdot \frac{q_D \cdot l_2^2}{8}$$

$$\max M = 0{,}90 \cdot 3{,}30 \cdot 2{,}0^2/8 = 1{,}49 \text{ kNm}$$

$$\max Q = e \cdot \frac{q_D \cdot l_2}{2}$$

$$\max Q = 0{,}90 \cdot 3{,}30 \cdot 2{,}0/2 = 2{,}97 \text{ kN}$$

Zugkraft im Deckenbalken

$$N = Z_g + Z_s$$

$$N = 1{,}27 + 0{,}47 = 1{,}74 \text{ kN}$$

Bemessung des Gespärres

Bemessungsschnittgrößen

Lastfall: Eigengewicht und Schnee (g + s)

$$\max M = e \cdot (M_{ACg} + M_{ACs})$$

$$\max M = 0{,}9 \cdot (1{,}14 + 0{,}42) = 1{,}40\ \text{kNm}$$

$$S = e \cdot \left(\frac{S_{ACg} + S_{CAg}}{2} + \frac{S_{ACs} + S_{CAs}}{2}\right)$$

$$S = -0{,}9 \cdot \left(\frac{3{,}14 + 0{,}82}{2} + \frac{1{,}16 + 0{,}30}{2}\right) = -2{,}44\ \text{kN}$$

Lastfall: Eigengewicht und Wind (g + w)

$$\max M = e \cdot (M_{ACg} + M_{ACw})$$

$$\max M = 0{,}9 \cdot (1{,}14 + 2{,}17) = 3{,}31\ \text{kNm}$$

$$S = e \cdot \left(\frac{S_{ACg} + S_{CAg}}{2} + S_{ACw}\right)$$

$$S = -0{,}9 \cdot \left(\frac{3{,}14 + 0{,}82}{2} - 1{,}46\right) = -0{,}47\ \text{kN}$$

Maßgebender Lastfall: g + w

8 Gleichzeitige Berücksichtigung von Schnee- und Windlast entfällt.

Stabilitätsnachweis

gew.: 10/16 cm

9 10 11

$$\frac{\sigma_{D\parallel}}{\text{zul}\,\sigma_k} + \frac{\sigma_B}{k_B \cdot 1{,}1 \cdot \text{zul}\,\sigma_B} \leq 1$$

$$k_B \cdot 1{,}1 \overset{!}{\leq} 1{,}0$$

$$\frac{\sigma_{D\parallel}}{\text{zul}\,\sigma_k} + \frac{\sigma_B}{1{,}0 \cdot \text{zul}\,\sigma_B} = \frac{0{,}03}{3{,}04} + \frac{7{,}76}{1{,}0 \cdot 10{,}00} = 0{,}79 < 1$$

$$\sigma_{D\parallel} = \frac{S}{A}$$

$$\sigma_{D\parallel} = \frac{0{,}47}{10 \cdot 16} \cdot 10 = 0{,}03\ \text{MN/m}^2$$

$$\sigma_B = \frac{M}{W}$$

$$\sigma_B = \frac{3{,}31 \cdot 6}{10 \cdot 16^2} \cdot 10^3 = 7{,}76\ \text{MN/m}^2$$

12 $\text{zul}\,\sigma_k = \frac{\text{zul}\,\sigma_{D\parallel}}{\omega}$ zul. Knickspannung

$$\text{zul}\,\sigma_k = \frac{8{,}5}{2{,}80} = 3{,}04\ \text{MN/m}^2$$

13 $\omega = f(\lambda)$ Knickzahl

$$\omega = 2{,}80$$

14

15 $\lambda = \frac{s_k}{\min i}$ Schlankheitsgrad

$\lambda = \frac{466}{4{,}62} = 100{,}8$

16 s_k Knicklänge des Druckstabes

$s_k = 4{,}66$ m

$\min i = \sqrt{\frac{\min I}{A}}$ Trägheitsradius für Rechteckquerschnitt $\min i = 0{,}289 \cdot b$

$\min i = 0{,}289 \cdot 16 = 4{,}62$ cm

17 Wird ein Bauteil, abgesehen von seiner Eigenlast, nur durch Zusatzlasten beansprucht, so gilt die größte davon als Hauptlast. Somit sind die zulässigen Spannungen für Lastfall H anzusetzen.

Durchbiegungsnachweis

18 $f < \text{zul}\, f$

$f = 2{,}28 \text{ cm} < 2{,}33 \text{ cm} = \text{zul}\, f$

$\text{zul}\, f = \frac{s}{200}$

$\text{zul}\, f = 466/200 = 2{,}33$ cm

$f = \frac{5}{384} \cdot \frac{q_\perp \cdot s^4}{I_y \cdot E}$

$f = \frac{5}{384} \cdot \frac{0{,}85 \cdot 4{,}66^4 \cdot 10^{-3}}{10^4 \cdot 2286 \cdot 10^{-8}} = 0{,}0228$ m

$q_\perp = (g \cdot \cos\alpha + w'_d) \cdot e$

$q_\perp = (0{,}65 \cdot \cos 50° + 0{,}53) \cdot 0{,}9 = 0{,}85$ kN/m

19 Bei Wohnhausdächern dürfen Kriechverformungen für den Durchbiegungsnachweis vernachlässigt werden.

Bemessung der Geschoßdecke

Spannungsnachweis

(ausmittiger Zug; Zug und Biegung)

Die waagerechten Auflagerkräfte H_{Aw} und H_{Bw} infolge Wind, die am Fußpunkt auf je 1 m Dachlänge wirken, sind entweder von der Deckenscheibe auf die Quer- und Giebelwände zu übertragen oder von den Gebäudelängswänden aufzunehmen.

Feld 1		gew.: 12/20 cm
$\frac{\sigma_{Z\parallel}}{\text{zul}\,\sigma_{Z\parallel}} + \frac{\sigma_B}{\text{zul}\,\sigma_B} \le 1$	10 20 21	$\frac{\sigma_{Z\parallel}}{\text{zul}\,\sigma_{Z\parallel}} + \frac{\sigma_B}{\text{zul}\,\sigma_B} = \frac{0{,}07}{8{,}5} + \frac{7{,}43}{10{,}00}$ $= 0{,}01 + 0{,}74 = 0{,}75 < 1$
$\sigma_B = \frac{M}{W_n}$		$\sigma_B = \frac{5{,}94 \cdot 6 \cdot 10^{-3}}{12 \cdot 20^2 \cdot 10^{-6}} = 7{,}43\ \text{MN/m}^2$
$\sigma_{Z\parallel} = \frac{N}{A_n}$		$\sigma_{Z\parallel} = \frac{1{,}74 \cdot 10^{-3}}{12 \cdot 20 \cdot 10^{-4}} = 0{,}07\ \text{MN/m}^2$
Feld 2		gew.: 12/12 cm
$\frac{\sigma_{Z\parallel}}{\text{zul}\,\sigma_{Z\parallel}} + \frac{\sigma_B}{\text{zul}\,\sigma_B} \le 1$	10 20 21	$\frac{\sigma_{Z\parallel}}{\text{zul}\,\sigma_{Z\parallel}} + \frac{\sigma_B}{\text{zul}\,\sigma_B} = \frac{0{,}12}{8{,}5} + \frac{5{,}17}{10{,}00}$ $= 0{,}01 + 0{,}52 = 0{,}53 < 1$
$\sigma_B = \frac{M}{W_n}$		$\sigma_B = \frac{1{,}49 \cdot 6 \cdot 10^{-3}}{12 \cdot 12^2 \cdot 10^{-6}} = 5{,}17\ \text{MN/m}^2$
$\sigma_{Z\parallel} = \frac{N}{A_n}$		$\sigma_{Z\parallel} = \frac{1{,}74 \cdot 10^{-3}}{12 \cdot 12 \cdot 10^{-4}} = 0{,}12\ \text{MN/m}^2$
Durchbiegungsnachweis		
Feld 1		
$f \le \text{zul}\,f = \frac{l_1}{300}$	22 23	$f = 1{,}24\ \text{cm} < 1{,}33\ \text{cm} = \frac{400}{300} = \text{zul}\,f$
$f = e \cdot \frac{5}{384} \cdot \frac{q_D \cdot l_1^4}{E \cdot I}$		$f = 0{,}90 \cdot \frac{5}{384} \cdot \frac{3{,}30 \cdot 4{,}0^4 \cdot 10^{-3}}{10^4 \cdot 8000 \cdot 10^{-8}} = 0{,}0124\ \text{m}$
$I = \frac{b \cdot d^3}{12}$		$I = \frac{12 \cdot 20^3}{12} = 8000\ \text{cm}^4$
Feld 2		
$f \le \text{zul}\,f = \frac{l_2}{300}$	22 23	$f = 0{,}36\ \text{cm} < 0{,}67\ \text{cm} = \frac{200}{300} = \text{zul}\,f$
$f = e \cdot \frac{5}{384} \cdot \frac{q_D \cdot l_2^4}{E \cdot I}$		$f = 0{,}90 \cdot \frac{5}{384} \cdot \frac{3{,}30 \cdot 2{,}0^4 \cdot 10^{-3}}{10^4 \cdot 1728 \cdot 10^{-8}} = 0{,}0036\ \text{m}$
$I = \frac{b \cdot d^3}{12}$		$I = \frac{12 \cdot 12^3}{12} = 1728\ \text{cm}^4$

Anschluß der Sparren an den Deckenbalken (Streckbalken)

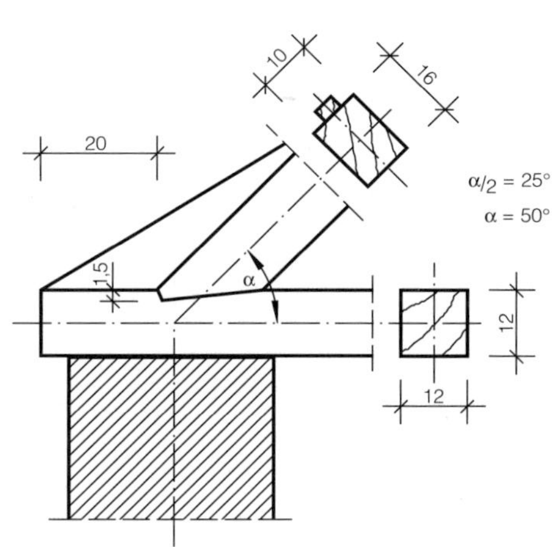

Bild 41.2

Maßgebliche Stabkräfte

$\max S = S_{ACg} + S_{ACs}$

$\max S = -3{,}14 - 1{,}16 = -4{,}30\ \text{kN}$

$H = \max S \cdot \cos\alpha$

$H = -4{,}30 \cdot \cos 50^\circ = -2{,}76\ \text{kN}$

Bemessung des Stirnversatzes

24

Versatztiefe

25 **10**

$$\text{erf}\, t_v = \frac{\max S \cdot \cos^2 \alpha/2}{b \cdot \text{zul}\, \sigma_{D\measuredangle}}$$

$$\text{erf}\, t_v = \frac{4{,}30 \cdot 10^{-3} \cdot \cos^2 25^\circ}{10 \cdot 5{,}75 \cdot 10^{-4}} = 0{,}61\ \text{cm}$$

26

$$\text{zul}\, \sigma_{D\measuredangle} = \text{zul}\, \sigma_{D\parallel} - (\text{zul}\, \sigma_{D\parallel} - \text{zul}\, \sigma_{D\perp}) \cdot \sin\gamma$$

$$\text{zul}\, \sigma_{D\, 50^\circ/2} = 8{,}5 - (8{,}5 - 2{,}0) \cdot \sin 25^\circ = 5{,}75\ \text{MN/m}^2$$

gew.: $t_v = 1{,}5\ \text{cm} < h/4 = 3{,}0\ \text{cm}$

Vorholzlänge

10 **25**

$$\text{erf}\, l_v = \frac{H}{b \cdot \text{zul}\, \tau_a}$$

$$\text{erf}\, l_v = \frac{2{,}76 \cdot 10^{-3}}{12 \cdot 0{,}9 \cdot 10^{-4}} = 2{,}56\ \text{cm}$$

gew.: $l_v = 20\ \text{cm}$

Stoß des Streckbalkens

27 gew.: 2 Laschen 2,4/12 cm
2×4 Nägel Na 31×65

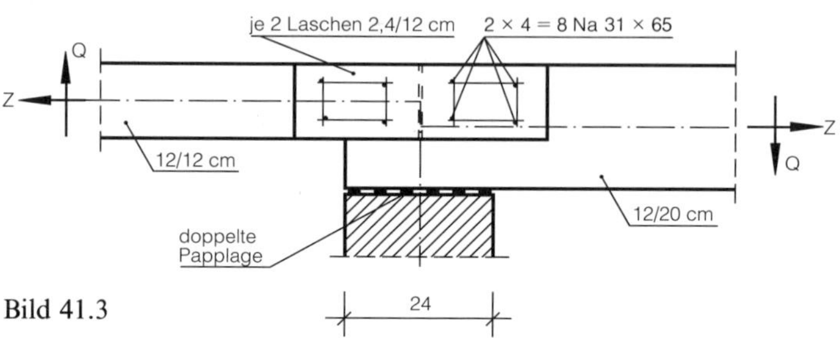

Bild 41.3

Nachweis der Nägel

$N \leq \text{zul}\, N$ — $N = 1{,}74\ \text{kN} < 2{,}94\ \text{kN} = \text{zul}\, N$

$\text{zul}\, N = n \cdot \text{zul}\, N_1$ — $\text{zul}\, N = 8 \cdot 367 = 2{,}94\ \text{kN}$

27, 28 $\text{zul}\, N_1 = \dfrac{500 \cdot d_n^2}{10 + d_n}$ in N — $\text{zul}\, N_1 = \dfrac{500 \cdot 3{,}1^2}{10 + 3{,}1} = 367\ \text{N}$

n Anzahl der Nägel
d_n Nageldurchmesser in mm

Mindestholzdicke der Laschen

29 $\min a = d_n \cdot (3 + 0{,}8 \cdot d_n)$ — $\min a = 0{,}31 \cdot (3 + 0{,}8 \cdot 3{,}1) = 1{,}7\ \text{cm} < 2{,}4\ \text{cm}$

Einschlagtiefe

30 $s \geq \text{erf}\, s = 12 \cdot d_n$ — $s = 6{,}5 - 2{,}4 = 4{,}1\ \text{cm} > 12 \cdot 0{,}31 = 3{,}7\ \text{cm} = \text{erf}\, s$

Nagelabstände

31 $\text{vorh}\, e_{\parallel} \geq \text{erf}\, e_{\parallel}$
$\text{vorh}\, e_{\perp} \geq \text{erf}\, e_{\perp}$ — Die erforderlichen Nagelabstände sind eingehalten.

Windrispe

Die Windrispen bilden nur in Verbindung mit den Dachlatten ein Fachwerk. Sie liegen an der Unterseite der Sparren und sind mit Nägeln an den Sparren anzuschließen.

Winddruck auf die Giebelwand

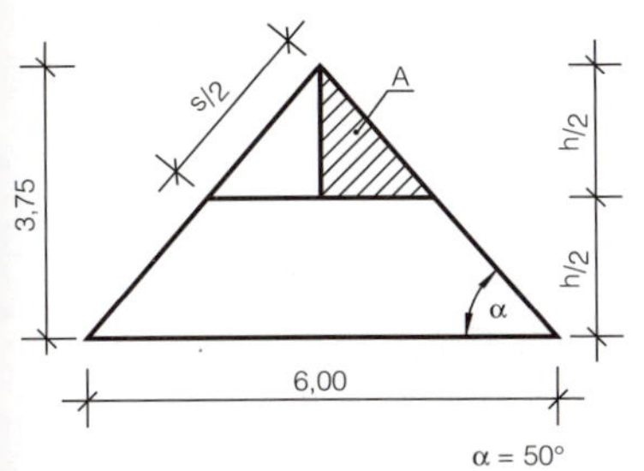

Bild 41.4

$W_{dG} = w_{dG} \cdot A$

$W_{dG} = 0{,}64 \cdot 1{,}34 = 0{,}86\ \text{kN}$

$A \quad = \frac{1}{2} \cdot \left(\frac{h}{2} \cdot \frac{h}{2} \cdot \cot \alpha \right)$

$A \quad = \frac{1}{2} \cdot \left(\frac{3{,}57^2}{4} \cdot \cot 50° \right) = 1{,}34\ \text{m}^2$

$w_{dG} \ = c_p \cdot q$

2 $w_{dG} \ = 0{,}8 \cdot 0{,}8 = 0{,}64\ \text{kN/m}^2$

Stabkraft der Windrispe

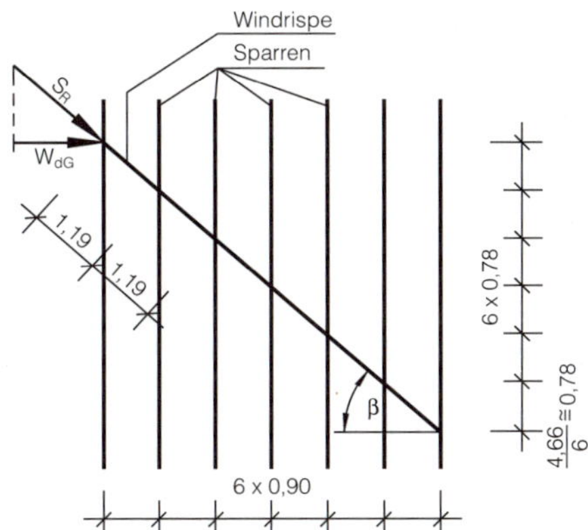

Bild 41.5

$S_R = W_{dG} \cdot 1/\cos \beta$

$S_R = 0{,}86 \cdot \frac{1{,}19}{0{,}9} = 1{,}14\ \text{kN}$

Knicknachweis

gew.: 3/10 cm

$\frac{\sigma_{D\parallel}}{\text{zul}\,\sigma_k} \leq 1$

32 $\frac{\sigma_{D\parallel}}{\text{zul}\,\sigma_k} = \frac{0{,}38}{1{,}51} = 0{,}25 < 1$

$\sigma_{D\parallel} = \frac{S_R}{A}$

$\sigma_{D\parallel} = \frac{1{,}14 \cdot 10^{-3}}{3 \cdot 10 \cdot 10^{-4}} = 0{,}38\ \text{MN/m}^2$

$zul\,\sigma_k = \frac{zul\,\sigma_{D\parallel}}{\omega}$ zul. Knickspannung	**12**	$zul\,\sigma_k = \frac{8{,}50}{5{,}63} = 1{,}51\ MN/m^2$
$\omega = f(\lambda)$ Knickzahl	**13**	$\omega = 5{,}63$
	14	
$\lambda = \frac{s_k}{min\,i}$ Schlankheitsgrad	**15**	$\lambda = \frac{119}{0{,}87} = 137$
$min\,i = 0{,}289 \cdot h$ Trägheitsradius für Rechteckquerschnitt		$min\,i = 0{,}289 \cdot 3{,}0 = 0{,}87\ cm$
Die Aussteifung des gedrückten Sparrens erfolgt durch die Windrispen und Dachlatten.		

1 DIN 1055 T1
2 DIN 1055 T4
3 DIN 1055 T4, 5.2.2
4 DIN 1055 T5
5 DIN 1055 T3
6 DIN 1055 T3, 6.2.1
7 Holzbau-TB (7. Aufl.), S. 171
8 DIN 1055 T5, 5
9 DIN 1052 T1, 9.4
10 DIN 1052 T1, Tab. 5
11 Holzbau-TB Bd. 2, Nomogr. 3.4-14, Seite 211
12 Holzbau-TB Bd. 2, Tab. 3.4-7, Seite 193
13 DIN 1052 T1, Tab. 10
14 Holzbau-TB Bd. 2, Tab. 3.4-6, Seite 193
15 DIN 1052 T1, 9.2
16 Din 1052 T1, 9.1
17 DIN 1052 T1, 6.2.2
18 DIN 1052 T1, 8.5.8
19 DIN 1052 T1, 4.3
20 DIN 1052 T1, 7.2
21 Holzbau-TB Bd. 2, Nomogr. 3.2-2, Seite 69
22 DIN 1052 T1, 8.5.7
23 DIN 1052 T1, Tab. 9
24 DIN 1052 T2, 12
25 Holzbau-TB Bd. 2, Nomogr. 4.9-2, Seite 315
26 DIN 1052 T1, 5.1.5
27 Holzbau-TB Bd. 2, Tab. 4.4-4, Seite 294
28 DIN 1052 T2, 6.2.2
29 DIN 1052 T2, 6.2.3
30 DIN 1052 T2, 6.2.4
31 DIN 1052 T2, Tab. 11
32 DIN 1052 T1, 9.3.2

Beispiel 42
Strebenloses Pfettendach

Aufgabenstellung

Bemessung des in Bild 42.1 dargestellten mit Biberschwanzziegeln gedeckten Pfettendaches.

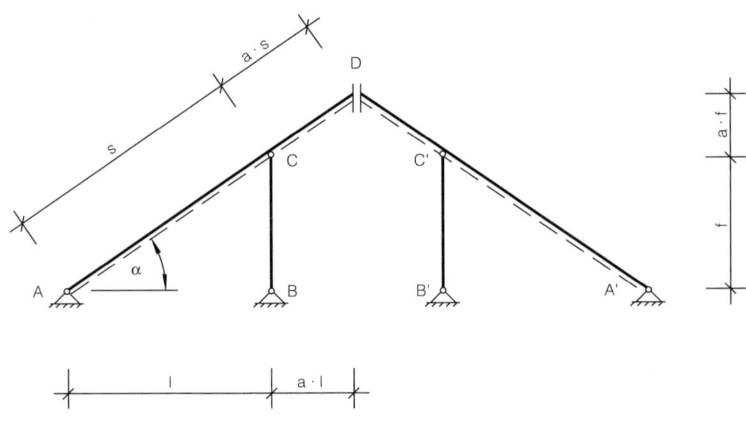

Bild 42.1

geg.:	
Sparrenabstand e = 0,8 m	Schneezone I
Höhenlage über Gelände 8 bis 20 m	l = 3,20 m
Höhe über NN < 300 m	s = 3,91 m
	f = 2,24 m
	$\alpha = 35°$
	a = 0,375

In Längsrichtung wird das Pfettendach durch die vorhandenen Kopfbänder ausgesteift.

Erläuterung		**Berechnung**
Lastannahmen		
Eigengewicht	1	Dachhaut (Bieberschwanzziegel mit Vermörtelung einschl. der Latten) $= 0{,}70\ \text{kN/m}^2$
		Sparren $= \underline{0{,}09\ \text{kN/m}^2}$
		$g = 0{,}79\ \text{kN/m}^2$ Dfl.

Wind $w_d = c_p \cdot q$	2	$w_d = 0{,}5 \cdot 0{,}8 = 0{,}4$ kN/m² Dfl.
$w'_d = 1{,}25 \cdot w_d$	3	$w'_d = 1{,}25 \cdot 0{,}4 = 0{,}5$ kN/m² Dfl.
$w_s = c_p \cdot q$		$w_s = -0{,}6 \cdot 0{,}8 = -0{,}48$ kN/m² Dfl.
c_p Druckbeiwert q Staudruck		
Schnee $\bar{s} = k_s \cdot s_o$	4	$\bar{s} = 0{,}875 \cdot 0{,}75 = 0{,}66$ kN/m² Gfl.
$k_s = 1 - \frac{\alpha - 30°}{40°}$; $0 \leq k_s \leq 1$		$k_s = 1 - \frac{35° - 30°}{40°} = 0{,}875$
s_o Regelschneelast		$s_o = 0{,}75$ kN/m² Gfl.
$s' = \bar{s} \cdot \cos\alpha$		$s' = 0{,}66 \cdot \cos 35° = 0{,}54$ kN/m² Dfl.
Mannlast	5	
Im Sparrenfeld $e \cdot \left(\bar{s} + \frac{w'_d}{2}\right) \cdot 1 \leq 2{,}0$ kN	2	$0{,}8 \cdot \left(0{,}66 + \frac{0{,}5}{2}\right) \cdot 3{,}2 = 2{,}33 \text{ kN} > 2{,}00$ kN
Am Kragarm $e \cdot \left(\bar{s} + \frac{w'_d}{2}\right) \cdot a \cdot 1 \leq 2{,}0$ kN	2	$2{,}33 \cdot 0{,}375 = 0{,}87 \text{ kN} < 2{,}00$ kN
Da die auf den Kragarm entfallende Wind- und Schneelast < 2,00 kN ist, ist bei der Ermittlung der Extremalschnittgrößen eine Einzellast von 1,00 kN am Kragarmende unter Außerachtlassung der Schnee- und Windlasten anzunehmen.		
Schnittgrößen	6	
Lastfall Eigengewicht $A_g = \frac{g \cdot s}{2} \cdot (1 - a^2)$		$A_g = \frac{0{,}79 \cdot 3{,}91}{2} \cdot (1 - 0{,}375^2) = 1{,}33$ kN/m
$B_g = \frac{g \cdot s}{2} \cdot (1 + a)^2$		$B_g = \frac{0{,}79 \cdot 3{,}91}{2} \cdot (1 + 0{,}375)^2 = 2{,}92$ kN/m

$$S_{CDg} = -g \cdot a \cdot f$$

$$S_{CDg} = -0{,}79 \cdot 0{,}375 \cdot 2{,}24 = -0{,}66 \text{ kN/m}$$

$$M_{ACg} = \frac{g \cdot s \cdot l}{8} \cdot (1 - a^2)^2$$

$$M_{ACg} = \frac{0{,}79 \cdot 3{,}91 \cdot 3{,}2}{8} \cdot (1 - 0{,}375^2)^2 = 0{,}91 \text{ kNm/m}$$

an der Stelle:

$$x_m = \frac{s}{2} \cdot (1 - a^2)$$

$$x_m = \frac{3{,}91}{2} \cdot (1 - 0{,}375^2) = 1{,}68 \text{ m}$$

$$M_{Cg} = -\frac{g \cdot a^2 \cdot s \cdot l}{2}$$

$$M_{Cg} = -\frac{0{,}79 \cdot 0{,}375^2 \cdot 3{,}91 \cdot 3{,}2}{2} = -0{,}70 \text{ kNm/m}$$

Lastfall Schnee

$$A_s = c \cdot A_g$$

$$A_s = 0{,}68 \cdot 1{,}33 = 0{,}90 \text{ kN/m}$$

$$B_s = c \cdot B_g$$

$$B_s = 0{,}68 \cdot 2{,}92 = 1{,}99 \text{ kN/m}$$

$$M_{ACs} = c \cdot M_{ACg}$$

$$M_{ACg} = 0{,}68 \cdot 0{,}91 = 0{,}62 \text{ kNm/m}$$

an der Stelle:

$$x_m = \frac{s}{2} \cdot (1 - a^2)$$

$$x_m = 1{,}68 \text{ m}$$

$$M_{Cs} = c \cdot M_{Cg}$$

$$M_{Cs} = -0{,}68 \cdot 0{,}70 = 0{,}48 \text{ kNm/m}$$

$c = \frac{s'}{g}$ Umrechnungsfaktor

$$c = \frac{0{,}54}{0{,}79} = 0{,}68$$

Lastfall Wind

$$A_w = w'_d \cdot (1 + a) \cdot \left(1 - \frac{s^2}{2 \cdot l} \cdot (1 + a)\right)$$

$$A_w = 0{,}5 \cdot (1 + 0{,}375) \cdot \left(3{,}2 - \frac{3{,}91^2}{2 \cdot 3{,}2} \cdot (1 + 0{,}375)\right) = 0{,}06 \text{ kN/m}$$

$$B_w = w'_d \cdot \frac{s^2}{2 \cdot l} \cdot (1 + a)^2$$

$$B_w = 0{,}5 \cdot \frac{3{,}91^2}{2 \cdot 3{,}2} \cdot (1 + 0{,}375)^2 = 2{,}26 \text{ kN/m}$$

$$H_{Aw} = -w'_d \cdot f \cdot (1 + a)$$

$$H_{Aw} = -0{,}5 \cdot 2{,}24 \cdot (1 + 0{,}375) = -1{,}54 \text{ kN/m}$$

$$S_{ACw} = w'_d \cdot \frac{f \cdot s}{2 \cdot l} \cdot (1 + a)^2$$

$$S_{ACw} = 0{,}5 \cdot \frac{2{,}24 \cdot 3{,}91}{2 \cdot 3{,}2} \cdot (1 + 0{,}375)^2 = 1{,}29 \text{ kN/m}$$

$$M_{ACw} = w'_d \cdot \frac{s^2}{8} \cdot (1 - a^2)^2$$

$$M_{ACw} = 0{,}5 \cdot \frac{3{,}91^2}{8} \cdot (1 - 0{,}375^2)^2 = 0{,}71 \text{ kNm/m}$$

an der Stelle:

$$x_m = \frac{s}{2} \cdot (1 - a^2)$$

$$x_m = 1{,}68 \text{ m}$$

$$M_{Cw} = -w'_d \cdot \frac{a^2 \cdot s^2}{2}$$

$$M_{Cw} = -0{,}5 \cdot \frac{0{,}375^2 \cdot 3{,}91^2}{2} = -0{,}54 \text{ kNm/m}$$

Lastfall Mannlast

$$S_{CDF} = -F \cdot \frac{f}{s}$$

$$S_{CDF} = -1{,}00 \cdot \frac{2{,}24}{3{,}91} = -0{,}57 \text{ kN}$$

$$M_{CF} = -F \cdot a \cdot l$$

$$M_{CF} = -1{,}00 \cdot 0{,}375 \cdot 3{,}2 = -1{,}20 \text{ kNm}$$

Bemessungsschnittgrößen

Folgende Lastfälle sind zu unterscheiden:

Feld

LF. H: g + s + w/2

$$M_{AC} = \left(M_{ACg} + M_{ACs} + \frac{M_{ACw}}{2}\right) \cdot e$$

$$M_{AC} = \left(0{,}91 + 0{,}62 + \frac{0{,}71}{2}\right) \cdot 0{,}8 = 1{,}51 \text{ kNm}$$

LF. H: g + w + s/2

$$M_{AC} = \left(M_{ACg} + 1{,}25 \cdot M_{ACw} + \frac{M_{ACs}}{2}\right) \cdot e$$

$$M_{AC} = \left(0{,}91 + 0{,}71 + \frac{0{,}62}{2}\right) \cdot 0{,}8 = 1{,}54 \text{ kNm}$$

Maßgebender Lastfall:
g + w + s/2

$$S_{AC} = S_{ACw} \cdot e$$

$$S_{AC} = 1{,}29 \cdot 0{,}80 = 1{,}03 \text{ kN}$$

Die Längskräfte infolge Eigengewicht und Schnee sind an der Stelle des maximalen Momentes gleich Null.

Kragarm

LF. H: $g + F_{Mannlast}$

$M_C = e \cdot M_{Cg} + M_{CF}$

$S_{CD} = e \cdot S_{CDg} + S_{CDF}$

$M_C = -0{,}8 \cdot 0{,}70 - 1{,}20 = -1{,}76$ kNm

$S_{CD} = -0{,}8 \cdot 0{,}66 - 0{,}57 = -1{,}10$ kN

Biegespannungsnachweis im Feld

gew.: 8/14 cm

7 8 $\frac{\sigma_B}{\text{zul}\,\sigma_B} \leq 1$

$\frac{\sigma_B}{\text{zul}\,\sigma_B} = \frac{5{,}89}{10{,}00} = 0{,}59 < 1$

$\sigma_B = \frac{M_{AC}}{W} = \frac{M_{AC} \cdot 6}{b \cdot h^2}$

$\sigma_B = \frac{1{,}54 \cdot 6 \cdot 10^{-3}}{8 \cdot 14^2 \cdot 10^{-6}} = 5{,}89$ MN/m^2

Der Spannungsnachweis auf Druck und Biegung kann entfallen, da die Normalkraft S_{AC} aus Wind sehr gering ist.

Stabilitätsnachweis im Feld

9 10 Durch Dachlatten in Verbindung mit den Windrispen ist der Sparren ausreichend stabilisiert und nicht kippgefährdet ($k_B \cdot 1{,}1 \geq 1{,}0$).

Der Stabilitätsnachweis ist nicht bemessungsmaßgebend.

Stabilitätsnachweis für den Kragarm

Analog zum Sparrenfeld ist der Kragarm nicht kippgefährdet ($k_B \cdot 1{,}1 \geq 1{,}0$). Es ergibt sich folgender Nachweis:

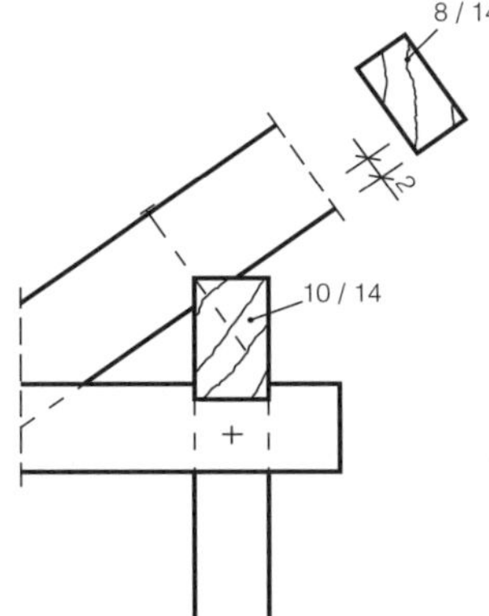

Bild 42.2

Der gewählte Querschnitt ist durch die Aufklauung um t = 2 cm geschwächt; d. h. es kann nur ein Sparrenquerschnitt von 8/12 cm angesetzt werden. Das zusätzliche Biegemoment $M = S_{AC} \cdot t/2$ ist vernachlässigbar klein.

$\frac{\sigma_{D\parallel}}{\text{zul}\,\sigma_k} + \frac{\sigma_B}{\text{zul}\,\sigma_B} \leq 1$	11	$\frac{\sigma_{D\parallel}}{\text{zul}\,\sigma_k} + \frac{\sigma_B}{\text{zul}\,\sigma_B} = \frac{0{,}11}{2{,}52} + \frac{9{,}17}{10}$ $= 0{,}04 + 0{,}92 = 0{,}96 < 1$
$\sigma_{D\parallel} = \frac{S_{CD}}{A_n}$		$\sigma_{D\parallel} = \frac{1{,}10 \cdot 10}{8 \cdot 12} = 0{,}11\ \text{MN/m}^2$
$\sigma_B = \frac{M_C}{W_N}$		$\sigma_B = \frac{1{,}76 \cdot 10^3 \cdot 6}{8 \cdot 12^2} = 9{,}17\ \text{MN/m}^2$
$\text{zul}\,\sigma_k = \frac{\text{zul}\,\sigma_{D\parallel}}{\omega}$ zul. Knickspannung	8 12	$\text{zul}\,\sigma_k = \frac{8{,}5}{3{,}37} = 2{,}52\ \text{MN/m}^2$
$\omega = f(\lambda)$ Knickzahl	13	$\omega = 3{,}37$
$\lambda = \frac{s_k}{i}$ Schlankheitsgrad	14	$\lambda = \frac{367}{3{,}47} = 106$
$i = 0{,}289 \cdot b_n$ Trägheitsradius		$i = 0{,}289 \cdot 12 = 3{,}47\ \text{cm}$
$s_k = s$ Knicklänge bzw. Abstand der gehaltenen Punkte. Unter Berücksichtigung der elastischen Einspannung und der linear ansteigenden Normalkraft aus Eigengewicht wird eine 2,5fache Kragarmlänge angenommen.	15	$s_k = 2{,}5 \cdot 0{,}375 \cdot 3{,}91 = 3{,}67\ \text{m}$

Durchbiegungsnachweis

Sparrenfeld

$f_1 \leq \text{zul}\,f$	16	$f_1 = 1{,}20\ \text{cm} \leq 1{,}96\ \text{cm} = \text{zul}\,f$
$\text{zul}\,f = \frac{s}{200}$		$\text{zul}\,f = \frac{391}{200} = 1{,}96\ \text{cm}$
$f_1 = \frac{x_1 \cdot q \cdot s^4}{10 \cdot I_y \cdot E}$	16	$f_1 = \frac{0{,}086 \cdot 1{,}09 \cdot 3{,}91^4 \cdot 10^{-3}}{10 \cdot 10^4 \cdot 1829 \cdot 10^{-8}} = 0{,}0120\ \text{m}$
x_1 Faktor	17	$x_1 = 0{,}086$

$$q_\perp = \left(g \cdot \cos\alpha + w'_d + \frac{\bar{s} \cdot \cos^2\alpha}{2}\right) \cdot 0{,}8$$

$$q_\perp = \left(0{,}79 \cdot \cos 35° + 0{,}5 + \frac{0{,}66 \cdot \cos^2 35°}{2}\right) \cdot 0{,}8 = 1{,}09 \text{ kN/m}$$

$$I_y = \frac{b \cdot h^3}{12}$$

$$I_y = \frac{8 \cdot 14^3}{12} = 1829 \text{ cm}^4$$

Kragarm

$$f_2 < \text{zul} f$$

$$f_2 = 0{,}0 \text{ cm} < 0{,}98 \text{ cm} = \text{zul} f$$

$$\text{zul} f = \frac{a \cdot s}{150}$$

$$\text{zul} f = \frac{0{,}375 \cdot 391}{150} = 0{,}98 \text{ cm}$$

$$f_2 = \frac{x_2 \cdot q_\perp \cdot a^4 \cdot s^4}{10 \cdot I_y \cdot E}$$

17 $$f_2 = -\frac{0{,}039 \cdot 1{,}09 \cdot 0{,}375^4 \cdot 3{,}91^4 \cdot 10^{-3}}{10 \cdot 10^4 \cdot 1829 \cdot 10^{-8}} \cong 0{,}0 \text{ cm}$$

x_2 Faktor

18 $x_2 = -0{,}039$

Der Kopfbandbalken wird hier nicht bemessen, da er im Beispiel 40 ausführlicher behandelt wird. In diesem Fall tritt nur einfache Biegung in vertikaler Richtung auf.

1 DIN 1055 T1
2 DIN 1055 T4
3 DIN 1055 T4, 5.2.2
4 DIN 1055 T5
5 DIN 1055 T3
6 Holzbau-TB Bd. 1 (7. Aufl.), Seite 177/Tab. 10
7 DIN 1052 T1, 8.2.1.1
8 DIN 1052 T1, Tab. 5
9 DIN 1052 T1, 8.6.1
10 DIN 1052 T1, 10.4
11 DIN 1052 T1, 9.4
12 Holzbau-TB Bd. 2, Tab. 3.4-7, Seite 193
13 DIN 1051 T1, Tab. 10
14 Holzbau-TB Bd. 2, Tab. 3.4-6, Seite 193
15 DIN 1052 T1, 9.1.7
16 DIN 1052 T1, 8.5.8
17 Holzbau-TB Bd. 1, S. 161
18 Holzbau-TB Bd. 1, S. 162

Beispiel 43
Abgestrebtes Pfettendach

Aufgabenstellung

Bemessung des in Bild 43.1 dargestellten abgestrebten mit Bieberschwanzziegeln gedeckten Pfettendaches.

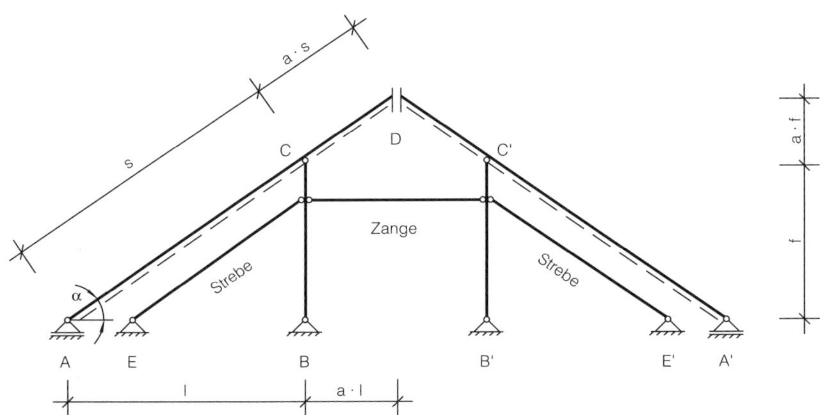

Bild 43.1

geg.: Strebenabstand $l_1 = 4{,}0$ m
Höhenlage über Gelände 8 bis 20 m
Höhe über NN < 300 m

Schneezone I

$l = 3{,}20$ m	$a = 0{,}375$
$s = 3{,}91$ m	$\alpha = 35°$
$f = 2{,}24$ m	NH II

Die Aussteifung in Längsrichtung erfolgt durch Kopfbänder.

Erläuterung		Berechnung
Lastannahmen		
Die Lastannahmen entsprechen dem Beispiel 42	**1**	$g = 0{,}79$ kN/m² Dfl.
	2	$w_d = 0{,}4$ kN/m² Dfl.
		$w'_d = 0{,}5$ kN/m² Dfl.
		$w_s = -0{,}48$ kN/m² Dfl.
	3	$\bar{s} = 0{,}66$ kN/m² Gfl.

Schnittgrößen

Die Schnittgrößen sind – bis auf die Stabkräfte infolge Wind – mit denen in Beispiel 42 identisch.

Stabkräfte infolge Wind

4

$$S_{ACw} = -w'_d \cdot \frac{s \cdot f}{2 \cdot 1} \cdot (1 - a^2)$$

$$S_{ACw} = -0{,}5 \cdot \frac{2{,}24 \cdot 3{,}91}{2 \cdot 3{,}2} \cdot (1 - 0{,}375^2) = -0{,}59 \text{ kN/m}$$

$$S_{BC_w} = -w'_d \cdot (1 + a) \cdot \left[1 - \frac{s^2}{2 \cdot 1} \cdot (1 - a)\right]$$

$$S_{BC_w} = -0{,}5 \cdot (1 + 0{,}375) \cdot \left[3{,}2 - \frac{3{,}91^2}{2 \cdot 3{,}2} \cdot (1 - 0{,}375)\right] = -1{,}17 \text{ kN/m}$$

$$S_{B'C'_w} = \frac{(1 + a)}{1} \cdot \left[w_s \cdot (1 + a) \cdot \frac{s^2}{2} - w'_d \cdot f^2\right]$$

$$S_{B'C'_w} = \frac{1 + 0{,}375}{3{,}2} \cdot \left[0{,}48 \cdot (1 + 0{,}375) \cdot \frac{3{,}91^2}{2} - 0{,}5 \cdot 2{,}24^2\right] = 1{,}09 \text{ kN/m}$$

$$S_{C'E'_w} = -(w'_d + w_s) \cdot \frac{s \cdot f}{1} \cdot (1 + a)$$

$$S_{C'E'_w} = -(0{,}5 + 0{,}48) \cdot \frac{3{,}91 \cdot 2{,}24}{3{,}2} \cdot (1 + 0{,}375) = 3{,}96 \text{ kN/m}$$

$$S_{CC'_w} = -w'_d \cdot f \cdot (1 + a)$$

$$S_{CC'_w} = -0{,}5 \cdot 2{,}24 \cdot (1 + 0{,}375) = -1{,}54 \text{ kN/m}$$

Bemessung des Sparrens

siehe Beispiel 42

Bemessung des Kopfbandbalkens

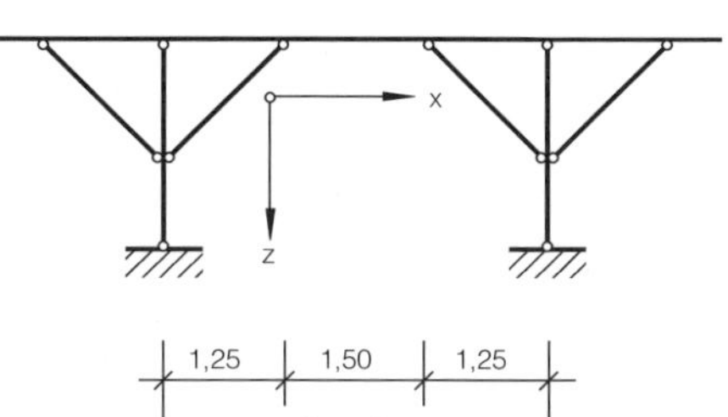

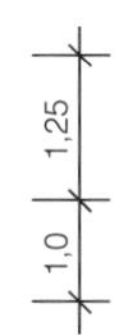

Bild 43.2

Der Kopfbandbalken wird horizontal und vertikal auf Biegung beansprucht (Doppelbiegung).

$q_z = B_g + B_s + \frac{S_{BC_w}}{2} + G_{Pfette}$

$q_z = 2{,}92 + 1{,}99 + \frac{1{,}17}{2} + 0{,}10 = 5{,}60\,\text{kN/m}$

$q_y = w'_d \cdot f \cdot (1 + a) = H_c$

$q_y = 0{,}5 \cdot 2{,}24 \cdot (1 + 0{,}375) = 1{,}54\ \text{kN/m}$

Weiter analog Beispiel 40 bzw. 42

Bemessung der Strebe

gew.: 10/12 cm

Knicknachweis

$\frac{\sigma_{D\|}}{\text{zul}\,\sigma_k} \leq 1$

5 $\frac{\sigma_{D\|}}{\text{zul}\,\sigma_k} = \frac{1{,}23}{1{,}55} = 0{,}79 < 1$

$\sigma_{D\|} = \frac{l_1 \cdot S_{C'E'_w}}{A}$

$\sigma_{D\|} = \frac{4{,}0 \cdot 3{,}69 \cdot 10^{-3}}{10 \cdot 12 \cdot 10^{-4}} = 1{,}23\ \text{MN/m}^2$

$\text{zul}\,\sigma_k = \frac{\text{zul}\,\sigma_{D\|}}{\omega}$ zul. Knickspannung

6
7 $\text{zul}\,\sigma_k = \frac{8{,}50}{5{,}50} = 1{,}55\,\text{MN/m}^2$

$\omega = f(\lambda)$ Knickzahl

8 $\omega = 5{,}5$
9

$\lambda = \frac{s_k}{\min i}$ Schlankheitsgrad

10 $\lambda = 391/2{,}89 = 135{,}3$

$s_k \cong s$ Knicklänge

11 $s_k = 3{,}91\ \text{m}$

$\min i = \sqrt{\frac{I}{A}}$ Trägheitsradius für Rechteckquerschnitt; $\min i = 0{,}289 \cdot b$

$\min i = 0{,}289 \cdot 10 = 2{,}89\ \text{cm}$

Bei einem Anschluß der Strebe am Stiel und Deckenbalken mit einem Versatz ist zusätzlich die Biegebeanspruchung infolge der Ausmitte zu berücksichtigen.

Bemessung der Zange

gew.: 2 × 6/10 cm

Knicknachweis

$\frac{\sigma_{D\|}}{\text{zul}\,\sigma_k} \leq 1$

5 $\frac{\sigma_{D\|}}{\text{zul}\,\sigma_k} = \frac{1{,}03}{1{,}47} = 0{,}70 < 1$

$\sigma_{D\parallel} = \dfrac{l_1 \cdot S_{CC'_w}}{A}$		$\sigma_{D\parallel} = \dfrac{4{,}0 \cdot 1{,}54 \cdot 10^{-3}}{2 \cdot 6 \cdot 10 \cdot 10^{-4}} = 1{,}03\ \text{MN/m}^2$
$\text{zul}\,\sigma_k = \dfrac{\text{zul}\,\sigma_{D\parallel}}{\omega}$	**6** **7**	$\text{zul}\,\sigma_k = \dfrac{8{,}5}{5{,}78} = 1{,}47\ \text{MN/m}^2$
	8 **9**	$\omega = 5{,}78$
	10	$\lambda = 240/1{,}73 = 138{,}7$
	11	$s_k = 2 \cdot 0{,}375 \cdot 3{,}20 = 2{,}40\ \text{m}$
		$\min i = 0{,}289 \cdot 6 = 1{,}73\ \text{cm}$
Die Zange ist mit geeigneten Verbindungsmitteln (Nägel, Dübel) in Abhängigkeit von der vorhandenen Stabkraft an die Pfosten anzuschließen.		

1	**DIN 1055 T1**
2	**DIN 1055 T4**
3	**DIN 1055 T5**
4	**Holzbau-TB Bd. 1 (7. Aufl.) Tab. 11, Seite 181**
5	**DIN 1052 T1, 9.3.2**
6	**DIN 1052 T1, Tab. 5**
7	**Holzbau-TB Bd. 2, Tab. 3.4-7, Seite 193**
8	**DIN 1052 T1, Tab. 10**
9	**Holzbau-TB Bd. 2, Tab. 3.4-6, Seite 193**
10	**DIN 1052 T1, 9.2**
11	**DIN 1052 T1, 9.1**

Beispiel 44
Verschiebliches Kehlbalkendach

Aufgabenstellung

Bemessung des in Bild 44.1 dargestellten mit Hohlziegeln gedeckten verschieblichen Kehlbalkendaches aus „Wellsteg"-Trägern.

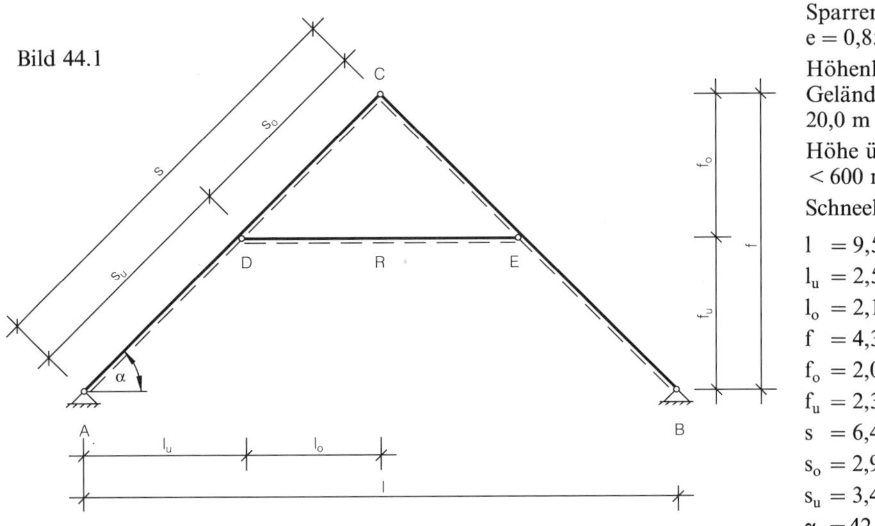

Bild 44.1

geg.:

Sparrenabstand $e = 0{,}85$ m

Höhenlage über Gelände 8,0 bis 20,0 m

Höhe über NN < 600 m

Schneelastzone I

$l = 9{,}50$ m
$l_u = 2{,}57$ m
$l_o = 2{,}18$ m
$f = 4{,}35$ m
$f_o = 2{,}00$ m
$f_u = 2{,}35$ m
$s = 6{,}44$ m
$s_o = 2{,}96$ m
$s_u = 3{,}49$ m
$\alpha = 42{,}5°$

Erläuterung		Berechnung
Lastannahmen		
Eigengewicht	**1**	Dacheindeckung Hohlziegel $= 0{,}70$ kN/m² Sparren $= 0{,}11$ kN/m² $g = 0{,}81$ kN/m² Dfl.
Wind $w_d = c_p \cdot q$ $w'_d = 1{,}25 \cdot w_d$ $w_s = c_p \cdot q$ $W_D = w'_d \cdot s$ $W_S = w_s \cdot s$ c_p Druckbeiwert q Staudruck	**2**	$w_d = 0{,}65 \cdot 0{,}8 = 0{,}52$ kN/m² Dfl. $w'_d = 1{,}25 \cdot 0{,}52 = 0{,}65$ kN/m² Dfl. $w_s = -0{,}6 \cdot 0{,}8 = -0{,}48$ kN/m² Dfl. $W_D = 0{,}65 \cdot 6{,}44 = 4{,}19$ kN/m $W_S = -0{,}48 \cdot 6{,}44 = -3{,}09$ kN/m

Schnee $\bar{s} = k_s \cdot s_o$

$k_s = 1 - \frac{\alpha - 30°}{40°}$;

$0 \leq k_s \leq 1$

s_o Regelschneelast

3 $\bar{s} = 0{,}69 \cdot 0{,}75 = 0{,}52$ kN/m² Gfl.

$k_s = 1 - \frac{42{,}5° - 30°}{40°} = 0{,}69$

$s_o = 0{,}75$ kN/m² Gfl.

4 **Schnittgrößen**

bezogen auf 1 m Sparrenabstand

Lastfall g:

$G_1 = g \cdot s$

$G_1 = 0{,}81 \cdot 6{,}44 = 5{,}22$ kN/m

$V_{Ag} = V_{Bg} = G_1$

$V_{Ag} = V_{Bg} = G_1 = 5{,}22$ kN/m

$H_{Ag} = H_{Bg} = \frac{G_1 \cdot l}{16 \cdot f} \cdot (4 + m \cdot n)$

$H_{Ag} = H_{Bg} = \frac{5{,}22 \cdot 9{,}5}{16 \cdot 4{,}35} \cdot (4 + 5{,}03 \cdot 0{,}46) = 4{,}50$ kN/m

$R_g = \frac{-G_1 \cdot m \cdot l}{16 \cdot f}$

$R_g = \frac{-5{,}22 \cdot 5{,}03 \cdot 9{,}50}{16 \cdot 4{,}35} = -3{,}58$ kN/m

$S_{Ag} = S_{Bg} = -\frac{G_1}{s} \cdot \left(f + \frac{l^2}{32 \cdot f} \cdot (4 + m \cdot n)\right)$

$S_{Ag} = S_{Bg} = -\frac{5{,}22}{6{,}44} \cdot \left(4{,}35 + \frac{9{,}5^2}{32 \cdot 4{,}35} \cdot (4 + 5{,}03 \cdot 0{,}46)\right) = -6{,}84$ kN/m

$S_{Dg} = S_{Eg} = -\frac{G_1}{s} \cdot \left(f_o + \frac{l^2}{32 \cdot f} \cdot (4 + m \cdot n)\right)$

$S_{Dg} = S_{Eg} = -\frac{5{,}22}{6{,}44} \cdot \left(2{,}0 + \frac{9{,}5^2}{32 \cdot 4{,}35} \cdot (4 + 5{,}03 \cdot 0{,}46)\right) = -4{,}94$ kN/m

$Q_{Ag} = Q_{Bg} = \frac{G_1 \cdot l}{16 \cdot s} \cdot (4 - m \cdot n)$

$Q_{Ag} = Q_{Bg} = \frac{5{,}22 \cdot 9{,}5}{16 \cdot 6{,}44} \cdot (4 - 5{,}03 \cdot 0{,}46) = 0{,}81$ kN/m

$Q_{Dg} = Q_{Eg} = \frac{G_1}{s} \cdot \left(\frac{l_1}{16} \cdot (4 - m \cdot n) - l_u\right)$

$Q_{Dg} = Q_{Eg} = \frac{5{,}22}{6{,}44} \cdot \left(\frac{9{,}5}{16} \cdot (4 - 5{,}03 \cdot 0{,}46) - 2{,}57\right) = -1{,}27$ kN/m

$Q_{Cgl} = -Q_{Cgr} = \frac{G_1 \cdot l}{16 \cdot s} \cdot (m - m \cdot n - 4)$

$Q_{Cgl} = Q_{Cgr} = \frac{5{,}22 \cdot 9{,}5}{16 \cdot 6{,}44} \cdot (5{,}03 - 5{,}03 \cdot 0{,}46 - 4) = -0{,}62$ kN/m

$$\max M_{ADg} = \min M_{BEg} = \frac{G_1 \cdot l}{256} \cdot (4 - m \cdot n)^2$$

$$\max M_{ADg} = \min M_{BEg} = \frac{5{,}22 \cdot 9{,}5}{256} \cdot (4 - 5{,}03 \cdot 0{,}46)^2 = 0{,}55 \text{ kNm/m}$$

$$\min M_{Dg} = \min M_{Eg} = \frac{G_1 \cdot l \cdot s_u}{16 \cdot s} \cdot \left(4 - m \cdot n - 4 \cdot \frac{s_u}{s}\right)$$

$$\min M_{Dg} = \min M_{Eg} = \frac{5{,}22 \cdot 9{,}5 \cdot 3{,}49}{16 \cdot 6{,}44} \cdot \left(4 - 5{,}03 \cdot 0{,}46 - 4 \cdot \frac{3{,}49}{6{,}44}\right) = -0{,}81 \text{ kNm/m}$$

Festwerte:

$$k = f_o \cdot \frac{f_u}{f^2} \qquad k = \frac{2{,}00 \cdot 2{,}35}{4{,}35^2} = 0{,}25$$

$$m = 1 + \frac{1}{k} \qquad m = 1 + 4{,}026 = 5{,}03$$

$$n = \frac{f_o}{f} \qquad n = \frac{2{,}00}{4{,}35} = 0{,}46$$

Lastfall w (von links):

$$V_{Aw} = W_D \cdot x + W_S \cdot y \qquad V_{Aw} = 4{,}19 \cdot 0{,}40 + (-3{,}09) \cdot 0{,}34 = 0{,}63 \text{ kN/m}$$

$$V_{Bw} = W_D \cdot y + W_S \cdot x \qquad V_{Bw} = 4{,}19 \cdot 0{,}34 + (-3{,}09) \cdot 0{,}40 = 0{,}19 \text{ kN/m}$$

$$R_w = -\frac{(W_D + W_S) \cdot m \cdot s}{16 \cdot f} \qquad R_w = -\frac{(4{,}19 + (-3{,}09)) \cdot 5{,}03 \cdot 6{,}44}{4 \cdot 4{,}35} = -2{,}05 \text{ kN/m}$$

$$H_{Aw} = \frac{W_D \cdot z + W_S \cdot s}{4 \cdot f} - (R_w \cdot n)$$

$$H_{Aw} = \frac{4{,}19 \cdot (-5{,}31) + (-3{,}09) \cdot 6{,}44}{4 \cdot 4{,}35} - (-2{,}05 \cdot 0{,}46) = -1{,}48 \text{ kN/m}$$

$$H_{Bw} = \frac{W_D \cdot s + W_S \cdot z}{4 \cdot f} - (R_w \cdot n)$$

$$H_{Bw} = \frac{4{,}19 \cdot 6{,}44 + (-3{,}09) \cdot (-5{,}31)}{4 \cdot 4{,}35} - (-2{,}05 \cdot 0{,}46) = 3{,}44 \text{ kN/m}$$

$$S_{Aw} = S_{Dw} = -\frac{1}{2 \cdot s} \cdot (H_{Aw} \cdot l + 2 \cdot V_{Aw} \cdot f)$$

$$S_{Aw} = S_{Dw} = -\frac{1}{2 \cdot 6{,}44} \cdot (-1{,}48 \cdot 9{,}5 + 2 \cdot 0{,}63 \cdot 4{,}35) = 0{,}67 \text{ kN/m}$$

$$S_{Bw} = S_{Ew} = -\frac{1}{2 \cdot s} \cdot (H_{Bw} \cdot l + 2 \cdot V_{Bw} \cdot f)$$

$$Q_{Aw} = \frac{1}{2 \cdot s} \cdot (V_{Aw} \cdot l - 2 \cdot H_{Aw} \cdot f)$$

$$Q_{Dw} = \frac{1}{2 \cdot s} \cdot (V_{Aw} \cdot l - 2 \cdot H_{Aw} \cdot f) - \frac{W_D \cdot s_u}{s}$$

$$Q_{Cwl} = \frac{1}{2 \cdot s} \cdot (V_{Aw} \cdot l - 2 \cdot f \cdot (H_{Aw} + R_w)) - W_D$$

$$Q_{Cwr} = \frac{1}{2 \cdot s} \cdot (2 \cdot f \cdot (H_{Bw} + R_w) - V_{Bw} \cdot l) + W_S$$

$$Q_{Bw} = \frac{1}{2 \cdot s} \cdot (2 \cdot H_{Bw} \cdot f - V_{Bw} \cdot l)$$

$$M_{ADw} = \frac{(V_{Aw} \cdot l - 2 \cdot H_{Aw} \cdot f)^2}{8 \cdot W_D \cdot s}$$

$$M_{Dw} = \frac{s_u}{2 \cdot s} \cdot (V_{Aw} \cdot l - 2 \cdot H_{Aw} \cdot f - W_D \cdot s_u)$$

$$M_{BEw} = \frac{(2 \cdot H_{Bw} \cdot f - V_{Bw} \cdot l)^2}{8 \cdot W_S \cdot s}$$

$$S_{Bw} = S_{Ew} = -\frac{1}{2 \cdot 6{,}44} \cdot (3{,}44 \cdot 9{,}5 + 2 \cdot 0{,}19 \cdot 4{,}35) = -2{,}67 \text{ kN/m}$$

$$Q_{Aw} = \frac{1}{2 \cdot 6{,}44} \cdot (0{,}63 \cdot 9{,}5 - 2 \cdot (-1{,}48) \cdot 4{,}35) = 1{,}46 \text{ kN/m}$$

$$Q_{Dw} = \frac{1}{2 \cdot 6{,}44} \cdot (0{,}63 \cdot 9{,}5 - 2 \cdot (-1{,}48) \cdot 4{,}35) - \frac{4{,}19 \cdot 3{,}49}{6{,}44} = -0{,}81 \text{ kN/m}$$

$$Q_{Cwl} = \frac{1}{2 \cdot 6{,}44} \cdot (0{,}63 \cdot 9{,}5 - 2 \cdot 4{,}35 \cdot (-1{,}48 + (-2{,}05))) - 4{,}19 = -1{,}34 \text{ kN/m}$$

$$Q_{Cwr} = \frac{1}{2 \cdot 6{,}44} \cdot (2 \cdot 4{,}35 \cdot (3{,}44 + (-2{,}05)) - 0{,}19 \cdot 9{,}5) + (-3{,}09) = -2{,}29 \text{ kN/m}$$

$$Q_{Bw} = \frac{1}{2 \cdot 6{,}44} \cdot (2 \cdot 3{,}44 \cdot 4{,}35 - 0{,}19 \cdot 9{,}5) = 2{,}18 \text{ kN/m}$$

$$M_{ADw} = \frac{(0{,}63 \cdot 9{,}5 - 2 \cdot (-1{,}48) \cdot 4{,}35)^2}{8 \cdot 4{,}19 \cdot 6{,}44} = 1{,}65 \text{ kNm/m}$$

$$M_{Dw} = \frac{3{,}49}{2 \cdot 6{,}44} \cdot (0{,}63 \cdot 9{,}5 - 2 \cdot (-1{,}48) \cdot 4{,}35 - 4{,}19 \cdot 3{,}49) = -1{,}15 \text{ kNm/m}$$

$$M_{BEw} = \frac{(2 \cdot 3{,}44 \cdot 4{,}35 - 0{,}19 \cdot 9{,}5)^2}{8 \cdot (-3{,}09) \cdot 6{,}44} = -4{,}97 \text{ kNm/m}$$

$$M_{Ew} = -\frac{s_u}{2 \cdot s} \cdot (2 \cdot H_{Bw} \cdot f - V_{Bw} \cdot l + W_S \cdot s_u)$$

$$M_{Ew} = -\frac{3{,}49}{2 \cdot 6{,}44} \cdot (2 \cdot 3{,}44 \cdot 4{,}35 - 0{,}19 \cdot 9{,}5 + (-3{,}09) \cdot 3{,}49) = -4{,}70 \text{ kNm/m}$$

Festwerte:

$$x = \frac{l}{2s} - \frac{s}{2 \cdot l}$$

$$x = \frac{9{,}50}{2 \cdot 6{,}44} - \frac{6{,}44}{2 \cdot 9{,}50} = 0{,}40$$

$$y = \frac{s}{2 \cdot l}$$

$$y = \frac{6{,}44}{2 \cdot 9{,}50} = 0{,}34$$

$$z = \frac{l^2}{s} - 3 \cdot s$$

$$z = \frac{9{,}50^2}{6{,}44} - 3 \cdot 6{,}44 = -5{,}31$$

Lastfall s (beidseitig):

Die Schnittgrößen infolge beidseitiger Schneelast ergeben sich aus dem Lastfall g multipliziert mit dem Faktor

$$\mu = \frac{\bar{s} \cdot \cos\alpha}{g}$$

$$\mu = \frac{0{,}52 \cdot 0{,}737}{0{,}81} = 0{,}47$$

Lastfall Schnee einseitig:

Die Schnittgrößen für halbseitige Schneelast werden hier nicht ermittelt, da sie im vorliegenden Beispiel zur Bemessung nicht maßgebend sind.

Superposition der Schnittgrößen

Lastfall H $\left(g + s + \frac{w}{2}\right)$

$$V_{Aa} = V_{Ag} + \mu V_{Ag} + V_{Aw}/2 = V_{Ag} \cdot (1 + \mu) + V_{Aw}/2$$

$$V_{Aa} = 5{,}22 \cdot (1 + 0{,}47) + \frac{0{,}63}{2} = 7{,}99 \text{ kN/m}$$

$$V_{Ba} = V_{Bg} \cdot (1 + \mu) + V_{Bw}/2$$

$$V_{Ba} = 5{,}22 \cdot (1 + 0{,}47) + \frac{0{,}19}{2} = 7{,}77 \text{ kN/m}$$

$$H_{Ba} = H_{Bg} \cdot (1 + \mu) + H_{Bw}/2$$

$$H_{Ba} = 4{,}5 \cdot (1 + 0{,}47) + \frac{3{,}44}{2} = 8{,}34 \text{ kN/m}$$

$$R_a = R_g \cdot (1 + \mu) + R_w/2 \qquad R_a = -3{,}58 \cdot (1 + 0{,}47) + \frac{-2{,}05}{2} = -6{,}29 \text{ kN/m}$$

$$S_{Aa} = S_{Ag} \cdot (1 + \mu) + S_{Aw}/2 \qquad S_{Aa} = -6{,}84 \cdot (1 + 0{,}47) + \frac{0{,}67}{2} = -9{,}72 \text{ kN/m}$$

$$S_{Ba} = S_{Bg} \cdot (1 + \mu) + S_{Bw}/2 \qquad S_{Ba} = -6{,}84 \cdot (1 + 0{,}47) + \frac{-2{,}67}{2} = -11{,}39 \text{ kN/m}$$

$$S_{Da} = S_{Dg} \cdot (1 + \mu) + S_{Dw}/2 \qquad S_{Da} = -4{,}94 \cdot (1 + 0{,}47) + \frac{0{,}67}{2} = -6{,}93 \text{ kN/m}$$

$$S_{Ea} = S_{Eg} \cdot (1 + \mu) + S_{Ew}/2 \qquad S_{Ea} = -4{,}94 \cdot (1 + 0{,}47) + \frac{-2{,}67}{2} = -8{,}60 \text{ kN/m}$$

$$Q_{Aa} = Q_{Ag} \cdot (1 + \mu) + Q_{Aw}/2 \qquad Q_{Aa} = 0{,}81 \cdot (1 + 0{,}47) + \frac{1{,}46}{2} = 1{,}92 \text{ kN/m}$$

$$Q_{Ba} = Q_{Bg} \cdot (1 + \mu) + Q_{Bw}/2 \qquad Q_{Ba} = 0{,}81 \cdot (1 + 0{,}47) + \frac{2{,}18}{2} = 2{,}28 \text{ kN/m}$$

$$Q_{Da} = Q_{Dg} \cdot (1 + \mu) + Q_{Dw}/2 \qquad Q_{Da} = -1{,}27 \cdot (1 + 0{,}47) + \frac{-0{,}81}{2} = 2{,}27 \text{ kN/m}$$

$$Q_{Cal} = Q_{Cgl} \cdot (1 + \mu) + Q_{Cwl}/2 \qquad Q_{Cal} = -0{,}62 \cdot (1 + 0{,}47) + \frac{-1{,}34}{2} = -1{,}58 \text{ kN/m}$$

$$M_{ADa} = \max M_{ADg} \cdot (1 + \mu) + M_{ADw}/2 \qquad M_{ADa} = 0{,}55 \cdot (1 + 0{,}47) + \frac{1{,}65}{2} = 1{,}63 \text{ kNm/m}$$

$$M_{Da} = \min M_{Dg} \cdot (1 + \mu) + M_{Dw}/2 \qquad M_{Da} = -0{,}81 \cdot (1 + 0{,}47) + \frac{-1{,}15}{2} = -1{,}77 \text{ kNm/m}$$

$$M_{BEa} = \max M_{BEg} \cdot (1 + \mu) + M_{BEw}/2 \qquad M_{BEa} = 0{,}55 \cdot (1 + 0{,}47) + \frac{-4{,}97}{2} = -1{,}68 \text{ kNm/m}$$

$$M_{Ea} = \min M_{Eg} \cdot (1 + \mu) + M_{Ew}/2 \qquad M_{Ea} = -0{,}81 \cdot (1 + 0{,}47) + \frac{-4{,}70}{2} = -3{,}54 \text{ kNm/m}$$

Lastfall H $\left(g + \frac{s}{2} + w\right)$

$$V_{Ab} = V_{Ag} + \mu \cdot V_{Ag}/2 + V_{Aw} = V_{Ag} \cdot (1 + \mu/2) + V_{Aw}$$

$$V_{Ab} = 5{,}22 \cdot \left(1 + \frac{0{,}47}{2}\right) + 0{,}63 = 7{,}08\ \mathrm{kN/m}$$

$$V_{Bb} = V_{Bg} \cdot (1 + \mu/2) + V_{Bw}$$

$$V_{Bb} = 5{,}22 \cdot \left(1 + \frac{0{,}47}{2}\right) + 0{,}19 = 6{,}64\ \mathrm{kN/m}$$

$$H_{Bb} = H_{Bg} \cdot (1 + \mu/2) + H_{Bw}$$

$$H_{Bb} = 4{,}5 \cdot \left(1 + \frac{0{,}47}{2}\right) + 3{,}44 = 8{,}90\ \mathrm{kN/m}$$

$$R_b = R_g \cdot (1 + \mu/2) + R_w$$

$$R_b = -3{,}58 \cdot \left(1 + \frac{0{,}47}{2}\right) + (-2{,}05) = -6{,}47\ \mathrm{kN/m}$$

$$S_{Ab} = S_{Ag} \cdot (1 + \mu/2) + S_{Aw}$$

$$S_{Ab} = -6{,}84 \cdot \left(1 + \frac{0{,}47}{2}\right) + 0{,}67 = -9{,}12\ \mathrm{kN/m}$$

$$S_{Bb} = S_{Bg} \cdot (1 + \mu/2) + S_{Bw}$$

$$S_{Bb} = -6{,}84 \cdot \left(1 + \frac{0{,}47}{2}\right) + (-2{,}67) = -11{,}12\ \mathrm{kN/m}$$

$$S_{Db} = S_{Dg} \cdot (1 + \mu/2) + S_{Dw}$$

$$S_{Db} = -4{,}94 \cdot \left(1 + \frac{0{,}47}{2}\right) + 0{,}67 = -5{,}43\ \mathrm{kN/m}$$

$$S_{Eb} = S_{Eg} \cdot (1 + \mu/2) + S_{Ew}$$

$$S_{Eb} = -4{,}94 \cdot \left(1 + \frac{0{,}47}{2}\right) + (-2{,}67) = -8{,}77\ \mathrm{kN/m}$$

$$Q_{Ab} = Q_{Ag} \cdot (1 + \mu/2) + Q_{Aw}$$

$$Q_{Ab} = 0{,}81 \cdot \left(1 + \frac{0{,}47}{2}\right) + 1{,}46 = 2{,}46\ \mathrm{kN/m}$$

$$Q_{Bb} = Q_{Bg} \cdot (1 + \mu/2) + Q_{Bw}$$

$$Q_{Bb} = 0{,}81 \cdot \left(1 + \frac{0{,}47}{2}\right) + 2{,}18 = 3{,}18\ \mathrm{kN/m}$$

$$Q_{Cbl} = Q_{Cgl} \cdot (1 + \mu/2) + Q_{Cwl}$$

$$Q_{Cbl} = -0{,}62 \cdot \left(1 + \frac{0{,}47}{2}\right) + (-1{,}34) = -2{,}11\ \mathrm{kN/m}$$

$$Q_{Db} = Q_{Dg} \cdot (1 + \mu/2) + Q_{Dw}$$

$$Q_{Db} = -1{,}27 \cdot \left(1 + \frac{0{,}47}{2}\right) + (-0{,}81) = -2{,}38\ \mathrm{kN/m}$$

$$M_{ADb} = \max M_{ADg} \cdot (1 + \mu/2) + M_{ADw}$$

$$M_{ADb} = 0{,}55 \cdot \left(1 + \frac{0{,}47}{2}\right) + 1{,}65 = 2{,}33\ \mathrm{kNm/m}$$

$$M_{Db} = \min M_{Dg} \cdot (1 + \mu/2) + M_{Dw}$$

$$M_{Db} = -0{,}81 \cdot \left(1 + \frac{0{,}47}{2}\right) + (-1{,}15) = -2{,}15 \text{ kNm/m}$$

$$M_{BEb} = \max M_{BEg} \cdot (1 + \mu/2) + M_{BEw}$$

$$M_{BEb} = 0{,}55 \cdot \left(1 + \frac{0{,}47}{2}\right) + (-4{,}97) = -4{,}29 \text{ kNm/m}$$

$$M_{Eb} = \min M_{Eg} \cdot (1 + \mu/2) + M_{Ew}$$

$$M_{Eb} = -0{,}81 \cdot \left(1 + \frac{0{,}47}{2}\right) + (-4{,}70) = -5{,}70 \text{ kNm/m}$$

Bemessungsschnittgrößen

Die ungünstigste Kombination ist maßgebend.

Für die Bemessung sind die auf einen Sparrenabstand von 1,0 m bezogenen Schnittgrößen mit dem Sparrenabstand e zu multiplizieren.

Für die Bemessung des Sparren:

$S_{Eb} = -8{,}77$ kN/m

mit $M_{Eb} = -5{,}70$ kNm/m

$Q_{Bb} = 3{,}18$ kN/m

Für die Bemessung des Riegels:

$R_B = -6{,}47$ kN/m

Für die Schwellenpressung:

$S_{Ba} = -11{,}39$ kN/m

$e = 0{,}85$ m

Bemessung des Sparrens

Zulassung: „Wellsteg"-Holzleimbauträger

Querschnittswahl

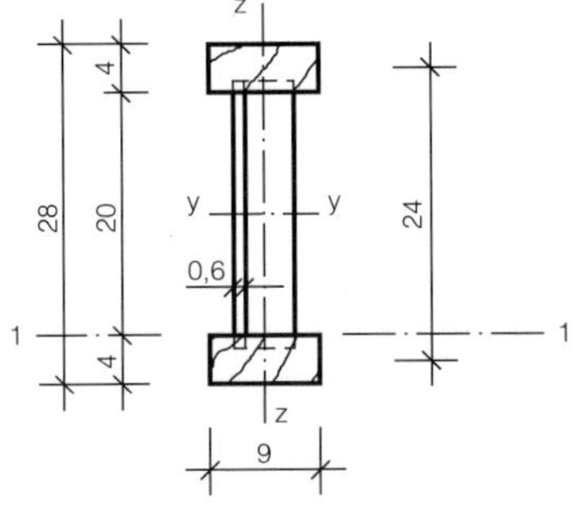

Bild 44.2

gew.: „Wellsteg"-Holzleimbauträger
Profil 28/4/9/6
Gurte NH II
Steg Bau-Furniersperrholz DIN 68 705

$H = 280$ mm
$h = 200$ mm
$h_1 = 40$ mm
$h_0 = 240$ mm
$B = 90$ mm

Querschnittswerte

$$I_y = \frac{B}{12}(H^3 - h^3)$$

5 $$I_y = \frac{9}{12} \cdot (28^3 - 20^3) = 10\,464\ \text{cm}^4$$

$$S_1 = h_1 \cdot B \cdot \frac{h_0}{2}$$

$$S_1 = 4 \cdot 9 \cdot \frac{24}{2} = 432\ \text{cm}^3$$

$$S_2 = S_1 + n \cdot d \cdot \frac{h^2}{8}$$

$$S_2 = 432 + 0{,}45 \cdot 0{,}6 \cdot \frac{20^2}{8} = 445{,}5\ \text{cm}^3$$

$$W_y = I_y \cdot \frac{2}{H}$$

$$W_y = 10\,464 \cdot \frac{2}{28} = 747\ \text{cm}^3$$

I_y Flächenmoment 2. Grades ohne Berücksichtigung des Steges

S_1 Flächenmoment 1. Grades in der Leimfuge

S_2 Flächenmoment 1. Grades in der y-Achse

W_y Widerstandsmoment

$$n = \frac{E_{St}}{E_G}$$

$$n = \frac{4500}{10\,000} = 0{,}45$$

E_{St} Elastizitätsmodul des Steges

6 $E_{St} = 4500\ \text{MN/m}^2$

E_G Elastizitätsmodul des Gurtes

7 $E_G = 10\,000\ \text{MN/m}^2$

Stabilitätsnachweis

8 Bei einem Abstand $s \leq 40 \cdot i$ der
9 seitlichen Abstützungen des Druckgurtes kann ein Stabilisierungsnachweis biegebeanspruchter Bauteile entfallen. Diese Anforderung wird durch die Dachlatten in Verbindung mit den Windrispen erfüllt.

Es ergibt sich folgender Nachweis:

$$\frac{\sigma_{D\parallel}}{\text{zul}\,\sigma_k} + \frac{\sigma_B}{\text{zul}\,\sigma_B} \leq 1$$

10
11 $$\frac{\sigma_{D\parallel}}{\text{zul}\,\sigma_k} + \frac{\sigma_B}{\text{zul}\,\sigma_B} = \frac{1{,}04}{6{,}54} + \frac{6{,}49}{8} = 0{,}16 + 0{,}81 = 0{,}97 < 1$$

$\sigma_{D\parallel} = e \cdot \frac{S_{Eb}}{A}$		$\sigma_{D\parallel} = 0{,}85 \cdot \frac{8{,}77}{2 \cdot 4 \cdot 9} \cdot 10 = 1{,}04\,\text{MN/m}^2$
$\sigma_B = e \cdot \frac{M_{Eb}}{W}$		$\sigma_B = 0{,}85 \cdot \frac{5{,}70}{747} \cdot 10^3 = 6{,}49\,\text{MN/m}^2$
$\text{zul}\,\sigma_k = \frac{\text{zul}\,\sigma_{D\parallel}}{\omega}$	12	$\text{zul}\,\sigma_k = \frac{8{,}50}{1{,}30} = 6{,}54\,\text{MN/m}^2$
$\omega = f(\lambda)$ Knickzahl	13	$\omega = 1{,}30$
	14	
$\lambda = \frac{s_k}{\min i}$ Schlankheitsgrad	15	$\lambda = \frac{515}{12{,}06} = 42{,}7$
$\min i = \sqrt{\frac{I_y}{A}}$ Trägheitsradius		$\min i = \sqrt{\frac{10\,464}{2 \cdot 4 \cdot 9}} = 12{,}06\,\text{cm}$
$s_k = 0{,}8 \cdot s$	16	$s_k = 0{,}8 \cdot 6{,}44 = 5{,}15\,\text{m}$
$0{,}3 \cdot s < s_u < 0{,}7 \cdot s$		$0{,}3 \cdot 6{,}44 = 1{,}93\,\text{m} < 3{,}49\,\text{m} < 4{,}51\,\text{m} = 0{,}7 \cdot 6{,}44$
Schubnachweis im Steg		
$\frac{\tau}{\text{zul}\,\tau_Q} \leq 1$	17	$\frac{\tau}{\text{zul}\,\tau_Q} = \frac{1{,}92}{3{,}0} = 0{,}64 < 1$
$\tau = e \cdot \frac{Q_{Bb} \cdot S_2}{I_y \cdot d}$		$\tau = \frac{0{,}85 \cdot 3{,}18 \cdot 10^{-3} \cdot 445{,}5 \cdot 10^{-6}}{10\,464 \cdot 10^{-8} \cdot 6 \cdot 10^{-3}} = 1{,}92\,\text{MN/m}^2$
Schubnachweis in der Leimfuge		
$\frac{\tau}{\text{zul}\,\tau} \leq 1$	18	$\frac{\tau}{\text{zul}\,\tau} = \frac{0{,}38}{0{,}6} = 0{,}64 < 1$
$\tau = e \cdot \frac{Q_{Bb} \cdot S_1}{I_y \cdot m \cdot t}$		$\tau = 0{,}85 \cdot \frac{3{,}18 \cdot 10^{-3} \cdot 445{,}5 \cdot 10^{-6}}{10\,464 \cdot 10^{-8} \cdot 2 \cdot 15 \cdot 10^{-3}} = 0{,}38\,\text{MN/m}^2$
$t = 2{,}5 \cdot d$		$t = 2{,}5 \cdot 6 = 15\,\text{mm}$
t Einbindetiefe des Steges		
m Anzahl der Leimfugen		
Bemessung des Riegels		gew.: 9/12 cm NH II

Knicknachweis um die y-Achse

$\frac{\sigma_{D\parallel}}{\text{zul}\,\sigma_k} \leq 1$	**19**	$\frac{\sigma_{D\parallel}}{\text{zul}\,\sigma_k} = \frac{0{,}51}{1{,}80} = 0{,}28 < 1$
$\sigma_{D\parallel} = e \cdot \frac{R_b}{A}$		$\sigma_{D\parallel} = \frac{0{,}85 \cdot 6{,}47 \cdot 10^{-3}}{9 \cdot 12 \cdot 10^{-4}} = 0{,}51\,\text{MN/m}^2$
$\text{zul}\,\sigma_k = \frac{\text{zul}\,\sigma_{D\parallel}}{\omega}$	**12**	$\text{zul}\,\sigma_k = \frac{8{,}5}{4{,}73} = 1{,}80\,\text{MN/m}^2$
$\omega = f(\lambda)$ Knickzahl	**13** **14**	$\omega = 4{,}73$
$\lambda = \frac{s_k}{i} = \frac{2 \cdot l_0}{i}$ Schlankheitsgrad	**15**	$\lambda = \frac{2 \cdot 2{,}18}{3{,}47} = 125{,}6$
$i = 0{,}289 \cdot h$ Trägheitsradius für Rechteckquerschnitt		$i = 0{,}289 \cdot 12 = 3{,}47$ cm

Knicknachweis um die z-Achse

$\frac{\sigma_{D\parallel}}{\text{zul}\,\sigma_k} \leq 1$	**19**	$\frac{\sigma_{D\parallel}}{\text{zul}\,\sigma_k} = \frac{0{,}51}{3{,}62} = 0{,}14 < 1$
$\text{zul}\,\sigma_k = \frac{\text{zul}\,\sigma_{D\parallel}}{\omega}$ Knickspannung	**12**	$\text{zul}\,\sigma_k = \frac{8{,}5}{2{,}35} = 3{,}62\,\text{MN/m}^2$
$\omega = f(\lambda)$ Knickzahl	**13** **14**	$\omega = 2{,}35$
$\lambda = \frac{s_k}{i} = \frac{l_0}{i}$ Schlankheitsgrad	**15**	$\lambda = \frac{218}{2{,}60} = 83{,}8$
$i = 0{,}289 \cdot b$ Trägheitsradius für Rechteckquerschnitt		$i = 0{,}289 \cdot 9 = 2{,}6$ cm

Bemessung der Anschlüsse

Riegel-Sparren

	20	gew.: Riegellaschen $2 \times 2{,}4/12$ cm 2×8 Nägel Na 31×70
$e \cdot R_b \leq \text{zul}\,N$		$e \cdot R_b = 0{,}85 \cdot 6{,}47 = 5{,}50\text{ kN} < 5{,}87\text{ kN} = \text{zul}\,N$
$\text{zul}\,N = n \cdot \text{zul}\,N_1$		$\text{zul}\,N = 2 \cdot 8 \cdot 0{,}367 = 5{,}87$ kN

$$\text{zul}\,N_1 = \frac{500 \cdot d_n^2}{10 + d_n} \quad \text{in N}$$

20 21

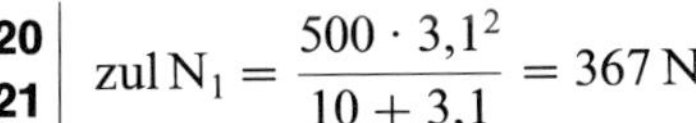

$$\text{zul}\,N_1 = \frac{500 \cdot 3{,}1^2}{10 + 3{,}1} = 367\,\text{N}$$

n Anzahl der Nägel

d_n Nageldurchmesser in mm

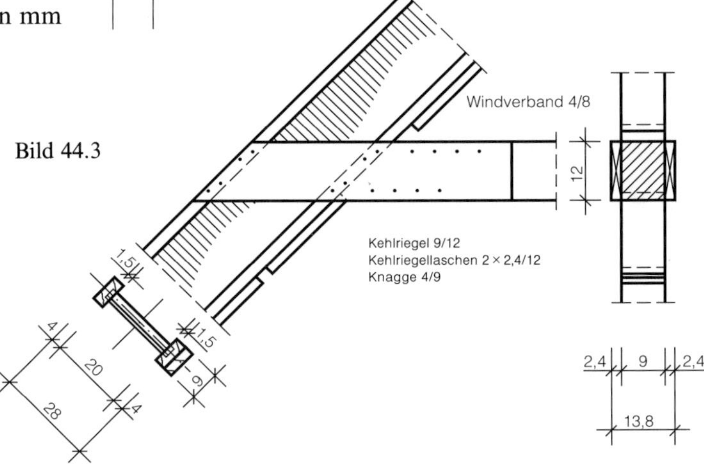

Bild 44.3

Mindestholzdicke der Laschen

$\min a = d_n \cdot (3 + 0{,}8 \cdot d_n)$ in mm

22 $\min a = 3{,}1 \cdot (3 + 0{,}8 \cdot 3{,}1) = 17 < 24$ mm

Einschlagtiefe

$s \geqslant \text{erf}\,s = 12 \cdot d_n$

23 $s = 7{,}0 - 2{,}4 = 4{,}6 > 12 \cdot 0{,}31 = 3{,}7\ \text{cm} = \text{erf}\,s$

Nagelabstände

$\text{vorh}\,e_{\|} \geq \text{erf}\,e_{\|}$

$\text{vorh}\,e_{\perp} \geq \text{erf}\,e_{\perp}$

24 Die erforderlichen Nagelabstände sind eingehalten.

Schwelle – Sparren

Schwellenpressung

$$\frac{\sigma_{D\perp}}{\text{zul}\,\sigma'_{D\perp}} \leq 1 \qquad \frac{\sigma_{D\perp}}{\text{zul}\,\sigma'_{D\perp}} = \frac{2{,}70}{3{,}60} = 0{,}75 < 1$$

$$\sigma_{D\perp} = e \cdot \frac{S_{Ba}}{A_n} \qquad \sigma_{D\perp} = 0{,}85 \cdot \frac{11{,}39}{4 \cdot 9} \cdot 10 = 2{,}70\,\text{MN/m}^2$$

25 $\text{zul}\,\sigma'_{D\perp} = k_{D\perp} \cdot \text{zul}\,\sigma_{D\perp}$ $\qquad$ $\text{zul}\,\sigma'_{D\perp} = 1{,}8 \cdot 2{,}0 = 3{,}6\,\text{MN/m}^2$

26 $k_{D\perp} = \sqrt[4]{\frac{150}{l}} < 1{,}8$ $\qquad$ $k_{D\perp} = \sqrt[4]{\frac{150}{9}} = 2{,}0 \curvearrowright k_{D\perp} = 1{,}8$

28
3
9
Lattung 3/5
Knagge 3/9
Traufen-
schalung
18 mm
Fußschwelle 8 / 10
2x2
4
8
16
Stahlbetondecke
Sparren-
kopf 8/10
35
30

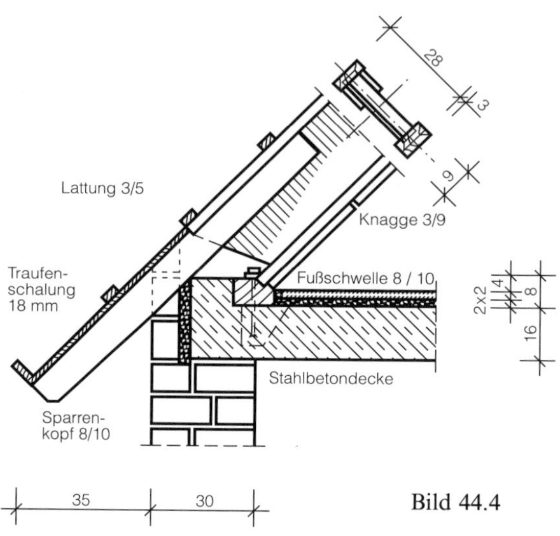

Bild 44.4

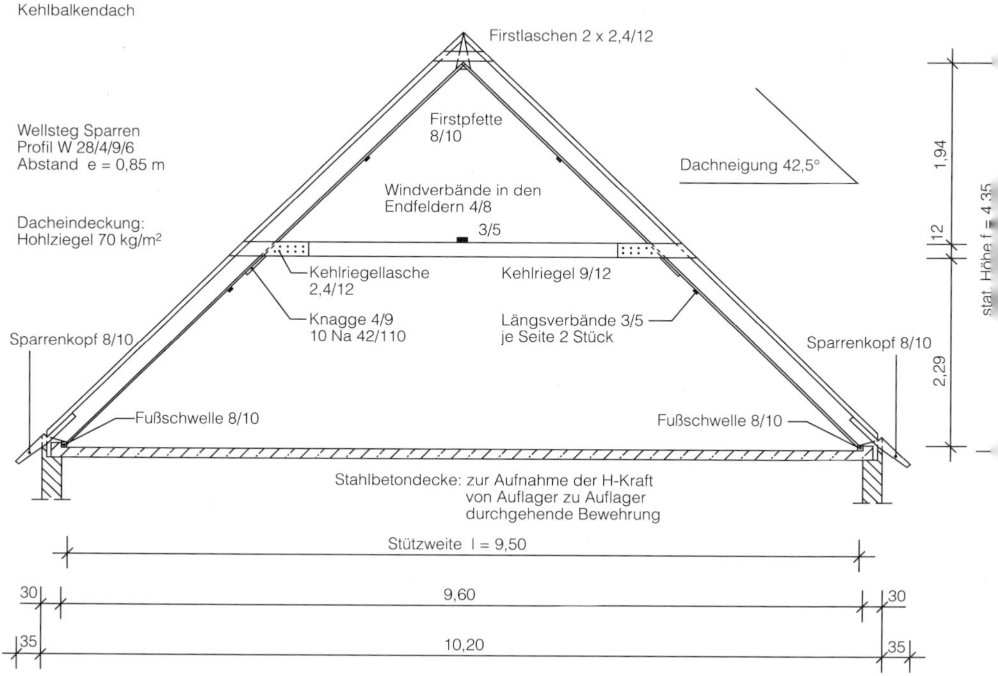

Kehlbalkendach
Firstlaschen 2 x 2,4/12
Firstpfette
8/10
Wellsteg Sparren
Profil W 28/4/9/6
Abstand e = 0,85 m
Dachneigung 42,5°
Windverbände in den
Endfeldern 4/8
3/5
Dacheindeckung:
Hohlziegel 70 kg/m²
Kehlriegellasche
2,4/12
Kehlriegel 9/12
Knagge 4/9
10 Na 42/110
Längsverbände 3/5
je Seite 2 Stück
Sparrenkopf 8/10
Sparrenkopf 8/10
Fußschwelle 8/10
Fußschwelle 8/10
1,94
12
2,29
stat. Höhe f = 4,35
Stahlbetondecke: zur Aufnahme der H-Kraft
von Auflager zu Auflager
durchgehende Bewehrung
Stützweite l = 9,50
30
9,60
30
35
10,20
35

Bild 44.5

1	**DIN 1055 T1**
2	**DIN 1055 T4**
3	**DIN 1055 T5**
4	**Holzbau-TB Bd. 1 (7. Aufl.), S. 292 ff.**
5	**Holzbau-TB Bd. 2, Tab. 3.1-1, Seite 38**
6	**DIN 1052 T1, Tab. 2**
7	**DIN 1052 T1, Tab. 1**
8	**DIN 1052 T1, 8.6.1**
9	**DIN 1052 T1, 10.4**
10	**DIN 1052 T1, 9.4**
11	**DIN 1052 T1, Tab. 5**
12	**Holzbau-TB Bd. 2, Tab. 3.4-7, Seite 193**
13	**DIN 1052 T1, Tab. 10**
14	**Holzbau-TB Bd. 2, Tab. 3.4-6, Seite 193**
15	**DIN 1052 T1, 9.2**
16	**DIN 1052 T1, 9.1.3**
17	**Zul. § 5.3**
18	**Zul. § 5.5**
19	**DIN 1052 T1, 9.3.2**
20	**Holzbau-TB Bd. 2, Tab. 4.4-4, Seite 294**
21	**DIN 1052 T2, 6.2.2**
22	**DIN 1052 T2, 6.2.3**
23	**DIN 1052 T2, 6.2.4**
24	**DIN 1052 T2, Tab. 11**
25	**Holzbau-TB Bd. 2, Tab. 3.1-17, Seite 62**
26	**DIN 1052 T1, 5.1.11**

Beispiel 45
Gratsparren

Aufgabenstellung

Für das im Bild 45.1 im Grundriß dargestellte abgewalmte Sparrendach ist der Gratsparren zu bemessen.

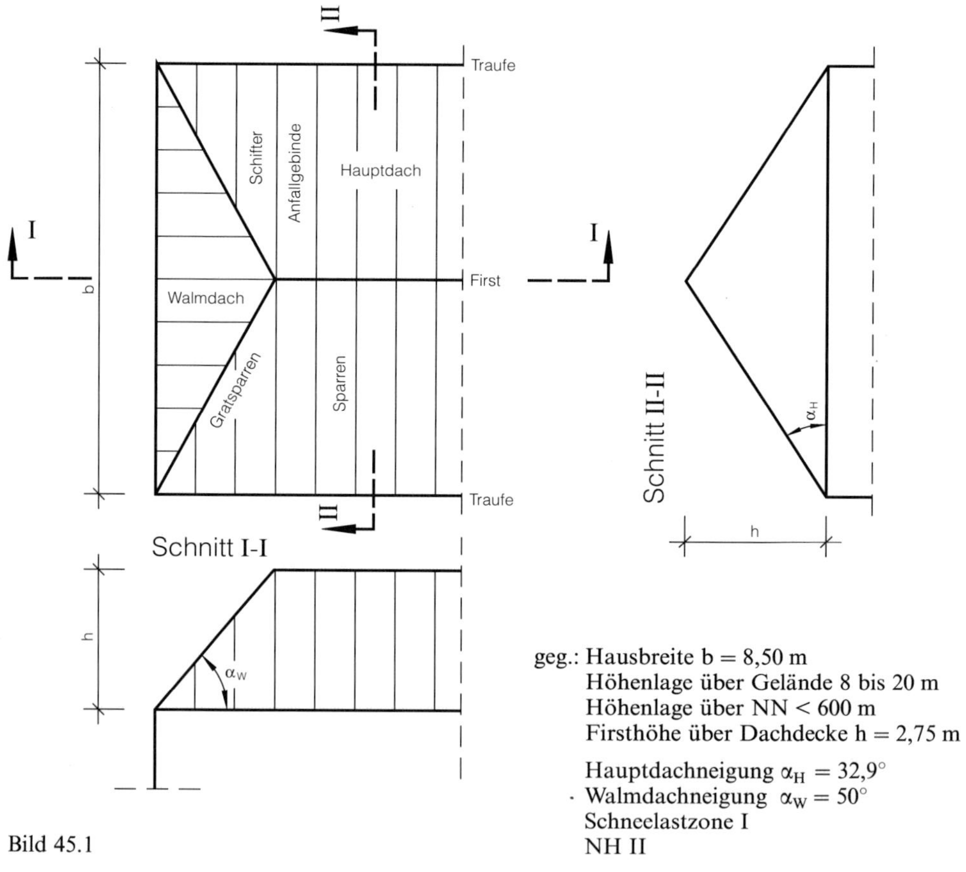

Bild 45.1

Erläuterung	Berechnung

Geometrische Größen

Gratsparrenlänge in der Grundrißprojektion

$$l = \sqrt{l_H^2 + l_W^2}$$

$$l = \sqrt{2{,}31^2 + 4{,}25^2} = 4{,}84 \text{ m}$$

$$l_H = \frac{h}{\tan \alpha_W}$$

$$l_H = \frac{2{,}75}{\tan 50^\circ} = 2{,}31 \text{ m}$$

$$l_W = \frac{b}{2}$$

$$l_w = \frac{8{,}50}{2} = 4{,}25 \text{ m}$$

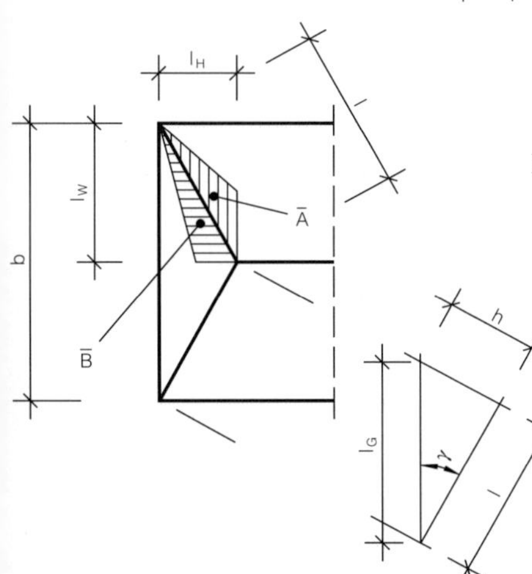

Bild 45.2

Gratsparrenlänge

$$l_G = \sqrt{l^2 + h^2}$$

$$l_G = \sqrt{4{,}84^2 + 2{,}75^2} = 5{,}57 \text{ m}$$

Gratsparrenneigung

$$\gamma = \arctan \frac{h}{l}$$

$$\gamma = \arctan \frac{2{,}75}{4{,}84} = 29{,}6^\circ$$

Lasteinflußfläche des Hauptdaches und des Walmdaches in der Grundrißprojektion

$$\bar{A} = \bar{B} = \frac{l_M \cdot l_W}{4}$$

$$\bar{A} = \bar{B} = \frac{2{,}31 \cdot 4{,}25}{4} = 2{,}45 \text{ m}^2$$

Lasteinflußfläche des Hauptdaches in der geneigten Dachfläche

$$A = \frac{\bar{A}}{\cos \alpha_H}$$

$$A = \frac{2{,}45}{\cos 32{,}9^\circ} = 2{,}92 \text{ m}^2$$

Lasteinflußfläche des Walmdaches in der geneigten Dachfläche

$$B = \frac{\bar{B}}{\cos \alpha_W}$$

$$B = \frac{2{,}45}{\cos 50^\circ} = 3{,}81 \text{ m}^2$$

Lastannahmen

Eigengewicht

Dachhaut (Bieberschwanz-ziegel einschl. Latten)	$= 0{,}60 \text{ kN/m}^2$
Gratsparren und Schifter	$= 0{,}15 \text{ kN/m}^2$
	$g = 0{,}75 \text{ kN/m}^2$ Dfl.

1 g Gewicht, bezogen auf 1 m² geneigter Dachfläche des Haupt- und Walmdaches

$\bar{g}_H = \frac{g}{\cos \alpha_H}$ Gewicht, bezogen auf 1 m² Grundrißfläche des Hauptdaches

$$\bar{g}_H = \frac{0{,}75}{\cos 32{,}9^\circ} = 0{,}89 \text{ kN/m}^2 \text{ Gfl.}$$

$\bar{g}_W = \frac{g}{\cos \alpha_W}$ Gewicht, bezogen auf 1 m² Grundrißfläche des Walmdaches

$$\bar{g}_W = \frac{0{,}75}{\cos 50^\circ} = 1{,}1 \text{ kN/m}^2 \text{ Gfl.}$$

Wind

Damit sich die Berechnung bei qualitativ gleichem Ergebnis erheblich vereinfacht, wird für Wind über Eck die Annahme getroffen, daß der Wind rechtwinklig auf den Gratsparren wirkt. Hier werden die Lasteinflußflächen (A und B) um die Gratsparrenachse in die Grat-

sparrenebene hochgeklappt.
Als Druckbeiwert c_p für die Windlastannahme wird der Wert für die Gratsparrenneigung γ angenommen.

$w_d = c_{p;\gamma} \cdot q$

2 $w_d = 0{,}39 \cdot 0{,}8 = 0{,}31$ kN/m² Dfl.

$w_d' = 1{,}25 \cdot w_d$

$w_d' = 1{,}25 \cdot 0{,}31 = 0{,}39$ kN/m² Dfl.

$c_{p;\gamma} = \frac{0{,}5}{25°} \cdot \gamma - 0{,}2$ Druckbeiwert

3 $c_{p;\gamma} = \frac{0{,}5}{25°} \cdot 29{,}6° - 0{,}2 = 0{,}39$

q Staudruck

$q = 0{,}80$ kN/m²

Schnee

$\bar{s}_H = k_{s;H} \cdot s_o$

$\bar{s}_W = k_{s;W} \cdot s_o$

4 $\bar{s}_H = 0{,}93 \cdot 0{,}75 = 0{,}70$ kN/m² Gfl.

$\bar{s}_W = 0{,}50 \cdot 0{,}75 = 0{,}38$ kN/m² Gfl.

$k_{s;H} = 1 - \frac{\alpha_H - 30°}{40°}$

$k_{s;W} = 1 - \frac{\alpha_W - 30°}{40}$

$0 \leq \frac{k_{s;H}}{k_{s;W}} \leq 1$

$k_{s;H} = 1 - \frac{32{,}9° - 30°}{40°} = 0{,}93$

$k_{s;W} = 1 - \frac{50° - 30°}{40°} = 0{,}50$

$\bar{s}_H$; $\bar{s}_W$ Schneelast, bezogen auf 1 m² Grundrißfläche des Haupt- und Walmdaches

s_o Regelschneelast

Lastzusammenstellung

5 Lastfall H (g + s)

$$q_{H\perp} = [(\bar{g}_H + \bar{s}_H) \cdot \bar{A} + (\bar{g}_W + \bar{s}_W) \cdot \bar{B}] \cdot \frac{2 \cdot \cos^2\gamma}{l}$$

$$q_{H\parallel} = q_{H\perp} \cdot \tan\gamma$$

$$q_{H\perp} = [(0{,}89 + 0{,}70) \cdot 2{,}45 + (1{,}17 + 0{,}38) \cdot 2{,}45] \cdot \frac{2 \cdot \cos^2 29{,}6°}{4{,}84} = 2{,}40 \text{ kN/m}$$

$$q_{H\parallel} = 2{,}40 \cdot \tan 29{,}6° = 1{,}36 \text{ kN/m}$$

Lastfall HZ (g + s + w)

$$q_{HZ\perp} = q_{H\perp} + w'_d \cdot (A + B) \cdot \frac{2}{l_o}$$

$$q_{HZ\perp} = 2{,}40 + 0{,}39 \cdot (2{,}92 + 3{,}81) \cdot \frac{2}{5{,}57} = 3{,}34 \text{ kN/m}$$

$$q_{HZ\parallel} = q_{H\parallel}$$

$$q_{HZ\parallel} = 1{,}36 \text{ kN/m}$$

Wird $\frac{q_{HZ\perp}}{q_{H\perp}} > 1{,}25$

6 $\frac{q_{HZ\perp}}{q_{H\perp}} = \frac{3{,}34}{2{,}40} = 1{,}39 > 1{,}25$

so ist der Lastfall HZ bemessungsmaßgebend. Hierbei wird der Einfluß von $q_{\parallel}$ vernachlässigt.

Lastfall HZ ist maßgebend für die Bemessung.

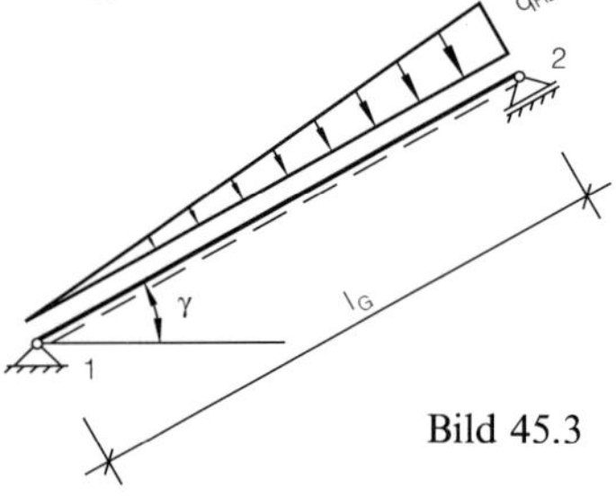

Bild 45.3

Schnittlasten

$$\max M_y = \frac{q_{HZ\perp} \cdot l_G^2}{9 \cdot \sqrt{3}}$$

$$\max M_y = \frac{3{,}34 \cdot 5{,}57^2}{9 \cdot \sqrt{3}} = 6{,}65 \text{ kNm}$$

an der Stelle $x = \frac{l_G}{\sqrt{3}}$

$$x = \frac{5{,}57}{\sqrt{3}} = 3{,}22 \text{ m}$$

$$N = -q_{HZ\parallel} \cdot \frac{l_G}{2} \cdot \left[1 - \left(\frac{x}{l_G}\right)^2\right]$$

$$N = -1{,}36 \cdot \frac{5{,}57}{2} \cdot \left[1 - \left(\frac{3{,}22}{5{,}57}\right)^2\right] = -2{,}52 \text{ kN}$$

Für die Ermittlung der Schnittgrößen werden die im Bild 45.3 dargestellten Lagerungsbedingungen angenommen. Danach ergeben sich, im Vergleich zu einer lotrechten Lagerung 2, gleich große Momente, aber ungünstigere Normalkräfte.

Querschnittswahl und -werte

	8	gew.: 14/24 cm
		$A = 336\ \text{cm}^2$
		$W_y = 1344\ \text{cm}^3$
		$J_y = 16\,128\ \text{cm}^4$

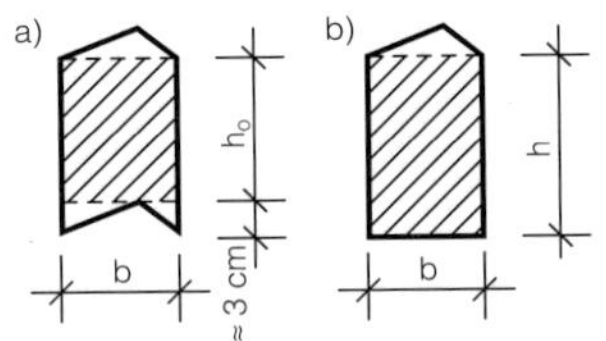

Bild 45.4

a) Querschnitt Auflagerbereich
b) Querschnitt Normalbereich

Stabilitätsnachweis

$\frac{\sigma_{D\parallel}}{\text{zul}\,\sigma_k} + \frac{\sigma_B}{k_B \cdot 1{,}1 \cdot \text{zul}\,\sigma'_B} \leq 1$	9	$\frac{\sigma_{D\parallel}}{\text{zul}\,\sigma_k} + \frac{\sigma_B}{1{,}0 \cdot \text{zul}\,\sigma'_B} = \frac{0{,}08}{1{,}86} + \frac{4{,}95}{1{,}0 \cdot 12{,}5} = 0{,}44 < 1{,}0$
$k_B \cdot 1{,}1 \leq 1{,}0$		Der Gratsparren ist gegen Kippen ausreichend gehalten $k_B \cdot 1{,}1 = 1{,}0$
$\sigma_{D\parallel} = \frac{\lvert N \rvert}{A}$		$\sigma_{D\parallel} = \frac{2{,}52 \cdot 10^{-3}}{336 \cdot 10^{-4}} = 0{,}08\ \text{MN/m}^2$
$\sigma_B = \frac{M_y}{W_y}$		$\sigma_B = \frac{6{,}65 \cdot 10^{-3}}{1344 \cdot 10^{-6}} = 4{,}95\ \text{MN/m}^2$
$\text{zul}\,\sigma_k = \frac{1{,}25 \cdot \text{zul}\,\sigma_{D\parallel}}{\omega}$ zul. Knickspannung im LF.: HZ	10 11 6	$\text{zul}\,\sigma_k = \frac{1{,}25 \cdot 8{,}50}{5{,}71} = 1{,}86\ \text{MN/m}^2$
$\omega = f(\lambda)$ Knickzahl	12 13	$\omega = 5{,}71$
$\lambda = \frac{s_k}{\min i} = \frac{s_k}{0{,}289 \cdot b}$ Schlankheitsgrad	14	$\lambda = \frac{557}{0{,}289 \cdot 14} = 138$
s_k Knicklänge	15	$s_k \leq 5{,}57\ \text{m}$
$\text{zul}\,\sigma'_B = 1{,}25 \cdot \text{zul}\,\sigma_B$ zul. Biegespannung im LF.: HZ	6 10	$\text{zul}\,\sigma'_B = 1{,}25 \cdot 10{,}0 = 12{,}5\ \text{MN/m}^2$

Durchbiegungsnachweis

$$f_\sigma \leq \text{zul}\, f = \frac{l_G}{300}$$

16 $$f_\sigma = 1{,}5\ \text{cm} < \frac{557}{300} = 1{,}86\ \text{cm}$$

$$f_\sigma = 0{,}00652 \cdot \frac{q_{HZ\perp} \cdot l_G''}{E \cdot I_y}$$

7 $$f_\sigma = 0{,}00652 \cdot \frac{3{,}34 \cdot 5{,}57^4 \cdot 10^{-3}}{10^4 \cdot 16\,128 \cdot 10^{-8}}$$

$$= 0{,}013\ \text{m} \mathrel{\hat{=}} 1{,}3\ \text{cm}$$

17 Bei Wohnhausdächern dürfen Kriechverformungen beim Durchbiegungsnachweis vernachlässigt werden.

1	**DIN 1055 T1**
2	**DIN 1055 T4**
3	**DIN 1055 T4, 5.2.2**
4	**DIN 1055 T5**
5	**DIN 1052 T1, 6.2**
6	**DIN 1052 T1, 5.1.6**
7	**Holzbau-TB Bd. 1, 3.1, Seite 159**
8	**Holzbau-TB Bd. 2, Tab. 3.1-2, Seite 44**
9	**DIN 1052 T1, 9.4**
10	**DIN 1052 T1, Tab. 5**
11	**Holzbau-TB Bd. 2, Tab. 3.4-7, Seite 193**
12	**DIN 10512 T1, Tab. 10**
13	**Holzbau-TB Bd. 2, Tab. 3.4-6, Seite 193**
14	**DIN 1052 T1, 9.2**
15	**DIN 1052 T1, 9.1**
16	**DIN 1052 T1, 8.5.7**
17	**DIN 1052 T1, 4.3**

Beispiel 46
Dachgaube

Aufgabenstellung

Der in Bild 46.1 dargestellte Wechsel (Pos. 1) einer Dachgaube ist zu bemessen.

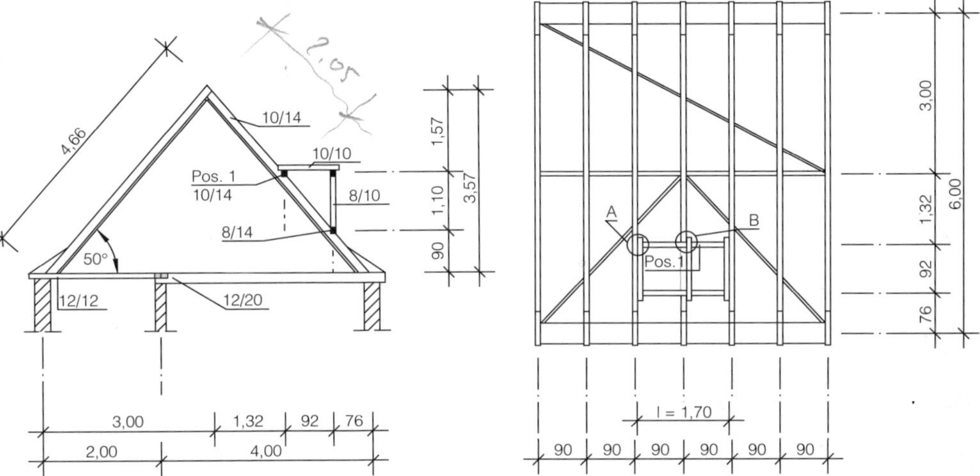

Bild 46.1

geg.: Höhe über Gelände 8 bis 20 m
Höhe über NN < 600 m
Schneelastzone I
Dachneigung der Gaube $\alpha = 3°$
NH II

Erläuterung

Berechnung

Lastannahmen

Sparrendach

Die Lastannahmen sind dem Beispiel 41 zu entnehmen.

$g = 0{,}65$ kN/m² Dfl.

$w_d = 0{,}64$ kN/m² Dfl.

$w_s = 0{,}48$ kN/m² Dfl.

$w'_d = 1{,}25 \cdot w_d = 0{,}8$ kN/m² Dfl.

$\bar{s} = 0{,}38$ kN/m² Gfl.

Dachgaube

Eigengewicht

1 Kupferdach mit doppelter Falzung
(Kupferblech 0,6 mm dick,
einschl. 22 mm Schalung) 0,30 kN/m²
Gebälk 0,10 kN/m²

$g^* = 0{,}40$ kN/m² Dfl.

Wind $w_d^* = c_p \cdot q$

$w_d^{*\prime} = 1{,}25 \cdot w_d^{*\prime}$

$w_s^* = c_p \cdot q$

c_p Druckbeiwert

q Staudruck

2 $w_d^* = 0{,}8 \cdot 0{,}8 = 0{,}64$ kN/m² Dfl.

$w_d^{*\prime} = 1{,}25 \cdot 0{,}64 = 0{,}80$ kN/m² Dfl.

$w_s^* = 0{,}5 \cdot 0{,}8 = 0{,}40$ kN/m² Dfl.

Schnee $\bar{s}^* = k_s \cdot s_o$

$$k_s = 1 - \frac{\alpha - 30°}{40°}$$

$0 \leq k_s \leq 1$

s_o Regelschneelast

3 $\bar{s}^* = 1 \cdot 0{,}75 = 0{,}75$ kN/m² Gfl.

$k_s = 1$

$s_o = 0{,}75$ kN/m² Gfl.

Belastung des Wechsels

	H_1	V_1	H_3	V_3
Lastfall	kN		kN/m	
Eigengewicht	−0,83	1,58	0	0,18
Schnee	−0,31	0,59	0	0,35
Wind von links	−1,49	1,08	−0,22	0
Wind von rechts	1,31	−0,41	0,44	0

Lastfall: Eigengewicht

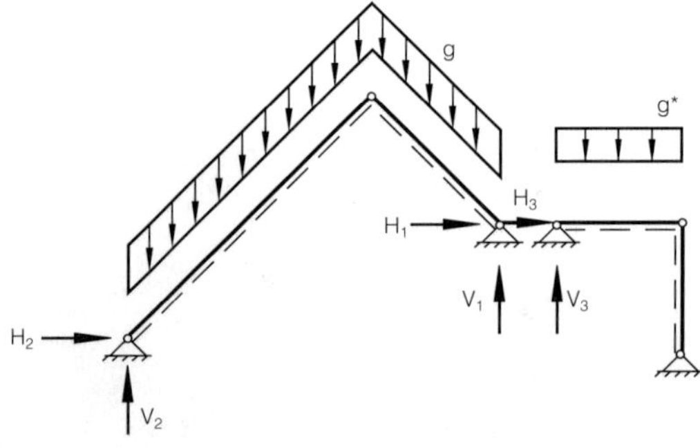

Bild 46.2

Lastfall: Schnee

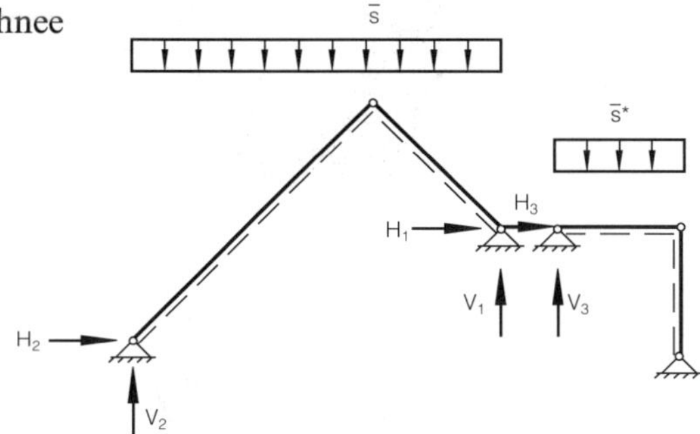

Bild 46.3

Lastfall: Wind von links

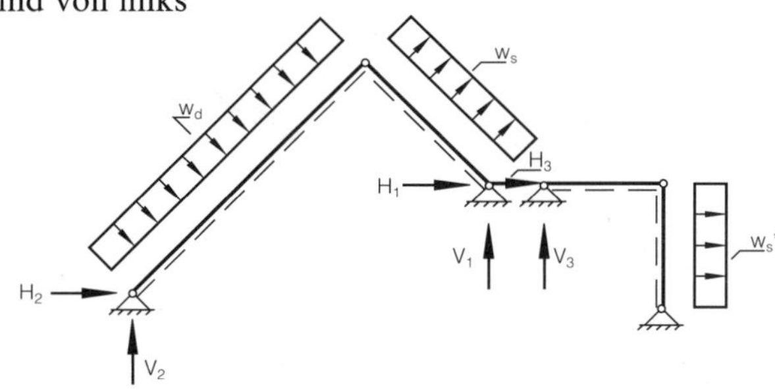

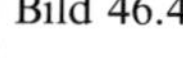
Bild 46.4

Lastfall: Wind von rechts

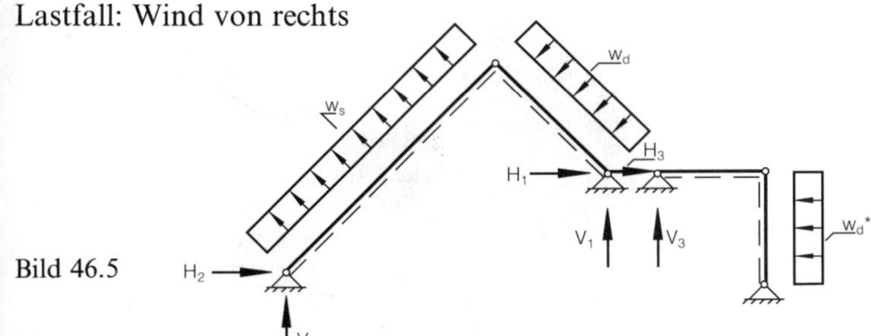

Bild 46.5

Schnittgrößen des Wechsels (Pos. 1)

Lastfall: Eigengewicht + Schnee

$$M_y = \frac{V_1 \cdot l}{4} + \frac{V_3 \cdot l^2}{8} \qquad M_y = \frac{2{,}17 \cdot 1{,}7}{4} + \frac{0{,}53 \cdot 1{,}7^2}{8} = 1{,}11 \text{ kNm}$$

$$Q_z = \frac{V_1}{2} + \frac{V_3 \cdot l}{2} \qquad Q_z = \frac{2{,}17}{2} + \frac{0{,}53 \cdot 1{,}7}{2} = 1{,}54 \text{ kN}$$

$$M_z = \frac{H_1 \cdot l}{4} \qquad M_z = \frac{-1{,}14 \cdot 1{,}7}{4} = -0{,}49 \text{ kNm}$$

$$Q_y = \frac{H_1}{2} \qquad Q_y = \frac{-1{,}14}{2} = -0{,}57 \text{ kN}$$

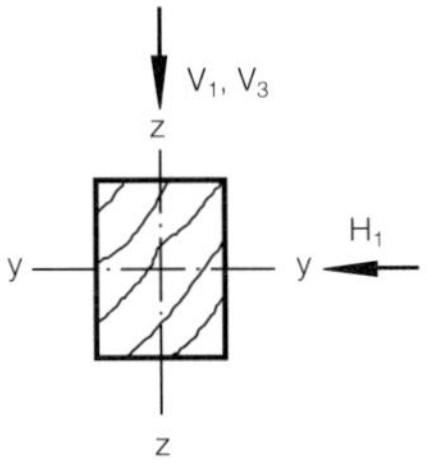

Bild 46.6

$$H_1 = -0{,}83 - 0{,}31 = -1{,}14 \text{ kN}$$

$$V_1 = 1{,}58 + 0{,}59 = 2{,}17 \text{ kN}$$

$$V_3 = 0{,}18 + 0{,}35 = 0{,}53 \text{ kN/m}$$

Lastfall: Eigengewicht + Wind von links

$$M_y = \frac{V_1 \cdot l}{4} + \frac{V_3 \cdot l^2}{8} \qquad M_y = \frac{2{,}66 \cdot 1{,}7}{4} + \frac{0{,}18 \cdot 1{,}7^2}{8} = 1{,}20 \text{ kNm}$$

$$Q_z = \frac{V_1}{2} + \frac{V_3 \cdot l}{2} \qquad Q_z = \frac{2{,}66}{2} + \frac{0{,}18 \cdot 1{,}7}{2} = 1{,}48 \text{ kN}$$

$$M_z = \frac{H_1 \cdot l}{4} + \frac{H_3 \cdot l^2}{8} \qquad M_z = \frac{-2{,}32 \cdot 1{,}7}{4} - \frac{0{,}22 \cdot 1{,}7^2}{8} = -1{,}07 \text{ kNm}$$

$$Q_y = \frac{H_1}{2} + \frac{H_3 \cdot l}{2} \qquad Q_y = \frac{-2{,}32}{2} - \frac{0{,}22 \cdot 1{,}7}{2} = -1{,}35 \text{ kN}$$

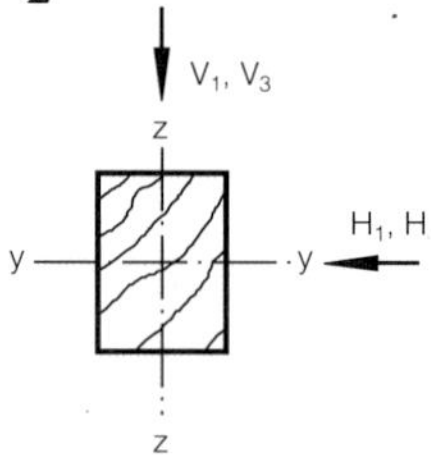

Bild 46.7

$$H_1 = -0{,}83 - 1{,}49 = -2{,}32 \text{ kN}$$

$$H_3 = -0{,}22 \text{ kN/m}$$

$$V_1 = 1{,}58 + 1{,}08 = 2{,}66 \text{ kN}$$

$$V_3 = 0{,}18 \text{ kN/m}$$

Lastfall: Eigengewicht + Wind von rechts

$$M_y = \frac{V_1 \cdot l}{4} + \frac{V_3 \cdot l^2}{8} \qquad M_y = \frac{1{,}17 \cdot 1{,}7}{4} + \frac{0{,}18 \cdot 1{,}7^2}{8} = 0{,}56 \text{ kNm}$$

$$Q_z = \frac{V_1}{2} + \frac{V_3 \cdot l}{2} \qquad Q_z = \frac{1{,}17}{2} + \frac{0{,}18 \cdot 1{,}7}{2} = 0{,}74 \text{ kN}$$

$$M_z = \frac{H_1 \cdot l}{4} + \frac{H_3 \cdot l^2}{8} \qquad M_z = \frac{0{,}48 \cdot 1{,}7}{4} + \frac{0{,}44 \cdot 1{,}7^2}{8} = 0{,}36 \text{ kNm}$$

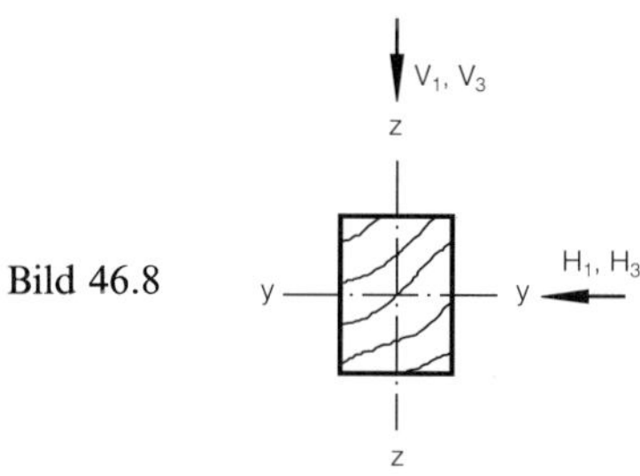

Bild 46.8

$$Q_y = \frac{H_1}{2} + \frac{H_3 \cdot 1}{2}$$

$$Q_y = \frac{0{,}48}{2} + \frac{0{,}44 \cdot 1{,}7}{2} = 0{,}61 \text{ kN}$$

$$H_1 = -0{,}83 + 1{,}31 = 0{,}48 \text{ kN}$$

$$H_3 = 0{,}44 \text{ kN/m}$$

$$V_1 = 1{,}58 - 0{,}41 = 1{,}17 \text{ kN}$$

$$V_3 = 0{,}18 \text{ kN/m}$$

Bemessung des Wechsels (Pos. 1)

4 Querschnittswahl und -werte

gew.: 10/14 cm

Bild 46.9

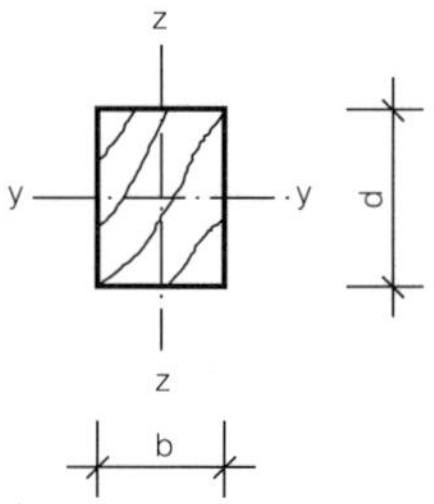

5

$$A = b \cdot d \qquad A = 10 \cdot 14 = 114 \text{ cm}^2$$

$$W_y = \frac{b \cdot d^2}{6} \qquad W_y = \frac{10 \cdot 14^2}{6} = 327 \text{ cm}^3$$

$$W_z = \frac{d \cdot b^2}{6} \qquad W_z = \frac{14 \cdot 10^2}{6} = 233 \text{ cm}^3$$

$$I_y = \frac{b \cdot d^3}{12} \qquad I_y = \frac{10 \cdot 14^3}{12} = 2287 \text{ cm}^4$$

$$I_z = \frac{d \cdot b^3}{12} \qquad I_z = \frac{14 \cdot 10^3}{12} = 1167 \text{ cm}^4$$

Biegespannungsnachweis

$$\frac{\sigma_B}{\text{zul}\,\sigma_B} \leq 1$$

6 7 $\frac{\sigma_B}{\text{zul}\,\sigma_B} = \frac{8,26}{10} = 0,83 < 1$

Lastfall: Eigengewicht + Schnee

$$\sigma_B = \frac{M_y}{W_y} \pm \frac{M_z}{W_z}$$

$$\sigma_B = \frac{1,11 \cdot 10^{-3}}{327 \cdot 10^{-6}} + \frac{0,49 \cdot 10^{-3}}{233 \cdot 10^{-6}} = 3,39 + 2,10 = 5,49\ \text{MN/m}^2$$

Lastfall: Eigengewicht + Wind von links

$$\sigma_B = \frac{M_y}{W_y} \pm \frac{M_z}{W_z}$$

$$\sigma_B = \frac{1,20 \cdot 10^{-3}}{327 \cdot 10^{-6}} + \frac{1,07 \cdot 10^{-3}}{233 \cdot 10^{-6}} = 3,67 + 4,59 = 8,26\ \text{MN/m}^2$$

Der Stabilisierungsnachweis kann entfallen, da der Wechsel durch die Sparren ausreichend ausgesteift ist ($k_B \cdot 1,1 \geq 1,0$).

Schubspannungsnachweis

$$\frac{\tau_Q}{\text{zul}\,\tau_Q} \leq 1$$

7 $\frac{\tau_Q}{\text{zul}\,\tau_Q} = \frac{0,26}{0,9} = 0,29 < 1$

Lastfall: Eigengewicht + Schnee

$$\tau_Q = 1,5 \cdot \frac{\sqrt{Q_y^2 + Q_z^2}}{A};$$

$$\tau_Q = 1,5 \cdot \frac{\sqrt{0,57^2 + 1,54^2} \cdot 10^{-3}}{114 \cdot 10^{-4}} = 0,22\ \text{MN/m}^2$$

Lastfall: Eigengewicht + Wind von links

$$\tau_Q = 1,5 \cdot \frac{\sqrt{Q_y^2 + Q_z^2}}{A};$$

$$\tau_Q = 1,5 \cdot \frac{\sqrt{1,35^2 + 1,48^2} \cdot 10^{-3}}{114 \cdot 10^{-4}} = 0,26\ \text{MN/m}^2$$

Durchbiegungsnachweis

$f \leq \text{zul}\, f$

8 $f = 0{,}26 \text{ cm} < 0{,}85 \text{ cm} = \text{zul}\, f$

Bei Hausdächern darf die Kriechverformung vernachlässigt werden.

9

Lastfall: Eigengewicht + Schnee

$$f = \sqrt{f_y^2 + f_z^2}$$

$$f = \sqrt{(-0{,}1)^2 + 0{,}12^2} = 0{,}16 \text{ cm}$$

$$f_y = \frac{F_y \cdot l^3}{48 \cdot E \cdot I_z}$$

10 $f_y = \dfrac{-1{,}14 \cdot 10^{-3} \cdot 1{,}7^3}{48 \cdot 10^4 \cdot 1167 \cdot 10^{-8}} = -1 \cdot 10^{-3} \text{ m} \mathrel{\hat{=}} -0{,}1 \text{ cm}$

$F_y = H_1 = -1{,}14 \text{ kN}$

$$f_z = \frac{l^3}{48 \cdot E \cdot I_y} \cdot \left(\frac{5}{8} \cdot q_z \cdot l + F_z\right)$$

10 $f_z = \dfrac{1{,}7^3 \cdot 10^{-3}}{48 \cdot 10^4 \cdot 2287 \cdot 10^{-8}} \cdot \left(\dfrac{5}{8} \cdot 0{,}53 \cdot 1{,}7 + 2{,}17\right) = 1{,}2 \cdot 10^{-3} \text{ m} \mathrel{\hat{=}} 0{,}12 \text{ cm}$

$F_z = V_1 = 2{,}17 \text{ kN}$

$q_z = V_3 = 0{,}53 \text{ kN/m}$

$$\text{zul}\, f = \frac{l}{200}$$

$$\text{zul}\, f = \frac{170}{200} = 0{,}85 \text{ cm}$$

Lastfall: Eigengewicht + Wind von links

$$f = \sqrt{f_y^2 + f_z^2}$$

$$f = \sqrt{(-0{,}22)^2 + 0{,}13^2} = 0{,}26 \text{ cm}$$

$$f_y = \frac{l^3}{48 \cdot E \cdot I_z} \cdot \left(\frac{5}{8} \cdot q_y \cdot l + F_y\right)$$

10 $f_y = \dfrac{1{,}7^3 \cdot 10^{-3}}{48 \cdot 10^4 \cdot 1167 \cdot 10^{-8}} \cdot \left(\dfrac{5}{8} \cdot (-0{,}22) \cdot 1{,}7 - 2{,}32\right) = -2{,}2 \cdot 10^{-3} \text{ m} \mathrel{\hat{=}} -0{,}22 \text{ cm}$

$F = H_1 = -2{,}32 \text{ kN}$

$q = H_3 \mathrel{\hat{=}} -0{,}22 \text{ kN/m}$

$$f_z = \frac{l^3}{48 \cdot E \cdot I_y} \cdot \left(\frac{5}{8} \cdot q_z \cdot l + F_z\right)$$

$$f_z = \frac{1{,}7^3 \cdot 10^{-3}}{48 \cdot 10^4 \cdot 2287 \cdot 10^{-8}} \cdot \left(\frac{5}{8} \cdot 0{,}18 \cdot 1{,}7 + 2{,}66\right)$$

$$= 1{,}3 \cdot 10^{-3}\ \text{m} \mathrel{\hat{=}} 0{,}13\ \text{cm}$$

$F_z = V_1 = 2{,}66$ kN

$q_z = V_3 = 0{,}18$ kN/m

Knotenpunkte

Knotenpunkt A

Der Wechsel wird mit einem Balkenschuh an den Sparren angeschlossen (siehe Bild 46.10; zul. GH-Balkenschuh).

Die Auflagerkräfte des Wechsels im Knotenpunkt A müssen bei der Bemessung des Sparrens berücksichtigt werden. In diesem Beispiel wird dies nicht weiter verfolgt.

gew.: GH-Balkenschuh Typ GH 04

Grundform	100 × 120 mm
Rillennagel	4,0 × 50 mm

zul F = 7,5 kN (a/H > 0,7)

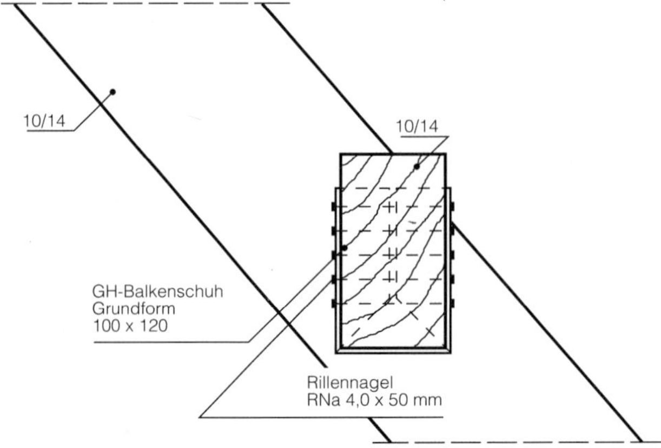

Bild 46.10

$F < \text{zul}\,F$	$F = 2{,}0\ \text{kN} < 7{,}5\ \text{kN} = \text{zul}\,F$
genauer Nachweis siehe Beispiel 5	
Lastfall: Eigengewicht + Schnee	
$F = \sqrt{Q_z^2 + Q_y^2}$	$F = \sqrt{1{,}54^2 + 0{,}57^2} = 1{,}64\ \text{kN}$
Lastfall: Eigengewicht + Wind von links	
$F = \sqrt{Q_z^2 + Q_y^2}$	$F = \sqrt{1{,}48^2 + 1{,}35^2} = 2{,}0\ \text{kN}$

1 DIN 1055 T1
2 DIN 1055 T4
3 DIN 1055 T5
4 Holzbau-TB Bd. 2, Nomogr. 3.3-12, Seite 79
5 Holzbau-TB Bd. 2, Tab. 3.1-2, Seite 44
6 DIN 1052 T1, 8.2.1.1
7 DIN 1052 T1, Tab. 5
8 DIN 1052 T1, 8.5.8
9 DIN 1052 T1, 4.3
10 Holzbau-TB Bd. 1, Seite 158/159

Beispiel 47
Parallelgurtiger Fachwerkträger

Aufgabenstellung

Für den in den Bildern 47.1 und 47.2 angegebenen parallelgurtigen Fachwerkträger sind die maximal beanspruchten Stäbe und der Knotenpunkt I zu bemessen. Ein genauerer Durchbiegungsnachweis ist durchzuführen.

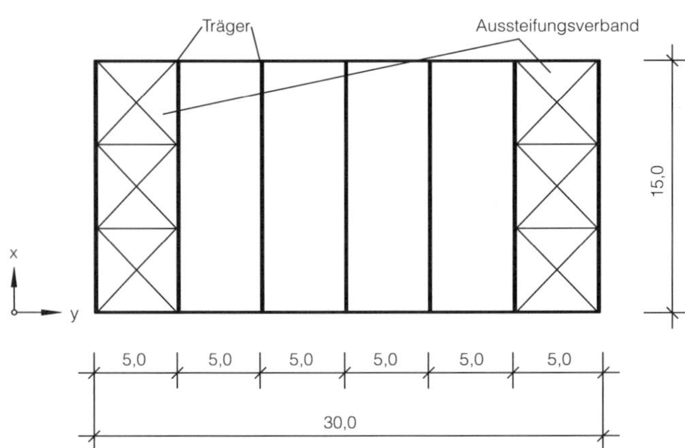

geg.: $q = 1{,}42\ kN/m^2$; LF.: H
NH II
Verbindungsmittel System „Greim“
Binderabstand $e = 5{,}0$ m
Neigung der Diagonalen
$\alpha = 38{,}7°$

Bild 47.1 Grundriß

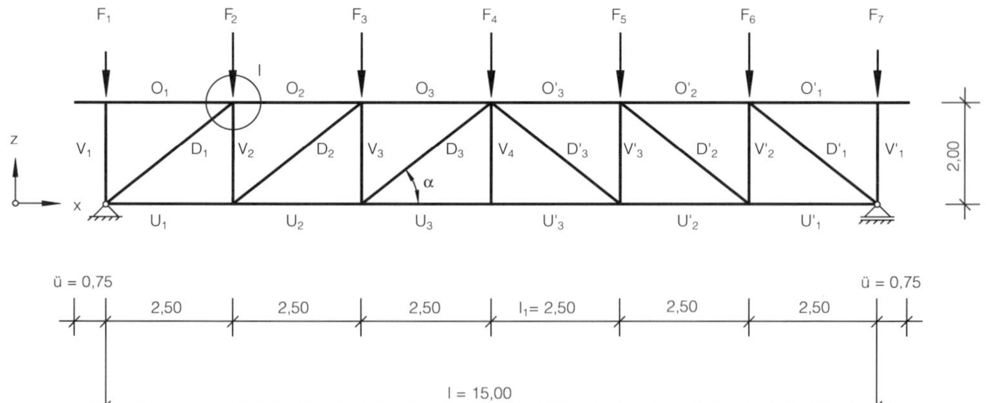

Bild 47.2

In der Dachebene ist ein horizontaler Wind- und Aussteifungsverband angeordnet, der in diesem Beispiel nicht bemessen wird; siehe Beispiel 54.

Erläuterung		Berechnung
Einzellasten, Auflagerkräfte		
Die Flächenlast wird in Einzellasten, die in den Knotenpunkten angreifen, aufgeteilt.		
$F_n = l_1 \cdot e \cdot q;\ n = 2 \div 6$		$F_2 = F_3 = F_4 = F_5 = F_6$ $= 2{,}50 \cdot 5{,}00 \cdot 1{,}42 = 17{,}75\ \text{kN}$
$F_1 = F_7 = \left(\frac{l_1}{2} + ü\right) \cdot e \cdot q$		$F_1 = F_7 = (1{,}25 + 0{,}75) \cdot 5{,}00 \cdot 1{,}42 = 14{,}20\ \text{kN}$
$A_v = B_v = \frac{1}{2} \cdot \sum_{i=1}^{7} F_i$		$A_v = B_v = (14{,}20 \cdot 2 + 17{,}75 \cdot 5) \cdot 0{,}5 = 58{,}58\ \text{kN}$
Schnittkräfte der Stäbe nach dem Knotenschnittverfahren	1	
$V_1 = -F_1$		$V_1 = -14{,}20\ \text{kN}$
		$O_1 = 0{,}0\ \text{kN}$
$\Sigma V = 0 = A_v + V_1 + D_1 \cdot \sin\alpha$		
$D_1 = \frac{-V_1 - A_v}{\sin\alpha}$		$D_1 = \frac{14{,}20 - 58{,}58}{\sin 38{,}7°} = -70{,}98\ \text{kN}$
$\Sigma H = 0 = U_1 + D_1 \cdot \cos\alpha$		
$U_1 = -D_1 \cdot \cos\alpha$		$U_1 = 70{,}98 \cdot \cos 38{,}7° = 55{,}39\ \text{kN}$
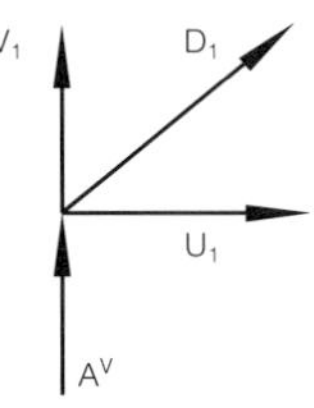		
$\Sigma V = 0 = -F_2 - V_2 - D_1 \cdot \sin\alpha$		
$V_2 = -F_2 - D_1 \cdot \sin\alpha$		$V_2 = -17{,}75 + 70{,}98 \cdot \sin 38{,}7° = 26{,}63\ \text{kN}$

$\Sigma H = 0 = O_2 - D_1 \cdot \cos\alpha$

$O_2 = D_1 \cdot \cos\alpha$ $\qquad O_2 = -70{,}98 \cdot \cos 38{,}7° = -55{,}39$ kN

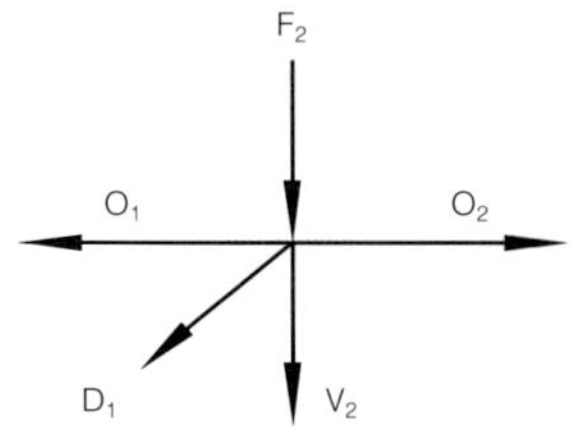

$\Sigma V = 0 = V_2 + D_2 \cdot \sin\alpha$

$$D_2 = -\frac{V_2}{\sin\alpha} \qquad D_2 = -\frac{26{,}63}{\sin 38{,}7°} = -42{,}59 \text{ kN}$$

$\Sigma H = 0 = U_2 - U_1 + D_2 \cdot \cos\alpha$

$U_2 = U_1 - D_2 \cdot \cos\alpha$ $\qquad U_2 = 55{,}39 + 42{,}59 \cdot \cos 38{,}7° = 88{,}63$ kN

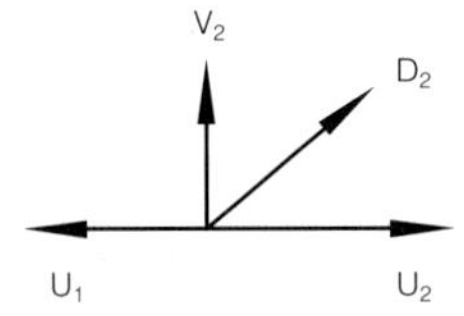

$\Sigma V = 0 = -F_3 - V_3 - D_2 \cdot \sin\alpha$

$V_3 = -F_3 - D_2 \cdot \sin\alpha$ $\qquad V_3 = -17{,}75 + 42{,}59 \cdot \sin 38{,}7° = 8{,}88$ kN

$\Sigma H = 0 = -O_2 + O_3 - D_2 \cdot \cos\alpha$

$O_3 = O_2 + D_2 \cdot \cos\alpha$ $\qquad O_3 = -55{,}39 - 42{,}59 \cdot \cos 38{,}7° = -88{,}63$ kN

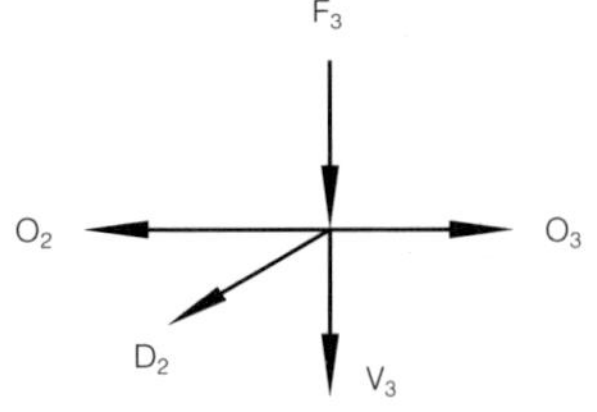

$\Sigma V = 0 = V_3 + D_3 \cdot \sin\alpha$

$D_3 = \dfrac{-V_3}{\sin\alpha}$ $\qquad D_3 = \dfrac{-8{,}88}{\sin 38{,}7°} = -\ 14{,}20\,\text{kN}$

$\Sigma H = 0 = U_3 - U_2 + D_3 \cdot \cos\alpha$

$U_3 = U_2 - D_3 \cdot \cos\alpha$ $\qquad U_3 = 88{,}63 + 14{,}20 \cdot \cos 38{,}7° = 99{,}71\ \text{kN}$

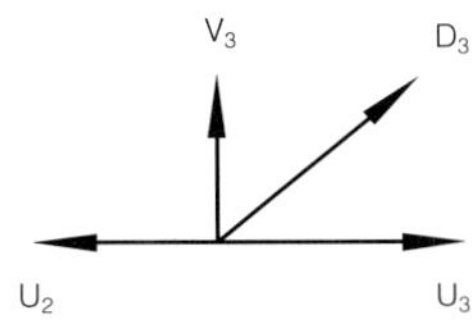

$\Sigma V = 0 = -V_4 - F_4 - D'_3 \cdot \sin\alpha - D_3 \cdot \sin\alpha$

$V_4 = F_4 + D'_3 \cdot \sin\alpha + D_3 \cdot \sin\alpha$ $\qquad V_4 = 17{,}75 - 14{,}20 \cdot \sin 38{,}7° - 14{,}20 \cdot \sin 38{,}7° = 0{,}0\ \text{kN}$

$D'_3 = D_3 = -\ 14{,}20\ \text{kN}$

$\Sigma H = 0 = O'_3 - O_3$

$O'_3 = O_3$ $\qquad O'_3 = -\ 88{,}63\ \text{kN}$

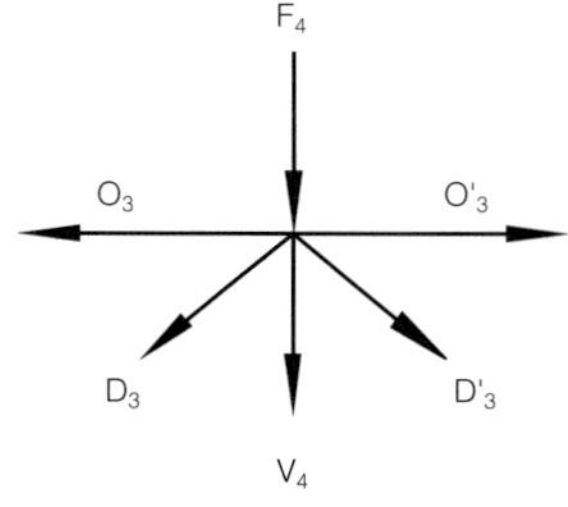

Zusammenstellung der Stabkräfte

Tabelle 47.1

	Obergurt O_i in kN	Untergurt U_i in kN	Vertikale V_i in kN	Diagonale D_i in kN
1	± 0,00	+55,39	−14,20	−70,98
2	−55,39	+88,63	+ 26,63	−42,59
3	−88,63	+99,71	+ 8,88	−14,20
4	–	–	± 0,00	–

Schnittmomente des Obergurtes

Der Obergurt ist ein elastisch gelagerter Durchlaufträger, dessen Feldmomente größer als bei einer starren Lagerung sind.

Das Bemessungsmoment für den Obergurt wird daher mit

$M = \dfrac{q \cdot l_1^2}{8}$ angenommen.

$$M = \frac{1{,}42 \cdot 2{,}5^2}{8} = 1{,}11 \text{ kNm}$$

Bemessung der Stäbe

Zugstab V_2

$$\frac{\sigma_{Z\parallel}}{\text{zul}\,\sigma_{Z\parallel}} \leq 1$$

$$\sigma_{Z\parallel} = \frac{V_2}{A_n}$$

gew.: 16/10 cm

2 3 $\dfrac{\sigma_{Z\parallel}}{\text{zul}\,\sigma_{Z\parallel}} = \dfrac{1{,}7}{8{,}5} = 0{,}2 < 1$

$$\sigma_{Z\parallel} = \frac{26{,}63}{0{,}16 \cdot 0{,}10} \cdot 10^{-3} = 1{,}7 \text{ MN/m}^2$$

$$V_2 = 26{,}63 \text{ kN}$$

Zugstab U_3

$$\frac{\sigma_{Z\parallel}}{\text{zul}\,\sigma_{Z\parallel}} \leq 1$$

$$\sigma_{Z\parallel} = \frac{U_3}{A_n}$$

gew.: 16/16 cm

2 3 $\dfrac{\sigma_{Z\parallel}}{\text{zul}\,\sigma_{Z\parallel}} = \dfrac{3{,}9}{8{,}5} = 0{,}46 < 1$

$$\sigma_{Z\parallel} = \frac{99{,}71}{0{,}16 \cdot 0{,}16} \cdot 10^{-3} = 3{,}9 \text{ MN/m}^2$$

$$U_3 = 99{,}71 \text{ kN}$$

Druckstab V_1

$$\frac{\sigma_{D\parallel}}{\text{zul}\,\sigma_k} \leq 1$$

$$\sigma_{D\parallel} = \frac{V_1}{A}$$

$\text{zul}\,\sigma_k = \dfrac{\text{zul}\,\sigma_{D\parallel}}{\omega}$ zul. Knickspannung

$\omega = f(\lambda)$ Knickzahl

gew.: 16/10 cm

4 $\dfrac{\sigma_{D\parallel}}{\text{zul}\,\sigma_k} = \dfrac{0{,}89}{4{,}59} = 0{,}19 < 1$

$$\sigma_{D\parallel} = \frac{14{,}20}{0{,}16 \cdot 0{,}10} \cdot 10^{-3} = 0{,}89 \text{ MN/m}^2$$

5 3 $\text{zul}\,\sigma_k = \dfrac{8{,}5}{1{,}85} = 4{,}59 \text{ MN/m}^2$

6 $\omega = 1{,}85$

$\lambda = \frac{s_k}{\min i}$ Schlankheitsgrad	7 8	$\lambda = \frac{200}{2{,}89} = 69$
s_k Knicklänge des Druckstabes	9	$s_k = 2{,}0$ m
$\min i = \sqrt{\frac{\min I}{A}}$ Trägheitsradius für Rechteckquerschnitt $\min i = 0{,}289 \cdot b$		$\min i = 0{,}289 \cdot 10 = 2{,}89$ cm
Druckstab D₁		gew.: 16/16 cm
$\frac{\sigma_{D\parallel}}{\text{zul}\,\sigma_k} \leq 1$	4	$\frac{\sigma_{D\parallel}}{\text{zul}\,\sigma_k} = \frac{2{,}77}{4{,}59} = 0{,}60 < 1$
$\sigma_{D\parallel} = \frac{D_1}{A}$		$\sigma_{D\parallel} = \frac{70{,}98}{0{,}16 \cdot 0{,}16} \cdot 10^{-3} = 2{,}77\ \text{MN/m}^2$
$\text{zul}\,\sigma_k = \frac{\text{zul}\,\sigma_{D\parallel}}{\omega}$	3 5	$\text{zul}\,\sigma_k = \frac{8{,}5}{1{,}85} = 4{,}59\ \text{MN/m}^2$
	6 7	$\omega = f(\lambda) = 1{,}85$
	8	$\lambda = \frac{320}{4{,}62} = 69$
	9	$s_k = \frac{2{,}0}{\sin 38{,}7^\circ} = 3{,}2$ m
		$\min i = 0{,}289 \cdot 16 = 4{,}62$ cm
Druck- und Biegestab (Obergurt O_3)		gew.: 16/16 cm
$\frac{\sigma_{D\parallel}}{\text{zul}\,\sigma_{D\parallel}} + \frac{\sigma_{B,St}}{\text{zul}\,\sigma_B} \leq 1$	10 3	$\frac{\sigma_{D\parallel}}{\text{zul}\,\sigma_{D\parallel}} + \frac{\sigma_{B,St}}{\text{zul}\,\sigma_B} = \frac{4{,}32}{8{,}50} + \frac{2{,}03}{10{,}00} = 0{,}51 + 0{,}20 = 0{,}71 < 1$
$\sigma_{D\parallel} = \frac{O_3}{A_n}$		$\sigma_{D\parallel} = \frac{88{,}63}{205} \cdot 10 = 4{,}32\ \text{MN/m}^2$
$\sigma_{B,St} = \frac{M}{W_n}$		$\sigma_{B,St} = \frac{1{,}11}{546} \cdot 10^3 = 2{,}03\ \text{MN/m}^2$
$W_n = \frac{0{,}8 \cdot b \cdot d^2}{6}$ nutzbares Widerstandsmoment		$W_n = \frac{0{,}8 \cdot 16 \cdot 16^2}{6} = 546\ \text{cm}^3$

$A_n \;= 0{,}8 \cdot b \cdot d$ nutzbare Querschnittsfläche

$A_n \;= 0{,}8 \cdot 16 \cdot 16 = 205\ \text{cm}^2$

$$\frac{\sigma_{D\parallel}}{\text{zul}\,\sigma_k} + \frac{\sigma_{B,F}}{k_B \cdot 1{,}1 \cdot \text{zul}\,\sigma_B} \leq 1$$

$$k_B \cdot 1{,}1 \overset{!}{\leq} 1{,}0$$

10 11 3

$$\frac{\sigma_{D\parallel}}{\text{zul}\,\sigma_k} + \frac{\sigma_{B,F}}{1{,}0 \cdot \text{zul}\,\sigma_B} = \frac{3{,}46}{5{,}67} + \frac{1{,}63}{10{,}00} = 0{,}61 + 0{,}16 = 0{,}77 < 1$$

$$\sigma_{D\parallel} = \frac{O_3}{A}$$

$$\sigma_{D\parallel} = \frac{88{,}63}{16 \cdot 16} \cdot 10 = 3{,}46\ \text{MN/m}^2$$

$$\sigma_{B,F} = \frac{M}{W}$$

$$\sigma_{B,F} = \frac{1{,}11 \cdot 6}{16 \cdot 16^2} \cdot 10^3 = 1{,}63\ \text{MN/m}^2$$

$$\text{zul}\,\sigma_k = \frac{\text{zul}\,\sigma_{D\parallel}}{\omega}$$

3 5 $\text{zul}\,\sigma_k = \dfrac{8{,}5}{1{,}5} = 5{,}67\ \text{MN/m}^2$

6 7 $\omega = f(\lambda) = 1{,}5$

8 $\lambda = \dfrac{250}{4{,}62} = 54$

9 $s_k = 2{,}5\ \text{m}$

$\min i = 0{,}289 \cdot 16 = 4{,}62\ \text{cm}$

$k_B = 1{,}0$

Bemessung des Knotens I

Zulassung: Nagelverbindung System „Greim"

t Blechdicke

gew.: Nägel Na 31×80; $t = 1{,}25$ mm

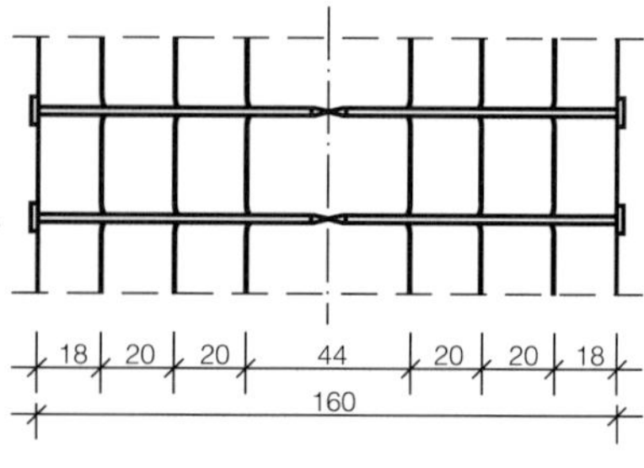

Bild 47.3

Erforderliche Nagelanzahl

$\text{erf}\,n = \dfrac{S}{\text{zul}\,N}$ — siehe Tabelle 47.2

$\text{zul}\,N = m \cdot \text{zul}\,N_1$ — $\text{zul}\,N = 3 \cdot 0{,}75 = 2{,}25$ kN

$\text{zul}\,N_1$ zul. Belastung eines Nagels — 12 $\text{zul}\,N_1 = 0{,}75$ kN

m Anzahl der durchstoßenen Bleche — $m = 3$

S Stabkraft

Tabelle 47.2

Stab	Stabkraft S in kN	erf n	vorh n (gewählt)	Querschnitt NH II in cm
ΔO	−55,39	24,6	30	16/16
V_2	26,63	11,8	18	16/10
D_1	70,98	31,5	42	16/16

Nagelabstände

13

untereinander

∥ zur Faserrichtung $\geq 10 \cdot d_n$ — $10 \cdot 3{,}1 = 31$ mm

⊥ zur Faserrichtung $\geq 5 \cdot d_n$ — $5 \cdot 3{,}1 = 15{,}5$ mm

vom beanspruchten Rand

∥ zur Faserrichtung $\geq 15 \cdot d_n$ — $15 \cdot 3{,}1 = 46{,}5$ mm

⊥ zur Faserrichtung $\geq 7 \cdot d_n$ — $7 \cdot 3{,}1 = 21{,}7$ mm

vom unbeanspruchten Rand

∥ zur Faserrichtung $\geq 7 \cdot d_n$ — $7 \cdot 3{,}1 = 21{,}7$ mm

⊥ zur Faserrichtung $\geq 5 \cdot d_n$ — $5 \cdot 3{,}1 = 15{,}5$ mm

Detail I

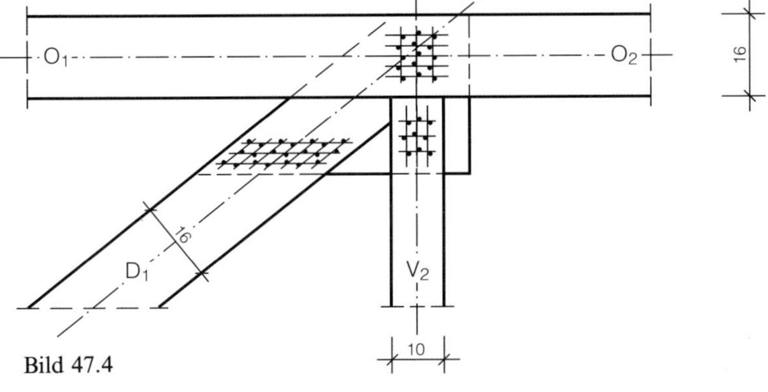

Bild 47.4

Durchbiegungsnachweis
(genauere Berechnung)

14 Um die Durchbiegung des Fachwerkträgers nach dem Prinzip der virtuellen Kräfte zu berechnen, muß in der Mitte des Untergurtes eine virtuelle Last von der Größe 1 eingeprägt werden.

Die Ermittlung der Durchbiegung wird tabellarisch in Tab. 47.3 für die Hälfte des Fachwerkträgers durchgeführt, da der Fachwerkträger symmetrisch ist.

Die Stabkräfte $\bar{S}_i$ infolge der virtuellen Kraft sind Tabelle 47.3 (Seite 294) Spalte 8 zu entnehmen.

Der Füllstab und seine Anschlüsse können durch das Federmodell im Bild 47.5 dargestellt werden.

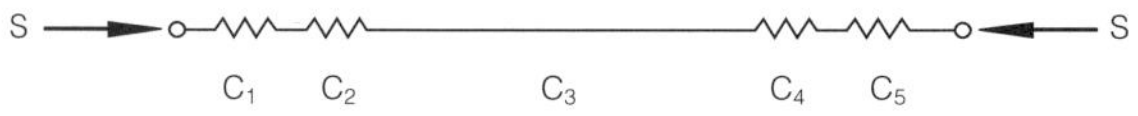

S C_1 C_2 C_3 C_4 C_5 S

Bild 47.5

Die Gesamtfedersteifigkeit des Stabes setzt sich aus der Längssteifigkeit $C_3 = EA/l$ des Füllstabes und den Nachgiebigkeiten der Anschlüsse C_1, C_2, C_4 und C_5 zusammen.

Unter der Voraussetzung, daß die Normalkraft längs des Stabes konstant und $C = C_1 = C_2 = C_4 = C_5$ sind, kann die Gesamtfedersteifigkeit des Stabes geschrieben werden zu:

$$\frac{1}{C_{ges}} = \frac{4}{C} + \frac{1}{EA}$$

Bei **voller Ausnutzung** der Verbindungsmittel an jedem Anschluß beträgt die Verformung $f_{\Delta i}$ infolge der Nachgiebigkeiten der Verbindungsmittel:

$$f_{\Delta i} = \Delta_i \cdot \bar{S}_i$$

$$\Delta_i = \frac{4 \cdot S_i}{m \cdot C} = \frac{4 \cdot \text{zul}\,N}{C}$$

$$\Delta_i = \pm \frac{4 \cdot 3 \cdot 0{,}65}{3 \cdot 21} = 0{,}124 \text{ cm}$$

$$m = \frac{S_i}{\text{zul}\,N}$$

C Verschiebungsmodul

15 C = 21 kN/cm je durchstoßenem Blech

Die Verformung f_{li} infolge der Stabelastizität ist

$$f_{li} = \frac{S_i \cdot \bar{S}_i}{E_i \cdot A_i} \cdot l_i$$

Die Gesamtverformung f ist dann:

$$f = \Sigma(f_{li} + f_{\Delta i})$$

$$= \sum \left(\frac{S_i \cdot l_i}{E_i \cdot A_i} + \frac{4 \cdot \text{zul}\,N}{C} \right) \cdot \bar{S}_i \leq \text{zul}\,f$$

16 $\text{vorh}\,f = 2 \cdot (0{,}613 + 0{,}421) = 2{,}068 \text{ cm} < \text{zul}\,f$

$$\text{zul}\,f = \frac{1500}{300} = 5 \text{ cm}$$

Es bedeuten:

- S_i Stabkraft aus der äußeren Belastung
- l_i Länge des Stabes
- E_i E-Modul des Stabes
- A_i ungeschwächte Querschnittsfläche des Stabes
- C Verschiebungsmodul des Nagels
- $\bar{S}_i$ Stabkraft aus einer virtuellen Last 1, die an der Stelle der gesuchten Durchbiegung angreift
- zul N zulässige Nagelbelastung

Tabelle 47.3

1	2	3	4	5	6	7	8	9	10
Stab	Länge l_i cm	Stabkraft S_i kN	Fläche A_i cm²	E_i kN/cm²	$\frac{S_i \cdot l_i}{E_i \cdot A_i}$ cm	Δ_i cm	$\bar{S}_i$	(6) · (8) cm	(7) · (8) cm
O_1	250	± 0,00	256	10^3	0,00	0,00	0,00	0,00	0,00
O_2	250	−55,39	256		−0,054	0,00	−0,625	0,034	0,00
O_3	250	−88,63	256		−0,087	0,00	−1,250	0,109	0,00
U_1	250	+55,39	256		+0,054	0,00	+0,625	0,034	0,00
U_2	250	+88,63	256		+0,087	0,00	+1,250	0,109	0,00
U_3	250	+99,71	256		+0,097	0,00	+1,825	0,177	0,00
D_1	320	−70,98	256		−0,089	−0,124	−0,80	0,071	0,099
D_2	320	−42,59	256		−0,053	−0,124	−0,80	0,042	0,099
D_3	320	−14,20	256		−0,018	−0,124	−0,80	0,014	0,099
V_1	200	−14,20	160		−0,018	−0,124	0,00	0,00	0,00
V_2	200	+26,63	160		+0,033	+0,124	+0,50	0,017	0,062
V_3	200	+ 8,88	160		+0,011	+0,124	+0,50	0,006	0,062
V_4	200	± 0,00	80	10^3	0,00	0,00	+1,00	0,00	0,00
								0,613	0,421

1 Holzfachwerkträger, System 1
2 DIN 1052 T1, 7.1
3 DIN 1052 T1, Tab. 5
4 DIN 1052 T1, 9.3.2
5 Holzbau-TB Bd. 2, Tab. 3.4-7, Seite 193
6 DIN 1052 T1, Tab. 10
7 Holzbau-TB Bd. 2, Tab. 3.4-6, Seite 193
8 DIN 1052 T1, 9.2
9 DIN 1052 T1, 9.1
10 DIN 1052 T1, 9.4
11 Holzbau-TB Bd. 2, Nomogr. 3.4-14, Seite 211
12 Zul. § 4.2, Tab. 1
13 DIN 1052 T2, Tab. 11
14 DIN 1052 T1, 8.5
15 Zul. § 4.5
16 DIN 1052 T1, Tab. 9

Beispiel 48
Satteldachträger

Aufgabenstellung

Für den im Bild 48.1 dargestellten Fachwerkträger sind alle Stäbe und die Knotenpunkte I bis III zu bemessen. Ein Durchbiegungsnachweis ist durchzuführen. Die Lasten greifen in den Knoten an, so daß der Obergurt nicht auf Biegung beansprucht wird.

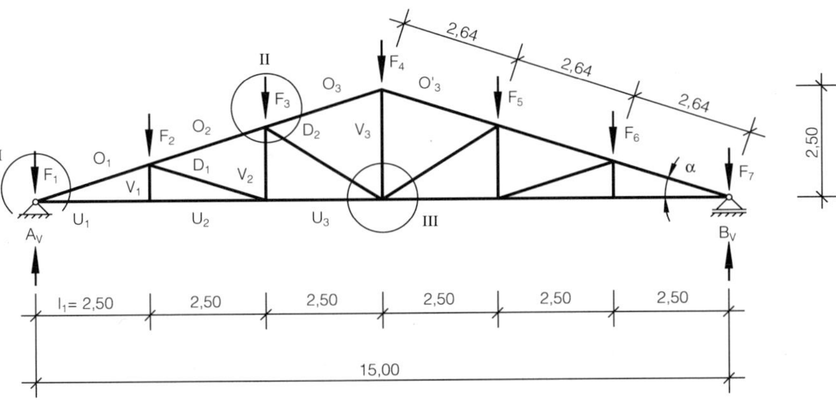

Bild 48.1

geg.: $F_1 = F_7 = 14{,}20$ kN; LF.: H

F_2 bis $F_6 = 17{,}75$ kN; LF.: H

$A_v = B_v = 58{,}58$ kN

NH II

Dachneigung: $\alpha = 18{,}4°$

In der Dachebene ist ein horizontaler Wind- und Aussteifungsverband angeordnet, der in diesem Beispiel nicht bemessen wird.

Erläuterung

Berechnung

Stabkräfte

1

Berechnung der Normalkräfte der Stäbe mit Hilfe des Cremonaplans

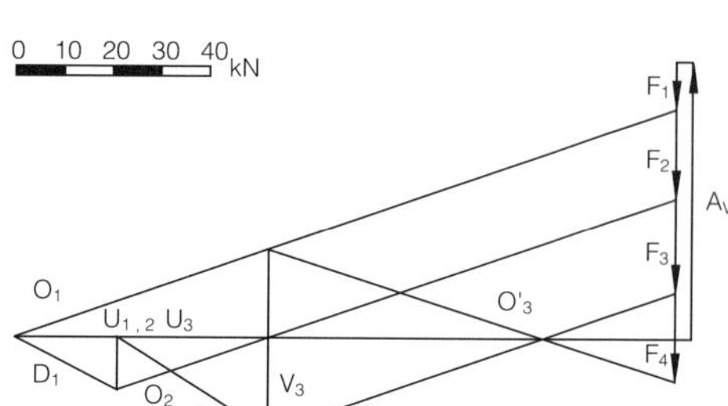

Bild 48.2

Zusammenstellung der Stabkräfte

Tabelle 48.1

Stab	Länge m	Stabkraft kN
O_1	2,64	– 142,00
O_2	2,64	– 114,00
O_3	2,64	– 85,00
U_1	2,50	+ 135,00
U_2	2,50	– 135,00
U_3	2,50	+ 108,00
V_1	0,83	0
V_2	1,66	+ 9,00
V_3	2,50	+ 36,00
D_1	2,64	– 28,00
D_2	3,00	– 33,00

Kontrollrechnung der Stabkräfte O_2, U_2 und D_1 mit der Ritterschen Schnittmethode

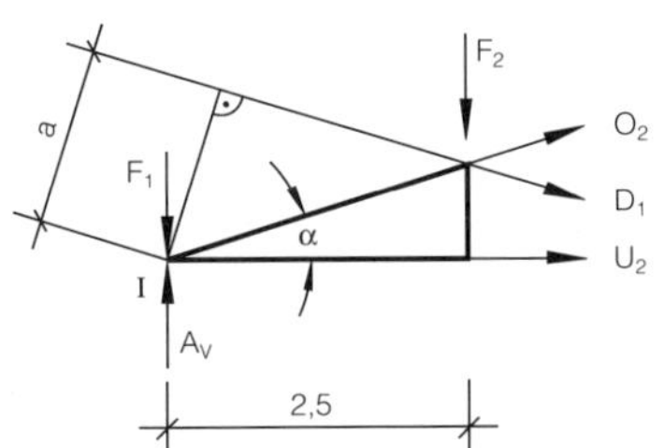

Bild 48.3

2 $h = 2 \cdot l_1 \cdot \tan\alpha$

$= 2 \cdot l_1 \cdot \dfrac{\sin\alpha}{\cos\alpha}$

$a = h \cdot \cos\alpha$

$a = 2 \cdot l_1 \cdot \dfrac{\sin\alpha}{\cos\alpha} \cdot \cos\alpha$ — $a = 2 \cdot 2{,}5 \cdot \sin 18{,}4^\circ = 1{,}58\,\text{m}$

$= 2 \cdot l_1 \cdot \sin\alpha$

$\Sigma M_I = 0 = D_1 \cdot a + F_2 \cdot l_1$

$D_1 = -F_2 \cdot \dfrac{l_1}{a}$ — $D_1 = -17{,}75 \cdot \dfrac{2{,}5}{1{,}58} = -28{,}09\,\text{kN}$

$\Sigma V = 0 = (O_2 - D_1) \cdot \sin 18{,}4^\circ - (F_1 + F_2) + A_v$

$O_2 = \dfrac{F_1 + F_2 - A_v}{\sin 18{,}4^\circ} + D_1$ — $O_2 = \dfrac{14{,}20 + 17{,}75 - 58{,}58}{\sin 18{,}4^\circ} - 28{,}09 = -112{,}46\text{ kN}$

$\Sigma H = 0 = U_2 + (D_1 + O_2) \cdot \cos 18{,}4^\circ$

$U_2 = -(D_1 + O_2) \cdot \cos 18{,}4^\circ$ — $U_2 = (28{,}09 + 112{,}46) \cdot \cos 18{,}4^\circ = 133{,}35\text{ kN}$

Bemessung der Stäbe

Zugstab U_1

gew.: 16/16 cm

3
4 $\dfrac{\sigma_{Z\parallel}}{\text{zul}\,\sigma_{Z\parallel}} \le 1$ — $\dfrac{\sigma_{Z\parallel}}{\text{zul}\,\sigma_{Z\parallel}} = \dfrac{7{,}0}{8{,}5} = 0{,}82 < 1$

$\sigma_{Z\parallel} = \dfrac{U_1}{A_n}$		$\sigma_{Z\parallel} = \dfrac{135 \cdot 10^{-3}}{192 \cdot 10^{-4}} = 7{,}0\,\text{MN/m}^2$
$A_n = 0{,}75 \cdot A$ nutzbare Querschnittsfläche		$A_n = 0{,}75 \cdot 0{,}16 \cdot 0{,}16 = 192\ \text{cm}^2$ $U_1 = 135{,}0\ \text{kN}$
Zugstab V_2		gew.: $2 \times 4/14$ cm
$\dfrac{\sigma_{Z\parallel}}{\text{zul}\,\sigma_{Z\parallel}} \leq 1$	3 4	$\dfrac{\sigma_{Z\parallel}}{\text{zul}\,\sigma_{Z\parallel}} = \dfrac{1{,}07}{8{,}5} = 0{,}13 < 1$
$\sigma_{Z\parallel} = \dfrac{V_2}{A_n}$		$\sigma_{Z\parallel} = \dfrac{9 \cdot 10^{-3}}{0{,}75 \cdot 2 \cdot 0{,}04 \cdot 0{,}14} = 1{,}07\,\text{MN/m}^2$
Zugstab V_3		gew.: 16/18 cm; aus konstruktiven Gründen
$\dfrac{\sigma_{Z\parallel}}{\text{zul}\,\sigma_{Z\parallel}} \leq 1$	3 4	$\dfrac{\sigma_{Z\parallel}}{\text{zul}\,\sigma_{Z\parallel}} = \dfrac{1{,}88}{8{,}50} = 0{,}22 < 1$
$\sigma_{Z\parallel} = \dfrac{V_3}{A_n}$		$\sigma_{Z\parallel} = \dfrac{36{,}00 \cdot 10^{-3}}{192 \cdot 10^{-4}} = 1{,}88\,\text{MN/m}^2$
$A_n = b_n \cdot d$		$A_n = 12 \cdot 16 = 192\ \text{cm}^2$
$b_n = b - 2 \cdot t_v$ (Versatz, Bild 48.6)	5	$b_n = 18 - 2 \cdot 3 = 12\ \text{cm}$
Druckstab O_1		gew.: 16/18 cm
$\dfrac{\sigma_{D\parallel}}{\text{zul}\,\sigma_k} \leq 1$	6 7	$\dfrac{\sigma_{D\parallel}}{\text{zul}\,\sigma_k} = \dfrac{4{,}93}{5{,}45} = 0{,}90 < 1$
$\sigma_{D\parallel} = \dfrac{O_1}{A}$		$\sigma_{D\parallel} = \dfrac{142{,}00 \cdot 10^{-3}}{0{,}16 \cdot 0{,}18} = 4{,}93\,\text{MN/m}^2$
$\text{zul}\,\sigma_k = \dfrac{\text{zul}\,\sigma_{D\parallel}}{\omega}$ zul. Knickspannung	8	$\text{zul}\,\sigma_k = \dfrac{8{,}5}{1{,}56} = 5{,}45\,\text{MN/m}^2$
$\omega = f(\lambda)$ Knickzahl	9 10	$\omega = 1{,}56$
$\lambda = \dfrac{s_k}{\min i}$ Schlankheitsgrad	11	$\lambda = \dfrac{264}{4{,}62} = 57$

s_k Knicklänge	12	$s_k = 2{,}64$ m
$\min i = \sqrt{\dfrac{\min I}{A}}$ Trägheitsradius für Rechteckquerschnitt $\min i = 0{,}289 \cdot b$		$\min i = 0{,}289 \cdot 16 = 4{,}62$ cm
Druckstab D_2		gew.: 12/16 cm
$\dfrac{\sigma_{D\parallel}}{\text{zul}\,\sigma_k} \leq 1$	6 7	$\dfrac{\sigma_{D\parallel}}{\text{zul}\,\sigma_k} = \dfrac{1{,}72}{3{,}46} = 0{,}50 < 1$
$\sigma_{D\parallel} = \dfrac{D_2}{A}$		$\sigma_{D\parallel} = \dfrac{33{,}00 \cdot 10^{-3}}{0{,}12 \cdot 0{,}16} = 1{,}72\,\text{MN/m}^2$
$\text{zul}\,\sigma_k = \dfrac{\text{zul}\,\sigma_{D\parallel}}{\omega}$	8	$\text{zul}\,\sigma_k = \dfrac{8{,}5}{2{,}46} = 3{,}46\,\text{MN/m}^2$
	9	$\omega = 2{,}46$
	10	
	11	$\lambda = \dfrac{300}{3{,}46} = 87$
	12	$s_k = 3{,}0$ m
		$i = 0{,}289 \cdot 12 = 3{,}46$ cm

Bemessung der Knoten I bis III

Knoten I (Lösung A)

Anschluß mit doppeltem Versatz (siehe Beispiel 11) und Verstärkungslaschen (Bild 48.4)	5	Bild 48.4

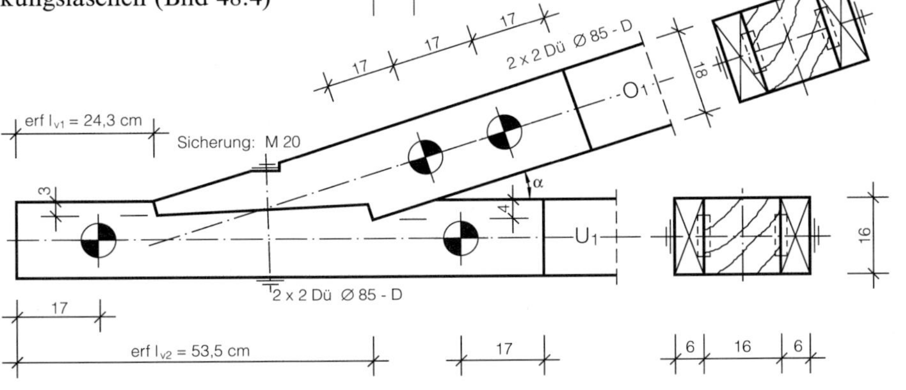

$\text{zul}\,S = S_1 + S_2 \geq O_1$

$\text{zul}\,S = 64{,}33 + 75{,}94 = 140{,}27\ \text{kN} \cong 142{,}00\ \text{kN} = O_1$

zul S maximal übertragbare Druckkraft

$$S_1 = \frac{b \cdot \text{zul}\,\sigma_{D1\measuredangle} \cdot t_{V1}}{\cos^2 \alpha/2}$$

13 $S_1 = \dfrac{28 \cdot 7{,}46 \cdot 3}{0{,}987^2 \cdot 10} = 64{,}33\,\text{kN}$

$$S_2 = \frac{b \cdot \text{zul}\,\sigma_{D2\measuredangle} \cdot t_{V2}}{\cos \alpha}$$

14 $S_2 = \dfrac{28 \cdot 6{,}45 \cdot 4}{0{,}951 \cdot 10} = 75{,}94\,\text{kN}$

$$\text{zul}\,\sigma_{D\measuredangle} = \text{zul}\,\sigma_{D\|} - (\text{zul}\,\sigma_{D\|} - \text{zul}\,\sigma_{D\perp}) \sin \alpha$$

15 $\text{zul}\,\sigma_{D\,18{,}4^\circ/2} = 8{,}5 - (8{,}5 - 2{,}0) \cdot \sin 9{,}2^\circ$

16 $= 7{,}46\ \text{MN/m}^2$

$\text{zul}\,\sigma_{D\,18{,}4^\circ} = 8{,}5 - (8{,}5 - 2{,}0) \cdot \sin 18{,}4^\circ = 6{,}45\ \text{MN/m}^2$

Vorholzlängen

$$l_{V1} = \frac{N_1}{b \cdot \text{zul}\,\tau_a}$$

4
13 $l_{V1} = \dfrac{61{,}04 \cdot 10^{-3}}{0{,}28 \cdot 0{,}9} = 0{,}242\,\text{m} \mathrel{\hat{=}} 24{,}2\,\text{cm}$

$$l_{V2} = \frac{N_2}{b \cdot \text{zul}\,\tau_a}$$

4
14 $l_{V2} = \dfrac{134{,}76 \cdot 10^{-3}}{0{,}28 \cdot 0{,}9} = 0{,}535\,\text{m} \mathrel{\hat{=}} 53{,}5\,\text{cm}$

$N_1 = S_1 \cdot \cos \alpha$

$N_1 = 64{,}33 \cdot \cos 18{,}4^\circ = 61{,}04\ \text{kN}$

$N_2 = O_1 \cdot \cos \alpha$

$N_2 = 142{,}00 \cdot \cos 18{,}4^\circ = 134{,}76\ \text{kN}$

Die Ober- bzw. Untergurtlaschen übertragen ihren Kraftanteil aus dem Versatz durch Einpreßdübel (Dübeltyp D) in die Stäbe. Die Sicherung des Versatzes erfolgt mit Bolzen.

Nachweis der Laschen

Obergurtlaschen

gew.: $2 \times 6/18$ cm

$$\frac{\sigma_L}{\text{zul}\,\sigma_{D\|}} \leq 1$$

4
6 $\dfrac{\sigma_L}{\text{zul}\,\sigma_{D\|}} = \dfrac{2{,}82}{8{,}5} = 0{,}33 < 1$

$$\sigma_L = \frac{N_L}{A_L}$$

$\sigma_L = \dfrac{60{,}86 \cdot 10^{-3}}{2 \cdot 6 \cdot 18 \cdot 10^{-4}} = 2{,}82\,\text{MN/m}^2$

$$N_L = \frac{A_L}{A_{ges}} \cdot O_1$$

$N_L = \dfrac{2 \cdot 6 \cdot 18}{28 \cdot 18} \cdot 142{,}00 = 60{,}86\,\text{kN}$

N_L Kraft in der Lasche

O_1 max. Stabkraft im Obergurt

A_L Fläche der Lasche

A_{ges} Gesamtfläche

Untergurtlaschen

gew.: $2 \times 6/16$ cm

$$\frac{\sigma_L}{\text{zul}\,\sigma_{Z\parallel}} \leq 1$$

3 4 $$\frac{\sigma_L}{\text{zul}\,\sigma_{Z\parallel}} = \frac{5{,}51}{8{,}5} = 0{,}65 < 1$$

$$\sigma_L = 1{,}5 \cdot \frac{N_L}{A_{L,n}}$$

17 $$\sigma_L = 1{,}5 \cdot \frac{57{,}86 \cdot 10^{-3}}{(2 \cdot 6 \cdot 16 - 2 \cdot 4{,}6 - 2{,}1 \cdot 2 \cdot 6) \cdot 10^{-4}} = 5{,}51 \text{ MN/m}^2$$

$$N_L = \frac{A_L}{A_{ges}} \cdot U_1$$

$$N_L = \frac{2 \cdot 6 \cdot 16}{28 \cdot 16} \cdot 135{,}00 = 57{,}86\,\text{kN}$$

U_1 max. Stabkraft im Untergurt

$A_{L,n}$ wirksame Laschenfläche

Nachweis der Dübel

18 gew.: 4 Einpreßdübel (Dübeltyp D) ∅ 85 mm

$$\text{zul}\,N_D \geq N_L$$

19 $$\text{zul}\,N_D = 68{,}00 \text{ kN} > 60{,}86 \text{ kN} = N_L$$

$$= 68{,}00 \text{ kN} > 57{,}86 \text{ kN} = N_L$$

$$\text{zul}\,N_D = 2 \cdot 2 \cdot 17{,}00 = 68{,}00 \text{ kN}$$

Knoten II (Lösung A)

Die Druckkraft D_2 wird durch einen Versatz und die Zugkraft V_2 durch aufgenagelte Laschen übertragen (Bild 48.5).

Anschluß von V_2

20 gew.: 2×9 Nägel Na 42×110

$$\text{erf}\,n = \frac{V_2}{\text{zul}\,N_1}$$

$$\text{erf}\,n = \frac{9{,}0}{0{,}62} = 14{,}5$$

$$\text{zul}\,N_1 = \frac{500 \cdot d_n^2}{10 + d_n}$$

20 21 $$\text{zul}\,N_1 = \frac{500 \cdot 4{,}2^2}{10 + 4{,}2} = 621\,\text{N} \mathrel{\hat{=}} 0{,}62\,\text{kN}$$

Anschluß von D_2

$$\text{zul}\,S = \frac{t_v \cdot b \cdot \text{zul}\,\sigma_{D\measuredangle}}{\cos^2 \alpha/2} \geq D_2$$

5 13 $$\text{zul}\,S = \frac{3{,}0 \cdot 16 \cdot 5{,}65}{\cos^2 26^\circ \cdot 10} = 33{,}57\,\text{kN}$$

$$= 33{,}57 \text{ kN} > 33{,}00 \text{ kN} = D_2$$

$$l_v = \frac{N}{b \cdot zul\,\tau_a} \quad \text{Vorholzlänge}$$

$$N = D_2 \cdot \cos\alpha$$

15 $zul\,\sigma_{D\,52°/2} = 8{,}5 - (8{,}5 - 2{,}0) \cdot \sin 26°$

16 $= 5{,}65\ \text{MN/m}^2$

$\alpha/2 = 26°$

4 Die Vorholzlänge ist ohne Nachweis (Bild 48.5)

13 gewährleistet.

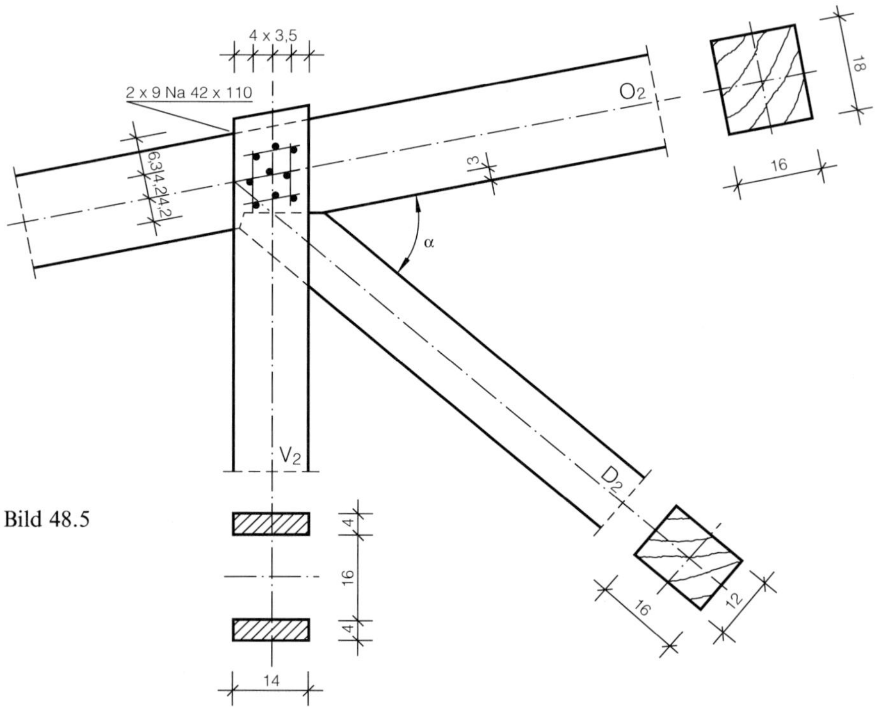

Bild 48.5

Knoten III (Lösung A)

Die Druckkraft D_2 wird durch Versatz an V_3 angeschlossen, und U_3 wird im Knoten gestoßen. Die außenliegenden Laschen sichern den Versatz und übertragen die Kraft U_3 (Bild 48.6).

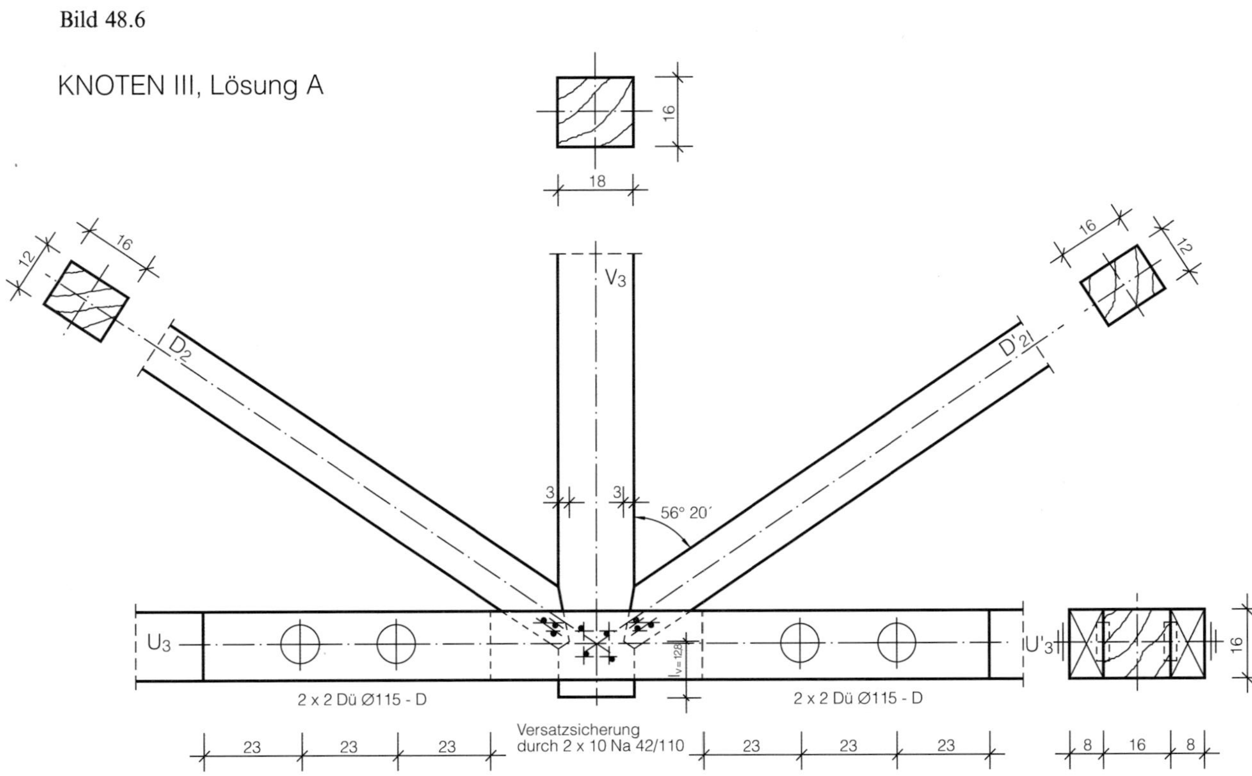

Bild 48.6

KNOTEN III, Lösung A

Anschluß von D_2		
$\text{zul}\,S = \dfrac{t_v \cdot b \cdot \text{zul}\,\sigma_{D\measuredangle}}{\cos^2 \dfrac{\alpha}{2}} \geq D_2$	13	$\text{zul}\,S = \dfrac{16 \cdot 5{,}45 \cdot 10^{-1} \cdot 3}{\cos^2 28°}$ $= 33{,}56\ \text{kN} > 33{,}0\ \text{kN} = D_2$
$t_v = \dfrac{h}{6}$		$t_v = \dfrac{18}{6} = 3\ \text{cm}$
h Höhe des eingeschnittenen Holzes	15 16	$\text{zul}\,\sigma_{D\,56°/2} = 8{,}5 - (8{,}5 - 2{,}0) \cdot \sin 28°$ $= 5{,}45\ \text{MN/m}^2$
		$\alpha/2 = 28°$
$l_v = \dfrac{N}{b \cdot \text{zul}\,\tau_a}$ Vorholzlänge	4 13	$l_v = \dfrac{18{,}45}{16 \cdot 0{,}9 \cdot 10^{-1}} = 12{,}8\,\text{cm}$
$N = D_2 \cdot \cos\alpha$		$N = 33{,}00 \cdot \cos 56° = 18{,}45\ \text{kN}$
Anschluß von U_3		gew.: $2 \times 8/16$ cm
$\dfrac{\sigma_L}{\text{zul}\,\sigma_{Z\parallel}} \leq 1$	3 4	$\dfrac{\sigma_L}{\text{zul}\,\sigma_{Z\parallel}} = \dfrac{8{,}02}{8{,}50} = 0{,}94 < 1$
$\sigma_L = 1{,}5 \cdot \dfrac{N_L}{A_{L,n}}$	17	$\sigma_L = \dfrac{1{,}5 \cdot 108{,}00 \cdot 10^{-3}}{(2 \cdot 8 \cdot 16 - 2 \cdot 7 - 2{,}5 \cdot 16) \cdot 10^{-4}}$ $= 8{,}02\ \text{MN/m}^2$
$N_L = \dfrac{A_L}{A_{ges}} \cdot U_3$		$N_L = 1 \cdot 108{,}0 = 108{,}0\,\text{kN}$
Nachweis der Dübel		gew.: 4 Einpreßdübel (Dübeltyp D) ∅ 115 mm
$\text{zul}\,N_D \geq U_3$	18 19	$\text{zul}\,N_D = 4 \cdot 27{,}00 = 108{,}00\ \text{kN} = U_3$

Tabelle 48.2

Stab	Länge l_i in cm	Fläche A_i in cm^2	E in kN/cm^2	Stabkraft S_i in kN	$\bar{S}_i$	$\frac{S_i \cdot \bar{S}_i \cdot l_i}{E \cdot A_i}$ in cm
O_1	264	288	10^3	−142,00	−1,58	0,206
O_2	264	288		−114,00	−1,58	0,165
O_3	264	288		− 85,00	−1,58	0,123
U_1	250	256		135,00	1,50	0,198
U_2	250	256		135,00	1,50	0,198
U_3	250	256		108,00	1,50	0,198
					Σ	1,048

Vereinfachter Durchbiegungsnachweis

22 Bei diesem vereinfachten Nachweis wird der Durchbiegungsanteil infolge der Nachgiebigkeit der Verbindungsmittel nicht berücksichtigt (siehe dazu Beispiel 47).

23 $f = f_l + f_r < \text{zul} f$

$f = 2 \cdot 1{,}048 = 2{,}096 \text{ cm} < \text{zul} f = \frac{1500}{300} = 5{,}0 \text{ cm}$

$f_l = f_r$ Durchbiegung links/rechts

In den Bildern 48.7 bis 48.9 ist eine weitere Lösung (B) mit mehrteiligen Stäben dargestellt. Die statischen Nachweise sind entsprechend Lösung (A) durchzuführen.

KNOTEN I, Lösung B

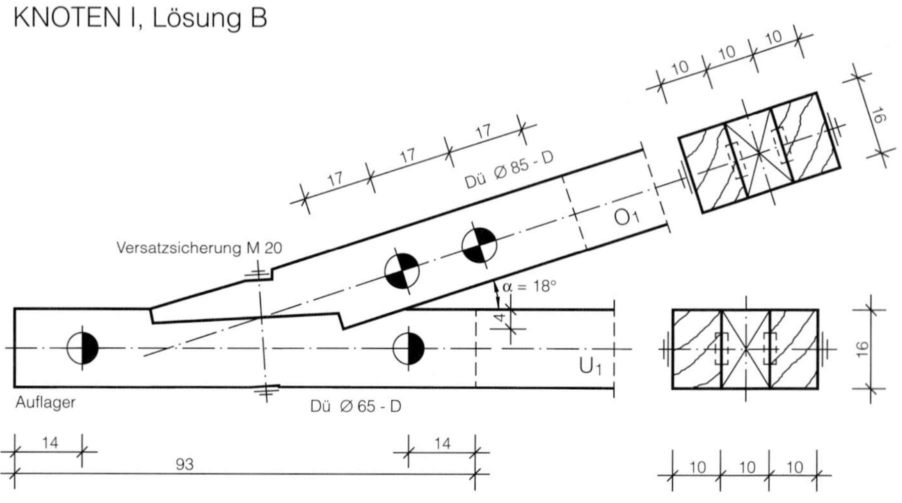

Bild 48.7

KNOTEN II, Lösung B

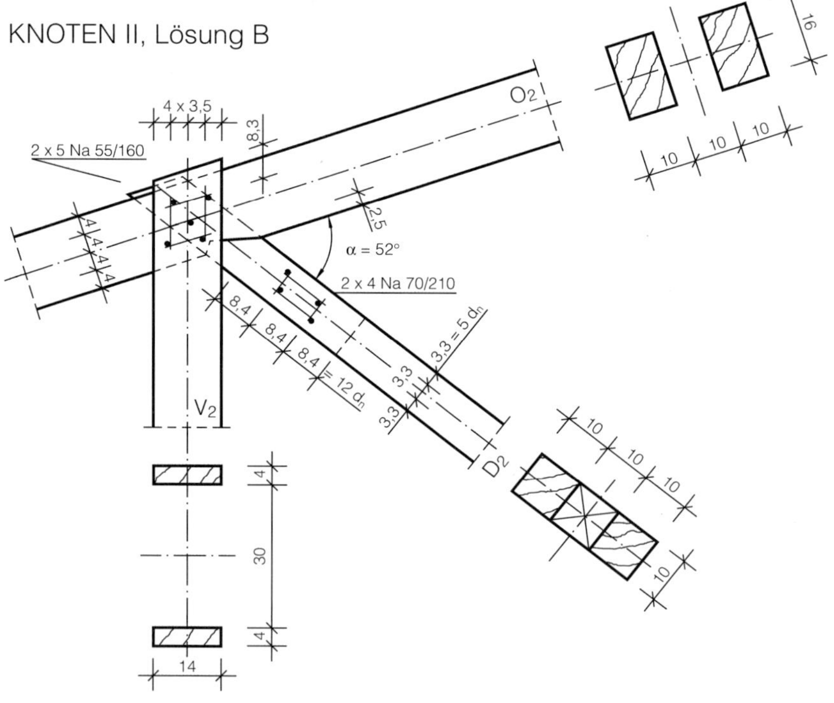

Bild 48.8

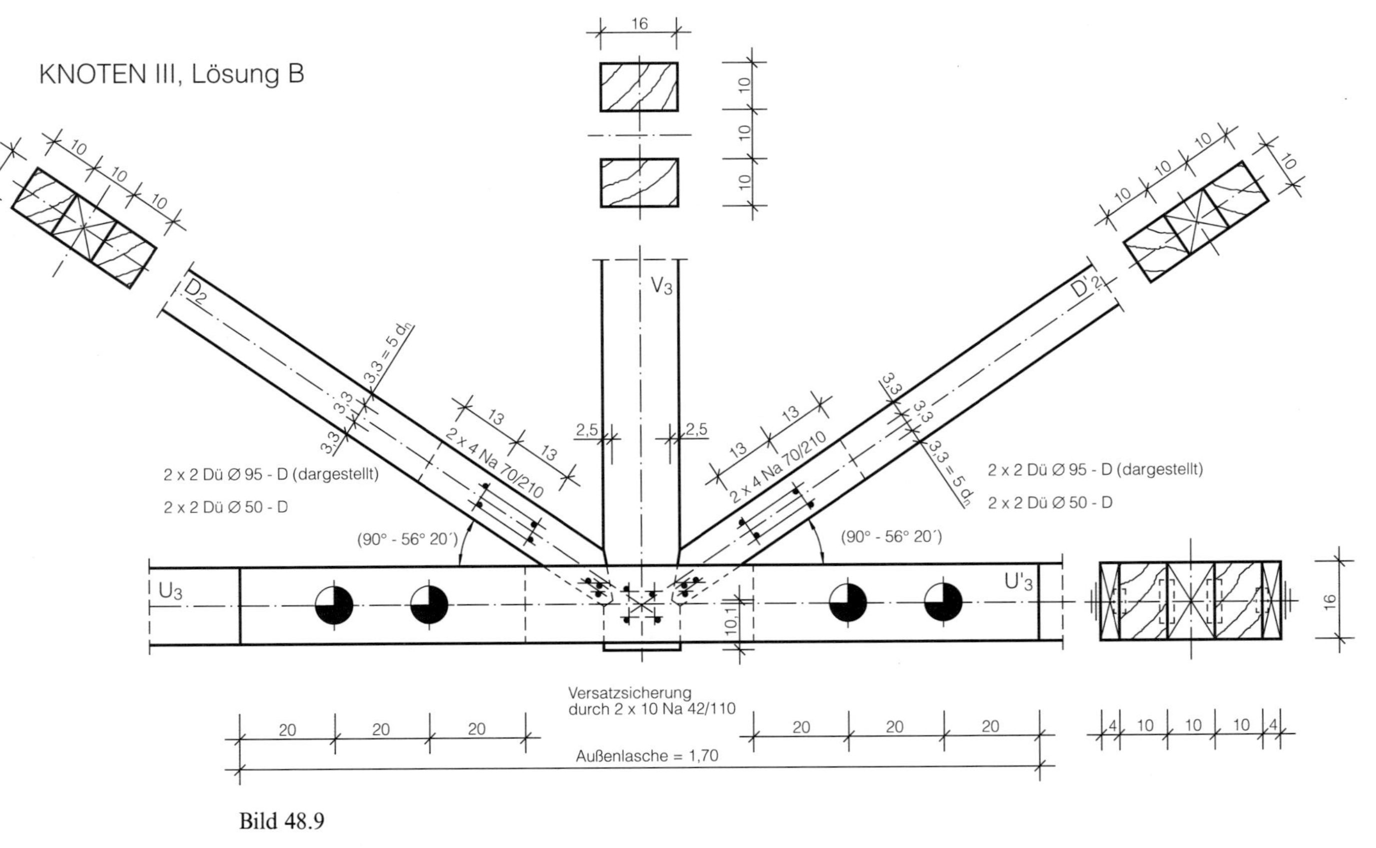
KNOTEN III, Lösung B
2 x 2 Dü Ø 95 - D (dargestellt)
2 x 2 Dü Ø 50 - D
2 x 4 Na 70/210
3,3 = 5 d_n
(90° - 56° 20´)
Versatzsicherung
durch 2 x 10 Na 42/110
Außenlasche = 1,70
V3
D2
D'2
U3
U'3

Bild 48.9

1	**Holzbau-TB Bd. 1, 9/2.1.1, Seite 151**
2	**Holzfachwerkträger, Tab. 23**
3	**DIN 1052 T1, 7.1**
4	**DIN 1052 T1, Tab. 5**
5	**DIN 1052 T2, 12**
6	**DIN 1052 T1, 9.3.2**
7	**Holzbau-TB Bd. 2, Nomogr. 3.4-6, Seite 201**
8	**Holzbau-TB Bd. 2, Tab. 3.4-7, Seite 193**
9	**DIN 1052 T1, Tab. 10**
10	**Holzbau-TB Bd. 2, Tab. 3.4-6, Seite 193**
11	**DIN 1052 T1, 9.2**
12	**DIN 1052 T1, 9.1**
13	**Holzbau-TB Bd. 2, Nomogr. 4.9-2, Seite 315**
14	**Holzbau-TB Bd. 2, Nomogr. 4.9-10, Seite 323**
15	**DIN 1052 T1, 5.1.5**
16	**Holzbau-TB Bd. 2, Tab. 3.1-15, Seite 60**
17	**DIN 1052 T1, 7.3**
18	**DIN 1052 T2, Tab. 7**
19	**Holzbau-TB Bd. 2, Tab. 4.2-1, Seite 246**
20	**Holzbau-TB Bd. 2, Tab. 4.4-4, Seite 294**
21	**DIN 1052 T2, 6.2.2**
22	**DIN 1052 T1, 8.5.3**
23	**DIN 1052 T1, Tab. 9**

Beispiel 49
Pultdachträger

Aufgabenstellung

Für den Pultdachträger (Trapezdachträger) sind die Schnittgrößen mit einem geschätzten Eigengewicht des Trägers zu ermitteln. Die Bemessung der Stäbe und Knotenpunkte ist analog anderer Beispiele durchzuführen.

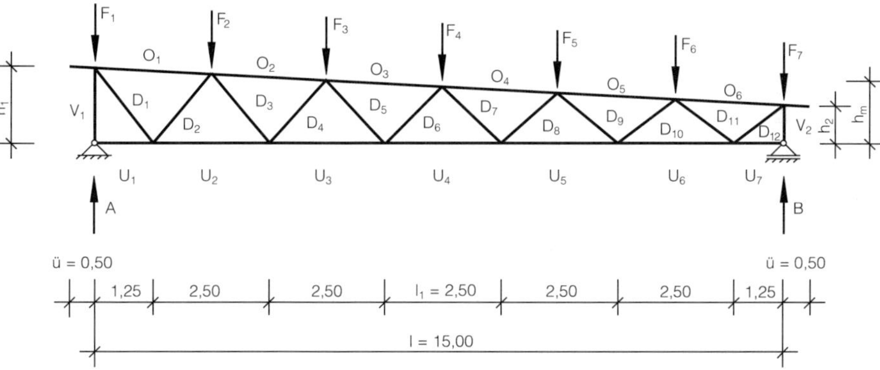

Bild 49.1

geg.: Pappdach mit Schalung und Pfetten

$g_D = 0{,}35\ \text{kN/m}^2$

Binderabstand e = 5,0 m

Dachneigung $\alpha = 3°$

Schneelastzone I, Höhe über NN $\leq$ 300 m

Gebäudehöhe 8 ÷ 20 m

Dachüberstand ü = 0,50 m

Trägerhöhen $h_1 = 1{,}65$ m

$h_m = 1{,}25\ \text{m} \geq \frac{1}{12}$

$h_2 = 0{,}85$ m

Erläuterung		Berechnung
Lastannahmen		
Eigenlast	1	
g_D Pappdach mit Schalung und Pfetten		$g_D = \dfrac{0{,}35}{\cos 3°} = 0{,}35\ \mathrm{kN/m^2}$
$g_B = 0{,}15 - \dfrac{1-15}{200}$ Abschätzung der Fachwerkträgereigenlast	1	$g_B = 0{,}15 - \dfrac{15-15}{200} = 0{,}15\ \mathrm{kN/m^2}$
		$g = 0{,}50\ \mathrm{kN/m^2}$ Gfl.
Wind	3	
$w = c_p \cdot q$	4	$w = -0{,}6 \cdot 0{,}8 = -0{,}48\ \mathrm{kN/m^2}$
c_p aerodynamischer Druckbeiwert	5	$c_p = -0{,}6$
q Staudruck	6	$q = 0{,}8\ \mathrm{kN/m^2}$
Bei einer Dachneigung $\alpha = 3°$ tritt nur Windsog auf. Diese Sogkraft muß beim Nachweis gegen Abheben berücksichtigt werden.		
Schnee	7	
$s = k_s \cdot s_0$		$s = 1{,}0 \cdot 0{,}75 = 0{,}75\ \mathrm{kN/m^2}$ Gfl.
$k_s = 1 - \dfrac{\alpha - 30°}{40°}$		$k_s = 1$
$0 \le k_s \le 1$		
$s_0 = f$ (Schneelastzone, Höhe über NN)		
Knotenlasten		
$F_1 = F_7 = q \cdot \left(\dfrac{l_1}{2} + ü\right)$		$F_1 = F_7 = 6{,}25 \cdot \left(\dfrac{2{,}5}{2} + 0{,}5\right) = 10{,}94\ \mathrm{kN}$
$F_2 \div F_6 = q \cdot l_1$		$F_2 \div F_6 = 6{,}25 \cdot 2{,}5 = 15{,}63\ \mathrm{kN}$
$q = (g + w + s) \cdot e$ in kN/m		$q = (0{,}50 + 0{,}75) \cdot 5{,}0 = 6{,}25\ \mathrm{kN/m}$
e Binderabstand		
l_1 Einzelfeldlänge		
$ü$ Dachüberstand		

Auflagerkräfte

$$\Sigma M_A = 0 = F_7 \cdot l + F_6 \cdot \sum_{i=2}^{6} l_i - B \cdot l$$

$$B = \frac{F_7 \cdot l + F_6 \cdot \sum_{i=2}^{6} l_i}{l}$$

$$B = \frac{10{,}94 \cdot 15}{15} + \frac{15{,}63 \cdot (2{,}5 + 5 + 7{,}5 + 10 + 12{,}5)}{15} = 50{,}02 \text{ kN}$$

$$\Sigma V = 0 = F_1 + \sum_{i=2}^{6} F_i + F_7 - A - B$$

$$A = 2 \cdot F_1 + 5 \cdot F_2 - B$$

$$A = 2 \cdot 10{,}94 + 5 \cdot 15{,}63 - 50{,}02 = 50{,}02 \text{ kN}$$

Stabkräfte

Cremonaplan

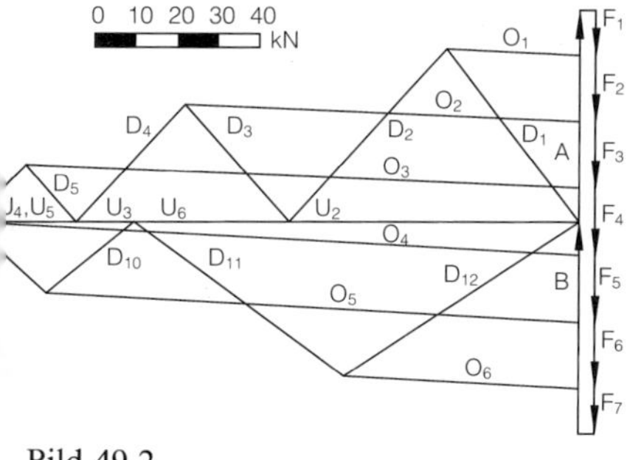

Bild 49.2

Tabelle 49.1

Stab	Stabkräfte kN	Stab	Stabkräfte kN
O_1	– 32,0	D_1	51,5
O_2	– 90,0	D_2	–53,5
O_3	–129,0	D_3	36,0
O_4	–144,5	D_4	–38,0
O_5	–124,5	D_5	19,5
O_6	– 55,0	D_6	–20,5
U_1	0	D_7	0
U_2	64,5	D_8	0
U_3	116,0	D_9	–26,0
U_4	148,5	D_{10}	27,0
U_5	148,5	D_{11}	–60,0
U_6	103,0	D_{12}	65,5
U_7	0	V_1	–50,0
		V_2	–50,0

Schnittmomente des Obergurtes

Der Obergurt ist ein elastisch gelagerter Durchlaufträger, dessen Feldmomente größer als bei einer starren Lagerung sind.

Das Bemessungsmoment für den Obergurt wird daher mit

$M = \frac{q \cdot l_1^2}{8}$ angenommen.

$$M = \frac{6{,}25 \cdot 2{,}5^2}{8} = 4{,}88 \text{ kNm}$$

Bei der Bemessung des Obergurtes sind zu den Normalspannungen die Biegespannungen zu superponieren.

Bemessung

siehe Beispiel 47.

1 DIN 1055 T1
2 Holzbau-TB Bd. 1, 9/1.1, Seite 147
3 DIN 1055 T4
4 DIN 1055 T4, 5.2.2
5 DIN 1055 T4, 6.3/Bild 12
6 DIN 1055 T4, Tab. 1
7 DIN 1055 T5
8 Holzbau-TB Bd. 1, 9/2.1.1, Seite 151

Beispiel 50
Brettschichtträger mit konstantem Querschnitt

Aufgabenstellung

Der im Bild 50.1 dargestellte Biegeträger in Brettschichtbauweise ist zu bemessen.

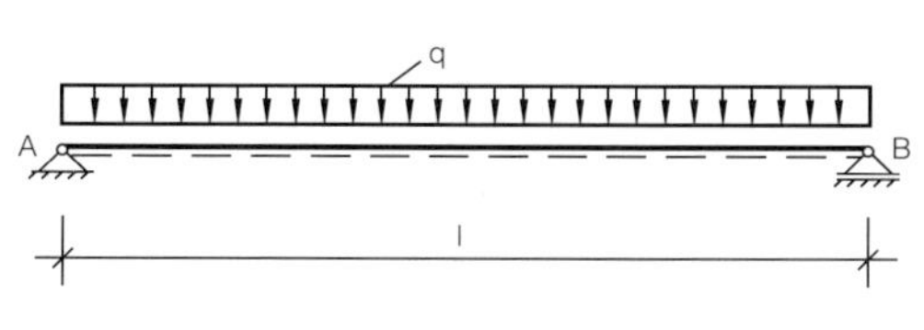

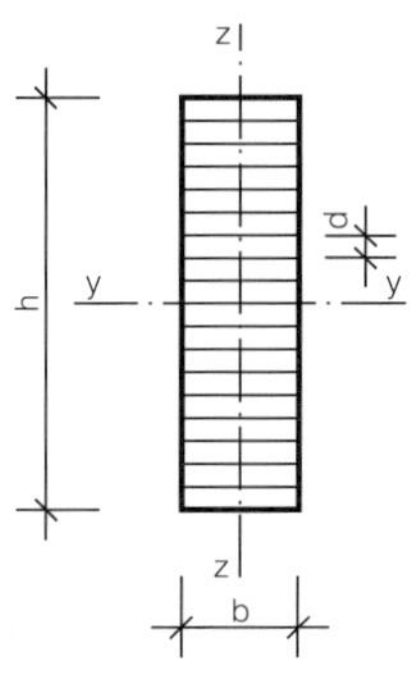

Bild 50.1

geg.: $q = 8{,}2$ kN/m; LF.: H
$l = 20$ m
Lamellendicke $d = 30$ mm
Pfettenabstand $s = 3{,}33$ m
BSH I
$\frac{g}{q} = 0{,}53$

Erläuterung / Berechnung

Schnittgrößen

$\max Q = A = B = q \cdot l/2$ | $\max Q = 8{,}2 \cdot 20/2 = 82$ kN

$\max M = q \cdot l^2/8$ | $\max M = 8{,}2 \cdot 20^2/8 = 410$ kNm

Vorschätzung des Querschnittes

Flächenmoment 2. Grades

Aufgrund der zul. Durchbiegung wird das erforderliche Flächenmoment 2. Grades ermittelt.

$$\text{zul}\, f = l/200 = \frac{M \cdot l^2}{9{,}6 \cdot E \cdot I_y}$$ 1

$$\Rightarrow \operatorname{erf} I_y = \frac{200 \cdot M \cdot l}{9{,}6 \cdot E}$$

$$\operatorname{erf} I_y = \frac{200 \cdot 410 \cdot 10^{-3} \cdot 20}{9{,}6 \cdot 11\,000} = 0{,}01553 \text{ m}^4 \mathrel{\widehat{=}} 1\,553\,030 \text{ cm}^4$$

Anmerkung:

Die Träger müssen ausreichend überhöht werden, damit sich infolge Durchbiegung keine Wassersäcke bilden können.

Richtwert:

1 ÷ 3%, zuzüglich der zu erwartenden Durchbiegung (hier: < l/200).

Trägerhöhe

Aus der Begrenzung der Randspannung und unter Berücksichtigung des Flächenmomentes 2. Grades ergibt sich eine erforderliche Höhe h.

2

$$\sigma_B = \frac{M}{I_y} \cdot \frac{h}{2} \mathrel{\widehat{=}} \operatorname{zul} \sigma_B$$

$$\operatorname{erf} h = \frac{2 \cdot I_y \cdot \operatorname{zul} \sigma_B}{M}$$

$$\operatorname{erf} h = \frac{2 \cdot 0{,}01553 \cdot 14}{410 \cdot 10^{-3}} = 1{,}06 \text{ m} \mathrel{\widehat{=}} 106 \text{ cm}$$

Trägerbreite

Aus den vorher ermittelten Werten läßt sich die erforderliche Trägerbreite b ermitteln.

$$I_y = \frac{b \cdot h^3}{12}$$

$$\operatorname{erf} b = \frac{12 \cdot I_y}{h^3}$$

$$\operatorname{erf} b = \frac{12 \cdot 1\,553\,030}{106^3} = 15{,}6 \text{ cm}$$

Querschnittswahl und -werte

Wahl eines handelsüblichen bzw. herstellbaren Querschnitts, der die berechneten Anforderungen erfüllt.

3

4 gew.: b/h = 16/108 cm

$A = b \cdot h$		$A = 16 \cdot 108 = 1728\ \text{cm}^2$
$W_y = \dfrac{b \cdot h^2}{6}$		$W_y = \dfrac{16 \cdot 108^2}{6} = 31\,104\ \text{cm}^3$
$I_y = \dfrac{b \cdot h^3}{12}$		$I_y = \dfrac{16 \cdot 108^3}{12} = 1\,679\,616\ \text{cm}^4$
Biegespannungsnachweis		
$\dfrac{\sigma_B}{\text{zul}\,\sigma_B} \leq 1$	5 2	$\dfrac{\sigma_B}{\text{zul}\,\sigma_B} = \dfrac{13{,}2}{14{,}0} = 0{,}94 < 1$
$\sigma_B = \dfrac{M}{W_y}$		$\sigma_B = \dfrac{410 \cdot 10^{-3}}{31\,104 \cdot 10^{-6}} = 13{,}2\ \text{MN/m}^2$
Stabilitätsnachweis		
$\dfrac{\sigma_B}{k_B \cdot 1{,}1 \cdot \text{zul}\,\sigma_B} \leq 1$ $\sigma_B = \dfrac{M}{W}$	6 7 2	Der Stabilitätsnachweis kann entfallen, da dieser bei $k_B \cdot 1{,}1 = 1{,}1 > 1{,}0$ nicht bemessungsmaßgebend ist.
$k_B = \begin{cases} 1 \\ 1{,}56 - 0{,}75 \cdot \lambda_B \\ 1/\lambda_B^2 \end{cases}$ für $\lambda_B \leq 0{,}75$ für $0{,}75 \leq \lambda_B \leq 1{,}4$ für $\lambda_B > 1{,}4$		$k_B = 1$
$\lambda_B = \sqrt{\dfrac{s \cdot h \cdot \gamma_1 \cdot \text{zul}\,\sigma_B}{\pi \cdot b^2 \cdot \sqrt{E_{\parallel} \cdot G_T}}}$ Kippschlankheitsgrad		$\lambda_B = \sqrt{\dfrac{3{,}33 \cdot 1{,}08 \cdot 2 \cdot 14}{\pi \cdot 0{,}16^2 \cdot \sqrt{11\,000 \cdot 500}}} = 0{,}73$
s Abstand der unverschieblichen Punkte		$s = 3{,}33$ m
h Trägerhöhe		$h = 1{,}0$ m
γ_1 Lasterhöhungsfaktor		$\gamma_1 = 2{,}0$
b Trägerbreite		$b = 0{,}16$ m
$E_{\parallel}$ Elastizitätsmodul parallel zur Faserrichtung	8	$E_{\parallel} = 11\,000\ \text{MN/m}^2$
G_T Torsionsmodul	8 9	$G_T = G = 500\ \text{MN/m}^2$

Schubspannungsnachweis

$\frac{\tau_Q}{\text{zul}\,\tau_Q} \leq 1$	**2**	$\frac{\tau_Q}{\text{zul}\,\tau_Q} = \frac{0{,}67}{1{,}2} = 0{,}56 < 1$
$\tau_Q = 1{,}5 \cdot \frac{Q}{A}$		$\tau_Q = 1{,}5 \cdot \frac{77{,}57 \cdot 10^{-3}}{1728 \cdot 10^{-4}} = 0{,}67\ \text{MN/m}^2$
$Q = \max Q - \frac{q \cdot h}{2}$	**10** **11**	$Q = 82 - \frac{8{,}5 \cdot 1{,}08}{2} = 77{,}57\ \text{kN}$

Durchbiegungsnachweis

$f \leq \text{zul}\, f = \frac{l}{200}$	**1**	$f = 9{,}98\ \text{cm} \simeq \frac{2000}{200} = \text{zul}\, f$ Überschreitung 1% < 3%
$f = f_\sigma + f_\tau + f_\varkappa$		$f = 9{,}25 + 0{,}57 + 0{,}16 = 9{,}98\ \text{cm}$
$f_\sigma = \frac{M \cdot l^2}{9{,}6 \cdot E \cdot I_y}$ elastische Verformung aus Biegebeanspruchung		$f_\sigma = \frac{410 \cdot 20^2 \cdot 10^{-3}}{9{,}6 \cdot 11\,000 \cdot 1\,679\,616 \cdot 10^{-8}} = 0{,}0925\ \text{m} \mathrel{\hat=} 9{,}25\ \text{cm}$
$f_\tau = 1{,}2 \cdot \frac{M}{G \cdot A}$ Schubverformung	**12**	$f_\tau = 1{,}2 \cdot \frac{410 \cdot 10^{-3}}{500 \cdot 1728 \cdot 10^{-4}} = 0{,}0057\ \text{m} \mathrel{\hat=} 0{,}57\ \text{cm}$
$f_k = \varphi \cdot (f_\sigma + f_\tau) \cdot \frac{g}{q}$ Kriechverformung	**13**	$f_k = 0{,}031 \cdot (9{,}25 + 0{,}57) \cdot 0{,}53 = 0{,}16\ \text{cm}$
$\varphi = \frac{1}{\eta_k} - 1$ Kriechzahl		$\varphi = \frac{1}{0{,}97} - 1 = 0{,}031$
$\eta_k = \frac{3}{2} - \frac{g}{q}$		$\eta_k = \frac{3}{2} - 0{,}53 = 0{,}97$

1	**DIN 1052 T1, Tab. 9**
2	**DIN 1052 T1, Tab. 5**
3	**DIN 1052 T1, 12.6**
4	**Holzbau-TB Bd. 2, Nomogr. 3.3-4, Seite 81**
5	**DIN 1052 T1, 8.2.1.1**
6	**DIN 1052 T1, 8.6.1**
7	**Holzbau-TB Bd. 2, Nomogr. 3.3-9, Seite 90**
8	**DIN 1052 T1, Tab. 1**
9	**DIN 1052 T1, 4.1.1**
10	**DIN 1052 T1, 8.2.1.2**
11	**Holzbau-TB Bd. 2, 3.3.2.2**
12	**Holzbau-TB Bd. 2, Tab. 3.3-15 a, Seite 172**
13	**DIN 1052 T1, 4.3**

Beispiel 51
Brettschichtträger mit veränderlicher Höhe

Aufgabenstellung

Der im Bild 51.1 dargestellte Satteldachträger ist in Brettschichtbauweise zu bemessen und auszuführen.

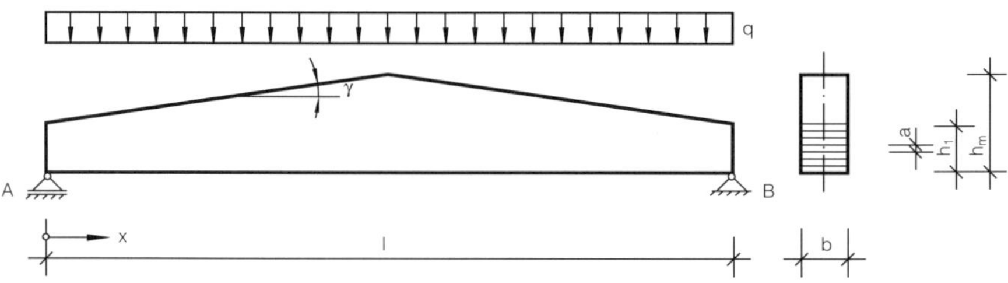

Bild 51.1

geg.: $q = 9{,}48$ kN/m; LF.: H
(einschließlich geschätztem Eigengewicht)

$\frac{g}{q} < 0{,}5$

$l = 25$ m

$h_1 = 90$ cm; $\gamma = 4°$

$h_m = h_1 + \frac{l}{2} \cdot \tan\gamma = 90 + \frac{2500}{2} \cdot \tan 4° = 177$ cm

$a = 30$ mm

$b = 16$ cm

BSH I

Erläuterung		Berechnung
Schnittgrößen		
$\max Q = A = B = q \cdot \frac{l}{2}$	1	$\max Q = 9{,}48 \cdot \frac{25}{2} = 118{,}50$ kN
$\max M = \frac{q \cdot l^2}{8}$		$\max M = 9{,}48 \cdot \frac{25^2}{8} = 740{,}63$ kNm

$$M(\bar{x}) = \frac{q \cdot l^2}{2} \cdot (\xi - \xi^2)$$

$$\xi = \frac{\bar{x}}{l}$$

$$\bar{x} = \frac{h_1 \cdot l}{2 \cdot h_m}; \quad 0 \leq \bar{x} \leq \frac{l}{2}$$

$\bar{x}$ Stelle der maximalen Biegespannung (siehe Spannungsnachweise)

$$M(\bar{x}) = 9{,}48 \cdot \frac{25^2}{2} \cdot (0{,}254 - 0{,}254^2) = 561 \text{ kNm}$$

$$\xi = \frac{6{,}36}{25{,}0} = 0{,}254$$

$$\bar{x} = \frac{0{,}90 \cdot 25}{2 \cdot 1{,}77} = 6{,}36 \text{ m}$$

Querschnittswerte

2

am Auflager

$$A_1 = b \cdot h_1$$

$$W_{y1} = \frac{b \cdot h_1^2}{6}$$

$$I_{y1} = \frac{b \cdot h_1^3}{12}$$

$$A_1 = 16 \cdot 90 = 1440 \text{ cm}^2$$

$$W_{y1} = \frac{16 \cdot 90^2}{6} = 2{,}16 \cdot 10^4 \text{ cm}^3$$

$$I_{y1} = \frac{16 \cdot 90^3}{12} = 9{,}72 \cdot 10^5 \text{ cm}^4$$

an der Stelle $\bar{x}$

$$W_y(\bar{x}) = \frac{b \cdot h(\bar{x})^2}{6}$$

$$W_z(\bar{x}) = \frac{h(\bar{x}) \cdot b^2}{6}$$

$$I_y(\bar{x}) = \frac{b \cdot h(\bar{x})^3}{12}$$

$$I_z(\bar{x}) = \frac{h(\bar{x}) \cdot b^3}{12}$$

$$h(\bar{x}) = h_1 + 2 \cdot (h_m - h_1) \cdot \xi$$

$$W_y(\bar{x}) = \frac{16 \cdot 134^2}{6} = 4{,}79 \cdot 10^4 \text{ cm}^3$$

$$W_z(\bar{x}) = \frac{134 \cdot 16^2}{6} = 5{,}72 \cdot 10^3 \text{ cm}^3$$

$$I_y(\bar{x}) = \frac{16 \cdot 134^3}{12} = 3{,}21 \cdot 10^6 \text{ cm}^4$$

$$I_z(\bar{x}) = \frac{134 \cdot 16^3}{12} = 4{,}57 \cdot 10^4 \text{ cm}^4$$

$$h(\bar{x}) = 90 + 2 \cdot (177 - 90) \cdot 0{,}254 = 134 \text{ cm}$$

in Trägermitte

$$W_{ym} = \frac{b \cdot h_m^2}{6}$$

$$I_{ym} = \frac{b \cdot h_m^3}{12}$$

$$W_{ym} = \frac{16 \cdot 177^2}{6} = 8{,}35 \cdot 10^4 \text{ cm}^3$$

$$I_{ym} = \frac{16 \cdot 177^3}{12} = 7{,}39 \cdot 10^6 \text{ cm}^4$$

Spannungsnachweise

Biegespannungen

In der Trägermitte ist die Längsspannung und an der Stelle $\bar{x}$ die maximale Biegerandspannung nachzuweisen.

Momentenfläche 3

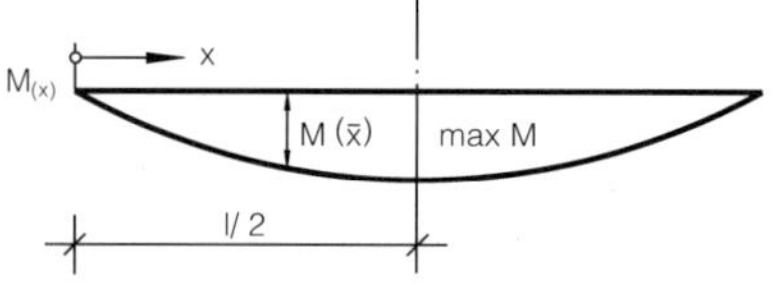

Spannungsfläche

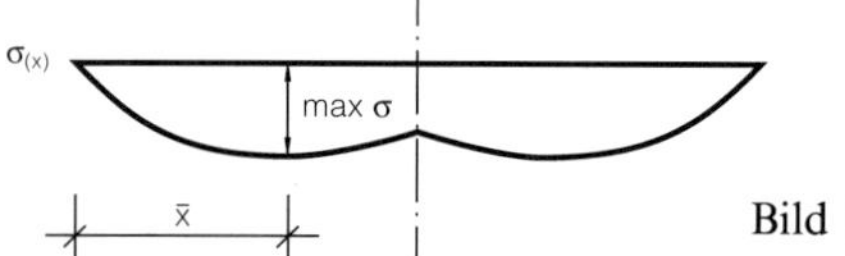

Bild 51.2

Aus der Bedingung

$$\frac{d\sigma_B(x)}{dx} = 0$$

mit

$$\sigma_B(x) = \frac{M(x)}{W_y(x)}$$

$$= \frac{q \cdot l^2(\xi - \xi^2) \cdot 6}{2 \cdot b \cdot [h_1 + 2(h_m - h_1) \cdot \xi]^2}$$

läßt sich

$$\bar{x} = \frac{h_1 \cdot l}{2 \cdot h_m}; \quad \xi = \frac{\bar{x}}{l} = \frac{h_1}{2 \cdot h_m}$$

ermitteln (Bild 51.2).

Biegerandspannung an der Stelle $\bar{x}$

4
5

$$\frac{\max \sigma_B(\bar{x})}{\text{zul}\,\sigma_B} \leq 1$$

$$\frac{\max \sigma_B(\bar{x})}{\text{zul}\,\sigma_B} = \frac{11{,}71}{14{,}00} = 0{,}84 < 1$$

$$\max \sigma_B(\bar{x}) = \frac{M(\bar{x})}{W_y(\bar{x})}$$

$$\max \sigma_B(\bar{x}) = \frac{561 \cdot 10^{-3}}{4{,}79 \cdot 10^{-2}} = 11{,}71 \text{ MN/m}^2$$

Längsspannung in Trägermitte

$$\frac{\max \sigma_{\|}}{\text{zul}\, \sigma_B} \leq 1$$

6 4 $$\frac{\max \sigma_{\|}}{\text{zul}\, \sigma_B} = \frac{9{,}93}{14{,}00} = 0{,}71 < 1$$

Durch die veränderliche Trägerhöhe ist der Spannungsverlauf über den Querschnitt nicht linear. Dies wird durch den in Abhängigkeit vom Anschnittswinkel γ zu ermittelnden Faktor $\varkappa_l$ berücksichtigt.

$$\max \sigma_{\|} = \varkappa_l \cdot \sigma_m$$

$$\max \sigma_{\|} = 1{,}12 \cdot 8{,}87 = 9{,}93 \text{ MN/m}^2$$

$$\sigma_m = \frac{M_m}{W_{ym}}; \quad M_m = \max M$$

$$\sigma_m = \frac{740{,}63 \cdot 10^{-3}}{8{,}35 \cdot 10^{-2}} = 8{,}87 \text{ MN/m}^2$$

6 7 $$\varkappa_l = A_l + B_l \cdot \left(\frac{h_m}{r_m}\right) + C_l \cdot \left(\frac{h_m}{r_m}\right)^2 + D_l \cdot \left(\frac{h_m}{r_m}\right)^3$$

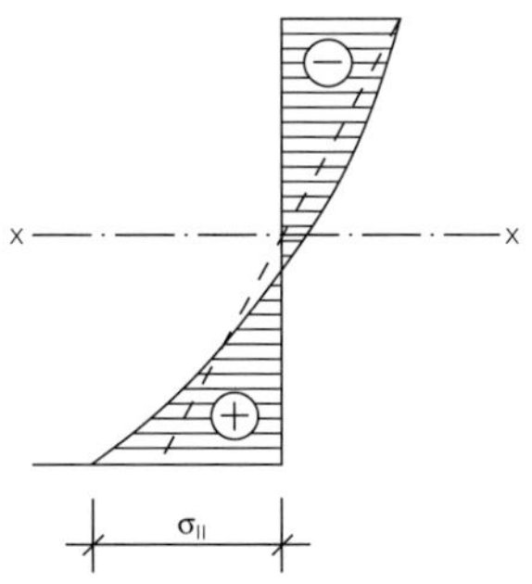

Bild 51.3

Da beim Satteldachträger $h_m/r_m = 0$ ist folgt:

$$\varkappa_l = A_l = 1 + 1{,}4 \cdot \tan\gamma + 5{,}4 \cdot \tan^2\gamma$$

$$\varkappa_l = 1 + 1{,}4 \cdot \tan 4° + 5{,}4 \cdot \tan^2 4° = 1{,}12$$

Querspannung in Trägermitte

8 4

$$\frac{\max \sigma_{\perp}}{\text{zul}\, \sigma_{Z\perp}} \leq 1$$

$$\frac{\max \sigma_{\perp}}{\text{zul}\, \sigma_{Z\perp}} = \frac{0{,}12}{0{,}20} = 0{,}60 < 1$$

$$\max \sigma_{\perp} = \varkappa_q \cdot \frac{M_m}{W_{ym}}$$

$$\max \sigma_{\perp} = 0{,}014 \cdot \frac{740{,}63 \cdot 10^{-3}}{8{,}35 \cdot 10^{-2}} = 0{,}12\ \text{MN/m}^2$$

8 9

$$\varkappa_q = A_q + B_q \cdot \left(\frac{h_m}{r_m}\right) + C_q \cdot \left(\frac{h_m}{r_m}\right)^2$$

Für die Satteldachträger mit $h_m/r_m = 0$ folgt:

$$\varkappa_q = A_q = 0{,}2 \cdot \tan\gamma$$

$$\varkappa_q = 0{,}2 \cdot \tan 4° = 0{,}014$$

Spannungskombination für den Biegedruckrand

10 4

$$\left(\frac{\sigma_{\|}}{\text{zul}\ \sigma_B}\right)^2 + \left(\frac{\sigma_{D\perp}}{\text{zul}\, \sigma_{D\perp}}\right)^2 + \left(\frac{\tau}{2{,}66 \cdot \text{zul}\, \tau_a}\right)^2 \leq 1$$

$$\left(\frac{\sigma_{\|}}{\text{zul}\, \sigma_B}\right)^2 + \left(\frac{\sigma_{D\perp}}{\text{zul}\, \sigma_{D\perp}}\right)^2 + \left(\frac{\tau}{2{,}66 \cdot \text{zul}\, \tau_a}\right)^2 = \left(\frac{11{,}71}{14{,}00}\right)^2 + \left(\frac{0{,}06}{2{,}5}\right)^2 + \left(\frac{0{,}82}{2{,}66 \cdot 1{,}2}\right)^2 = 0{,}77 < 1$$

$$\sigma_{\|} = \sigma_B(\bar{x})$$

$$\sigma_{\|} = \sigma_B(\bar{x}) = 11{,}71\ \text{MN/m}^2$$

$$\sigma_{D\perp} = \sigma_{\|} \cdot \tan^2\gamma$$

$$\sigma_{D\perp} = 11{,}71 \cdot \tan^2 4° = 0{,}06\ \text{MN/m}^2$$

$$\tau = \sigma_{\|} \cdot \tan\gamma$$

$$\tau = 11{,}71 \cdot \tan 4° = 0{,}82\ \text{MN/m}^2$$

Druckrand $\varkappa_l = 1$

Schubspannung am Auflager

4

$$\frac{\tau_Q}{\text{zul}\, \tau_Q} \leq 1$$

$$\frac{\tau_Q}{\text{zul}\, \tau_Q} = \frac{1{,}23}{1{,}20} = 1{,}03 \simeq 1$$

$$\tau_Q = 1{,}5 \cdot \frac{\max Q}{A_1}$$

$$\tau_Q = 1{,}5 \cdot \frac{118{,}50 \cdot 10^{-3}}{1440 \cdot 10^{-4}} = 1{,}23\ \text{MN/m}^2$$

11 Abminderung der Querkraft am Auflager

Auf eine Abminderung der Querkraft wurde verzichtet.

12 **Auflagerpressung**
(hier nicht nachgewiesen)

13 **Durchbiegungsnachweis**

14

15 $f \quad = f_\sigma + f_\tau \leq \text{zul}\, f$

$f \quad = 0{,}104 + 0{,}010 = 0{,}114\ \text{m} \triangleq 11{,}4\ \text{cm} < 12{,}5\ \text{cm} = \frac{2500}{200} = \text{zul}\, f$

Biegeverformung

$$f_\sigma = \frac{5}{384} \cdot \frac{q \cdot l^4}{E \cdot I_1} \cdot k_\sigma$$

$$k_\sigma = \left(\frac{h_1}{h_m}\right)^3 \cdot \frac{1}{0{,}15 + 0{,}85 \cdot h_1/h_m}$$

$$f_\sigma = \frac{5 \cdot 9{,}48 \cdot 25^4 \cdot 10^3}{384 \cdot 11\,000 \cdot 9{,}72 \cdot 10^{-3}} \cdot 0{,}23 = 0{,}104\ \text{m}$$

$$k_\sigma = \left(\frac{90}{177}\right)^3 \cdot \frac{1}{0{,}15 + 0{,}85 \cdot \left(\frac{90}{177}\right)} = 0{,}23$$

Schubverformung

$$f_\tau = 1{,}2 \cdot \frac{q \cdot l^2}{8 \cdot G \cdot A_1} \cdot k_\tau$$

$$k_\tau = \frac{2}{1 + (h_m/h_1)^{2/3}}$$

$$f_\tau = 1{,}2 \cdot \frac{9{,}48 \cdot 10^{-3} \cdot 25^2}{8 \cdot 500 \cdot 1440 \cdot 10^{-4}} \cdot 0{,}78 = 0{,}010\ \text{m}$$

$$k_\tau = \frac{2}{1 + (177/90)^{2/3}} = 0{,}78$$

Der Nachweis der Kriechverformung kann entfallen, wenn

$\frac{g}{q} < 0{,}5$ ist.

16 $\frac{g}{q} < 0{,}5$ Kriechverformung wird nicht nachgewiesen.

Stabilitätsnachweis

17

18 $$\frac{\sigma_B(\bar{x})}{k_B \cdot 1{,}1 \cdot \text{zul}\, \sigma_B} \leq 1$$

$$\sigma_B(\bar{x}) = \frac{M(\bar{x})}{W_y(\bar{x})}$$

$$k_B = \begin{cases} 1 & \text{für } \lambda_B \leq 0{,}75 \\ 1{,}56 - 0{,}75 \cdot \lambda_B & \text{für } 0{,}75 \leq \lambda_B \leq 1{,}4 \\ 1/\lambda_B^2 & \text{für } \lambda_B > 1{,}4 \end{cases}$$

$$\frac{\sigma_B(\bar{x})}{k_B \cdot 1{,}1 \cdot \text{zul}\, \sigma_B} = \frac{11{,}71}{0{,}88 \cdot 1{,}1 \cdot 14} = 0{,}86 < 1$$

$\sigma_B(\bar{x}) = 11{,}71\ \text{MN/m}^2$

$k_B \quad = 1{,}56 - 0{,}75 \cdot 0{,}91 = 0{,}88$

$$\lambda_B = \sqrt{\frac{s \cdot h(\bar{x}) \cdot \gamma_1 \cdot \mathrm{zul}\,\sigma_B}{\pi \cdot b^2 \cdot \sqrt{E_{\parallel} \cdot G_T}}}$$

Kippschlankheitsgrad

$$\lambda_B = \sqrt{\frac{4{,}17 \cdot 1{,}34 \cdot 2{,}0 \cdot 14}{\pi \cdot 0{,}16^2 \cdot \sqrt{11\,000 \cdot 500}}} = 0{,}91 \begin{matrix} > 0{,}75 \\ < 1{,}4 \end{matrix}$$

$s = \frac{l}{6}$	Abstand der seitlichen Abstützungen	$s = \frac{25}{6} = 4{,}17$ m
$h(\bar{x})$	Trägerhöhe an der Stelle $\bar{x}$	$h(\bar{x}) = 1{,}34$ m
b	Trägerbreite	$b = 16$ cm
γ_1	Lasterhöhungsbeiwert	$\gamma_1 = 2{,}0$
$E_{\parallel}$	Elastizitätsmodul parallel zur Faserrichtung	$E_{\parallel} = 11\,000$ MN/m^2
G_T	Torsionsmodul	$G_T = G = 500$ MN/m^2

Spannungstheorie II. Ordnung

Für einen genaueren Nachweis der Stabilisierung des biegebeanspruchten Trägers ist eine Berechnung nach der Spannungstheorie II. Ordnung an der Stelle $\bar{x}$ möglich.

Spannungsnachweis

$$\frac{\frac{M_y^{II}(\bar{x})}{W_y(\bar{x})}}{1{,}1 \cdot \gamma_1 \cdot \mathrm{zul}\,\sigma_B} + \frac{\frac{M_z^{II}(\bar{x})}{W_z(\bar{x})}}{1{,}1 \cdot \gamma_1 \cdot \mathrm{zul}\,\sigma_B} \leq 1$$

$$\frac{\frac{M_y^{II}(\bar{x})}{W_y(\bar{x})}}{1{,}1 \cdot \gamma_1 \cdot \mathrm{zul}\,\sigma_B} + \frac{\frac{M_z^{II}(\bar{x})}{W_z(\bar{x})}}{1{,}1 \cdot \gamma_1 \cdot \mathrm{zul}\,\sigma_B} = \frac{\frac{1{,}12}{47\,883 \cdot 10^{-6}}}{1{,}1 \cdot 2{,}0 \cdot 14} + \frac{\frac{5{,}54 \cdot 10^{-3}}{5717 \cdot 10^{-6}}}{1{,}1 \cdot 2{,}0 \cdot 14} = 0{,}76 + 0{,}03 = 0{,}79 < 1$$

$$M_y^{II}(\bar{x}) = M_y^{I}(\bar{x}) = \gamma_1 \cdot M(\bar{x}) = \gamma_1 \cdot \frac{q \cdot l^2}{2} \cdot (\xi - \xi^2)$$

$$M_y^{II}(\bar{x}) = 2{,}0 \cdot \frac{9{,}48 \cdot 25{,}0^2}{2} \cdot (0{,}254 - 0{,}254^2) \cdot 10^{-3} = 1{,}12 \text{ MNm}$$

$$M_z^{II}(\bar{x}) = \frac{\frac{N_{eu,z}}{\alpha} \cdot \left(\frac{M_y^I(\bar{x})}{\text{crit}\,M}\right)^2}{1 - \left(\frac{M_y^I}{\text{crit}\,M}\right)^2} \cdot e$$

$$e = \eta \cdot k \cdot \frac{s}{i} = \frac{s}{577}$$

$$N_{eu,z} = \frac{\pi^2}{s^2} \cdot E \cdot I_z(\bar{x})$$

$$\alpha = 1 - \frac{E \cdot I_z(x)}{E \cdot I_y(\bar{x})} = 1 - \frac{b^2}{h^2(\bar{x})}$$

$$\text{crit}\,M = \sqrt{\frac{N_{eu,z} \cdot G \cdot I_T(\bar{x})}{\alpha}}$$

$$I_T(\bar{x}) = \eta_3 \cdot b^3 \cdot h = \frac{1}{3} \cdot \left[1 - 0{,}63 \cdot \frac{b}{h(\bar{x})} + 0{,}052 \cdot \left(\frac{b}{h(\bar{x})}\right)^5\right] \cdot b^3 \cdot h(\bar{x})$$

e Vorkrümmung

$N_{eu,z}$ Eulerlast bei Ausweichung um die z-Achse

α Faktor zur Berücksichtigung der lotrechten Verformung

crit M kritisches Moment bei konstanter Momentenbelastung

$I_T(\bar{x})$ Torsionsflächenmoment 2. Grades

$$M_z^{II}(\bar{x}) = \frac{\frac{2{,}8}{0{,}986} \cdot \left(\frac{1{,}12}{2{,}45}\right)^2}{1 - \left(\frac{1{,}12}{2{,}45}\right)^2} \cdot 7{,}23 \cdot 10^{-3} = 5{,}54 \cdot 10^{-3}\ \text{MNm}$$

$$e = \frac{4{,}17}{577} = 7{,}23 \cdot 10^{-3}\ \text{m}$$

$$N_{eu,z} = \frac{\pi^2}{4{,}17^2} \cdot 11\,000 \cdot 4{,}57 \cdot 10^{-4} = 2{,}86\ \text{MN}$$

$$\alpha = 1 - \frac{0{,}16^2}{1{,}34^2} = 0{,}986$$

$$\text{crit}\,M = \sqrt{\frac{2{,}86 \cdot 500 \cdot 1{,}69 \cdot 10^{-3}}{0{,}986}} = 2{,}45\ \text{MNm}$$

$$I_T(\bar{x}) = \frac{1}{3} \cdot \left[1 - 0{,}63 \cdot \frac{0{,}16}{1{,}34} + 0{,}052 \cdot \left(\frac{0{,}16}{1{,}34}\right)^5\right] \cdot 0{,}16^3 \cdot 1{,}34 = 1{,}69 \cdot 10^{-3}\ \text{m}^4$$

Stabilitätsnachweis

Ein ausreichender Abstand gegenüber der Stabilitätsgrenze ist nachgewiesen, wenn der Nenner von $M_z^{II}(\bar{x})$ größer als Null ist.

$$1 - \left(\frac{M_y^I(\bar{x})}{\text{crit}\,M}\right)^2 > 0$$

$$1 - \left(\frac{M_y^I(\bar{x})}{\text{crit}\,M}\right)^2$$

$$= 1 - \left(\frac{2{,}5 \cdot 0{,}56}{2{,}45}\right)^2 = 0{,}67 > 0$$

Dabei ist der Sicherheitsbeiwert γ_4 gegenüber dem kritischen Kippmoment mit $\gamma_4 = 2{,}5$ anzusetzen.

1	**Holzbau-TB Bd. 1, S. 159**
2	**Holzbau-TB Bd. 2, Tab. 3.1-4, Seite 46**
3	**Holzbau-TB Bd. 2, Bild 3.3-8, Seite 149**
4	**DIN 1052 T1, Tab. 5**
5	**DIN 1052 T1, 8.2.1.1**
6	**DIN 1052 T1, 8.2.3.3**
7	**Holzbau-TB Bd. 2, Tab. 3.3-7, Seite 193**
8	**DIN 1052 T1, 8.2.3.2**
9	**Holzbau-TB Bd. 2, Tab. 3.3-6, Seite 193**
10	**DIN 1052 T1, 8.2.3.4**
11	**DIN 1052 T1, 8.2.1.2**
12	**Holzbau-TB Bd. 2, S. 92**
13	**DIN 1052 T1, 8.5.2**
14	**DIN 1052 T1, 8.5.4**
15	**DIN 1052 T1, Tab. 9**
16	**DIN 1052 T1, 4.3**
17	**DIN 1052 T1, 8.6.1**
18	**Holzbau-TB Bd. 2, Nomogr. 3.3-9, Seite 90**

Beispiel 52
Gekrümmter Brettschichtträger

Aufgabenstellung

Der im Bild 52.1 dargestellte Biegeträger ist in Brettschichtbauweise zu bemessen und auszuführen.

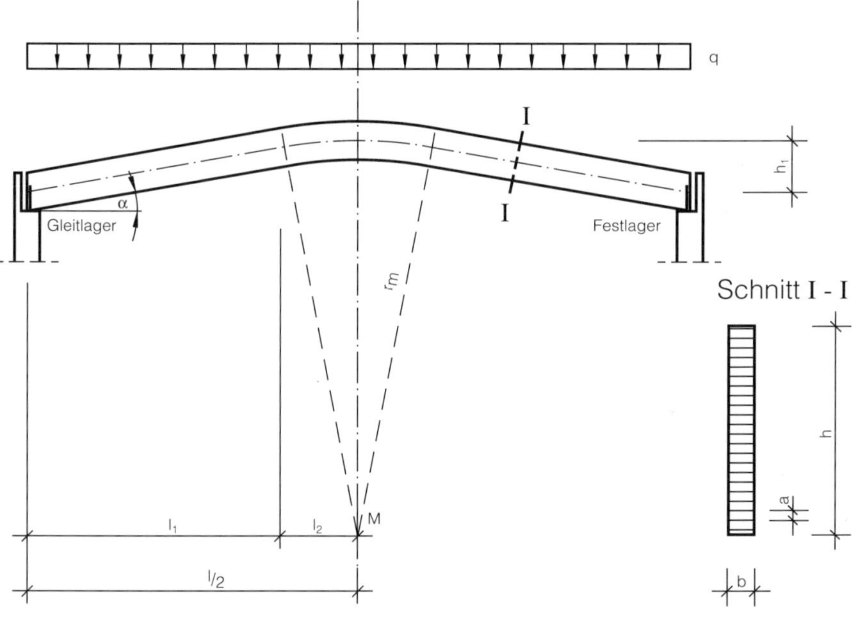

Bild 52.1

geg.: $q = 8{,}20$ kN/m; LF.: H
(einschl. geschätztem Eigengewicht)

$\frac{g}{q} < 0{,}5$

$l = 25$ m

$r_m = 16$ m

$\alpha = 10°$

$\gamma = 0°$, Anschnittswinkel

BSH I

Erläuterung	Berechnung

Vermaßung der Trägerachse

Die Konstruktion ist Bild 52.2 zu entnehmen.

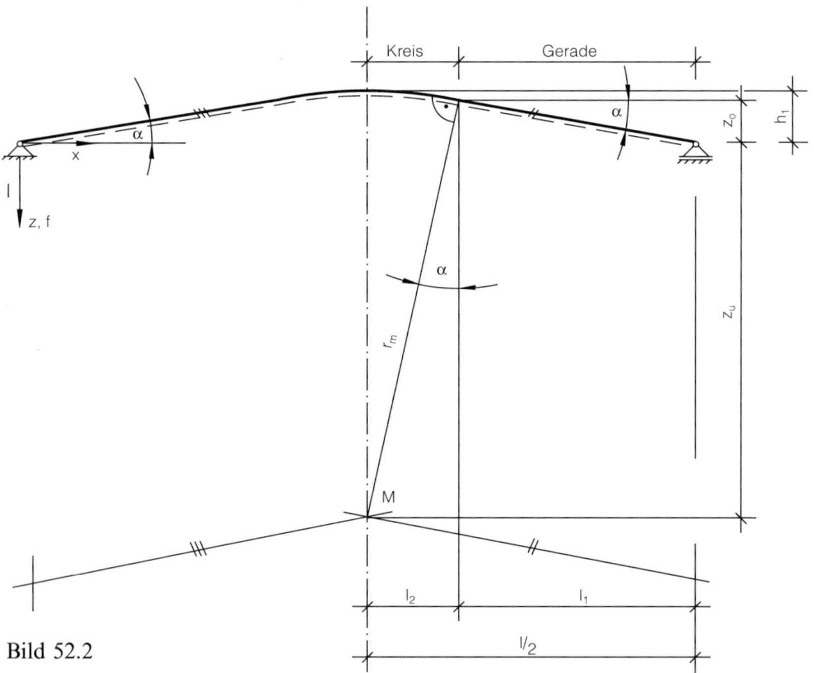

Bild 52.2

Erläuterung	Berechnung
$l_2 = r_m \cdot \sin\alpha$	$l_2 = 16 \cdot \sin 10° = 2{,}78$ m
$l_1 = \frac{l}{2} - l_2$	$l_1 = \frac{25}{2} - 2{,}78 = 9{,}72$ m
$z_o = -l_1 \cdot \tan\alpha$	$z_o = -9{,}72 \cdot \tan 10° = -1{,}71$ m
$z_u = l_2 \cdot \cot\alpha + z_o$	$z_u = 2{,}78 \cdot \cot 10° - 1{,}71 = 14{,}06$ m
$h_1 = \lvert z_u - r_m \rvert$	$h_1 = \lvert 14{,}06 - 16{,}00 \rvert = 1{,}94$ m

Schnittgrößen

Erläuterung	Berechnung
$\max M = \frac{q \cdot l^2}{8}$	$\max M = \frac{8{,}20 \cdot 25{,}00^2}{8} = 640{,}63$ kNm

$$\max Q = \frac{q \cdot l}{2}$$

$$\max Q = \frac{8{,}20 \cdot 25{,}00}{2} = 102{,}50 \text{ kN}$$

Querschnittswahl und -werte

gew.: $b/h = 18/162$ cm

a Lamellendicke

$$a = 30 \text{ mm}; \quad \frac{162}{3{,}0} = 54 \text{ Lamellen}$$

$$A = b \cdot h$$

$$A = 18 \cdot 162 = 2916 \text{ cm}^2$$

$$W_m = \frac{b \cdot h^2}{6}$$

$$W_m = W_y = \frac{18 \cdot 162^2}{6} = 78\,732 \text{ cm}^3$$

$$I_m = \frac{b \cdot h^3}{12}$$

$$I_m = I_y = \frac{18 \cdot 162^3}{12} = 6\,377\,292 \text{ cm}^4$$

Dicke der Brettlamellen

$a \leq 33$ mm

1 $a = 30 \text{ mm} < 33 \text{ mm}$

$a \leq 40$ mm in Sonderfällen

$a < r_1/200$

$$a = 3{,}0 \text{ cm} < \frac{1519}{200} = 7{,}6 \text{ cm}$$

bzw. für

$150 \cdot a \leq r_1 \leq 200 \cdot a$

$$r_1 = 15{,}19 \text{ cm} > 200 \cdot 30 \cdot 10^{-3} = 6{,}0 \text{ m}$$

$$a \leq 13 + 0{,}4 \cdot \left(\frac{r_1}{a} - 150\right) \text{ in mm}$$

$$r_1 = r_m - \frac{h_m}{2}$$

$$r_1 = 16{,}00 - 1{,}62/2 = 15{,}19 \text{ m}$$

Spannungsnachweise

Biegelängsspannung in Trägermitte am inneren Trägerrand

$$\frac{\max \sigma_{\parallel}}{\text{zul}\,\sigma_B} \leq 1$$

2
3 $$\frac{\max \sigma_{\parallel}}{\text{zul}\,\sigma_B} = \frac{8{,}48}{14{,}0} = 0{,}61 < 1$$

$$\max \sigma_{\parallel} = \varkappa_l \cdot \sigma_B$$

$$\max \sigma_{\parallel} = 1{,}042 \cdot 8{,}14 = 8{,}48 \text{ MN/m}^2$$

$$\sigma_B = \frac{\max M}{W_m}$$

$$\sigma_B = \frac{640{,}63 \cdot 10^{-3}}{78\,732 \cdot 10^{-6}} = 8{,}14 \text{ MN/m}^2$$

$$\varkappa_l = A_l + B_l \cdot \left(\frac{h_m}{r_m}\right) + C_l \cdot \left(\frac{h_m}{r_m}\right)^2 + D_l \cdot \left(\frac{h_m}{r_m}\right)^3$$

3
4

$$\varkappa_l = 1 + 0{,}35 \cdot \left(\frac{1{,}62}{16{,}00}\right) + 0{,}6 \cdot \left(\frac{1{,}62}{16{,}00}\right)^2 = 1{,}042$$

Querspannung in Trägermitte

4

$$\frac{\max \sigma_\perp}{\mathrm{zul}\,\sigma_Z} \leq 1$$

$$\frac{\max \sigma_\perp}{\mathrm{zul}\,\sigma_Z} = \frac{0{,}20}{0{,}20} = 1{,}0 = 1$$

$$\max \sigma_\perp = \varkappa_q \cdot \sigma_B$$

$$\max \sigma_\perp = 0{,}025 \cdot 8{,}14 = 0{,}20\ \mathrm{MN/m^2}$$

$$\varkappa_q = A_q + B_q \cdot \left(\frac{h_m}{r_m}\right) + C_q \cdot \left(\frac{h_m}{r_m}\right)^2$$

5
6

Mit $\gamma = 0$ folgt:

$$\varkappa_q = 0{,}25 \cdot \frac{h_m}{r_m}$$

$$\varkappa_q = 0{,}25 \cdot \frac{1{,}62}{16{,}00} = 0{,}025$$

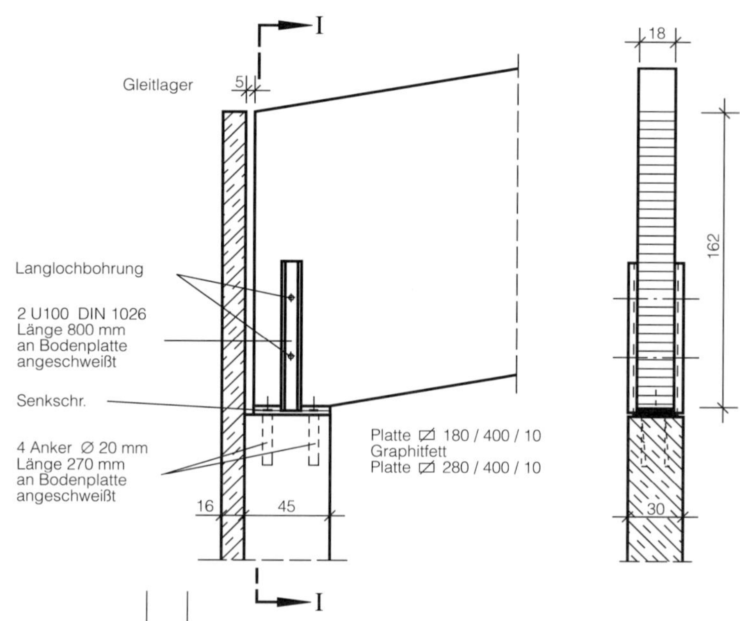

Bild 52.3

Schubspannung am Auflager

2

$$\frac{\tau_Q}{\mathrm{zul}\,\tau_Q} \leq 1$$

$$\frac{\tau_Q}{\mathrm{zul}\,\tau_Q} = \frac{0{,}53}{1{,}20} = 0{,}44 < 1$$

$\tau_Q = 1{,}5 \cdot \frac{Q}{A}$

$\tau_Q = 1{,}5 \cdot \frac{102{,}50 \cdot 10^{-3}}{2916 \cdot 10^{-4}} = 0{,}53\ \text{MN/m}^2$

7 Abminderung der Querkraft
8 am Auflager

Auf eine Abminderung wurde verzichtet.

Auflagerpressung

2 $\frac{\sigma_{D\perp}}{k_{D\perp} \cdot \text{zul}\,\sigma_{D\perp}}$
9

$\sigma_{D\perp} = \frac{Q}{A_{Lager}}$

A_{Lager} siehe Bild 52.3

$\frac{\sigma_{D\perp}}{k_{D\perp} \cdot \text{zul}\,\sigma_{D\perp}} = \frac{1{,}42}{0{,}8 \cdot 2{,}5} = 0{,}71 < 1$

$\sigma_{D\perp} = \frac{102{,}50 \cdot 10^{-3}}{720 \cdot 10^{-4}} = 1{,}42\ \text{MN/m}^2$

$A_{Lager} = 18 \cdot 40 = 720\ \text{cm}^2$

Durchbiegungsnachweis

10 $f = f_\sigma + f_\tau \leq \frac{1}{200} = \text{zul}\,f$

$f = 5{,}9 + 0{,}5 = 6{,}4\ \text{cm} < 12{,}5\ \text{cm}$

$= \frac{2500}{200} = \text{zul}\,f$

11 Die Durchbiegung wird näherungsweise an einem geraden Träger bestimmt. Der Anteil der Schubverformung wird mit dem Prinzip der virtuellen Kräfte ermittelt. Die Kriechverformung kann vernachlässigt werden, wenn

$\frac{g}{q} < 0{,}5$ ist.

$\frac{g}{q} < 0{,}5$ Die Kriechverformung wird nicht nachgewiesen.

$f_\sigma = \frac{5 \cdot q \cdot l^4}{384 \cdot E \cdot I_y}$

$f_\sigma = \frac{5 \cdot 8{,}2 \cdot 10^{-3} \cdot 25^4}{384 \cdot 11\,000 \cdot 6\,377\,292 \cdot 10^{-8}}$

$= 0{,}059\ \text{m} \mathrel{\hat{=}} 5{,}9\ \text{cm}$

$f_\tau = \int_0^l \frac{Q_0 \cdot Q_1}{G \cdot \alpha_Q \cdot A} \cdot dx$

$= \frac{1}{G \cdot \alpha_Q \cdot A} \cdot \int_0^l Q_o \cdot Q_1 \cdot dx$

$= \frac{1}{G \cdot \alpha_Q \cdot A} \cdot \frac{1}{2} \cdot \max Q_0 \cdot \max Q_1$

$f_\tau = \frac{1}{500 \cdot \frac{5}{6} \cdot 2916 \cdot 10^{-4}} \cdot \frac{25}{2} \cdot 102{,}50 \cdot 10^{-3} \cdot \frac{1}{2}$

$= 0{,}005\ \text{m} \mathrel{\hat{=}} 0{,}5\ \text{cm}$

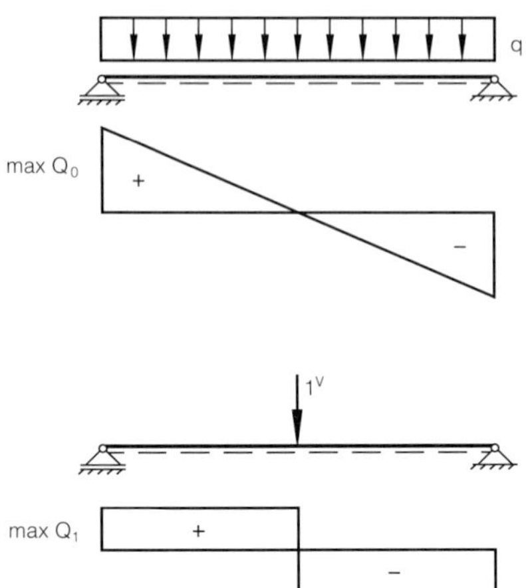

Bild 52.4

$G = 500\ MN/m^2$

$A = b \cdot h$

$\alpha_Q = \frac{5}{6}$

$Q_0 = Q_0(x)$ Querkraft infolge äußerer Belastung

$Q_1 = Q_1(x)$ Querkraft infolge virtueller Belastung

$\max Q_0 = \max Q = 102{,}50\ kN$

$\max Q_1 = \frac{1}{2}$

Horizontalverschiebung v am beweglichen Auflager A

Diese Berechnung ist kein geforderter Nachweis, jedoch ist die Kenntnis der Größe von v für die Konstruktion des Auflagers und Dachabschlusses von Bedeutung. Es wird nur der Anteil aus dem Biegemoment berücksichtigt.

Der Verlauf von M_1 entspricht dem Verlauf der Trägerachse (näherungsweise parabelförmig).

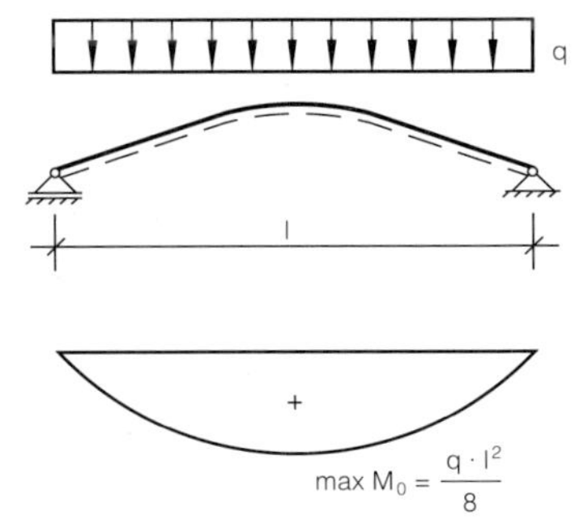

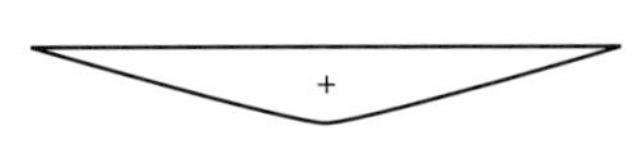

max $M_1 = 1^V \cdot h_1$

Bild 52.5

$$v = \int_0^l \frac{M_0 \cdot M_1}{E \cdot I} \cdot dx$$

$$= \frac{1}{E \cdot I_y} \cdot \int_0^l M_0 \cdot M_1 \cdot dx$$

$$\cong \frac{1}{E \cdot I_y} \cdot \frac{8}{15} \cdot \max M_0 \cdot \max M_1$$

$$v = \frac{1}{11\,000 \cdot 6\,377\,292 \cdot 10^{-8}} \cdot \frac{8}{15} \cdot 25 \cdot 640{,}63$$

$$\cdot 10^{-3} \cdot 1{,}94 = 0{,}024 \text{ m} \mathrel{\hat{=}} 2{,}4 \text{ cm} < 5 \text{ cm}$$

Der vorgesehene Bewegungsweg von 5 cm ist ausreichend.

Stabilitätsnachweis

$$\frac{\sigma_B}{k_B \cdot 1{,}1 \cdot \text{zul}\,\sigma_B} \leq 1$$

12
2

$$\frac{\sigma_B}{k_B \cdot 1{,}1 \cdot \text{zul}\,\sigma_B} = \frac{8{,}14}{0{,}885 \cdot 1{,}1 \cdot 14} = 0{,}60 < 1$$

$$\sigma_B = \frac{\max M}{W_m}$$

$$\sigma_B = 8{,}14 \text{ MN/m}^2$$

$$k_B = \begin{cases} 1 \\ 1{,}56 - 0{,}75 \cdot \lambda_B \\ 1/\lambda_B^2 \end{cases}$$

$$k_B = 1{,}56 - 0{,}75 \cdot 0{,}90 = 0{,}885$$

für $\lambda_B \leq 0{,}75$
für $0{,}75 \leq \lambda_B \leq 1{,}4$
für $\lambda_B > 1{,}4$

$$\lambda_B = \sqrt{\frac{s \cdot h \cdot \gamma_1 \cdot \text{zul}\,\sigma_B}{\pi \cdot b^2 \cdot \sqrt{E_{\|} \cdot G_T}}}$$

13 $$\lambda_B = \sqrt{\frac{4{,}22 \cdot 1{,}62 \cdot 2{,}0 \cdot 14}{\pi \cdot 0{,}18^2 \cdot \sqrt{11\,000 \cdot 500}}} = 0{,}90 \begin{matrix} > 0{,}75 \\ < 1{,}4 \end{matrix}$$

$s = \frac{l_T}{6}$ Abstand der seitlichen Abstützungen

$$s = \frac{25{,}32}{6} = 4{,}22 \text{ m}$$

$$l_T = 2 \cdot \sqrt{l_1^2 + z_0^2} + \pi \cdot 1 \cdot \frac{2 \cdot \alpha}{180°}$$ Trägerlänge

$$l_T = 2 \cdot \sqrt{9{,}72^2 + 1{,}71^2} + \pi \cdot 16{,}0 \cdot \frac{2 \cdot 10°}{180°} = 25{,}32 \text{ m}$$

γ_1 Lasterhöhungsbeiwert — $\gamma_1 = 2{,}0$

$E_{\|}$ Elastizitätsmodul parallel zur Faserrichtung — $E_{\|} = 11\,000 \text{ MN/m}^2$

G_T Torsionsmodul — $G_T = G = 500 \text{ MN/m}^2$

1	**DIN 1052 T1, 12.6**
2	**DIN 1052 T1, Tab. 5**
3	**DIN 1052 T1, 8.2.3**
4	**Holzbau-TB Bd. 2, Tab. 3.3-7, Seite 193**
5	**DIN 1052 T1, 8.2.3.2**
6	**Holzbau-TB Bd. 2, Tab. 3.3-6, Seite 193**
7	**DIN 1052 T1, 8.2.1.2**
8	**Holzbau-TB Bd. 2, S. 92**
9	**Holzbau-TB Bd. 2, Tab. 3.1-14, Seite 59**
10	**DIN 1052 T1, Tab. 9**
11	**DIN 1052 T1, 4.3**
12	**DIN 1052 T1, 8.6.1**
13	**Holzbau-TB Bd. 2, Nomogr. 3.3-9,Seite 90**

Beispiel 53
Trägerrost

Aufgabenstellung

Ein einlagiger Trägerrost mit Quadratraster laut Bild 53.1 ist zu bemessen.

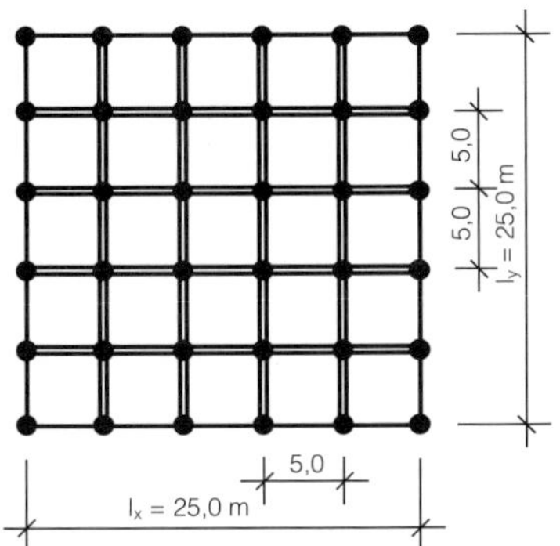

Bild 53.1

geg.: a $= 5,0$ m

$l_x = l_y = 25$ m

q $= s + g = 1,60$ kN/m²; LF.: H

BSH II

Erläuterung		Berechnung
Schnittgrößen Da die Voraussetzung gleicher Biegesteifigkeit der Träger in Längs- und Querrichtung gegeben ist, können die Schnittgrößen des Trägerrostes näherungsweise unter Verwendung der Formeln für die Schnittgrößen der drillweichen Platte ermittelt werden. $\max M_x = \frac{1}{\varkappa_{mx}} \cdot q \cdot a \cdot l_x^2$ $\max M_y = \frac{1}{\varkappa_{my}} \cdot q \cdot a \cdot l_x^2$	1	$\max M_x = \max M_y = \frac{1,60 \cdot 5,0 \cdot 25,00^2}{13,1}$ $= 381,68$ kNm

$$\max Q = \frac{1}{\varkappa_{ax}} \cdot q \cdot a \cdot l_x$$

$$\max Q_y = \frac{1}{\varkappa_{ay}} \cdot q \cdot a \cdot l_x$$

$$\max Q_x = \max Q_y = \frac{1{,}60 \cdot 5{,}0 \cdot 25{,}00}{2{,}83} = 70{,}67\,\text{kN}$$

Die Beiwerte $\varkappa_i$ sind in Abhängigkeit des Seitenverhältnisses l_x/l_y in der Tabelle 53.1 angegeben.

Tabelle 53.1

l_x/l_y	1,0	1,2	1,4	1,6
$\varkappa_{mx}$	13,1	9,6	8,2	7,5
$\varkappa_{my}$	13,1	14,4	17,7	21,7
$\varkappa_{ax}$	2,83	2,28	2,03	1,90
$\varkappa_{ay}$	2,83	3,10	3,40	3,62

Querschnittswahl und -werte

2 gew.: b/d = 20/120 cm

3 $A = b \cdot d$ — $A = 20 \cdot 120 = 2400\ \text{cm}^2$

$$W = \frac{b \cdot d^2}{6} \qquad W = \frac{20 \cdot 120^2}{6} = 48\,000\ \text{cm}^3$$

Biegespannungsnachweis

$$\frac{\sigma_B}{\text{zul}\,\sigma_B} \leq 1$$

4
5

$$\frac{\sigma_B}{\text{zul}\,\sigma_B} = \frac{8{,}84}{11{,}00} = 0{,}80 < 1$$

$$\sigma_B = \frac{M}{W_n} \qquad \sigma_B = \frac{381{,}68 \cdot 10^{-3}}{0{,}9 \cdot 48\,000 \cdot 10^{-6}} = 8{,}84\ \text{MN/m}^2$$

Durch die Knotenpunktausbildung wird mit einer 10%igen Schwächung des Widerstandsmomentes gerechnet.

Stabilisierungsnachweis

$$\frac{\sigma_B}{k_B \cdot 1{,}1 \cdot \text{zul}\,\sigma_B} \leq 1$$

5
6

$$\frac{\sigma_B}{k_B \cdot 1{,}1 \cdot \text{zul}\,\sigma_B} = \frac{7{,}95}{1{,}0 \cdot 11} = 0{,}72 < 1$$

$$k_B \cdot 1{,}1 \overset{!}{\leq} 1{,}0$$

$$\sigma_B = \frac{M}{W} \qquad \sigma_B = \frac{381{,}68 \cdot 10^{-3}}{48\,000 \cdot 10^{-6}} = 7{,}95\ \text{MN/m}^2$$

$$k_B = \begin{cases} 1 \\ 1{,}56 - 0{,}75 \cdot \lambda_B \\ 1/\lambda_B^2 \end{cases}$$

für $\lambda_B \leq 0{,}75$
für $0{,}75 \leq \lambda_B \leq 1{,}4$
für $\lambda_B > 1{,}4$

$k_B = 1$

$$\lambda_B = \sqrt{\frac{s \cdot h \cdot \gamma_1 \cdot \text{zul}\,\sigma_B}{\pi \cdot b^2 \cdot \sqrt{E_{\parallel} \cdot G_T}}}$$

Kippschlankheitsgrad

$$\lambda_B = \sqrt{\frac{5{,}0 \cdot 1{,}2 \cdot 2{,}0 \cdot 11}{\pi \cdot 0{,}20^2 \cdot \sqrt{11\,000 \cdot 500}}} = 0{,}70$$

s	Abstand der unverschieblichen Punkte		$s = 5{,}00$ m
h	Trägerhöhe		$h = 1{,}20$ m
γ_1	Lasterhöhungsfaktor		$\gamma_1 = 2{,}0$
b	Trägerbreite		$b = 0{,}20$ m
$E_{\parallel}$	Elastizitätsmodul parallel zur Faserrichtung	7	$E_{\parallel} = 11\,000$ MN/m^2
G_T	Torsionsmodul	7 8	$G_T = G = 500$ MN/m^2

Schubspannungsnachweis am Auflager

$$\frac{\tau_Q}{\text{zul}\,\tau_Q} \leq 1$$

5 $$\frac{\tau_Q}{\text{zul}\,\tau_Q} = \frac{0{,}49}{1{,}20} = 0{,}41 < 1$$

$$\tau_Q = \frac{1{,}5 \cdot Q}{A_n}$$

$$\tau_Q = \frac{1{,}5 \cdot 70{,}67 \cdot 10^{-3}}{0{,}9 \cdot 2400 \cdot 10^{-4}} = 0{,}49 \text{ MN/m}^2$$

Die Abminderung der Querkraft wurde nicht berücksichtigt. 9

Auflagerpressung

gew.: $b = 0{,}20$ m
$l = 0{,}24$ m

$$\frac{\sigma_{D\perp}}{\text{zul}\,\sigma'_{D\perp}} \leq 1$$

$$\frac{\sigma_{D\perp}}{\text{zul}\,\sigma'_{D\perp}} = \frac{1{,}47}{1{,}60} = 0{,}92 < 1$$

$$\sigma_{D\perp} = \frac{Q}{A}$$

$$\sigma_{D\perp} = \frac{70{,}67 \cdot 10^{-3}}{0{,}048} = 1{,}47 \text{ MN/m}^2$$

$\text{zul}\,\sigma'_{D\perp} = k_{D\perp} \cdot \text{zul}\,\sigma_{D\perp}$

10 $\text{zul}\,\sigma'_{D\perp} = 0{,}80 \cdot 2{,}0 = 1{,}6\ \text{MN/m}^2$

11

$k_{D\perp} = 0{,}8$

A Auflagerfläche

$A = 0{,}2 \cdot 0{,}24 = 0{,}048\ \text{m}^2$

Bemessung der Knoten

Die Träger werden in jedem Knoten durch sich kreuzende innenliegende Stahllaschen mit Stabdübeln gestoßen (Bild 53.3).

gew.: Stahllaschen 1490 × 290 × 10 mm, St. 37

Stabdübel ∅ 24 mm

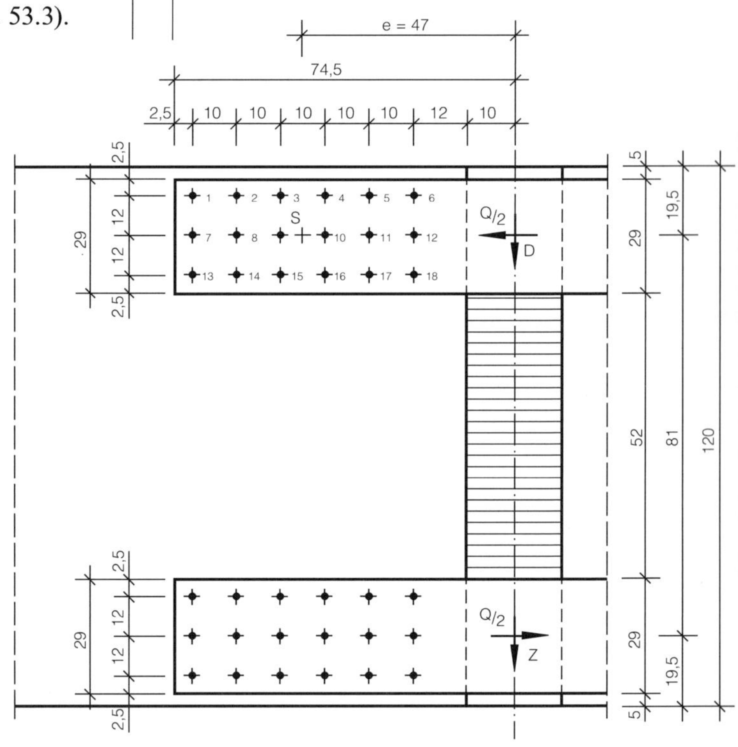

Bild 53.2

Nachweis der Stahllaschen

Auf den Nachweis der Stahllasche wird in diesem Beispiel verzichtet.

Nachweis der Stabdübel

Beanspruchung der Stabdübel mit Erläuterung des Rechenganges siehe Beispiel 7.

$\max N_{St} \leq \text{zul}\,N_{St\ast}$

$N_{St} = 30{,}10\ \text{kN} \cong 30{,}03\ \text{kN} = \text{zul}\,N_{St\ast}$

resultierende Dübelkräfte		
$N_{St,i} = \sqrt{N_{Vi}^2 + N_{Hi}^2}$ $= \sqrt{(N_{Vi}^M + N_{Vi}^Q)^2 + (N_{Hi}^M + N_{Hi}^D)^2}$		$\max N_{St} = \sqrt{(5{,}95 + 1{,}96)^2 + (2{,}86 + 26{,}18)^2}$ $= 30{,}10$ kN
Dübelkräfte		
$N_{Hi}^M = \dfrac{M_s \cdot y_i}{I_p}$		$N_{H1}^M = \dfrac{1661 \cdot 12}{6978} = 2{,}86$ kN
$N_{Vi}^M = \dfrac{M_s \cdot x_i}{I_p}$		$N_{V1}^M = \dfrac{1661 \cdot 25}{6978} = 5{,}95$ kN
$N_{Vi}^Q = \dfrac{Q}{n}$		$N_{V1}^Q = \dfrac{70{,}67}{2 \cdot 18} = 1{,}96$ kN
$N_{Hi}^D = \dfrac{D}{n}$		$N_{H1}^D = \dfrac{471{,}21}{18} = 26{,}18$ kN
$D = Z = \dfrac{M}{h}$ Kraft bezogen auf den Schwerpunkt		$D = Z = \dfrac{381{,}68}{1{,}20 - 2 \cdot 0{,}195} = 471{,}21$ kN
$M_S = Q \cdot e$ Moment bezogen auf den Schwerpunkt		$M_S = \dfrac{70{,}67}{2} \cdot 47 = 1661$ kNcm
$I_p = \Sigma(x_i^2 + y_i^2)$ polares Trägheitsmoment		$I_p = 2 \cdot 3 \cdot (5^2 + 15^2 + 25^2) + 2 \cdot 6 \cdot 12^2$ $= 6978\ \text{cm}^2$
n Anzahl der Stabdübel		$n = 18$
Die äußeren Stabdübel werden maximal beansprucht.		$y_1 = 12$ cm $x_1 = 25$ cm
zulässige Dübelkraft		
$\text{zul}\,N_{St} = \text{zul}\,\sigma_l \cdot a_s \cdot d_{St} \cdot 1{,}25$	**12**	$\text{zul}\,N_{St} = 5{,}5 \cdot 2 \cdot 95 \cdot 24 \cdot 1{,}25 = 31\,350$ N
$\leq B \cdot d_{St}^2 \cdot m \cdot 1{,}25$	**13**	$\leq 33 \cdot 24^2 \cdot 2 \cdot 1{,}25 = 47\,520$ N
$\text{zul}\,\sigma_l$ zul. mittlere Lochleibungsspannung	**14**	$\text{zul}\,\sigma_l = 5{,}5\ \text{MN/m}^2$
a_s Summe der Seitenholzdicken in mm		$a = 95$ mm
d_{St} Stabdübeldurchmesser		$d_{St} = 24$ mm
m Schnittigkeit		$m = 2$

1,25 Faktor bei Stahlblech-Holz-Verbindungen | 15

B Festwert | 14 | $B = 33\ MN/m^2$

$$zul\,N_{St\measuredangle} = \left(1 - \frac{\alpha}{360^\circ}\right) \cdot zul\,N_{St}$$

16 | $$zul\,N_{St\measuredangle} = \left(1 - \frac{15{,}2^\circ}{360^\circ}\right) \cdot 31{,}35\ kN = 30{,}03\ kN$$

$$\alpha = \arctan \frac{N_v}{N_H}$$

$$\alpha = \arctan \frac{5{,}95 + 1{,}96}{2{,}86 + 26{,}18} = 15{,}2^\circ$$

Bei der 25%igen Erhöhung der zulässigen Kraft von Stabdübeln in Verbindung mit Metallteilen ist die Lochleibungsspannung der Metallteile zu überprüfen.

$$\sigma_l = \frac{F}{A} = \frac{N}{d \cdot b} \leq zul\,\sigma_l$$

17 | $$\sigma_l = \frac{30{,}10 \cdot 10^{-3}}{2{,}4 \cdot 1{,}0 \cdot 10^{-4}} = 125{,}42\ MN/m^2$$

$$< 210\ MN/m^2 = zul\,\sigma_l$$

Durchbiegungsnachweis

Die Durchbiegung des Trägerrostes wird näherungsweise durch einen Träger auf 2 Stützen mit $\frac{1}{\varkappa_m}$-facher Belastung ermittelt.

Die Nachgiebigkeit der Anschlüsse wird nicht berücksichtigt. Verformungen aus Querkraft und Kriechen werden vernachlässigt.

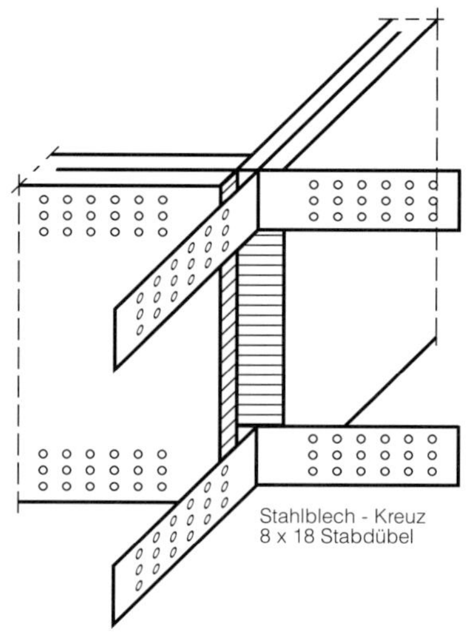

Bild 53.3

$f = \frac{5}{384} \cdot \frac{q \cdot a \cdot l^4}{\varkappa_m \cdot E \cdot I}$ $\leq \text{zul}\, f = \frac{1}{300}$	**18**	$f = \frac{5 \cdot 1{,}60 \cdot 5{,}0 \cdot 25^4 \cdot 12 \cdot 10^{-3}}{384 \cdot 13{,}1 \cdot 10\,000 \cdot 0{,}20 \cdot 1{,}20^3} = 0{,}0108\ \text{m}$ $\mathrel{\hat{=}} 1{,}08\ \text{cm} < \frac{2500}{300} = 8{,}33\ \text{cm} = \text{zul}\, f$

1	**Beton-Kalender 1977 T1, S. 355**
2	**Holzbau-TB Bd. 2, Nomogr. 3.3-5, Seite 84**
3	**Holzbau-TB Bd. 2, Tab. 3.1-4, Seite 46**
4	**DIN 1052 T1, 8.2.1.1**
5	**DIN 1052 T1, Tab. 5**
6	**DIN 1052 T1, 8.6.1**
7	**DIN 1052 T1, Tab. 1**
8	**DIN 1052 T1, 4.1.1**
9	**DIN 1052 T1, 8.2.1.2**
10	**DIN 1052 T1, 5.1.11**
11	**Holzbau-TB Bd. 2, Tab. 3.1-14, Seite 59**
12	**DIN 1052 T2, 5.8**
13	**Holzbau-TB Bd. 2, Tab. 4.3-10, Seite 270**
14	**DIN 1052 T2, Tab. 10**
15	**DIN 1052 T2, 5.10**
16	**DIN 1052 T2, 5.2.9**
17	**DIN 18800 T1, Tab. 7**
18	**DIN 1052 T1, Tab. 9**

Beispiel 54
Wind- und Aussteifungsverbände für Brettschichtträger

Aufgabenstellung

Für den im Beispiel 50 bemessenen Brettschichtträger ist der Aussteifungsverband zu berechnen.

Bild 54.1 Grundriß der Halle

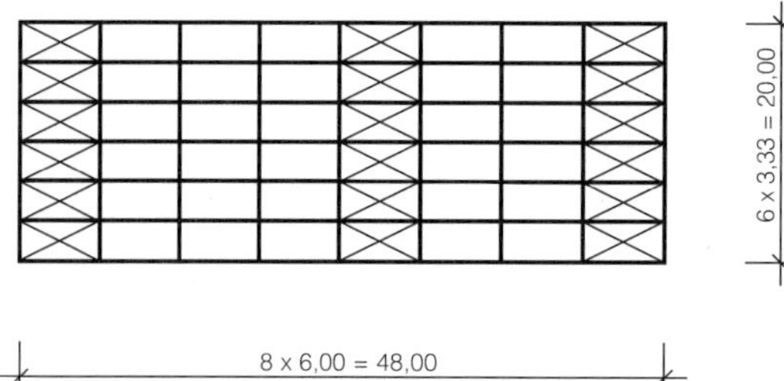

geg.: $q = 8{,}2$ kN/m
Stützweite $l = 20$ m
Gebäudehöhe $H = 6{,}0$ m
Binderabstand $e = 6{,}0$ m
Anzahl der Binder $a_B = 9$
$h/b = 108/16$ cm
BSH I
Feldweite der Verbände $a = 3{,}33$ m
Anzahl der Verbände $a_v = 3$

Erläuterung

Berechnung

Statisches System des Aussteifungsverbandes

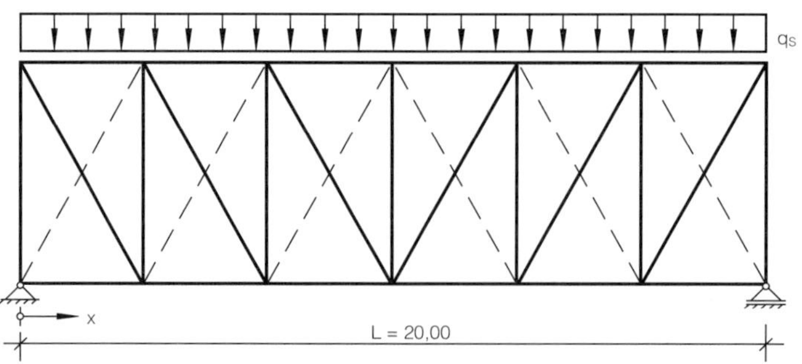

Bild 54.2 Aussteifungsverband

Seitenlast für Brettschichtträger

1

$$q_S = \frac{m \cdot \max M}{350 \cdot l \cdot b}$$

$$q_S = \frac{3 \cdot 410}{350 \cdot 20 \cdot 0{,}16} = 1{,}10 \text{ kN/m}$$

$$\frac{h}{b} < 10$$

$$\frac{h}{b} = \frac{108}{16} = 6{,}75 < 10$$

$m = \frac{a_B}{a_v}$ Anzahl der auszusteifenden Druckgurte

$$m = \frac{9}{3} = 3$$

max M maximales Biegemoment des Einzelträgers aus lotrechter Belastung

h Trägerhöhe

l Stützweite bzw. Länge des abzustützenden Bereiches

b Trägerbreite

2 Windlast

$$w_d = c_p \cdot q \cdot \frac{H}{2}$$

$$w_d = 0{,}8 \cdot 0{,}5 \cdot \frac{6}{2} = 1{,}2 \text{ kN/m}$$

$$w_s = c_p \cdot q \cdot \frac{H}{2}$$

$$w_s = -0{,}5 \cdot 0{,}5 \cdot \frac{6}{2} = -0{,}75 \text{ kN/m}$$

c_p Druck- bzw. Sogbeiwert

q Staudruck

Für die Bemessung wird die Winddrucklast auf die Giebelwand auf einen Verband wirkend angenommen, da eine Weiterleitung auf die weiteren Verbände nicht sichergestellt ist.

Maßgebender Lastfall (Bemessungslast)

3

Lastfall HZ

$q_{HZ,1} = q_S + w$ für $l \geq 40$ m

$q_{HZ,2} = q_S + \frac{w}{2}$ für $l \leq 30$ m

$q_{HZ,2} = 1{,}1 + \frac{1{,}2}{2} = 1{,}7$ kN/m

$l = 20 \text{ m} < 30 \text{ m}$

Lastfall H

$q_{H,1} = q_S$

$q_{H,1} = 1{,}1$ kN/m

$q_{H,2} = w$

$q_{H,2} = 1{,}2$ kN/m

$\frac{q_{HZ}}{q_H} \geq 1{,}25$ Lastfall HZ maßgebend

$\frac{q_{HZ,2}}{q_{H,2}} = \frac{1{,}7}{1{,}2} = 1{,}42 > 1{,}25$ Lastfall HZ, 2 maßgebend

Durchbiegungsbeschränkungen und konstruktive Maßnahmen

Ein Nachweis der Durchbiegung des Verbandes kann entfallen, wenn

$\frac{e}{l} \geq \frac{1}{6}$ ist.

4 $\frac{e}{l} = \frac{6}{20} = 0{,}3 > 0{,}16\overline{6}$

Durchbiegungsnachweis ist nicht erforderlich!

Abstand der Aussteifungsverbände

$l_w = n \cdot e \leq 25$ m

$l_w = 3 \cdot 6 = 24 < 25$ m

n Anzahl nicht ausgesteifter Binderfelder zwischen zwei Verbänden

l_w lichte Weite zwischen zwei Verbänden

Schnittkräfte

Ermittlung der Knotenlasten

$F = q_{HZ,2} \cdot l \cdot \frac{1}{n}$

$F = 1{,}7 \cdot 20 \cdot \frac{1}{6} = 5{,}67$ kN

$\frac{F}{2} = \frac{5{,}67}{2} = 2{,}83$ kN

n Anzahl der Felder des Fachwerkträgers

$n = 6$

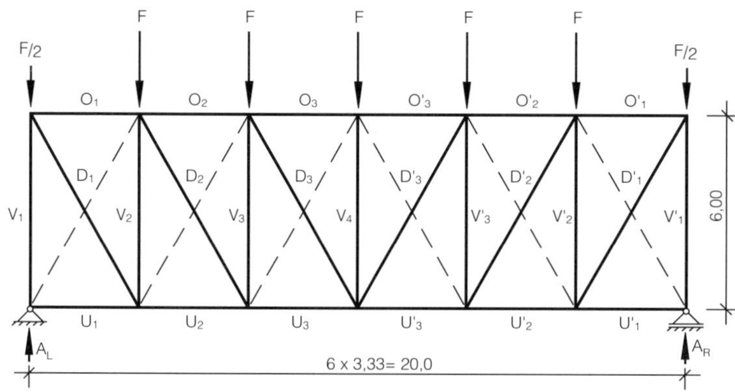

Bild 54.3

Ermittlung der Auflager- und Schnittkräfte

$$A_L = A_R = \frac{1}{2} \cdot q_{HZ,2} \cdot l$$

$$A_L = A_R = \frac{1}{2} \cdot 1{,}7 \cdot 20 = 17 \text{ kN}$$

Die Ermittlung der Schnittkräfte 5
kann nach der Ritterschen 6
Schnittmethode oder nach dem
Cremonaplan (s. Beispiel 47/48)
durchgeführt werden.

Tabelle 54.1

Stab	Stabkraft kN
$U_1 = U_1'$	0
$U_2 = U_2'$	7,87
$U_3 = U_3'$	12,51
$O_1 = O_1'$	− 7,87
$O_2 = O_2'$	−12,59
$O_3 = O_3'$	−14,17
$D_1 = D_1'$	16,21
$D_2 = D_2'$	9,72
$D_3 = D_3'$	3,24
$V_1 = V_1'$	−17,00
$V_2 = V_2'$	−14,17
$V_3 = V_3'$	− 8,50
V_4	− 5,67

Bemessung der Verbandsstäbe

Gurtstäbe

Der im Beispiel 50 bemessene Brettschichtträger ist Teil des Verbandes. Die Aufnahme der zusätzlichen Beanspruchung ist nachzuweisen.

Spannungsnachweis

$$\frac{\sigma_{D\parallel}}{\text{zul}\,\sigma_{D\parallel}} + \frac{\sigma_B}{\text{zul}\,\sigma_B} \leq 1$$

$$\sigma_{D\parallel} = \frac{O_3}{A}$$

$$\sigma_B = \sigma_{B,q} + \sigma_{B,\text{Verb}}$$

$$\sigma_{B,q} = \frac{q \cdot l^2}{8 \cdot W}$$

$$\sigma_{B,\text{Verb}} = \frac{O_3 \cdot \frac{h}{2}}{W}$$

$$A = b \cdot h$$

$$W = \frac{b \cdot h^2}{6}$$

$\sigma_{B,q}$ Biegespannung infolge der vertikalen Beanspruchung des Brettschichtträgers (s. Beispiel 50)

$\sigma_{B,\text{Verb}}$ Biegespannung infolge der ausmittigen Anordnung des Verbandes

7
8 $$\frac{\sigma_{D\parallel}}{\text{zul}\,\sigma_{D\parallel}} + \frac{\sigma_B}{\text{zul}\,\sigma_B} = \frac{0{,}08}{11} + \frac{13{,}45}{14} = 0{,}97 < 1$$

$$\sigma_{D\parallel} = \frac{14{,}17 \cdot 10^{-3}}{1728 \cdot 10^{-4}} = 0{,}08\ \text{MN/m}^2$$

$$\sigma_B = 13{,}2 + 0{,}25 = 13{,}45\ \text{MN/m}^2$$

$$\sigma_{B,q} = \frac{8{,}2 \cdot 20{,}0 \cdot 10^{-3}}{8 \cdot 31\,104 \cdot 10^{-6}} = 13{,}2\ \text{MN/m}^2$$

$$\sigma_{B,\text{Verb}} = \frac{14{,}17 \cdot \frac{108}{2}}{31\,104} \cdot 10 = 0{,}25\ \text{MN/m}^2$$

$$A = 16 \cdot 108 = 1728\ \text{cm}^2$$

$$W = \frac{16 \cdot 108^2}{6} = 31\,104\ \text{cm}^3$$

Stabilitätsnachweis

$$\frac{\sigma_{D\parallel}}{\text{zul}\,\sigma_k} + \frac{\sigma_B}{k_B \cdot 1{,}1 \cdot \text{zul}\,\sigma_B} \leq 1$$

$$k_B \cdot 1{,}1 \overset{!}{\leq} 1{,}0$$

7
8 $$\frac{\sigma_{D\parallel}}{\text{zul}\,\sigma_k} + \frac{\sigma_B}{1{,}0 \cdot \text{zul}\,\sigma_B} = \frac{0{,}08}{7{,}01} + \frac{13{,}45}{14} = 0{,}97 < 1$$

9 $\lambda_B = 0{,}73 \curvearrowright k_B = 1{,}0$ (siehe Beispiel 50)

Formel	Bezeichnung	Nr.	Berechnung
$\text{zul}\,\sigma_k = \dfrac{\text{zul}\,\sigma_{D\parallel}}{\omega}$	zulässige Knick-spannung	10	$\text{zul}\,\sigma_k = 7{,}01\ \text{MN/m}^2$
$\omega = f(\lambda)$	Knickzahl	11 12	$\omega = 1{,}57$
$\lambda = \dfrac{s_k}{i}$	Schlank-heitsgrad	13	$\lambda = \dfrac{333}{4{,}62} = 72$
$s_k = a$	Knicklänge	14	$s_k = 3{,}33\ \text{m}$
$i = 0{,}289 \cdot b$	Trägheits-radius für Rechteck-querschnitt		$i = 0{,}289 \cdot 16 = 4{,}62\ \text{cm}$

Vertikalstäbe

Formel	Bezeichnung	Nr.	Berechnung
Als Vertikalstab des Verbandes werden gesonderte Einfeldpfetten aus Vollholz angeordnet.			gew.: 14/14 cm NH II
$\dfrac{\sigma_{D\parallel}}{\text{zul}\,\sigma_k} \leq 1$		15 8	$\dfrac{\sigma_{D\parallel}}{\text{zul}\,\sigma_k} = \dfrac{0{,}87}{1{,}29} = 0{,}67 < 1$
$\sigma_{D\parallel} = \dfrac{\max V}{A}$			$\sigma_{D\parallel} = \dfrac{17{,}0 \cdot 10}{14 \cdot 14} = 0{,}87\ \text{MN/m}^2$
$\max V = V_1$			$\max V = 17{,}0\ \text{kN}$
$\text{zul}\,\sigma_k = \dfrac{\text{zul}\,\sigma_{D\parallel}}{\omega}$	zulässige Knick-spannung	16	$\text{zul}\,\sigma_k = \dfrac{8{,}50}{6{,}60} = 1{,}29\ \text{MN/m}^2$
ω	Knickzahl	11 17	$\omega = 6{,}60$
$\lambda = \dfrac{s_k}{i}$	Schlank-heitsgrad	13	$\lambda = \dfrac{600}{4{,}05} = 148 < \text{zul}\,\lambda = 200$
s_k	Knicklänge	14	$s_k = 6{,}00\ \text{m}$
$i = 0{,}289 \cdot b$	Trägheits-radius für Rechteck-querschnitt	18	$i = 0{,}289 \cdot 14 = 4{,}05\ \text{cm}$

Diagonalen

Die Diagonalen werden aus Rundstahl St 37 hergestellt.

Erforderlicher Durchmesser

$$\text{erf}\, d_s = \sqrt{\frac{\max D \cdot 4}{\text{zul}\,\sigma_Z \cdot \pi}}$$

19 $$\text{erf}\, d_s = \sqrt{\frac{4 \cdot 16{,}21 \cdot 10^{-3}}{180 \cdot \pi}} = 0{,}0107 \text{ m}$$

$$\hat{=}\ 10{,}7 \text{ mm}$$

$\max D = D_1$

$\max D = 16{,}21$ kN

$\text{zul}\,\sigma_Z = 180$ MN/m² St 37; LF.: HZ

gew.: Rundstahl St 37 ∅ 16 mm

$$\frac{\sigma_Z}{\text{zul}\,\sigma_Z} = \frac{\frac{\max D \cdot 4}{d^2 \cdot \pi}}{\text{zul}\,\sigma_Z} \leq 1$$

$$\frac{\sigma_Z}{\text{zul}\,\sigma_Z} = \frac{\frac{16{,}21 \cdot 4}{16^2 \cdot \pi}}{180 \cdot 10^{-3}} = 0{,}45 < 1$$

$\text{zul}\,\sigma_Z$ zulässige Zugspannung des Rundstahls

Zur Weiterleitung der Auflagerkräfte ins Fundament ist es notwendig, Vertikalverbände anzuordnen.

Auf die Bemessung des Vertikalverbandes wird hier verzichtet.

Knotenpunktausbildungen

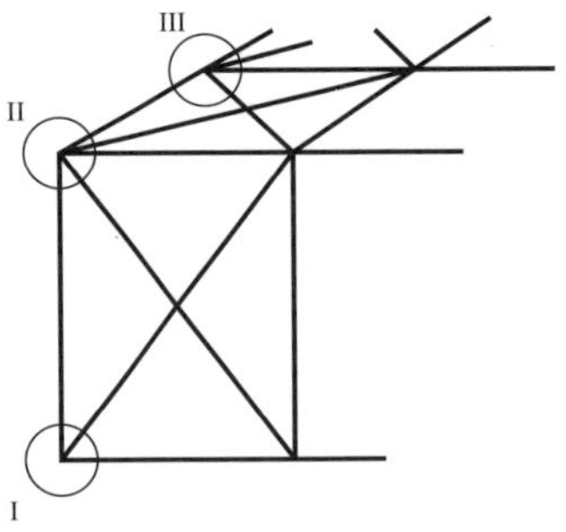

Bild 54.4

Anschlußmöglichkeiten der Rundstähle:

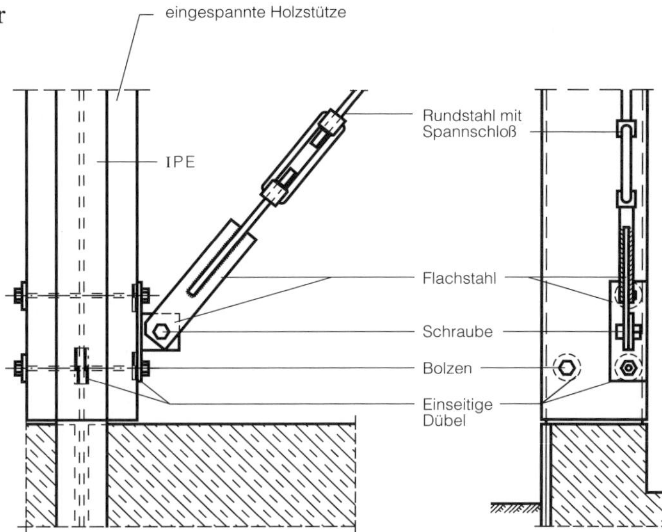

Bild 54.5
Punkt I

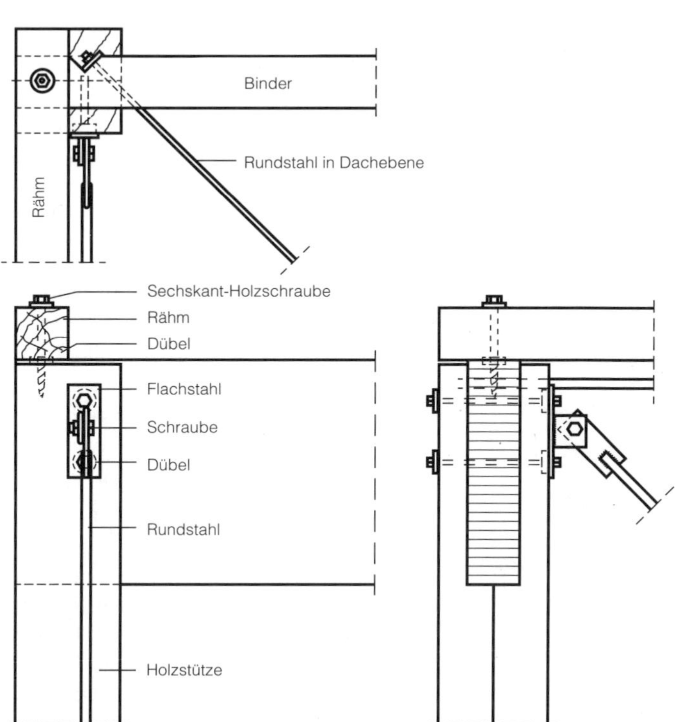

Bild 54.6
Punkt II

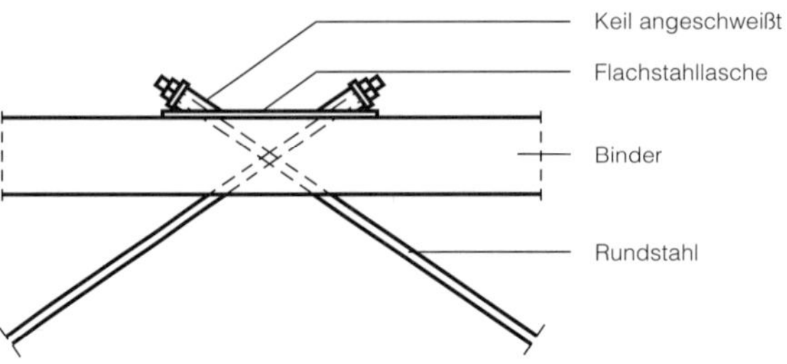

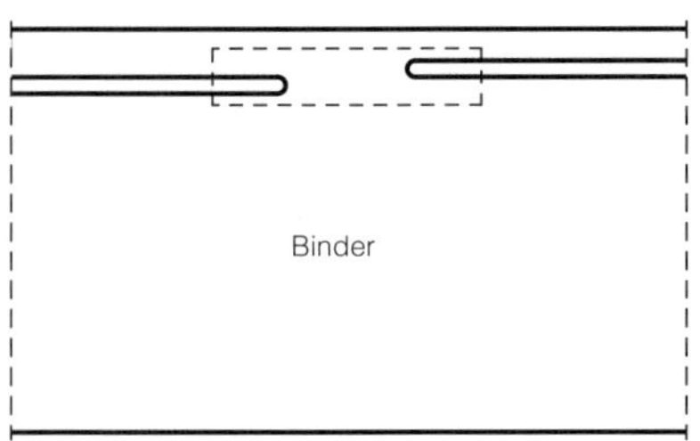

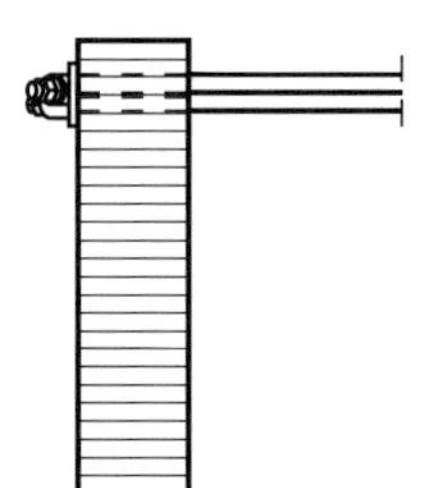

Bild 54.7
Punkt III

1	**DIN 1052 T1, 10.2.3**
2	**DIN 1055 T4, 5.2.2**
3	**DIN 1052 T1, 10.2.4**
4	**DIN 1052 T1, 10.2.5**
5	**Holzbau-TB Bd.1, S. 175**
6	**Holzfachwerkträger, Tab. 17**
7	**DIN 1052 T1, 9.4**
8	**DIN 1052 T1, Tab. 5**
9	**DIN 1052 T1, 9.6**
10	**Holzbau-TB Bd. 2, Tab. 3.4-11, Seite 195**
11	**DIN 1052 T1, Tab. 10**
12	**Holzbau-TB Bd. 2, Tab. 3.4-10, Seite 195**
13	**DIN 1052 T1, 9.2**
14	**DIN 1052 T1, 9.1.2**
15	**DIN 1052 T1, 9.3.2**
16	**Holzbau-TB Bd. 2, Tab. 3.4-7, Seite 193**
17	**Holzbau-TB Bd. 2, Tab. 3.4-6, Seite 193**
18	**Holzbau-TB Bd. 2, Tab. 3.4-1, Seite 175**
19	**DIN 18800 T1, Tab. 7**

Beispiel 55
Brandschutz eines Brettschichtträgers

Aufgabenstellung

Ein auf Biegung beanspruchter Brettschichtträger ist für die Feuerwiderstandsklasse F 30-B bei 4seitiger Brandbeanspruchung zu bemessen.

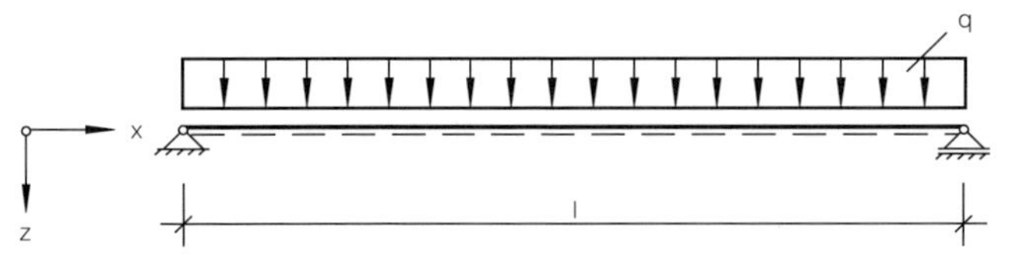

Bild 55.1

geg.: $l = 27{,}0$ m
$q = 7{,}5$ kN/m; LF.: H
Abstand der seitlichen Abstützungen

$$s = \frac{27{,}0}{5} = 5{,}4 \text{ m}$$

BSH II

Erläuterung / Berechnung

Statik

Schnittgrößen

$$M_y = \frac{q \cdot l^2}{8} \qquad M_y = \frac{7{,}5 \cdot 27{,}0^2}{8} = 683{,}4 \text{ kNm}$$

$$Q_z = \frac{q \cdot l}{2} \qquad Q_z = \frac{7{,}5 \cdot 27{,}0}{2} = 101{,}3 \text{ kN}$$

Querschnittswahl und -werte

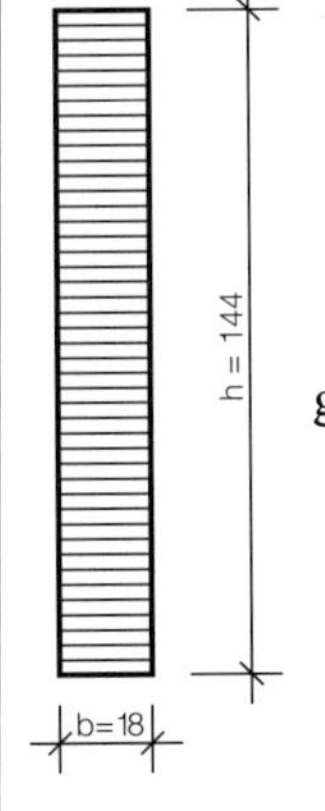

Bild 55.2

1 gew.: 18/144 cm

2 $A = b \cdot h \qquad A = 18 \cdot 144 = 2592 \text{ cm}^2$

$$W_y = \frac{b \cdot h^2}{6} \qquad W_y = \frac{18 \cdot 144^2}{6} = 62\,208 \text{ cm}^3$$

$$I_y = \frac{b \cdot h^3}{12} \qquad I_y = \frac{18 \cdot 144^3}{12} = 4\,478\,976 \text{ cm}^4$$

Stabilitätsnachweis

3 $\dfrac{\sigma_B}{k_B \cdot 1{,}1 \cdot \text{zul}\,\sigma_B} \leq 1 \qquad \dfrac{\sigma_B}{k_B \cdot 1{,}1 \cdot \text{zul}\,\sigma_B} = \dfrac{10{,}99}{1{,}0 \cdot 11} = 1$

4 $k_B \cdot 1{,}1 \geq 1{,}0 \qquad k_B \cdot 1{,}1 = 0{,}925 \cdot 1{,}1 = 1{,}02 > 1{,}0$

$\sigma_B = \frac{M_y}{W_y}$		$\sigma_B = \frac{683{,}4 \cdot 10^{-3}}{62208 \cdot 10^{-6}} = 10{,}99\ \text{MN/m}^2$
	5	$k_B = 1{,}56 - 0{,}75 \cdot 0{,}847 = 0{,}925$

$$k_B = \begin{cases} 1 & \text{für} \quad \lambda_B \leq 0{,}75 \\ 1{,}56 - 0{,}75 \cdot \lambda_B & \text{für} \quad 0{,}75 \leq \lambda_B \leq 1{,}4 \\ 1/\lambda_B^2 & \text{für} \quad \lambda_B > 1{,}4 \end{cases}$$

$\lambda_B = \sqrt{\frac{s \cdot h \cdot \gamma_1 \cdot \text{zul}\,\sigma_B}{\pi \cdot b^2 \cdot \sqrt{E_{\parallel} \cdot G_T}}}$		$\lambda_B = \sqrt{\frac{5{,}4 \cdot 1{,}44 \cdot 2{,}0 \cdot 11}{\pi \cdot 0{,}18^2 \cdot \sqrt{11\,000 \cdot 500}}} = 0{,}847$
γ_1 Lasterhöhungsfaktor		$\gamma_1 = 2{,}0$
h Trägerhöhe		$h = 144$ cm
b Trägerbreite		$b = 18$ cm
$E_{\parallel}$ Elastizitätsmodul parallel zur Faserrichtung	6	$E_{\parallel} = 11\,000\ \text{MN/m}^2$
G_T Torsionsmodul	7	$G_T = G = 500\ \text{MN/m}^2$

Schubspannungsnachweis

$\frac{\tau_Q}{\text{zul}\,\tau_Q} \leq 1$	4 8	$\frac{\tau_Q}{\text{zul}\,\tau_Q} = \frac{0{,}59}{1{,}2} = 0{,}49 < 1$
$\tau_Q = 1{,}5 \cdot \frac{Q_z}{A}$		$\tau_Q = 1{,}5 \cdot \frac{101{,}3 \cdot 10^{-3}}{2592 \cdot 10^{-4}} = 0{,}59\ \text{MN/m}^2$

Brandschutz F 30-B

Querschnittswerte nach dem Abbrand

$h_{(t_f)} = h - (v_o - v_u) \cdot t_f$	9	$h_{(t_f)} = 144 - (0{,}07 + 0{,}09) \cdot 30 = 139{,}2$ cm
$b_{(t_f)} = b - 2 \cdot v_s \cdot t_f$		$b_{(t_f)} = 18 - 2 \cdot 0{,}07 \cdot 30 = 13{,}8$ cm
$W_{(t_f)} = \frac{b_{(t_f)} \cdot h_{(t_f)}^2}{6}$		$W_{(t_f)} = \frac{13{,}8 \cdot 139{,}2^2}{6} = 44\,566\ \text{cm}^3$
v_o obere Abbrand-geschwindigkeit	10	$v_o = 0{,}7$ mm/min $\triangleq 0{,}07$ cm/min
v_u untere Abbrand-geschwindigkeit		$v_u = 0{,}9$ mm/min $\triangleq 0{,}09$ cm/min
v_s seitliche Abbrand-geschwindigkeit		$v_s = 0{,}7$ mm/min $\triangleq 0{,}07$ cm/min
t_f Feuerwiderstandsdauer		$t_f = 30$ min

Stabilitätsnachweis

$$\frac{\sigma_{B(t_f)}}{k_{B(t_f)} \cdot 1{,}1 \cdot \beta_{B(T_m)}} \leq 1$$

9 $$\frac{\sigma_{B(t_f)}}{k_{B(t_f)} \cdot 1{,}1 \cdot \beta_{B(T_m)}} = \frac{15{,}33}{0{,}503 \cdot 1{,}1 \cdot 35{,}45} = 0{,}78 < 1$$

$$k_{B(t_f)} \cdot 1{,}1 \leq 1{,}0$$

$$k_{B(t_f)} \cdot 1{,}1 = 0{,}503 \cdot 1{,}1 = 0{,}553 < 1{,}0$$

$$\sigma_{B(t_f)} = \frac{M_y}{W_{(t_f)}}$$

$$\sigma_{B(t_f)} = \frac{683{,}4 \cdot 10^{-3}}{44\,566 \cdot 10^{-6}} = 15{,}33\ \text{MN/m}^2$$

$$k_{B(t_f)} = \frac{1}{1{,}41^2} = 0{,}503$$

$$k_{B(t_f)} = \begin{cases} 1 & \text{für} \quad \lambda_{B(t_f)} \leq 0{,}75 \\ 1{,}56 - 0{,}75 \cdot \lambda_{B(t_f)} & \text{für} \quad 0{,}75 \leq \lambda_{B(t_f)} \leq 1{,}4 \\ 1/\lambda^2_{B(t_f)} & \text{für} \quad \lambda_{B(t_f)} > 1{,}4 \end{cases}$$

$$\lambda_{B(t_f)} = \sqrt{\frac{s \cdot h_{(t_f)} \cdot \beta_{B(T_m)}}{\pi \cdot b^2_{(t_f)} \cdot \sqrt{E_{\parallel (T_m)} \cdot G_{T(T_m)}}}}$$

$$\lambda_{B(t_f)} = \sqrt{\frac{5{,}4 \cdot 1{,}392 \cdot 35{,}45}{\pi \cdot 0{,}138^2 \cdot \sqrt{10478 \cdot 476}}} = 1{,}41$$

$k_{B(t_f)}$ Kippschlankheitsbeiwert im Brandfall

$\lambda_{B(t_f)}$ Kippschlankheitsgrad im Brandfall

$$T_m = \left(1 + \varkappa \cdot \frac{b}{h}\right) \cdot \left\{20 + \frac{180 \cdot (v_s \cdot t_f)^{\alpha}}{(1-\alpha) \cdot \left(\frac{b}{2} - v_s \cdot t_f\right)} \cdot \left[\left(\frac{b}{2}\right)^{1-\alpha} - (v_s \cdot t_f)^{1-\alpha}\right]\right\}$$

$$T_m = \left(1 + 0{,}4 \cdot \frac{18}{144}\right) \cdot \left\{20 + \frac{180 \cdot (0{,}07 \cdot 30)^{3{,}279}}{(1 - 3{,}279) \cdot \left(\frac{18}{2} - 0{,}07 \cdot 30\right)} \cdot \left[\left(\frac{18}{2}\right)^{1-3{,}279} - (0{,}07 \cdot 30)^{1-3{,}279}\right]\right\} = 45{,}33°$$

mit $\alpha = 0{,}398 \cdot t_f^{0{,}62}$

$$\alpha = 0{,}398 \cdot 30^{0{,}62} = 3{,}279$$

T_m	mittlere Temperatur im Restquerschnitt		
$\varkappa$	Faktor zur Berücksichtigung der Brandbeanspruchung	$\varkappa$	$= 0{,}4$ 4seitige Brandbeanspruchung
$\beta_{B(T_m)}$	$= (1{,}0625 - 0{,}003125 \cdot T_m) \cdot \beta_B$ Biegesteifigkeit in Abhängigkeit von der mittleren Temperatur	$\beta_{B(T_m)}$	$= (1{,}0625 - 0{,}003125 \cdot 45{,}33) \cdot 38{,}5 = 35{,}45\ \text{MN/m}^2$
β_B	$= 3{,}5 \cdot \text{zul}\,\sigma_B$ Biegesteifigkeit	β_B	$= 3{,}5 \cdot 11{,}0 = 38{,}5\ \text{MN/m}^2$
$E_{\parallel(T_m)}$	$= (1{,}0375 - 0{,}001875 \cdot T_m) \cdot E_{\parallel}$ Elastizitätsmodul in Abhängigkeit von der mittleren Temperatur	$E_{\parallel(T_m)}$	$= (1{,}0375 - 0{,}001875 \cdot 45{,}33) \cdot 11\,000 = 10\,478\ \text{MN/m}^2$
$G_{T(T_m)}$	$= \frac{E_{\parallel(T_m)}}{22}$ Torsionsmodul in Abhängigkeit von der mittleren Temperatur	$G_{T(T_m)}$	$= \frac{10\,478}{22} = 476\ \text{MN/m}^2$

1 Holzbau-TB Bd. 2, Nomogr. 3.3-5, Seite 84
2 Holzbau-TB Bd. 2, Tab. 3.1-1, Seite 38
3 DIN 1052 T1, 8.6.1
4 DIN 1052 T1, Tab. 5
5 Holzbau-TB Bd. 2, Nomogr. 3.3-9, Seite 90
6 DIN 1052 T1, Tab. 1
7 DIN 1052 T1, 4.1.1
8 DIN 1052 T1, 8.2.1.2
9 DIN 4102 T4, 5.1.4 (z. Zt. in Vorbereitung)
10 DIN 4102 T4, 5.1.5 (z. Zt. in Vorbereitung)

Beispiel 56
Brandschutz einer runden Stütze

Aufgabenstellung

Eine auf Druck beanspruchte runde Pendelstütze ist für die Feuerwiderstandsklasse F 30-B zu bemessen.

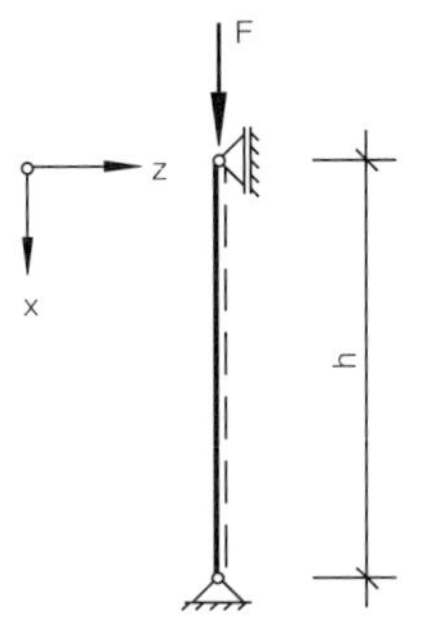

geg.: $h = 3{,}70$ m

$F = 130{,}0$ kN; LF.: H

BSH I

Bild 56.1

Erläuterung | Berechnung

Statik

Schnittgröße

$N_x = F$ | $N_x = 130{,}0$ kN

Querschnittswahl und -werte

gew.: $d = 18$ cm

1 $A = \dfrac{\pi \cdot d^2}{4}$

2 $I = \dfrac{\pi \cdot d^4}{64}$

$i = \sqrt{\dfrac{I}{A}} = \dfrac{d}{4}$

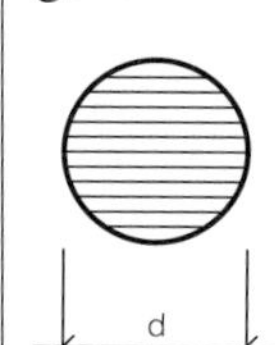

Bild 56.2

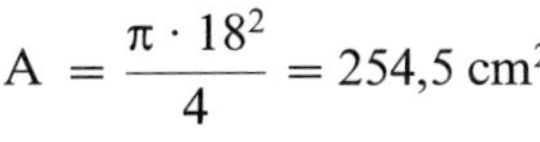

$$A = \frac{\pi \cdot 18^2}{4} = 254{,}5\ \text{cm}^2$$

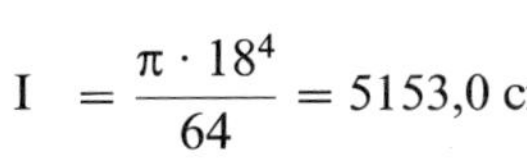

$$I = \frac{\pi \cdot 18^4}{64} = 5153{,}0\ \text{cm}^4$$

$$i = \frac{18}{4} = 4{,}50\ \text{cm}$$

Formel	Nr.	Berechnung
Stabilitätsnachweis		
$\frac{\sigma_{D\parallel}}{\text{zul}\,\sigma_k} \leq 1$	3	$\frac{\sigma_{D\parallel}}{\text{zul}\,\sigma_k} = \frac{5{,}11}{5{,}42} = 0{,}94 < 1$
$\sigma_{D\parallel} = \frac{N_x}{A}$		$\sigma_{D\parallel} = \frac{130 \cdot 10^{-3}}{254{,}5 \cdot 10^{-4}} = 5{,}11\ \text{MN/m}^2$
$\text{zul}\,\sigma_k = \frac{\text{zul}\,\sigma_{D\parallel}}{\omega}$ zul. Knick-spannung	4 5	$\text{zul}\,\sigma_k = \frac{11{,}0}{2{,}03} = 5{,}42\ \text{MN/m}^2$
$\omega = f(\lambda)$ Knickzahl	6 7	$\omega = 2{,}03$
$\lambda = \frac{s_k}{i} \leq 150$ Schlankheits-grad	8	$\lambda = \frac{370}{4{,}50} = 82{,}2 < 150$
$s_k = h$ Knicklänge	9	$s_k = 3{,}7\ \text{m}$
Brandschutz ÷ F 30-B		
Querschnittswerte nach dem Abbrand		
$A_{(t_f)} = \frac{\pi \cdot (d - 2 \cdot v_s \cdot t_f)^2}{4}$	10	$A_{(t_f)} = \frac{\pi \cdot (18 - 2 \cdot 0{,}06 \cdot 30)^2}{4} = 162{,}86\ \text{cm}^2$
$I_{(t_f)} = \frac{\pi \cdot (d - 2 \cdot v_s \cdot t_f)^4}{64}$		$I_{(t_f)} = \frac{\pi \cdot (18 - 2 \cdot 0{,}06 \cdot 30)^4}{64} = 2110{,}67\ \text{cm}^3$
$i_{(t_f)} = \sqrt{\frac{I_{(t_f)}}{A_{(t_f)}}}$		$i_{(t_f)} = \sqrt{\frac{2110{,}67}{162{,}86}} = 3{,}60\ \text{cm}$
v_s Abbrandgeschwindigkeit t_f Feuerwiderstandsdauer	11	$v_s = 0{,}6\ \text{mm/min} \mathrel{\hat{=}} 0{,}06\ \text{cm/min}$ $t_f = 30\ \text{min}$
Stabilitätsnachweis im Brandfall		
$\frac{\sigma_{D\parallel(t_f)}}{\sigma_{f(t_f)}} \leq 1$	10	$\frac{\sigma_{D\parallel(t_f)}}{\sigma_{f(t_f)}} = \frac{7{,}98}{8{,}97} = 0{,}89 < 1$
$\sigma_{D\parallel(t_f)} = \frac{N_x}{A_{(t_f)}}$		$\sigma_{D\parallel(t_f)} = \frac{130 \cdot 10^{-3}}{162{,}86 \cdot 10^{-4}} = 7{,}98\ \text{MN/m}^2$

$$\sigma_{f(t_f)} = [A] - \sqrt{[A]^2 - \frac{\pi^2 \cdot E_{\|(T_m)} \cdot \beta_{D\|(T_m)}}{\lambda^2_{(t_f)}}}$$

$$\sigma_{f(t_f)} = 24{,}04 - \sqrt{24{,}04^2 - \frac{\pi^2 \cdot 12\,148 \cdot 30{,}93}{102{,}8^2}}$$

$$\sigma_{f(t_f)} = 8{,}97 \text{ MN/m}^2$$

$$[A] = \frac{1}{2} \cdot \left(\beta_{D\|(T_m)} + \frac{\pi^2 \cdot E_{\|(T_m)} \cdot (1 + \varepsilon_{(t_f)})}{\lambda^2_{(t_f)}}\right)$$

$$[A] = \frac{1}{2} \cdot \left(30{,}93 + \frac{\pi^2 \cdot 12\,148 \cdot (1 + 0{,}511)}{102{,}8^2}\right) = 24{,}04 \text{ MN/m}^2$$

$\sigma_{f(t_f)}$ Traglastspannung im Brandfall

$\lambda_{(t_f)} = \frac{s_k}{i_{(t_f)}}$ Schlankheitsgrad nach dem Abbrand

$$\lambda_{(t_f)} = \frac{370}{3{,}6} = 102{,}8$$

$$T_m = (1 + \varkappa) \cdot \left[20 + \frac{180 \cdot (v_s \cdot t_f)^\alpha}{(1 - \alpha) \cdot \left(\frac{d}{2} - v_s \cdot t_f\right)} \cdot \left(\left(\frac{d}{2}\right)^{1-\alpha} - (v_s \cdot t_f)^{1-\alpha}\right)\right]$$

mit $\alpha = 0{,}398 \cdot t_f^{0{,}62}$

$$T_m = (1 + 0{,}4) \cdot \left[20 + \frac{180 \cdot (0{,}06 \cdot 30)^{3{,}279}}{(1 - 3{,}279) \cdot \left(\frac{18}{2} - 0{,}03 \cdot 30\right)} \cdot \left(\left(\frac{18}{2}\right)^{1-3{,}279} - (0{,}06 \cdot 30)^{1-3{,}279}\right)\right] = 54{,}94^\circ$$

$$\alpha = 0{,}398 \cdot 30^{0{,}62} = 3{,}279$$

T_m mittlere Temperatur im Restquerschnitt

$\varkappa$ Faktor zur Berücksichtigung der Brandbeanspruchung

$\varkappa = 0{,}4$ allseitige $\simeq$ 4seitige Brandbeanspruchung

$\beta_{D\|(T_m)} = (1{,}1125 - 0{,}005625 \cdot T_m) \cdot \beta_{D\|}$ Druckfestigkeit in Abhängigkeit von der mittleren Temperatur

$$\beta_{D\|(T_m)} = (1{,}1125 - 0{,}005626 \cdot 54{,}94^\circ) \cdot 38{,}5 = 30{,}93 \text{ MN/m}^2$$

$\beta_{D\|} = 3{,}5 \cdot \text{zul}\,\sigma_{D\|}$ Druckfestigkeit

$$\beta_{D\|} = 3{,}5 \cdot 11{,}0 = 38{,}5 \text{ MN/m}^2$$

$E_{\parallel(T_m)} = (1{,}0375 - 0{,}001875 \cdot T_m) \cdot E_{\parallel}$ Elastizitätsmodul in Abhängigkeit von der mittleren Temperatur	$E_{\parallel(T_m)} = (1{,}0375 - 0{,}001875 \cdot 54{,}94°) \cdot 13\,000 = 12\,148$ MṄm2
$\varepsilon_{(t_f)} = 0{,}1 + \frac{\frac{i}{k} \cdot \lambda_{(t_f)}}{a}$ ungewollte Ausmitte	$\varepsilon_{(t_f)} = 0{,}1 + \frac{2{,}0 \cdot 102{,}8}{500} = 0{,}511$
mit $\frac{i}{k} = 2{,}0$ für Kreisquerschnitt	
k Kernweite	
a Krümmungswert	a = 500

1 Holzbau-TB Bd. 2, Tab. 3.1-1, Seite 40
2 Holzbau-TB Bd. 2, Tab. 3.1-5,Seite 51
3 DIN 1052 T1, 9.3.2
4 DIN 1052 T1, Tab. 5
5 Holzbau-TB Bd. 2, Tab. 3.4-11, Seite 195
6 DIN 1052 T1, Tab. 10
7 Holzbau-TB Bd. 2, Tab. 3.4-10, Seite 195
8 DIN 1052 T1, 9.2
9 DIN 1052 T1, 9.1
10 DIN 4102 T4, 5.1.4 (z. Zt. geplante Neufassung)
11 DIN 4102 T4, 5.1.5 (z. Zt. geplante Neufassung)

Beispiel 57
Brandschutz bei kombinierter Beanspruchung

Aufgabenstellung

Eine auf Druck und Biegung beanspruchte Stütze einer Außenwand ist für die Feuerwiderstandsklasse F 60-B bei 3seitiger Brandbeanspruchung zu bemessen.

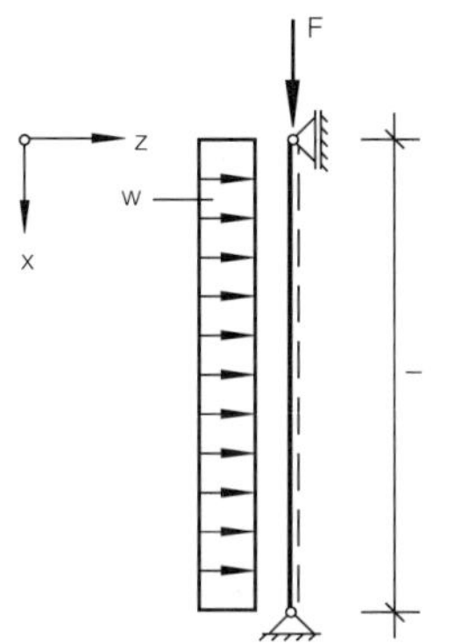

geg.: $l = 5{,}0$ m
$F = 180$ kN; LF.: H
$w = 1{,}6$ kN/m; LF.: H
BSH I

Bild 57.1

Erläuterung		Berechnung
Statik		
Schnittgrößen		
$N_x = F$		$N_x = 180$ kN
$M_y = \frac{w \cdot l^2}{8}$		$M_y = \frac{1{,}6 \cdot 5{,}0^2}{8} = 5{,}0$ kNm
Querschnittswahl und -werte		
	1	gew.: 20/30 cm
$A = b \cdot h$	2	$A = 20 \cdot 30 = 600$ cm^2
$W_y = \frac{b \cdot h^2}{6}$		$W_y = \frac{20 \cdot 30^2}{6} = 3000$ cm^3
$I_y = \frac{b \cdot h^3}{12}$		$I_y = \frac{20 \cdot 30^3}{12} = 45\,000$ cm^4
$\min i = 0{,}289 \cdot b$		$\min i = 0{,}289 \cdot 20 = 5{,}78$ cm

h = 30
b = 20

Bild 57.2

Stabilitätsnachweis

Formel	Nr.	Berechnung
$\frac{\sigma_{D\parallel}}{\text{zul}\,\sigma_k} + \frac{\sigma_B}{k_B \cdot 1{,}1 \cdot \text{zul}\,\sigma_B} < 1$	3 4	$\frac{\sigma_{D\parallel}}{\text{zul}\,\sigma_k} + \frac{\sigma_B}{k_B \cdot 1{,}1 \cdot \text{zul}\,\sigma_B}$ $= \frac{3{,}0}{4{,}89} + \frac{1{,}6\bar{6}}{1{,}0 \cdot 14{,}0}$ $= 0{,}61 + 0{,}12 = 0{,}73 < 1$
$k_B \cdot 1{,}1 \overset{!}{\leq} 1{,}0$		$k_B \cdot 1{,}1 \overset{!}{=} 1{,}0$ ohne Nachweis
$\sigma_{D\parallel} = \frac{N_x}{A}$		$\sigma_{D\parallel} = \frac{180 \cdot 10^{-3}}{600 \cdot 10^{-4}} = 3{,}0\ \text{MN/m}^2$
$\sigma_B = \frac{M_y}{W_y}$		$\sigma_B = \frac{5{,}0 \cdot 10^{-3}}{3000 \cdot 10^{-6}} = 1{,}6\bar{6}\ \text{MN/m}^2$
$\text{zul}\,\sigma_k = \frac{\text{zul}\,\sigma_{D\parallel}}{\omega}$ zul. Knickspannung	4 5	$\text{zul}\,\sigma_k = \frac{11{,}0}{2{,}25} = 4{,}89\ \text{MN/m}^2$
$\omega = f(\lambda)$ Knickzahl	6 7	$\omega = 2{,}25$
$\lambda = \frac{s_k}{\min i} \leq 150$ Schlankheitsgrad	8	$\lambda = \frac{500}{5{,}78} = 86{,}5 < 150$
$s_k = h$ Knicklänge	9	$s_k = 5{,}0\ \text{m}$

Brandschutz ÷ F30-B

Querschnittswerte nach dem Abbrand

Formel	Nr.	Berechnung
$h_{(t_f)} = h - v_s \cdot t_f$	10	$h_{(t_f)} = 30 - 0{,}06 \cdot 60 = 26{,}4\ \text{cm}$
$b_{(t_f)} = b - 2 \cdot v_s \cdot t_f$		$b_{(t_f)} = 20 - 2 \cdot 0{,}06 \cdot 60 = 12{,}8\ \text{cm}$
$A_{(t_f)} = h_{(t_f)} \cdot b_{(t_f)}$		$A_{(t_f)} = 26{,}4 \cdot 12{,}8 = 338\ \text{cm}^2$
$W_{(t_f)} = \frac{b_{(t_f)} \cdot h^2_{(t_f)}}{6}$		$W_{(t_f)} = \frac{12{,}8 \cdot 26{,}4^2}{6} = 1487\ \text{cm}^3$
$\min i_{(t_f)} = 0{,}289 \cdot b_{(t_f)}$		$\min i_{(t_f)} = 0{,}289 \cdot 12{,}8 = 3{,}7\ \text{cm}$
v_s Abbrandgeschwindigkeit	11	$v_s = 0{,}6\ \text{mm/min} \mathrel{\hat{=}} 0{,}06\ \text{cm/min}$
t_f Feuerwiderstandsdauer		$t_f = 60\ \text{min}$

Stabilitätsnachweis im Brandfall

$$\frac{\sigma_{D\|(t_f)}}{\sigma_{f(t_f)}} + \frac{\sigma_{B(t_f)}}{k_{B(t_f)} \cdot 1{,}1 \cdot \beta_{B(T_m)}} \leq 1$$

$$k_{B(t_f)} \cdot 1{,}1 \overset{!}{\leq} 1{,}0$$

$$\sigma_{D\|(t_f)} = \frac{N_x}{A_{(t_f)}}$$

$$\sigma_{B(t_f)} = \frac{M_y}{W_{(t_f)}}$$

$$\sigma_{f(t_f)} = [A] - \sqrt{[A]^2 - \frac{\pi^2 \cdot E_{\|(T_m)} \cdot \beta_{D\|(T_m)}}{\lambda^2_{(t_f)}}}$$

$$[A] = \frac{1}{2} \cdot \left(\beta_{D\|(T_m)} + \frac{\pi^2 \cdot E_{\|(T_m)} \cdot (1 + \varepsilon_{(t_f)})}{\lambda^2_{(t_f)}}\right)$$

$\sigma_{f(t_f)}$ Traglastspannung im Brandfall

$\lambda_{(t_f)} = \frac{s_k}{\min i_{(t_f)}}$ Schlankheitsgrad nach dem Abbrand

$$T_m = \left(1 + \varkappa \cdot \frac{b}{h}\right) \cdot \left[20 + \frac{180 \cdot (v_s \cdot t_f)^\alpha}{(1-\alpha) \cdot \left(\frac{b}{2} - v_s \cdot t_f\right)} \cdot \left(\left(\frac{b}{2}\right)^{1-\alpha} - (v_s \cdot t_f)^{1-\alpha}\right)\right]$$

mit $\alpha = 0{,}398 \cdot t_f^{0{,}62}$

10

$$\frac{\sigma_{D\|(t_f)}}{\sigma_{f(t_f)}} + \frac{\sigma_{B(t_f)}}{k_{B(t_f)} \cdot 1{,}1 \cdot \beta_{B(T_m)}} = \frac{5{,}33}{5{,}76} + \frac{3{,}36}{44{,}08} = 0{,}93 + 0{,}08 \overset{!}{=} 1{,}01 \cong 1$$

$$\sigma_{D\|(t_f)} = \frac{180 \cdot 10^{-3}}{338 \cdot 10^{-4}} = 5{,}33 \text{ MN/m}^2$$

$$\sigma_{B(t_f)} = \frac{5{,}0 \cdot 10^{-3}}{1487 \cdot 10^{-6}} = 3{,}36 \text{ MN/m}^2$$

$$\sigma_{f(t_f)} = 20{,}95 - \sqrt{20{,}95^2 - \frac{\pi^2 \cdot 12\,217 \cdot 31{,}55}{135{,}2^2}} = 5{,}76 \text{ MN/m}^2$$

$$[A] = \frac{1}{2} \cdot \left(31{,}55 + \frac{\pi^2 \cdot 12\,217 \cdot (1 + 0{,}568)}{135{,}2^2}\right) = 20{,}95 \text{ MN/m}^2$$

$$\lambda_{(t_f)} = \frac{500}{3{,}7} = 135{,}2$$

$$T_m = \left(1 + 0{,}25 \cdot \frac{20}{30}\right) \cdot \left[20 + \frac{180 \cdot (0{,}06 \cdot 60)^{5{,}039}}{(1 - 5{,}039) \cdot \left(\frac{20}{2} - 0{,}06 \cdot 60\right)} \cdot \left(\left(\frac{20}{2}\right)^{1-5{,}039} - (0{,}06 \cdot 60)^{1-5{,}039}\right)\right] = 52{,}11°$$

$$\alpha = 0{,}398 \cdot 60^{0{,}62} = 5{,}039$$

T_m mittlere Temperatur im Restquerschnitt

$\varkappa$ Faktor zur Berücksichtigung der Brandbeanspruchung

$\beta_{D\|(T_m)} = (1{,}1125 - 0{,}005625 \cdot T_m) \cdot \beta_{D\|}$

Druckfestigkeit in Abhängigkeit von der mittleren Temperatur

$$\beta_{D\|(T_m)} = (1{,}1125 - 0{,}005625 \cdot 52{,}11) \cdot 38{,}5 = 31{,}55 \text{ MN/m}^2$$

$\beta_{D\|} = 3{,}5 \cdot \text{zul}\,\sigma_{D\|}$

$$\beta_{D\|} = 3{,}5 \cdot 11{,}0 = 38{,}5 \text{ MN/m}^2$$

$E_{\|(T_m)} = (1{,}0375 - 0{,}001875 \cdot T_m) \cdot E_{\|}$

Elastizitätsmodul in Abhängigkeit von der mittleren Temperatur

$$E_{\|(T_m)} = (1{,}0375 - 0{,}001875 \cdot 52{,}11) \cdot 13\,000 = 12\,271 \text{ MN/m}^2$$

$\varepsilon_{(t_f)} = 0{,}1 + \dfrac{\frac{i}{k} \cdot \lambda_{(t_f)}}{a}$ ungewollte Ausmitte

mit $\frac{i}{k} = 1{,}73$ für Rechteckquerschnitt

$$\varepsilon_{(t_f)} = 0{,}1 + \frac{1{,}73 \cdot 135{,}2}{500} = 0{,}568$$

k Kernweite

a Krümmungsbeiwert

$$a = 500$$

$\beta_{B(T_m)} = (1{,}0625 - 0{,}003125 \cdot T_m) \cdot \beta_B$

Biegefestigkeit in Abhängigkeit von der mittleren Temperatur

$$\beta_{B(T_m)} = (1{,}0625 - 0{,}003125 \cdot 52{,}11) \cdot 49{,}0 = 44{,}08 \text{ MN/m}^2$$

$\beta_B = 3{,}5 \cdot \text{zul}\,\sigma_B$

Biegefestigkeit

$$\beta_B = 3{,}5 \cdot 14 = 49{,}0 \text{ MN/m}^2$$

1	**Holzbau TB Bd. 2, Nomogr. 3.4–16, Seite 213**
2	**Holzbau TB Bd. 2, Tab. 3.1–4, Seite 46**
3	**DIN 1052 T1, 9.4**
4	**DIN 1052 T1, Tab. 5**
5	**Holzbau TB Bd. 2, Tab. 3.4–11, Seite 195**
6	**DIN 1052 T1, Tab. 10**
7	**Holzbau TB Bd. 2, Tab. 3.4–10, Seite 195**
8	**DIN 1052 T1, 9.2**
9	**DIN 1052 T1, 9.1**
10	**DIN 4102 T4, 5.1.4 (z. Zt. geplante Neufassung)**
11	**DIN 4102 T4, 5.1.5 (z. Zt. geplante Neufassung)**

DK 694.01.001.24:624.011.1 DEUTSCHE NORM April 1988

Holzbauwerke

Berechnung und Ausführung

DIN 1052 Teil 1

Timber structures; design and construction
Ouvrages en bois; calcul et construction

Mit DIN 1052 T 2/04.88
Ersatz für Ausgabe 10.69

Die Normen der Reihe DIN 1052 sind gegliedert in

DIN 1052 Teil 1 Holzbauwerke; Berechnung und Ausführung
DIN 1052 Teil 2 Holzbauwerke; Mechanische Verbindungen
DIN 1052 Teil 3 Holzbauwerke; Holzhäuser in Tafelbauart, Berechnung und Ausführung

Verweise in dieser Norm auf DIN 1052 Teil 2 beziehen sich auf die Ausgabe 04.88.

Inhalt

Seite

1 Anwendungsbereich 2
2 Begriffe 2
2.1 Voll- und Brettschichtholz 2
2.2 Holzwerkstoffe 2
2.3 Holztafeln, Beplankungen, Dachschalungen 2
3 Standsicherheitsnachweis und Zeichnungen 3
3.1 Statische Berechnung 3
3.2 Zeichnungen 3
3.3 Baubeschreibung 3
3.4 Bezeichnungen 3
4 Materialkennwerte 3
4.1 Elastizitäts-, Schub- und Torsionsmoduln 3
4.2 Feuchte und Schwindmaße 4
4.3 Kriechverformungen 5
4.4 Einfluß von Temperaturänderungen 5
5 Zulässige Spannungen 6
5.1 Voll- und Brettschichtholz 6
5.2 Holzwerkstoffe 7
5.3 Andere Baustoffe 7
6 Allgemeine Bemessungsregeln 7
6.1 Allgemeines 7
6.2 Lastannahmen 7
6.2.1 Lasten 7
6.2.2 Lastfälle 7
6.3 Mindestquerschnitte 8
6.4 Querschnittsschwächungen 8
6.5 Wechselbeanspruchte Bauteile 9
6.6 Ausmittige Anschlüsse 9
7 Bemessungsregeln für Zugstäbe 9
7.1 Mittiger Zug 9
7.2 Ausmittiger Zug (Zug und Biegung) 9
7.3 Stöße und Anschlüsse 9
8 Bemessungsregeln für biegebeanspruchte Bauglieder 9
8.1 Grundlagen 9
8.1.1 Stützweiten 9
8.1.2 Auflagerkräfte 10
8.1.3 Stöße 10
8.1.4 Lasteintragungsbreiten 10
8.2 Biegeträger aus Voll- und Brettschichtholz 10
8.2.1 Bemessung 10
8.2.1.1 Bemessung für Biegung 10
8.2.1.2 Bemessung für Querkraft 10
8.2.1.3 Bemessung für Torsion und Querkraft 10
8.2.2 Ausklinkungen und Durchbrüche bei Biegeträgern mit Rechteckquerschnitt aus Nadelholz 10
8.2.2.1 Ausklinkungen und Zapfen 10
8.2.2.2 Durchbrüche bei Biegeträgern aus Brettschichtholz 11
8.2.3 Gekrümmte Träger und Satteldachträger aus Brettschichtholz 12
8.2.3.1 Allgemeines 12
8.2.3.2 Querspannungen 12
8.2.3.3 Längsspannungen am inneren bzw. am unteren Trägerrand 13
8.2.3.4 Spannungskombination 13
8.2.4 Kopfbandbalken 13
8.3 Biegeträger aus nachgiebig miteinander verbundenen Querschnittsteilen 13
8.4 Vollwand- und Fachwerkträger 16
8.4.1 Vollwandträger mit Plattenstegen 16
8.4.2 Vollwandträger mit Bretterstegen 16
8.4.3 Fachwerkträger 16
8.5 Durchbiegungen und Überhöhungen 16
8.6 Stabilisierung biegebeanspruchter Bauteile 17
9 Bemessungsregeln für Druckstäbe 18
9.1 Knicklängen 18
9.2 Schlankheitsgrad 19
9.3 Mittiger Druck 19
9.3.1 Allgemeines 19
9.3.2 Knicknachweis für einteilige Stäbe 19
9.3.3 Knicknachweis für mehrteilige Stäbe 19
9.3.3.1 Allgemeines 19
9.3.3.2 Zusammengesetzte, nicht gespreizte Stäbe mit kontinuierlicher Verbindung 19
9.3.3.3 Mehrteilige, gespreizte Stäbe (Rahmen- und Gitterstäbe) 20
9.3.3.4 Bauliche Ausbildung und Berechnung der Querverbindungen 21

Fortsetzung Seite 2 bis 34

Normenausschuß Bauwesen (NABau) im DIN Deutsches Institut für Normung e.V.

Seite

9.4 Ausmittiger Druck (Druck und Biegung) 22
9.5 Stöße 22
9.6 Tragsicherheitsnachweis nach der Spannungstheorie II. Ordnung 23

10 Verbände, Scheiben, Abstützungen 24
10.1 Aussteifung von Druckgurten biegebeanspruchter Bauteile 24
10.2 Bemessungsgrundlagen 24
10.2.1 Allgemeines 24
10.2.2 Druckgurte von Fachwerkträgern 24
10.2.3 Biegeträger mit Rechteckquerschnitt 24
10.2.4 Gleichzeitige Wirkung von Wind- und Seitenlast 24
10.2.5 Durchbiegungsbeschränkungen und konstruktive Maßnahmen 24
10.3 Scheiben 24
10.3.1 Allgemeines 24
10.3.2 Scheiben mit rechnerischem Nachweis 24
10.3.3 Scheiben ohne rechnerischen Nachweis 24
10.4 Abstützung durch Dachlatten und Schalung 26
10.5 Einzelabstützungen zur Unterteilung der Knicklänge 26

11 Holztafeln 26
11.1 Allgemeines 26
11.1.1 Baustoffe, Mindestdicken und Querschnittsschwächungen 26
11.1.2 Feuchtegehalt 26
11.1.3 Tragende Verbindungen 26
11.2 Auf Druck oder Biegung beanspruchte Tafeln 26
11.2.1 Allgemeines 26
11.2.2 Mitwirkende Beplankungsbreite 27
11.2.3 Querschnittswerte 27
11.2.4 Rippenabstände 28
11.3 Decken- und Dachscheiben aus Tafeln 28
11.3.1 Allgemeines 28
11.3.2 Durchbiegungen 28
11.4 Wandscheiben aus Tafeln 28
11.4.1 Allgemeines 28
11.4.2 Bemessung von Wandscheiben für die waagerechte Last F_H in Tafelebene 29
11.4.2.1 Wandscheiben aus Einraster-Tafeln 29
11.4.2.2 Wandscheiben aus Mehrraster-Tafeln 29
11.4.3 Nachweis der Schwellenpressung bei Wandtafeln infolge lotrechter Lasten F_V 30
11.4.3.1 Einraster-Tafeln 30
11.4.3.2 Mehrraster-Tafeln 30
11.4.4 Nachweis der Schwellenpressung bei Wandscheiben infolge gleichzeitig wirkender Lasten F_H und F_V 30
11.4.5 Verteilung der waagerechten Lasten aus der Decken- oder Dachkonstruktion 30
11.5 Ausführung von Tafeln 30

12 Leimverbindungen 30
12.1 Herstellungsnachweis 30
12.2 Holzfeuchte zum Zeitpunkt der Verleimung 30
12.3 Längsstöße 30
12.4 Leime 31
12.5 Verleimen und Preßdruck 31
12.6 Gestaltung und Aufbau der Bauteile aus Brettschichtholz 31
12.7 Transport und Montage 31

13 Ausführung 31
13.1 Abbund und Montage 31
13.2 Dachschalungen 31
13.2.1 Dachschalungen unter Dachdeckungen 31
13.2.2 Dachschalungen unter Dachabdichtungen 31

14 Kennzeichnung von Voll- und Brettschichtholz 32

Anhang A Nachweis der Eignung zum Leimen von tragenden Holzbauteilen 32

Zitierte Normen und andere Unterlagen 33

Erläuterungen 34

1 Anwendungsbereich

Diese Norm gilt für die Berechnung und Ausführung von Bauwerken und von tragenden und aussteifenden Bauteilen aus Holz und Holzwerkstoffen; sie gilt auch für Fliegende Bauten (siehe DIN 4112), Bau- und Lehrgerüste, Absteifungen und Schalungsunterstützungen (siehe DIN 4420 Teil 1 und Teil 2 sowie DIN 4421) und für hölzerne Brücken (siehe DIN 1074), soweit in diesen Normen nichts anderes bestimmt ist.

Für mechanische Holzverbindungen gilt DIN 1052 Teil 2 und für Holzhäuser in Tafelbauart ergänzend DIN 1052 Teil 3.

2 Begriffe

2.1 Voll- und Brettschichtholz

2.1.1 Vollholz

Vollholz sind entrindete Rundhölzer und Bauschnitthölzer (Kanthölzer, Bohlen, Bretter und Latten) aus Nadel- und Laubholz.

2.1.2 Brettschichtholz

Brettschichtholz (BSH) besteht aus mindestens drei breitseitig faserparallel verleimten Brettern oder Brettlagen (siehe auch Abschnitt 12.6) aus Nadelholz.

2.2 Holzwerkstoffe

Holzwerkstoffe im Sinne dieser Norm sind

a) Bau-Furniersperrholz nach DIN 68 705 Teil 3 (BFU) und Teil 5 (BFU-BU) der Klasse 100 bzw. 100 G, für Holztafeln nach Abschnitt 11 und für Deckenschalungen auch Bau-Furniersperrholz nach DIN 68 705 Teil 3 (BFU) der Klasse 20.

b) Flachpreßplatten nach DIN 68 763 der Klassen 100 und 100 G, für Holztafeln nach Abschnitt 11 und für Deckenschalungen auch der Klasse 20.

c) Harte und mittelharte Holzfaserplatten nach DIN 68 754 Teil 1 (Verwendung nur für Holzhäuser in Tafelbauart, siehe DIN 1052 Teil 3).

2.3 Holztafeln, Beplankungen, Dachschalungen

2.3.1 Holztafeln

Holztafeln sind Verbundkonstruktionen unter Verwendung von Rippen aus Bauschnittholz, Brettschichtholz oder Holzwerkstoffen und mittragenden oder aussteifenden Beplankungen aus Holz oder Holzwerkstoffen, die ein- oder beidseitig angeordnet sein können. Holztafeln (im folgenden Tafeln genannt) werden als tragende Wand-, Decken- oder Dachtafeln unter Belastungen nach Bild 1 verwendet.

2.3.2 Beplankungen

Beplankungen sind

a) mittragend, wenn sie rechnerisch zur Aufnahme und Weiterleitung von Lasten bestimmt sind, oder

b) aussteifend, wenn sie nur zur Knick- oder Kippaussteifung der Rippen dienen sollen.

2.3.3 Dachschalungen

Dachschalungen sind tragende, flächenartige Bauteile aus Brettern, Bohlen oder Holzwerkstoffen, die die Dachhaut tragen und nur zu Reinigungs- und Instandsetzungsarbeiten begangen werden.

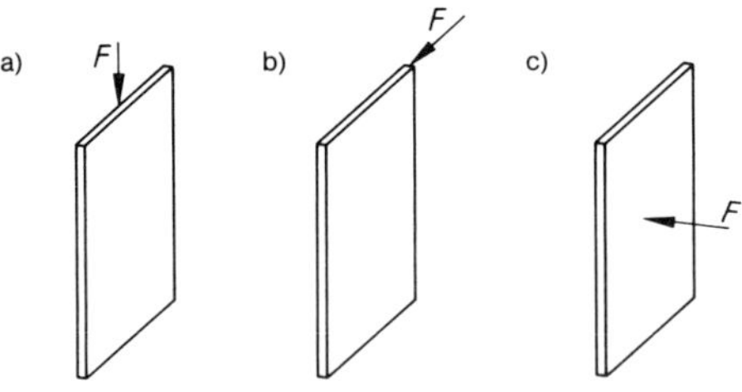

a) bis c) Wandtafeln

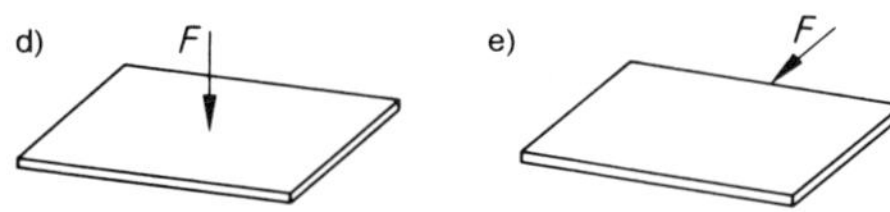

d) und e) Decken- oder Dachtafeln

Bild 1. Tragende Tafeln, Belastungsarten

3 Standsicherheitsnachweis und Zeichnungen

3.1 Statische Berechnung

3.1.1 Die statische Berechnung muß übersichtlich und leicht prüfbar sein. Insbesondere sind in ihr auch anzugeben:

a) Lastannahmen,

b) vorgesehene Baustoffe,

c) Maße der tragenden Bauteile einschließlich Formen und Maße der Querschnitte,

d) Beanspruchungen der Bauteile, Verbindungen, Anschlüsse und Stöße,

e) erforderlichenfalls Verformungen und Überhöhungen.

3.1.2 Für Bauteile und Verbindungen, die statisch offensichtlich ausreichend bemessen sind, kann auf einen rechnerischen Nachweis verzichtet werden.

3.2 Zeichnungen

3.2.1 Der statischen Berechnung sind in der Regel zeichnerische Unterlagen beizufügen, aus denen insbesondere auch die Maße der tragenden Bauteile und ihrer Querschnittswerte, ferner die Ausbildung der Anschlüsse, Stöße und Verbände, die Anzahl und Anordnung der Verbindungsmittel, erforderliche Überhöhungen und sonstige wichtige Einzelheiten hervorgehen.

3.2.2 Die Anordnung von Verbindungsmitteln in verschiedenen Ebenen, bei Nägeln ihre Kopfseite, muß erforderlichenfalls aus den Zeichnungen ersichtlich sein.

3.3 Baubeschreibung

Angaben, die für die Bauausführung (einschließlich Transport und Montage) oder für die Prüfung der statischen Berechnung und der Zeichnungen notwendig sind, aber aus den Unterlagen nach den Abschnitten 3.1 und 3.2 nicht ersichtlich sind, sind in einer Baubeschreibung zu erläutern.

3.4 Bezeichnungen

In der statischen Berechnung, auf den Zeichnungen und erforderlichenfalls in der Baubeschreibung sind alle Baustoffe und Bauteile mit der Bezeichnung nach der jeweiligen dafür maßgebenden Norm zu bezeichnen.

Die Holzarten nach Tabelle 1 sind zumindest wie folgt zu bezeichnen:

a) Holzarten nach Tabelle 1, Zeile 1, mit dem Kurzzeichen NH und der Güteklasse,

b) Brettschichtholz nach Tabelle 1, Zeile 2, mit dem Kurzzeichen BSH und der Güteklasse,

c) Holzarten nach Tabelle 1, Zeile 3, mit dem Kurzzeichen LH und dem Zeichen der Holzartgruppe (A, B oder C).

Wird bei der Verwendung von Bau-Furniersperrholz nach DIN 68 705 Teil 3 oder Teil 5 oder von Flachpreßplatten nach DIN 68 763 von größeren Rechenwerten des Elastizitäts- oder Schubmoduls nach Tabelle 2 bzw. Tabelle 3, Fußnote 1 ausgegangen, so ist dies zusätzlich zur Normbezeichnung des Holzwerkstoffes deutlich kenntlich zu machen.

Wird bei keilgezinkten Querschnitten beim Spannungsnachweis in den nach Abschnitt 12.3 erlaubten Fällen der Verschwächungsgrad v nicht berücksichtigt, so ist dies auch bei der Bauteilbezeichnung in der statischen Berechnung und auf der Zeichnung deutlich kenntlich zu machen.

Die mechanischen Verbindungsmittel sind mit den für die Berechnung und Ausführung nach DIN 1052 Teil 2 maßgebenden Angaben zu bezeichnen.

Anmerkung: Bei Verwendung von Baustoffen und Bauteilen nach allgemeiner bauaufsichtlicher Zulassung gilt für die Bezeichnung der jeweilige Zulassungsbescheid.

4 Materialkennwerte

4.1 Elastizitäts-, Schub- und Torsionsmoduln

4.1.1 Bei der Berechnung elastischer Formänderungen sind für den Elastizitäts- und Schubmodul bei Voll- und Brettschichtholz die Werte in Tabelle 1, bei Bau-Furniersperrholz nach DIN 68 705 Teil 3 und Teil 5 die Werte in Tabelle 2 und bei Flachpreßplatten nach DIN 68 763 die Werte in Tabelle 3 zugrunde zu legen.

Verdrehungen von Voll- und Brettschichtholz dürfen näherungsweise nach der Elastizitätstheorie für isotrope Werkstoffe berechnet werden. Hierbei dürfen die G_T-Werte (G_T Torsionsmodul) für Vollholz mit $2/3\ G$, für Brettschichtholz mit $G_T = G$ angenommen werden.

4.1.2 Die Werte für die Elastizitäts- und Schubmoduln sind abzumindern

a) um 1/6:
bei Vollholz oder Brettschichtholz in Bauteilen, die der Witterung allseitig ausgesetzt sind oder bei denen mit einer vorübergehenden Durchfeuchtung zu rechnen ist,

b) um 1/4:
bei dauernder Durchfeuchtung, z. B. dauernd im Wasser befindlichen Bauteilen.

Bei Laubholz der Holzartgruppe C braucht bezüglich der Feuchte keine Abminderung vorgenommen zu werden (siehe Tabelle 1).

Bei Verwendung von Bau-Furniersperrholz BFU 100 G und von Flachpreßplatten V 100 G, in denen eine Feuchte (Feuchtegehalt nach DIN 52 183) von mehr als 18 % über eine längere Zeitspanne (mehrere Wochen) zu erwarten ist, sind die E- und G-Werte für Bau-Furniersperrholz BFU 100 G um 1/4 und für Flachpreßplatten V 100 G um 1/3 abzumindern (siehe DIN 68 800 Teil 2).

4.2 Feuchte und Schwindmaße

4.2.1 Als Gleichgewichtsfeuchte im Gebrauchszustand gilt die nach einer gewissen Zeitspanne im Mittel sich einstellende Feuchte des Holzes und der Holzwerkstoffe im fertigen Bauwerk. Als Gleichgewichtsfeuchte gelten folgende Werte der Holzfeuchte:

a) bei allseitig geschlossenen Bauwerken
   - mit Heizung (9 ± 3) %
   - ohne Heizung (12 ± 3) %

b) bei überdeckten, offenen Bauwerken (15 ± 3) %

c) bei Konstruktionen, die der Witterung allseitig ausgesetzt sind (18 ± 6) %

4.2.2 Ist die Holzfeuchte beim Einbau höher als die in Abschnitt 4.2.1 genannten Werte, so darf dieses Holz nur für solche Bauwerke verwendet werden, bei denen es nachtrocknen kann und deren Bauteile gegenüber den hierbei auftretenden Schwindverformungen nicht empfindlich sind.

Tabelle 1. **Rechenwerte für Elastizitäts- und Schubmoduln in MN/m² für Voll- und Brettschichtholz** (Holzfeuchte ≤ 20 %)

	Holzart	Elastizitätsmodul parallel der Faserrichtung $E_{\parallel}$	Elastizitätsmodul rechtwinklig zur Faserrichtung $E_{\perp}$	Schubmodul G
1	Fichte, Kiefer, Tanne, Lärche, Douglasie, Southern Pine, Western Hemlock [1]	10 000 [2] [3]	300 [4]	500
2	Brettschichtholz aus Holzarten nach Zeile 1	11 000	300	500
3	Laubhölzer der Gruppe			
	A Eiche, Buche, Teak, Keruing (Yang)	12 500	600	1 000
	B Afzelia, Merbau, Angelique (Basralocus)	13 000	800	1 000
	C Azobé (Bongossi), Greenheart	17 000 [5]	1 200 [5]	1 000 [5]

[1] Botanische Namen: Picea abies Karst. (Fichte), Pinus sylvestris L. (Kiefer), Abies alba Mill. (Tanne), Larix decidua Mill. (Lärche), Pseudotsuga menziesii Franco (Douglasie), Pinus palustris (Southern Pine), Tsuga heterophylla Sarg. (Western Hemlock).

[2] Für Güteklasse III: $E_{\parallel} = 8\,000$ MN/m².

[3] Für Baurundholz: $E_{\parallel} = 12\,000$ MN/m².

[4] Für Güteklasse III: $E_{\perp} = 240$ MN/m².

[5] Diese Werte gelten unabhängig von der Holzfeuchte.

Tabelle 2. **Rechenwerte für Elastizitäts- und Schubmoduln in MN/m² für Bau-Furniersperrholz** nach DIN 68 705 Teil 3 und Teil 5

	Art der Beanspruchung	Elastizitätsmodul E [1] [2] [3] parallel zur Faserrichtung der Deckfurniere, Lagenanzahl 3	Elastizitätsmodul E parallel, Lagenanzahl ≥ 5	Elastizitätsmodul E rechtwinklig zur Faserrichtung der Deckfurniere, Lagenanzahl 3	Elastizitätsmodul E rechtwinklig, Lagenanzahl ≥ 5	Schubmodul G [1] [2] [4] parallel und rechtwinklig zur Faserrichtung der Deckfurniere, Lagenanzahl ≥ 3
1	Biegung rechtwinklig zur Plattenebene	8 000	5 500	400	1 500	250 (400)
2	Biegung, Druck und Zug in Plattenebene	4 500		1 000	2 500	500 (700)

[1] Größere Werte dürfen verwendet werden, wenn dies im Rahmen der Überwachung der Herstellung des Bau-Furniersperrholzes durch Prüfzeugnis der fremdüberwachenden Stelle nachgewiesen ist.

[2] Für Bau-Furniersperrholz aus Okoumé und Pappel sind die Rechenwerte für den Elastizitätsmodul und Schubmodul um 1/5 abzumindern.

[3] Für Bau-Furniersperrholz aus Buche nach DIN 68 705 Teil 5 gelten die im Beiblatt 1 zu DIN 68 705 Teil 5 angegebenen Werte.

[4] Die Werte in Klammern ( ) gelten für Bau-Furniersperrholz aus Buche nach DIN 68 705 Teil 5.

Tabelle 3. **Rechenwerte für Elastizitäts- und Schubmoduln in MN/m² für Flachpreßplatten** nach DIN 68 763

Art der Beanspruchung			Elastizitätsmodul E 1)						Schubmodul G 1)					
			Plattennenndicke mm						Plattennenndicke mm					
			bis 13	über 13 bis 20	über 20 bis 25	über 25 bis 32	über 32 bis 40	über 40 bis 50	bis 13	über 13 bis 20	über 20 bis 25	über 25 bis 32	über 32 bis 40	über 40 bis 50
1	Biegung	rechtwinklig zur Plattenebene	3 200	2 800	2 400	2 000	1 600	1 200	200			100		
2		in Plattenebene	2 200	1 900	1 600	1 300	1 000	800	1 100	1 000	850	700	550	450
3	Druck, Zug in Plattenebene		2 200	2 000	1 700	1 400	1 100	900	–					

1) Größere Werte dürfen verwendet werden, wenn dies im Rahmen der Überwachung der Herstellung der Flachpreßplatten durch Prüfzeugnis der fremdüberwachenden Stelle nachgewiesen ist.

4.2.3 Schwind- oder Quellmaße für Holz rechtwinklig zur Faserrichtung und für Holzwerkstoffe in Plattenebene sind in Tabelle 4 angegeben.

4.2.4 Schwinden oder Quellen des Holzes in Faserrichtung braucht nur in Sonderfällen berücksichtigt zu werden (Schwind- und Quellmaß des Holzes in Faserrichtung im Durchschnitt 0,01 %). Das gleiche gilt für Holzwerkstoffe in Plattenebene. Schwinden oder Quellen darf bei Holzwerkstoffen rechtwinklig zur Plattenebene vernachlässigt werden.

4.2.5 Bei behindertem Quellen oder Schwinden dürfen die Werte in Tabelle 4 und in Abschnitt 4.2.4 mit dem halben Betrag berücksichtigt werden.

4.2.6 Holzwerkstoffklassen sind in Abhängigkeit von den zu erwartenden Feuchtebeanspruchungen nach DIN 68 800 Teil 2 zu wählen.

Tabelle 4. **Rechenwerte der Schwind- und Quellmaße in %**

	Baustoff	Schwind- und Quellmaß für Änderung der Holzfeuchte um 1 % unterhalb des Fasersättigungsbereichs
1	Fichte, Kiefer, Tanne, Lärche, Douglasie, Southern Pine, Western Hemlock, Brettschichtholz, Eiche	0,24 1)
2	Buche, Keruing, Angelique, Greenheart	0,3 1)
3	Teak, Afzelia, Merbau	0,2 1)
4	Azobé (Bongossi)	0,36 1)
6	Bau-Furniersperrholz	0,020 2)
7	Flachpreßplatten	0,035 2)

1) Mittel aus den Werten tangential und radial zum Jahrring bzw. zur Zuwachszone.

2) Werte gelten in Plattenebene.

4.3 Kriechverformungen

Beim Durchbiegungsnachweis nach Abschnitt 8.5 sowie bei Verdrehungsberechnungen ist erforderlichenfalls die Kriechverformung infolge der ständigen Last zu berücksichtigen.

Die Kriechverformung darf bei auf Biegung beanspruchten Bauteilen proportional zur elastischen Verformung angenommen werden. Sie ist nachzuweisen, wenn die ständige Last mehr als 50 % der Gesamtlast beträgt.

Für Einfeldträger mit der ständigen Last g und der Gesamtlast q darf die Kriechzahl φ nach Gleichung (1) berechnet werden.

$$\varphi = \frac{1}{\eta_k} - 1 \qquad (1)$$

Bei anderen Tragsystemen und nicht gleichmäßig verteilter Last darf sinngemäß verfahren werden.

In Gleichung (1) ist für Bauteile aus Holz und Bau-Furniersperrholz bei einer Gleichgewichtsfeuchte im Gebrauchszustand $\leq 18\,\%$

$$\eta_k = \frac{3}{2} - \frac{g}{q}, \qquad (2)$$

bei einer Gleichgewichtsfeuchte $> 18\,\%$

$$\eta_k = \frac{5}{3} - \frac{4}{3}\,\frac{g}{q} \qquad (3)$$

einzusetzen.

Für Flachpreßplatten sind für φ die 2fachen Werte in Rechnung zu stellen, sofern ihre Holzfeuchte nicht ständig unter 15 % liegt (siehe DIN 68 800 Teil 2).

Die Abminderung der Elastizitäts- und Schubmoduln nach Abschnitt 4.1.2 ist zu beachten.

Bei Dächern ist der Schneelastanteil von $0{,}5\,(s_0 - 0{,}75) \cdot s/s_0$ als ständig wirkend anzunehmen; s, s_0 bedeuten den Rechenwert der Schneelast bzw. die Regelschneelast nach DIN 1055 Teil 5 in kN/m².

Bei Wohnhausdächern, ausgenommen Flachdächer, dürfen Kriechverformungen für den Durchbiegungsnachweis vernachlässigt werden.

4.4 Einfluß von Temperaturänderungen

Der Einfluß von Temperaturänderungen darf bei Holz und Holzwerkstoffen in Holzkonstruktionen vernachlässigt werden.

5 Zulässige Spannungen

5.1 Voll- und Brettschichtholz

5.1.1 In Bauteilen aus Bauholz nach DIN 4074 Teil 1 und Teil 2, aus Brettschichtholz sowie aus Laubholz mittlerer Güte sind im Lastfall H die Spannungen nach Tabelle 5 zulässig (wegen Spannungserhöhungen bzw. -ermäßigungen siehe Abschnitte 5.1.5 bis 5.1.12).

5.1.2 Bei aus einzelnen Teilen zusammengesetzten Verbundkörpern sind für die Einstufung in eine der Güteklassen nach DIN 4074 Teil 1 im allgemeinen die Eigenschaften des ganzen Bauteiles, nicht die der einzelnen Teile maßgebend.

Bei auf Biegung oder Biegung mit Normalkraft beanspruchten Bauteilen müssen die Einzelteile in der Zugzone, für sich betrachtet, der Güteklasse entsprechen, deren zulässige Spannung ausgenutzt wird. Bei Bauteilen aus Brettschichtholz gilt dies mindestens für die beiden äußeren Brettlagen im Zugbereich. Bei zusammengesetzten Zuggliedern müssen alle Einzelteile der vorgesehenen Güteklasse entsprechen.

5.1.3 Bei Sparren, Pfetten und Deckenbalken aus Kanthölzern oder Bohlen dürfen in der Regel die zulässigen Spannungen der Güteklasse I nach Tabelle 5 nicht angewendet werden, bei anderen Bauteilen nur dann, wenn die Anforderungen hinsichtlich Kennzeichnung, Auswahl usw. nach DIN 4074 Teil 1 und Teil 2 erfüllt sind und Berechnung, Durchführung und Ausbildung den strengsten Anforderungen genügen.

5.1.4 Bei Fliegenden Bauten (siehe DIN 4112) dürfen für tragende Bauteile der Haupttragwerke nur Hölzer verwendet werden, die den Bedingungen der Güteklasse I nach DIN 4074 Teil 1 und Teil 2 entsprechen.

5.1.5 Die zulässigen Druckspannungen bei Kraftrichtung schräg zur Faserrichtung (siehe Bild 2) sind nach der Gleichung

$$\text{zul}\,\sigma_{D\sphericalangle} = \text{zul}\,\sigma_{D\parallel} - (\text{zul}\,\sigma_{D\parallel} - \text{zul}\,\sigma_{D\perp}) \cdot \sin\alpha \qquad (4)$$

zu berechnen. Dabei ist α der Winkel zwischen der Kraft- und der Faserrichtung.

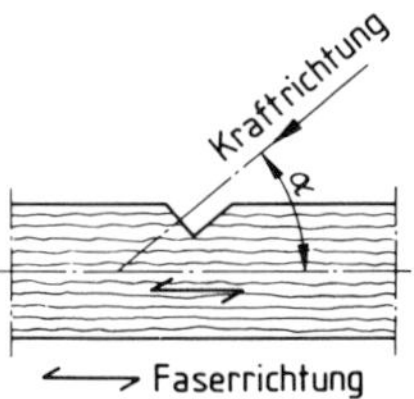

Bild 2. Kraftrichtung schräg zur Faserrichtung

5.1.6 Im Lastfall HZ (siehe Abschnitt 6.2.2) dürfen die zulässigen Spannungen nach Tabelle 5 um 25 %, bei waagerechten Stoßlasten nach DIN 1055 Teil 3 und Erdbebenlasten nach DIN 4149 Teil 1 um 100 % und für Transport- und Montagezustände um 50 % erhöht werden (für mechanische Verbindungen siehe DIN 1052 Teil 2, Abschnitt 3.2).

5.1.7 Berücksichtigung von Feuchteeinwirkungen

Die Werte für die Spannungen in Tabelle 5 sind abzumindern

a) um 1/6 :
bei Bauteilen, die der Witterung allseitig ausgesetzt sind oder bei denen mit einer Gleichgewichtsfeuchte > 18 % zu rechnen ist, nicht aber bei Gerüsten,

b) um 1/3:
- bei Bauteilen und Gerüsten, die dauernd im Wasser stehen,
- bei Gerüsten aus Hölzern, die zum Zeitpunkt der Belastung noch nicht halbtrocken sind (siehe DIN 4074 Teil 1 und Teil 2).

Tabelle 5. **Zulässige Spannungen für Voll- und Brettschichtholz in MN/m² im Lastfall H**

	Art der Beanspruchung		Vollholz (aus Holzarten nach Tabelle 1, Zeile 1) Güteklasse nach DIN 4074 Teil 1 und Teil 2			Brettschichtholz (aus Holzarten nach Tabelle 1, Zeile 1) nach Abschnitt 12.6 Güteklasse nach DIN 4074 Teil 1		Vollholz (aus Laubhölzern nach Tabelle 1) Holzartgruppe		
								A	B	C
			III	II	I	II	I	mittlere Güte 1)		
1	Biegung	zul σ_B	7	10	13	11	14	11	17	25
2	Zug	zul $\sigma_{Z\parallel}$	0	8,5	10,5	8,5	10,5	10	10	15
3	Zug	zul $\sigma_{Z\perp}$	0	0,05	0,05	0,2	0,2	0,05	0,05	0,05
4	Druck	zul $\sigma_{D\parallel}$	6	8,5	11	8,5	11	10	13	20
5a 5b	Druck	zul $\sigma_{D\perp}$	2 2,5 2)	2 2,5 2)	2 2,5 2)	2,5 3,0 2)	2,5 3,0 2)	3 4 2)	4 –	8 –
6	Abscheren	zul τ_a	0,9	0,9	0,9	0,9	0,9	1	1,4	2
7	Schub aus Querkraft	zul τ_Q	0,9	0,9	0,9	1,2	1,2	1	1,4	2
8	Torsion 3)	zul τ_T	0	1	1	1,6	1,6	1,6	1,6	2

1) Mindestens Güteklasse II im Sinne von DIN 4074 Teil 1 und Teil 2.

2) Bei Anwendung dieser Werte ist mit größeren Eindrücken zu rechnen, die erforderlichenfalls konstruktiv zu berücksichtigen sind. Bei Anschlüssen mit verschiedenen Verbindungsmitteln dürfen diese Werte nicht angewendet werden.

3) Für Kastenquerschnitte sind die Werte nach Zeile 7 einzuhalten.

Die Abminderungen gelten nicht für Laubhölzer der Holzartgruppe C und für Fliegende Bauten, die einen Schutzanstrich besitzen, der in Abständen von höchstens zwei Jahren zu erneuern ist.

5.1.8 Bei Durchlaufträgern ohne Gelenke darf die Biegespannung über den Innenstützen die zulässigen Werte nach Tabelle 5, Zeile 1, um 10% überschreiten. Dies gilt nicht bei Sparren von Kehlbalkenbindern mit verschieblichen Kehlbalken.

5.1.9 Bei Rundhölzern dürfen in den Bereichen ohne Schwächung der Randzone die zulässigen Biege- und Druckspannungen in Tabelle 5, Zeilen 1 und 4, um 20% erhöht werden.

5.1.10 Bei genagelten Zugstößen oder -anschlüssen sind die nach Tabelle 5, Zeile 2, zulässigen Zugspannungen in denjenigen Stoß- und Anschlußteilen um 20% abzumindern, die nicht nach Abschnitt 7.3 für die 1,5fache anteilige Zugkraft zu bemessen sind.

5.1.11 Bei Druck rechtwinklig zur Faserrichtung muß der Überstand $\ddot{u}$ von Trägern und Schwellen über die Druckfläche in Faserrichtung einseitig bzw. beiderseits mindestens 100 mm bei $h > 60$ mm und mindestens 75 mm bei $h \leq 60$ mm betragen. Zwischen zwei Druckflächen ist ein Abstand von mindestens 150 mm einzuhalten.

Bei Druckflächen mit einer Länge l in Faserrichtung < 150 mm (siehe Bild 3) darf dann die zulässige Druckspannung nach Tabelle 5, Zeile 5a mit dem Faktor

$$k_{D\perp} = \sqrt[4]{\frac{150}{l}} \tag{5}$$

vervielfacht werden (l Länge der Druckfläche in mm), höchstens jedoch mit $k_{D\perp} = 1{,}8$.

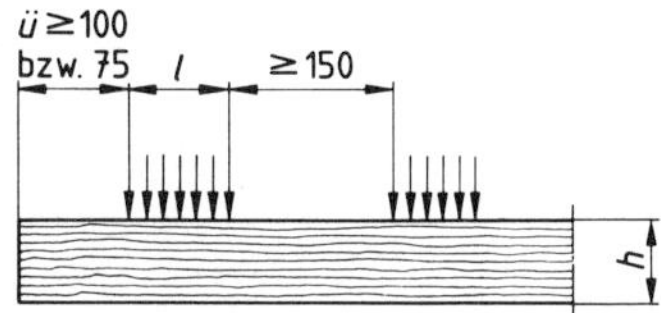

Bild 3. Belastungsanordnung für kurze Druckflächen

Sofern die im ersten Absatz genannten Überstände unterschritten werden, sind die in Tabelle 5, Zeilen 5a und 5b angegebenen zulässigen Spannungen mit $k_{D\perp} = 0{,}8$ abzumindern.

5.1.12 Bei durchlaufenden oder auskragenden Biegebalken aus Nadelholz und Laubholz der Holzartgruppe A dürfen die zulässigen Schubspannungen aus Querkraft nach Tabelle 5, Zeile 7, in Bereichen, die mindestens 1,50 m vom Stirnende entfernt liegen, auf zul $\tau_Q = 1{,}2$ MN/m^2 erhöht werden.

5.2 Holzwerkstoffe

5.2.1 In Bauteilen aus Holzwerkstoffen sind im Lastfall H die Spannungen nach Tabelle 6 zulässig.

Für Bau-Furniersperrholz nach DIN 68 705 Teil 3 betragen die zulässigen Spannungen in Plattenebene bei $30° \leq \alpha \leq 60°$ $\sigma_{Z,D} = 2$ MN/m^2. Dabei ist α der Winkel zwischen Kraft- und Faserrichtung der Deckfurniere. Für $0° \leq \alpha < 30°$ darf zwischen 8 MN/m^2 und 2 MN/m^2, für $60° < \alpha \leq 90°$ darf zwischen 2 MN/m^2 und 4 MN/m^2 geradlinig interpoliert werden.

5.2.2 Abschnitt 5.1.6 gilt sinngemäß.

5.2.3 Berücksichtigung von Feuchteeinwirkungen

Bei Verwendung von Bau-Furniersperrholz BFU 100 G und von Flachpreßplatten V 100 G, in denen eine Feuchte von mehr als 18% über mehrere Wochen zu erwarten ist, sind die zulässigen Spannungen für Bau-Furniersperrholz BFU 100 G um ¼ und für Flachpreßplatten V 100 G um ⅓ abzumindern.

5.3 Andere Baustoffe

5.3.1 Für andere Baustoffe gelten die entsprechenden Normen.

5.3.2 Für geschweißte Bauteile aus Stahl gilt DIN 18 800 Teil 7.

5.3.3 Bei geraden Bauteilen aus Flach- und Rundstahl, für die keine Bescheinigung DIN 50 049 – 2.1 (Werksbescheinigung) vorliegt, dürfen die Zug- und Biegespannungen im Lastfall H und HZ höchstens 110 MN/m^2, im Kernquerschnitt der Rundstähle höchstens 100 MN/m^2 betragen.

5.3.4 Bezüglich des Korrosionsschutzes von Stahlteilen sind DIN 55 928 Teil 1, Teil 2, Teil 4, Teil 5, Teil 6 und Teil 8 und von Teilen aus Aluminium DIN 4113 Teil 1 zu beachten.

6 Allgemeine Bemessungsregeln

6.1 Allgemeines

Auf die räumliche Aussteifung der Bauteile und ihre Stabilität ist besonders zu achten. Die bei Versagen oder Ausfall eines Bauteiles auftretenden Folgen für die Standsicherheit der Gesamtkonstruktion sind zu beachten und gegebenenfalls durch geeignete Maßnahmen einzugrenzen.

6.2 Lastannahmen

6.2.1 Lasten

Die Lastannahmen für den Standsicherheitsnachweis richten sich nach den entsprechenden Normen.

Die auf ein Tragwerk wirkenden Lasten werden eingeteilt in Haupt-, Zusatz- und Sonderlasten.

Hauptlasten sind:

- ständige Lasten,
- Verkehrslasten (einschließlich Schnee-, aber ohne Windlasten),
- freie Massenkräfte von Maschinen,
- Seitenlasten auf Aussteifungskonstruktionen (siehe Abschnitt 10), soweit sie aus Hauptlasten entstehen.

Zusatzlasten sind:

- Windlasten,
- Bremskräfte,
- waagerechte Seitenkräfte (z. B. von Kranen),
- Zwängungen aus Temperatur- und Feuchteänderungen,
- Seitenlasten auf Aussteifungskonstruktionen, soweit sie aus Zusatzlasten entstehen.

Sonderlasten sind:

- waagerechte Stoßlasten,
- Erdbebenlasten.

6.2.2 Lastfälle

Für den Standsicherheitsnachweis werden folgende Lastfälle unterschieden:

- Lastfall H Summe der Hauptlasten
- Lastfall HZ Summe der Haupt- und Zusatzlasten.

Wird ein Bauteil, abgesehen von seiner Eigenlast, nur durch Zusatzlasten beansprucht, so gilt die größte davon als Hauptlast.

Die Einzellast (Mannlast) nach DIN 1055 Teil 3 ist immer als Zusatzlast einzustufen.

Für die Berücksichtigung von waagerechten Stoßlasten und Erdbebenlasten gilt Abschnitt 5.1.6.

6.3 Mindestquerschnitte

6.3.1 Tragende einteilige Einzelquerschnitte von Vollholzbauteilen müssen eine Mindestdicke von 24 mm und mindestens 14 cm^2 Querschnittsfläche (11 cm^2 für Lattungen) haben, soweit nicht wegen der Verbindungsmittel größere Mindestmaße erforderlich sind.

Maße der für Brettschichtholz verwendeten Einzelbretter siehe Abschnitt 12.6.

6.3.2 Mindestdicken für Tafeln siehe Abschnitt 11.1.1.

6.3.3 Die Mindestdicke tragender Platten aus Holzwerkstoffen beträgt für Flachpreßplatten 8 mm, für Bau-Furniersperrholz 6 mm. Bau-Furniersperrholz muß, sofern es nur Aussteifungszwecken dient, aus mindestens drei Lagen, für alle sonstigen tragenden Bauteile aus mindestens fünf Lagen bestehen.

6.4 Querschnittsschwächungen

6.4.1 Baumkanten, die nicht breiter sind als in DIN 4074 Teil 1 zugelassen, brauchen nicht berücksichtigt zu werden.

6.4.2 In Zugstäben und in der Zugzone von auf Biegung beanspruchten Bauteilen sind beim Spannungsnachweis alle Querschnittsschwächungen (Bohrungen, Einschnitte durch Versatz und dergleichen) zu berücksichtigen. In Faserrichtung hintereinander liegende Schwächungen sind nur einmal in Rechnung zu stellen. Dies gilt auch für versetzt zur Faserrichtung angeordnete Schwächungen mit einem lichten Abstand > 150 mm bzw. bei stabförmigen Verbindungsmitteln $\geq 4\,d$.

Bei Keilzinkenverbindungen nach DIN 68 140 braucht die Schwächung durch den Zinkengrund nur einmal berücksichtigt zu werden (siehe Abschnitt 12.3). Querschnittsschwächungen durch Stabdübel und Paßbolzen sind mit ihrem Durchmesser d_{st} zu berücksichtigen, bei Bolzen ist der Durchmesser des Bohrloches (d_b + 1 mm) maßgebend.

Bei Dübelverbindungen mit Einlaß- und Einpreßdübeln sind außer dem Bohrloch des zugehörigen Bolzens entsprechende Fehlflächen abzuziehen (Beispiel für Querschnittsschwächung bei zweiseitigen Ringkeildübeln siehe Bild 4).

Für Dübelverbindungen besonderer Bauart sind die Fehlflächen ΔA aus DIN 1052 Teil 2, Tabellen 4, 6 und 7, zu entnehmen.

Querschnittschwächungen durch Nägel sind bei vorgebohrten Nagellöchern mit dem Nageldurchmesser zu berücksichtigen. Dies gilt für Nägel mit Durchmesser $> 4{,}2$ mm auch bei nicht vorgebohrten Nagellöchern sowie stets für Nägel in Bau-Furniersperrholz.

Tabelle 6. **Zulässige Spannungen für Holzwerkstoffe in MN/m^2 im Lastfall H**

	Art der Beanspruchung		Bau-Furniersperrholz nach DIN 68 705 Teil 3 und Teil 5[1])				Flachpreßplatten nach DIN 68 763					
			parallel zur Faserrichtung der Deckfurniere		rechtwinklig zur Faserrichtung der Deckfurniere		Plattennenndicke mm					
			Lagenanzahl		Lagenanzahl							
			3	≥ 5	3	≥ 5	bis 13	über 13 bis 20	über 20 bis 25	über 25 bis 32	über 32 bis 40	über 40 bis 50
1	Biegung rechtwinklig zur Plattenebene	zul σ_{Bxy}	13		5		4,5	4,0	3,5	3,0	2,5	2,0
2	Biegung in Plattenebene	zul σ_{Bxz}	9		6		3,4	3,0	2,5	2,0	1,6	1,4
3	Zug in Plattenebene	zul σ_{Zx}	8		4		2,5	2,25	2,0	1,75	1,5	1,25
4	Druck in Plattenebene	zul σ_{Dx}	8		4		3,0	2,75	2,5	2,25	2,0	1,75
5	Druck rechtwinklig zur Plattenebene	zul σ_{Dz}	3 (4,5)		3 (4,5)		2,5	2,5	2,5	2,0	1,5	1,5
6	Abscheren in Plattenebene und in Leimfugen	zul τ_{zx}[2])	0,9 (1,2)		0,9 (1,2)		0,4	0,4	0,4	0,3	0,3	0,3
7	Abscheren rechtwinklig zur Plattenebene	zul τ_{yx}[2])	1,8 (3)	3 (4)	1,8 (3)	3 (4)	1,8	1,8	1,8	1,2	1,2	1,2
8	Lochleibungsdruck[3])[4])	zul σ_l	8		4		6,0	6,0	6,0	6,0	6,0	6,0

1) Die Werte in Klammern ( ) gelten für Bau-Furniersperrholz nach DIN 68 705 Teil 5 und Beiblatt 1 zu DIN 68 705 Teil 5. Die übrigen Werte für die zulässigen Spannungen dürfen aus den Festigkeitswerten in DIN 68 705 Teil 5 mit dem Sicherheitsbeiwert 3 berechnet werden.

2) Werte gelten auch für Schub aus Querkraft.

3) Für Bolzen und Stabdübel.

4) Für Bau-Furniersperrholz nach DIN 68 705 Teil 5 aus mindestens fünf Lagen ist zul $\sigma_l = 2 \cdot$ zul σ_{Dx}.

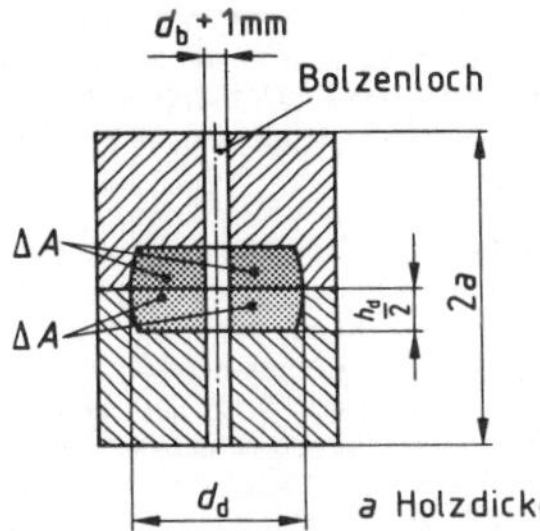

Bild 4. Querschnittsschwächung bei Ringkeildübelverbindungen

$$\Delta A = (d_d - (d_b + 1)) \cdot \frac{h_d}{2}$$

Querschnittsschwächungen durch Schrauben sind mit dem Schaftdurchmesser zu berücksichtigen.

6.4.3 Bei Druckstäben und in der Druckzone von auf Biegung beanspruchten Bauteilen brauchen Querschnittsschwächungen für den gewöhnlichen Spannungsnachweis nur dann berücksichtigt zu werden, wenn die geschwächte Stelle nicht satt ausgefüllt ist oder der ausfüllende Baustoff einen geringeren Elastizitätsmodul als der geschwächte Baustoff aufweist (z. B. wenn die Faserrichtung von Holzeinlagen rechtwinklig oder schräg zu der des Druckstabes verläuft).

6.4.4 Wenn durch Querschnittsschwächungen wesentliche ausmittige Kraftwirkungen entstehen, sind sie statisch in Rechnung zu stellen.

6.5 Wechselbeanspruchte Bauteile

6.5.1 Stäbe, bei denen der Vorzeichenwechsel der Beanspruchung nicht allein aus Wind- und Schneelasten herrührt, sind für

$$\text{zul } \sigma' = k_w \cdot \text{zul } \sigma \qquad (6)$$

mit

$$k_w = 1 - 0{,}25 \frac{\min |\sigma|}{\max |\sigma|} \qquad (7)$$

zu bemessen, wobei für min $|\sigma|$ bzw. max $|\sigma|$ jeweils die Spannung mit dem kleinsten bzw. größten Absolutbetrag einzusetzen ist.

6.5.2 Stöße und Anschlüsse sind sinngemäß zu bemessen.

6.6 Ausmittige Anschlüsse

Spannungen, die durch ausmittige Anschlüsse entstehen, sind besonders zu berücksichtigen.

Fachwerkstäbe sind möglichst mittig anzuschließen. Spannungen, die durch Ausmittigkeiten hervorgerufen werden, brauchen bei Nagelverbindungen nach Bild 5a und bei Verbindungen mit Nagel- oder Knotenplatten nach Bild 5b in der Regel nicht nachgewiesen zu werden, wenn die Ausmittigkeit e_1 bzw. e_2 nicht größer als die halbe Gurthöhe ist.

7 Bemessungsregeln für Zugstäbe

7.1 Mittiger Zug

Für planmäßig mittig beanspruchte Zugstäbe ist der Spannungsnachweis unter Berücksichtigung der Querschnittsschwächungen nach Abschnitt 6.4 durchzuführen:

$$\frac{\frac{N}{A_n}}{\text{zul } \sigma_{Z\parallel}} \leq 1 \qquad (8)$$

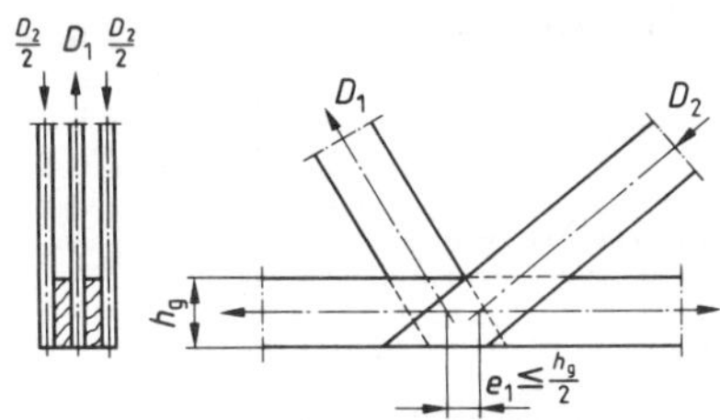

a) bei genagelten Brett- und Bohlenbindern

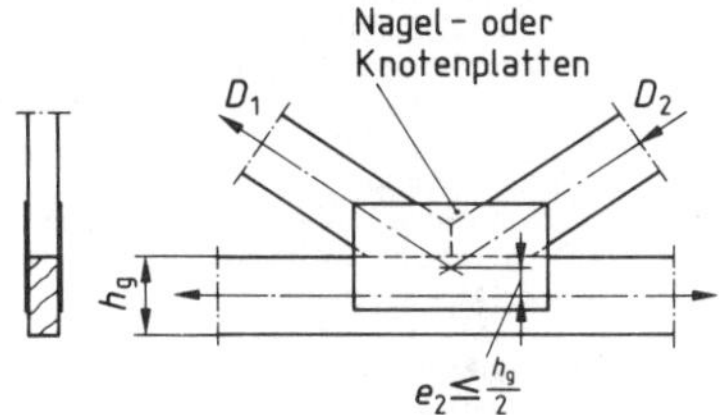

b) bei Bindern mit Nagel- oder Knotenplatten

Bild 5. Ausmittiger Stabanschluß

Hierin ist A_n die nutzbare Querschnittsfläche, für zul $\sigma_{Z\parallel}$ sind die maßgebenden Werte nach Tabelle 5 bzw. Tabelle 6 einzusetzen.

7.2 Ausmittiger Zug (Zug und Biegung)

Für Zugstäbe, die planmäßig ausmittig oder zusätzlich quer zur Stabachse beansprucht werden, ist nachzuweisen, daß die Bedingung

$$\frac{\frac{N}{A_n}}{\text{zul } \sigma_{Z\parallel}} + \frac{\frac{M}{W_n}}{\text{zul } \sigma_B} \leq 1 \qquad (9)$$

eingehalten ist.

Hierin ist W_n das nutzbare Widerstandsmoment.

Für zul $\sigma_{Z\parallel}$ bzw. zul σ_B sind die maßgebenden Werte nach Tabelle 5 bzw. Tabelle 6 einzusetzen.

7.3 Stöße und Anschlüsse

Stöße und Anschlüsse sind in der Regel symmetrisch zu der bzw. den Stabachsen auszuführen. Dabei sind einseitig beanspruchte Holz- und Holzwerkstoffteile für die 1,5fache anteilige Zugkraft zu bemessen.

8 Bemessungsregeln für biegebeanspruchte Bauglieder

8.1 Grundlagen

8.1.1 Stützweiten

8.1.1.1 Als Stützweite l ist der Abstand der Auflagermitten in Rechnung zu stellen. Bei Auflagerung auf Mauerwerk oder Beton ist als Stützweite der Abstand der Auflagermitten, bei Einfeldträgern jedoch höchstens das 1,05fache der lichten Weite, anzunehmen.

8.1.1.2 Durchlaufende Bretter, Bohlen oder Platten aus Holzwerkstoffen sind in der Regel als frei drehbar gelagerte Träger auf zwei Stützen zu berechnen.

Bei Dach- und Deckenschalungen darf die Durchlaufwirkung rechnerisch berücksichtigt werden, wenn etwaige Stöße im einzelnen planmäßig festgelegt werden.

8.1.1.3 Für Pfetten und Balken mit Kopfbändern oder Sattelhölzern gilt Abschnitt 8.2.4.

8.1.2 Auflagerkräfte

Die Auflagerkräfte von Durchlaufträgern (auch Pfetten) dürfen im allgemeinen wie für Einfeldträger berechnet werden, sofern das Verhältnis benachbarter Spannweiten zwischen ⅔ und 3/2 liegt. Ausgenommen davon sind Zweifeldträger.

8.1.3 Stöße

An Stoßstellen ist die Übertragung der Schnittgrößen durch Stoßdeckungsteile und Verbindungsmittel sicherzustellen. Bei Verformungsberechnungen und bei der Berechnung statisch unbestimmter Systeme ist erforderlichenfalls die Steifigkeit unter Berücksichtigung sowohl der Stoßdeckungsteile als auch der Nachgiebigkeit der Verbindungsmittel an der Stoßstelle zu bestimmen. Bei Druckgurten von Vollwandträgern ist das erforderliche Flächenmoment 2. Grades durch die Stoßdeckungsteile zu ersetzen, wobei die Verbindungsmittel bei Anordnung von Kontaktstößen für die halbe Druckkraft bemessen werden dürfen.

8.1.4 Lasteintragungsbreiten

Wird bei Platten aus Holzwerkstoffen, die miteinander durch Nut und Feder oder gleichwertige Maßnahmen verbunden sind, ein Nachweis für die Aufnahme der Einzellast von 1 kN (Mannlast, siehe DIN 1055 Teil 3) geführt, so dürfen bei Dach- und unmittelbar belasteten Deckenschalungen sowie bei oberen Dach- und Deckenbeplankungen in der Regel die jeweils größten Lasteintragungsbreiten t nach Tabelle 7 als mitwirkende Plattenbreite angesetzt werden.

Bei Dach- und Deckenschalungen aus Brettern oder Bohlen, die miteinander durch Nut und Feder oder gleichwertige Maßnahmen verbunden sind, darf unabhängig von der Breite des Einzelteiles für die Lasteintragungsbreite t = 0,35 m und bei nicht verbundenen Brettern oder Bohlen t = 0,16 m angesetzt werden.

Tabelle 7. **Lasteintragungsbreiten t für Platten aus Holzwerkstoffen**

	Plattenbreite b	Platten miteinander verbunden	Platten miteinander nicht verbunden
1	$\geq$ 0,35 m[1])	0,35 m	0,35 m
2	$\geq$ 1 m[1])	0,70 m	0,35 m
3	> Stützweite l	0,7 l	0,35 l
4	$\leq$ Stützweite l	0,7 b	0,35 b

[1]) Stützweite l beliebig

8.2 Biegeträger aus Voll- und Brettschichtholz

8.2.1 Bemessung

8.2.1.1 Bemessung für Biegung

Für auf Biegung beanspruchte Bauteile ist der Spannungsnachweis unter Berücksichtigung der Querschnittsschwächungen nach Abschnitt 6.4 durchzuführen:

$$\frac{\frac{M}{W_n}}{\text{zul } \sigma_B} \leq 1 \tag{10}$$

Hierin ist W_n das nutzbare Widerstandsmoment, für zul σ_B sind die maßgebenden Werte nach Tabelle 5, Zeile 1, einzusetzen.

Bei zusammengesetzten Biegeträgern darf außerdem die Schwerpunktsspannung in den gezogenen Gurtteilen die Werte in Tabelle 5, Zeile 2, nicht überschreiten.

Ferner ist der Nachweis gegen seitliches Ausweichen nach Abschnitt 8.6 zu führen.

8.2.1.2 Bemessung für Querkraft

Für Biegeträger mit Auflagerung am unteren Trägerrand und Lastangriff am oberen Trägerrand braucht der Nachweis der Schubspannungen und gegebenenfalls der Schubverbindungsmittel im Bereich von End- und Zwischenauflagern, wenn dort keine Ausklinkungen und Durchbrüche sind, nicht mit der vollen Querkraft geführt zu werden. Als maßgebend darf die Querkraft im Abstand von $h/2$ (h Trägerhöhe über Auflagermitte, auch bei Abschrägungen) vom Auflagerrand angenommen werden.

Für eine Einzellast im Abstand $a \geq a_0 = 2h$ von der Auflagermitte ist der volle Wert der Querkraft der Bemessung zugrunde zu legen, für $a < 2h$ darf der mit a_0 anstelle von a ermittelte und im Verhältnis $a/(2h)$ abgeminderte Anteil als maßgebende Querkraft in Rechnung gestellt werden.

Für den Nachweis der Schubspannungen sind die zulässigen Werte in Tabelle 5, Zeile 7, maßgebend.

8.2.1.3 Bemessung für Torsion und Querkraft

Ein Nachweis der Wirkungen bei Torsionsbeanspruchung braucht nicht geführt zu werden, wenn die Torsion zur Erhaltung des Gleichgewichtes nicht notwendig ist, z. B. bei Sparren, Pfetten und Balken üblicher Dach- und Deckenkonstruktionen.

Der Nachweis der Torsionsspannungen darf näherungsweise nach der Elastizitätstheorie für isotrope Werkstoffe geführt werden. Die so ermittelten Schubspannungen dürfen die Werte nach Tabelle 5, Zeile 8, nicht überschreiten.

Bei gleichzeitiger Wirkung von Schubspannungen aus Torsion und Querkraft muß die Bedingung

$$\frac{\tau_T}{\text{zul } \tau_T} + \left(\frac{\tau_Q}{\text{zul } \tau_Q}\right)^m \leq 1 \tag{11}$$

eingehalten werden, wobei für Nadelholz m = 2 und für Laubholz m = 1 zu setzen ist.

Hierin bedeuten:

τ_T Schubspannung aus Torsion

τ_Q Schubspannung aus Querkraft

zul τ_Q zulässige Schubspannung aus Querkraft nach Tabelle 5, Zeile 7

zul τ_T zulässige Schubspannung aus Torsion nach Tabelle 5, Zeile 8.

8.2.2 Ausklinkungen und Durchbrüche bei Biegeträgern mit Rechteckquerschnitt aus Nadelholz

8.2.2.1 Ausklinkungen und Zapfen

Bei rechtwinklig oder schräg ausgeklinkten Trägerenden und bei Trägern mit Zapfen nach Bild 6 ist die zulässige Querkraft nach Gleichung (12) zu berechnen:

$$\text{zul } Q = \frac{2}{3} \cdot b \cdot h_1 \cdot k_A \cdot \text{zul } \tau_Q \tag{12}$$

Hierin bedeuten:

b Breite des Trägers

zul τ_Q zulässige Schubspannung aus Querkraft nach Tabelle 5, Zeile 7

k_A Abminderungsfaktor wegen gleichzeitiger Wirkung von Schub- und Querzugspannungen.

Die Ausklinkung muß die Bedingungen $\frac{a}{h} \leq 0{,}5$ und $a \leq 0{,}50$ m erfüllen. Hierin bedeuten a die Ausklinkungshöhe und h die Trägerhöhe.

Für rechtwinklige Ausklinkungen **ohne** Verstärkung (siehe Bild 6a) ist

$$k_A = 1 - 2{,}8\,\frac{a}{h} \qquad (13)$$

einzusetzen, mindestens jedoch $k_A = 0{,}3$.

Für rechtwinklige Ausklinkungen **mit** Verstärkung (siehe Bild 6b) darf $k_A = 1$ gesetzt werden. Die Verstärkung darf näherungsweise für die Zugkraft

$$Z = 1{,}3\,Q \cdot \left[3\left(\frac{a}{h}\right)^2 - 2\left(\frac{a}{h}\right)^3\right] \qquad (14)$$

bemessen werden.

Als Verstärkungen dürfen mit Resorcinharzleim aufgeleimte Laschen aus Bau-Furniersperrholz aus mindestens fünf Lagen nach DIN 68 705 Teil 5 der Klasse 100 verwendet werden. Nagelpreßleimung ist zulässig (siehe Abschnitt 12.5). Die Verstärkungslaschen sind beidseitig anzuordnen. Ihre Breite c muß der Bedingung $0{,}25\,a \leq c \leq 0{,}50\,a$ genügen.

Als zulässige Spannungen sind zul $\sigma_{Z\parallel} = 4$ MN/m^2 im Bau-Furniersperrholz und zul $\tau_a = 0{,}25$ MN/m^2 in der Leimfläche anzunehmen.

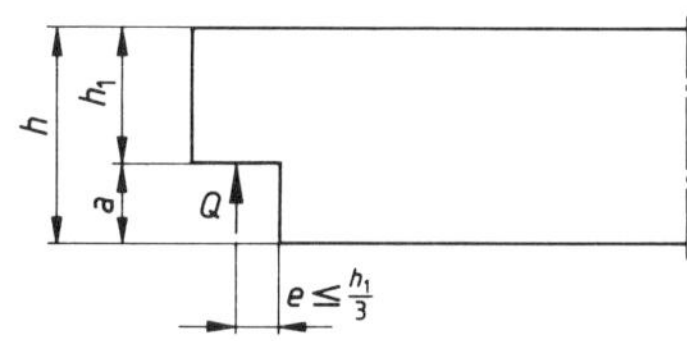

a) Rechtwinklige Ausklinkung ohne Verstärkung

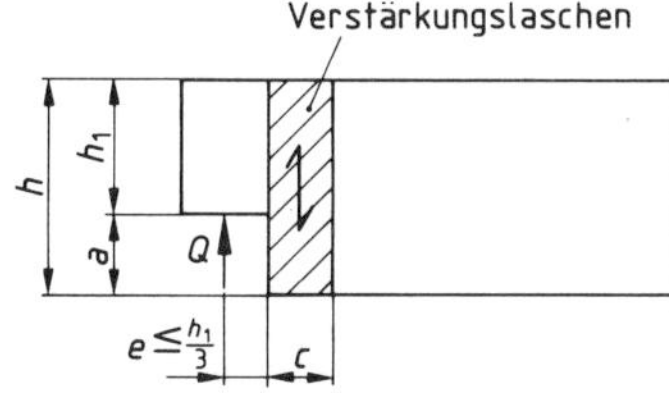

b) Rechtwinklige Ausklinkung mit Verstärkung

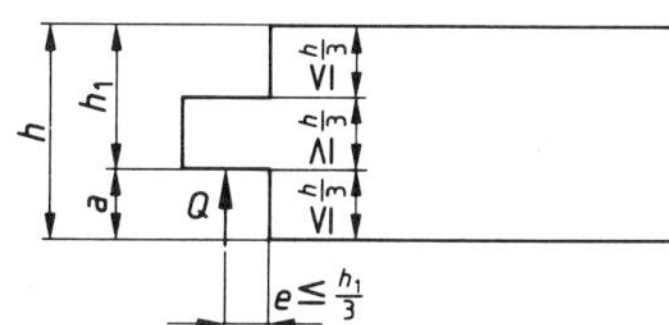

c) Zapfen

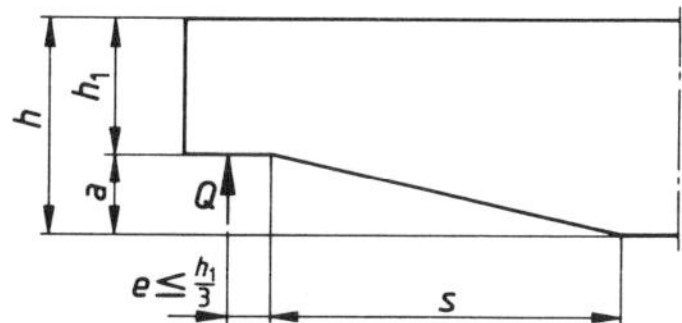

d) Schräge Ausklinkung

Bild 6. Unten ausgeklinkte Träger und Träger mit Zapfen

Träger bis zu 300 mm Höhe mit Zapfen nach Bild 6c dürfen nach den Gleichungen (12) und (13) berechnet werden, wobei $h_1 = 2/3\,h$ zu setzen ist, soweit kein genauerer Nachweis erfolgt.

Bei Ausklinkungen mit geneigtem Trägerrand (siehe Bild 6d) darf $k_A = 1$ gesetzt werden, wenn die Länge $s \geq 14\,a$ bei Güteklasse I und $\geq 10\,a$ bei Güteklasse II oder $s \geq 2{,}5 \cdot h$ beträgt. Der kleinere Wert ist maßgebend. Die Bedingung $a \leq 0{,}50$ m gilt für diese Ausklinkungen nicht.

Die Spannungskombination am geneigten Trägerrand ist zu beachten (siehe Abschnitt 8.2.3.4).

Bei oben ausgeklinkten oder abgeschrägten Trägerenden nach Bild 7 ist die zulässige Querkraft nach Gleichung (15) zu berechnen:

$$\text{zul}\ Q = \frac{2}{3}\,b \cdot \left[h - \frac{a}{h_1} \cdot e\right] \cdot \text{zul}\ \tau_Q \qquad (15)$$

Die Ausklinkung bzw. Abschrägung muß folgende Bedingungen erfüllen:

$\frac{a}{h} \leq 0{,}5$ und $e \leq h_1$ für Trägerhöhen $h > 300$ mm

$\frac{a}{h} \leq 0{,}7$ und $e \leq h_1$ für Trägerhöhen $h \leq 300$ mm

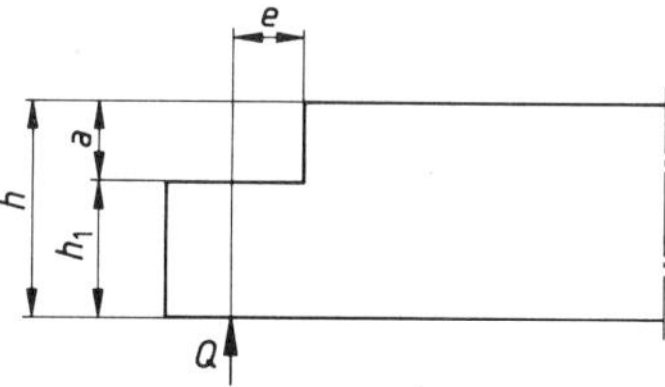

a) Rechtwinklige Ausklinkung

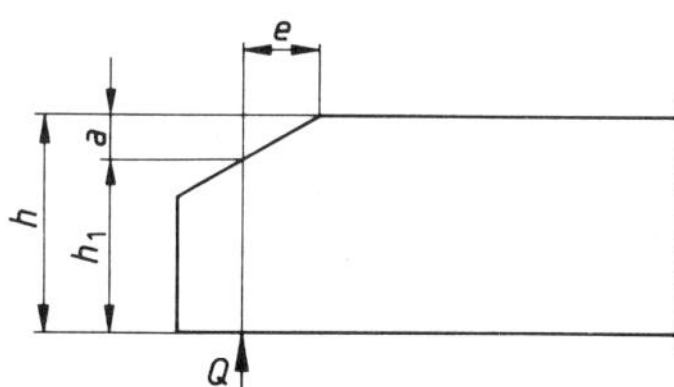

b) Abschrägung

Bild 7. Oben ausgeklinkter bzw. abgeschrägter Träger

8.2.2.2 Durchbrüche bei Biegeträgern aus Brettschichtholz

Durchbrüche im Sinne dieses Abschnittes sind Öffnungen in Brettschichtholzträgern mit den lichten Maßen $d > 50$ mm (siehe Bild 8). Durchbrüche sollen möglichst symmetrisch zur Trägerachse angeordnet werden; die Randabstände h_{ro} und h_{ru} müssen $\geq 0{,}3\,h$ sein. Der Abstand l_V vom Trägerende muß mindestens h, der Abstand l_o von der Auflagermitte und von größeren Einzellasten mindestens $h/2$ betragen. Alle Ecken sind im Brettschichtholz mit einem Radius von mindestens 15 mm auszurunden.

Durchbrüche müssen, sofern ein genauerer Nachweis nicht geführt wird, verstärkt werden, wenn in Abhängigkeit von der auf den ungeschwächten Querschnitt in Durchbruchsmitte bezogenen Schubspannung τ_Q das größte lichte Maß d die Gleichung (16) oder Gleichung (17) erfüllt.

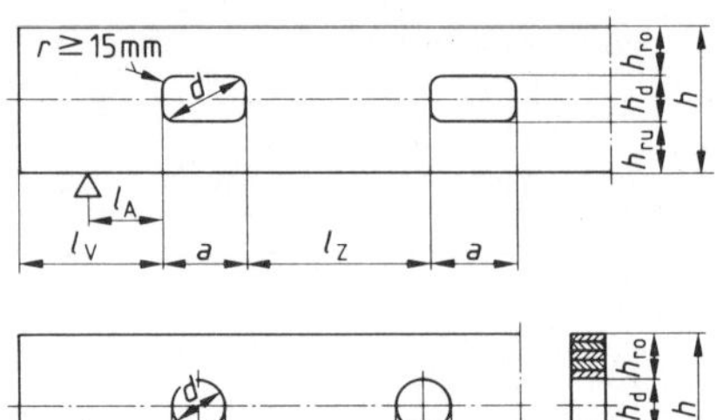

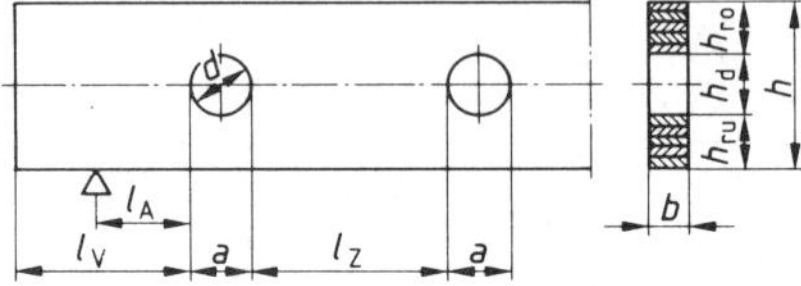

$l_A \geq \frac{h}{2}$; l_V und $l_Z \geq h$; $a \leq h$; h_{ro} und $h_{ru} \geq 0{,}3\ h$; $h_d \leq 0{,}4\ h$

Bild 8. Maße und Anordnung von Durchbrüchen

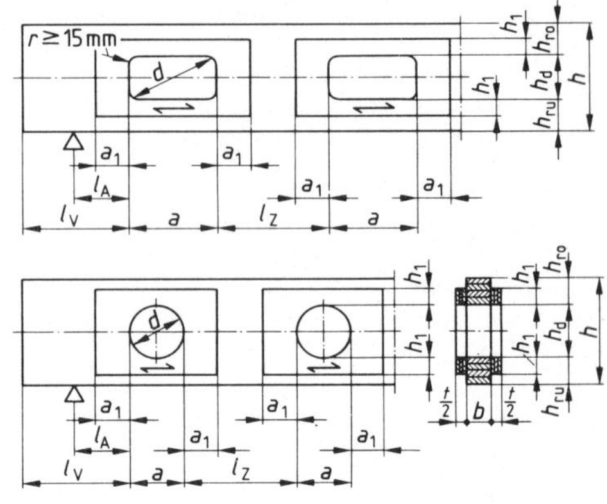

$l_A \geq \frac{h}{2}$; l_V und $l_Z \geq h$; $a \leq h$;
$a_1 \geq 0{,}25\ a$ und $\geq h_1$; h_{ro} und $h_{ru} \geq 0{,}3\ h$;
$h_d \leq 0{,}4\ h$; $h_1 \geq 0{,}25\ h_d$ und $\geq 0{,}1\ h$; $b \leq 220$ mm

Bild 9. Maße und Anordnung der Verstärkungen

$$d > 100 - 42\ \tau_Q \quad \text{in mm} \tag{16}$$

$$d > (0{,}1 - 0{,}042\ \tau_Q) \cdot h \tag{17}$$

Hierin bedeuten:

$$\tau_Q = \frac{1{,}5\ Q}{b \cdot h} \quad \text{in MN/m}^2 \tag{18}$$

Q Querkraft in Durchbruchsmitte; eine Abminderung nach Abschnitt 8.2.1.2 ist nicht zulässig

h Höhe des Brettschichtholzträgers

b Breite des Brettschichtholzträgers.

Wenn von einem genaueren Nachweis verstärkter Durchbrüche abgesehen wird, darf eine Verstärkung durch aufgeleimtes Bau-Furniersperrholz nach DIN 68 705 Teil 5 der Klasse 100 nach Bild 9 erfolgen. Die Gesamtverstärkungsdicke t (je Seite $t/2$) muß in Abhängigkeit von der in Durchbruchsmitte vorhandenen Schubspannung τ_Q in MN/m² und der Trägerbreite b in mm

$$t \geq (0{,}15 + 0{,}4 \cdot \tau_Q) \cdot b \quad \text{in mm} \tag{19}$$

betragen, jedoch mindestens 20 mm.

Weitere bei der Verstärkung von Durchbrüchen mittels Bau-Furniersperrholz zu beachtende Maße ergeben sich aus Bild 9. Die Faserrichtung des Deckfurniers muß parallel zur Faserrichtung der Trägerlamellen verlaufen. Für die Verleimung, die auch als Nagelpreßleimung erfolgen darf, ist Resorcinharzleim zu verwenden. Im übrigen gilt Abschnitt 12.5.

8.2.3 Gekrümmte Träger und Satteldachträger aus Brettschichtholz

8.2.3.1 Allgemeines

Für gekrümmte Träger und Satteldachträger aus Brettschichtholz nach den Bildern 10 bis 12 sind im gekrümmten Bereich bzw. im Firstquerschnitt Quer- und Längsspannungen, außerdem bei Satteldachträgern nach den Bildern 11 und 12 Spannungskombinationen nachzuweisen.

Für Träger mit Rechteckquerschnitt dürfen die maximalen Quer- und Längsspannungen infolge Moment im gekrümmten Bereich bei Trägerformen nach Bild 10 bzw. im Firstquerschnitt bei Trägerformen nach den Bildern 11 und 12 für $\gamma \leq 20°$ nach den Abschnitten 8.2.3.2 und 8.2.3.3 berechnet werden, sofern ein genauerer Nachweis nicht geführt wird.

Für den Nachweis der Spannungskombination nach Abschnitt 8.2.3.4 ist die größte außerhalb des Firstbereiches auftretende Längsspannung zu berücksichtigen.

8.2.3.2 Querspannungen

Die Querspannung $\sigma_\perp$ ist mit

$$\max \sigma_\perp = \varkappa_q \cdot \frac{M}{W_m} \tag{20}$$

zu bestimmen. Dabei ist

$$\varkappa_q = A_q + B_q \cdot \left[\frac{h_m}{r_m}\right] + C_q \cdot \left[\frac{h_m}{r_m}\right]^2 \tag{21}$$

mit

$$A_q = 0{,}2 \cdot \tan \gamma \tag{22}$$

$$B_q = 0{,}25 - 1{,}5 \cdot \tan \gamma + 2{,}6 \cdot \tan^2 \gamma \tag{23}$$

$$C_q = 2{,}1 \cdot \tan \gamma - 4 \cdot \tan^2 \gamma \tag{24}$$

Die nach Gleichung (20) ermittelten Querspannungen dürfen die Werte in Tabelle 5, Zeilen 3 bzw. 5a, nicht überschreiten.

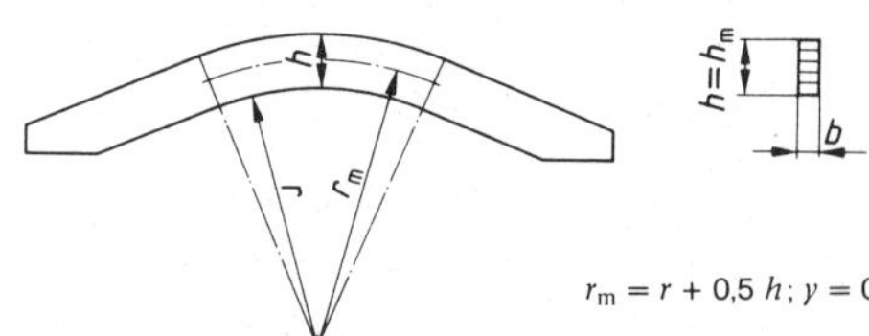

$r_m = r + 0{,}5\ h$; $\gamma = 0$

Bild 10. Gekrümmter Träger mit konstanter Trägerhöhe

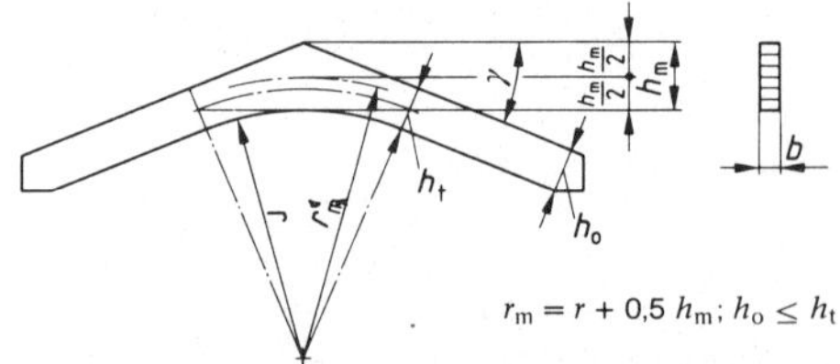

$r_m = r + 0{,}5\ h_m$; $h_o \leq h_t$

Bild 11. Satteldachträger mit gekrümmtem Untergurt

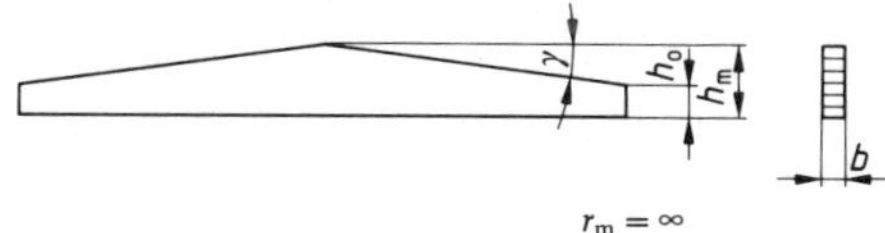

Bild 12. Satteldachträger mit geradem Untergurt

8.2.3.3 Längsspannungen am inneren bzw. am unteren Trägerrand

Die Längsspannung $\sigma_{\parallel}$ ist mit

$$\max \sigma_{\parallel} = \varkappa_l \cdot \frac{M}{W_m} \tag{25}$$

zu bestimmen. Dabei ist

$$\varkappa_l = A_l + B_l \cdot \left[\frac{h_m}{r_m}\right] + C_l \cdot \left[\frac{h_m}{r_m}\right]^2 + D_l \cdot \left[\frac{h_m}{r_m}\right]^3 \tag{26}$$

mit

$$A_l = 1 + 1{,}4 \cdot \tan \gamma + 5{,}4 \cdot \tan^2 \gamma \tag{27}$$

$$B_l = 0{,}35 - 8 \cdot \tan \gamma \tag{28}$$

$$C_l = 0{,}6 + 8{,}3 \cdot \tan \gamma - 7{,}8 \cdot \tan^2 \gamma \tag{29}$$

$$D_l = 6 \cdot \tan^2 \gamma \tag{30}$$

Die Längsspannungen am äußeren bzw. oberen Trägerrand dürfen mit $\varkappa_l = 1{,}0$ berechnet werden.

Die nach Gleichung (25) ermittelten Längsspannungen dürfen die Werte in Tabelle 5, Zeile 1, nicht überschreiten.

8.2.3.4 Spannungskombination

Verläuft bei Brettschichtholzträgern die Faserrichtung nicht parallel zum Trägerrand, so daß hier zusätzlich zu den Längsspannungen $\sigma_{\parallel}$ noch Querspannungen $\sigma_{\perp}$ und Schubspannungen τ auftreten (siehe Bild 13), so ist

für den Biegezugrand

$$\left[\frac{\sigma_{\parallel}}{\text{zul } \sigma_B}\right]^2 + \left[\frac{\sigma_{Z\perp}}{1{,}25 \text{ zul } \sigma_{Z\perp}}\right]^2 + \left[\frac{\tau}{1{,}33 \text{ zul } \tau_a}\right]^2 \leq 1 \tag{31}$$

für den Biegedruckrand

$$\left[\frac{\sigma_{\parallel}}{\text{zul } \sigma_B}\right]^2 + \left[\frac{\sigma_{D\perp}}{\text{zul } \sigma_{D\perp}}\right]^2 + \left[\frac{\tau}{2{,}66 \text{ zul } \tau_a}\right]^2 \leq 1 \tag{32}$$

einzuhalten. Hierin sind im Nenner die entsprechenden zulässigen Spannungen für Brettschichtholz der Güteklasse I nach Tabelle 5 einzusetzen. Bei schrägen druckbeanspruchten Rändern darf auf die Berücksichtigung der Spannungskombination verzichtet werden, wenn $\alpha \leq 3°$ ist.

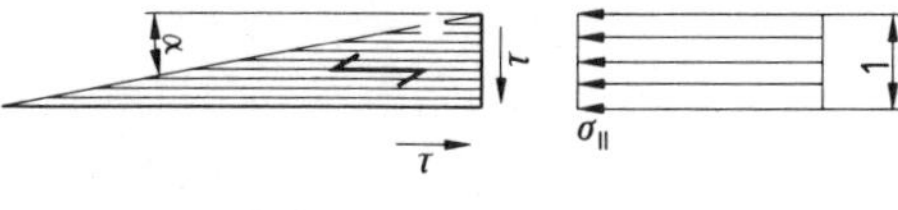

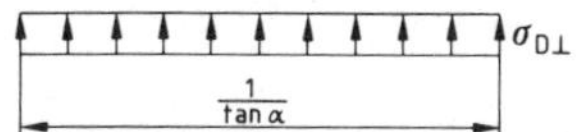

$\tau \quad = \sigma_{\parallel} \cdot \tan \alpha$

$\sigma_{D\perp} = \sigma_{\parallel} \cdot \tan^2 \alpha$

α Winkel zwischen dem Trägerrand und der Faserrichtung

Faserrichtung

Bild 13. Längs-, Quer- und Schubspannungen an einem dreiecksförmigen Element des Biegedruckrandes

8.2.4 Kopfbandbalken

Soweit Pfetten und Balken mit Kopfbändern in allen Feldern eine vorwiegend gleichmäßig verteilte Last oder gleiche, in kleineren Abständen stehende Einzellasten (Sparren) aufzunehmen haben, und benachbarte Stützenabstände l (siehe Bild 14) nicht um mehr als 1/5 voneinander abweichen, darf die größte Feldweite (l_1, l_2, l_3 oder l_4) in Rechnung gestellt werden. Für diese Feldweite ist das Bauteil als ein frei drehbar gelagerter Träger auf zwei Stützen zu berechnen. Bei Bauteilen mit feldweise auftretenden Verkehrslasten sowie bei ungleichen Stützenabständen l, die um mehr als 1/5 vom kleinsten Stützenabstand abweichen, ist eine genauere Berechnung auch der Stützen durchzuführen und die Ausführung entsprechend zu gestalten.

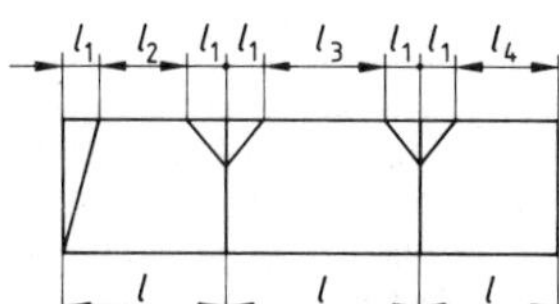

Bild 14. Feldweiten bei Kopfbandbalken

Bei Pfetten und Balken mit Sattelhölzern ohne Kopfbänder ist als Stützweite stets der Achsabstand der Unterstützungen in Rechnung zu stellen.

8.3 Biegeträger aus nachgiebig miteinander verbundenen Querschnittsteilen

8.3.1 Bei der Spannungsberechnung zusammengesetzter Biegeträger muß die Nachgiebigkeit der Verbindungsmittel gegebenenfalls berücksichtigt werden.

Für Träger mit einfach-symmetrischem Querschnitt nach Typ 5 (siehe Tabelle 8 sowie Bild 15d) sind die Spannungen wie folgt zu berechnen:

$$\sigma_{si} = \pm \frac{M}{\text{ef } I} \cdot \gamma_i \cdot a_i \cdot \frac{A_i}{A_{in}} \cdot n_i \tag{33}$$

$$\sigma_{ri} = \pm \frac{M}{\text{ef } I} \cdot \left(\gamma_i \cdot a_i \cdot \frac{A_i}{A_{in}} + \frac{h_i}{2} \cdot \frac{I_i}{I_{in}}\right) \cdot n_i \tag{34}$$

Hierin bedeuten:

- M Biegemoment, positiv bei Druckbeanspruchung der oberen und Zugbeanspruchung der unteren Randfaser des Trägers
- σ_{si} σ_{ri} Schwerpunktsspannungen bzw. Randspannungen in den einzelnen Querschnittsteilen (Gurte bzw. Steg), die Vorzeichen gehen aus Bild 15d hervor
- a_i Abstände der Schwerachsen der ungeschwächten Querschnittsflächen von der maßgebenden Spannungsnullebene y-y, es wird $a_2 \geq 0$ und $\leq h_2/2$ vorausgesetzt
- h_i Dicken bzw. Höhen der einzelnen Querschnittsteile
- γ_i Abminderungswerte zur Berechnung von ef I nach Gleichung (36) bzw. Gleichung (37)
- I_i I_{in} Flächenmomente 2. Grades der ungeschwächten bzw. geschwächten Querschnittsteile ($I_i = b_i \cdot h_i^3/12$)
- ef I Wirksames Flächenmoment 2. Grades des ungeschwächten Querschnittes nach Gleichung (35)
- A_i A_{in} Querschnittsflächen der ungeschwächten bzw. geschwächten Querschnittsteile ($A_i = b_i \cdot h_i$)
- b_i Querschnittsbreiten
- E_i Elastizitätsmoduln der einzelnen Querschnittsteile
- E_v beliebiger Vergleichs-Elastizitätsmodul
- n_i $= E_i/E_v$.

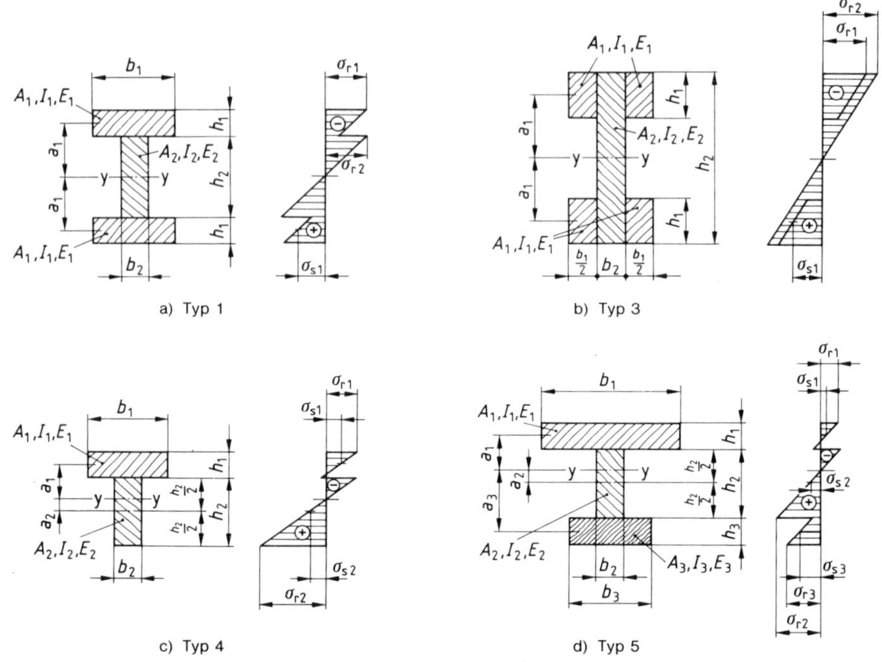

Bild 15. Verschiedene Querschnittstypen zusammengesetzter Biegeträger und Spannungsverteilung (schematisch) bei positivem Biegemoment

Tabelle 8. **Querschnittstypen und Rechenwerte für Verschiebungsmoduln C in N/mm**

Für Biegung bzw. Knickung maßgebende Schwerachse	Verbindungsmittel	Typ 1	Typ 2	Typ 3	Typ 4	Typ 5
		A_1	A_1 (für Achse y-y) A_1 (für Achse z-z)	A_1 (für Achse y-y) A_1 (für Achse z-z)	A_1, A_2	A_1, A_2, A_3
y – y	Nagel (durch eine Fuge)	600	600	900	600	600
	Nagel (durch zwei Fugen)	700	700	900 je Fuge	–	700
z – z	Nagel (durch eine Fuge)	–	900	600	–	–
	Nagel (durch zwei Fugen)	–	900 je Fuge	700	–	–
y – y und z – z	Dübel nach DIN 1052 Teil 2	15 000 für zulässige Belastung 1) bis 16 kN				
		22 500 für zulässige Belastung 1) über 16 bis 30 kN				
		30 000 für zulässige Belastung 1) über 30 kN				
y – y und z – z	Stabdübel, Paßbolzen	0,7 · zul N je Fuge mit zul N = zulässige Belastung in N je Anschlußfuge 2)				

1) Als zulässige Belastung sind die Werte je Dübel für den Lastfall H (siehe DIN 1052 Teil 2, Tabellen 4, 6 und 7) maßgebend.

2) Für Laubholz, Holzartgruppe C: 1,0 · zul N.

Flächenmomente 2. Grades geschwächter Querschnittsteile dürfen auf die Schwerachsen der ungeschwächten Querschnittsteile bezogen werden.

Unter Beachtung von Abschnitt 8.2.1.1 dürfen die Randspannungen σ_{ri} die zulässigen Werte für Biegung nach Tabelle 5, Zeile 1, und die Schwerpunktsspannungen σ_{si} in den gezogenen Querschnittsteilen die zulässigen Werte für Zug nach Tabelle 5, Zeile 2, nicht überschreiten. Außerdem ist Abschnitt 5.1.7 zu beachten.

Das wirksame Flächenmoment 2. Grades ef I des ungeschwächten Querschnittes ist mit

$$\text{ef } I = \sum_{i=1}^{3} (n_i \cdot I_i + \gamma_i \cdot n_i \cdot A_i \cdot a_i^2) \tag{35}$$

mit

$$\gamma_{1,3} = \frac{1}{1 + k_{1,3}} \tag{36}$$

$$\gamma_2 = 1 \tag{37}$$

und

$$k_{1,3} = \frac{\pi^2 \cdot E_{1,3} \cdot A_{1,3} \cdot e'_{1,3}}{l^2 \cdot C_{1,3}} \tag{38}$$

sowie

$$a_2 = \frac{1}{2} \cdot \frac{\gamma_1 \cdot n_1 \cdot A_1 (h_1 + h_2) - \gamma_3 \cdot n_3 \cdot A_3 (h_2 + h_3)}{\sum_{i=1}^{3} \gamma_i \cdot n_i \cdot A_i} \tag{39}$$

der Berechnung zugrunde zu legen.

Hierin bedeuten insbesondere:

e'_1 e'_3 mittlere Abstände der in eine Reihe geschobenen Verbindungsmittel (siehe Bild 16), mit denen die Gurte an den Steg angeschlossen sind

C_1 C_3 Verschiebungsmoduln der Verbindungsmittel, mit denen die Gurte an den Steg angeschlossen sind, nach Tabelle 8

l maßgebende Stützweite.

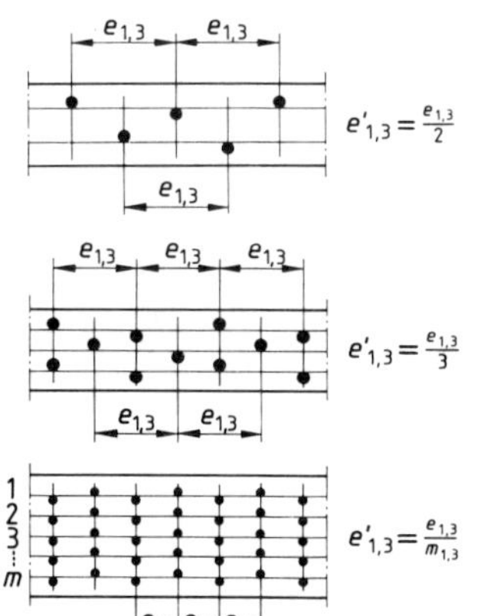

Bild 16. Maßgebender Abstand $e'_{1,3}$ bei mehrreihiger Anordnung der Verbindungsmittel

Bei der Berechnung der k-Werte nach Gleichung (38) sind für den Elastizitätsmodul und den Verschiebungsmodul Abminderungen nach Abschnitt 4.1.2 **nicht** zu berücksichtigen. Für Holzschrauben nach DIN 96, DIN 97 und DIN 571 und für Klammern nach DIN 1052 Teil 2 dürfen als Verschiebungsmoduln die Werte für Nägel nach Tabelle 8 angenommen werden.

Für Träger mit doppelt-symmetrischen Querschnitten nach Typ 1 bis Typ 3 (siehe Tabelle 8 sowie Bild 15a und Bild 15b) ist $A_3 = A_1$, $E_3 = E_1$, $n_3 = n_1$, $e'_1 = e'_3 = e'$ und $C_1 = C_3 = C$. Damit erhält man nach Gleichung (38) bzw. Gleichung (36) $k_1 = k_3 = k$ bzw. $\gamma_1 = \gamma_3 = \gamma$, ferner nach Gleichung (39) $a_2 = 0$. Nunmehr ergeben sich die Spannungen nach Gleichung (33) zu $\sigma_{s1} = \sigma_{s3}$, $\sigma_{s2} = 0$, ferner nach Gleichung (34) $\sigma_{r1} = \sigma_{r3}$.

Für Träger mit einfach-symmetrischem Querschnitt nach Typ 4 (siehe Tabelle 8 und Bild 15c) dürfen die Gleichungen (38) und (39) mit $A_3 = 0$ zugrunde gelegt werden. Die Spannungen ergeben sich sinngemäß aus den Gleichungen (33) und (34).

8.3.2 Bei Durchlaufträgern muß, wenn keine genauere Berechnung durchgeführt wird, bei der Ermittlung von k mit ⅘ der Stützweite l des betreffenden Feldes gerechnet werden, wobei für den Spannungsnachweis über den Zwischenstützen jeweils der kleinere Wert der beiden anschließenden Felder einzuführen ist.

Bei Kragträgern ist mit $l = 2 \cdot l_K$ zu rechnen; mit l_K als Kraglänge.

8.3.3 Die Verbindungsmittel sind unter Berücksichtigung des wirksamen Flächenmomentes 2. Grades ef I nach Gleichung (35) in der Regel für die größte Querkraft max Q zu berechnen. Für Träger mit einfach-symmetrischem Querschnitt nach Typ 5 berechnen sich die größten Schubflüsse ef $t_{1,3}$ in den Anschlußfugen der Gurte zu

$$\text{ef } t_{1,3} = \frac{\max Q}{\text{ef } I} \cdot \gamma_{1,3} \cdot n_{1,3} \cdot S_{1,3} \tag{40}$$

und die erforderlichen Abstände $e'_{1,3}$ der Verbindungsmittel zu

$$\text{erf } e'_{1,3} = \frac{\text{zul } N_{1,3}}{\text{ef } t_{1,3}} \tag{41}$$

Die Verbindungsmittel sind in der Regel unabhängig vom Verlauf der Querkraftlinie gleichmäßig über die Trägerlänge anzuordnen.

Werden die Verbindungsmittelabstände entsprechend der Querkraftlinie abgestuft und sind die maximalen Abstände max $e'_{1,3}$ höchstens 4 · min $e'_{1,3}$, so darf für $e'_{1,3}$ der jeweilige Verbindungsmittelabstand

$$\bar{e}'_{1,3} = 0{,}75 \cdot \min e'_{1,3} + 0{,}25 \cdot \max e'_{1,3} \tag{42}$$

in Gleichung (38) eingesetzt werden.

Die Schubspannungen in neutralen Fasern sind für max Q ebenfalls unter Berücksichtigung von ef I nachzuweisen. Für Träger nach Typ 5 ergibt sich die größte Schubspannung in der maßgebenden Spannungsnullebene y – y zu

$$\max \tau = \frac{\max Q}{b_2 \cdot \text{ef } I} \cdot \sum_{i=1}^{2} \gamma_i \cdot n_i \cdot S_i \tag{43}$$

In den Gleichungen (40) bis (43) bedeuten insbesondere:

S_1 S_3 Flächenmomente 1. Grades der Gurte, bezogen auf die maßgebende Spannungsnullebene y – y ($S_{1,3} = b_{1,3} \cdot h_{1,3} \cdot a_{1,3}$)

S_2 Flächenmoment 1. Grades der oberhalb der maßgebenden Spannungsnullebene y – y liegenden Stegfläche, bezogen auf die Spannungsnullebene y – y ($S_2 = b_2 \cdot (h_2/2 - a_2)^2/2$)

zul N_1 zul N_3 zulässige Belastungen des verwendeten Verbindungsmittels.

Bei Trägern mit doppelt-symmetrischen Querschnitten nach Typ 1 bis Typ 3 (siehe Tabelle 8 sowie Bild 15a und Bild 15b) und ebenso bei Trägern mit einfach-symmetrischem Querschnitt nach Typ 4 (siehe Tabelle 8 und Bild 15c) sind die Gleichungen (40) bis (43) sinngemäß anzuwenden, siehe auch Abschnitt 8.3.1.

Ist bei Trägern nach Typ 2 und Typ 3 (siehe Tabelle 8) die Schwerachse z – z maßgebend, so ist ebenfalls sinngemäß zu verfahren.

8.3.4 Der Durchbiegungsnachweis nach Abschnitt 8.5 ist mit ef I nach Gleichung (35) und E_v zu führen. Dabei darf der jeweils größere Verschiebungsmodul C, der sich aus den 1,25fachen Werten nach Tabelle 8 oder aus den Werten nach DIN 1052 Teil 2, Tabelle 13, ergibt, in Gleichung (38) eingesetzt werden.

8.4 Vollwand- und Fachwerkträger

8.4.1 Vollwandträger mit Plattenstegen

Vollwandträger nach Bild 17, deren Stege aus Bau-Furniersperrholz oder Flachpreßplatten bestehen und ungestoßen oder mit verleimten Stößen hergestellt werden, müssen unter Berücksichtigung der verschiedenen Elastizitätsmoduln der Steg- und Gurtwerkstoffe berechnet werden. Bei genagelten Stößen ist deren Nachgiebigkeit erforderlichenfalls zu berücksichtigen.

Bei nachgiebigem Anschluß der Gurte an den Steg muß der Träger nach Abschnitt 8.3 berechnet werden.

Sofern kein genauerer Beulnachweis geführt wird, ist bei annähernd gleichmäßig belasteten verleimten Vollwandträgern mit Plattenstegen (siehe Bild 17) aus Bau-Furniersperrholz aus mindestens fünf Lagen nach DIN 68 705 Teil 3 oder Teil 5

$$\frac{h_{Sl}}{b_S} \leq 35 \qquad (44)$$

und aus Flachpreßplatten nach DIN 68 763

$$\frac{h_{Sl}}{b_S} \leq 50 \qquad (45)$$

einzuhalten.

Bei genagelten Vollwandträgern mit Plattenstegen ist in den Gleichungen (44) und (45) h_{Sl} durch h_{Sg} zu ersetzen.

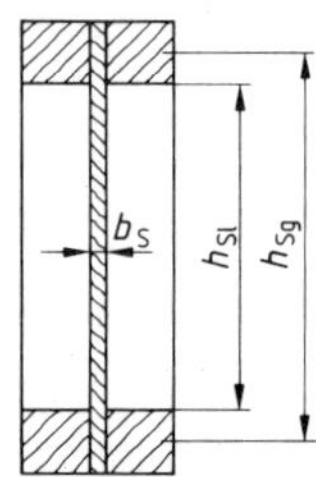

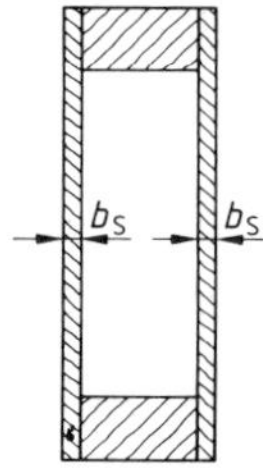

a) I-Querschnitt b) Kasten-Querschnitt

Bild 17. Vollwandträger mit Plattenstegen

Hierin bedeuten:

h_{Sl} lichte Höhe der Plattenstege

h_{Sg} Mittenabstand der Gurtquerschnittsflächen

b_S Dicke der Plattenstege.

Mindestens im Auflager- und im Einleitungsbereich von Einzellasten sind Aussteifungen erforderlich. Bei Trägerhöhen über 500 mm sollte der Steifenabstand die 3fache Trägerhöhe nicht überschreiten.

8.4.2 Vollwandträger mit Bretterstegen

8.4.2.1 Bei verbretterten I-Trägern, Kastenträgern oder I-Kastenträgern mit vernagelten, gekreuzten Brettlagen ist der Steg bei der Bestimmung des wirksamen Flächenmomentes 2. Grades nicht zu berücksichtigen. Die Stegbretter und deren Anschlüsse an den Gurten müssen für die Aufnahme der Querkräfte bemessen werden.Der Spannungsnachweis in den Gurten ist unter Berücksichtigung der Nachgiebigkeit der Verbindungsmittel zu führen. Bei abgestuftem Verbindungsmittelabstand darf Gleichung (41) sinngemäß angewendet werden.

Die Knicksicherheit der auf Druck beanspruchten Stegbretter muß ebenfalls nachgewiesen werden, soweit diese nicht mit den Zugbrettern ausreichend verbunden sind. Die Aufnahme der beim Kastenquerschnitt mit kreuzweiser Verbretterung aus den Brettkräften entstehenden Drillmomente ist nachzuweisen.

8.4.2.2 Wird der I-Träger mit kreuzweiser Verbretterung in zwei getrennten Hälften (einschnittig) hergestellt, so muß die Aufnahme der zwischen den beiden Trägerhälften auftretenden Kopplungskräfte nachgewiesen werden.

8.4.2.3 Für die Aufnahme von zusätzlichen Druck- oder Zugkräften (z. B. bei Rahmen) dürfen verbretterte Stege von Vollwandträgern nicht in Rechnung gestellt werden.

8.4.2.4 Bestehen die Gurte aus mehreren Einzelteilen (siehe Bild 18), so sind, falls kein genauerer Nachweis geführt wird, die Querschnitte der Einzelteile mit folgenden Beiwerten ζ in Rechnung zu stellen:

Teil 1: $\zeta = 1{,}0$

Teil 2: $\zeta = 0{,}8$

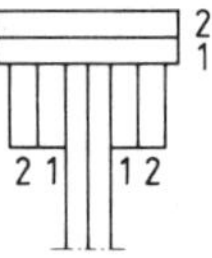

Bild 18. Zusammengesetzter Gurtquerschnitt eines genagelten Vollwandträgers

Mehr als zwei aufeinander liegende Einzelteile sind nicht zu verwenden; bei Gurten aus zusammengeleimten Einzelteilen (Brettschichtholz) ist die Anzahl der Einzelteile nicht beschränkt und eine Abminderung innerhalb der Gurtteile nicht erforderlich.

8.4.3 Fachwerkträger

Bei parallelgurtigen oder trapezförmigen Fachwerkträgern mit nachgiebigen Stabanschlüssen sind die Biegespannungen in den Gurten nachzuweisen, wenn die Gurthöhe mehr als 1/7 der Trägerhöhe beträgt.

8.5 Durchbiegungen und Überhöhungen

8.5.1 Um insbesondere die Gebrauchsfähigkeit der Konstruktion und der Bauteile zu sichern, sind Grenzwerte für die Durchbiegungen aus Verkehrslasten (einschließlich Wind- und Schneelast; ohne Schwing- und Stoßbeiwert) und aus Gesamtlast (ständige Last und Verkehrslasten einschließlich Wind- und Schneelast; ohne Schwing- und Stoßbeiwert) einzuhalten.

Wenn Bauart und Nutzung eines Bauwerkes es erfordern, können auch geringere als in Tabelle 9 oder in Abschnitt 8.5.7 und Abschnitt 8.5.8 angegebene zulässige Durchbiegungen maßgebend werden.

8.5.2 Bei der Berechnung der Durchbiegung darf der ungeschwächte Querschnitt eingesetzt werden. Bei zusammengesetzten Trägern ist der Nachweis nach Abschnitt 8.3.4 zu führen.

8.5.3 Für die rechnerisch zulässigen Durchbiegungen von Brettschichtholzträgern, zusammengesetzten Trägern, Vollwandträgern sowie von Fachwerkträgern gelten die in Tabelle 9 angegebenen Werte. Für Aussteifungskonstruktionen siehe Abschnitt 10.

Bei der Durchbiegungsermittlung von Fachwerkträgern ist zu unterscheiden zwischen einer **Näherungsberechnung**, bei der nur die elastische Verformung der Gurtstäbe berücksichtigt wird, und einer **genaueren Berechnung**, bei der die elastische Verformung sämtlicher Stäbe und die Nachgiebigkeit aller Anschlüsse und Stöße zu berücksichtigen sind. Dies gilt auch für einsinnig verbretterte Vollwandträger. Bei Flachdächern mit Spannweitenverhältnissen $l/h > 10$ ist in der Regel die genauere Berechnung durchzuführen.

8.5.4 Bei Trägern mit Vollholz- oder Plattenstegen ist der Durchsenkungsanteil aus der Schubverformung zu berücksichtigen. Bei Vollwandträgern genügt es dabei im allgemeinen, wenn kein genauerer Nachweis geführt wird, die rechnerische Durchsenkung aus der Schubverformung näherungsweise unter Annahme einer stellvertretenden, gleichmäßig verteilten Last zu ermitteln. Für Vollwandträger auf zwei Stützen mit gleichbleibendem Querschnitt darf diese Durchsenkung in Balkenmitte zu

$$\max f_\tau = \frac{q \cdot l^2}{8\,G \cdot A_{\text{Steg}}} \tag{46}$$

angenommen werden; mit G als Schubmodul des Stegmaterials.

Bei Durchlaufträgern darf der Anteil $\max f_\tau$ in gleicher Weise berechnet werden; wobei für l die gesamte Feldweite des betrachteten Feldes einzusetzen ist.

8.5.5 Bei Brettschichtholzträgern, zusammengesetzten Biegebauteilen und bei Fachwerkträgern ist in der Regel das **Gesamtsystem** parabelförmig zu überhöhen. Die Überhöhung soll mindestens der rechnerischen Durchbiegung aus Gesamtlast unter Berücksichtigung der Kriechverformungen entsprechen. Bei Konstruktionen mit nachgiebigen Verbindungsmitteln soll der Einfluß der Nachgiebigkeit berücksichtigt werden. Ohne Berechnung der Überhöhung muß mindestens um $l/300$, bei Verwendung von halbtrockenem oder frischem Holz mindestens um $l/200$, bei Kragträgern um $l/150$ überhöht werden. Bei Rahmen ist sinngemäß zu verfahren.

8.5.6 Bei auskragenden Bauteilen darf die rechnerische Durchbiegung der Kragenden die Werte in Tabelle 9, bezogen auf die Kraglänge, um 100 % überschreiten.

8.5.7 Bei Decken unter und über Wohn-, Büro- und ähnlichen Räumen sowie unter Fabrik- und Werkstatträumen darf die rechnerische Durchbiegung unter der Gesamtlast im allgemeinen höchstens $l/300$ betragen. Dies gilt in der Regel auch für Pfetten, Sparren und Balken im Bereich des oberen Raumabschlusses von Wohn-, Büro- und ähnlichen Räumen.

8.5.8 Bei Pfetten und Sparren, ferner bei Balken von Stalldecken, Scheunen und dergleichen sowie im landwirtschaftlichen Bauwesen auch bei Vollwand- und Fachwerkträgern ohne Überhöhung darf die rechnerische Durchbiegung unter der Gesamtlast $l/200$ betragen. Bei der Näherungsberechnung von Fachwerkträgern muß der Wert $l/400$ eingehalten werden.

8.5.9 Bei Stützen und Riegeln in den Außenwänden geschlossener Gebäude darf die rechnerische Durchbiegung unter horizontaler Last, z. B. unter Windlast nach DIN 1055 Teil 4, in der Regel nicht mehr als 1/200 der Stützweite betragen.

8.5.10 Die rechnerische Durchbiegung von Dach- und unmittelbar belasteten Deckenschalungen sowie von oberen Dach- und Deckenbeplankungen unter Gesamtlast darf höchstens $l/200$, jedoch nicht mehr als 10 mm, unter Eigenlast und Einzellast von 1 kN (Mannlast) höchstens $l/100$, jedoch nicht mehr als 20 mm betragen. Dabei darf der Durchbiegungsanteil aus der Schubverformung vernachlässigt werden. Bei Aussteifungsscheiben aus Holzwerkstoffen ist Abschnitt 10.3.1 zu beachten.

8.6 Stabilisierung biegebeanspruchter Bauteile

8.6.1 Biegebeanspruchte Bauteile müssen gegen seitliches Ausweichen gesichert sein.

Sind Träger mit Rechteckquerschnitt der Höhe h und der Breite b im Abstand s seitlich praktisch unverschieblich festgehalten, so darf für die Biegespannung aus einem in diesem Bereich konstant angenommenen Biegemoment M der Nachweis

$$\frac{\frac{M}{W}}{k_B \cdot 1{,}1 \cdot \text{zul}\,\sigma_B} \leq 1 \tag{47}$$

geführt werden, wobei für k_B einzusetzen ist:

$$k_B = \begin{cases} 1 & \text{für } \lambda_B \leq 0{,}75 & (48) \\ 1{,}56 - 0{,}75 \cdot \lambda_B & \text{für } 0{,}75 \leq \lambda_B \leq 1{,}4 & (49) \\ 1/\lambda^2_B & \text{für } \lambda_B > 1{,}4 & (50) \end{cases}$$

Dabei ist λ_B der Kippschlankheitsgrad.

$$\lambda_B = \sqrt{\frac{s \cdot h \cdot \gamma_1 \cdot \text{zul}\,\sigma_B}{\pi \cdot b^2 \cdot \sqrt{E_\parallel \cdot G_T}}} \tag{51}$$

Als Lasterhöhungsbeiwert ist für beide Lastfälle H und HZ $\gamma_1 = 2{,}0$ einzusetzen.

Ist bei Vollwandträgern mit I- oder Kastenquerschnitt der Druckgurt in einzelnen Punkten, deren Abstand s beträgt, seitlich praktisch unverschieblich festgehalten und der auf die maßgebende Schwerachse des Trägers bezogene Trägheitsradius i des Gurtquerschnittes größer als $s/40$, so darf ein weiterer Nachweis entfallen.

Ist $i < s/40$, so darf, sofern kein genauerer Nachweis geführt wird, die Schwerpunktsspannung des gedrückten Querschnittsteiles den Wert $k_S \cdot \text{zul}\,\sigma_k$ nicht überschreiten. Dabei ist zul σ_k nach Gleichung (59) zu ermitteln, wobei ω die dem Schlankheitsgrad $\lambda = s/i$ zugeordnete Knickzahl nach Tabelle 10 ist. Für k_S ist die zum Schlankheitsgrad $\lambda = 40$ zugehörige Knickzahl ω nach Tabelle 10 einzusetzen. Gegebenenfalls ist ef I nach den Gleichungen (35) bis (39) zu bestimmen (siehe auch Abschnitt 9.3.3.2).

Tabelle 9. **Zulässige Durchbiegungen von biegebeanspruchten Trägern**

Last	Ausführung mit Überhöhung nach Abschnitt 8.5.5			Ausführung ohne Überhöhung		
	BSH-Träger, zusammengesetzte Träger, Vollwandträger	Fachwerkträger [1)] Näherungsberechnung	Fachwerkträger [1)] genauere Berechnung	BSH-Träger, zusammengesetzte Träger, Vollwandträger	Fachwerkträger [1)] Näherungsberechnung	Fachwerkträger [1)] genauere Berechnung
Verkehrslast	$l/300$	$l/600$	$l/300$	–	–	–
Gesamtlast	$l/200$	$l/400$	$l/200$	$l/300$	$l/600$	$l/300$

1) Einschließlich einsinnig verbretterter Vollwandträger.

8.6.2 Anstelle des Nachweises nach Abschnitt 8.6.1 darf auch der Tragsicherheitsnachweis nach der Spannungstheorie II. Ordnung geführt werden. Die Nachgiebigkeit der Verbindungsmittel sowie die Kriechverformungen sind gegebenenfalls zu berücksichtigen.

Die Schnittgrößen sind für die γ_1-fachen Lasten zu ermitteln. Der Nachweis ausreichender Tragsicherheit ist erbracht, wenn an keiner Stelle des Biegeträgers die γ_1-fachen zulässigen Spannungen und die γ_1-fachen zulässigen Belastungen der Verbindungsmittel überschritten werden.

Bei im Grundriß planmäßig geraden Biegeträgern ist rechnerisch eine seitliche wahlweise sinus- oder parabelförmige Vorkrümmung der Stabachse zu berücksichtigen. Hierbei ist in Stabmitte eine rechnerische seitliche Ausmitte nach Gleichung (73) anzunehmen, wobei für s der Abstand der Kippaussteifungen einzusetzen ist. Zu den übrigen Bezeichnungen siehe Abschnitt 9.6.3.

In diesem Falle darf die Querschnittseckspannung aus nicht planmäßiger Doppelbiegung die zulässige Biegespannung nach Tabelle 5, Zeile 1, um 10% überschreiten. Der Nachweis für die einfache Biegung ist zusätzlich zu führen.

9 Bemessungsregeln für Druckstäbe

9.1 Knicklängen

9.1.1 Ist der Druckstab an den Enden durch abstützende Bauteile (wie Verbände, Scheiben oder dergleichen) gegen seitliches Ausweichen gesichert, so ist eine gelenkige Lagerung beider Stabenden anzunehmen. Ist der Druckstab in Zwischenpunkten gegen festliegende andere Punkte abgestützt, darf als Knicklänge für das Ausknicken in der Richtung, in der die Abstützung wirksam ist, der Abstand der Abstützung in Rechnung gestellt werden. Sind diese Voraussetzungen nicht erfüllt, so sind entsprechend größere Knicklängen in Rechnung zu stellen. Für Druckgurte von Vollwandträgern siehe auch Abschnitt 8.6.

9.1.2 Als Knicklänge der Gurtstäbe von Fachwerken ist für das Knicken **in** der Fachwerkebene in der Regel die Länge der Netzlinie einzusetzen. Bei Füllstäben darf mit $s_k = 0{,}8 \cdot s$ gerechnet werden; mit s als Länge ihrer Netzlinie. Ist ein Füllstab jedoch nur mittels Versatz oder durch Dübel mit einem Bolzen oder nur durch Bolzen angeschlossen, so gilt $s_k = s$.

Für das Knicken **aus** der Fachwerkebene ist als Knicklänge bei Gurtstäben der Abstand der Queraussteifungen und bei Füllstäben stets die Länge der Netzlinie einzusetzen.

Hierzu siehe auch Abschnitt 10.5.

9.1.3 Die Knicklänge der Sparren von Kehlbalkenbindern darf für das Knicken **in** der Systemebene näherungsweise, wenn kein genauerer Nachweis geführt wird, bei verschieblichem Kehlbalken zu $s_k = 0{,}8 \cdot s$ angenommen werden, wenn die Länge s_u des unteren Sparrenabschnittes kleiner als $0{,}7 \cdot s$, aber größer als $0{,}3 \cdot s$ ist; hierin ist s die gesamte Sparrenlänge. Andernfalls ist mit $s_k = s$ zu rechnen. Bei unverschieblichem Kehlbalken darf die Knicklänge mit $s_k = s_u$ bzw. s_o angenommen werden. Dabei ist der Nachweis mit der jeweils größten Druckkraft im unteren bzw. oberen Sparrenabschnitt zu führen.

Für das Knicken **aus** der Systemebene ist der Abstand der Queraussteifungen maßgebend.

Hierzu siehe Abschnitt 10.5.

9.1.4 Bei Stützen von Rahmen mit Fachwerkriegeln nach Bild 19 ist näherungsweise, wenn kein genauerer Nachweis geführt wird, für Knicken **in** der Rahmenebene die Knicklänge mit

$$s_k = 2\,h_u \cdot \left(1 + 0{,}35\,\frac{h_o}{h_u}\right) \qquad (52)$$

einzusetzen. Dabei ist der Nachweis so zu führen, als ob die größere der beiden Stabkräfte N_o und N_u über die gesamte Länge $h = h_o + h_u$ auftreten würde.

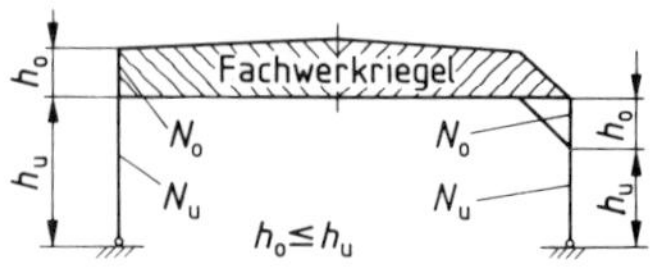

Bild 19. Zweigelenkrahmen mit Fachwerkriegel

9.1.5 Für Drei- und Zweigelenkbogen nach Bild 20 mit einem Pfeilverhältnis f/l zwischen 0,15 und 0,5 und wenig veränderlichem Querschnitt darf, wenn kein genauerer Nachweis geführt wird, für das Ausknicken **in** der Bogenebene die Knicklänge mit

$$s_k = 1{,}25 \cdot s \qquad (53)$$

eingesetzt werden; mit s als halbe Bogenlänge.

Hierbei ist für den Knicknachweis die Druckkraft im Viertelspunkt anzunehmen.

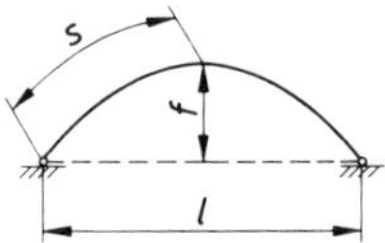

Bild 20. Bogensystem

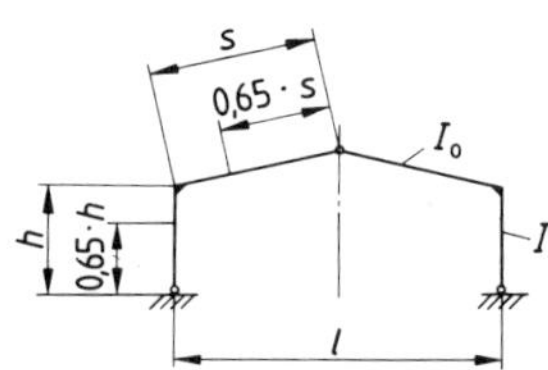

Bild 21. Rahmensystem

9.1.6 Bei symmetrischen Zwei- und Dreigelenkrahmen nach Bild 21 darf für das Knicken **in** der Binderebene, wenn kein genauerer Nachweis geführt wird, die Knicklänge des Stieles mit

$$s_k = 2\,h \cdot \sqrt{1 + 0{,}4\,c} \qquad (54)$$

angenommen werden. Dabei ist

$$c = \frac{I \cdot 2s}{I_o \cdot h} \qquad (55)$$

Hierin bedeuten:

I Flächenmoment 2. Grades des Stieles
I_o Flächenmoment 2. Grades des Riegels
h Stielhöhe
s Riegellänge.

Die Knicklänge des Riegels darf, sofern kein genauerer Nachweis geführt wird, mit

$$s_k = 2\,h \cdot \sqrt{1 + 0{,}4\,c} \cdot \sqrt{k_R} \qquad (56)$$

angenommen werden. Dabei ist

$$k_R = \frac{I_o \cdot N}{I \cdot N_o} \qquad (57)$$

Hierin bedeuten:

N mittlere Stabkraft des Stieles
N_o mittlere Stabkraft des Riegels.

Sind die Flächenmomente 2. Grades veränderlich, so darf mit den in 0,65 · h bzw. 0,65 · s vorhandenen Flächenmomenten 2. Grades gerechnet werden, aus denen auch die Trägheitsradien i mit den dort vorhandenen Querschnittsflächen zu ermitteln sind.

Beim Stabilitätsnachweis nach Gleichung (72) sind jeweils die im betrachteten Rahmenteil auftretenden Werte max N und max M einzusetzen.

9.1.7 Der Einfluß der Nachgiebigkeit der Verbindungen auf die Knicklänge ist erforderlichenfalls zu berücksichtigen.

9.1.8 Bei Fachwerkrahmen ist für das Knicken **aus** der Rahmenebene für die inneren gedrückten Stäbe der Rahmenstiele als Knicklänge der Abstand zwischen dem Fußpunkt und der Unterkante der Dachhaut anzunehmen, wenn der innere Rahmeneckpunkt seitlich nicht gehalten ist. Dabei ist zusätzlich eine Seitenkraft von 1/100 der größten, im inneren Rahmeneckpunkt einlaufenden Stabkraft an dieser Stelle zu berücksichtigen.

9.2 Schlankheitsgrad

Bei einteiligen Druckstäben sind Schlankheitsgrade bis $\lambda = 150$ zulässig, bei zusammengesetzten nicht verleimten Druckstäben bis ef $\lambda = 175$, bei Verbandsstäben sowie bei Zugstäben, die nur aus Zusatzlasten geringfügige Druckkräfte erhalten, bis $\lambda = 200$.

Bei Fliegenden Bauten (siehe DIN 4112) sind für Druckstäbe unter vorwiegend ruhender Beanspruchung Schlankheitsgrade bis $\lambda = 200$ zulässig. Zeltstangen zur Minderung des freien Durchhanges der Zeltplane dürfen Schlankheitsgrade bis $\lambda = 250$ haben.

9.3 Mittiger Druck

9.3.1 Allgemeines

Für planmäßig gerade, mittig gedrückte Stäbe ist der Knicknachweis nach den Abschnitten 9.3.2 bis 9.3.3.4 und, soweit Querschnittsschwächungen nach Abschnitt 6.4 nur im Bereich der Krafteinleitung vorhanden sind, der gewöhnliche Spannungsnachweis zu führen.

9.3.2 Knicknachweis für einteilige Stäbe

Bei einteiligen Stäben muß

$$\frac{\frac{N}{A}}{\text{zul}\,\sigma_k} \leq 1 \qquad (58)$$

sein. Hierbei ist

$$\text{zul}\,\sigma_k = \frac{\text{zul}\,\sigma_{D\parallel}}{\omega} \qquad (59)$$

Hierin bedeuten:

N größte im Stab auftretende Druckkraft

A ungeschwächter Stabquerschnitt

zul $\sigma_{D\parallel}$ zulässige Druckspannung nach Tabelle 5, Zeile 4, bzw. Tabelle 6, Zeile 4, unter Berücksichtigung der Abschnitte 5.1.6, 5.1.7 und 5.1.9 bzw. 5.2.3

ω vom Schlankheitsgrad λ abhängige Knickzahl nach Tabelle 10; Zwischenwerte dürfen geradlinig interpoliert werden

λ maßgebender Schlankheitsgrad des Stabes, d. h. der größere der beiden Verhältniswerte $\lambda_y = s_{ky}/i_y$ und $\lambda_z = s_{kz}/i_z$, dabei sind s_{ky} und s_{kz} die Knicklängen des Stabes für das Ausknicken rechtwinklig zu den jeweiligen Schwerachsen (siehe Abschnitt 9.1) und i_y bzw. i_z die zugehörigen Trägheitsradien.

9.3.3 Knicknachweis für mehrteilige Stäbe

9.3.3.1 Allgemeines

Bei mehrteiligen Stäben muß zwischen nicht gespreizten (Querschnittstypen nach Tabelle 8) und gespreizten (Bauarten nach Bild 22) zusammengesetzten Stäben unterschieden werden (Spreizung = lichter Abstand a/Einzelstabdicke h_1), ferner auch zwischen den Richtungen des Ausknickens (rechtwinklig zur y- bzw. z-Achse).

Bei nicht gespreizten Stäben mit Querschnitten nach Typ 1, Typ 4 und Typ 5 (siehe Tabelle 8) und bei gespreizten Stäben ist der mehrteilige Stab für das Ausknicken rechtwinklig zur Schwerachse z – z wie ein einteiliger Stab zu berechnen, dessen Flächenmoment 2. Grades I_z gleich der Summe der Flächenmomente 2. Grades der Einzelstäbe ist:

$$I_z = \sum_{i=1}^{n} I_{zi} \qquad (60)$$

Hierin ist I_{zi} das Flächenmoment 2. Grades des Einzelstabes, bezogen auf die Schwerachse z – z der Querschnittsfläche. Bestehen die Einzelstäbe aus unterschiedlichen Werkstoffen, gilt Abschnitt 9.3.3.2 sinngemäß.

Bei nicht gespreizten und bei gespreizten Stäben darf für das Ausknicken rechtwinklig zur Schwerachse y – y nicht in jedem Fall mit einem vollen Zusammenwirken der Einzelstäbe gerechnet werden. Der Knicknachweis ist dann mit dem wirksamen Schlankheitsgrad ef $\lambda < \lambda_{starr}$ zu führen.

Bei nicht gespreizten Stäben mit Querschnitten nach Typ 2 und Typ 3 (siehe Tabelle 8) gilt dies auch für das Ausknicken rechtwinklig zur Schwerachse z – z.

9.3.3.2 Zusammengesetzte, nicht gespreizte Stäbe mit kontinuierlicher Verbindung (Querschnittstypen nach Tabelle 8)

Bei verleimten Stäben darf $\lambda = \lambda_{starr}$ und $I = I_{starr}$ gesetzt werden. Dabei ist I_{starr} sinngemäß mit den Gleichungen (35) und (39) mit $\gamma_i = 1$ zu berechnen.

Bei nachgiebigen Verbindungsmitteln ist ef I gegebenenfalls wie bei zusammengesetzten Biegeträgern nach den Gleichungen (35) bis (39) zu bestimmen, wobei anstelle der Stützweite l die maßgebende Knicklänge s_k (siehe Abschnitt 9.1) einzuführen ist (C-Werte nach Abschnitt 8.3.1). Mit ef I wird der wirksame Schlankheitsgrad ef λ berechnet und die dem wirksamen Schlankheitsgrad ef λ zugehörige Knickzahl Tabelle 10 entnommen. Bei Verwendung unterschiedlicher Werkstoffe ist, sofern kein genauerer Nachweis geführt wird, die jeweils größte Knickzahl maßgebend.

Bei Stäben mit einfach-symmetrischem Querschnitt nach Typ 5 (siehe Tabelle 8) muß für alle Querschnittsteile

$$\frac{\frac{N}{\bar{A}} \cdot n_i}{\text{zul}\,\sigma_k} \leq 1 \qquad (61)$$

sein, mit

$$\bar{A} = \sum_{i=1}^{3} n_i \cdot A_i \qquad (62)$$

Hierbei ist zul σ_k für den jeweiligen Querschnittsteil nach Gleichung (59) zu berechnen. Bei Stäben mit Querschnitten nach Typ 1 bis Typ 4 (siehe Tabelle 8) ist sinngemäß zu verfahren.

Die Verbindungsmittel sind in der Regel für eine über die ganze Stablänge als wirksam angenommene Querkraft von

$$Q_i = \frac{\text{ef}\,\omega \cdot N}{60} \qquad (63)$$

zu bemessen. Für ef $\lambda < 60$ darf dieser Wert mit dem Faktor ef λ/60, jedoch höchstens mit 0,5 abgemindert werden.

Hierin bedeuten:

ef ω die dem wirksamen Schlankheitsgrad ef λ zugehörige Knickzahl nach Tabelle 10

N Druckkraft des Stabes.

Tabelle 10. **Knickzahlen** ω

Schlankheitsgrad	Vollholz aus Nadelhölzern nach Tabelle 1, Zeile 1	Brettschichtholz aus Nadelhölzern nach Tabelle 1, Zeile 1		Vollholz aus Laubhölzern nach Tabelle 1			Bau-Furniersperrholz nach DIN 68 705 Teil 3 und Teil 5, Druckkraft parallel zur Faserrichtung der Deckfurniere		Flachpreßplatten nach DIN 68 763	
	Güteklasse	Güteklasse		Holzartgruppe			Lagenanzahl		Plattendicke mm	
λ	I bis III	I	II	A	B	C	3	≥ 5	≤ 25	> 25
0	1,00	1,00	1,00	1,00	1,00	1,00	1,00	1,00	1,00	1,00
10	1,04	1,00	1,00	1,04	1,03	1,03	1,02	1,01	1,03	1,02
20	1,08	1,00	1,00	1,08	1,08	1,07	1,05	1,04	1,07	1,07
30	1,15	1,00	1,00	1,15	1,15	1,15	1,11	1,12	1,15	1,16
40	1,26	1,03	1,03	1,25	1,27	1,29	1,22	1,28	1,28	1,34
50	1,42	1,13	1,11	1,40	1,45	1,50	1,38	1,54	1,49	1,61
60	1,62	1,28	1,25	1,59	1,69	1,79	1,61	1,91	1,78	1,99
70	1,88	1,51	1,45	1,83	2,00	2,17	1,92	2,53	2,15	2,48
80	2,20	1,92	1,75	2,13	2,38	2,67	2,30	3,30	2,60	3,24
90	2,58	2,43	2,22	2,48	2,87	3,38	2,87	4,18	3,22	4,10
100	3,00	3,00	2,74	2,88	3,55	4,17	3,55	5,16	3,98	5,07
110	3,63	3,63	3,32	3,43	4,29	5,05	4,29	6,24	4,82	6,13
120	4,32	4,32	3,95	4,09	5,11	6,01	5,11	7,43	5,73	7,30
130	5,07	5,07	4,63	4,79	5,99	7,05	5,99	8,72	6,73	8,56
140	5,88	5,88	5,37	5,56	6,95	8,18	6,95	10,11	7,80	9,93
150	6,75	6,75	6,17	6,38	7,98	9,39	7,98	11,61	8,96	11,40
160	7,68	7,68	7,02	7,26	9,08	10,68	9,08	13,20	10,19	12,97
170	8,67	8,67	7,92	8,20	10,25	12,06	10,25	14,91	11,50	14,64
175	9,19	9,19	8,39	8,69	10,86	12,78	10,86	15,80	12,19	15,52
180	9,72	9,72	8,88	9,19	11,49	13,52	11,49	16,71	12,90	16,41
190	10,83	10,83	9,89	10,24	12,80	15,06	12,80	18,62	14,37	18,29
200	12,00	12,00	10,96	11,35	14,18	16,69	14,18	20,63	15,92	20,26
210	13,23	13,23	12,08	12,51	15,64	18,40	15,64	22,75	17,55	22,34
220	14,52	14,52	13,26	13,73	17,16	20,19	17,16	24,97	19,27	24,52
230	15,87	15,87	14,50	15,01	18,76	22,07	18,76	27,29	21,06	26,80
240	17,28	17,28	15,78	16,34	20,43	24,03	20,43	29,71	22,93	29,18
250	18,75	18,75	17,13	17,73	22,16	26,08	22,16	32,24	24,88	31,66

Die Berechnung des Schubflusses ef t und des erforderlichen Abstandes $e'_{1,3}$ der Verbindungsmittel erfolgt nach den Gleichungen (40) und (41).

9.3.3.3 Mehrteilige gespreizte Stäbe (Rahmen- und Gitterstäbe)

Für das Ausknicken rechtwinklig zur Schwerachse y – y ist bei Rahmenstäben nach Bild 22a bis Bild 22e der wirksame Schlankheitsgrad

$$\text{ef } \lambda = \sqrt{\lambda_y^2 + \frac{m}{2} \cdot c \cdot \lambda_1^2} \qquad (64)$$

zu berechnen.

Hierin bedeuten:

$\lambda_y = s_{ky}/i_y$ rechnerischer Schlankheitsgrad des Gesamtquerschnittes, der Trägheitsradius i_y wird dabei aus dem vollen Flächenmoment 2. Grades $I_{y,\,starr}$ des Gesamtquerschnittes, bezogen auf die Schwerachse y – y, ermittelt

m Anzahl der Einzelstäbe

c Faktor je nach Ausbildung der Querverbindung nach Tabelle 11

$\lambda_1 = s_1/i_1$ Schlankheitsgrad des Einzelstabes für die zur Schwerachse y – y parallele Schwerachse.

Als Knicklänge s_1 des Einzelstabes ist der Mittenabstand der Querverbindungen zugrunde zu legen. λ_1 darf nicht größer als 60 und s_1 höchstens ⅓ s_{ky} sein.

Für Achsabstände der Querverbindungen $s_1 < 30 \cdot i_1$ ist beim Knicknachweis $\lambda_1 = 30$ in Gleichung (64) einzusetzen.

Werden Zwischenhölzer nur mit Bolzen angeschlossen, so darf mit $c = 3{,}0$ gerechnet werden, wenn es sich um Bauteile für Fliegende Bauten nach DIN 4112 oder für Gerüste handelt. Dabei muß ein Nachziehen der Bolzen möglich sein. In allen anderen Fällen sind verbolzte mehrteilige Druckstäbe als aus nicht zusammenwirkenden Einzelstäben bestehend zu berechnen.

Bei großen Spreizungen sind Gitterstäbe nach Bild 22f und Bild 22g den Rahmenstäben mit Bindehölzern vorzuziehen. Der wirksame Schlankheitsgrad ef λ ist hierfür nach Gleichung (64) zu ermitteln, wobei statt $c \cdot \lambda_1^2$ bei Vergitterung nach Bild 22f die Hilfsgröße

$$\frac{4\pi^2 \cdot E \cdot A_1}{a_1 \cdot n_D \cdot C_D \cdot \sin 2\alpha} \qquad (65)$$

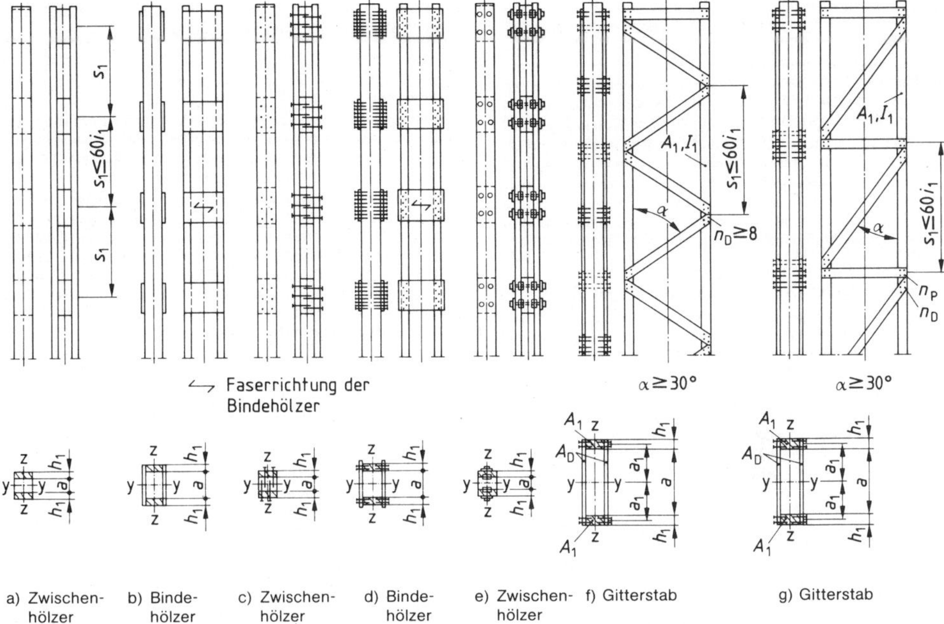

a) Zwischenhölzer verleimt b) Bindehölzer verleimt c) Zwischenhölzer genagelt d) Bindehölzer genagelt e) Zwischenhölzer gedübelt f) Gitterstab g) Gitterstab

Bild 22. Bauarten von Rahmen- (a bis e) und Gitterstäben (f und g)

und bei Vergitterung nach Bild 22g die Hilfsgröße

$$\frac{4\pi^2 \cdot E \cdot A_1}{a_1 \cdot \sin 2\,\alpha} \cdot \left[\frac{1}{n_D \cdot C_D} + \frac{\sin^2 \alpha}{n_p \cdot C_P}\right] \qquad (66)$$

zu setzen ist.

Hierin bedeuten:

A_1 Querschnitt des Einzelstabes

C_D C_P Verschiebungsmodul der für den Anschluß der Streben bzw. Pfosten verwendeten Verbindungsmittel nach Tabelle 8

α Strebenneigungswinkel

n_D n_P Gesamtanzahl der Verbindungsmittel, mit denen die Gesamtstabkraft der Streben bzw. Pfosten angeschlossen ist.

Tabelle 11. **Faktor c für Rahmenstäbe** nach Bild 22a bis Bild 22e

Art der Querverbindung	Verbindungsmittel	Faktor c
Zwischenhölzer	Leim	1,0
	Dübel	2,5
	Nägel, Holzschrauben, Klammern und Stabdübel	3,0
Bindehölzer	Leim	3,0
	Nägel, Holzschrauben und Klammern	4,5

9.3.3.4 Bauliche Ausbildung und Berechnung der Querverbindungen

Alle Zwischen- und Bindehölzer, die Ausfachungen sowie ihre Anschlüsse sind für die in Abschnitt 9.3.3.2, Gleichung (63) angegebene Querkraft Q_i zu bemessen.

Bei Rahmenstäben mit Zwischenhölzern nach den Bildern 22a, c und e, die in der Regel bei Spreizungen $a/h_1 \leq 3$ in Frage kommen, und bei Rahmenstäben mit Bindehölzern (siehe Bilder 22b und d) bei Spreizungen > 3 bis höchstens 6 entfällt auf eine solche Querverbindung eine Schubkraft T (siehe Bild 23), deren Wert, wenn kein genauerer Nachweis geführt wird,

beim zweiteiligen Stab ($m = 2$) mit

$$T = \frac{Q_i \cdot s_1}{2\,a_1} \qquad (67)$$

beim dreiteiligen Stab ($m = 3$) mit

$$T = \frac{0{,}5 \cdot Q_i \cdot s_1}{2\,a_1} \qquad (68)$$

beim vierteiligen Stab ($m = 4$) mit

$$T' = \frac{0{,}4 \cdot Q_i \cdot s_1}{2\,a_1} \qquad (69)$$

$$T'' = \frac{0{,}3 \cdot Q_i \cdot s_1}{2\,a_1} \qquad (70)$$

angenommen werden darf.

Die Felderanzahl der Rahmenstäbe muß ≥ 3 sein, so daß die Querverbindungen zumindest in den Drittelspunkten der Stablängen anzuordnen sind. Rahmen- und Gitterstäbe müssen außerdem an den Enden Querverbindungen erhalten, wenn sie nicht durch mindestens zwei hintereinanderliegende Dübel oder vier in einer Nagelreihe hintereinanderliegende Nägel angeschlossen sind.

Jede einzelne Querverbindung ist mindestens durch zwei Dübel oder vier Nägel an jeden Einzelstab anzuschließen. Bei verleimten Zwischenhölzern soll die Länge eines Zwischenholzes mindestens doppelt so groß sein wie der lichte Abstand der Einzelstäbe. Die Aufnahme des Biegemomentes aus der Schubkraft T braucht bei Zwischenhölzern nicht nachgewiesen zu werden, solange die Spreizung $a/h_1 \leq 2$ ist.

Bei Gitterstäben nach Bild 22f und Bild 22g ist der Querverband für die mit der ideellen Querkraft Q_i nach Gleichung (63) bestimmten Gesamtstrebenkraft ($N_D = Q_i/\sin\alpha$) bzw. Gesamtpfostenkraft ($N_P = Q_i$) zu bemessen. Jeder Einzelstab des Querverbandes ist mit mindestens vier einschnittigen Nägeln anzuschließen (siehe auch DIN 1052 Teil 2, Abschnitt 6.2.1).

9.4 Ausmittiger Druck (Druck und Biegung)

Stäbe, deren Druckkraft ausmittig an einem planmäßigen Hebelarm angreift oder deren Achse schon im lastfreien Zustand eine planmäßig festgelegte Krümmung hat, oder Stäbe, die außer durch eine Druckkraft noch zusätzlich quer zur Stabachse beansprucht werden, gelten als planmäßig ausmittig gedrückte Stäbe.

Für derartige Stäbe ist zuerst die gewöhnliche Spannungsuntersuchung auf Druck und Biegung ohne Berücksichtigung des Einflusses der Ausbiegung durchzuführen:

$$\frac{\frac{N}{A_n}}{\text{zul}\,\sigma_{D\parallel}} + \frac{\frac{M}{W_n}}{\text{zul}\,\sigma_B} \leq 1 \qquad (71)$$

Hierbei sind für zul $\sigma_{D\parallel}$ bzw. zul σ_B die maßgebenden Werte in den Tabellen 5 bzw. 6 unter Berücksichtigung der Abschnitte 5.1 und 5.2 einzusetzen. Querschnittsschwächungen sind nach Abschnitt 6.4 zu berücksichtigen.

Sodann ist, falls kein genauerer Nachweis erfolgt, der Stabilitätsnachweis nach der Gleichung

$$\frac{\frac{N}{A}}{\text{zul}\,\sigma_k} + \frac{\frac{M}{W}}{k_B \cdot 1{,}1 \cdot \text{zul}\,\sigma_B} \leq 1 \qquad (72)$$

zu führen, wobei zul σ_k nach Gleichung (59) zu ermitteln ist; dabei ist für ω stets der größte Wert ohne Rücksicht auf die Richtung der Ausbiegung einzusetzen. k_B ist nach den Gleichungen (48) bis (50) zu berechnen.

Bei zusammengesetzten Stäben mit nachgiebigen Verbindungsmitteln ist der Betrag der Biegespannung nach Abschnitt 8.3 unter Berücksichtigung des wirksamen Flächenmomentes 2. Grades ef I zu berechnen. Rahmen- und Gitterstäbe nach Bild 22 sollen in der Regel nur zentrisch belastet werden. Rechtwinklig zur stofffreien Achse dürfen derartige Stäbe nur aus Wind- oder sonstigen Zusatzlasten, deren Wirkung nachzuweisen ist, beansprucht werden.

9.5 Stöße

Bei Stößen von planmäßig mittig beanspruchten Druckstäben, die als Kontaktstöße (Paßstöße) gegebenenfalls unter Anwendung geeigneter Hilfsmittel hergestellt sind, genügt es, die verbundenen Teile durch Laschen in ihrer gegenseitigen Lage zu sichern. Dies ist aber nur zulässig in den äußeren Viertelteilen der Knicklänge. Dabei sind die Verbindungsmittel für die halbe Druckkraft (ohne Knickzahl) nachzuweisen.

In allen anderen Fällen sind die Flächenmomente 2. Grades des Druckstabes in beiden Richtungen voll durch die Stoßdeckung zu ersetzen und die ganze Druckkraft durch die Verbindungsmittel aufzunehmen. Erforderlichenfalls ist die Nachgiebigkeit der Verbindungsmittel an der Stoßstelle zu berücksichtigen.

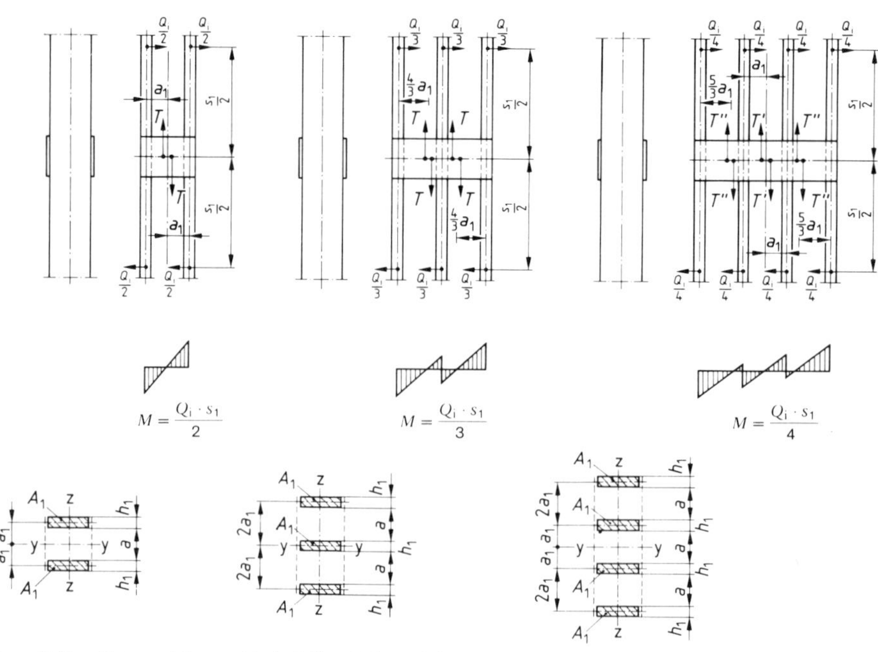

Bild 23. Annahmen über die Angriffspunkte der Quer- und Schubkräfte bei mehrteiligen Rahmenstäben (Beispiel: Rahmenstäbe mit Bindehölzern)

9.6 Tragsicherheitsnachweis nach der Spannungstheorie II. Ordnung

9.6.1 Anstelle der Knicksicherheitsnachweise nach den Abschnitten 9.1 bis 9.4 darf für Tragsysteme, die in ihrer Ebene nicht durch Verbände, Scheiben oder dergleichen ausgesteift sind, z. B. Rahmensysteme nach Bild 25, auch der Tragsicherheitsnachweis nach der Spannungstheorie II. Ordnung geführt werden. Es ist ausreichend, wenn **einer** der beiden Nachweise geführt wird.

Die Nachgiebigkeit der Verbindungsmittel sowie die Kriechverformungen sind gegebenenfalls zu berücksichtigen.

Es darf ein linearer Zusammenhang zwischen der Steifigkeit des Tragwerkes und seiner Verformung zugrunde gelegt werden.

Die Biege-, Dehn- und Schubsteifigkeiten sind mit den Elastizitäts- und Schubmoduln nach den Tabellen 1 bis 3 zu ermitteln, die Federsteifigkeiten nachgiebiger Anschlüsse mit den 0,8fachen Werten der Verschiebungsmoduln nach DIN 1052 Teil 2, Abschnitt 13.

Die Kriechzahl darf nach Abschnitt 4.3 bestimmt werden. Erforderlichenfalls ist ein angemessener Anteil der Verkehrslast als ständig wirkend anzunehmen.

9.6.2 Die Schnittgrößen nach der Theorie II. Ordnung sind für die γ_1- bzw. γ_2-fachen Lasten zu ermitteln. Dabei sind Vorverformungen nach den Abschnitten 9.6.3 bis 9.6.6 zu berücksichtigen. Die Kriechverformungen dürfen als zusätzliche Vorverformungen in Rechnung gestellt werden.

Der Nachweis ausreichender Tragsicherheit ist erbracht, wenn folgende Bedingungen eingehalten werden:

a) Unter γ_1-fachen Lasten dürfen an keiner Stelle des Stabwerkes die γ_1-fachen zulässigen Spannungen nach Abschnitt 5 und die γ_1-fachen zulässigen Belastungen der Verbindungsmittel nach DIN 1052 Teil 2 überschritten werden.

b) Unter γ_2-fachen Lasten dürfen die maßgebenden Verformungen nicht mehr als die 4,5fachen Werte der entsprechenden Verformungen unter γ_1-fachen Lasten annehmen. Als maßgebende Verformungen gelten dabei im allgemeinen die Höchstwerte von Horizontalverschiebungen und Durchbiegungen.

c) Der kleinste Trägheitsradius des Einzelstabes in Tragwerksebene muß mindestens 1/150, bei zusammengesetzten nicht verleimten Stäben 1/175, bei Verbandsstäben und bei Zugstäben, die nur durch Zusatzlasten geringfügige Kräfte erhalten, 1/200 der Stablänge betragen.

Als Lasterhöhungsbeiwerte sind für beide Lastfälle H und HZ $\gamma_1 = 2{,}0$ und $\gamma_2 = 3{,}0$ einzusetzen.

9.6.3 Bei planmäßig geraden, mittig gedrückten Stäben ist im Hinblick auf baupraktisch unvermeidbare Imperfektionen rechnerisch eine wahlweise sinus- oder parabelförmige Vorkrümmung der Stabachse zu berücksichtigen. Hierbei ist in Stabmitte eine rechnerische Ausmitte

$$e = \eta \cdot k \cdot \frac{s}{i} \qquad (73)$$

anzusetzen (siehe Bild 24).

Hierin bedeuten:

e ungewollte Ausmitte der Stabachse bei unbelastetem Stab

s Netzlänge des Stabes

i k Trägheitsradius bzw. Kernweite des Querschnittes, bei zusammengesetzten Stäben ohne Berücksichtigung etwaiger Nachgiebigkeiten der Verbindungsmittel

η Vorkrümmungsbeiwert

$\eta = 0{,}003$ für Stäbe aus Brettschichtholz

$\eta = 0{,}006$ für Vollholz – Stäbe aus Nadelholz der Güteklassen I und II sowie aus Laubholz mittlerer Güte.

Für k ist bei unsymmetrischen Querschnitten der größere Wert einzusetzen.

9.6.4 Bei Rahmentragwerken ist zusätzlich eine ungewollte Schrägstellung der Stiele des unbelasteten Tragwerkes in ungünstigster Richtung zu berücksichtigen. Entsprechendes gilt auch für einzelne Stützen und Stützenreihen (siehe Bild 25).

Hierbei ist als rechnerische Abweichung von der Sollage des Stieles anzusetzen

$$\psi = \pm \frac{1}{100 \cdot \sqrt{h}} \qquad (74)$$

Darin ist h die Stiel- oder Stützenhöhe in m, bei mehrgeschossigen Rahmen die gesamte Tragwerkshöhe.

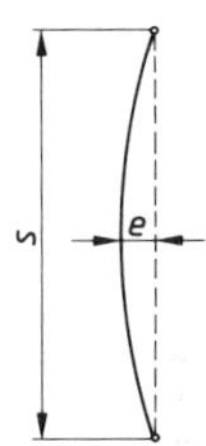

Bild 24. Stab mit ungewollter Ausmitte e im unbelasteten Zustand

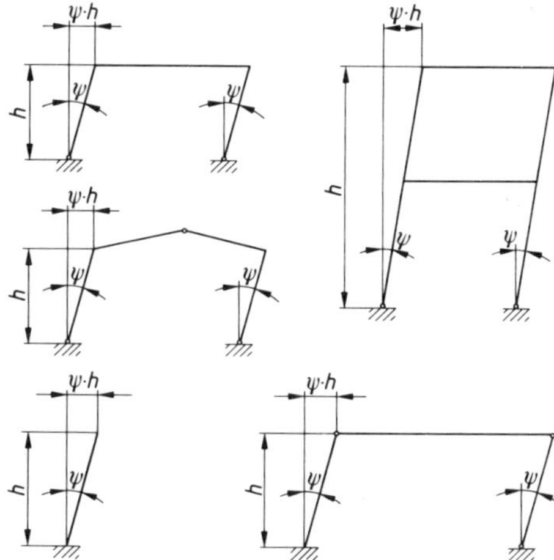

Bild 25. Rahmensysteme, Einzelstützen und Stützenreihen mit ungewollter Schrägstellung der Stiele

9.6.5 Bei planmäßig ausmittig gedrückten Stäben ist die rechnerische Ausmitte e nach Gleichung (73) zusätzlich zu berücksichtigen. Dies ist nicht erforderlich, wenn die planmäßige Ausmitte M/N, bezogen auf den maßgebenden Querschnitt – am Stabende oder in Stabmitte –, mindestens $20 \cdot e$ beträgt.

9.6.6 Bei Rahmentragwerken, deren Stiele eine planmäßige Ausmitte $\frac{M}{N}$ in m aufweisen, die $\geq \frac{1}{5} \cdot \sqrt{h}$ (h in m) ist, braucht die Schrägstellung der Stiele nach Abschnitt 9.6.4 nicht angesetzt zu werden.

Entsprechendes gilt sinngemäß auch für einzelne Stützen und Stützenreihen.

9.6.7 Die Durchbiegungsnachweise nach Abschnitt 8.5 dürfen für den Gebrauchszustand nach Theorie I. Ordnung geführt werden.

10 Verbände, Scheiben, Abstützungen

10.1 Aussteifung von Druckgurten biegebeanspruchter Bauteile

Biegeträger sowie Druckgurte von Fachwerkträgern müssen gegen seitliches Ausweichen gesichert sein.

Bei Biegeträgern ist der Nachweis gegen seitliches Ausweichen nach Abschnitt 8.6 zu führen. Bei Fachwerkträgern ist der Nachweis für den gedrückten Gurt nach Abschnitt 9.3 unter Berücksichtigung des Abschnittes 9.1.2 oder gegebenenfalls nach Abschnitt 9.4 zu führen.

10.2 Bemessungsgrundlagen

10.2.1 Allgemeines

Wenn keine Einzelabstützungen gegen feste Punkte oder durch Stäbe, Halbrahmen oder dergleichen vorgenommen werden, müssen Aussteifungsträger, -scheiben oder -verbände angeordnet werden.

10.2.2 Druckgurte von Fachwerkträgern

Zur Bemessung der Aussteifungskonstruktion für Druckgurte von Fachwerkträgern ist, wenn ein genauerer Nachweis nicht geführt wird, eine gleichmäßig verteilte Seitenlast von

$$q_s = \frac{m \cdot N_{Gurt}}{30 \cdot l} \quad (75)$$

rechtwinklig zur Trägerebene nach beiden Richtungen wirkend anzunehmen.

Hierin bedeuten:

m Anzahl der auszusteifenden Druckgurte

N_{Gurt} mittlere Gurtkraft für den ungünstigsten Lastfall

l Stützweite der Aussteifungskonstruktion.

10.2.3 Biegeträger mit Rechteckquerschnitt

Zur Bemessung der Aussteifungskonstruktion für Biegeträger mit Rechteckquerschnitt, bei denen das Verhältnis Höhe zu Breite $\leq$ 10 ist, darf eine gleichmäßig verteilte Seitenlast von

$$q_s = \frac{m \cdot \max M}{350 \cdot l \cdot b} \quad (76)$$

rechtwinklig zur Trägerebene nach beiden Richtungen wirkend angenommen werden, wenn ein genauerer Nachweis nicht geführt wird. Dieser ist bei einem Seitenverhältnis $>$ 10 stets zu führen.

Hierin bedeuten:

m Anzahl der auszusteifenden Träger

max M maximales Biegemoment des Einzelträgers aus lotrechter Last

b Trägerbreite

l Stützweite der Aussteifungskonstruktion.

Die Aussteifungskonstruktion muß an die Druckgurte der Träger angeschlossen sein.

10.2.4 Gleichzeitige Wirkung von Wind- und Seitenlast

Für Bauteile in Konstruktionen, die zur Aussteifung von gedrückten Fachwerkgurten oder von Biegeträgern dienen und die Windlasten aufzunehmen haben, sind die Wirkungen aus der Seitenlast mit denen aus der vollen Windlast nach DIN 1055 Teil 4 zu überlagern, wenn die Stützweite $\geq$ 40 m ist; bei einer Stützweite $\leq$ 30 m genügt die Überlagerung mit den Wirkungen aus der halben Windlast. Dabei gelten die zulässigen Spannungen im Lastfall HZ. Für Stützweiten zwischen 30 m und 40 m darf geradlinig interpoliert werden. Unter der Wind- oder Seitenlast allein sind in diesen Bauteilen die zulässigen Spannungen im Lastfall H einzuhalten.

10.2.5 Durchbiegungsbeschränkungen und konstruktive Maßnahmen

Die rechnerische horizontale Ausbiegung der Aussteifungskonstruktion darf bei Anwendung der Gleichung (75) bzw. Gleichung (76) 1/1000 der Stützweite nicht überschreiten. Der Durchbiegungsnachweis ist in der Regel entbehrlich, wenn das Verhältnis Höhe zu Spannweite der Aussteifungskonstruktion $\geq$ 1/6 ist.

Mit Rücksicht auf die Verformungen der Konstruktionsteile zwischen den Aussteifungskonstruktionen und auf die Nachgiebigkeit der dort vorhandenen Verbindungsmittel sind bei Gebäudelängen über 25 m mindestens zwei Aussteifungskonstruktionen anzuordnen; jedoch soll deren lichter Abstand in der Regel 25 m nicht überschreiten, wenn kein genauerer Nachweis erfolgt.

10.3 Scheiben

10.3.1 Allgemeines

Scheiben nach den nachstehenden Festlegungen dürfen zur Aufnahme und Weiterleitung von vorwiegend ruhenden Lasten (einschließlich Windlasten) sowie Erdbebenkräften in Scheibenebene in Rechnung gestellt werden. Sie bestehen entweder aus Platten aus Holzwerkstoffen, die durch die mit ihnen kraftschlüssig verbundene Unterkonstruktion (z. B. Träger oder Binder mit Pfetten) zu einer Scheibe zusammengeschlossen werden, oder aus Tafeln, sofern die Stützweite nicht mehr als 30 m beträgt (siehe Abschnitt 11.3). Die Oberkanten der Unterkonstruktion sollen vorzugsweise in derselben Ebene liegen.

Sind parallel zur Spannrichtung einer Scheibe aus Holzwerkstoffen mehr als zwei nicht unterstützte Stöße vorhanden (siehe Bild 26), so ist die Scheibenstützweite l_s auf 12,50 m zu beschränken.

Die rechnerische Durchbiegung der Platten aus Holzwerkstoffen infolge vertikaler Flächenlast von $(g + s)$ bzw. $(g + p)$ darf 1/400 ihrer Stützweite nicht überschreiten.

10.3.2 Scheiben mit rechnerischem Nachweis

Beim Spannungsnachweis für Platten aus Holzwerkstoffen und für die Unterkonstruktion sind die Spannungen aus allen Beanspruchungen (d. h. einschließlich Scheibenbeanspruchung) zu berücksichtigen. Die zulässige Durchbiegung der Scheibe beträgt 1/1000 der Scheibenstützweite l_s.

10.3.3 Scheiben ohne rechnerischen Nachweis

Für die Mindestdicken der Platten aus Holzwerkstoffen gilt in Abhängigkeit von der Scheibenstützweite Tabelle 12. Ihre kleinste Seitenlänge muß mindestens 1,0 m betragen.

Für Scheibensysteme mit Seitenverhältnissen $h_s/l_s \geq 0{,}25$ darf ein Durchbiegungsnachweis entfallen.

Bei Einhaltung der in Tabelle 12 und Bild 26 angegebenen Ausführungsbedingungen und unter Beachtung der konstruktiven Anforderungen nach Abschnitt 10.3.1 ist ein rechnerischer Nachweis der Scheibenwirkung und der Durchbiegung in Scheibenebene nicht erforderlich. Beim Nachweis rechtwinklig zur Scheibenebene dürfen die Spannungen aus der Scheibenwirkung in den Holzwerkstoffen und der zugehörigen Unterkonstruktion vernachlässigt werden.

Der Nagelabstand nach Tabelle 12 in der zur Aussteifung in Rechnung gestellten Scheibenfläche ist konstant einzuhalten.

Für den Nagelabstand rechtwinklig zum Plattenrand (Plattenstoß auf Unterkonstruktion) gilt Bild 26.

Die Sparrenpfetten am Scheibenrand (siehe Bild 26) sind mindestens 1,5fach so breit wie die inneren Sparrenpfetten auszuführen.

Tabelle 12. **Ausführungsbedingungen für Scheiben ohne Nachweis**

Gleichmäßig verteilte Horizontallast q_h kN/m	Scheibenstützweite l_s m	Mindestdicken der Platten: Flachpreßplatten mm	Mindestdicken der Platten: Bau-Furniersperrholz mm	Erforderlicher Nagelabstand e für Nageldurchmesser 3,4 mm [1]) bei einer Scheibenhöhe h_s: $\geq 0{,}25\, l_s$ mm	$\geq 0{,}50\, l_s$ mm	$\geq 0{,}75\, l_s$ mm	$1{,}0\, l_s$ mm
$\leq 2{,}5$	≤ 25	19	12	60	120	180	200
$\leq 3{,}5$	≤ 30	22	12	40	90	130	180

[1]) Bei Verwendung anderer Nageldurchmesser bis 4,2 mm ist der erforderliche Nagelabstand e im Verhältnis der zulässigen Nagelbelastungen umzurechnen; der Nagelabstand darf 200 mm nicht überschreiten.

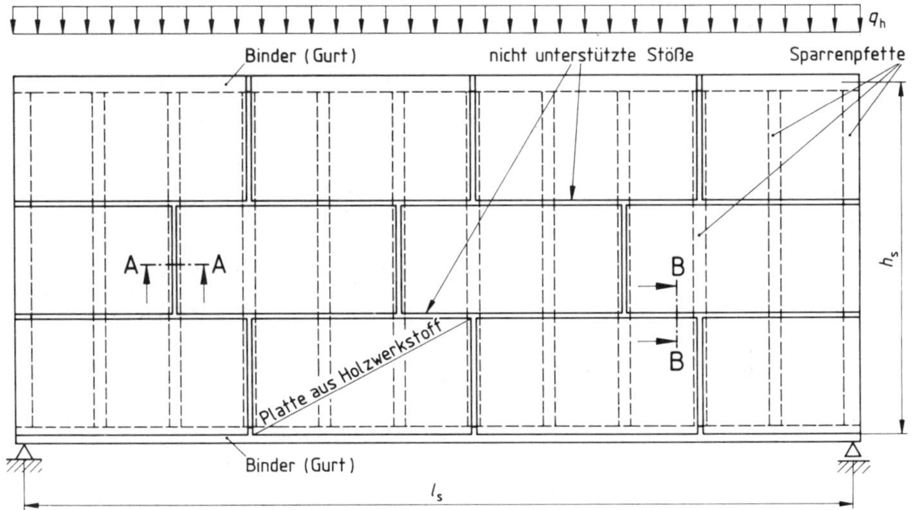

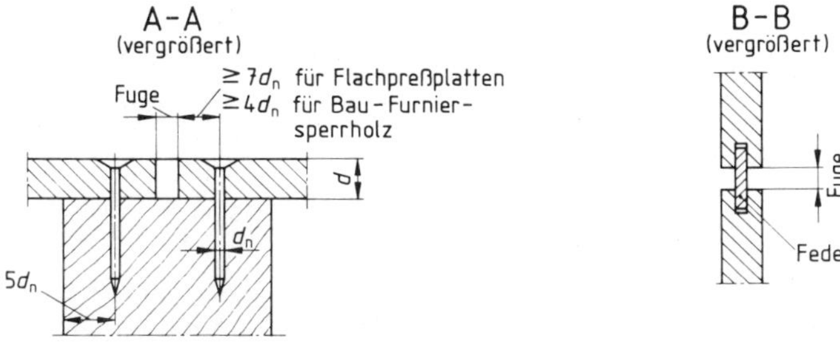

Unterstützter Plattenstoß

Nicht unterstützter Plattenstoß

Bild 26. Aussteifende Scheibe mit unterstützten Plattenstößen in Lastrichtung und nicht unterstützten Plattenstößen parallel zur Spannrichtung

10.4 Abstützung durch Dachlatten und Schalung

Dachlatten dürfen für die seitliche Stützung gedrückter Gurte nicht als ausreichend angesehen werden mit Ausnahme der seitlichen Stützung von knickgefährdeten Sparren und von Fachwerk-Obergurten mit mindestens 40 mm Breite bei Dächern bis zu 15 m Spannweite und einem maximalen Sparren- bzw. Binderabstand von 1,25 m, wenn die Querschnittshöhe der Sparren nicht mehr als das Vierfache der Querschnittsbreite beträgt.

Bei Dachbindern mit mindestens 40 mm breiten Gurten, bei denen die ständige Last weniger als 50% der Gesamtlast ausmacht, dürfen rechtwinklig zu den auszusteifenden Gurten verlaufende Dachschalungen aus Einzelbrettern zur seitlichen Abstützung herangezogen werden, wenn die Vernagelung des Einzelbrettes (Breite $b \geq 120$ mm) durch mindestens zwei Nägel mit jedem Gurt, auch an jedem Brettstoß, einwandfrei ausgeführt werden kann (siehe DIN 1052 Teil 2), der Binderabstand 1,25 m und die Binderspannweite 12,50 m nicht überschreiten und die Länge der Dachfläche mindestens das 0,8fache der Binderspannweite, aber höchstens 25 m, beträgt. Dabei sind die Brettstöße um mindestens zwei Binderabstände gegeneinander zu versetzen, und die Stoßbreite darf nicht mehr als 1,0 m betragen. Die Dachschalung ist hierbei kraftschlüssig mit den Windverbänden oder entsprechenden Konstruktionen zu verbinden.

Zur Aufnahme von parallel zur Lattung bzw. Brettrichtung wirkenden Windlasten sind gesonderte Verbände anzuordnen.

10.5 Einzelabstützungen zur Unterteilung der Knicklänge

Teile, welche ein Druckglied zur Unterteilung der Knicklänge in Zwischenpunkten nach Abschnitt 9.1.1 abstützen, sind in der Regel für eine Stützeinzellast bei Vollholz von

$$K = N/50 \qquad (77)$$

und bei Brettschichtholz von

$$K = N/100 \qquad (78)$$

zu bemessen. Hierin bedeutet N die größte Stabkraft (ohne Knickzahl) der an die Abstützung angrenzenden Druckstäbe.

Wird ein Teil zur Abstützung mehrerer Druckglieder herangezogen (siehe Bild 27), so müssen die entsprechenden Stützkräfte in den einzelnen Bereichen aufgenommen werden.

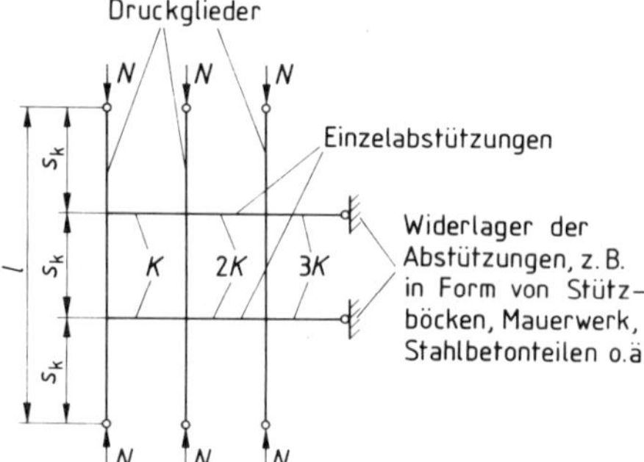

Bild 27. Einzelabstützung von Druckgliedern

Teile, welche ein Druckglied zur Unterteilung der Knicklänge nach Abschnitt 9.1.1 gegen einen Aussteifungsverband nach Abschnitt 10.2 abstützen, sind für die auf sie entfallende anteilige Seitenlast q_s, mindestens aber für **eine** Stützeinzellast nach Gleichung (77) bzw. Gleichung (78) zu bemessen und anzuschließen. Der ungünstigere Wert ist maßgebend.

11 Holztafeln

11.1 Allgemeines

11.1.1 Baustoffe, Mindestdicken und Querschnittsschwächungen

Für die Beplankung von Tafeln darf die Holzwerkstoffklasse 20 nach DIN 68 800 Teil 2 verwendet werden, sofern nicht aus Gründen des Holzschutzes andere Holzwerkstoffklassen erforderlich werden.

Bei Tafeln sind die in Tabelle 13 angegebenen Mindestdicken, örtliche Schwächungen ausgenommen, einzuhalten. Rippen aus Bauschnittholz müssen mindestens der Güteklasse II, Schnittklasse A nach DIN 4074 Teil 1 entsprechen. Sie müssen auf die Mindestdicke von 24 mm frei von Baumkanten sein. Bei Rippen unter Beplankungsstößen muß auf beiden Seiten des Stoßes die Scharfkantigkeit auf je 24 mm Dicke, bei verleimten Tafeln (ausgenommen Nagelpreßleimung) auf je 12 mm Dicke vorliegen.

Tabelle 13. **Mindestdicken bei Tafeln**

Baustoff	Mindestdicken für Rippen [1]) mm	Mindestdicken für Beplankungen mm
Bauschnittholz Brettschichtholz	24	–
Bau-Furniersperrholz	15	6
Flachpreßplatten	16	8

[1]) Querschnittsfläche für Bauschnittholz mindestens 14 cm^2, bei Holzwerkstoffen mindestens 10 cm^2.

Aussparungen in mittragenden Beplankungen dürfen beim Nachweis der Spannungen vernachlässigt werden, wenn auf einer Fläche von 2,5 m^2 einer Tafel die Gesamtfläche aller Aussparungen höchstens 300 cm^2 beträgt. Dabei darf die größte Ausdehnung der einzelnen Öffnung 200 mm nicht überschreiten; dieser Höchstwert gilt auch für die Summe aller Aussparungsbreiten innerhalb des Querschnittes einer Tafel.

11.1.2 Feuchtegehalt

Der Feuchtegehalt des Holzes darf bei der Herstellung der Tafeln 18%, für zu verleimende Teile 15% nicht überschreiten.

11.1.3 Tragende Verbindungen

Verbindungen mit Hirnholz sowie mit Schnittflächen von Platten dürfen nicht als tragend in Rechnung gestellt werden, ausgenommen die Verleimung von Holzwerkstoff-Beplankungen mit den Schnittflächen von Holzwerkstoff-Rippen.

Bei Leimverbindungen muß die Breite der Leimfläche zwischen Rippe und Beplankung mindestens 10 mm betragen. Nagelpreßleimung zwischen Vollholzrippen und Beplankung darf angewendet werden, wenn Abschnitt 12.5 eingehalten wird.

11.2 Auf Druck oder Biegung beanspruchte Tafeln

(siehe Bilder 1a, 1c, 1d)

11.2.1 Allgemeines

Mittragende Beplankungen aus Holzwerkstoffen dürfen auch einseitig aufgebracht werden. Aussteifende Beplankungen dürfen einseitig aufgebracht werden, wenn das Seitenverhältnis Höhe zu Breite der auszusteifenden Rippe nicht größer als 4 ist.

Bei Verbundquerschnitten sind die Knickzahlen für den Rippenwerkstoff zugrunde zu legen.

Die Biegerandspannungen in den Rippen dürfen die zulässigen Werte für Biegung, die Schwerpunktsspannungen in den Beplankungen die zulässigen Werte für Druck bzw. Zug nicht überschreiten.

Die Erhöhung der zulässigen Biegespannung nach Abschnitt 5.1.8 gilt nur für Rippen aus Holz.

Der Durchsenkungsanteil aus der Schubverformung darf bei Tafeln mit Rippen aus Holz vernachlässigt werden.

Stumpfe Stöße der Beplankung sind beim Spannungsnachweis zu berücksichtigen. Die Beplankung darf in diesen Fällen bei verleimten Tafeln erst im Abstand b (lichter Abstand der Rippen) von der Stoßstelle, bei nachgiebig angeschlossenen Beplankungen erst ab der Stelle, an der die von der Beplankung aufzunehmende Längskraft eingeleitet ist, in Rechnung gestellt werden. Für den Durchbiegungs- und Knicknachweis dürfen Beplankungsstöße in der Regel vernachlässigt werden.

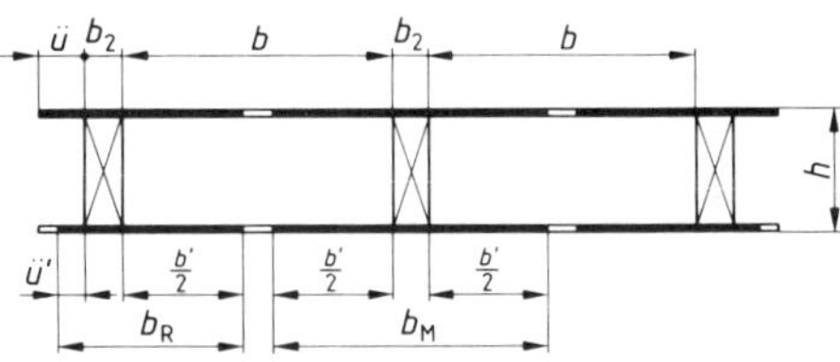

a) beidseitige Beplankung

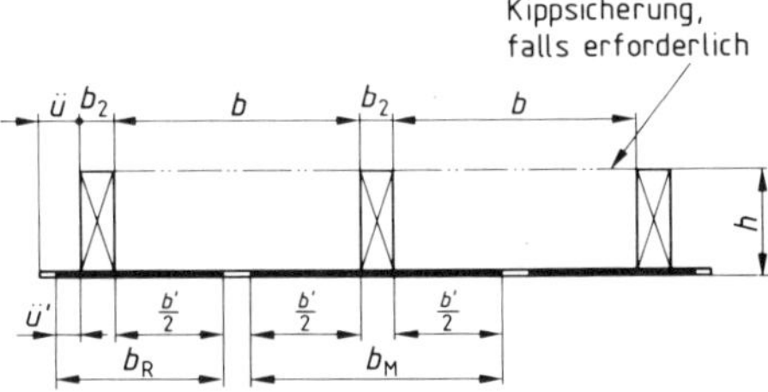

b) einseitige Beplankung

Bild 28. Mitwirkende Beplankungsbreiten

11.2.2 Mitwirkende Beplankungsbreite

Beplankungen aus Holzwerkstoffen dürfen mit den Breiten

$$b_M = b' + b_2 \tag{79}$$

bzw.

$$b_R = b'/2 + b_2 + ü' \tag{80}$$

nach Bild 28 als mitwirkend in Rechnung gestellt werden.

Hierin bedeuten:

- b_M b_R mitwirkende Beplankungsbreite je Rippe im Mittel- bzw. Randbereich
- b lichter Abstand der Rippen
- b' mitwirkende Breite zwischen den Rippen
- b_2 Rippenbreite
- $ü$ seitlicher Überstand der Beplankung
- $ü'$ mitwirkende Breite des seitlichen Überstandes
- h Gesamtquerschnittshöhe
- l Feldlänge bzw. Teilfeldlänge.

Als Feldlänge l ist bei Deckentafeln der Abstand der Biegemomentennullpunkte ohne Berücksichtigung der feldweisen Veränderung von Lasten (bei Tafeln auf zwei Stützen ohne Auskragung die Stützweite) und bei knickbeanspruchten Tafeln die maßgebende Knicklänge einzusetzen. Bei nicht vernachlässigbaren Aussparungen oder anderen Unterbrechungen der Beplankung quer zur Spannrichtung der Tafel (z. B. Beplankungsstöße) dürfen höchstens die durch die Unterbrechung begrenzten Teilfeldlängen eingesetzt werden.

Die Breiten b' und $ü'$ sind je Feldlänge l und je lichter Weite b zu ermitteln, wobei zwischen Gleichstreckenlast in Spannrichtung der Tafel und Einzellast (auch Linienlast quer zur Spannrichtung) zu unterscheiden ist.

Bei quer zur Tafelspannrichtung gleichmäßig verteilter Last oder wenn eine gleichmäßige Verteilung angenommen werden kann, z. B. bei Vorhandensein von Querrippen mit annähernd gleichen Querschnittsabmessungen wie die Längsrippen, dürfen die mitwirkenden Rand- und Mittelbereiche einer Tafel zu einem Querschnitt zusammengefaßt werden. Im anderen Falle sind alle Nachweise für jeden Bereich getrennt zu führen.

Bei Gleichstreckenlast darf, sofern kein genauerer Nachweis geführt wird, bei $b/l \leq 0{,}4$

für Bau-Furniersperrholz

$$b'/b = 1{,}06 - 1{,}4 \cdot b/l \tag{81}$$

und für Flachpreßplatten

$$b'/b = 1{,}06 - 0{,}6 \cdot b/l \tag{82}$$

angenommen werden; dabei ist stets $b' \leq b$ einzuhalten.

Die mitwirkende Breite b'_F für Einzellast ergibt sich bei $b/l \leq 0{,}4$ annähernd

für Bau-Furniersperrholz zu

$$b'_F/b = 1 - 1{,}8 \cdot b/l \quad \text{für } l/c_F \leq 5 \tag{83}$$

$$b'_F/b = 1 - 2{,}6 \cdot b/l, \text{ jedoch } \geq 0{,}2 \quad \text{für } 5 < l/c_F \leq 20 \tag{84}$$

und für Flachpreßplatten zu

$$b'_F/b = 1 - 0{,}9 \cdot b/l \quad \text{für } l/c_F \leq 5 \tag{85}$$

$$b'_F/b = 1 - 1{,}4 \cdot b/l \quad \text{für } 5 < l/c_F \leq 20 \tag{86}$$

Überstände $ü$, die nicht durch Nachbarelemente gehalten sind, dürfen höchstens mit $ü' = b_2$ angesetzt werden; im übrigen ist $ü'/ü$ wie b'/b zu berechnen, wobei b/l gleich $2 \cdot ü/l$ zu setzen ist.

c_F ist die Summe aus der Lastaufstandslänge in Spannrichtung der Tafel und der zweifachen Gesamtquerschnittshöhe h der Tafel.

Liegt die Lastwirkungslinie näher als das Maß b an einem Biegemomentennullpunkt oder ist $l/c_F > 20$, so ist $b'_F = 0$ zu setzen.

Im Bereich der Stützmomente durchlaufender oder auskragender Tafeln ist für den Spannungsnachweis immer von Einzellasten auszugehen.

Beim Durchbiegungsnachweis und bei der Ermittlung der Schnittkräfte darf stets die mitwirkende Breite für Gleichstreckenlast eingesetzt werden.

11.2.3 Querschnittswerte

Die Querschnittswerte für den Mittel- oder Randbereich von Tafeln mit ein- oder beidseitiger Beplankung sind unter Berücksichtigung der Verhältnisse $n_i = E_i/E_v$ zu ermitteln (Beispiel für einen dreiteiligen Querschnitt siehe Bild 29).

Hierin bedeuten:

- E_1 E_3 Druck- bzw. Zug-Elastizitätsmodul der Beplankung
- E_2 Elastizitätsmodul von Voll- oder Brettschichtholzrippen bzw. Biege-Elastizitätsmodul von überwiegend auf Biegung beanspruchten Rippen aus Holzwerkstoffen bzw. Druck-Elastizitätsmodul von überwiegend auf Druck beanspruchten Rippen aus Holzwerkstoffen
- E_v beliebiger Vergleichs-Elastizitätsmodul.

Die Beplankungen dürfen mit den Breiten b_M bzw. b_R nach Abschnitt 11.2.2 als mitwirkend in Rechnung gestellt werden.

Werden Beplankungen und Rippen miteinander verleimt, so darf die Verbindung als starr angesehen werden.

Bei Verwendung mechanischer Verbindungsmittel nach DIN 1052 Teil 2 ist deren Nachgiebigkeit zu berücksichtigen. Die Querschnittswerte dürfen, auch für unsymmetrische Querschnitte (siehe Bild 29), nach Abschnitt 8.3 berechnet werden.

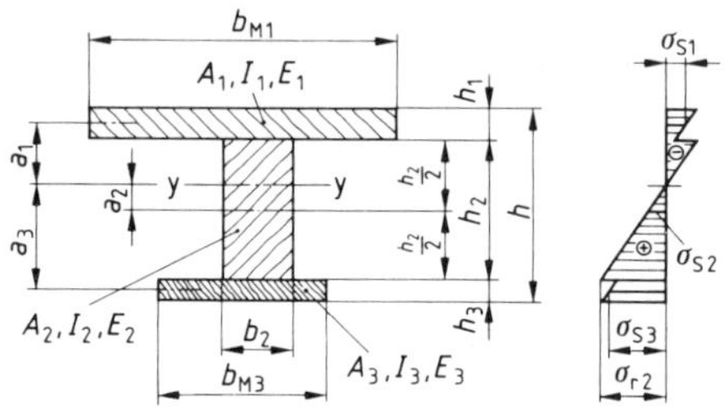

Bild 29. Unsymmetrischer Querschnitt mit beidseitiger Beplankung

11.2.4 Rippenabstände

Beplankungen aus Holzwerkstoffen sind durch Längsrippen in lichten Abständen von

$$b \leq 1{,}25 \cdot h_{1,3} \cdot \sqrt{E_{Bv}/\sigma_{Dx}} \qquad (87)$$

auszusteifen, höchstens jedoch im Abstand $b = 50 \cdot h_{1,3}$.

Hierin bedeuten:

h_1 h_3 Dicke der Beplankung

$E_{Bv} = \sqrt{E_{Bx} \cdot E_{By}}$ Vergleichsbiege-Elastizitätsmodul der Beplankung

σ_{Dx} Druckspannung in der Beplankung (ohne Knickzahl).

Bei unterschiedlicher Beplankungsdicke ist der kleinere Wert für b maßgebend.

11.3 Decken- und Dachscheiben aus Tafeln

11.3.1 Allgemeines

Decken- und Dachscheiben nach den nachstehenden Festlegungen dürfen mit Stützweiten bis 30 m für die Aufnahme und Weiterleitung von vorwiegend ruhenden Lasten (einschließlich Windlasten und Erdbebenkräften) in Scheibenebene in Rechnung gestellt werden. Sie dürfen vereinfachend als Balken berechnet werden.

Die Scheibenhöhe h_s muß mindestens ¼ der Stützweite l_s betragen (siehe Bild 30). Bei Scheiben, deren Höhe h_s größer als die Stützweite l_s ist, darf für h_s höchstens der Wert für l_s zugrunde gelegt werden.

11.3.2 Durchbiegungen

Die zulässige Durchbiegung beträgt 1/1000 der Stützweite l_s. Die Schubverformung ist zu berücksichtigen. Der Nachweis der Durchbiegung darf für Scheiben entfallen, deren Stützweite l_s höchstens gleich der zweifachen Scheibenhöhe h_s ist.

Stoßfugen in den Beplankungen der einzelnen Tafeln brauchen nicht berücksichtigt zu werden, wenn sie parallel zur Lastrichtung liegen und ihr Abstand untereinander sowie vom Scheibenauflager mindestens $l_s/4$ beträgt.

Bei Stoßabständen zwischen $l_s/4$ und $l_s/8$ ist die rechnerische Steifigkeit des Gesamtquerschnittes um ⅓ abzumindern. Stoßabstände kleiner als $l_s/8$ sind unzulässig.

11.4 Wandscheiben aus Tafeln

11.4.1 Allgemeines

Wandscheiben aus Tafeln werden durch waagerechte Lasten in Tafelebene nach Bild 1b, zusätzlich gegebenenfalls durch lotrechte Lasten nach Bild 1a oder waagerechte Lasten nach Bild 1c beansprucht.

Tafeln, die nur nach Bild 1a oder nach Bild 1c belastet werden, sind nach Abschnitt 11.2 zu bemessen.

Die Angaben nach Abschnitt 11.4 gelten für Wandscheiben ohne Öffnungen. Sofern kein genauerer Nachweis erfolgt, sind sie nach den Abschnitten 11.4.2 und 11.4.3 zu bemessen. Sollen Wandscheiben mit Öffnungen, z. B. Fenster, für die Ableitung der Lasten rechnerisch in Ansatz gebracht werden, so muß ihr Tragverhalten unter Berücksichtigung der Öffnungen ermittelt werden.

Man unterscheidet zwischen Einraster-Tafeln (siehe Bild 31a) und Mehrraster-Tafeln (siehe Bild 31b). Die Breite b eines Rasters wird begrenzt durch den Abstand der Randrippen, gegebenenfalls auch durch den Abstand der lotrechten Beplankungsstöße oder durch höchstens etwa 0,5 × Tafelhöhe.

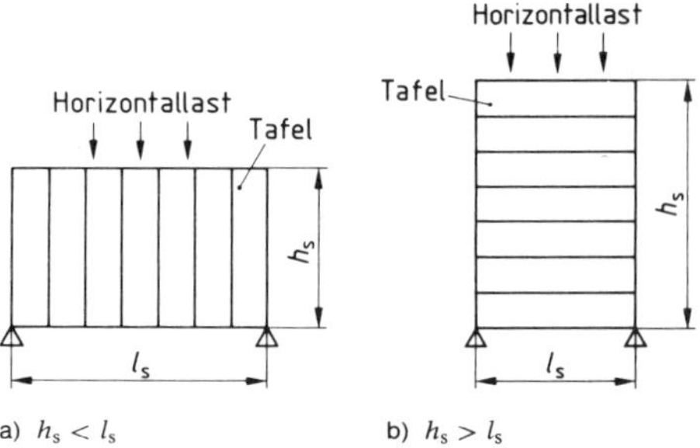

a) $h_s < l_s$ b) $h_s > l_s$

Bild 30. Beispiele für Dach- oder Deckenscheiben aus Tafeln (Draufsicht); Maße, Last

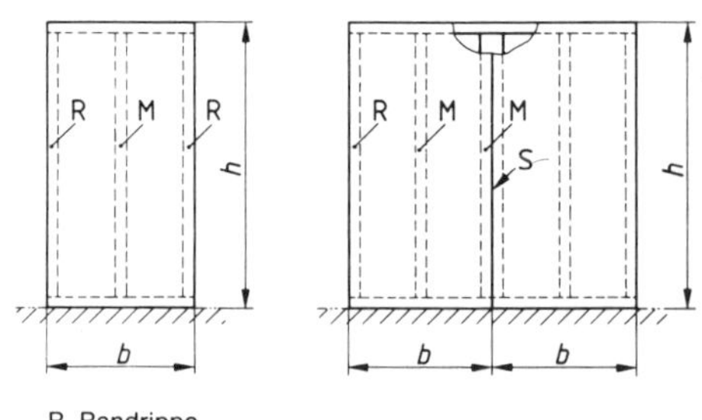

R Randrippe

M Mittelrippe

a) Einraster-Tafel b) Zweiraster-Tafel mit Beplankungsstoß S

Bild 31. Beispiele für Einraster- und Mehrraster-Tafeln

11.4.2 Bemessung von Wandscheiben für die waagerechte Last F_H in Tafelebene

11.4.2.1 Wandscheiben aus Einraster-Tafeln

Die nachstehenden Festlegungen gelten für Tafelbreiten b von mindestens 0,60 m.

Die Aufnahme und Weiterleitung folgender Kräfte sind nachzuweisen:

a) Druckkraft D_1 der Randrippe im Schwellenbereich (nach Bild 32)

$$D_1 = \alpha_1 \cdot F_H \cdot h/b_{s1}, \quad (88)$$

wobei α_1 Tabelle 14 zu entnehmen ist.

b) Anker-Zugkraft

$$Z_A = F_H \cdot h/b_{s1} \quad (89)$$

Endet die Schwelle mit der druckbeanspruchten Randrippe, so ist für die Bemessung Z_A bei Einraster-Tafeln um 10% zu vergrößern.

c) Bei einseitiger Beplankung ist die Zugkraft Z aus der gedachten Strebenwirkung in der Beplankung zu bestimmen und von dem ideellen Plattenstreifen mit der Breite b_Z nach Bild 33 aufzunehmen. Ohne weiteren Nachweis darf für mindestens 1,20 m breite Tafeln $b_Z = 0{,}50$ m angenommen werden. Die Komponenten Z_H und Z_V sind an die umlaufenden Randrippen auf den Längen b und h' anzuschließen.

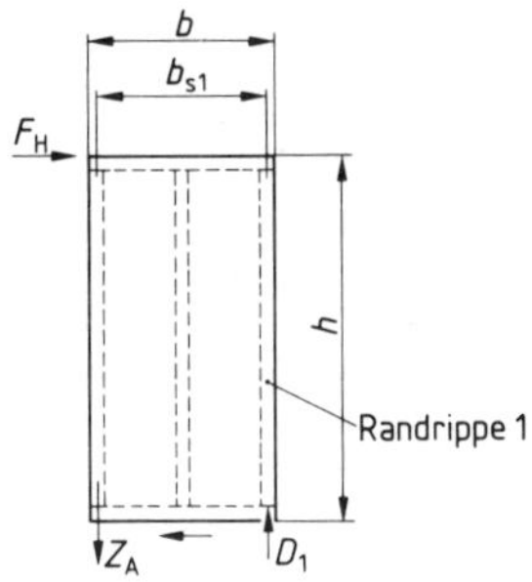

Bild 32. Anker-Zugkraft Z_A und Druckkraft D_1 im Schwellenbereich

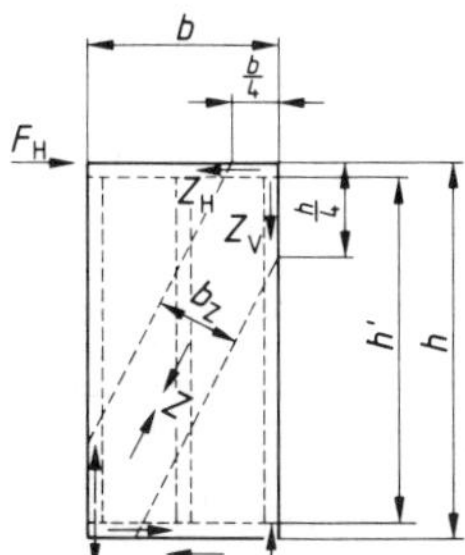

Bild 33. Verteilung und Anschluß der Streben-Zugkraft Z bei einseitiger Beplankung

Die Beplankungen sowie ihr Anschluß brauchen bei beidseitig beplankten Tafeln mit einer Breite b von mindestens 1,0 m nicht nachgewiesen zu werden. Der Höchstabstand der Verbindungsmittel ist einzuhalten.

Die zulässige Auslenkung der Tafeln im Kopfbereich beträgt 1/500 der Tafelhöhe h. Der Nachweis darf – auch bei Tafeln mit einseitiger Beplankung – entfallen, wenn das Verhältnis Höhe zu Breite der Tafeln $\leq 3{,}0$ ist.

11.4.2.2 Wandscheiben aus Mehrraster-Tafeln

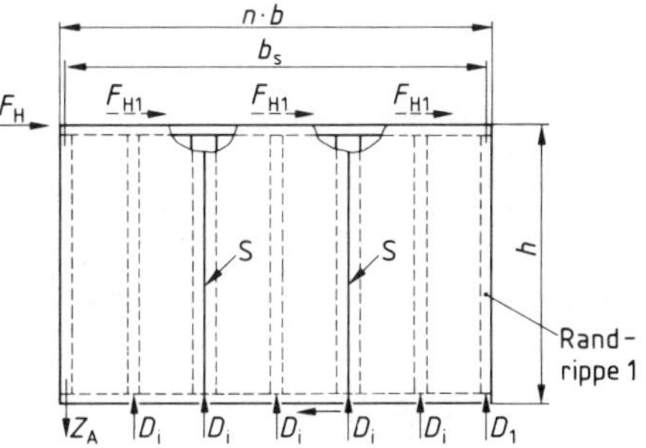

S Beplankungsstoß

a) Anker-Zugkraft Z_A und Rippen-Druckkräfte D_i im Schwellenbereich

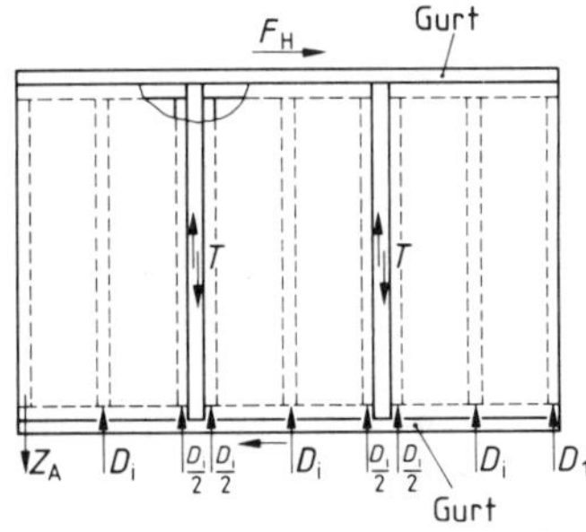

b) Aus Einraster-Tafeln zusammengefügte Tafeln; Z_A, D_i und Schnittkraft T

Bild 34. Mehrraster-Tafeln

Mehrraster-Tafeln mit n Rastern (siehe Bild 34) werden sinngemäß nach Abschnitt 11.4.2.1 bemessen.

Die Druckkräfte D_i der Rippen im Schwellenbereich ergeben sich aus

$$D_i = \alpha_i \cdot F_H \cdot h/b_s, \quad (90)$$

wobei α_i Tabelle 14 zu entnehmen ist.

Die Anker-Zugkraft $Z_A = F_H \cdot h/b_s$ braucht nur am zugbeanspruchten Rand der Gesamttafel aufgenommen zu werden.

Tabelle 14. **Faktoren α_1 und α_i für Tafeln mit einer Rasterbreite $b \geq 1{,}20$ m**

Beplankung	Anzahl n der Raster	Randrippe 1 α_1	übrige Rippen α_i
beidseitig	1 2 > 2	2/3 [1] 2/3 1/2	0 1/5 1/5
einseitig	1 ≥ 2	3/4 [1] 3/4	0 2/5

[1] Für Tafelbreite $b = 0{,}60$ m ist $\alpha_1 = 1{,}0$; Zwischenwerte für Tafelbreiten von 0,60 m bis 1,20 m dürfen geradlinig interpoliert werden.

Werden Mehrraster-Tafeln durch Zusammenfügen von Einraster-Tafeln gebildet, so ist deren Verbindung schubsteif auszubilden. Sofern kein genauerer Nachweis erfolgt, sind die Verbindungsmittel für die Schubkraft $T = Z_A$ zu bemessen (siehe Bild 34b). Ferner sind im Kopf- und erforderlichenfalls auch im Fußbereich durchgehende Gurte anzuordnen, deren Anschlüsse für die Weiterleitung der waagerechten Last F_H zu bemessen sind.

11.4.3 Nachweis der Schwellenpressung bei Wandtafeln infolge lotrechter Lasten F_V

11.4.3.1 Einraster-Tafeln

An der Abtragung der lotrechten Lasten F_{Vi} in die Unterkonstruktion beteiligen sich die lotrechten Rippen über Schwellenpressung sowie die Beplankungen über ihren unmittelbaren Anschluß an die Schwelle (siehe Bild 35). Zur Ermittlung der einzelnen Rippen-Druckkräfte D_i im Schwellenbereich darf die Gesamtlast ΣF_{Vi} im Verhältnis der jeweiligen zulässigen Rippen-Druckkraft D_i zur zulässigen Gesamtlast zul $D = \Sigma$ (zul D_i) + zul D_{Bepl} aufgeteilt werden.

Die zulässige Anschlußkraft der Beplankung zul D_{Bepl} ergibt sich aus der zulässigen Belastung aller in der Schwelle angeordneten Verbindungsmittel. Bei verleimten Tafeln darf dabei die zulässige Druckspannung in der Beplankung nicht überschritten werden.

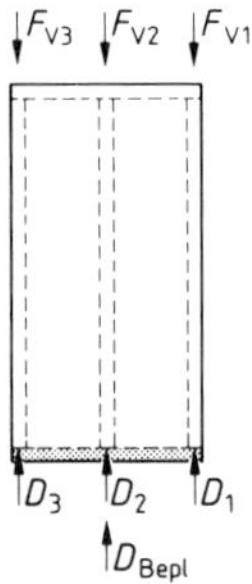

Bild 35. Einraster-Tafel unter lotrechten Lasten F_{Vi}, Rippen-Druckkräfte D_i im Schwellenbereich und Anschlußkraft D_{Bepl} der Beplankung an die Schwelle

11.4.3.2 Mehrraster-Tafeln

Mehrraster-Tafeln mit n Rastern werden rechnerisch in Einraster-Tafeln zerlegt. Die Ermittlung der Rippen-Druckkräfte D_i im Schwellenbereich erfolgt wie in Abschnitt 11.4.3.1 für jede Rasterbreite getrennt. Bei gemeinsamer Rippe zwischen zwei benachbarten Rastern werden Lasten F_{Vi} und Rippenquerschnitt rechnerisch je zur Hälfte auf beide Raster verteilt.

11.4.4 Nachweis der Schwellenpressung bei Wandscheiben infolge gleichzeitig wirkender Lasten F_H und F_V

Die Rippen-Druckkräfte infolge F_H nach Abschnitt 11.4.2 und infolge F_V nach Abschnitt 11.4.3 sind für den Nachweis der Einhaltung der zulässigen Spannungen im Schwellenbereich zu addieren.

11.4.5 Verteilung der waagerechten Lasten aus der Decken- oder Dachkonstruktion

Die waagerechten Lasten aus der Decken- oder Dachkonstruktion dürfen anteilmäßig – bei einheitlichem Tafelquerschnitt gleichmäßig – auf die einzelnen Raster verteilt werden (siehe Abschnitt 11.4.2.2). Die Decken- bzw. Dachkonstruktion ist entsprechend anzuschließen.

11.5 Ausführung von Tafeln

Stöße von Beplankungen in Richtung der Tragrippen sind immer auf Rippen aus Vollholz oder Brettschichtholz anzuordnen. Beplankungsstöße auf den Schnittflächen von Rippen aus Holzwerkstoffen sind unzulässig. Die Mindestbreite der Leimfläche zwischen Rippe und Beplankung von 10 mm ist bei Beplankungsstößen beiderseits des Stoßes einzuhalten.

An den freien Plattenrändern im Bereich von Beplankungsstößen sind unterschiedliche Durchbiegungen der Beplankungen bei Lasten rechtwinklig zur Plattenebene zu verhindern, z. B. durch Nut-Feder-Verbindung der Platten.

Im Kopf- und Fußbereich von Wandtafeln für Scheiben sind waagerechte Rippen anzuordnen.

Während der Herstellung des Bauwerkes ist dafür zu sorgen, daß die übrige Konstruktion auch vor Fertigstellung der Decken- oder Dachscheibe standsicher ist.

12 Leimverbindungen

12.1 Herstellungsnachweis

Verleimte tragende Holzbauteile dürfen nur verwendet werden, wenn sie von Betrieben hergestellt worden sind, die eine bestimmungsgemäße Herstellung nachgewiesen haben (siehe Anhang A).

Anmerkung: Ein Verzeichnis der Betriebe, die einen solchen Nachweis geführt haben, wird beim Institut für Bautechnik, Reichpietschufer 74–76, 1000 Berlin 30, geführt und in den Mitteilungen des Instituts für Bautechnik veröffentlicht.

Bei allgemein bauaufsichtlich zugelassenen Holzbauteilen sind außerdem die entsprechenden Bestimmungen der Zulassung zu beachten, gegebenenfalls auch ein zusätzlicher Überwachungsnachweis.

12.2 Holzfeuchte zum Zeitpunkt der Verleimung

Für Leimverbindungen dürfen nur Hölzer mit höchstens 15 % Feuchte verwendet werden.

12.3 Längsstöße

Längsstöße sind durch Schäftung mit einer Leimflächenneigung von höchstens 1/10 oder durch eine Keilzinkenverbindung der Beanspruchungsgruppe I nach DIN 68 140 auszuführen.

Der Spannungsnachweis für den keilgezinkten Querschnitt des Bauteiles ist mit dem reduzierten Querschnitt

$$\text{red } A = (1 - v) \cdot A \tag{91}$$

mit v als Verschwächungsgrad nach DIN 68 140 zu führen.

Abweichend davon darf bei Vollholz nach Tabelle 1, Zeile 1, und Brettschichtholz nach Tabelle 1, Zeile 2, mindestens der Güteklasse II mit Querschnittsmaßen bis 300 mm der Spannungsnachweis ohne Berücksichtigung des Verschwächungsgrades v geführt werden, wenn

a) die rechnerisch ermittelten Spannungen die zulässigen Spannungen für die Güteklasse II nicht überschreiten und

b) der die Keilzinkung ausführende Betrieb den Nachweis der bestimmungsgemäßen Herstellung der Keilzinkenverbindung im Rahmen des Nachweises nach Abschnitt 12.1 geführt hat.

Bei Bauteilen aus Brettschichtholz darf die Schwächung durch die Keilzinkungen der Einzelbretter unberücksichtigt bleiben.

12.4 Leime

Leime für tragende Bauteile müssen die Prüfungen nach DIN 68 141 bestanden haben.

Für Bauteile, die im Gebrauchszustand unmittelbar der Witterung oder in Gebäuden Klimabedingungen ausgesetzt sind, bei denen eine Gleichgewichtsfeuchte von 20% oder langfristig oder häufig wiederkehrend eine Temperatur im Bauteil von 50 °C überschritten werden kann, dürfen nur Kunstharzleime verwendet werden, die auf ihre Beständigkeit gegen alle Klimaeinflüsse geprüft sind (z. B. Resorcin- oder Melaminharzleim).

12.5 Verleimen und Preßdruck

Der Preßdruck muß möglichst gleichmäßig verteilt auf alle Leimflächen wirken.

Nagelpreßleimung, d. h. Aufbringen des Preßdruckes mit Hilfe von Nägeln, ist für das Aufleimen von Brettlamellen bis zu einer Dicke von 33 mm oder Platten aus Holzwerkstoffen bis zu einer Dicke von 50 mm zulässig. Dazu sind Nägel nach DIN 1052 Teil 2 mit Längen von etwa 2,5 × Lamellen- bzw. Plattendicke zu verwenden, wobei mindestens ein Nagel je 65 cm^2 Lamellen- bzw. Plattenfläche angeordnet werden muß und der Nagelabstand höchstens 100 mm betragen darf. Hierbei sind die Löcher im Bau-Furniersperrholz bei Plattendicken über 20 mm mit etwa 85% des Nageldurchmessers vorzubohren. Das Vorbohren darf entfallen, wenn geeignete Nageleinschlaggeräte verwendet werden.

Bei mehreren Lagen ist jede Lage für sich zu nageln, wobei die Nägel versetzt angeordnet werden müssen.

12.6 Gestaltung und Aufbau der Bauteile aus Brettschichtholz

Die Dicke der zu Brettschichtholz verwendeten Einzelbretter beträgt mindestens 6 mm und darf 33 mm nicht überschreiten. Sie darf bei geraden Bauteilen auf 40 mm erhöht werden, wenn die Bauteile keinen extremen klimatischen Wechselbeanspruchungen ausgesetzt sind.

Bei gekrümmten Bauteilen muß der Biegeradius r_1 mindestens $200 \cdot a$ sein. Hierbei ist r_1 der Biegeradius des Einzelbrettes und a dessen Dicke. Biegeradien zwischen $200 \cdot a$ und $150 \cdot a$ sind zulässig, wenn die Brettdicke der Zahlenwertgleichung

$$a \leq 13 + 0{,}4 \left[\frac{r_1}{a} - 150\right] \quad \text{in mm} \qquad (92)$$

genügt. Die durch das Krümmen der einzelnen Schichten vor dem Verleimen verursachten Biegespannungen dürfen vernachlässigt werden.

Bei Brettschichtholzquerschnitten mit mehr als 220 mm Breite müssen die Bretter mit mindestens einer in Brettlängsrichtung durchlaufenden Entlastungsnut versehen werden. Die Nuttiefe (Schnittiefe von Säge oder Fräser) beträgt ¼ bis ⅕ der Brettdicke, die Nutbreite höchstens 4 mm. Bei Verwendung von nicht genuteten Brettern muß bei Bauteilen mit mehr als 220 mm Breite jede Brettlage aus mindestens zwei Teilen bestehen. Dabei müssen die Längsfugen übereinanderliegender Lagen mindestens um die Brettdicke, jedoch nicht unter 25 mm gegeneinander versetzt sein, sofern die Bretter innerhalb der Brettlagen nicht an den Schmalseiten miteinander verleimt sind.

Bei Bauteilen, die unmittelbar der Witterung ausgesetzt sind, müssen, ungeachtet eines aufzubringenden Schutzanstriches, mindestens die in der Zug- und Druckzone außenliegenden Brettlagen parallel zur Außenseite der Bauteile verlaufen, oder es müssen nach dem Zuschnitt entsprechende Brettlagen angebracht werden.

12.7 Transport und Montage

Beim Transport, bei der Lagerung und bei der Montage der Bauteile ist durch geeignete Maßnahmen sicherzustellen, daß sich ihre Feuchte durch länger einwirkende Einflüsse aus Bodenfeuchte, Niederschlägen sowie infolge Austrocknung nicht unzuträglich verändert (siehe auch DIN 68 800 Teil 2).

13 Ausführung

13.1 Abbund und Montage

13.1.1 Alle Teile eines Tragwerkes sind so zusammenzufügen und zu montieren, daß kein Teil durch Zwängungen oder sonstige Zustände unzulässig beansprucht wird.

13.1.2 Tragende Bolzen und Klemmbolzen von Dübelverbindungen sind nachzuziehen, wenn mit einem erheblichen Schwinden des Holzes gerechnet werden muß. Sie müssen hierzu genügend Gewindelänge aufweisen und bis zur Beendigung des Schwindens zugänglich bleiben.

13.1.3 Bei mit Paßbolzen angeschlossenen außenliegenden Metallteilen ist darauf zu achten, daß zur Aufnahme von Loch-Leibungskräften der volle Schaftquerschnitt auf der erforderlichen Länge vorhanden ist.

13.2 Dachschalungen

13.2.1 Dachschalungen unter Dachdeckungen

Für Schalungen als Träger von Dachdeckungen dürfen Holz mindestens der Güteklasse II nach DIN 4074 Teil 1 und Holzwerkstoffe der Holzwerkstoffklasse 100 bzw. 100 G (siehe DIN 68 800 Teil 2) verwendet werden.

Parallel zu den Auflagern verlaufende Stöße dürfen nur auf den unterstützenden Bauteilen (z. B. Pfetten oder Sparren) angeordnet werden. Die Auflagertiefe muß mindestens 20 mm betragen.

Die rechtwinklig zu den Auflagern verlaufenden freien Ränder von Brettern, Bohlen oder Holzwerkstoffen müssen bei einem Verhältnis lichte Weite l_w zur Plattendicke d größer als 30 miteinander durch Nut und Feder oder gleichwertige Maßnahmen verbunden werden.

13.2.2 Dachschalungen unter Dachabdichtungen

Zusätzlich zu den Festlegungen nach Abschnitt 13.2.1 sind die folgenden Anforderungen zu erfüllen:

Es sind Holzwerkstoffe der Holzwerkstoffklasse 100 G zu verwenden.

Fugen sind unter Berücksichtigung der zu erwartenden Längen- und Breitenänderungen infolge Quellens auszubilden. Diese sind in der Regel bei Flachpreßplatten mit 2 mm/m und bei Bau-Furniersperrholz mit 1 mm/m zu berücksichtigen.

Die rechtwinklig zu den Auflagern verlaufenden freien Ränder müssen stets miteinander durch Nut und Feder oder gleichwertige Maßnahmen verbunden sein.

Die Dachneigung soll mindestens 2% betragen. Kleinere Neigungen dürfen nur unter folgenden Bedingungen ausgeführt werden:

a) Die Dachabdichtung muß auch für vorübergehend stehendes Wasser dauerhaft dicht sein.

b) Bei der Bemessung der Dachschalung einschließlich Unterkonstruktion ist eine Wassersackbildung erforderlichenfalls zu berücksichtigen.

14 Kennzeichnung von Voll- und Brettschichtholz

Folgende Bauteile sind dauerhaft, eindeutig und deutlich lesbar zu kennzeichnen:

a) Bauteile aus den Holzarten nach Tabelle 1, Zeile 1, der Güteklassen I und III mit der Güteklasse, dem Zeichen des Sortierwerkes und des dort verantwortlichen Fachmannes; bei aus mehreren Einzelhölzern vorgefertigten Bauteilen darf sich die Kennzeichnung der Güteklasse I auf die Bereiche beschränken, in denen die Rechenwerte der Güteklasse I in Rechnung gestellt sind,

b) Brettschichtholz nach Tabelle 1, Zeile 2, der Güteklasse I und bei Bauteilen über 10 m Länge auch der Güteklasse II mit der Güteklasse, dem Herstelltag und dem Zeichen des Herstellwerkes,

c) Bauteile aus Laubholz nach Tabelle 1, Zeile 3, mit dem Zeichen der Holzartgruppe (A, B oder C), dem Zeichen des Sortier- bzw. Herstellwerkes und des dort verantwortlichen Fachmannes.

Als Verbundquerschnitte verleimte tragende Holzbauteile sind auch bei Verwendung von Voll- oder Brettschichtholz der Güteklasse II stets mit dem Herstelltag und dem Zeichen des Herstellwerkes zu kennzeichnen.

Anhang A

Nachweis der Eignung zum Leimen von tragenden Holzbauteilen

A.1 Der Nachweis einer bestimmungsgemäßen Herstellung nach Abschnitt 12.1 gilt als erbracht, wenn der Betrieb eine Bescheinigung nach Abschnitt A.3 über seine Eignung zum Leimen von tragenden Holzbauteilen vorlegt.

A.2 Die Bescheinigung wird von Prüfstellen, die dafür anerkannt und in einem Verzeichnis des Instituts für Bautechnik geführt werden, ausgestellt, wenn nach Überprüfung der verantwortlichen Fachkräfte und der Werkseinrichtungen die Eignung des Betriebes festgestellt ist. Die Bescheinigung wird für fünf Jahre widerruflich erteilt. Auf Antrag kann die Geltungsdauer der Bescheinigung um jeweils fünf Jahre verlängert werden. Vor jeder Verlängerung ist eine weitere Betriebsprüfung durchzuführen. Der Inhaber der Bescheinigung muß jeden Wechsel der verantwortlichen Fachkräfte sowie Änderungen wesentlicher Teile der Werkseinrichtungen oder des Leimverfahrens der Prüfstelle anzeigen.

A.3 Die Bescheinigung wird für folgende Gruppen erteilt:

a) **Bescheinigung A** für Betriebe, die den Nachweis ihrer Eignung zum Leimen tragender Holzbauteile aller Art erbracht haben.

b) **Bescheinigung B** für Betriebe, die den Nachweis ihrer Eignung zum Leimen von einfachen tragenden Holzbauteilen (z. B. Balken und Träger mit Stützweiten bis zu 12 m, Dreigelenkbinder bis zu 15 m Spannweite und einhüftige Binder mit einer Abwicklungslänge bis 12 m) erbracht haben; dabei ist anzugeben, wenn auch die Voraussetzungen der Gruppe C erfüllt sind.

c) **Bescheinigung C** für Betriebe, die ihre Eignung zum Leimen von Sonderbauarten nach den Bestimmungen der entsprechenden allgemeinen bauaufsichtlichen Zulassung erbracht haben.

d) **Bescheinigung D** für Betriebe, die nur den Nachweis ihrer Eignung zum Leimen von Holztafeln für Holzhäuser in Tafelbauart erbracht haben. Betriebe der Gruppe A und B erfüllen die Voraussetzungen der Gruppe D ohne weiteren Nachweis.

In den Bescheinigungen A, B, C oder D ist außerdem anzugeben, wenn der Betrieb auch den Nachweis für die Herstellung von Keilzinkenverbindungen nach Abschnitt 12.3 erbracht hat.

Zitierte Normen und andere Unterlagen

DIN 96	Halbrund-Holzschrauben mit Schlitz
DIN 97	Senk-Holzschrauben mit Schlitz
DIN 571	Sechskant-Holzschrauben
DIN 1052 Teil 2	Holzbauwerke; Mechanische Verbindungen
DIN 1052 Teil 3	Holzbauwerke; Holzhäuser in Tafelbauart, Berechnung und Ausführung
DIN 1055 Teil 3	Lastannahmen für Bauten; Verkehrslasten
DIN 1055 Teil 4	Lastannahmen für Bauten; Verkehrslasten, Windlasten bei nicht schwingungsanfälligen Bauwerken
DIN 1055 Teil 5	Lastannahmen für Bauten; Verkehrslasten, Schneelast und Eislast
DIN 1074	Holzbrücken; Berechnung und Ausführung
DIN 4074 Teil 1	Bauholz für Holzbauteile; Gütebedingungen für Bauschnittholz (Nadelholz)
DIN 4074 Teil 2	Bauholz für Holzbauteile; Gütebedingungen für Baurundholz (Nadelholz)
DIN 4112	Fliegende Bauten; Richtlinien für Bemessung und Ausführung
DIN 4113 Teil 1	Aluminiumkonstruktionen unter vorwiegend ruhender Belastung; Berechnung und bauliche Durchbildung
DIN 4149 Teil 1	Bauten in deutschen Erdbebengebieten; Lastannahmen, Bemessung und Ausführung üblicher Hochbauten
DIN 4420 Teil 1	Arbeits- und Schutzgerüste (ausgenommen Leitergerüste); Berechnung und bauliche Durchbildung
DIN 4420 Teil 2	Arbeits- und Schutzgerüste; Leitergerüste
DIN 4421	Traggerüste; Berechnung, Konstruktion und Ausführung
DIN 18 800 Teil 7	Stahlbauten; Herstellen, Eignungsnachweise zum Schweißen
DIN 50 049	Bescheinigungen über Materialprüfungen
DIN 52 183	Prüfung von Holz; Bestimmung des Feuchtigkeitsgehaltes
DIN 55 928 Teil 1	Korrosionsschutz von Stahlbauten durch Beschichtungen und Überzüge; Allgemeines
DIN 55 928 Teil 2	Korrosionsschutz von Stahlbauten durch Beschichtungen und Überzüge; Korrosionsschutzgerechte Gestaltung
DIN 55 928 Teil 4	Korrosionsschutz von Stahlbauten durch Beschichtungen und Überzüge; Vorbereitung und Prüfung der Oberflächen
DIN 55 928 Teil 5	Korrosionsschutz von Stahlbauten durch Beschichtungen und Überzüge; Beschichtungsstoffe und Schutzsysteme
DIN 55 928 Teil 6	Korrosionsschutz von Stahlbauten durch Beschichtungen und Überzüge; Ausführung und Überwachung der Korrosionsschutzarbeiten
DIN 55 928 Teil 8	Korrosionsschutz von Stahlbauten durch Beschichtungen und Überzüge; Korrosionsschutz von tragenden dünnwandigen Bauteilen (Stahlleichtbau)
DIN 68 140	Keilzinkenverbindung von Holz
DIN 68 141	Holzverbindungen; Prüfung von Leimen und Leimverbindungen für tragende Holzbauteile, Gütebedingungen
DIN 68 705 Teil 3	Sperrholz; Bau-Furniersperrholz
DIN 68 705 Teil 5	Sperrholz; Bau-Furniersperrholz aus Buche
Beiblatt 1 zu DIN 68 705 Teil 5	Bau-Furniersperrholz aus Buche; Zusammenhänge zwischen Plattenaufbau, elastischen Eigenschaften und Festigkeiten
DIN 68 754 Teil 1	Harte und mittelharte Holzfaserplatten für das Bauwesen; Holzwerkstoffklasse 20
DIN 68 763	Spanplatten; Flachpreßplatten für das Bauwesen, Begriffe, Eigenschaften, Prüfung, Überwachung
DIN 68 800 Teil 2	Holzschutz im Hochbau; Vorbeugende bauliche Maßnahmen
DIN 68 800 Teil 3	Holzschutz im Hochbau; Vorbeugender chemischer Schutz von Vollholz

Frühere Ausgaben

DIN 1052: 07.33, 05.38, 10.40X, 10.47, 08.65

DIN 1052 Teil 1: 10.69

Änderungen

Gegenüber der Ausgabe Oktober 1969 wurden folgende Änderungen vorgenommen:

Neben einer vollständigen Überarbeitung wurden insbesondere geändert und ergänzt:

a) Zusätzlich aufgenommen wurden einige außereuropäische Holzarten und Flachpreßplatten sowie Bestimmungen über Holztafeln, Beplankungen und Dachschalungen.

b) Angaben über Materialkennwerte entsprechend erweitert, Berücksichtigung von Kriechverformungen bei auf Biegung beanspruchten Bauteilen.

c) Erhöhung von zul σ um 25% im Lastfall HZ, bei Stoß- und Erdbebenlasten um 100%, bei Transport- und Montagezuständen um 50%.

d) Angabe von zulässigen Torsionsspannungen und Querzugspannungen für Voll- und Brettschichtholz (Reduzierung von 0,25 auf 0,2 MN/m²). Bei Bau-Furniersperrholz höhere zul τ-Werte für Abscheren rechtwinklig zur Plattenebene und teilweise auch für Bau-Furniersperrholz aus Buche.

e) Bemessung von Biegeträgern mit abgeminderter Querkraft möglich; Regelungen für
   - Torsion und Querkraft
   - Ausklinkungen
   - Trägerdurchbrüche
   - gekrümmte Träger und Satteldachträger und Spannungskombination am schrägen Rand.

f) Erweiterung der Berechnungsformeln für zusammengesetzte Träger (einfach-symmetrischer Querschnitt und Teile mit verschiedenen E-Moduln).

g) C-Werte für Stabdübel.

h) Tragsicherheitsnachweis nach der Spannungstheorie II. Ordnung.

i) Die Grundgleichungen zur Bemessung von Zug-, Druck- und Biegestäben sind mit Rücksicht auf eine bessere Transparenz und Systematik formal umgestellt worden.

j) Neue Regelung für den Stabilitätsnachweis von Biegeträgern mit Rechteckquerschnitt.

k) Angabe der ω-Zahlen nunmehr gesondert für Vollholz aus verschiedenen Holzarten, für Brettschichtholz und Holzwerkstoffe zur Ermittlung der jeweils zulässigen Knickspannung.

l) Angaben zur Bemessung der Aussteifungskonstruktion für biegebeanspruchte Vollwandträger mit Rechteckquerschnitt abweichend von den Angaben für Fachwerkträger.

m) Regelungen für aussteifende Decken-, Dach- und Wandscheiben aus Holzwerkstoffen und aus Holztafeln.

Erläuterungen

Die in dieser Norm verwendeten Formelzeichen weichen teilweise von den in DIN 1080 Teil 5/03.80 festgelegten Formelzeichen ab. Es ist daher vorgesehen, DIN 1080 Teil 5 zu überarbeiten.

Internationale Patentklassifikation

B 27 N 3/00
B 27 G 11/00
B 27 M 3/00
E 04 B 1/10
E 04 B 1/26
E 04 G 1/02
E 04 G 11/48

DK 694.12:624.011.1:621.882 DEUTSCHE NORM April 1988

Holzbauwerke

Mechanische Verbindungen

DIN 1052 Teil 2

Timber structures; mechanical joints

Ouvrages en bois; assemblages méchaniques

Ersatz für Ausgabe 10.69
und mit DIN 1052 T 1/04.88
Ersatz für DIN 1052 T 1/10.69

Die Normen der Reihe DIN 1052 sind gegliedert in

DIN 1052 Teil 1 Holzbauwerke; Berechnung und Ausführung

DIN 1052 Teil 2 Holzbauwerke; Mechanische Verbindungen

DIN 1052 Teil 3 Holzbauwerke; Holzhäuser in Tafelbauart, Berechnung und Ausführung

Verweise in dieser Norm auf DIN 1052 Teil 1 beziehen sich auf die Ausgabe 04.88.

Inhalt

Seite

1 Anwendungsbereich ... 2
2 Begriff ... 2
3 Allgemeines ... 2
4 Dübelverbindungen mit Einlaß- und Einpreßdübeln ... 2
4.1 Allgemeines ... 2
4.2 Rechteckige Dübel ... 2
4.3 Dübel besonderer Bauart ... 4
4.3.1 Allgemeines ... 4
4.3.2 Einlaßdübel ... 4
4.3.3 Einpreßdübel ... 6
4.3.4 Einlaß-Einpreßdübel ... 9
4.3.5 Zulässige Belastungen ... 9
4.3.6 Querschnittsschwächungen ... 9
4.3.7 Dübelabstände ... 9
5 Stabdübel- und Bolzenverbindungen ... 10
6 Nagelverbindungen von Holz und Holzwerkstoffen ... 12
6.1 Allgemeines ... 12
6.2 Beanspruchung rechtwinklig zur Nagelachse ... 12
6.3 Beanspruchung in Schaftrichtung (Herausziehen) 15
6.4 Kombinierte Beanspruchung ... 15
7 Nagelverbindungen mit Stahlblechen und Stahlteilen ... 15
7.1 Allgemeines ... 15
7.2 Nagelverbindungen mit ebenen Stahlblechen ... 15
7.3 Nagelung von Stahlteilen ... 16
8 Klammerverbindungen ... 16
9 Holzschraubenverbindungen ... 17
10 Nagelplattenverbindungen ... 18
11 Bauklammerverbindungen ... 19
12 Versätze ... 19
13 Verschiebungswerte für Durchbiegungsberechnungen nach DIN 1052 Teil 1, Abschnitt 8.5 ... 21
14 Zusammenwirken verschiedener Verbindungsmittel ... 21
Anhang A Eignungsprüfung und Einstufung in Tragfähigkeitsklassen von Sondernägeln nach DIN 1052 Teil 2, Abschnitte 6 und 7 ... 22
A.1 Unterlagen ... 22
A.2 Eignungsprüfung ... 22
A.2.1 Allgemeines ... 22
A.2.2 Werkstoff und Korrosionsschutz ... 22
A.2.3 Ausziehwiderstand bei Beanspruchung in Schaftrichtung ... 22
A.3 Einstufung ... 22
Anhang B Eignungsprüfung und Bewertung der Prüfergebnisse von Klammern nach DIN 1052 Teil 2, Abschnitt 8 ... 23
B.1 Unterlagen ... 23
B.2 Eignungsprüfung ... 23
B.2.1 Allgemeines ... 23
B.2.2 Werkstoff und Korrosionsschutz ... 23
B.2.3 Ausziehwiderstand bei Beanspruchung in Schaftrichtung ... 23
B.3 Bewertung der Prüfergebnisse ... 23
Anhang C Muster Einstufungsschein für Sondernägel nach DIN 1052 Teil 2, Abschnitt 6 bzw. Abschnitt 7 ... 24
Anhang D Muster Prüfbescheinigung für Klammern nach DIN 1052 Teil 2, Abschnitt 8 ... 25
Zitierte Normen ... 26
Erläuterungen ... 27

Fortsetzung Seite 2 bis 27

Normenausschuß Bauwesen (NABau) im DIN Deutsches Institut für Normung e.V.

1 Anwendungsbereich

Diese Norm gilt in Verbindung mit DIN 1052 Teil 1 und Teil 3 für die Berechnung und Ausführung von tragenden mechanischen Verbindungen im Holzbau. Sie gilt für die Verbindung von Nadelhölzern, Laubhölzern und Holzwerkstoffen nach DIN 1052 Teil 1 und Teil 3 untereinander und mit Stahl, soweit nachstehend nichts anderes festgelegt ist.

2 Begriff

Mechanische Verbindungen im Holzbau sind im Gegensatz zu Leimverbindungen solche, bei denen unter Scherbelastung lastabhängige Verschiebungen der miteinander verbundenen Teile auftreten. Diese Verschiebungen werden durch Lochleibungsverformungen der verbundenen Teile im Bereich der Leibungsflächen der Verbindungsmittel und zusätzlich durch die Verformung der Verbindungsmittel verursacht.

Die hierfür verwendeten Verbindungsmittel werden als mechanische Verbindungsmittel bezeichnet. Sie können je nach Bauart auch in Axialrichtung beansprucht werden.

3 Allgemeines

3.1 Bei allen Verbindungen im Holzbau mit mechanischen Verbindungsmitteln sind die zulässigen Belastungen, wenn in den Abschnitten 4 bis 10 nichts anderes bestimmt ist, bei Feuchteeinwirkungen nach DIN 1052 Teil 1, Abschnitt 5.1.7 bzw. Abschnitt 5.2.3, abzumindern.

3.2 Im Lastfall HZ dürfen, wenn in den Abschnitten 4 bis 10 nichts anderes bestimmt ist, die zulässigen Belastungen der Verbindungsmittel um 25%, bei waagerechten Stoßlasten nach DIN 1055 Teil 3 und Erdbebenlasten nach DIN 4149 Teil 1 um 100% und für Transport- und Montagezustände um 25% erhöht werden.

Bei der Berücksichtigung von Windsogspitzen nach DIN 1055 Teil 4 darf die Tragkraft der Verbindungsmittel mit dem 1,8fachen Wert der zulässigen Belastung für den Lastfall H in Rechnung gestellt werden.

3.3 Verbindungsmittel sind möglichst symmetrisch zur Stabachse anzuordnen.

Nägel, Schrauben und Stabdübel sind in der Regel in Faserrichtung um $d/2$ gegenüber der Rißlinie versetzt anzuordnen.

3.4 Mechanische Verbindungsmittel in Hirnholz dürfen mit Ausnahme der in Abschnitt 4.3.2 für Einlaßdübel des Dübeltyps A getroffenen Regelung als tragende Verbindungsmittel nicht in Rechnung gestellt werden.

3.5 In besonderen Fällen ist die zulässige Beanspruchung einer mechanischen Verbindung auch unter Berücksichtigung der im Holz auftretenden Zugspannungen rechtwinklig zur Faserrichtung zu ermitteln.

3.6 Mechanische Verbindungsmittel bedürfen je nach den Umweltbedingungen eines ausreichenden Korrosionsschutzes (siehe Tabelle 1).

Anstelle des Korrosionsschutzes nach Tabelle 1 ist auch ein anderer gleichwertiger Korrosionsschutz zulässig.

Verbindungsmittel aus korrosionsbeständigem Material dürfen in allen Anwendungsbereichen nach Tabelle 1 verwendet werden.

4 Dübelverbindungen mit Einlaß- und Einpreßdübeln

4.1 Allgemeines

4.1.1 Unter die Festlegungen für Dübelverbindungen fallen alle überwiegend auf Druck und Abscheren beanspruchten Verbindungsmittel, die in vorbereitete, passende Vertiefungen des Holzes eingelegt (Einlaßdübel) oder die in das Holz eingepreßt werden (Einpreßdübel mit oder ohne Ausfräsungen), ferner Dübel, die teils eingelassen, teils eingepreßt werden (Einlaß-Einpreßdübel).

Nicht unter diese Bestimmungen fallen Stabdübel (siehe Abschnitt 5).

4.1.2 Dübel nach Abschnitt 4.1.1 dürfen nur für die Verbindung von Vollholz und Brettschichtholz aus Nadelhölzern nach DIN 1052 Teil 1, Tabelle 1, mindestens der Güteklasse II nach DIN 4074 Teil 1, Einlaßdübel auch für die Verbindung von Laubhölzern angewendet werden. Dübel entsprechender Bauart sind für die Verbindung von Stahllaschen oder Stahlteilen mit Vollholz und Brettschichtholz geeignet.

4.1.3 Alle Dübelverbindungen müssen durch in der Regel nachziehbare Schraubenbolzen aus Stahl zusammengehalten werden, wobei jeder Dübel durch einen Bolzen gesichert sein muß (siehe Bild 1). Bei Verbindungen mit Dübeldurchmessern bzw. -seitenlängen ≥ 130 mm sind, wenn zwei oder mehr Dübel in Kraftrichtung hintereinander angeordnet sind, an den Enden der Außenhölzer oder -laschen zusätzliche Schraubenbolzen als Klemmbolzen anzuordnen (siehe Bild 1). Alle Bolzen sind so anzuziehen, daß die Scheiben geringfügig (etwa 1 mm) in das Holz eingedrückt werden.

Bezüglich des Ersatzes der Bolzen siehe Abschnitt 4.3.5.

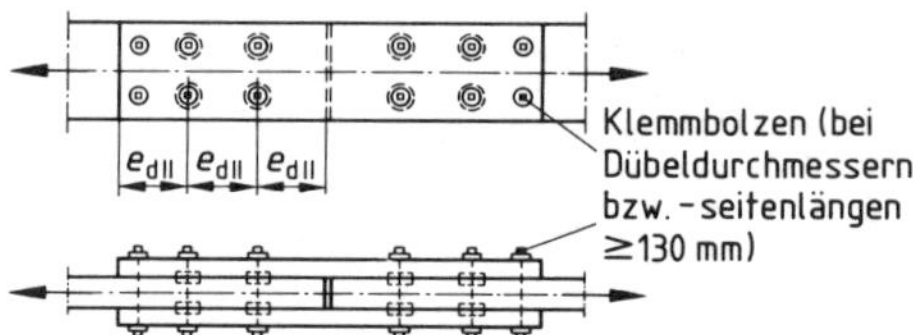

Bild 1. Anordnung der Bolzen bei Dübelverbindungen

4.2 Rechteckige Dübel

Rechteckige Dübel nach Bild 2 dürfen nur aus trockenem Hartholz oder aus Stahl hergestellt werden. Hölzerne Dübel sind so einzulegen, daß die Fasern der Dübel und der zu verbindenden Hölzer gleichgerichtet sind. Ihre zulässige Belastung ist rechnerisch zu ermitteln.

In Stabanschlüssen und Stößen dürfen höchstens vier hintereinanderliegende Rechteckdübel in Rechnung gestellt werden. Die zulässige, als gleichmäßig verteilt angenommene Leibungsspannung im Holz parallel zur Faser im Lastfall H ist Tabelle 2 zu entnehmen.

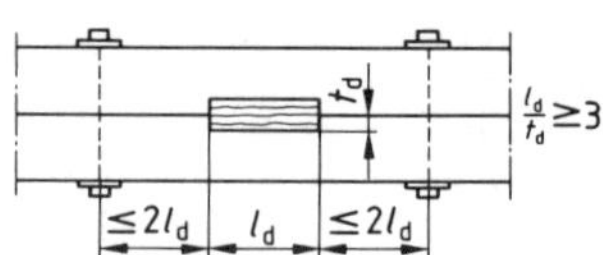

Bild 2. Anordnung eines rechteckigen Holzdübels

Es ist nachzuweisen, daß die Scherspannung in den Holzdübeln sowie in den zu verbindenden Hölzern die nach DIN 1052 Teil 1, Tabelle 5, Zeile 6, zulässigen Werte nicht überschreitet. Die Bolzen (siehe Bild 2) werden zur Aufnahme des Kippmomentes benötigt und sind beidseitig mit Unterlegscheiben aus Stahl nach Tabelle 3 einzubauen.

Tabelle 1. **Mindestanforderungen an den Korrosionsschutz für tragende Verbindungsmittel aus Stahl**

Art des Verbindungsmittels	Anwendungsbereiche		
	In Räumen mit einer mittleren relativen Luftfeuchte $\leq$ 70 %, ferner bei überdachten Bauteilen, zu denen die Außenluft ständig Zugang hat, bei vergleichsweise geringer korrosiver Beanspruchung 1)	Bei überdachten Bauteilen, zu denen die Außenluft ständig Zugang hat, bei mittlerer korrosiver Beanspruchung 2)	Im Freien sowie in Räumen mit einer mittleren relativen Luftfeuchte $>$ 70 %, ferner bei überdachten Bauteilen, zu denen die Außenluft ständig Zugang hat, bei besonders starker korrosiver Beanspruchung 3)
	mittlere Mindestzinkauflage g/m^2		
Dübel Bolzen Stabdübel Nägel Holzschrauben	Korrosionsschutz nicht erforderlich 4) 5)		400 6)
Klammern	50	nichtrostende Stähle nach DIN 17 440	
Stahlbleche $\leq$ 3 mm 7)	275 8)	275 8) und Beschichtung nach DIN 55 928 Teil 5 und Teil 8 oder 350 8) und geeignete Chromatierung 9)	nichtrostende Stähle nach DIN 17 440 oder Korrosionsschutz nach DIN 55 928 Teil 8
Stahlbleche $>$ 3 mm bis 5 mm	100	400	nichtrostende Stähle nach DIN 17 440 oder Korrosionsschutz nach DIN 55 928 Teil 5
Nagelplatten	275 8)	350 8) und geeignete Chromatierung 9)	nichtrostende Stähle nach DIN 17 440

1) Siehe DIN 55 928 Teil 8; entsprechend der Landatmosphäre nach DIN 55 928 Teil 1.

2) Siehe DIN 55 928 Teil 8; entsprechend der Stadtatmosphäre nach DIN 55 928 Teil 1.

3) Siehe DIN 55 928 Teil 8; entsprechend der Industrieatmosphäre nach DIN 55 928 Teil 1.

4) Bei einseitigen Dübeln Dübeltyp C (siehe Abschnitt 4.3.3) muß eine mittlere Mindestzinkauflage von 400 g/m^2 aufgebracht werden.

5) Bei Stahlblech-Holzverbindungen mit außenliegenden Blechen müssen die Nägel bzw. Schrauben eine mittlere Mindestzinkauflage von 50 g/m^2 aufweisen.

6) Bei außergewöhnlicher klimatischer Beanspruchung sind zusätzliche, auf die Beanspruchung abgestimmte Maßnahmen erforderlich.

7) Stahlbleche $\leq$ 3 mm dürfen auch mit geschnittenen unverzinkten Kanten eingesetzt werden.

8) Mittlere Zinkauflage beidseitig; Wert entspricht der Zinkauflagegruppe nach DIN 17 162 Teil 1.

9) Mit der gewählten Chromatierung muß eine wesentliche Verbesserung des Korrosionsschutzes erreicht werden (z. B. Farbchromatierung).

Tabelle 2. **Zulässige Leibungsspannungen in MN/m^2 parallel zur Faser im Lastfall H**

	Verhältnis der Dübellänge l_d zur Einschnittiefe t_d	Anzahl der in Kraftrichtung hintereinanderliegenden Dübel			
		1 und 2 und in verdübelten Balken		3 und 4	
		Nadelhölzer	Laubhölzer	Nadelhölzer	Laubhölzer
		nach DIN 1052 Teil 1, Tabelle 1		nach DIN 1052 Teil 1, Tabelle 1	
1	$l_d/t_d \geq 5$	8,5	10,0	7,5	9,0
2	$3 \leq l_d/t_d < 5$	4,0	5,0	3,5	4,5

Tabelle 3. **Maße der Scheiben für Dübelverbindungen und tragende Bolzenverbindungen**

Bolzendurchmesser		M 12	M 16	M 20	M 24
Dicke der Scheibe [1])	mm	6	6	8	8
Außendurchmesser bei runder Scheibe	mm	58	68	80	105
Seitenlänge bei quadratischer Scheibe	mm	50	60	70	95

[1]) Das untere Grenzabmaß für die Dicke der Scheiben darf höchstens 0,5 mm betragen.

Flachstahldübel, die auf durchgehende Stahlbleche oder -profile geschweißt (nur Flankenkehlnähte zulässig, **nicht** Stirnkehlnähte) oder aus dem vollen Material herausgearbeitet sind (z. B. Stützenverankerungen), dürfen auch bei $l_d/t_d < 5$ mit den zulässigen Leibungsspannungen nach Tabelle 2, Zeile 1, berechnet werden, wenn durch ausreichende Laschendicke (Flachstahl $\geq$ 10 mm oder U-Profil) und durch zusätzliche Sicherung mit Bolzen ein Kippen der Dübel verhindert wird. Dabei sind bei einer Dübelbreite > 180 mm die Bolzen zweireihig anzuordnen.

4.3 Dübel besonderer Bauart

4.3.1 Allgemeines

Es dürfen nur Dübel besonderer Bauart (ausgenommen Dübeltyp B) verwendet werden, deren bestimmungsgemäße Herstellung durch eine Bescheinigung DIN 50 049 – 2.1 (Werksbescheinigung) mit Angabe des Werkstoffes, gegebenenfalls des Korrosionsschutzes und der Maße nach dieser Norm sowie des Zeichens des Herstellers nachgewiesen ist. Außerdem ist die Liefereinheit mit den gleichen Angaben zu kennzeichnen.

Die Dübel dürfen auch aus einem mindestens gleichwertigen anderen Material der jeweils angegebenen Norm hergestellt werden.

4.3.2 Einlaßdübel

Als Einlaßdübel gelten zwei- und einseitige Ringkeildübel nach Bild 3 (Dübeltyp A), die aus der Leichtmetall-Gußlegierung GD-AlSi9Cu3 (Werkstoffnummer 3.2163.05) nach DIN 1725 Teil 2 bestehen, sowie Rundholzdübel aus fehlerfreiem Eichenholz nach Bild 4 (Dübeltyp B). Die Dübel werden in passende Vertiefungen der Hölzer eingelegt.

Für Verbindungen mit Einlaßdübeln gilt Tabelle 4, auch bei Laubhölzern. Einseitige Einlaßdübel des Dübeltyps A sind für die Verbindung von Holz mit Stahlbauteilen zulässig, wenn die Stahllaschen mindestens die Dicke h_1 nach Tabelle 4 besitzen und die Löcher in den Laschen höchstens auf den Durchmesser d_u + 1,0 mm (d_u nach Tabelle 4) gebohrt sind.

Einlaßdübel des Dübeltyps A mit Außendurchmesser 65, 80, 95 und 126 mm dürfen auch in rechtwinklig oder schräg ($\varphi \geq 45°$) zur Faserrichtung verlaufenden Hirnholzflächen von Brettschichtholz nach Bild 5 eingebaut und zur Übertragung von Auflagerkräften herangezogen werden. Als Schraubenbolzen nach Abschnitt 4.1.3 sind Sechskantschrauben M 12 mit Mutter und Unterlegscheibe rund 58 mm/6 mm oder vierkant 50 mm/6 mm zulässig. Anstelle der Mutter mit Unterlegscheibe darf auch ein Rundstahl mit einem Durchmesser von 24 bis 40 mm, Länge jeweils mindestens 90 mm, oder ein entsprechendes Formstück verwendet werden, der bzw. das in eine Querbohrung des Trägers 2 eingeführt wird. Der Abstand zwischen der Hirnholzfläche und der Unterlegscheibe bzw. dem Rundstahl muß mindestens 120 mm betragen. Die Dübel sind mittig in der Trägerbreite b so anzuordnen, daß der Randabstand $v_d = b/2$ und der Dübelabstand $e_{d\perp} = d_d + t_d$ nicht unterschritten wird. Die zulässigen Belastungen sind Tabelle 5 zu entnehmen.

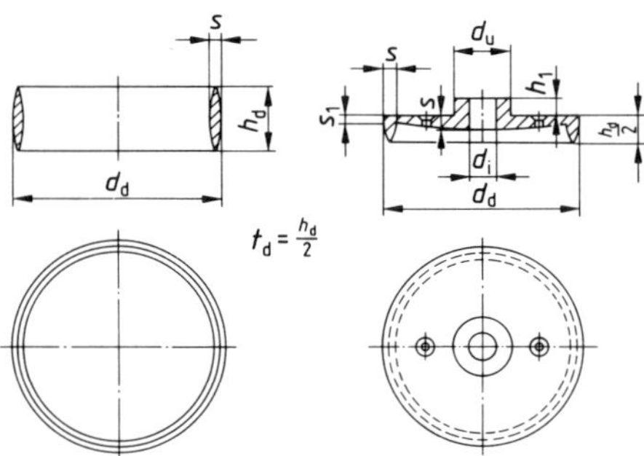

Bild 3. Zwei- und einseitiger Ringkeildübel (Dübeltyp A)

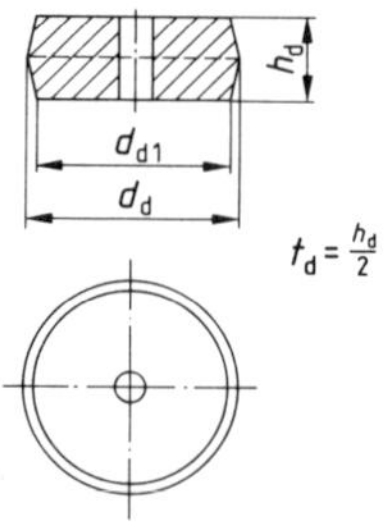

Bild 4. Rundholzdübel aus Eiche (Dübeltyp B)

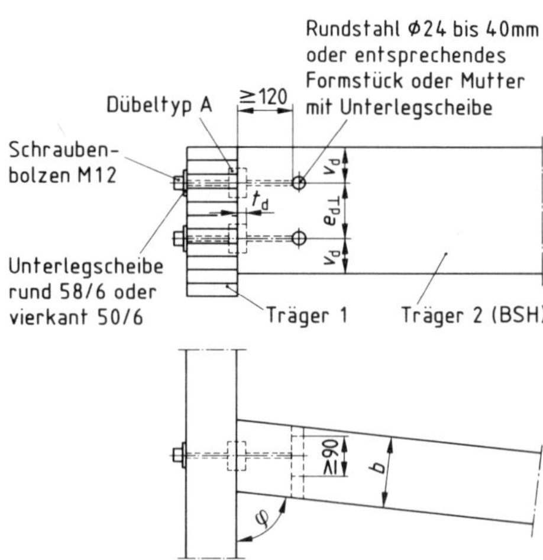

Bild 5. Ausbildung eines Hirnholzanschlusses bei Brettschichtholz (BSH)

Tabelle 4. **Mindestanforderungen an Verbindungen mit Einlaßdübeln (Dübeltypen A und B) sowie zulässige Belastungen eines Dübels im Lastfall H bei höchstens zwei in Kraftrichtung hintereinanderliegenden Dübeln**

	1	2	3	4	5	6	7	8	9	10	11	12	13	14	15
Dübeltyp	Maße der Dübel							Rechenwert für die Dübelfehlfläche	Schraubenbolzen 1)	Mindestmaße der Hölzer 2) bei einer Dübelreihe und Neigung der Kraft- zur Faserrichtung		Mindestdübelabstand und -vorholzlänge bei einer Dübelreihe	Zulässige Belastung eines Dübels bei Neigung der Kraft- zur Faserrichtung		
	Außendurchmesser	Höhe	Dicke	zusätzliche Maße nur für einseitige Einlaßdübel Typ A					Sechskantschrauben nach DIN 601	0 bis 30°	über 30 bis 90°		0 bis 30°	über 30 bis 60°	über 60 bis 90°
	d_d	h_d	s	d_i	d_u	h_1	s_1	ΔA	d_b	b/a	b/a	$e_{d\|\|}$			
	mm	mm	mm	mm	mm	mm	mm	cm²		mm	mm	mm	kN	kN	kN
A (siehe Bild 3)	65	30	5	13	22,5	8	3	7,8	M 12	100/40	110/40	140	11,5	10,0	9,0
	80	30	6	13	22,5	8	3	10,1	M 12	110/50	130/50	180	14,0	12,5	11,0
	95	30	6	13	33,5	8	4	12,3	M 12	120/60	150/60	220	17,0	14,5	12,5
	126	30	6	–	–	–	–	17,0	M 12	160/60	200/60	250	20,0	17,0	14,0
	128	45	8	13	45	10	4	25,9	M 12	160/60	200/60	300	28,0	23,5	19,0
	160 3)	45	10	17	50	12	5	32,2	M 16	200/100	240/100	340	34,0	27,5	21,5
	190 4)	45	10	17	60	12	6	39,9	M 16	230/100	280/100	430	48,0	38,5	29,0
B (siehe Bild 4)	66 5)	32	–	–	–	–	–	8,2	M 12	100/40 oder 90/60	100/40 oder 90/60	130	11,0	9,0	9,0
	100 5)	40	–	–	–	–	–	16,8	M 12	130/60	160/60	200	18,0	15,5	13,5

1) Scheiben nach Tabelle 3.

2) Gilt für ein- und beidseitige Dübelanordnung; bei beidseitiger Dübelanordnung jedoch Mindestholzdicke $a = 60$ mm.

3) Mit einem Klemmbolzen am Laschenende nach Abschnitt 4.1.3.

4) Mit zwei Klemmbolzen am Laschenende nach Abschnitt 4.1.3.

5) Der Durchmesser d_{d1} beträgt etwa 90 % des Durchmessers d_d.

Tabelle 5. **Zulässige Belastungen für Dübeltyp A in rechtwinklig oder schräg ($\varphi \geq 45°$) zur Faserrichtung liegenden Hirnholzflächen von Brettschichtholz und Mindestabstände im Lastfall H**

Außendurchmesser des Dübeltyps A d_d mm	Mindestbreite des Trägers 2 an der Anschlußfuge nach Bild 5 b mm	Mindestrandabstand v_d mm	zulässige Belastung eines Dübels bei 1 Dübel oder 2 Dübeln hintereinander kN	 bei 3, 4 oder 5 Dübeln hintereinander kN
65	110	55	6,0	7,2
80	130	65	7,3	8,7
95	150	75	8,5	10,2
126	200	100	11,4	13,7

4.3.3 Einpreßdübel

Einpreßdübel nach Bild 6 (Dübeltyp C) sind aus St 2 K 40 nach DIN 1624, Einpreßdübel nach Bild 7 (Dübeltyp D) aus Temperguß GTS-35-10 oder GTW-40-05 nach DIN 1692 herzustellen.

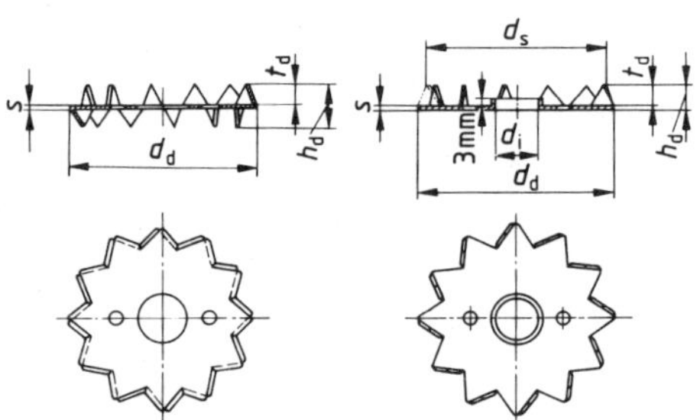

a) zweiseitiger runder Einpreßdübel

b) einseitiger runder Einpreßdübel mit $d_d \leq 75$ mm

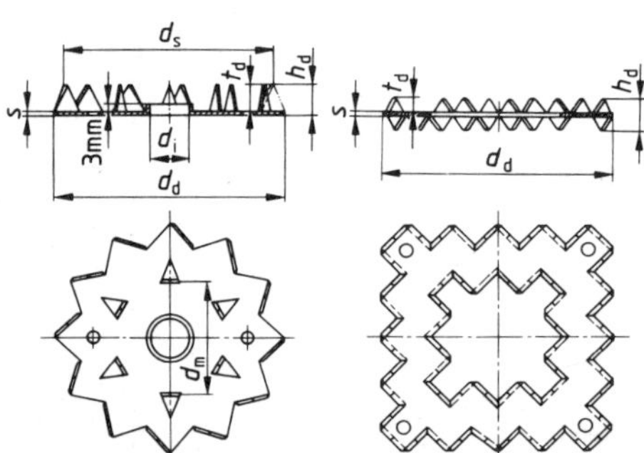

c) einseitiger runder Einpreßdübel mit $d_d = 95$ bzw. 117 mm

d) zweiseitiger quadratischer Einpreßdübel

Bild 6. Einpreßdübel (Dübeltyp C)

Verbindungen mit Einpreßdübeln müssen den Anforderungen in den Tabellen 6 und 7 entsprechen. Die Grundplatten des Dübeltyps D dürfen bis zu 3 mm in das Holz eingelassen werden.

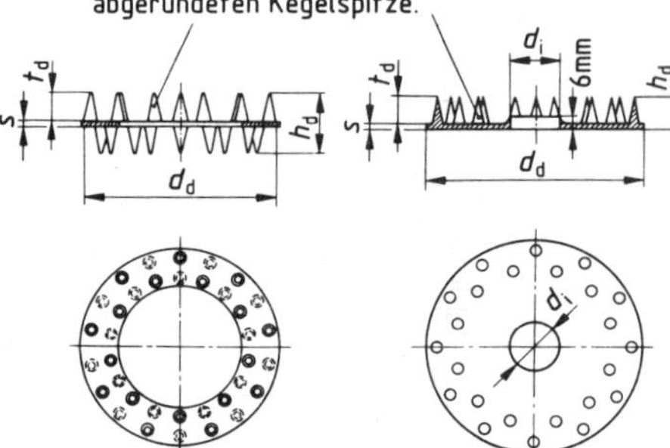

a) zweiseitiger Dübel

b) einseitiger Dübel

Bild 7. Einpreßdübel (Dübeltyp D)

Für die Verbindung von Holz mit Stahlteilen sowie von Holz mit Holz sind die einseitigen Einpreßdübel der Dübeltypen C und D zulässig.

Bei Stahllaschen darf auf der Kopfseite auf die Scheiben verzichtet werden; auf der Gewindeseite dürfen Scheiben nach DIN 125 oder DIN 7989 verwendet werden.

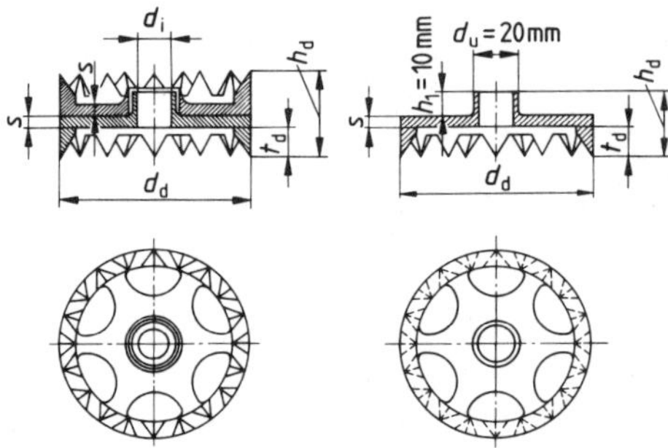

a) zweiseitiger Dübel

b) einseitiger Dübel

Bild 8. Einlaß-Einpreßdübel (Dübeltyp E)

Tabelle 6. **Mindestanforderungen an Verbindungen mit Einpreßdübeln (Dübeltyp C) sowie zulässige Belastungen eines Dübels im Lastfall H bei höchstens zwei in Kraftrichtung hintereinanderliegenden Dübeln**

Dübeltyp	1	2	3	4	5	6	7	8	9	10	11	12	13	14	15
	Maße der Dübel							Rechenwert für die Dübelfehlfläche	Schraubenbolzen [1]) Sechskantschrauben nach DIN 601	Mindestmaße der Hölzer [2]) bei einer Dübelreihe und Neigung der Kraft- zur Faserrichtung		Mindestdübelabstand und -vorholzlänge bei einer Dübelreihe	Zulässige Belastung eines Dübels bei Neigung der Kraft- zur Faserrichtung		
	Außendurchmesser bzw. Seitenlänge	Maße für zweiseitige Einpreßdübel		Maße für einseitige runde Einpreßdübel											
		Höhe h_d	Dicke s	Höhe h_d	Dicke s	Durchmesser d_i	Abstand d_m			0 bis 30°	über 30 bis 90°		0 bis 30°	über 30 bis 60°	über 60 bis 90°
	d_d							ΔA	d_b	b/a	b/a	$e_{d\parallel}$			
	mm	mm	mm	mm	mm	mm	mm	cm²		mm	mm	mm	kN	kN	kN
C runde Einpreßdübel (siehe Bild 6a bis 6c)	48	12,5	1,00	6,6	1,00	12,2	–	0,9	M 12	100/40 oder 80/60	100/40	120	5,0	4,5	4,5
	62	16	1,20	8,7	1,20	12,2	–	2,0	M 12	100/40 oder 90/60	110/40	120	7,0	6,5	6,0
	75	19,5	1,25	10,3	1,25	16,2	–	2,6	M 16	100/50	120/50	140	9,0	8,5	8,0
	95	24	1,35	12,8	1,35	16,2	49	4,7	M 16	120/50	140/50	140	12,0	11,0	10,5
	117	29,5	1,50	16,0	1,50	20,2	58	6,9	M 20	150/80	180/80	170	16,0	15,0	14,0
	140 [3])	31	1,65	–	–	–	–	8,7	M 24	170/80	200/100	200	22,0	20,0	18,5
	165 [3])	32	1,80	–	–	–	–	11,0	M 24	190/80	230/100	230	30,0	27,0	24,0
C quadratische Einpreßdübel (siehe Bild 6d)	100	16	1,35	–	–	–	–	2,7	M 20	130/60	160/60	170	17,0	15,5	14,5
	130 [4])	20	1,50	–	–	–	–	4,5	M 24	160/60	190/80	200	23,0	21,0	19,0

[1]) Scheiben nach Tabelle 3.

[2]) Gilt für ein- und beidseitige Dübelanordnung; bei beidseitiger Dübelanordnung jedoch Mindestholzdicke $a = 60$ mm.

[3]) Mit einem Klemmbolzen am Laschenende nach Abschnitt 4.1.3.

[4]) Mit zwei Klemmbolzen am Laschenende nach Abschnitt 4.1.3.

Tabelle 7. **Mindestanforderungen an Verbindungen mit Einpreßdübeln (Dübeltyp D) und Einlaß-Einpreßdübeln (Dübeltyp E) sowie zulässige Belastungen eines Dübels im Lastfall H bei höchstens zwei in Kraftrichtung hintereinanderliegenden Dübeln**

	1	2	3	4	5	6	7	8	9	10	11	12	13	14	15
Dübeltyp	Maße der Dübel und Rechenwerte für die Dübelfehlflächen								Schraubenbolzen [1]	Mindestmaße der Hölzer [2] bei einer Dübelreihe und Neigung der Kraft- zur Faserrichtung		Mindestdübelabstand und -vorholzlänge bei einer Dübelreihe	Zulässige Belastung eines Dübels bei Neigung der Kraft- zur Faserrichtung		
	Außendurchmesser	Anzahl der Zähne [3]	Zweiseitige Dübel			Einseitige Dübel			Sechskantschrauben nach DIN 601						
			Maße		Dübelfehlfläche	Maße [4]		Dübelfehlfläche							
			Höhe	Dicke		Höhe	Durchmesser			0 bis 30°	über 30 bis 90°		0 bis 30°	über 30 bis 60°	über 60 bis 90°
	d_d		h_d	s	ΔA	h_d	d_i	ΔA	d_b	b/a	b/a	$e_{d\parallel}$			
	mm		mm	mm	cm²	mm	mm	cm²		mm	mm	mm	kN	kN	kN
D (siehe Bild 7)	50	8 [5]	27	3	2,8	15	12,2	3,4	M 12	100/40 oder 80/60	100/40 oder 90/60	120	8,0	7,5	7,0
	65	12 oder 14 [6]	27	3	3,6	15	16,2	4,5	M 16	100/40 oder 90/60	110/40 oder 100/60	140	11,5	11,0	10,0
	85	22 [6]	27	3	4,6	15	20,2	5,5	M 20	110/50	130/50	170	17,0	16,0	14,5
	95	24 [6]	27	3	5,6	15	24,2	6,9	M 24	120/60	140/60	200	21,0	19,5	17,5
	115	30 oder 32 [6]	27	3	7,0	15	24,2	8,6	M 24	140/60	170/60	230	27,0	24,5	21,5
E (siehe Bild 8)	55	16	30	3,5	3,9	15	12,2	3,9	M 12	100/40 oder 80/60	100/40 oder 90/60	120	10,0 [7]	9,5 [7]	9,0 [7]
	80	20	37	5	7,9	18,5	12,2	7,9	M 12	110/50	120/50	150 [8]	15,0 [9]	13,5 [9]	12,0 [9]

[1] Scheiben nach Tabelle 3.

[2] Gilt für ein- und beidseitige Dübelanordnung; bei beidseitiger Dübelanordnung jedoch Mindestholzdicke $a = 60$ mm.

[3] Bei zweiseitigen Dübeln sind die Zähne durchgehend oder gegeneinander versetzt.

[4] Dicke s wie in Spalte 4.

[5] Ein Zahnkreis.

[6] Zwei Zahnkreise.

[7] Bei Anordnung von Metallaschen (einseitiger Dübel) 1,2facher Wert zulässig.

[8] Bei Anordnung von Metallaschen (einseitiger Dübel) auch 140 mm zulässig.

[9] Bei Anordnung von Metallaschen (einseitiger Dübel) 1,3facher Wert zulässig.

4.3.4 Einlaß-Einpreßdübel

Einlaß-Einpreßdübel nach Bild 8 (Dübeltyp E) müssen aus GTW–40-05 nach DIN 1692 hergestellt werden. Sie sind mit der Grundplatte in genau passende Vertiefungen der Hölzer einzulegen. Anschließend sind die Zähne einzupressen. Die Verbindungen müssen den Anforderungen in Tabelle 7 entsprechen.

Für die Verbindung von Holz mit Stahlbauteilen sind einseitige Dübel nach Bild 8 b zulässig. Die Nabe muß in eine Bohrung der Stahlbauteile mit dem Durchmesser von maximal 21 mm eingreifen.

4.3.5 Zulässige Belastungen

Für die zulässigen Belastungen der Dübel im Lastfall H gelten je nach Neigung der Kraft zur Faserrichtung des Holzes die Werte nach den Tabellen 4, 6 und 7. Bei Stößen und Anschlüssen mit mehr als zwei in Kraftrichtung hintereinanderliegenden Dübeln ist die wirksame Anzahl ef n zu

$$\text{ef } n = 2 + \left(1 - \frac{n}{20}\right) \cdot (n - 2) \qquad (1)$$

anzunehmen. n bedeutet die Anzahl der hintereinanderliegenden Dübel ($n > 2$). Mehr als zehn Dübel hintereinander dürfen nicht in Rechnung gestellt werden.

Bei zweiseitigen Einlaßdübeln des Dübeltyps A mit Außendurchmessern $d_d \leq 95$ mm und bei zweiseitigen, runden Einpreßdübeln des Dübeltyps C mit Außendurchmessern $d_d \leq 95$ mm dürfen für den Anschluß von Vollholz- oder Brettschichtholzquerschnitten an Brettschichtholz die zulässigen Belastungen auch dann in Rechnung gestellt werden, wenn die Bolzen M 12 bzw. M 16 durch eine Sechskant-Holzschraube gleichen Durchmessers nach DIN 571 mit einer Einschraubtiefe in das Brettschichtholz von mindestens 120 mm oder durch eine gleichwertige Verbindung mit Sondernägeln ersetzt werden.

4.3.6 Querschnittsschwächungen

Bei der Berechnung von Querschnittsschwächungen durch Dübel nach DIN 1052 Teil 1, Abschnitt 6.4.2, sind die in den Tabellen 4, 6 und 7 angegebenen Dübelfehlflächen ΔA zusätzlich zu der gesamten Schwächung durch die Bohrlöcher für die Verbolzung zu berücksichtigen.

4.3.7 Dübelabstände

Bei einer Dübelreihe gelten als Mindestdübelabstände der Dübel untereinander sowie als Mindestvorholzlänge die Werte $e_{d\parallel}$ nach den Tabellen 4, 6 und 7.

Für Verbindungen mit mehreren Dübelreihen (siehe Bild 9) gelten für die Abstände der Dübel in Faserrichtung, für die Abstände benachbarter Dübelreihen und der äußeren Dübelreihe von der Holzkante die Festlegungen in Tabelle 8. Der Dübelendabstand in Faserrichtung (Vorholzlänge) darf bei unbeanspruchtem Rand auf $0{,}5 \cdot e_{d\parallel}$ herabgesetzt werden.

Die Mindestabstände $e_{d\perp}$ nach Tabelle 8 gelten auch für Queranschlüsse nach Bild 10.

Erforderlichenfalls ist der Querzugnachweis für den rechtwinklig zur Faserrichtung beanspruchten Stab zu führen. Dieser erübrigt sich, wenn das querbeanspruchte Holz höchstens 300 mm hoch ist und der Anschlußschwerpunkt S in der Stabachse oder darüber liegt.

In Tabelle 8 bedeuten:

d_d Außendurchmesser des Dübels

t_d Einschnittiefe (Einlaß- bzw. Einpreßtiefe) des Dübels

$e_{d\parallel}$ Mindestwert für Dübelabstand und -vorholzlänge bei einer Dübelreihe

b Mindestbreite des Holzes bei einer Dübelreihe.

Tabelle 8. **Dübelabstände**

	1	2	3
Anordnung der Dübel	Mindestabstand $e_{d\perp}$ zweier benachbarter Dübelreihen	Mindestabstand $e_{d\parallel}$ der Dübel parallel der Faserrichtung	Mindestabstand der äußeren Dübelreihe von der Holzkante
nicht gegeneinander versetzt	$d_d + t_d$	$e_{d\parallel}$	$b/2$
gegeneinander versetzt [1])	$d_d + t_d$	$e_{d\parallel}$	$b/2$
	d_d	$1{,}1 \cdot e_{d\parallel}$	
	$0{,}5\,(d_d + t_d)$	$1{,}8 \cdot e_{d\parallel}$	

[1]) Zwischenwerte sind geradlinig zu interpolieren.

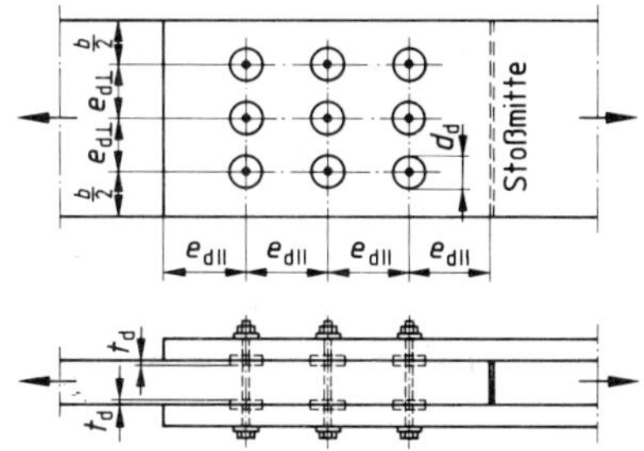

a) nicht versetzte Anordnung

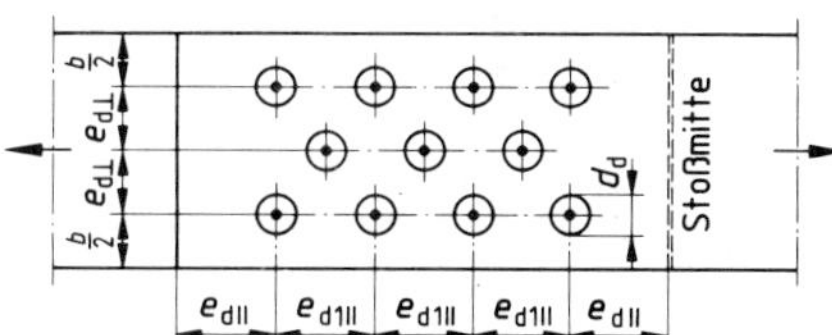

b) versetzte Anordnung

Bild 9. Mindestdübelabstände bei Verbindungen mit mehreren Dübelreihen

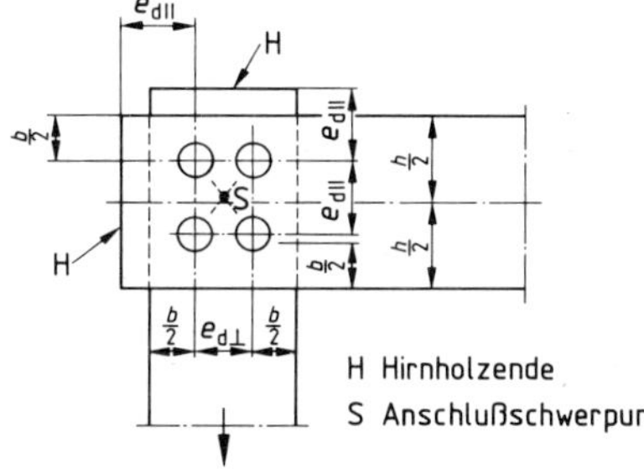

Bild 10. Mindestdübelabstände bei Queranschlüssen

5 Stabdübel- und Bolzenverbindungen

5.1 Unter die Festlegungen für Stabdübel- und Bolzenverbindungen fallen alle rechtwinkl zur Scherfläche durchgehenden, überwiegend auf Biegung beanspruchten zylindrischen Verbindungsmittel aus Stahl, welche im Holz vorwiegend Lochleibungsbeanspruchungen hervorrufen. Dabei ist zwischen Stabdübeln und Bolzen zu unterscheiden. Stabdübel werden als nicht profilierte zylindrische Stäbe in vorgebohrte Löcher eingetrieben. Sie dürfen auch mit Kopf und Mutter oder beidseitig mit Muttern versehen sein (Paßbolzen). Zu den Bolzen gehören Schraubenbolzen, Rohrbolzen un Bolzen ähnlicher Bauart. Sie sind mit Kopf und Mutter versehen und werden, nach Vorbohren der Bolzenlöcher mit geringem Spiel, in der Regel mit beiderseitigen Scheiben eingebaut und anschließend fest angezogen.

5.2 Bolzen dürfen bei Beanspruchung auf Abscheren in Dauerbauten, bei denen es auf Steifigkeit und Formbeständigkeit ankommt, zur Kraftübertragung nicht herangezogen werden, wenn nicht durch besondere Maßnahmen das Eintreten eines Schlupfes verhindert wird (z. B. die zu verbindenden Hölzer beim Einbau bereits ausreichend trocken sind). Bei Fliegenden Bauten (siehe DIN 4112), bei untergeordneten Bauten und bei Gerüsten sowie bei untergeordneten Bauteilen ist die Verwendung tragender Bolzenverbindungen zulässig. Stabdübelverbindungen sind bei allen Bauten und Bauteilen anwendbar.

Die Stabdübel müssen aus Stahl der Stahlgüte St 37-2 oder einer mindestens gleichwertigen anderen Stahlgüte bestehen. Bolzen müssen mindestens den Festigkeitsklassen 3.6 bzw. 4.8 nach DIN ISO 898 Teil 1 entsprechen.

5.3 Die Löcher für Stabdübel sind im Holz mit dem Nenndurchmesser des Stabdübels zu bohren. Bei Stahl-Holz-Verbindungen dürfen die Löcher im Stahlteil bis zu 1 mm größer sein als der Nenndurchmesser. Beim gleichzeitigen Bohren der Hölzer und Stahlteile muß der Durchmesser des Bohrers dem Stabdübeldurchmesser entsprechen. Bei Stabdübelverbindungen mit außenliegenden Stahlteilen sind die Stahlteile zu sichern.

Die Löcher für Bolzen müssen, auch bei mehrschnittigen Verbindungen, gut passend gebohrt werden, so daß ein Spiel von 1 mm nicht überschritten wird.

5.4 Bei Paßbolzen und Heftbolzen genügen Scheiben mit den Maßen nach DIN 436 oder DIN 440. Bei tragenden Bolzenverbindungen müssen Scheiben nach Tabelle 3 gewählt werden, falls keine Stahllaschen verwendet werden.

5.5 Der Durchmesser muß bei Stabdübeln mindestens $d_{st} = 8$ mm, bei tragenden Bolzen mindestens $d_b = 12$ mm betragen. Stabdübel- und Bolzenverbindungen mit Durchmessern über 30 mm dürfen nicht nach den nachstehenden Regeln bemessen werden.

5.6 Tragende Verbindungen mit Stabdübeln müssen mindestens vier, solche mit Paßbolzen und Bolzen mindestens zwei Scherflächen besitzen. Dabei müssen in der Regel mindestens zwei Stabdübel, Paßbolzen oder Bolzen vorhanden sein. Bei gelenkigen Anschlüssen von Holz- mit Holz- oder mit Stahlteilen ist ein Paßbolzen oder ein Bolzen ausreichend, wenn er in seiner Lage gesichert ist und nur bis zu 50 % seiner zulässigen Belastung beansprucht wird.

In Stößen und Anschlüssen sollen in Kraftrichtung mehr als sechs Stabdübel oder Paßbolzen hintereinander vermieden werden. Anderenfalls ist die wirksame Anzahl ef n zu

$$\text{ef } n = 6 + \frac{2}{3}(n - 6) \quad (2)$$

anzunehmen. n bedeutet die Anzahl der hintereinanderliegenden Stabdübel oder Paßbolzen ($n > 6$). Mehr als zwölf Stabdübel hintereinander dürfen nicht in Rechnung gestellt werden.

5.7 Für die Mindestabstände von Stabdübeln, Paßbolzen und Bolzen gelten die Angaben nach Tabelle 9 und Bild 11 und Bild 12. Dabei müssen in Faserrichtung des Holzes hintereinanderliegende Stabdübel und Paßbolzen um $d_{st}/2$ gegenüber der Rißlinie versetzt angeordnet werden, wenn der Abstand untereinander in Faserrichtung $< 8\, d_{st}$ ist.

Beim Anschluß von Stäben an Biegeträger oder sinngemäß ausgeführten Anschlüssen müssen in den Biegeträgern Randabstände in Faserrichtung (vom Hirnholzende) von mindestens 6 d_{st} bzw. 80 mm bei Stabdübeln oder Paßbolzen und 7 d_b bzw. 100 mm bei Bolzen eingehalten werden.

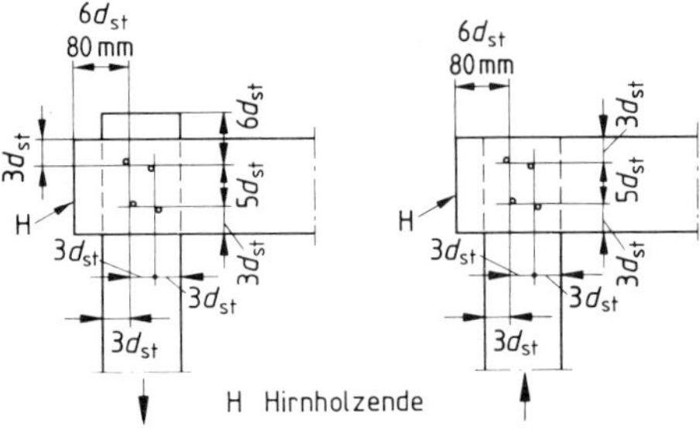

Bild 11. Mindestabstände bei Stabdübeln und Paßbolzen

Tabelle 9. **Mindestabstände von tragenden Stabdübeln, Paßbolzen und Bolzen**

		Mindestabstände [1]) parallel zur Kraftrichtung	
		bei Stabdübeln und Paßbolzen	bei Bolzen
untereinander	∥ der Faserrichtung ⊥ zur Faserrichtung	5 d_{st} 3 d_{st}	7 d_b, ≥ 100 mm 5 d_b
vom beanspruchten Rand	∥ der Faserrichtung ⊥ zur Faserrichtung	6 d_{st} 3 d_{st}	7 d_b, ≥ 100 mm 4 d_b
vom unbeanspruchten Rand	∥ der Faserrichtung ⊥ zur Faserrichtung	3 d_{st} 3 d_{st}	3 d_b 3 d_b

[1]) Bei Schräganschlüssen sind Zwischenwerte geradlinig zu interpolieren.

Tabelle 10. **Werte für zul σ_l und B in MN/m² zur Berechnung der zulässigen Belastung in N von Stabdübel-, Paßbolzen- und Bolzenverbindungen nach den Gleichungen (3) und (4)**

	Holzart [1]	Stabdübel und Paßbolzen		Bolzen	
		zul σ_l	Festwert B	zul σ_l	Festwert B
einschnittig	NH und BSH	4,0	23,0	4,0	17,0
	LH, Gruppe: A	5,0	27,0	5,0	20,0
	B	6,1	30,0	6,1	24,0
	C [2]	9,4	36,0	9,4	30,0
zweischnittig		Mittelholz			
	NH und BSH	8,5	51,0	8,5	38,0
	LH, Gruppe: A	10,0	60,0	10,0	45,0
	B	13,0	65,0	13,0	52,0
	C [2]	20,0	80,0	20,0	65,0
		Seitenholz			
	NH und BSH	5,5	33,0	5,5	26,0
	LH, Gruppe: A	6,5	39,0	6,5	30,0
	B	8,4	42,0	8,4	34,0
	C [2]	13,0	52,0	13,0	42,0

[1]) Bezeichnungen für die Holzarten siehe DIN 1052 Teil 1, Abschnitt 3.4.

[2]) Die Abminderungen für Feuchteeinwirkungen nach DIN 1052 Teil 1, Abschnitt 5.1.7, gelten nicht für Laubhölzer der Holzartgruppe C.

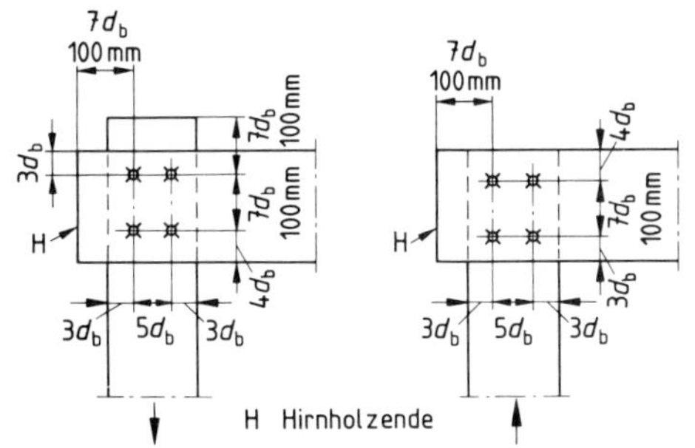

Bild 12. Mindestabstände bei tragenden Bolzen

5.8 Stabdübel- und Paßbolzenverbindungen sowie Bolzenverbindungen können ein-, zwei- oder mehrschnittig sein. Die zulässige Belastung eines Stabdübels, Paßbolzens oder Bolzens beträgt im Lastfall H für Kraftangriff in Faserrichtung, unabhängig von der Güteklasse des Holzes,

$$\text{zul } N_{st,b} = \text{zul } \sigma_l \cdot a \cdot d_{st,b} \quad \text{in N} \tag{3}$$

jedoch höchstens

$$\text{zul } N_{st,b} = B \cdot d_{st,b}^2 \quad \text{in N} \tag{4}$$

Hierin bedeuten:

zul σ_l zulässige mittlere Lochleibungsspannung des Holzes in MN/m² nach Tabelle 10 bzw. des Holzwerkstoffes in MN/m² nach DIN 1052 Teil 1, Tabelle 6, Zeile 8

a Holzdicke in mm

$d_{st,b}$ Durchmesser des Stabdübels, Paßbolzens bzw. des Bolzens in mm

B Festwert in MN/m² nach Tabelle 10.

Bei Berechnung nach den Gleichungen (3) bzw. (4) und Tabelle 10 erübrigt sich der Nachweis von Biegespannungen in den Stabdübeln, Paßbolzen oder Bolzen.

Bei mehrschnittigen Stabdübel-, Paßbolzen- oder Bolzenverbindungen ist Tabelle 10 sinngemäß anzuwenden.

5.9 Für Kraftangriff rechtwinklig und schräg zur Faserrichtung des Holzes sind die zulässigen Belastungen nach den Gleichungen (3) bzw. (4) mit dem Faktor

$$\eta_{st} = \eta_b = 1 - \alpha/360 \tag{5}$$

abzumindern. Dabei ist α der Winkel zwischen Kraft- und Faserrichtung ($\alpha \leq 90°$).

5.10 Bei Stabdübel-, Paßbolzen- oder Bolzenverbindungen von Vollholz oder Brettschichtholz mit Stahlteilen dürfen die zulässigen Belastungen nach den Gleichungen (3) bzw. (4) um 25 % erhöht werden. Die Lochleibungsbeanspruchung in den Stahlteilen darf die zulässigen Lochleibungsspannungen der verwendeten Stahlteile für Gelenkbolzen nicht überschreiten.

5.11 Bei Stabdübel-, Paßbolzen- und Bolzenverbindungen von Bau-Furniersperrholz nach DIN 68 705 Teil 3 und Teil 5 sowie Flachpreßplatten nach DIN 68 763 untereinander oder mit Nadelholz oder Laubholz sind die zulässigen Belastungen nach Gleichung (3) auch unter Berücksichtigung des zulässigen Lochleibungsdruckes nach DIN 1052 Teil 1, Tabelle 6, Zeile 8, zu ermitteln. Liegt bei Bau-Furniersperrholz der Winkel zwischen Kraftrichtung und Faserrichtung der Deckfurniere zwischen 0° und 90°, so darf geradlinig interpoliert werden.

6 Nagelverbindungen von Holz und Holzwerkstoffen

6.1 Allgemeines

Die Festlegungen für Nagelverbindungen im Holzbau gelten für die Anwendung von runden Drahtstiften der Form B nach DIN 1151 aus Stahl und von runden Maschinenstiften nach DIN 1143 Teil 1. Es dürfen auch andere als in diesen Normen angegebene Nagellängen verwendet werden. Die Zugfestigkeit des Nageldrahtes muß mindestens 600 MN/m² betragen. Zusätzlich zu den Maßen nach DIN 1151 müssen die Kopfdurchmesser mindestens das 1,8fache des Nageldurchmessers d_n betragen. Die Länge der Nagelspitze darf nicht größer als 2 d_n sein.

Runde Draht- und Maschinenstifte dürfen beharzt sein. Von DIN 1151 bzw. DIN 1143 Teil 1 abweichende Kopfformen sind zulässig, wenn die Kopffläche mindestens 2,5 d_n^2 beträgt.

Außerdem dürfen Sondernägel verwendet werden, d. h. Nägel mit profilierter Schaftausbildung (siehe z. B. Bild 13), wobei die Profilierung des Nagelschaftes über die gesamte Nagellänge oder ausgehend von der Nagelspitze über einen Teil der Nagellänge erfolgen darf. Sondernägel werden entsprechend ihrer Haftkraft in Nadelholz bei Beanspruchung in Schaftrichtung (Herausziehen) nach den Tragfähigkeitsklassen I, II und III unterschieden (siehe Abschnitt 6.3).

Es dürfen nur Sondernägel verwendet werden, deren Eignung für diese Verbindung nachgewiesen ist, die in eine der Tragfähigkeitsklassen nach Tabelle 12 eingestuft sind und deren Eigenschaften laufend überwacht sind (Eigenüberwachung). Maßgebend für den Eignungsnachweis und die Einstufung in die Tragfähigkeitsklassen ist der Einstufungsschein. Der Einstufungsschein ist von einer hierfür anerkannten Prüfstelle *) auf der Grundlage von Anhang A auszustellen. In den Einstufungsschein sind die im Anhang C enthaltenen Angaben aufzunehmen. Der Nachweis der Eignung, der Einstufung und der Eigenüberwachung der Sondernägel gilt durch eine Bescheinigung DIN 50 049 – 2.1 (Werksbescheinigung) als erbracht. Die Werksbescheinigung muß die Angaben des zugehörigen geltenden Einstufungsscheines enthalten; bei den Maßen des Sondernagels ist nur die Angabe von d_n, l_n und l_g erforderlich, beim Werkstoff nur die Werkstoffbezeichnung. Auf der Liefereinheit (z. B. Verpackung) müssen die gleichen Angaben gemacht werden.

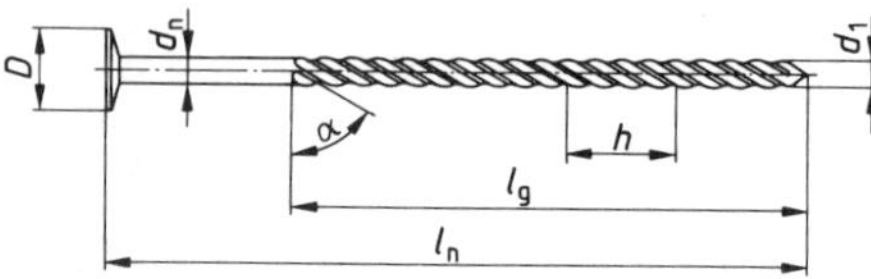

a) Schraubnagel

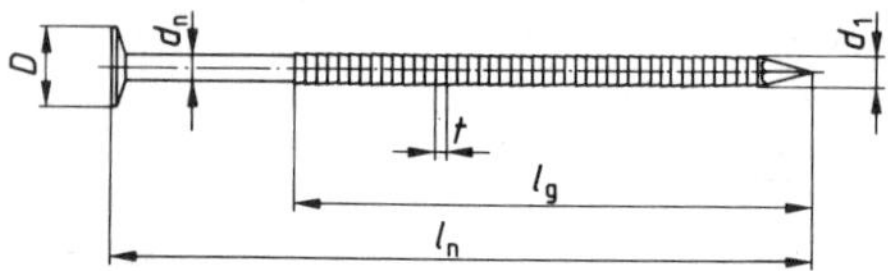

b) Rillennagel

Bild 13. Beispiele für Sondernägel

*) Eine Liste der anerkannten Prüfstellen wird beim Institut für Bautechnik, Reichpietschufer 74–76, 1000 Berlin 30, geführt.

6.2 Beanspruchung rechtwinklig zur Nagelachse

6.2.1 Im allgemeinen sind in jeder für eine Kraftübertragung herangezogenen Fuge ein- oder mehrschnittiger Nagelverbindungen mindestens vier Nagelscherflächen erforderlich.

Dies gilt nicht für die Befestigung von Schalungen, Latten (Trag- und Konterlatten) und Windrispen, auch nicht z. B. für die Befestigung von Sparren, Pfetten und dergleichen, z. B. auf Bindern und Rähmen sowie von Querriegeln an Rahmenhölzern.

6.2.2 Die zulässige Nagelbelastung im Lastfall H errechnet sich bei Nadelholz nach DIN 1052 Teil 1, Tabelle 1, unabhängig von der Güteklasse und vom Faserverlauf des Holzes, für eine Scherfläche nach folgender Zahlenwertgleichung zu

$$\text{zul}\, N_1 = \frac{500 \cdot d_n^2}{10 + d_n} \quad \text{in N} \tag{6}$$

mit d_n als Nageldurchmesser in mm.

Bei Sondernägeln ist für d_n der Durchmesser des glattschaftigen Teiles bzw. des Nageldrahtes vor der Aufbringung der Schaftprofilierung (auch als Nagelnenndurchmesser bezeichnet) einzusetzen.

6.2.3 Für die Mindestholzdicke min *a* gilt mit Rücksicht auf die Spaltgefahr des Holzes bei Nagelverbindungen ohne Vorbohrung folgende Zahlenwertgleichung:

$$\min a = d_n\,(3 + 0{,}8 \cdot d_n) \quad \text{in mm,} \tag{7}$$

jedoch mindestens 24 mm. Dabei ist d_n der Nageldurchmesser in mm.

Bei Nagelverbindungen mit vorgebohrten Nagellöchern (siehe auch Abschnitt 6.2.5) dürfen bei Nageldurchmessern $\geq$ 4,2 mm die Mindestholzdicken min *a* abweichend von Gleichung (7) auf das 6fache des Nageldurchmessers reduziert werden. Bei geringeren Holzdicken sind die zulässigen Belastungen im Verhältnis $a/(6\,d_n)$ zu mindern.

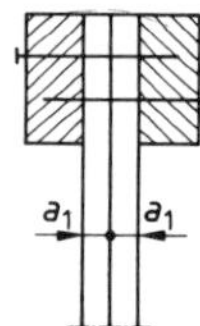

Bild 14. Zweischnittige Gurtnagelung bei Vollwandträgern

Bei genagelten Vollwandträgern mit Stegen aus zwei gekreuzten Brettlagen darf mit Rücksicht auf deren Sperrwirkung bei zweischnittiger Nagelung die Mindestholzdicke min *a* nach Gleichung (7) bis auf ⅔ ihres Wertes verringert werden, wenn die Einzelbretter nicht breiter als 140 mm sind (a_1 = ⅔ · min *a* nach Gleichung (7), siehe Bild 14).

6.2.4 Ein- und mehrschnittige Nagelverbindungen dürfen mit $m \cdot \text{zul}\, N_1$ berechnet werden, mit m als Anzahl der Schnitte, wobei eine Scherfläche noch als voll wirksam angesehen werden darf, wenn folgende Einschlagtiefen s (siehe Bild 15) eingehalten werden:

a) **Einschnittige Verbindungen**:

$s \geq 12\ d_n$ für runde Draht- und Maschinenstifte sowie Sondernägel der Tragfähigkeitsklasse I,

$s \geq\ \ 8\ d_n$ für Sondernägel der Tragfähigkeitsklassen II und III.

Bei Einschlagtiefen s zwischen 6 d_n und 12 d_n bzw. 4 d_n und 8 d_n ist die zulässige Nagelbelastung zul N_1 im Verhältnis der Einschlagtiefe zur Solltiefe 12 d_n bzw. 8 d_n zu mindern. Ist $s < 6\ d_n$ bzw. 4 d_n, so darf die Nagelverbindung nicht zur Kraftübertragung herangezogen werden. Als Einschlagtiefe von Sondernägeln der Tragfähigkeitsklassen II und III darf nur der profilierte Schaftteil l_g (siehe Bild 13) in Rechnung gestellt werden.

b) **Zwei- und mehrschnittige Verbindungen:**

$s \geq 8\ d_n$ für alle Nägel.

Bei Einschlagtiefen s zwischen 4 d_n und 8 d_n ist für die der Nagelspitze nächstliegende Scherfläche die zulässige Nagelbelastung zul N_1 im Verhältnis der Einschlagtiefe zur Solltiefe 8 d_n zu mindern. Ist $s < 4\ d_n$, so darf die der Nagelspitze nächstliegende Scherfläche nicht mehr in Rechnung gestellt werden.

Bei runden Draht- und Maschinenstiften sowie Sondernägeln der Tragfähigkeitsklasse I sind zwei- und mehrschnittige Verbindungen von beiden Seiten zu nageln.

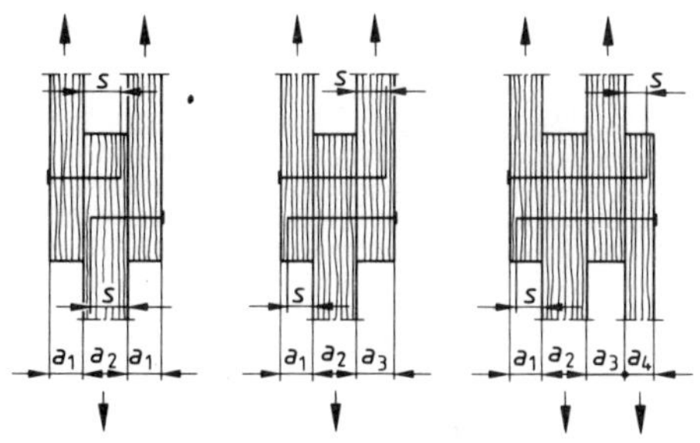

a) einschnittig b) zweischnittig c) dreischnittig

Bild 15. Holzdicken und Einschlagtiefen bei Nagelverbindungen

6.2.5 Werden Nagellöcher mit einem Bohrlochdurchmesser von etwa 0,9 d_n auf die erforderliche Nagellänge vorgebohrt, so dürfen die 1,25fachen Nagelbelastungen zugelassen werden, für Sondernägel der Tragfähigkeitsklassen II und III in einschnittigen Verbindungen jedoch nur dann, wenn wie bei runden Draht- und Maschinenstiften eine Mindesteinschlagtiefe von 12 d_n eingehalten wird.

6.2.6 Bei Nagelverbindungen von Laubhölzern der Holzartgruppen A, B und C nach DIN 1052 Teil 1, Tabelle 1, untereinander oder mit Bau-Furniersperrholz nach DIN 68 705 Teil 5 mit mindestens sieben Lagen sind die 1,5fachen Nagelbelastungen nach Gleichung (6) zulässig. Dabei müssen runde Drahtstifte mit etwa 0,9 d_n vorgebohrt werden. Die Holzdicke muß mindestens das 6fache des Nageldurchmessers betragen. Bei geringeren Holzdicken sind die zulässigen Belastungen im Verhältnis $a/(6\ d_n)$ zu mindern.

6.2.7 Die zulässige Nagelbelastung zul N_1 nach Abschnitt 6.2.2 bzw. Abschnitt 6.2.5 gilt auch für Nagelverbindungen mit Bau-Furniersperrholz nach DIN 68 705 Teil 3 und Teil 5. Sie gilt für Nagelverbindungen mit Flachpreßplatten nach DIN 68 763 und Holzfaserplatten nach DIN 68 754 Teil 1 nur dann, wenn die Nagelspitze mindestens 2 d_n in Voll- oder Brettschichtholz oder in Bau-Furniersperrholz eindringt. Die Mindestdicken für die Platten aus Holzwerkstoffen betragen hierbei:

- Bau-Furniersperrholz: min $a = 3\ d_n$ (für $d_n \leq 4{,}2$ mm)
  min $a = 4\ d_n$ (für $d_n > 4{,}2$ mm)
- Flachpreßplatten und mittelharte Holzfaserplatten: min $a = 4{,}5\ d_n$
- harte Holzfaserplatten: min $a = 2\ d_n$

Diese Mindestdicken gelten für vorgebohrte und nicht vorgebohrte Nagelverbindungen.

Bei Nagelverbindungen von Bau-Furniersperrholz nach DIN 68 705 Teil 5 mit mindestens sieben Lagen mit Nadelholz darf die zulässige Nagelbelastung nach Gleichung (6) bzw. Abschnitt 6.2.5 um 20% erhöht werden. Dabei dürfen die Mindestdicken für das Bau-Furniersperrholz um 25% abgemindert werden.

Bei Flachpreßplatten und mittelharten Holzfaserplatten sind für Nageldurchmesser $\leq$ 4,2 mm auch geringere Plattendicken unter 4,5 d_n bis zu 3 d_n zulässig, wenn die zulässigen Nagelbelastungen im Verhältnis $a/(4{,}5\ d_n)$ gemindert werden.

Nagelverbindungen mit Holzwerkstoffen geringerer Plattendicken dürfen, auch bei vorgebohrten Nagellöchern, rechnerisch nicht zur Kraftübertragung herangezogen werden.

Die Nägel dürfen nicht mehr als 2 mm tief versenkt werden, müssen jedoch mindestens bündig mit der Oberfläche eingeschlagen werden. Ein bündiger Abschluß des Nagelkopfes mit der Plattenoberfläche gilt als nicht versenkt. Bei versenkter Anordnung der Nägel müssen die Mindestdicken der Holzwerkstoffe um 2 mm erhöht werden. Für die Einschlagtiefen der Nägel in das Vollholz gilt Abschnitt 6.2.4.

6.2.8 Bei Anschlüssen von Brettern, Bohlen, Platten aus Holzwerkstoffen und dergleichen an Rundholz sind die zulässigen Nagelbelastungen um ⅓ abzumindern.

Nagelverbindungen von Rundhölzern sind bei tragenden Bauteilen unzulässig, sofern nicht im Anschlußbereich eine passende Bearbeitung der Berührungsflächen erfolgt.

6.2.9 Werden in Stößen und Anschlüssen mehr als 10 Nägel hintereinander angeordnet, dann ist die wirksame Anzahl ef n der Nägel zu

$$\text{ef}\ n = 10 + \frac{2}{3}(n - 10) \qquad (8)$$

anzunehmen. n bedeutet die Anzahl der hintereinanderliegenden Nägel. Mehr als 30 Nägel hintereinander dürfen nicht in Rechnung gestellt werden.

6.2.10 Als kleinste Nagelabstände im dünnsten Holz gelten parallel der Kraftrichtung die Abstände nach Tabelle 11 (siehe auch Bild 16a und Bild 16b).

6.2.11 Rechtwinklig zur Kraftrichtung muß der Nagelabstand sowohl untereinander als auch vom Rand rechtwinklig zur Faserrichtung mindestens 5 d_n bei nicht vorgebohrten und 3 d_n bei vorgebohrten Nagellöchern betragen, soweit nicht Bild 16b maßgebend wird.

6.2.12 Bei sich übergreifenden Nägeln (siehe Bild 17), die von zwei verschiedenen Seiten in ein Holz von der Dicke a_m eingeschlagen werden, darf nach Bild 17a genagelt werden, solange die Nagelspitze des einen Nagels um mindestens 8 d_n von der Scherfläche des anderen Nagels entfernt bleibt. Ist die Holzdicke a_m kleiner oder höchstens gleich der Einschlagtiefe s (siehe Bild 17b), so sind die Mindestabstände in Faserrichtung von 10 d_n bzw. 12 d_n maßgebend. In allen Fällen nach Bild 17c muß ein Mindestabstand von 5 d_n eingehalten werden.

6.2.13 Bei tragenden Nägeln und bei Heftnägeln soll der größte Abstand in Faserrichtung 40 d_n und rechtwinklig zur

Tabelle 11. **Nagelabstände**

		Nagelabstände parallel der Kraftrichtung mindestens	
		nicht [1]) vorgebohrt	vorgebohrt
untereinander	∥ der Faserrichtung	10 d_n 12 d_n [2])	5 d_n
	⊥ zur Faserrichtung	5 d_n	5 d_n
vom beanspruchten Rand	∥ der Faserrichtung	15 d_n	10 d_n
	⊥ zur Faserrichtung	7 d_n 10 d_n [2])	5 d_n
vom unbeanspruchten Rand	∥ der Faserrichtung	7 d_n 10 d_n [2])	5 d_n
	⊥ zur Faserrichtung	5 d_n	3 d_n

[1]) Bei Douglasie ist bei $d_n \geq 3{,}1$ mm stets Vorbohrung erforderlich.
[2]) Bei $d_n > 4{,}2$ mm.

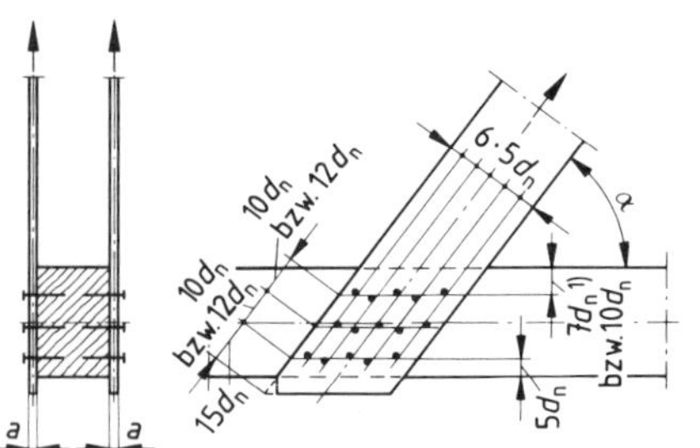

a) einschnittige Nagelung

● Nagel Vorderseite

○ Nagel Rückseite

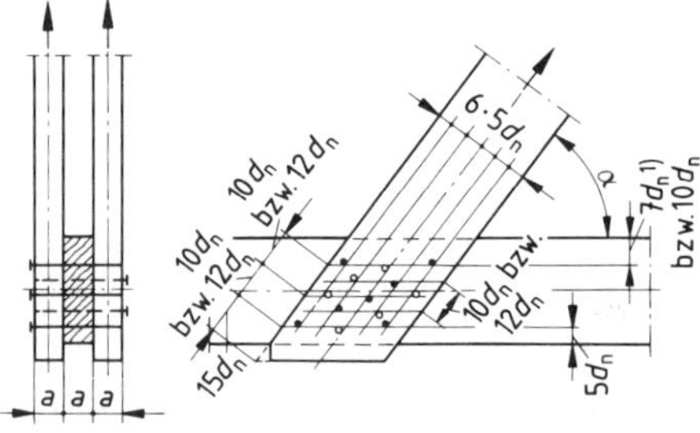

b) zweischnittige Nagelung

Bild 16. Mindestnagelabstände nicht vorgebohrter Nagelungen

[1]) Bei $\alpha < 30°$: 5 d_n bzw. 7 d_n

Faserrichtung 20 d_n nicht überschreiten. Bei Platten aus Holzwerkstoffen soll der größte Abstand in keiner Richtung 40 d_n überschreiten.

Haben die Platten nur aussteifende Funktion, so ist ein Abstand von 80 d_n zulässig. Dies gilt auch für den Anschluß mittragender Beplankungen an Mittelrippen von Wandscheiben.

6.2.14 Bei Bau-Furniersperrholz und bei Flachpreßplatten darf der Nagelabstand vom unbeanspruchten Rand auf 2,5 d_n, bei mittelharten und harten Holzfaserplatten auf 3 d_n verringert werden, soweit nicht die Nagelabstände im Holz maßgebend werden. Vom beanspruchten Plattenrand dürfen die Abstände der Nägel die Werte 4 d_n bei Bau-Furniersperrholz, 7 d_n bei Flachpreßplatten und mittelharten Holzfaserplatten sowie 7,5 d_n bei harten Holzfaserplatten jedoch nicht unterschreiten.

Der Abstand der Nägel untereinander darf bei Bau-Furniersperrholz, Flachpreßplatten sowie mittelharten und harten Holzfaserplatten auf 5 d_n verringert werden, soweit nicht die Nagelabstände im Holz maßgebend werden.

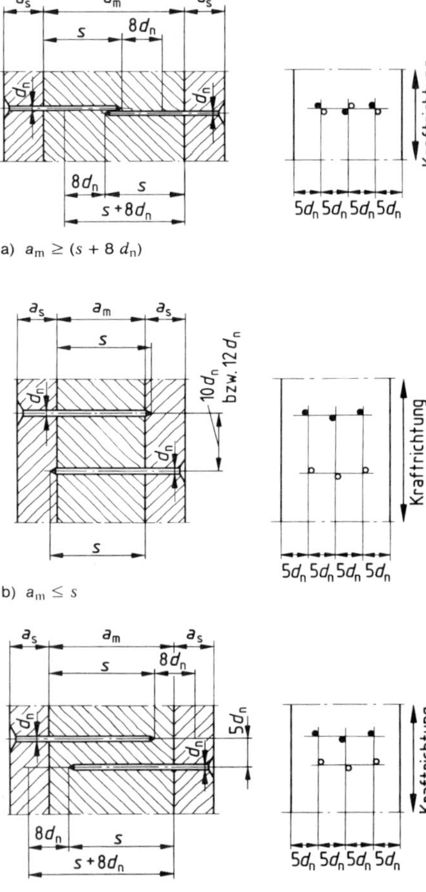

a) $a_m \geq (s + 8\,d_n)$

b) $a_m \leq s$

c) $s < a_m < (s + 8\,d_n)$

Bild 17. Abstände bei übergreifenden Nägeln

6.2.15 Bei biegesteifen Stößen und bei der Stoßdeckung von Koppelträgern gelten die Werte nach Tabelle 11, wobei diese Werte ungeachtet der Kraftrichtung nur auf die Faserrichtung des Holzes zu beziehen und alle Ränder als beansprucht zu betrachten sind.

6.2.16 Bei gekrümmten, genagelten Bauteilen aus Brettern muß der Biegeradius des Einzelbrettes mindestens 300 *a* sein. Hierbei ist *a* die Dicke des dicksten Einzelbrettes.

6.3 Beanspruchung in Schaftrichtung (Herausziehen)

6.3.1 Bei Beanspruchung auf Herausziehen ist zwischen kurzfristig und ständig wirkender Beanspruchung zu unterscheiden. Runde Draht- und Maschinenstifte sowie Sondernägel der Tragfähigkeitsklasse I (siehe Tabelle 12) dürfen nur kurzfristig (z.B. durch Windsogkräfte) auf Herausziehen beansprucht werden, wenn ihre Einschlagtiefe in das Holz mindestens 12 d_n beträgt. Sondernägel der Tragfähigkeitsklassen II und III (siehe Tabelle 12) dürfen auch durch ständige Lasten auf Herausziehen beansprucht werden, wenn ihre Einschlagtiefe in das Holz mindestens 8 d_n beträgt.

Die wirksame Einschlagtiefe wird einschließlich der Nagelspitze bestimmt und darf höchstens mit 20 d_n und bei Sondernägeln höchstens mit der Länge des profilierten Schaftteiles l_g (siehe Bild 13) in Rechnung gestellt werden.

6.3.2 Die zulässige Belastung auf Herausziehen berechnet sich für den Lastfall H zu

$$\text{zul } N_Z = B_Z \cdot d_n \cdot s_w \quad \text{in N} \tag{9}$$

mit d_n als Nageldurchmesser in mm (siehe Abschnitt 6.2.2) und s_w als wirksame Einschlagtiefe in mm.

Der Wert B_Z beträgt für runde Draht- und Maschinenstifte

$$B_Z = 1{,}3 \text{ MN/m}^2.$$

Erhalten runde Draht- und Maschinenstifte im Anschluß von Koppelpfetten infolge der Dachneigung planmäßig ständig wirkende Beanspruchungen auf Herausziehen, dann darf mit $B_Z = 0{,}8$ MN/m^2 gerechnet werden, wenn die Dachneigung $\leq 30°$ beträgt.

Für Sondernägel gelten in Abhängigkeit von den Tragfähigkeitsklassen für B_Z die Werte nach Tabelle 12. Sondernägel in vorgebohrten Nagellöchern dürfen auf Herausziehen nicht in Rechnung gestellt werden.

Tabelle 12. **Werte B_Z in MN/m^2 zur Berechnung der zulässigen Belastung zul N_Z von Sondernägeln nach Gleichung (9)**

Tragfähigkeitsklasse	Rechenwert B_Z
I	1,8
II	2,5
III	3,2

6.3.3 Werden runde Draht- und Maschinenstifte in halbtrockenes oder frisches Holz eingeschlagen, so sind die zulässigen Belastungen auf Herausziehen um ⅓ abzumindern, auch dann, wenn das Holz nachtrocknen kann. Dies gilt nicht für Laubhölzer der Holzartgruppe C.

6.3.4 Werden Sondernägel in frisches Holz eingeschlagen und bleibt die Holzfeuchte im Gebrauchszustand im Fasersättigungsbereich, so sind die zulässigen Belastungen auf Herausziehen um ⅓ abzumindern. Dies gilt nicht, wenn das Holz im Gebrauchszustand nachtrocknen kann, und nicht für Laubhölzer der Holzartgruppe C.

6.3.5 Beim Anschluß von Platten aus Holzwerkstoffen an Holz dürfen für Sondernägel der Tragfähigkeitsklassen II und III die zulässigen Belastungen auf Herausziehen nach Gleichung (9) nur dann voll in Rechnung gestellt werden, wenn die Platten aus Holzwerkstoffen mindestens 12 mm dick sind. Bei geringeren Plattendicken dürfen wegen der Kopfdurchziehgefahr die zulässigen Belastungen auf Herausziehen höchstens mit 150 N in Rechnung gestellt werden.

6.4 Kombinierte Beanspruchung

Bei gleichzeitiger Beanspruchung von Nägeln auf Abscheren nach Abschnitt 6.2 und auf Herausziehen nach Abschnitt 6.3 ist nachzuweisen:

$$\left[\frac{N_1}{\text{zul } N_1}\right]^m + \left[\frac{N_Z}{\text{zul } N_Z}\right]^m \leq 1 \tag{10}$$

Bei runden Draht- und Maschinenstiften sowie Sondernägeln der Tragfähigkeitsklasse I ist mit $m = 1$ zu rechnen, bei Sondernägeln der Tragfähigkeitsklassen II und III darf $m = 2$ angenommen werden.

Bei Koppelpfettenanschlüssen mit runden Draht- und Maschinenstiften (siehe Abschnitt 6.3.2) darf $m = 1{,}5$ angenommen werden.

7 Nagelverbindungen mit Stahlblechen und Stahlteilen

7.1 Allgemeines

Stahlbleche und Stahlblechformteile dürfen mit Vollholz und Brettschichtholz durch Nagelung verbunden werden. Die Festlegungen im Abschnitt 6 gelten sinngemäß, sofern im folgenden nichts anderes festgelegt ist. Es ist zu unterscheiden zwischen der Stahlblech-Holz-Nagelung, bei der ebene Bleche von mindestens 2 mm Dicke bezüglich der Holzquerschnitte außen- oder innenliegend angeordnet sind, und der Nagelung von Stahlblechformteilen, d.h. räumlich geformten Stahlblechteilen mit Blechdicken von mindestens 2 mm, die in der Regel durch einschnittig wirkende Nägel an die Holzteile angeschlossen werden.

Für beide Ausführungsarten dürfen Nägel nach Abschnitt 6.1 verwendet werden. Werden bei der Nagelung von Stahlblechformteilen die Nägel auch planmäßig auf Herausziehen beansprucht, dürfen nur Sondernägel verwendet werden.

Bei Verwendung von Sondernägeln gilt Abschnitt 6.1, vierter Absatz, sinngemäß.

Sondernägel dürfen nur verwendet werden, wenn die Bleche vorgelocht und bezüglich der Holzquerschnitte außenliegend angeordnet sind. Ein Vorbohren der Nagellöcher im Holz ist nicht erforderlich. Werden jedoch die Nagellöcher im Holz vorgebohrt, so darf das Vorbohren nur mit einem Bohrlochdurchmesser von höchstens 0,9 d_n erfolgen. Der erforderliche Durchmesser der Nagellöcher im Stahlblech muß den Angaben der Werksbescheinigung des Sondernagels entsprechen.

7.2 Nagelverbindungen mit ebenen Stahlblechen

7.2.1 Beim Anschluß ebener, mindestens 2 mm dicker Bleche nach den Bildern 18b, c und d unter Verwendung runder Drahtstifte sind die Nagellöcher in der Regel gleichzeitig in Holz- und Blechteilen mit einem Bohrlochdurchmesser entsprechend dem Nageldurchmesser auf die erforderliche Nagellänge vorzubohren. Bei nur außenliegenden Blechen nach Bild 18a ist in der Regel ein Vorbohren des Holzes nicht erforderlich.

7.2.2 Für die zulässigen Belastungen der Nägel auf Abscheren dürfen die 1,25fachen Werte nach Gleichung (6) angenommen werden.

7.2.3 Bei druckbeanspruchten Verbindungen ist auf Kontaktanschluß der Hölzer und gegebenenfalls auf eine ausreichende Beulsicherheit der Bleche zu achten. Bei Zuganschlüssen ist die Einhaltung der zulässigen Spannungen in den Blechen unter Berücksichtigung der Schwächung durch die Nagellöcher nachzuweisen (siehe auch DIN 1052 Teil 1, Abschnitt 5.3).

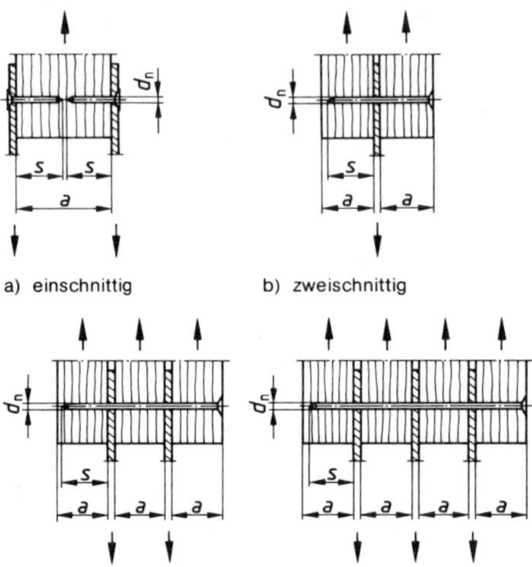

a) einschnittig b) zweischnittig

c) vierschnittig d) sechsschnittig

Bild 18. Holzdicken und Einschlagtiefen bei Stahlblech-Holzverbindungen

7.2.4 Bei Nagelung außenliegender Bleche darf auf eine versetzte Anordnung benachbarter Nägel bezüglich der Holzfaserrichtung verzichtet werden, wenn bei einseitiger Anordnung der Bleche und Nägel mit $d_n \leq 4{,}2$ mm die Holzdicke mindestens der Einschlagtiefe entspricht und nicht weniger als $10\,d_n$ beträgt. Bei dickeren Nägeln muß die Holzdicke mindestens das 1,5fache der Einschlagtiefe betragen und darf nicht geringer als $15\,d_n$ sein.

Werden von beiden Seiten des Holzes Nägel eingeschlagen, so dürfen sich gegenüberliegende Nägel mit $d_n \leq 4{,}2$ mm nicht übergreifen (siehe Bild 19a), während bei Nägeln mit $d_n > 4{,}2$ mm die Nagelspitzen zusätzlich um Einschlagtiefe entfernt bleiben müssen (siehe Bild 19b).

Bei sich übergreifenden Nägeln (siehe Bild 19c) müssen die Mindestabstände in Faserrichtung des Holzes $10\,d_n$ bzw. $12\,d_n$ betragen.

Der Abstand der Nägel vom Blechrand muß mindestens $2{,}5\,d_n$, bei nicht versetzter Anordnung mindestens $2\,d_n$ betragen.

7.3 Nagelung von Stahlteilen

7.3.1 Diese Festlegungen gelten für Stahlprofile und kaltgeformte Stahlblechformteile mit Blechdicken von mindestens 2 mm, die zur Verbindung von Holzbauteilen dienen. Kaltverformte Bleche dürfen nicht dicker als 4 mm sein. Stahlblechformteile nach dieser Norm dürfen nur zur Verbindung von Holzbauteilen in Holzkonstruktionen mit vorwiegend ruhenden Lasten (siehe DIN 1055 Teil 3) verwendet werden.

Die Tragfähigkeit von Universalverbindern, Sparrenpfettenankern, Winkelverbindern, Gerberverbindern und ähnlichen Stahlblechformteilen ist unter Berücksichtigung aller Querschnittsschwächungen und Ausmittigkeiten rechnerisch nachzuweisen.

Anmerkung: Wenn die Tragfähigkeit von Stahlblechformteilen rechnerisch nicht eindeutig erfaßt werden kann, muß ihre Brauchbarkeit auf andere Weise, z. B. durch eine allgemeine bauaufsichtliche Zulassung, nachgewiesen werden.

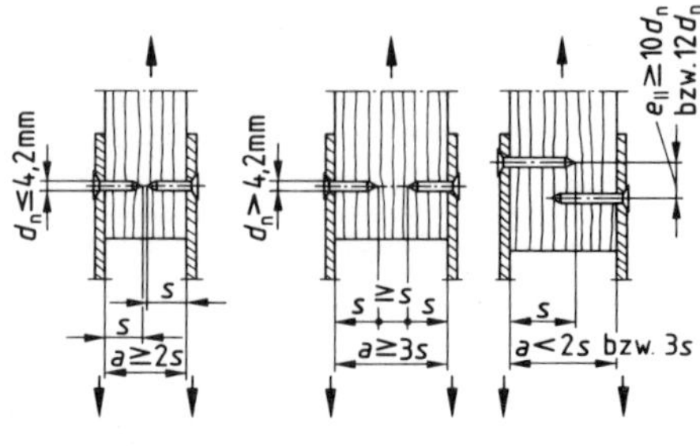

a) $a \geq 2\,s$ b) $a \geq 3\,s$ c) $a < 2\,s$ bzw. $3\,s$

Bild 19. Holzdicken bei Stahlblech-Holz-Nagelung ohne versetzte Anordnung benachbarter Nägel

7.3.2 Für die zulässige Belastung der Nägel auf Abscheren gilt Abschnitt 7.2.2 sinngemäß.

Die rechnerischen Spannungen in den Blechen sind unter Berücksichtigung der Nagellöcher nachzuweisen (siehe auch DIN 1052 Teil 1, Abschnitt 5.3).

8 Klammerverbindungen

8.1 Die Festlegungen für Klammerverbindungen bei Holzbauteilen aus Nadelholz nach DIN 1052 Teil 1, Tabelle 1, sowie für tragende Verbindungen von Platten aus Holzwerkstoffen mit Nadelholz gelten für Klammern aus Stahldraht nach Bild 20, die mit geeigneten Eintreibgeräten verarbeitet werden und auf eine Länge l_H von mindestens $0{,}5\,l_n$, gemessen von der Klammerspitze, mit einer geeigneten Beharzung versehen sind. Der Querschnitt der Klammern darf kreisförmig bis leicht tonnenförmig ($b \leq 1{,}2\,a$) gewalzt sein. Der Drahtdurchmesser d_n muß 1,5 bis 2,0 mm betragen, die Rückenbreite der Klammern $b_R \geq 6\,d_n$, jedoch ≤ 15 mm, und die Schaftlänge $l_n \leq 50\,d_n$.

Es dürfen nur Klammern verwendet werden, deren Eignung für diese Verbindung nachgewiesen ist und deren Eigenschaften laufend überwacht sind (Eigenüberwachung). Maßgebend für den Eignungsnachweis ist die Prüfbescheinigung. Die Prüfbescheinigung ist von einer hierfür anerkannten Prüfstelle *) auf der Grundlage von Anhang B auszustellen. In die Prüfbescheinigung sind die im Anhang D enthaltenen Angaben aufzunehmen. Der Nachweis der Eignung und der Eigenüberwachung der Klammern gilt durch eine Bescheinigung DIN 50 049 – 2.1 (Werksbescheinigung) als erbracht. Die Werksbescheinigung muß die Angaben der zugehörigen geltenden Prüfbescheinigung enthalten; bei den Maßen der Klammern ist nur die Angabe von b_R, l_n und l_H erforderlich, beim Werkstoff nur die Werkstoffbezeichnung. Auf der Liefereinheit (z. B. Verpackung) müssen die gleichen Angaben gemacht werden.

Für die Ausführung von Klammerverbindungen gilt Abschnitt 6 sinngemäß, sofern im folgenden nichts anderes festgelegt ist.

8.2 Die Klammerrücken dürfen nicht mehr als 2 mm tief versenkt sein, müssen jedoch mindestens bündig mit der Oberfläche eingeschlagen werden. Ein bündiger Abschluß des Klammerrückens mit der Oberfläche des Holzes oder des Holzwerkstoffes gilt als nicht versenkt.

8.3 Platten aus Holzwerkstoffen müssen bei bündigem Abschluß der Klammerrücken mit der Plattenoberfläche mindestens folgende Dicken aufweisen:

---

*) Siehe Seite 12

– Flachpreßplatten nach DIN 68 763 8 mm
– Bau-Furniersperrholz nach DIN 68 705 Teil 3 und Teil 5 6 mm
– Harte und mittelharte Holzfaserplatten nach DIN 68 754 Teil 1 6 mm

Bei versenkter Anordnung der Klammerrücken sind die Mindestdicken um 2 mm zu erhöhen.

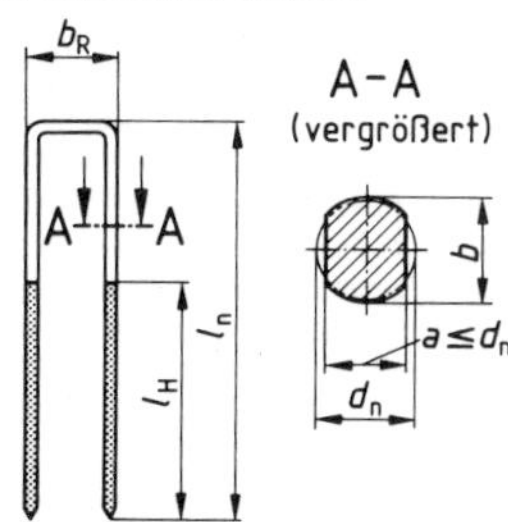

Bild 20. Tragende Klammer

8.4 Bei einem Winkel zwischen Klammerrücken und Holzfaserrichtung ≥ 30° errechnet sich die zulässige Klammerbelastung einer einschnittigen Verbindung rechtwinklig zum Klammerschaft (Abscheren) im Lastfall H bei Nadelholz und den in Abschnitt 8.3 genannten Holzwerkstoffen, unabhängig von der Güteklasse des Holzes, nach folgender Zahlenwertgleichung zu

$$\text{zul } N_1 = \frac{1000 \cdot d_n^2}{10 + d_n} \quad \text{in N} \qquad (11)$$

mit d_n als Drahtdurchmesser der Klammer in mm (siehe Bild 20).

Die Einschlagtiefe der Klammer muß mindestens 12 d_n betragen.

Beträgt der Winkel zwischen Klammerrücken und Holzfaserrichtung weniger als 30°, dann ist die zulässige Belastung nach Gleichung (11) um ⅓ abzumindern.

Zweischnittige Klammerverbindungen dürfen mit 2 · zul N_1 berechnet werden, wenn die Einschlagtiefe mindestens das 8fache des Klammerdrahtdurchmessers beträgt. Dabei sind die Klammern wechselseitig von beiden Seiten der Verbindung einzuschlagen.

Der größte Abstand der Klammern soll bei Holzwerkstoffen und bei Nadelholz in Faserrichtung 80 d_n und bei Nadelholz rechtwinklig zur Faserrichtung 40 d_n nicht überschreiten.

8.5 Die zulässige Belastung auf Herausziehen von Klammern, die die Anforderungen nach Abschnitt 8.1 und Abschnitt 8.2 erfüllen, berechnet sich bei kurzfristiger Beanspruchung für den Lastfall H und HZ nach Abschnitt 6.3.2, Gleichung (9). Die wirksame Einschlagtiefe s_w muß mindestens 20 mm bzw. 12 d_n betragen. Dabei darf nicht mehr als die beharzte Länge, höchstens jedoch 20 d_n, in Rechnung gestellt werden.

Der Wert B_Z beträgt, wenn die Holzfeuchte beim Einschlagen ≤ 20 % ist und der Winkel zwischen Klammerrücken und Holzfaserrichtung zwischen 30° und 90° liegt, B_Z =5,0 MN/m². Liegt die Holzfeuchte beim Einschlagen der Klammern zwischen 20 % und 30 % (halbtrockener Bereich), dann ist B_Z = 1,75 MN/m² anzunehmen. In frisches Holz (Holzfeuchte über 30 %) eingeschlagene Klammern dürfen nicht auf Herausziehen in Rechnung gestellt werden, auch wenn das Holz im Gebrauchszustand nachtrocknen kann.

Ist der Winkel zwischen Klammerrücken und Holzfaserrichtung geringer als 30°, dann sind die zulässigen Belastungen auf Herausziehen um ⅓ abzumindern.

Beim Anschluß von Holzwerkstoffen an Nadelholz ist Abschnitt 6.3.5 sinngemäß zu berücksichtigen.

Anmerkung: Klammern, die langfristig oder ständig auf Herausziehen beansprucht werden, bedürfen dafür eines Nachweises ihrer Brauchbarkeit, z. B. durch eine allgemeine bauaufsichtliche Zulassung.

8.6 Bei gleichzeitiger Beanspruchung von Klammern auf Abscheren nach Abschnitt 8.4 und auf Herausziehen nach Abschnitt 8.5 gilt Gleichung (10) mit $m = 1$.

9 Holzschraubenverbindungen

9.1 Die Festlegungen über Holzschraubenverbindungen gelten für die Anwendung von Holzschrauben nach DIN 96 und DIN 97 mit mindestens 4 mm Nenndurchmesser d_s sowie nach DIN 571. Tragende Holzschraubenverbindungen müssen in der Regel bei $d_s < 10$ mm mindestens vier, bei $d_s \geq 10$ mm mindestens zwei Scherflächen besitzen. Das gilt nicht für die Befestigung von Einzeltragteilen, von denen mindestens vier zum Anschluß eines Bauteiles zusammenwirken (z. B. Kreuzungspunkte von Lattenrosten, Abhänger für untergehängte Decken und ähnliches).

9.2 Holzschraubenverbindungen sind in der Regel einschnittig ausgebildet. Die zulässige Belastung im Lastfall H errechnet sich bei Nadelholz und Laubholz nach DIN 1052 Teil 1, Tabelle 1 und Bau-Furniersperrholz nach DIN 68 705 Teil 3 und Teil 5 bei Beanspruchung rechtwinklig zur Schraubenachse (Abscheren) für Kraftangriff in Faserrichtung des Holzes nach folgender Zahlenwertgleichung zu

$$\text{zul } N = 4 \cdot a_1 \cdot d_s \quad \text{in N} \qquad (12)$$

und darf höchstens 17 d_s^2 betragen.

Hierin bedeuten:

a_1 Holz- bzw. Bau-Furniersperrholzdicke in mm des anzuschließenden Teiles

d_s Nenndurchmesser in mm.

Die zulässige Belastung nach Gleichung (12) darf auch in Rechnung gestellt werden, wenn Flachpreßplatten und mittelharte Holzfaserplatten von mindestens 6 mm Dicke oder harte Holzfaserplatten von mindestens 4 mm Dicke auf Holz aufgeschraubt werden. Dabei muß die Länge des glatten Schaftes mindestens der Dicke der Platten entsprechen.

Beim Aufschrauben von Stahlteilen auf Holz errechnet sich die zulässige Belastung im Lastfall H aus der Zahlenwertgleichung zu

$$\text{zul } N = 1{,}25 \cdot 17 \cdot d_s^2 \quad \text{in N} \qquad (13)$$

Für Holzschrauben mit $d_s < 10$ mm gilt die zulässige Belastung auch für Kraftangriff rechtwinklig oder schräg zur Faserrichtung des Holzes, während bei $d_s \geq 10$ mm die zulässige Belastung nach Abschnitt 5.9 abzumindern ist.

Die Einschraubtiefe s (siehe Bild 21) muß mindestens 8 d_s betragen. Anderenfalls ist die zulässige Belastung im Verhältnis der Einschraubtiefe zur Solltiefe 8 d_s zu mindern. Einschraubtiefen unter 4 d_s dürfen jedoch nicht mehr in Rechnung gestellt werden.

Die zu verbindenden Teile sind auf die Tiefe des glatten Schaftes mit d_s und auf die Länge des Gewindeteiles mit 0,7 d_s vorzubohren.

9.3 Als Mindestabstände der Holzschrauben im Holz müssen wie bei Nägeln mit vorgebohrten Nagellöchern die Werte nach Tabelle 11 und Abschnitt 6.2.11 eingehalten werden.

Für die Mindestabstände der Schrauben in Holzwerkstoffen gilt Abschnitt 6.2.14 sinngemäß.

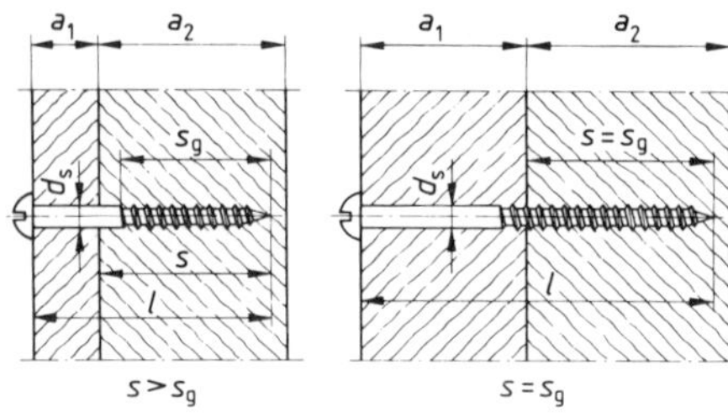

Bild 21. Holzdicken und Einschraubtiefen bei Holzschrauben

Bei tragenden Holzschrauben und bei Heftschrauben soll der größte Abstand in Faserrichtung des Holzes und bei Platten aus Holzwerkstoffen 40 d_s und rechtwinklig zur Faserrichtung des Holzes 20 d_s nicht überschreiten.

9.4 Die zulässige Belastung einer Holzschraube auf Herausziehen bei Vorbohrung nach Abschnitt 9.2 berechnet sich für trockenes Holz unabhängig von der Holzfeuchte beim Einschrauben für Lastfall H nach folgender Zahlenwertgleichung

$$\text{zul } N_Z = 3 \cdot s_g \cdot d_s \quad \text{in N.} \tag{14}$$

Hierin bedeutet s_g die Einschraubtiefe in mm des Gewindeteiles im Holz von der Dicke a_2 (siehe Bild 21). Einschraubtiefen s_g kleiner als 4 d_s und größer als 12 d_s dürfen dabei nicht in Rechnung gestellt werden.

Beim Anschluß von Platten aus Holzwerkstoffen an Nadelholz ist Abschnitt 6.3.5 sinngemäß zu berücksichtigen.

9.5 Bei gleichzeitiger Beanspruchung von Holzschrauben auf Abscheren nach Abschnitt 9.2 und auf Herausziehen nach Abschnitt 9.4 gilt Gleichung (10) mit $m = 2$.

10 Nagelplattenverbindungen

10.1 Die Festlegungen über Nagelplattenverbindungen für Holzbauteile aus Nadelholz nach DIN 1052 Teil 1, Tabelle 1, der Güteklassen I und II nach DIN 4074 Teil 1 gelten für Platten aus verzinktem oder korrosionsbeständigem Stahlblech von mindestens 1,0 mm Nenndicke, die nagel- oder dübelartige Ausstanzungen besitzen, so daß einseitig etwa rechtwinklig zur Plattenebene abgebogene Nägel entstehen (siehe Bild 22).

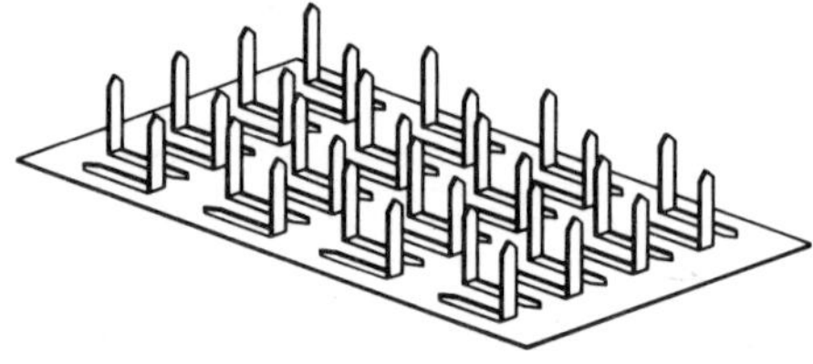

Bild 22. Nagelplatte (schematisch)

10.2 Nagelplatten bedürfen eines Nachweises ihrer Brauchbarkeit, z. B. durch eine allgemeine bauaufsichtliche Zulassung, worin Form, Materialkennwerte und die zulässigen Belastungen festgelegt sind. Bei den zulässigen Belastungen wird unterschieden:

a) Nagelbelastung F_n in N je cm^2 wirksamer Plattenanschlußfläche in Abhängigkeit vom Winkel α zwischen Kraft- und Plattenlängsrichtung und vom Winkel β zwischen Kraft- und Faserrichtung des Holzes,

b) Plattenbelastung $F_{Z,D}$ in N je cm Schnittlänge für Zug- und Druckbeanspruchung in Abhängigkeit vom Winkel α zwischen Kraft- und Plattenlängsrichtung,

c) Plattenbelastung F_S in N je cm Schnittlänge l_e für Scherbeanspruchung in Abhängigkeit vom Winkel α zwischen Kraft- und Plattenlängsrichtung nach Bild 23.

10.3 Nagelplattenverbindungen dürfen nur bei Bauteilen angewendet werden, die vorwiegend ruhend belastet sind (siehe DIN 1055 Teil 3).

Die maximalen Spannweiten von Bauteilen mit Nagelplattenverbindungen sind durch die allgemeinen bauaufsichtlichen Zulassungen geregelt.

10.4 Bei der Herstellung von Verbindungen mit Nagelplatten müssen die zu verbindenden Hölzer trocken sein (Holzfeuchte höchstens 20 %); bei Holzdicken über 40 mm darf die Holzfeuchte im Innern bis zu 25 % betragen. Alle Hölzer eines Bauteiles sollen gleiche Dicken haben. Die Dickenunterschiede der Hölzer im Bereich der Nagelplatten dürfen 1 mm nicht überschreiten. Die Hölzer dürfen im Bereich der Nagelplatten keine Baumkanten aufweisen.

Bei der Verbindung von Hölzern durch Nagelplatten ist auf Kontakt der Einzelteile in den Berührungsfugen zu achten. Druckstöße und Druckanschlüsse sind stets mit Kontakt der Hölzer herzustellen (Paßform).

An jedem Stoß oder Knotenpunkt darf im allgemeinen auf jeder Seite nur eine Nagelplatte verwendet werden. Die beidseitig gleichgroßen Nagelplatten sind mittels geeigneter Pressen und zugehöriger Fertigungseinrichtungen, beidseitig symmetrisch angeordnet, so einzupressen, daß die Nägel auf ihrer gesamten Länge im Holz sitzen und zwischen Platte und Holz kein Hohlraum verbleibt. Die Vorrichtungen müssen geeignet sein, die erforderliche Paßgenauigkeit, insbesondere bei Kontaktanschlüssen, Kontaktstößen und bei der Überhöhung der Bauteile sicherzustellen. Das Einschlagen von Nagelplatten mit dem Hammer oder dergleichen ist unzulässig.

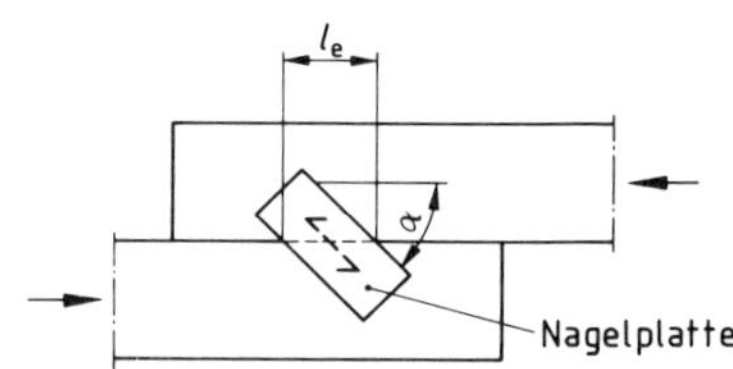

a) Zugscheren ($\alpha < 90°$)

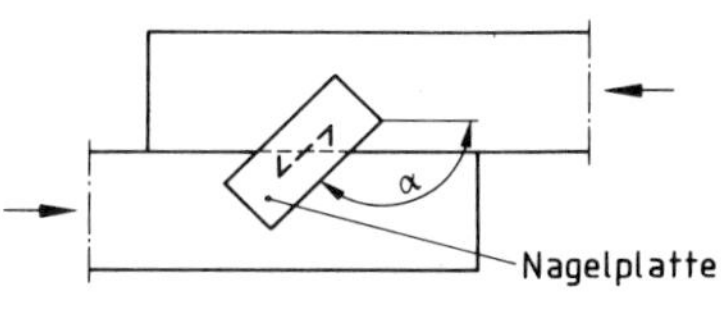

b) Druckscheren ($90° < \alpha < 180°$)

Bild 23. Plattenbelastung für Scherbeanspruchung

10.5 Bei der Bemessung der Nagelplatten ist sowohl die Nagelbelastung als auch die Plattenbelastung nachzuweisen.

10.6 Die wirksamen Anschlußflächen der Nagelplatten sind für die Aufnahme der in den Anschlüssen bzw. Stößen auftretenden Zug-, Druck- und Scherbeanspruchungen unter Einhaltung der zulässigen Nagelbelastung F_n (siehe Abschnitt 10.2) zu bemessen. Als wirksame Plattenanschlußfläche einer Nagelplatte gilt die Bruttoberührungsfläche zwischen Nagelplatte und Anschlußstab abzüglich eines Randstreifens an den Berührungsfugen und gegebenenfalls an den freien Kanten der zu verbindenden Hölzer (siehe Bild 24). Die Breite dieses Randstreifens c ist mit mindestens 10 mm anzunehmen, sofern im Brauchbarkeitsnachweis nichts anderes vorgeschrieben ist.

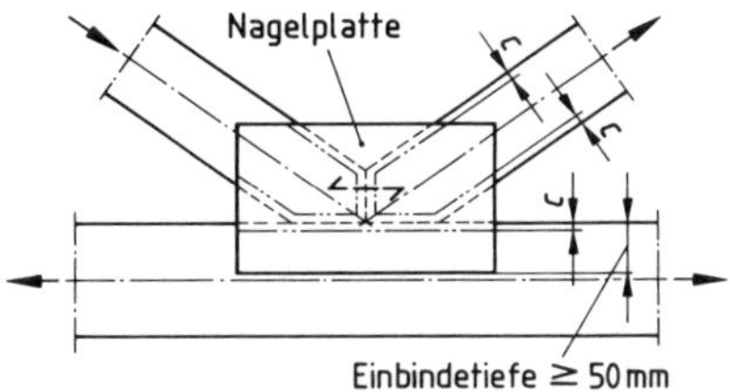

a) Beispiel eines Knotenpunktes

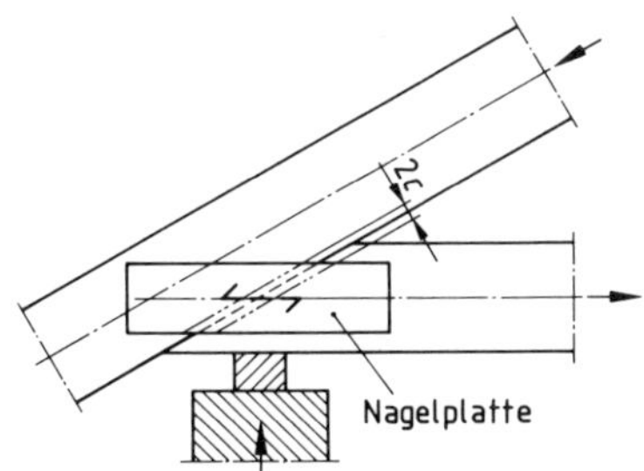

b) Beispiel eines Traufpunktes

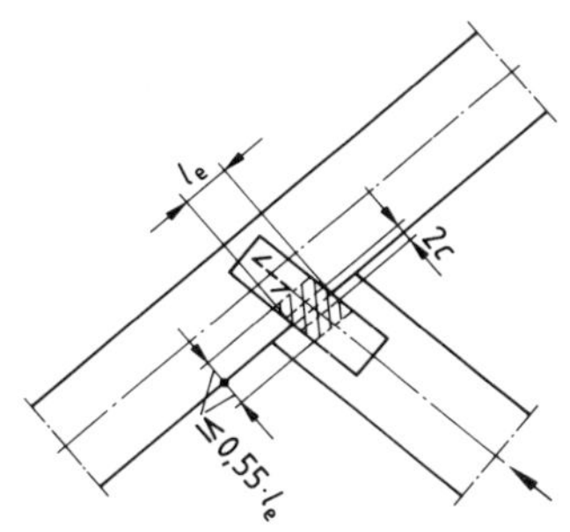

c) Beispiel eines Füllstabanschlusses

Bild 24. Randstreifen c zur Ermittlung der wirksamen Anschlußfläche von Nagelplatten

Bei Scherbeanspruchung darf, sofern ein genauerer Nachweis nicht geführt wird, die Breite der wirksamen Plattenanschlußfläche mit höchstens $0{,}55 \cdot l_e$ in Rechnung gestellt werden (siehe Bild 24 c).

Bei Druckstößen und rechtwinkligen Druckanschlüssen darf die gesamte anzuschließende Kraft auch durch Kontakt der Hölzer übertragen werden. Zur Lagesicherung sind die Nagelplatten jedoch mindestens für die halbe anzuschließende Kraft zu bemessen.

10.7 Zusätzlich zu den Nachweisen nach Abschnitt 10.6 sind die in den Platten auftretenden Plattenbelastungen $F_{Z,D}$ bei Zug- und Druckbeanspruchungen sowie F_S bei Scherbeanspruchungen (siehe Abschnitt 10.2) im ungünstigsten Schnitt, jedoch stets ohne Abzug der Stanzlöcher, für die jeweilige Kraft nachzuweisen und den zulässigen Werten gegenüberzustellen.

Für Druckstöße und rechtwinklige Druckanschlüsse gilt Abschnitt 10.6 sinngemäß.

Wird ein Schnitt gleichzeitig durch Zug oder Druck sowie durch Abscheren beansprucht, so ist dafür zusätzlich folgender Nachweis zu führen:

$$\left[\frac{F_{Z,D}}{\text{zul } F_{Z,D}}\right]^2 + \left[\frac{F_S}{\text{zul } F_S}\right]^2 \leq 1 \qquad (15)$$

10.8 Bei Traufpunkten von Dreieckbindern sind die zulässigen Nagelbelastungen abzumindern, wenn kein genauerer Nachweis erfolgt. Dabei gilt für Dachneigungen $\geq 25°$ ein Abminderungsfaktor von 0,65 und für Dachneigungen $\leq 15°$ ein Abminderungsfaktor von 0,85. Zwischenwerte dürfen geradlinig interpoliert werden.

Wegen der Ausmittigkeiten der Anschlüsse ist im übrigen DIN 1052 Teil 1, Abschnitt 6.6, zu beachten.

10.9 Zusätzliche Beanspruchungen im Holz, insbesondere durch den Nagelplattenanschluß bedingte Querzugspannungen, sind rechnerisch nachzuweisen und dürfen die zulässigen Werte nicht überschreiten. Zur Vermeidung ungünstiger Beanspruchungen des Holzes müssen die Nagelplatten bei Gurthölzern mindestens 50 mm tief einbinden (siehe Bild 24a).

11 Bauklammerverbindungen

Bauklammern dürfen bei Dauerbauten nur für untergeordnete Zwecke (z. B. für eine zusätzliche Sicherung von Pfetten und Sparren gegen Abheben) verwendet werden. Die Tragfähigkeit einer Verbindung mit Bauklammern aus Rund- oder Flachstahl hängt davon ab, ob diese Klammern nur teilweise oder voll, d. h. mit dem Rücken am Holz anliegend, eingeschlagen werden. Bauklammern aus Flachstahl müssen stets voll eingeschlagen werden, wenn sie zur Kraftübertragung herangezogen werden sollen.

Zusammengesetzte, biegebeanspruchte Bauteile oder Druckstäbe, deren Einzelteile nur durch Bauklammern verbunden werden, dürfen rechnerisch nicht als nachgiebig verbunden betrachtet werden.

12 Versätze

Bei Versätzen darf die Einschnittiefe t_v bei einem Anschlußwinkel bis zu 50° höchstens 1/4 und über 60° höchstens 1/6 der Höhe des eingeschnittenen Holzes betragen. Zwischenwerte dürfen geradlinig interpoliert werden. Bei zweiseitigem Versatzeinschnitt (siehe Bild 25) darf jeder Einschnitt unabhängig vom Anschlußwinkel höchstens 1/6 der Höhe des eingeschnittenen Holzes betragen.

Tabelle 13. **Rechenwerte für Verschiebungsmoduln C in N/mm sowie für die Verschiebungen v in mm bei zul N von Verbindungsmitteln in Anschlüssen und Stößen**

	Verbindungs-mittel	Art der Verbindung		Verschiebungs-modul C [1]) N/mm	Verschiebung v bei zul N mm
1	Einlaß- und Einpreßdübel	Dübelverbindungen nach Abschnitt 4	–	$1{,}0 \cdot \text{zul}\ N$	1,0
2	Stabdübel und Paßbolzen	Verbindungen nach Abschnitt 5 in Nadelholz, auch mit Bau-Furniersperrholz und Flachpreßplatten	–	$1{,}2 \cdot \text{zul}\ N$	0,80
3		Verbindungen nach Abschnitt 5 in Laubholz	–	$1{,}5 \cdot \text{zul}\ N$	0,67
4		Verbindungen nach Abschnitt 5 von Brettschichtholz mit Stahlteilen	Löcher im Stahlteil vorgebohrt nach Abschnitt 5.3	$0{,}70 \cdot \text{zul}\ N$	1,4
5	Nägel	Einschnittige Verbindungen nach Abschnitt 6 in Nadelholz	Nagellöcher nicht vorgebohrt [2])	$5{,}0 \cdot \frac{\text{zul}\ N}{d_n}$	$0{,}20 \cdot d_n$
6			Nagellöcher vorgebohrt	$10 \cdot \frac{\text{zul}\ N}{d_n}$	$0{,}10 \cdot d_n$
7		Mehrschnittige Verbindungen nach Abschnitt 6 in Nadelholz	Nagellöcher nicht vorgebohrt oder vorgebohrt	$10 \cdot \frac{\text{zul}\ N}{d_n}$	$0{,}10 \cdot d_n$
8		Ein- und mehrschnittige Verbindungen nach Abschnitt 6 von Bau-Furniersperrholz mit Nadelholz [2])	–	$5{,}0 \cdot \frac{\text{zul}\ N}{d_n}$	$0{,}20 \cdot d_n$
9		Einschnittige Verbindungen nach Abschnitt 6 von Flachpreß- und Holzfaserplatten mit Nadelholz [2])	–	$6{,}7 \cdot \frac{\text{zul}\ N}{d_n}$	$0{,}15 \cdot d_n$
10		Einschnittige Verbindungen nach Abschnitt 7 von Stahlteilen mit Nadelholz	Nagellöcher im Holz nicht vorgebohrt [2])	$5{,}0 \cdot \frac{\text{zul}\ N}{d_n}$	$0{,}20 \cdot d_n$
11			Nagellöcher im Holz vorgebohrt	$10 \cdot \frac{\text{zul}\ N}{d_n}$	$0{,}10 \cdot d_n$
12		Mehrschnittige Verbindungen nach Abschnitt 7 von Stahlteilen mit Nadelholz	Nagellöcher im Holz vorgebohrt [2])	$20 \cdot \frac{\text{zul}\ N}{d_n}$	$0{,}05 \cdot d_n$
13	Klammern	Verbindungen nach Abschnitt 8 in Nadelholz	Winkel zwischen Holzfaserrichtung und Klammerrücken $\geq 30°$ [2])	$2{,}5 \cdot \frac{\text{zul}\ N}{d_n}$	$0{,}40 \cdot d_n$
14			Winkel zwischen Holzfaserrichtung und Klammerrücken $< 30°$	$1{,}4 \cdot \frac{\text{zul}\ N}{d_n}$	$0{,}70 \cdot d_n$

[1]) Für zul N ist die zulässige Belastung in N im Lastfall H einzusetzen. Dabei sind alle maßgebenden Abminderungen und Erhöhungen zu berücksichtigen, z. B. sind gegebenenfalls Feuchteeinwirkungen und der Winkel zwischen Kraft- und Faserrichtung zu beachten, ebenso die Abminderung bei mehreren in Kraftrichtung hintereinanderliegenden Verbindungsmitteln, die Erhöhung bei Vorbohren der Nagellöcher und dergleichen.

[2]) Die Werte in dieser Zeile gelten auch, wenn die Nagel- oder Klammerverbindungen bei einer Holzfeuchte von mehr als 20 % (halbtrocken oder frisch) hergestellt werden und die Gleichgewichtsfeuchte im Gebrauchszustand höchstens 18 % beträgt. Ist eine höhere Gleichgewichtsfeuchte zu erwarten, so ist bei Nagelverbindungen

$C = 10 \cdot \frac{\text{zul}\ N}{d_n}$ und $v = 0{,}10 \cdot d_n$ anzusetzen.

Tabelle 13. (Fortsetzung)

	Verbindungs-mittel	Art der Verbindung		Verschiebungs-modul C [1]) N/mm	Verschiebung v bei zul N mm
15	Klammern	Verbindungen nach Abschnitt 8 von Holzwerkstoffen mit Nadelholz	–	$6{,}2 \cdot \frac{\text{zul } N}{d_n}$	$0{,}16 \cdot d_n$
16	Holzschrauben	Einschnittige Verbindungen nach Abschnitt 9 in Nadelholz	–	$10 \cdot \frac{\text{zul } N}{d_s}$ $\leq 1{,}25 \cdot \text{zul } N$	$0{,}10 \cdot d_s \leq 0{,}8$
17		Einschnittige Verbindungen nach Abschnitt 9 von Holzwerkstoffen mit Nadelholz	–	$12{,}5 \cdot \frac{\text{zul } N}{d_s}$ $\leq 1{,}25 \cdot \text{zul } N$	$0{,}08 \cdot d_s \leq 0{,}8$
18		Einschnittige Verbindungen nach Abschnitt 9 von Stahlteilen mit Nadelholz	Löcher im Stahlteil vorgebohrt mit $d_s + 1$ mm	$0{,}70 \cdot \text{zul } N$	1,4

[1]) Siehe Seite 20

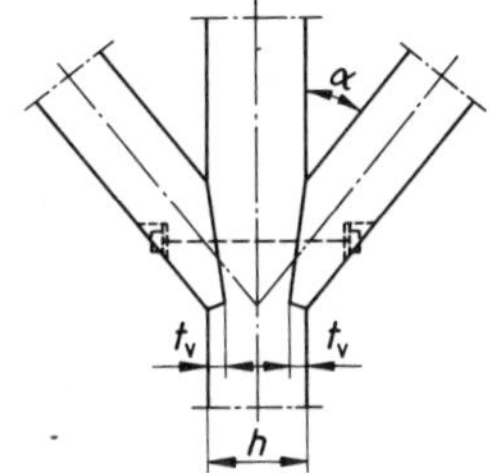

Bild 25. Zweiseitiger Versatzeinschnitt

13 Verschiebungswerte für Durchbiegungsberechnungen nach DIN 1052 Teil 1, Abschnitt 8.5

Für die Berechnung von Durchbiegungen und Überhöhungen nachgiebig zusammengesetzter biegebeanspruchter Bauteile und der Verschiebungen von Stößen und Anschlüssen mit mechanischen Verbindungsmitteln dürfen die in Tabelle 13 angegebenen Verschiebungsmoduln bzw. rechnerischen Verschiebungen unter den Lasteinwirkungen im Lastfall H und HZ zugrunde gelegt werden, mindestens jedoch die 1,25fachen Werte nach DIN 1052 Teil 1, Tabelle 8.

Für Nagelplatten bei Nadelholzverbindungen darf der Verschiebungsmodul im Bereich der zulässigen Belastungen der Verbindungen mit 300 N/mm je cm^2 wirksamer Anschlußfläche angenommen werden.

Ist die rechnerische Belastung einer Verbindung größer als die zulässige Belastung im Lastfall H (z. B. Lastfall HZ), muß die Verschiebung v nach Tabelle 13 im Verhältnis der vorhandenen zur zulässigen Belastung erhöht werden. Bei geringerer Belastung darf die Verschiebung v entsprechend abgemindert werden.

14 Zusammenwirken verschiedener Verbindungsmittel

Ein Zusammenwirken verschiedener Verbindungsmittel kann nur erwartet werden, wenn ihre Nachgiebigkeit etwa gleich groß ist. Bei Bolzenverbindungen nach Abschnitt 5 und bei Leimverbindungen nach DIN 1052 Teil 1, Abschnitt 12, darf daher ein Zusammenwirken mit anderen mechanischen Verbindungsmitteln und mit Versätzen nicht in Rechnung gestellt werden.

In anderen Fällen ist das Verbindungsmittel, auf das rechnerisch der kleinere Teil der zu übertragenden Kraft entfällt, für die 1,5fache anteilige Kraft zu bemessen, falls kein genauerer Nachweis unter Berücksichtigung der Nachgiebigkeit der einzelnen Verbindungsmittel geführt wird.

Stabverbreiterungen durch aufgeleimte Beihölzer dürfen bei Versätzen oder Kontaktdruckanschlüssen ohne Erhöhung der anteiligen Kraft bemessen werden. Die Dicke der Beihölzer aus Vollholz darf dabei 40 mm nicht überschreiten.

Anhang A

Eignungsprüfung und Einstufung in Tragfähigkeitsklassen von Sondernägeln nach DIN 1052 Teil 2, Abschnitte 6 und 7

A.1 Unterlagen

Vom Antragsteller sind der Prüfstelle Unterlagen vorzulegen, insbesondere über

- den Werkstoff des Nagelrohdrahtes
- gegebenenfalls den Korrosionsschutz
- die Maße (Werkszeichnung)
- den Verwendungszweck (Sondernägel nach Abschnitt 6 oder Abschnitt 7).

In der Werkszeichnung sind neben der Form (auch Form des Kopfes und der Spitze) insbesondere folgende Maße mit deren Toleranzen anzugeben (siehe auch Bild 13):

d_n Nageldurchmesser

d_1 Außendurchmesser des profilierten Schaftteiles

l_n Nagellänge

l_g Länge des profilierten Schaftteiles

α Gewindesteigung } bei Schraubnägeln

h Ganghöhe } bei Schraubnägeln

t Rillenteilung bei Rillennägeln.

Außerdem sind vom Antragsteller anzugeben

- Hersteller und Herstellwerke
- Bezeichnung des Sondernagels
- gegebenenfalls Werkzeichen (Herstellerzeichen).

A.2 Eignungsprüfung

A.2.1 Allgemeines

Insbesondere folgende Eigenschaften sind zu prüfen:

- Werkstoff des Nagelrohdrahtes (Bezeichnung, Zugfestigkeit und Bruchdehnung)
- gegebenenfalls Korrosionsschutz
- Maße
- gegebenenfalls Werkzeichen (Herstellerzeichen)
- gegebenenfalls zugehöriger Durchmesser der Löcher in Stahlblechen und Stahlteilen
- Ausziehwiderstand bei Beanspruchung in Schaftrichtung.

A.2.2 Werkstoff und Korrosionsschutz

Die Werkstoffeigenschaften und der Korrosionsschutz sind nach den einschlägigen Normen zu prüfen.

A.2.3 Ausziehwiderstand bei Beanspruchung in Schaftrichtung

Die Ermittlung des Ausziehwiderstandes erfolgt an Prüfkörpern aus Fichte (Picea abies Karst.) nach Bild A.1. Das Holz muß von gleichmäßiger Qualität sein. Der Prüfbereich darf keine örtlichen Wuchsunregelmäßigkeiten und Risse aufweisen, durch die die Versuchsergebnisse beeinflußt werden können. Eine Seitenfläche des Prüfkörpers soll tangential zu den Jahrringen verlaufen. Vor dem Einschlagen der Nägel ist das Holz im Normalklima DIN 50 014 – 20/65-1 auf seine Ausgleichsfeuchte zu klimatisieren und die Normalrohdichte ϱ_N zu bestimmen. Die mittlere Normalrohdichte des Holzes soll höchstens 0,45 g/cm^3 betragen.

Die Nägel werden auf eine Einschlagtiefe s_w von mindestens 8 d_n, jedoch höchstens 20 d_n in der in Bild A.1 dargestellten Weise eingeschlagen. Die Breite b und die Höhe h des Prüfkörpers müssen mindestens der Einschlagtiefe der Nägel zuzüglich 5 d_n betragen. Die Auflagerung des Prüfkörpers in der Prüfmaschine muß vom zu prüfenden Nagel einen lichten Abstand von mindestens 6 d_n in Faserrichtung und 3 d_n rechtwinklig zur Faserrichtung besitzen.

Für jeden Nageldurchmesser sind 20 Einzelversuche durchzuführen. Die Prüfung darf frühestens 24 Stunden nach dem Einschlagen der Nägel erfolgen. Der Versuch soll mit einer

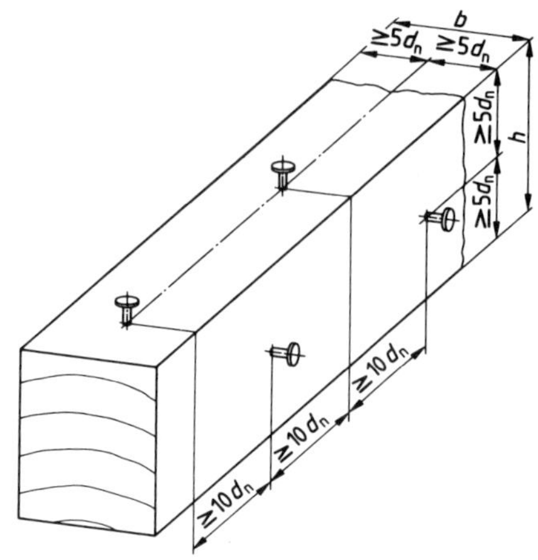

Bild A.1. Prüfkörper aus Fichte

konstanten Ausziehgeschwindigkeit von 2 mm/min oder einer konstanten Belastungsgeschwindigkeit von 4 kN/min bis zum Erreichen der Höchstkraft erfolgen. Die Kraft-Ausziehweg-Diagramme sind aufzuzeichnen.

Aus den Versuchsergebnissen sind der mittlere und der charakteristische Ausziehwiderstand zu berechnen. Der mittlere Ausziehwiderstand $\overline{F}_Z$ ist das arithmetische Mittel aus den einzelnen Ausziehwiderständen $F_{Z,i}$.

Als charakteristischer Ausziehwiderstand $F_{Z,k}$ gilt der um die zweifache Standardabweichung s bei $n = 20$ Einzelversuchen verminderte mittlere Ausziehwiderstand:

$$F_{Z,k} = \overline{F}_Z - 2 \cdot s \qquad \text{(A.1)}$$

Für $\varrho_N > 0{,}45$ g/cm^3 sind die Ausziehwiderstände $F_{Z,i}$ vor der Auswertung wie folgt abzumindern:

$$\text{red } F_{Z,i} = \left(\frac{0{,}45}{\varrho_N}\right)^2 F_{Z,i} \qquad \text{(A.2)}$$

A.3 Einstufung

Aufgrund der Prüfergebnisse der Eignungsprüfungen ist die Einstufung in eine Tragfähigkeitsklasse nach Tabelle 12 vorzunehmen und hierüber ein Einstufungsschein (Muster siehe Anhang C) mit einer Geltungsdauer von höchstens zwei Jahren auszustellen.

Der für diese Einstufung maßgebende B_Z-Wert ist aus dem mittleren und dem charakteristischen Ausziehwiderstand wie folgt zu ermitteln:

$$\overline{B}_Z = \overline{F}_Z / (d_n \cdot s_w \cdot 3{,}0) \qquad \text{(A.3)}$$

$$B_{Z,k} = F_{Z,k} / (d_n \cdot s_w \cdot 2{,}2) \qquad \text{(A.4)}$$

Der kleinere Wert ist für die Einstufung maßgebend, wobei der zur jeweiligen Tragfähigkeitsklasse gehörende Rechenwert B_Z nach Tabelle 12 mindestens erreicht werden muß.

Die Geltungsdauer des Einstufungsscheines wird auf Antrag von der Prüfstelle nur dann um jeweils drei Jahre verlängert, wenn die Aufzeichnungen des Antragstellers über die laufende Eigenüberwachung und vergleichende Identitätsprüfungen durch die Prüfstelle (mit Sondernägeln aus der Ersteinstufung und der laufenden Produktion) die Erfüllung der Anforderungen an den Sondernagel nach dem Einstufungsschein belegen.

Anhang B

Eignungsprüfung und Bewertung der Prüfergebnisse von Klammern nach DIN 1052 Teil 2, Abschnitt 8

B.1 Unterlagen

Vom Antragsteller sind der Prüfstelle Unterlagen vorzulegen, insbesondere über

- den Werkstoff des Klammerrohdrahtes
- gegebenenfalls den Korrosionsschutz
- die Beharzung
- die Maße (Werkszeichnung).

In der Werkszeichnung sind neben der Form (auch Form der Spitze) insbesondere folgende Maße mit deren Toleranzen anzugeben (siehe auch Bild 20):

d_n Durchmesser des Klammerrohdrahtes
a b Querschnittsmaße des Schaftteiles
b_R Rückenbreite
l_n Schaftlänge
l_H Länge des beharzten Schaftteiles.

Außerdem sind vom Antragsteller anzugeben

- Hersteller und Herstellwerke
- Bezeichnung der Klammer (Klammertyp)
- gegebenenfalls Werkzeichen (Herstellerzeichen).

B.2 Eignungsprüfung

B.2.1 Allgemeines

Insbesondere folgende Eigenschaften sind zu prüfen:

- Werkstoff des Klammerrohdrahtes (Bezeichnung, Zugfestigkeit und Bruchdehnung)
- gegebenenfalls Korrosionsschutz
- Maße
- gegebenenfalls Werkzeichen (Herstellerzeichen)
- Ausziehwiderstand bei Beanspruchung in Schaftrichtung.

B.2.2 Werkstoff und Korrosionsschutz

Die Werkstoffeigenschaften und der Korrosionsschutz sind nach den einschlägigen Normen zu prüfen.

B.2.3 Ausziehwiderstand bei Beanspruchung in Schaftrichtung

Die Ermittlung des Ausziehwiderstandes erfolgt an Prüfkörpern aus Fichte (Picea abies Karst.) nach Bild B.1.

Die Klammern werden auf eine Einschlagtiefe s_w von mindestens 20 mm bzw. 12 d_n, jedoch höchstens 20 d_n in der in Bild B.1 dargestellten Weise eingeschlagen.

Im übrigen gilt Anhang A, Abschnitt A.2.3 sinngemäß.

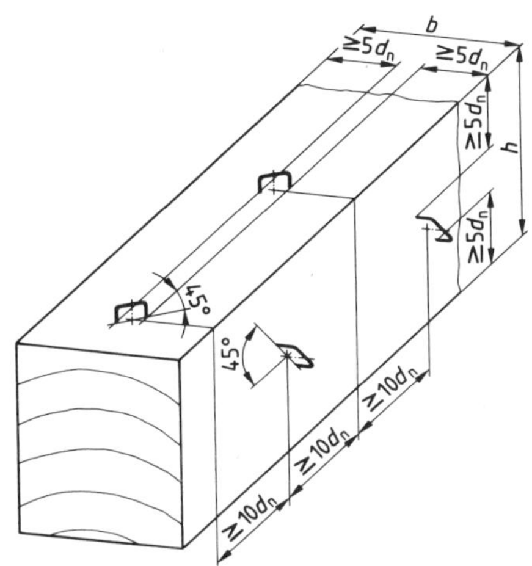

Bild B.1 Prüfkörper aus Fichte

B.3 Bewertung der Prüfergebnisse

Aufgrund der Prüfergebnisse der Eignungsprüfungen ist die Bewertung der Ergebnisse vorzunehmen und hierüber eine Prüfbescheinigung (Muster siehe Anhang D) mit einer Geltungsdauer von höchstens zwei Jahren auszustellen.

Die Ausziehwiderstände müssen folgende Bedingungen erfüllen:

$$\bar{F}_Z \geq 3{,}0 \cdot B_Z \cdot d_n \cdot s_w \qquad \text{(B.1)}$$

$$F_{Z,k} \geq 2{,}2 \cdot B_Z \cdot d_n \cdot s_w \qquad \text{(B.2)}$$

Hierbei ist für B_Z der Wert 5 MN/m^2 einzusetzen.

Die Geltungsdauer der Prüfbescheinigung wird auf Antrag von der Prüfstelle nur dann um jeweils drei Jahre verlängert, wenn die Aufzeichnungen des Antragstellers über die laufende Eigenüberwachung und vergleichende Identitätsprüfungen durch die Prüfstelle (mit Klammern aus der Erstprüfung und der laufenden Produktion) die Erfüllung der Anforderungen an die Klammer nach der Prüfbescheinigung belegen.

Anhang C

Für den Anwender dieser Norm unterliegt der Anhang C nicht dem Vervielfältigungsrandvermerk auf der Seite 1.

Muster

Einstufungsschein Nr ______

für Sondernägel nach DIN 1052 Teil 2,

Abschnitt 6 (Nagelverbindungen von Holz und Holzwerkstoffen)/
Abschnitt 7 (Nagelverbindungen mit Stahlblechen und Stahlteilen) **)

Prüfstelle:

Antragsteller:

Herstellwerk:

Einstufung

Tragfähigkeitsklasse nach Tabelle 12: ____________

Sondernagel

Bezeichnung

Werkstoff des Nagelrohdrahtes:

- Bezeichnung
- Zugfestigkeit
- Bruchdehnung

gegebenenfalls Korrosionsschutz:

Maße: nach anliegender Werkszeichnung

gegebenenfalls Werkzeichen (Herstellerzeichen):

Stahlbleche und Stahlteile

Zugehöriger Lochdurchmesser:

Dieser Einstufungsschein ist gültig bis ....

Bemerkung:

______________________________ Ort, Datum

______________________________ Unterschrift, Stempel

Verlängert bis	Ort, Datum	Unterschrift, Stempel

**) Nichtzutreffendes ist zu streichen.

Anhang D

Für den Anwender dieser Norm unterliegt der Anhang D nicht dem Vervielfältigungsrandvermerk auf der Seite 1.

Muster
Prüfbescheinigung Nr ______
für Klammern nach DIN 1052 Teil 2,
Abschnitt 8 (Klammerverbindungen)

Prüfstelle:

Antragsteller:

Herstellwerk:

Klammer

Bezeichnung (Klammertyp):

Werkstoff des Klammerrohdrahtes:

- Bezeichnung
- Zugfestigkeit
- Bruchdehnung

gegebenenfalls Korrosionsschutz:

Beharzung

Maße: nach anliegender Werkszeichnung

gegebenenfalls Werkzeichen (Herstellerzeichen):

Diese Prüfbescheinigung ist gültig bis ....

Bemerkung:

Ort, Datum

Unterschrift, Stempel

Verlängert bis	Ort, Datum	Unterschrift, Stempel

Zitierte Normen

DIN 96	Halbrund-Holzschrauben mit Schlitz
DIN 97	Senk-Holzschrauben mit Schlitz
DIN 125	Scheiben; Ausführung mittel (bisher blank), vorzugsweise für Sechskantschrauben und -muttern
DIN 436	Scheiben; vierkant, vorwiegend für Holzkonstruktionen
DIN 440	Scheiben; vorwiegend für Holzkonstruktionen
DIN 571	Sechskant-Holzschrauben
DIN 601	Sechskantschrauben mit Schaft; Gewinde M 5 bis M 52; Produktklasse C
DIN 1052 Teil 1	Holzbauwerke; Berechnung und Ausführung
DIN 1052 Teil 3	Holzbauwerke; Holzhäuser in Tafelbauart, Berechnung und Ausführung
DIN 1055 Teil 3	Lastannahmen für Bauten; Verkehrslasten
DIN 1055 Teil 4	Lastannahmen für Bauten; Verkehrslasten, Windlasten bei nicht schwingungsanfälligen Bauwerken
DIN 1143 Teil 1	Maschinenstifte; rund, lose
DIN 1151	Drahtstifte, rund; Flachkopf, Senkkopf
DIN 1624	Flacherzeugnisse aus Stahl; Kaltgewalztes Band in Walzbreiten bis 650 mm aus weichen unlegierten Stählen; Technische Lieferbedingungen
DIN 1692	Temperguß; Begriff, Eigenschaften
DIN 1725 Teil 2	Aluminiumlegierungen, Gußlegierungen; Sandguß, Kokillenguß, Druckguß, Feinguß
DIN 4074 Teil 1	Bauholz für Holzbauteile; Gütebedingungen für Bauschnittholz (Nadelholz)
DIN 4112	Fliegende Bauten; Richtlinien für Bemessung und Ausführung
DIN 4149 Teil 1	Bauten in deutschen Erdbebengebieten; Lastannahmen, Bemessung und Ausführung üblicher Hochbauten
DIN 7989	Scheiben für Stahlkonstruktionen
DIN 17 162 Teil 1	Flachzeug aus Stahl; Feuerverzinktes Band und Blech aus weichen unlegierten Stählen; Technische Lieferbedingungen
DIN 17 440	Nichtrostende Stähle; Technische Lieferbedingungen für Blech, Warmband, Walzdraht, gezogenen Draht, Stabstahl, Schmiedestücke und Halbzeug
DIN 50 014	Klimate und ihre technische Anwendung; Normalklimate
DIN 50 049	Bescheinigungen über Materialprüfungen
DIN 55 928 Teil 1	Korrosionsschutz von Stahlbauten durch Beschichtungen und Überzüge; Allgemeines
DIN 55 928 Teil 5	Korrosionsschutz von Stahlbauten durch Beschichtungen und Überzüge; Beschichtungsstoffe und Schutzsysteme
DIN 55 928 Teil 8	Korrosionsschutz von Stahlbauten durch Beschichtungen und Überzüge; Korrosionsschutz von tragenden dünnwandigen Bauteilen (Stahlleichtbau)
DIN 68 705 Teil 3	Sperrholz; Bau-Furniersperrholz
DIN 68 705 Teil 5	Sperrholz; Bau-Furniersperrholz aus Buche
DIN 68 754 Teil 1	Harte und mittelharte Holzfaserplatten für das Bauwesen; Holzwerkstoffklasse 20
DIN 68 763	Spanplatten; Flachpreßplatten für das Bauwesen; Begriffe, Eigenschaften, Prüfung, Überwachung
DIN ISO 898 Teil 1	Mechanische Eigenschaften von Verbindungselementen; Schrauben

Frühere Ausgaben

DIN 1052: 07.33, 05.38, 10.40X, 10.47, 08.65

DIN 1052 Teil 1: 10.69

DIN 1052 Teil 2: 10.69

Änderungen

Gegenüber der Ausgabe Oktober 1969 und DIN 1052 T1/10.69 wurden folgende Änderungen vorgenommen:

Neben einer vollständigen Überarbeitung wurden insbesondere geändert und ergänzt:

a) Es wurden alle Holzverbindungen mit mechanischen Verbindungsmitteln aufgenommen. Dadurch hat sich auch der Titel von DIN 1052 Teil 2 geändert.

b) Formale Übernahme der Abschnitte 11.1 bis 11.4 sowie 11.6 und 11.7 aus DIN 1052 Teil 1, Ausgabe Oktober 1969.

c) Alle allgemeingültigen Bestimmungen wurden in dem Abschnitt 3 „Allgemeines“ zusammengefaßt; unter anderem zulässige Erhöhungen der Belastbarkeiten, Anforderungen an den Korrosionsschutz.

d) Die Ausführungen über Dübelverbindungen aus DIN 1052 Teil 1, Ausgabe Oktober 1969, Abschnitt 11.1, wurden mit den Bestimmungen über Dübelverbindungen besonderer Bauart aus DIN 1052 Teil 2, Ausgabe Oktober 1969, zusammengefaßt. Von den Dübeln besonderer Bauart wurden nur diejenigen berücksichtigt, die z. Z. noch im Handel sind.

e) Für Einlaßdübel in Hirnholz sowie für den Ersatz von Klemmbolzen durch Sechskant-Holzschrauben wurden neue Bestimmungen aufgenommen.

f) Bei den Stabdübeln wurden die erforderlichen Bohrlochdurchmesser geändert und die Stabdübel-Mindestabstände präzisiert.

g) Die Werte für zulässige Belastungen von Stabdübel- und Bolzenverbindungen wurden auch auf einige außereuropäische Laubhölzer ausgedehnt.

h) Bei den Nagelverbindungen wurde der Anwendungsbereich erheblich erweitert. Schraub- und Rillennägel (sogenannte Sondernägel) sowie Maschinenstifte nach DIN 1143 Teil 1 sind neu aufgenommen. Nach ihrem Ausziehwiderstand wurden die Sondernägel in drei Tragfähigkeitsklassen eingeteilt.

i) Die Angaben über zulässige Belastungen von Nägeln bei Beanspruchung in Schaftrichtung (Herausziehen) wurden erweitert.

j) Bestimmungen über Nagelverbindungen mit Stahlblechen und Stahlteilen wurden erweitert; Aufnahme geeigneter Sondernägel für die Stahlblech-Holz-Nagelung; Regelungen über die Nagelabstände bei nicht in Holzfaserrichtung versetzt angeordneten Nägeln.

k) Klammerverbindungen neu aufgenommen.

l) Nagelplattenverbindungen neu aufgenommen.

m) Rechenwerte für die Verschiebungsmoduln C für die Berechnungen von Durchbiegungen und Überhöhungen biegebeanspruchter Bauteile mit Anschlüssen und Stößen unter Verwendung mechanischer Verbindungsmittel neu aufgenommen.

Erläuterungen

Die in dieser Norm verwendeten Formelzeichen weichen teilweise von den in DIN 1080 Teil 5/03.80 festgelegten Formelzeichen ab. Es ist daher vorgesehen, DIN 1080 Teil 5 zu überarbeiten.

Internationale Patentklassifikation

B 27 F 4/00
B 27 F 7/00
B 27 M 3/28
E 04 B 1/10
E 04 B 1/26
E 04 B 1/48
F 16 B 5/00
F 16 B 12/10

DK 694.01.001.24:624.011.1:691.11-41 DEUTSCHE NORM April 1988

Holzbauwerke

Holzhäuser in Tafelbauart
Berechnung und Ausführung

DIN 1052 Teil 3

Timber structures; buildings constructed from timber panels, design and construction

Ouvrages en bois; bâtiments en panneaux de bois, calcul et construction

Die Normen der Reihe DIN 1052 sind gegliedert in

DIN 1052 Teil 1 Holzbauwerke; Berechnung und Ausführung

DIN 1052 Teil 2 Holzbauwerke; Mechanische Verbindungen

DIN 1052 Teil 3 Holzbauwerke; Holzhäuser in Tafelbauart, Berechnung und Ausführung

Verweise in dieser Norm auf DIN 1052 Teil 1 und Teil 2 beziehen sich auf die Ausgabe 04.88.

Inhalt

Seite

1 Anwendungsbereich ... 1
2 Begriff ... 1
3 Baustoffe ... 1
3.1 Allgemeines ... 1
3.2 Rippen von Wandtafeln ... 1
3.3 Mittragende Beplankungen ... 1
3.4 Aussteifende Beplankungen ... 2
4 Tragende Verbindungen ... 2
5 Berechnungsgrundlagen ... 2
5.1 Allgemeines ... 2
5.1.1 Windlasten ... 2
5.1.2 Stützkräfte von Deckenscheiben ... 2
5.2 Materialkennwerte und zulässige Spannungen ... 2
5.2.1 Holzwerkstoffe ... 2
5.2.2 Asbestzement-Tafeln ... 2
5.2.3 Gipskarton-Bauplatten ... 2
5.3 Zulässige Belastung und Anordnung der tragenden Verbindungsmittel ... 2
5.3.1 Bolzen und Stabdübel ... 2
5.3.2 Holzschrauben ... 2
5.3.3 Nägel ... 2
6 Berechnung ... 3
6.1 Allgemeines ... 3
6.2 Rippenabstände ... 3
6.3 Mitwirkende Beplankungsbreite ... 3
6.4 Auf Druck oder auf Druck und Biegung beanspruchte Tafeln ... 4
6.5 Wandtafeln mit diagonaler Bretterschalung ... 4
7 Ausführung ... 4
7.1 Mindestdicken der Beplankungen ... 4
7.2 Dachneigung ... 4
8 Ausführungsbeispiele für Wandtafeln ohne Nachweis der Aufnahme der Horizontallast F_H ... 4
8.1 Einraster-Tafeln ... 4
8.2 Mehrraster-Tafeln ... 4
Zitierte Normen ... 6
Erläuterungen ... 6

1 Anwendungsbereich

In dieser Norm werden für die Berechnung und Ausführung von tragenden Tafeln für Holzhäuser in Tafelbauart ergänzende, in der Regel vereinfachende Festlegungen zu DIN 1052 Teil 1 und Teil 2 getroffen.

Diese Norm gilt nur für Holzhäuser mit höchstens drei Vollgeschossen sowie mit vorwiegend ruhenden Lasten einschließlich Windlasten und mit Erdbebenlasten.

Soweit in dieser Norm nichts anderes bestimmt ist, gilt DIN 1052 Teil 1 und Teil 2.

Wandtafeln, die nur durch ihre Eigenlast und gegebenenfalls noch durch leichte Konsollasten oder waagerechte Lasten (z. B. aus Stoß oder Menschengedränge) im Sinne von DIN 4103 Teil 1 beansprucht werden, gelten nicht als tragend.

Bei der Berechnung und Ausführung sind gegebenenfalls auch Anforderungen hinsichtlich des Wärme- und Feuchteschutzes, Brandschutzes und Schallschutzes zu beachten; für Holzschutzmaßnahmen gilt DIN 68 800 Teil 2 und Teil 3.

2 Begriff

Holzhäuser in Tafelbauart sind Gebäude, deren Wände, Decken und Dächer aus Holzbauteilen bestehen, wobei zumindest die tragenden Wände oder Decken in Tafelbauart hergestellt sind.

3 Baustoffe

3.1 Allgemeines

Für die statisch wirksamen Rippen und die Beplankungen der Tafeln dürfen außer den in DIN 1052 Teil 1 genannten Baustoffen auch Baustoffe nach den Abschnitten 3.2 bzw. 3.3 und 3.4 verwendet werden. Mindestdicken der Beplankungen siehe Abschnitt 7.1. Holzwerkstoffklassen sind in Abhängigkeit von den zu erwartenden Feuchtebeanspruchungen nach DIN 68 800 Teil 2 zu wählen.

3.2 Rippen von Wandtafeln

Bauschnittholz auch der Güteklasse III, mindestens Schnittklasse A, nach DIN 4074 Teil 1, jedoch mit folgenden Einschränkungen:

a) die Rippen müssen mindestens einseitig mit Holzwerkstoffen beplankt sein,

b) Drehwuchs muß auf die Werte der Güteklasse II nach DIN 4074 Teil 1 beschränkt sein,

c) die Verwendung ist unzulässig für Tafeln als Stürze (siehe Abschnitt 6.1) und für Scheiben.

3.3 Mittragende Beplankungen

3.3.1 Harte Holzfaserplatten nach DIN 68 754 Teil 1, Rohdichte jedoch mindestens 950 kg/m^3; mittelharte Holzfaser-

Fortsetzung Seite 2 bis 6

Normenausschuß Bauwesen (NABau) im DIN Deutsches Institut für Normung e. V.

platten nach DIN 68 754 Teil 1, Rohdichte jedoch mindestens 650 kg/m^3; nicht jedoch hinsichtlich der Scheibenwirkung von Decken- und Dachtafeln.

3.3.2 Beplankte Strangpreßplatten nach DIN 68 764 Teil 2, jedoch nicht hinsichtlich der Scheibenwirkung von Decken- und Dachtafeln; Beplankung aus mindestens 2,0 mm dicken, harten Holzfaserplatten nach Abschnitt 3.3.1.

3.3.3 Bretter (Schalung) nur hinsichtlich der Scheibenwirkung bei Wandtafeln nach Abschnitt 6.5.

3.3.4 Asbestzement-Tafeln nach DIN 274 Teil 4, Tafelklassen 2 und 3, mit bearbeiteter Kante, nur hinsichtlich der Scheibenwirkung bei Wandtafeln.

3.3.5 Hinsichtlich der Scheibenwirkung bei Decken- und Dachscheiben dürfen nur Flachpreßplatten nach DIN 68 763 und Bau-Furniersperrholz nach DIN 68 705 Teil 3 und Teil 5 verwendet werden.

3.3.6 Für Beplankungen darf auch Bau-Furniersperrholz aus drei Lagen verwendet werden, jedoch nicht bezüglich der Scheibenwirkung bei Decken- und Dachscheiben.

3.4 Aussteifende Beplankungen

3.4.1 Baustoffe nach Abschnitt 3.3.

3.4.2 Beplankte Strangpreßplatten nach DIN 68 764 Teil 1 und Teil 2.

3.4.3 Gipskarton-Bauplatten nach DIN 18 180. Die Platten dürfen nur im Anwendungsbereich der Holzwerkstoffklasse 20 nach DIN 68 800 Teil 2 eingesetzt werden.

4 Tragende Verbindungen

Für die Verbindung der Beplankungen nach den Abschnitten 3.3 und 3.4 mit den Rippen dürfen nur die Verbindungen nach DIN 1052 Teil 1 und Teil 2 verwendet werden; Gipskarton-Bauplatten dürfen nur mit Nägeln oder Holzschrauben, Asbestzement-Tafeln nur mit Holzschrauben nach DIN 96 oder DIN 97 angeschlossen werden.

Bei Wandscheiben mit mindestens 10 mm dicken Beplankungen darf der Abstand der Verbindungsmittel höchstens 150 mm betragen.

Für Bolzenverbindungen von Wand- und Deckentafeln dürfen abweichend von DIN 1052 Teil 2, Tabelle 3, auch andere Scheibenformen verwendet werden, sofern die Nettofläche mindestens gleich groß ist.

5 Berechnungsgrundlagen

5.1 Allgemeines

5.1.1 Windlasten

Die Exzentrizität des Windlast-Angriffs nach DIN 1055 Teil 4/08.86, Abschnitt 6.2.1, braucht beim Nachweis der Standsicherheit von Gebäuden bis zu zwei Vollgeschossen nicht berücksichtigt zu werden. Das gilt bei diesen Gebäuden auch für die Exzentrizität der Windlastresultierenden bezüglich des ideellen Schwerpunktes der windaussteifenden Wandscheiben, solange Wandscheiben in mindestens vier umlaufenden Wänden des Gebäudes angeordnet sind.

5.1.2 Stützkräfte von Deckenscheiben

Die Stützkräfte von Decken- und Dachscheiben dürfen wie für einen starr gestützten Balken bestimmt werden, bei durchlaufenden Scheiben näherungsweise ohne Berücksichtigung einer Durchlaufwirkung wie für einen Balken, der über den Innenstützen gelenkig gestoßen und frei drehbar gelagert ist.

5.2 Materialkennwerte und zulässige Spannungen

5.2.1 Holzwerkstoffe

Für Holzwerkstoffe nach den Abschnitten 3.3.1 und 3.3.2 sind die zulässigen Spannungen im Lastfall H sowie die Elastizitätsmoduln E und Schubmoduln G nach Tabelle 1 maßgebend. Für diese Holzwerkstoffe dürfen die zulässigen Spannungen im Lastfall HZ, bei Erdbebenlasten nach DIN 4149 Teil 1 und für Transport- und Montagezustände nach DIN 1052 Teil 1, Abschnitt 5.1.6, erhöht werden.

5.2.2 Asbestzement-Tafeln

Die zulässige Zugspannung in Plattenebene beträgt parallel zur Faserrichtung der Tafeln 3,2 MN/m^2, rechtwinklig dazu 2,2 MN/m^2. Bei Kraftrichtung schräg zur Faserrichtung darf entsprechend dem Winkel zwischen Kraft- und Faserrichtung zwischen diesen beiden Werten geradlinig interpoliert werden.

Die zulässige Biegespannung für Biegung rechtwinklig zur Plattenebene beträgt 9,0 MN/m^2 bei Beanspruchung parallel zur Faser und 6,5 MN/m^2 bei Beanspruchung rechtwinklig zur Faser.

5.2.3 Gipskarton-Bauplatten

Die zulässige Druckspannung rechtwinklig zur Plattenebene beträgt für Gipskarton-Bauplatten B nach DIN 18 180 2,0 MN/m^2, für Gipskarton-Bauplatten F nach DIN 18 180 2,5 MN/m^2.

5.3 Zulässige Belastung und Anordnung der tragenden Verbindungsmittel

5.3.1 Bolzen und Stabdübel

Für Holzwerkstoffe nach den Abschnitten 3.3.1 und 3.3.2 sind die zulässigen Lochleibungsdruckspannungen in Tabelle 1, Zeile 8, angegeben.

5.3.2 Holzschrauben

Für auf Abscheren beanspruchte Verbindungen von Asbestzement-Tafeln mit Vollholz dürfen die Werte nach DIN 1052 Teil 2, Abschnitt 9.2, verwendet werden.

Die zulässige Belastung von Holzschrauben nach DIN 96 und DIN 97 auf Herausziehen aus Nadelholz nach DIN 1052 Teil 2 darf beim Anschluß von Plattenwerkstoffen an Vollholz voll in Rechnung gestellt werden, wenn die Holzwerkstoffe mindestens 12 mm, die Asbestzement-Tafeln mindestens 8 mm dick sind und bei Holzwerkstoffen der Schraubendurchmesser höchstens gleich der halben Plattendicke ist.

Bei Asbestzement-Tafeln muß der Schraubenabstand vom Plattenrand mindestens 15 mm betragen.

Bei versenkter Anordnung der Holzschrauben sind die Mindestdicken der Beplankungen nach Tabelle 3 um die tatsächliche Versenkungstiefe, mindestens aber um 2 mm, zu vergrößern. Ein bündiger Abschluß des Kopfes von Holzschrauben nach DIN 97 mit der Plattenoberfläche gilt als nicht versenkt.

Der Verschiebungsmodul C für Schraubenverbindungen von Asbestzement-Tafeln mit Vollholz darf mit $C = 800$ N/mm angenommen werden.

5.3.3 Nägel

Die zulässige Nagelbelastung nach DIN 1052 Teil 2 gilt auch für beplankte Strangpreßplatten nach Abschnitt 3.3.2, wenn die Dicke der Platten mindestens 4,5 d_n beträgt, wobei d_n der Nageldurchmesser in mm ist.

Abweichend von DIN 1052 Teil 2 sind für den kleinsten Nagelabstand vom unbeanspruchten Rand von Vollholzrippen rechtwinklig zur Faserrichtung (nicht vorgebohrt) folgende Werte einzuhalten:

$5\,d_n + 5$ mm bei Handnagelung mit Druckluftnagler,

$4\,d_n$ bei Handnagelung mit Lehren oder maschinelle Nagelung (z. B. stationäre Nagelbrücken).

Tabelle 1. **Zulässige Spannungen im Lastfall H sowie Rechenwerte für den Elastizitätsmodul E und den Schubmodul G in MN/m² für Holzwerkstoffe nach den Abschnitten 3.3.1 und 3.3.2**

Nr.	Art der Beanspruchung		Harte Holzfaserplatten nach DIN 68 754 Teil 1, Plattennenndicke mm bis 4	Harte Holzfaserplatten nach DIN 68 754 Teil 1, Plattennenndicke mm über 4	Mittelharte Holzfaserplatten nach DIN 68 754 Teil 1, Plattennenndicke mm 5 bis 16	Beplankte Strangpreßplatten nach DIN 68 764 Teil 2, Rohplatte 12	Beplankte Strangpreßplatten nach DIN 68 764 Teil 2, Rohplatte 16
1	Biegung rechtwinklig zur Plattenebene	zul σ_{Bxy}	8,0	6,0	2,5	5,0	3,5
2	Biegung in Plattenebene	zul σ_{Bxz}	5,5	4,0	2,0	–	
3	Zug in Plattenebene	zul σ_{Zx}	4,0		2,0	2,0	1,5
4	Druck in Plattenebene	zul σ_{Dx}	4,0		2,0	2,0	1,5
5	Druck rechtwinklig zur Plattenebene	zul σ_{Dz}	3,0		2,0	2,5	
6	Abscheren und Schub in Plattenebene [1])	zul τ_{zx}	0,4		0,3	0,5	
7	Abscheren rechtwinklig zur Plattenebene	zul τ_{yx}	1,5		0,8	1,2	
8	Lochleibungsdruck [2])	zul σ_l	6,0		3,0	3,0	
9	Biegung rechtwinklig zur Plattenebene	E_{Bxy}	4000	3500	1500	3500	2800
10	Biegung in Plattenebene	E_{Bxz}	2500	2000	1000	–	
11	Druck, Zug in Plattenebene	E_{Dx}, E_{Zx}	2500	2000	1000	1600	1400
12	Biegung rechtwinklig zur Plattenebene	G_{zx}	200		100	100	
13	Biegung in Plattenebene	G_{yx}	1250	1000	500	800	700

[1]) Werte gelten auch für Abscheren in Leimfugen zwischen Rippen und Beplankungen.
[2]) Für Bolzen und Stabdübel.

6 Berechnung

6.1 Allgemeines

Mittragende Beplankungen nach den Abschnitten 3.3.1 und 3.3.2 sind auch einseitig zulässig. Beplankungen aus Asbestzement-Tafeln und Bretterschalungen dürfen nur dann als mittragend berücksichtigt werden, wenn die Tafeln beidseitig mittragende Beplankungen aufweisen.

Bei der Bemessung von Wandscheiben für waagerechte Lasten in Tafelebene dürfen beidseitig beplankte Tafeln mit einer Beplankung aus Holzwerkstoffen nach DIN 1052 Teil 1 oder nach den Abschnitten 3.3.1 und 3.3.2 auf der einen und aus Asbestzement-Tafeln auf der anderen Seite wie Tafeln mit zwei einseitigen Beplankungen nach DIN 1052 Teil 1, Abschnitt 11.4.2.1, Aufzählung c, behandelt werden.

Aussteifende Beplankungen nach Abschnitt 3.4 sind auch einseitig zulässig, wenn das Seitenverhältnis Höhe zu Breite der auszusteifenden Rippe nicht größer als 4 ist.

Für Stürze über Öffnungen mit lichten Weiten bis 2,50 m dürfen auch Beplankungen nach den Abschnitten 3.3.1 und 3.3.2 verwendet werden.

6.2 Rippenabstände

Für Beplankungen ist im Hinblick auf klimatisch bedingte Verformungen ohne anderen Nachweis $b \leq 50 \cdot h_{1,3}$ einzuhalten. Bei Asbestzement-Tafeln, die nicht der Witterung unmittelbar ausgesetzt sind, muß $b \leq 70 \cdot h_{1,3}$ sein. Bei unterschiedlichen Beplankungen ist der kleinere Wert für b maßgebend.

Hierin bedeuten (siehe DIN 1052 Teil 1, Bilder 28 und 29):

b lichter Abstand der Rippen

h_1 h_3 Dicke der Beplankung.

6.3 Mitwirkende Beplankungsbreite

Für Beplankungen aus Holzwerkstoffen nach den Abschnitten 3.3.1 und 3.3.2 gilt DIN 1052 Teil 1. Abweichend davon darf bei gleichmäßig verteilter Last vereinfachend mit den Werten nach Tabelle 2 gerechnet werden, sofern der Achsabstand der Rippen 0,625 m nicht überschreitet.

Tabelle 2. **Höchstwerte für vereinfachende Ermittlung der mitwirkenden Breite b' zwischen den Rippen**

Beplankungen	b'/b Feld-Bereich	b'/b Stützen-Bereich
Flachpreßplatten, Holzfaserplatten	0,9	0,8
Bau-Furniersperrholz	0,7	0,55

6.4 Auf Druck oder auf Druck und Biegung beanspruchte Tafeln

Bei Rippen aus Vollholz und Beplankungen aus Holzwerkstoffen nach den Abschnitten 3.3.1 und 3.3.2 sind die Knickzahlen für Vollholz nach DIN 1052 Teil 1 zugrunde zu legen.

6.5 Wandtafeln mit diagonaler Bretterschalung

Das Verhältnis Höhe zu Breite der Tafeln darf 2,5 nicht überschreiten. Die Bretter müssen parallel zu einer Diagonalen der Tafel, jedoch in einem Winkelbereich zwischen 30° und 70° zur Waagerechten, verlaufen (siehe Bild 1). Die Schalung ist durch mindestens eine waagerechte oder lotrechte Zwischenrippe zu unterstützen. Jedes Brett ist mit mindestens zwei Nägeln oder zwei Schrauben an jeder Rippe anzuschließen.

Der Spannungs- bzw. Knicknachweis für die Bretterschalung ist mit der Diagonalkraft $F/\cos\alpha$ sowie mit einer ideellen Breite $b_i = 0{,}2 \cdot b_s$, jedoch höchstens $0{,}2 \cdot h_s$, zu führen, wobei Schlankheitsgrade bis $\lambda = 200$ zulässig sind. Als Knicklänge s_k ist die Länge der Diagonalen zwischen den stützenden Rippen einzusetzen. Die für den Anschluß der Diagonalkraft erforderliche Nagel- oder Schraubenanzahl darf bei Einraster-Tafeln auf die Länge $b_{s1}/2 + h_s/2$, bei Mehrraster-Tafeln auf die Länge $b_s/2 + h_s/2$ gleichmäßig verteilt werden.

Falls die Auflast im Punkt A geringer ist als die Anker-Zugkraft Z_A, ist die erforderliche Eckverbindung der Randrippen nachzuweisen.

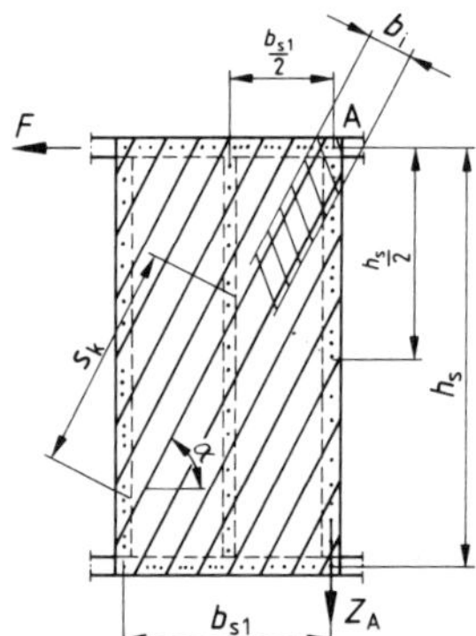

Bild 1. Wandtafeln mit diagonaler Bretterschalung (Einraster-Tafel)

7 Ausführung

7.1 Mindestdicken der Beplankungen

Die Angaben in Tabelle 3 gelten unter der Voraussetzung, daß die Verbindungsmittel nicht größere Maße erfordern.

Tabelle 3. **Mindestdicken der Beplankungen**

Baustoff	Mindestdicke mm
Beplankte Strangpreßplatten	14
Harte Holzfaserplatten	4
Mittelharte Holzfaserplatten	6
Gipskarton-Bauplatten	12,5
Asbestzement-Tafeln	6

7.2 Dachneigung

Bezüglich der Neigung von Flachdächern aus Holztafeln gilt DIN 1052 Teil 1, Abschnitt 13.2.2, sinngemäß. Eine Berücksichtigung der Wassersackbildung ist nicht erforderlich bei Einfeldtafeln mit einer Stützweite bis zu 6,25 m und bei Durchlauftafeln mit einer Stützweite bis zu 7,50 m, wenn die Tafeln auf wenig nachgiebiger Unterkonstruktion aufliegen, z. B. auf Wandtafeln oder auf Unterzügen mit einer Stützweite bis zu 4 m.

8 Ausführungsbeispiele für Wandtafeln ohne Nachweis der Aufnahme der Horizontallast F_H

8.1 Einraster-Tafeln

Einraster-Tafeln, die in ihrer Ebene sowohl lotrecht als auch waagerecht belastet werden, brauchen nur für die Aufnahme der lotrechten Gesamtlast F_V bemessen zu werden, wenn folgende Voraussetzungen erfüllt sind:

a) Maße, Konstruktion und Werkstoffe entsprechen mindestens den Angaben in Bild 2; die Querschnittsfläche jeder Rippe beträgt mindestens 40 cm^2; die Dicke der Beplankung $h_{1,3}$ ist $\geq b/50$; bei Verwendung anderer Nageldurchmesser oder von Klammern ist max e im Verhältnis der zulässigen Belastungen der Verbindungsmitel umzurechnen; die Tafeln dürfen auch verleimt sein,

b) die Höchstwerte der Horizontallast F_H betragen für:
   - einseitige Beplankung $F_H = 4{,}0$ kN
   - beidseitige Beplankung $F_H = 5{,}0$ kN

c) der Anschluß der Anker-Zugkraft Z_A infolge F_H an die Randrippe nach DIN 1052 Teil 1, Abschnitt 11.4.2.1 sowie der Anschluß von F_H im Wandfußpunkt werden nachgewiesen,

d) die Beplankungen werden für die anteilige Aufnahme der Lasten F_V nicht berücksichtigt,

e) beim Nachweis der Flächenpressung im Schwellenbereich der lotrechten Rippen infolge F_V wird $k_{D\perp}$ nach DIN 1052 Teil 1, Abschnitt 5.1.11, mit 1,0 angenommen,

f) die Angaben unter den Aufzählungen a bis e gelten auch für Tafeln, bei denen die Schwelle mit der druckbeanspruchten Randrippe endet, wenn die Tafel an dieser Stelle mit einer Querwand oder einem gleichwertigen Bauteil kraftschlüssig verbunden ist.

8.2 Mehrraster-Tafeln

Für Mehrraster-Tafeln nach DIN 1052 Teil 1, Abschnitt 11.4.2.2, und der Ausführung nach Bild 2 gilt in Ergänzung zu Abschnitt 8.1 folgendes:

a) für die anteilige Horizontallast je Raster gelten die Höchstwerte nach Abschnitt 8.1, Aufzählung b,

b) die Anker-Zugkraft Z_A braucht nur am zugbeanspruchten Rand der Gesamttafel aufgenommen zu werden.

Maße in mm

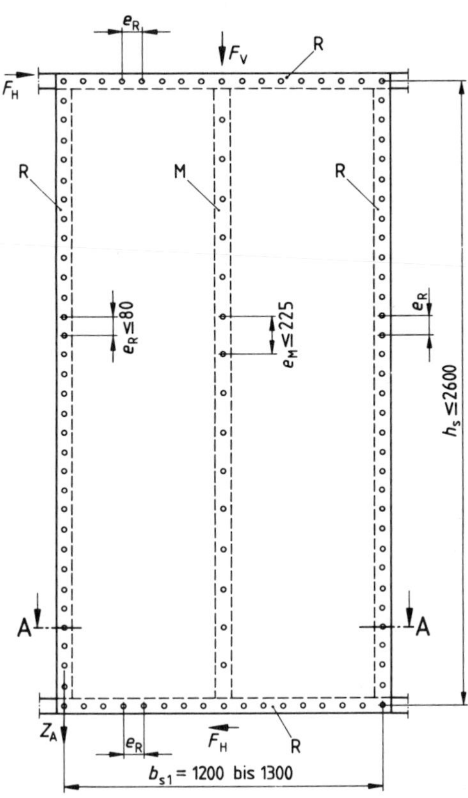

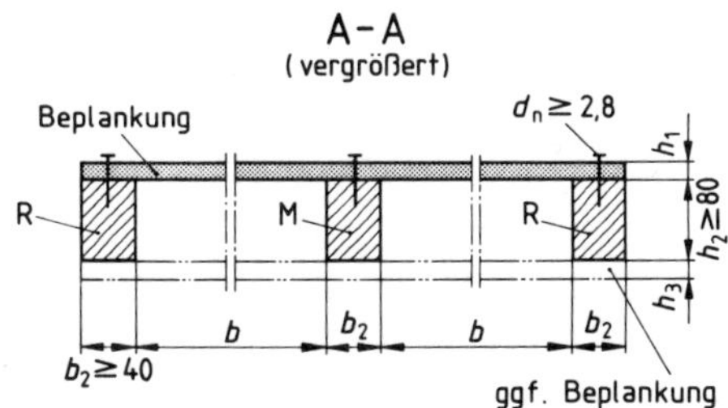

Rippen M und R: Vollholz, Güteklasse II, Schnittklasse S oder A nach DIN 4074 Teil 1

Beplankungen: Flachpreßplatten nach DIN 68 763

Bild 2. Einraster-Tafeln

Zitierte Normen

DIN 96	Halbrund-Holzschrauben mit Schlitz
DIN 97	Senk-Holzschrauben mit Schlitz
DIN 274 Teil 4	Asbestzementplatten; Ebene Tafeln; Maße, Anforderungen, Prüfungen
DIN 1052 Teil 1	Holzbauwerke; Berechnung und Ausführung
DIN 1052 Teil 2	Holzbauwerke; Mechanische Verbindungen
DIN 1055 Teil 4	Lastannahmen für Bauten; Verkehrslasten, Windlasten bei nicht schwingungsanfälligen Bauwerken
DIN 4074 Teil 1	Bauholz für Holzbauteile; Gütebedingungen für Bauschnittholz (Nadelholz)
DIN 4103 Teil 1	Nichttragende innere Trennwände; Anforderungen, Nachweise
DIN 4149 Teil 1	Bauten in deutschen Erdbebengebieten; Lastannahmen, Bemessung und Ausführung üblicher Hochbauten
DIN 18 180	Gipskartonplatten; Arten, Anforderungen, Prüfung
DIN 68 705 Teil 3	Sperrholz; Bau-Furniersperrholz
DIN 68 705 Teil 5	Sperrholz; Bau-Furniersperrholz aus Buche
DIN 68 754 Teil 1	Harte und mittelharte Holzfaserplatten für das Bauwesen; Holzwerkstoffklasse 20
DIN 68 763	Spanplatten; Flachpreßplatten für das Bauwesen; Begriffe, Eigenschaften, Prüfung, Überwachung
DIN 68 764 Teil 1	Spanplatten; Strangpreßplatten für das Bauwesen; Begriffe, Eigenschaften, Prüfung, Überwachung
DIN 68 764 Teil 2	Spanplatten; Strangpreßplatten für das Bauwesen; Beplankte Strangpreßplatten für die Tafelbauart
DIN 68 800 Teil 2	Holzschutz im Hochbau; Vorbeugende bauliche Maßnahmen
DIN 68 800 Teil 3	Holzschutz im Hochbau; Vorbeugender chemischer Schutz von Vollholz

Erläuterungen

Die in dieser Norm verwendeten Formelzeichen weichen teilweise von den in DIN 1080 Teil 5/03.80 festgelegten Formelzeichen ab. Es ist daher vorgesehen, DIN 1080 Teil 5 zu überarbeiten.

Internationale Patentklassifikation

B 27 N 3/00
E 04 B 1/10

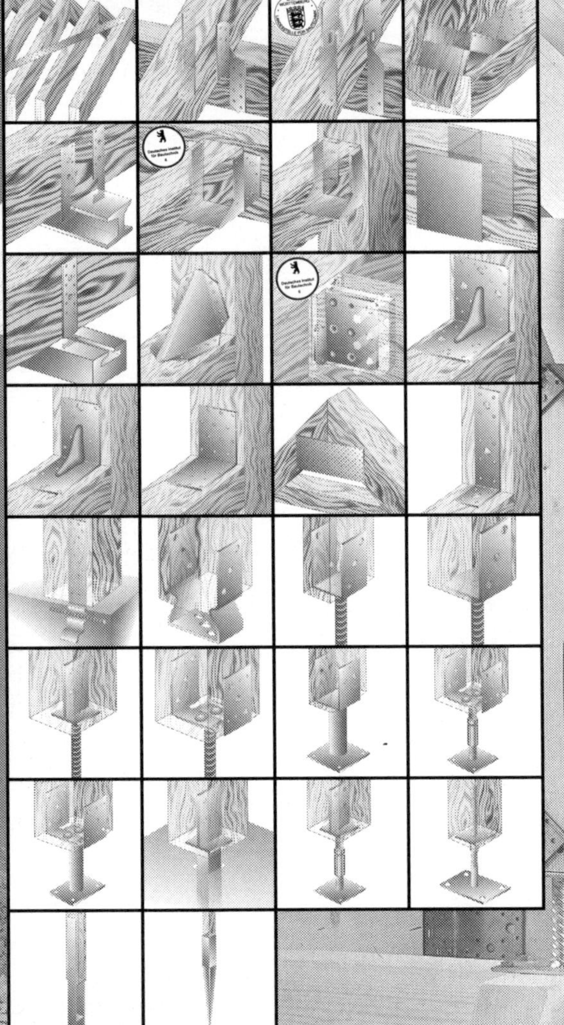